TECHNOLOGIE DER TEXTILFASERN

HERAUSGEGEBEN VON

Dr. R. O. HERZOG

PROFESSOR, DIREKTOR DES KAISER-WILHELM-INSTITUTS FÜR FASERSTOFFCHEMIE
BERLIN-DAHLEM

II. BAND, 2. TEIL

DIE WEBEREI VON A. LÜDICKE · **DIE MASCHINEN ZUR BAND- UND POSAMENTENWEBEREI** VON K. FIEDLER
DIE BINDUNGSLEHRE VON JOHANN GORKE

BERLIN
VERLAG VON JULIUS SPRINGER
1927

DIE WEBEREI
VON GEH. HOFRAT PROF. DR.-ING. E.H. A. LÜDICKE

DIE MASCHINEN ZUR BAND- UND POSAMENTENWEBEREI
VON PROFESSOR **K. FIEDLER**

DIE BINDUNGSLEHRE
VON **JOHANN GORKE**

MIT 854 ABBILDUNGEN IM TEXT
UND AUF 30 TAFELN

BERLIN
VERLAG VON JULIUS SPRINGER
1927

ISBN-13:978-3-642-89224-0   e-ISBN-13:978-3-642-91080-7
DOI: 10.1007/978-3-642-91080-7

Vorwort.

Im vorliegenden Teilband ist die Weberei etwa in demselben Rahmen behandelt wie die Spinnerei im ersten Teil dieses Bandes. Speziellere Ausführungen werden, dem Plane des ganzen Handbuches gemäß, bei den einzelnen Fasern Platz finden. Dagegen ist der zweite Beitrag Maschinen zur Band- und Posamentenweberei im breiten Umfange dargestellt, ebenso gibt der Abschnitt Bindungslehre einen umfassenden Überblick, so daß sich in den weiteren Bänden wiederholte eingehendere Darlegungen erübrigen.

Berlin-Dahlem, Mai 1927.

Der Herausgeber.

Inhaltsverzeichnis.

Die Weberei.
Von Geh. Hofrat Prof. Dr.-Ing. e. h. A. Lüdicke, Braunschweig.
Mit 452 Abbildungen.

Die Maschinen zur Band- und Posamenten-Weberei.
Von Professor K. Fiedler, Barmen.
Mit 166 Abbildungen.

Die Bindungslehre.

Von Johann Gorke, Berlin

Mit 236 Abbildungen.

Die Weberei.

Von Geh. Hofrat Prof. Dr.-Ing. e. h. **A. Lüdicke**, Braunschweig.
Mit 452 Textabbildungen.

Einleitung.

Unter Gewebe, Zeug, Stoff im weitesten Sinne des Wortes versteht man flächenartige Gebilde entstanden durch gesetzmäßige Umschlingung von Fäden oder fadenartigen Körpern. Die weitaus größte Menge der Gewebe besteht aus gesponnenen Fäden aus Baumwolle, Flachs, Hanf, Jute, Wolle, Ziegen-, Kuh- und Kamelhaaren, Seide, Asbest usw., wodurch sie Biegsamkeit erhalten. Zu besonderen Zwecken finden auch Draht, Pferdehaare, gespaltenes Stroh und Rohr, Holzdraht, Glasfäden Verwendung.

Äußerst mannigfaltig ist die Art der Fadenverschlingung, die Bindung, wodurch Gebilde von sehr verschiedenem Aussehen entstehen, zu deren Herstellung auch recht verschiedene Mittel erforderlich sind. Die einfachsten Gewebe bestehen aus zwei sich rechtwinklig kreuzenden Fadengruppen, von denen die Fäden der einen Gruppe, die Kettenfäden, auch Zettel, Aufzug, Anschweif genannt, in der Längsrichtung, die Fäden der anderen Gruppe, die Schuß-fäden, der Eintrag oder Einschlag, in der Querrichtung verlaufen. Drei Fadengruppen, zwei in der Längsrichtung, eine in der Querrichtung weisen der echte Samt und die Gazegewebe auf. Der erstere, der Kettensamt, entsteht nach dem älteren Verfahren dadurch, daß die Polkettenfäden p_1 Abb. 1, welche

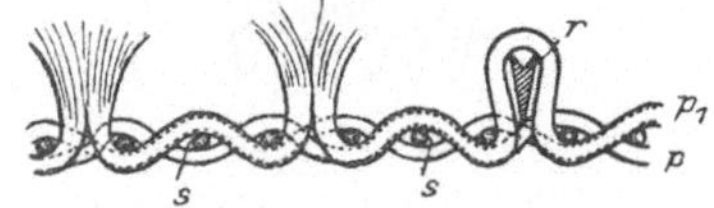

Abb 1.   Samt.

zwischen den Grundkettenfäden p liegen, über von handeingelegten aus Messingdraht gezogenen Samtnadeln oder Ruten r Schleifen bilden. Sind einige Ruten eingewebt, werden die Schleifen der vordersten mit einem feinen in der Rutennut geführten Messerchen aufgeschnitten, die Rute herausgezogen und sofort wieder eingewebt. Der durch das Aufschneiden und durch Aufrauhen gebildete Flor deckt, wenn die Schlußfäden dicht angeschlagen sind, den Gewebegrund vollständig. — Werden die Fadenschleifen nicht aufgeschnitten, heißt der Samt ungeschnittener, ungerissener, gezogener.

Heute stellt man Kettensamt auch so her, daß man zwei Gewebe in kurzem Abstand übereinanderwebt und die Polfäden immer von einem zum anderen überführt. Schneidet man die Polfäden dann in der Mitte durch, entstehen zwei Samtgewebe.

Schußsamt besitzt nur eine Kette, dagegen folgen auf einen sehr dicht angeschlagenen Grundschuß mehrere Schuß, bei welchen die Fäden über eine Anzahl Kettfäden frei hinweggehen, flott liegen (Flottier- oder Polschuß) und Schläuche bilden. Schneidet man diese, nachdem das Gewebe über einen Tisch gelegt und in der Längsrichtung gespannt ist, mit feinen Messerklingen auf, entsteht wieder ein Flor, der aber nur kurz sein kann, wenn der Gewebegrund gedeckt werden soll. Die Kette besteht meist aus Baumwollzwirn, der Grund- und der Polschuß aus Baumwollgarn gleicher Nummer und die Gewebe führen die Bezeichnung Manchester oder Velvetine.

Abb. 2 zeigt die Entstehung der Gaze oder Drehergewebe. Die Grundkettenfäden k liegen sämtlich unter, die Polfäden k_1 über den Schußfäden s

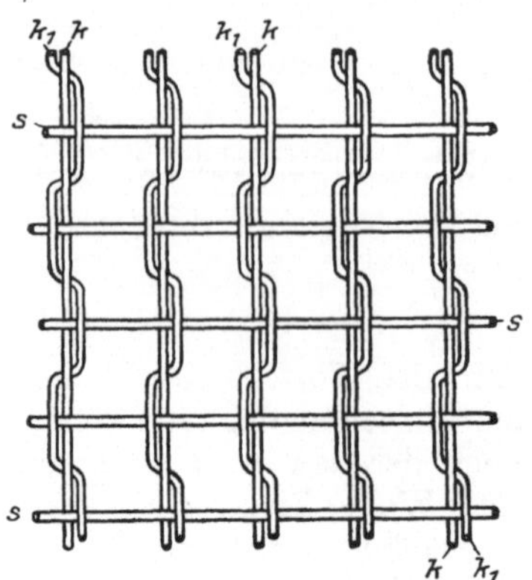

und abwechselnd rechts und links von den
Grundkettenfäden. Durch diese Umschlingungen
entstehen rechteckige oder quadratige Öffnungen
von großer Beständigkeit, weil die Art der
Bindung Verschiebungen der Fäden sehr erschwert. Verwendung finden die Drehergewebe
deshalb besonders zu Siebgeweben (seidene
Müllergaze, Beuteltuch zum Absieben von Grieß,
Dunst und Mehl).

Ferner seien von flächenartigen Gebilden
aus Fäden noch die folgenden angeführt:

Maschengewebe, Wirkwaren durch
Stricken, Wirken, Häkeln erzeugt. — Die einfachste Ausführung zeigt Abb. 3. Die Maschen
sind durcheinandergesteckt; das Gewebe besitzt
nach jeder Richtung große Dehnbarkeit und läßt
sich durch Zug in der Pfeilrichtung auflösen.

Abb. 2.   Gaze = Drehergewebe.

Knoten- und Filetgewebe. — Das Gewebe ist einfädig; die Maschen werden
aneinander geknotet, Abb. 4, wodurch die Öffnungen große Beständigkeit er-

Abb 3. Maschengewebe.

Abb 4. Knotengewebe.

langen.   Diese Gewebe finden besonders Verwendung zu Netzen der verschiedensten Art.

Klöppelwaren. Jeder Faden ist auf einen Klöppel oder eine Spule gewickelt und wird durch diese, die anderen Fäden umschlingend, von rechts nach

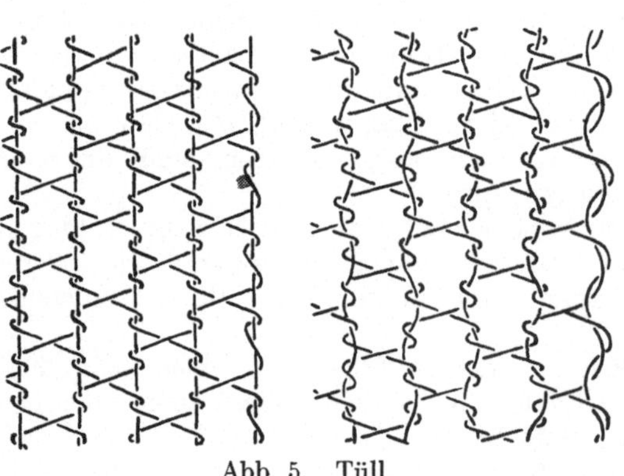

links und dann von links nach
rechts schräg oder im Kreise in
Schlangenwindungen geführt. Da
die Zahl der Klöppel oder Spulen
nicht beliebig groß genommen
werden kann, lassen sich nur
bandartige Gebilde — Spitzen,
Litzen, Kordeln, Riemen — oder
Schläuche herstellen.

Spitzengewebe, Tüll,
Bobinet, Abb. 5. Um die in
einigem Abstande voneinander
aufgezogenen Kettenfäden legen
sich in schräger Richtung von
links nach rechts und von rechts

Abb. 5.   Tüll.

nach links die Eintragfäden, und es entstehen nach dem Abspannen regelmäßige
sechseckige Maschen.

Geflechte. — Diese werden meist aus mehr oder weniger breiten Streifen
von Bast, Rohr, Stroh, Tuch, Leder, Papier, Esparto, Weiden und mit recht-

oder schiefwinkliger Kreuzung hergestellt, wozu sehr einfache Hilfsmittel dienen. Es kann deshalb mit großer Wahrscheinlichkeit angenommen werden, daß das Weben, welches besondere Einrichtungen für die Bildung der Kette, das Eintragen und Anschlagen des Schusses usw. bedarf, sich aus dem Flechten entwickelt hat.

Die Anfänge der uralten Kunst des Webens sind in Dunkel gehüllt; die auf uns aus dem Altertum überkommenen schriftlichen und bildlichen Überlieferungen sind meist recht mangelhaft und geben kein klares Bild von der Beschaffenheit der Webstühle, den Hilfsgeräten und dem Webvorgange. Sehr früh schon scheinen die beiden auch heute noch angewendeten Bauformen der Webstühle, die Stühle mit senkrechter und mit wagerechter oder etwas schrägliegender Kette in Gebrauch gewesen zu sein. Betrachtet man die Entwicklung des Webstuhles vom technologischen Standpunkte aus, liegt der Gedanke nahe,

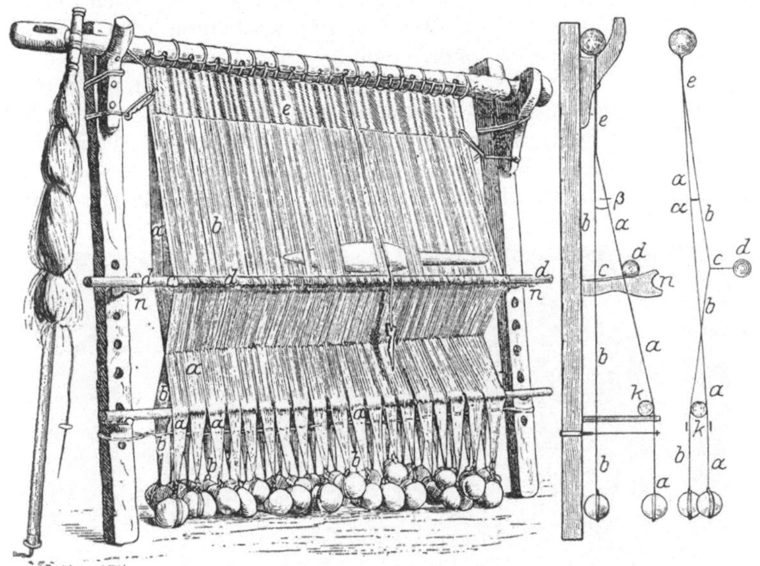

Abb. 6.   Abb. 7. Abb. 8.

Abb. 6 bis 8. Webstuhl mit senkrechter Kette. Island.

daß zuerst die senkrechte Kette zur Anwendung kam. Die an einem hochgelegenen, von zwei Pfosten getragenen Querholz befestigten Kettfäden konnten dann in einfachster Weise durch Belasten mit Gewichten aus Stein oder hartgebranntem Ton die erforderliche Spannung erhalten, wobei die geraden und ungeraden Fäden bündelweis zusammengenommen wurden. Die Eintragung des Schusses erfolgte in ältester Zeit mit Hilfe eines nadelartigen Gerätes, welches abwechselnd von rechts nach links und umgekehrt durch die Kette hindurchgeführt wurde, während die Finger der freien Hand die Kettfäden, unter welchen der Schuß liegen sollte, vorzogen, ein Verfahren, welches sich fast bis zur Gegenwart bei verschiedenen Völkerschaften erhalten hat und die Möglichkeit bot, das Gewebe mit Mustern von zuweilen großer Schönheit zu versehen. Daß dies Einflechten des Schusses nur ein ganz langsames Fortschreiten des Gewebes zur Folge haben konnte, ist ohne weiteres klar.

Es muß deshalb die Anwendung eines Schaftes als ein großer Fortschritt in der Entwicklung der Webtechnik bezeichnet werden, durch welche es möglich wurde, eine beliebige Anzahl von Kettfäden gemeinsam zu bewegen und Fach bilden zu lassen. An Hand der Abb. 6 bis 8, welche nach Grothe[1]) einen noch bis zu Anfang des 19. Jahrhunderts auf Island in Gebrauch ge-wesenen senkrechten Webstuhl zeigen, soll das Webverfahren, welches mit dem auch im Alter-tum geübten fast vollkommen übereinstimmt, dargelegt werden.

Die Kettenfäden sind an einem Baum be-festigt, der von zwei Pfosten getragen wird. Der eine Teil a der Kette, aus allen ungeraden Fäden bestehend, ist über den Stab k gelegt, der andere b hängt senkrecht herab, und so entsteht das natürliche Fach β, in welches ein Schußfaden eingelegt und nach oben an den Geweberand angeschlagen wird. Für den näch-sten Schuß müssen die Fäden b über die Schußfäden zu liegen kommen. Dazu ist jeder Faden dieser Gruppe durch die Schleife eines kurzen Fadens c, der Litze, gezogen, welcher an den Stab d geknüpft ist. Zieht die Weberin den Stab nach vorn, treten alle Fäden b durch a hindurch und so entsteht das künst-liche Fach α. Stab d wird, damit die Weberin beide Hände für das Eintragen

Abb. 9.

Abb. 10. Teppichwebstuhl a. d. Kaukasus.

des Schusses frei bekommt, bei n eingelegt. Läßt man d wieder zurückgehen, kehren die Fäden b unter Wirkung der angehangenen Gewichte in die senk-rechte Lage zurück und es entsteht wieder das natürliche Fach. Die Litzen c und der Stab d bilden die Urform der Schäfte. — Um das Pendeln der bündelweis belasteten Kettenfäden zu verhindern, ist unten noch eine kräftige Schnur durchgezogen.

---

[1]) Dr. Grothe: Die Konstruktion der Webstühle, der Fachbildung und die Eintrag-geräte beim Weben im Altertum. Verhandl. des Vereins zur Beförderung des Gewerbe-fleißes 1883, S. 227—266.

Das Anschlagen des Schusses erfolgte mit einem Webmesser oder Schwert [s. Abb. 6 und Johl[1]) S. 17] oder mit einem Weberkamm, Abb. 9, nach Johl S. 18 mit eisernen Zinken, der jedoch nur bei Webstühlen mit senkrechter Kette Anwendung finden konnte.

Bei dem Webstuhl Abb. 6 wird von unten nach oben gewebt, wie es auch von den Ägyptern geübt wurde und heute noch im Kaukasus bei der Teppichweberei zur Ausführung kommt (s. Abb. 10), während Griechen und Römer von oben nach unten webten. Mit dem ersteren Verfahren konnten nur kurze Gewebe hergestellt werden, da die Kette durch Gewichte gespannt wurde. Webt man von oben nach unten, lassen sich auch längere Gewebe anfertigen, wenn die Kette oben auf einen Baum, dem Kettenbaum 1, Abb. 11, und unten das fertige Gewebe, auf einen Zeug- oder Warenbaum Z aufgewickelt wird. 3, 4 sind die Kreuz- oder Leseruten, welche die Fäden auseinanderhalten und das Auffinden gerissener erleichtern.

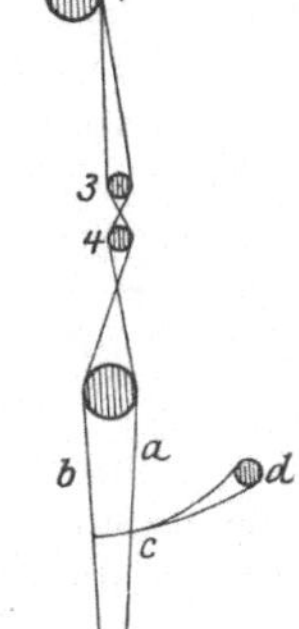

Abb. 11.

Die Fachbildung erfolgt mit einem Schaft d, wie oben angegeben, und es entsteht ein leindwandbindiges Gewebe, bei welchem abwechselnd die geraden und die ungeraden Kettenfäden über dem Schußfaden liegen. Werden mehrere Schäfte angewandt, z. B. 3 für die Gruppe b, in welche die Fäden so eingezogen sind, daß der erste die Fäden 1, 5, 9 usw., der zweite die Fäden 2, 6, 10 usf. und der dritte die Fäden 3, 7, 11 usf. führt, während die Fäden 4, 8, 12 usf. die

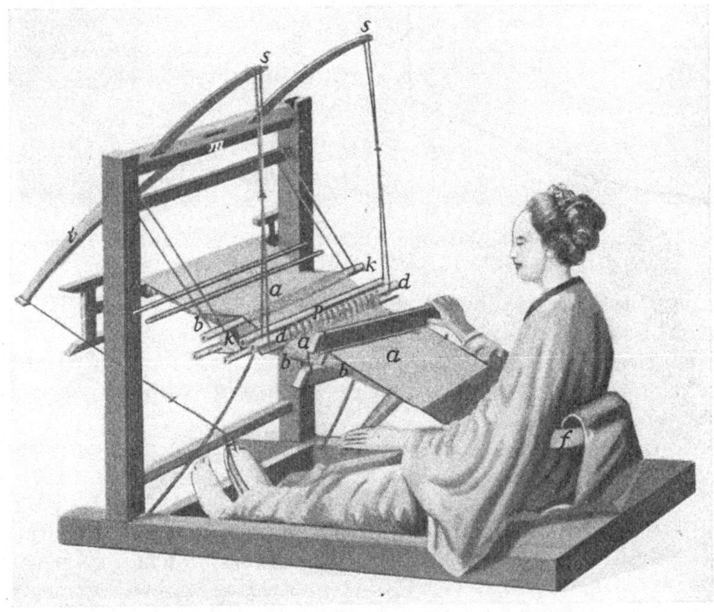

Abb. 12. Japanischer Handwebstuhl.

Gruppe a bilden, läßt sich dem Gewebe durch Ziehen von 1, 2 oder 3 Schäften in verschiedener Folge eine andere Bindung und damit ein anderes Aussehen geben.

---

[1]) Johl: Die Webstühle der Griechen und Römer mit reichem Literaturnachweis. Dissertation. Druck von Rob. Noske, Borna-Leipzig 1917.

Das Weben von oben nach unten bietet noch den Vorteil, daß die Weberin bei der Arbeit sitzen kann, weil es möglich ist, die Arbeitsstelle, den Geweberand, immer in nahezu gleicher Höhe zu halten.

Denkt man sich die Abb. 11 um 90^0 nach links gedreht, entsteht aus dem senkrechten ein wagerechter Webstuhl. Nun muß aber eine besondere Einrichtung für die Schaftbewegung getroffen werden. Der Schaft wird z. B., wie das der japanische Webstuhl[1]), Abb. 12, zeigt, durch Schnuren mit den auf der Achse m befindlichen Armen s verbunden. m trägt noch den Arm t, von dem eine Schnur nach dem rechten Fuß der Weberin geht. Zieht diese den Fuß an, hebt sich der Schaft, in welchen die unteren Fäden eingezogen sind. Um den Teilstab a ist die Kette so geführt, daß die geraden Fäden darüber, die ungeraden darunter liegen. Ein Blatt zum Anschlagen des Schußfadens, wie solches die Webstühle heute durchgängig besitzen, ist vorhanden, hat aber keine Führung. Die Spannung der Kette wird dadurch erzielt, daß das Gewebe an

Abb. 13.   Handwebstuhl mit endloser Kette.   Holländisch-Indien.

einem um die Hüfte der Weberin gelegten Gurt befestigt ist; ein Verfahren, das bei vielen Völkerschaften in Gebrauch war und noch ist.

Eine ganz besondere Art der Kettenbildung zeigt der in Niederländisch-Indien von den Eingeborenen gebrauchte Webstuhl Abb. 13 nach Loeber[2]). Die Kette ist endlos.

Das Eintragen des Schusses erfolgte in alter Zeit bei den Stühlen mit einem Schaft durch einen langen an beiden Enden zugespitzten Rundstab, auf welchen das Garn gewickelt war und der durch das geöffnete Fach gesteckt wurde (Steckschütze). Auch heute noch ist diese Art des Eintragens z. B. in Niederländisch-Indien gebräuchlich (vgl. Johl), welcher auch eine Steckschütze abbildet, die an beiden Enden mit einer Gabel versehen und auf welche das Garn in der Längsrichtung aufgewickelt ist, wie bei den zum Netzstricken dienenden Netznadeln. Die Steckschützen müssen länger, als das

---

[1]) Dr. Ephraim: Über die Entwicklung der Webtechnik und ihre Verbreitung außerhalb Europas. Verlag von Karl W. Hiersemann, Leipzig 1905. Mit ausführlichem Literaturnachweis.

[2]) Loeber jun., J. A.: Het Weven in Niederlandsch-Indie. Bulletin van Het Koloniaal Museum te Haarlem Nr. 29, Dezember 1903.

Gewebe breit ist, sein; es konnten deshalb von einer Person nur schmale Gewebe hergestellt werden und es mußten für breitere zwei besondere Leute für das Eintragen des Schusses tätig sein. Unbequem waren die Steckschützen auch dadurch, daß das Schußgarn bei dem Durchstecken der Schütze leicht mit den Kettfäden in Berührung kam. Aus diesen Steckschützen entwickelten sich dann die Schützen mit einem Hohlraum zur Aufnahme des Garnes, wodurch die Reibung zwischen Schuß und Kette vermieden wurde.

Aber noch bedurfte es eines wichtigen Schrittes, um die Webstühle mit wagerechter Kette leistungsfähiger zu gestalten. Dieser geschah durch Anbringung der **schwingenden Lade**, welche der Schütze eine sichere Laufbahn gibt und das **Blatt** zur gleichmäßigen Verteilung der Kettfäden und zum Anschlagen des Schusses aufnimmt und ferner durch die Anordnung der **Tritte** zur Bewegung der Schäfte. Dadurch erhielt der Webstuhl die Gestalt, in welcher er seit Jahrhunderten in Gebrauch ist. Abb. 14 stellt einen Handwebstuhl für Leinwand dar. Das Gestell besteht aus Holz. Die Breite richtet sich nach der Breite der herzustellenden Gewebe, die Tiefe nach den zur Kette

verwendeten Garnen und der Anzahl der Schäfte, die in ihrer Gesamtheit das **Geschirr** bilden. Man unterscheidet Baumwoll-, Leinen-, Tuch-, Seiden-, Samt- und Plüschstühle usw., schmale und breite, kurze und tiefe Stühle.

Der **Kettenbaum 1** ist hoch oben angebracht, um bei wenig elastischen Garnen eine möglichst große Länge ausspannen zu können; er liegt auch zuweilen unten etwas über dem Fußboden oder in Höhe des **Streichbaumes 2**. An einem Ende des Kettbaumes befindet sich eine runde Scheibe mit radialstehenden Stiften, von denen sich einer unter einen Stift der Feder 3 legt,

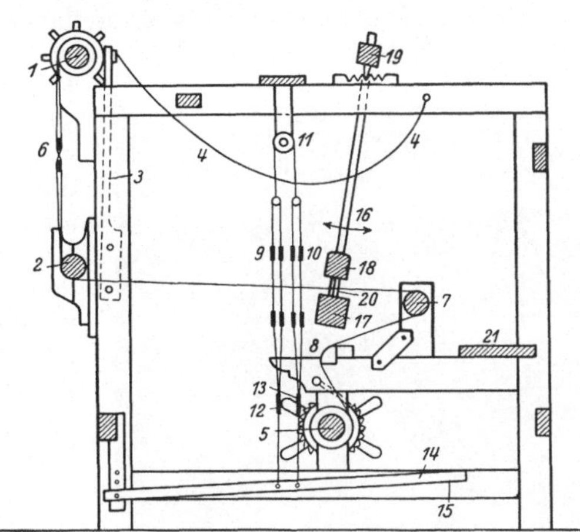

Abb. 14. Handwebstuhl.

um die Drehung des Kettbaumes zu verhindern. Ist ein Stück von z. B. 10 cm gewebt, zieht der Weber an der Schnur 4, hebt dadurch die Sperrung des Kettbaumes auf und dieser dreht sich unter Wirkung der Kettenfadenspannung und gibt Kette her. Nun wird das fertiggewebte Stück durch Drehen des **Zeugbaumes 5** aufgewickelt und die Spannung der Kette wieder hergestellt, die der Weber durch Auflegen der Hand prüft. Der Zeugbaum besitzt ein Sperrrad, in welches sich eine Klinke einlegt und ein Griff- oder Spillrad zum Drehen.

Die Kette läuft vom Kettbaum abwärts nach dem Streichbaum 2 und in diesem Teil sind die **Kreuzruten 6** angebracht. Vom Streichbaum geht die Kette in wagerechter oder der besseren Übersicht wegen etwas nach vorn geneigter Richtung nach dem **Brustbaum 7** und über den **Streichbaum 8** nach dem Zeugbaum 5. 9 und 10 sind **Doppelschäfte**, die man bei dichtem Kettenstand anwendet, während bei weniger dichten Ketten nur einfache vorhanden sind. Die Schäfte sind oberhalb durch Schnuren und über **Rollen 11** gehende Lederbänder miteinander verbunden; nach unten gehen je zwei Schnuren nach den **Querlatten 12, 13** und von diesen führen Schnuren nach den beiden **Tritten 14, 15**, die in der Abbildung in gleicher Höhe nebeneinander liegen, da das Fach geschlossen ist. Wird einer der Tritte niedergetreten, geht der damit verbundene Schaft ins Unterfach und zieht den anderen ins Oberfach (Gegenzug).

Die Lade besteht aus zwei Ladenarmen 16, dem Laden- oder Schwungklotz 17, dem Deckel 18 und der auf Spitzen laufenden Ladenwelle 19. Zwischen Klotz und Deckel ist das Blatt 20 eingespannt. 21 ist das Sitzbrett für den Weber.

Die Handschütze erhielt die aus Abb. 15 ersichtliche Gestalt und wurde abwechselnd mit der rechten und linken Hand durch das Fach geworfen. In

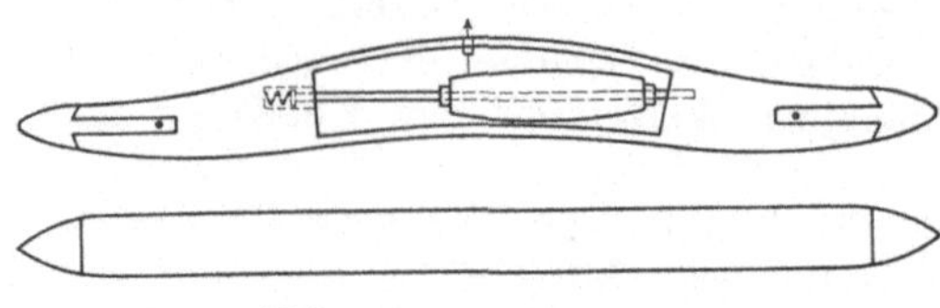

Abb. 15. Handschütze.

dem Hohlraum befindet sich auf einem Draht leicht drehbar das auf ein Papp- oder Holzspulchen gewundene Schußgarn. In Abb. 16, welche einen von den Eingeborenen der Insel Luzon verwendeten Stuhl zeigt, hat die Weberin die Handschütze in der linken Hand.

Die Schäfte bestehen aus zwei flachen gleichlaufend zueinander liegenden Latten, den Schaftruten, zwischen welche die mit Leinöl gefirnißten Litzen aus Baumwoll- oder Leinenzwirn eingebunden sind, die in der Mitte eine Fadenschleife von $8 \div 10$ mm Länge zur Durchführung des Kettfadens Abb. 17 oder ein Metallauge (Helfe, Maillon) Abb. 18 oder eine Drahtschleife Abb. 19 besitzen. Bei den mechanischen Webstühlen finden auch vielfach Schäfte mit Drahtlitzen nach Abb. 20 Anwendung.

Das Blatt (Kamm, Riet) ist ein länglich viereckiger Rahmen, zwischen dessen Langseiten in genau gleichen Abständen plattgewalzte Metalldrähte eingezogen sind, deren Feinheit und Teilung von der Garnnummer und dem Dichtenstande der Kette abhängig ist. In die Rietspalten sind zwei und mehr Fäden eingezogen. Ursprünglich wurden die Rietzähne aus gespaltenem Rohr hergestellt; daher auch noch die Bezeichnung Rohre. Die Blätter werden mit Nummern bezeichnet und gibt diese neuerdings die Anzahl der Rietspalten auf 1 cm an. Doch sind auch noch ältere Bezeichnungen in Anwendung.

Abb. 16. Handwebstuhl. Insel Luzon.

So gibt man z. B. an

in Berlin: die Gangzahl $= n \times 20$ Riete auf 16,66 cm ($^1/_4$ Elle),
in Sachsen: die Gangzahl $= n \times 20$ Riete auf 14,16 cm ($^1/_4$ Elle),
in Elberfeld: Anzahl der Riete auf 11 mm,
in Crefeld: Anzahl der Riete auf 10,48 mm,
die Stich- oder Rohrzahl auf $^1/_{12}''$ franz. = 1 Linie = $2^1/_4$ mm.

Einem Blatt mit 10 Lücken auf 1 cm entspricht in Sachsen ein Blatt von
$$\frac{10 \cdot 14{,}16}{20} = 7{,}08 \text{ Gang.}$$

In der Juteweberei spricht man von einem 7, 8, 10, 12 usw. Gang-Blatt, welches $3^1/_2$, 4, 5, 6 Zähne auf $^{37}/_{40}''$ engl. = rd. 23,5 mm hat. Die Kettendichte wird durch die Anzahl der Gang (Porter) von 40 Fäden auf $37''$ engl. = rd. 940 mm Blattbreite ausgedrückt. Ein Gewebe hat im Blatt soviel Fäden auf $^{37}/_{40}''$, als die Gangzahl angibt, und da je zwei Fäden in eine Rietspalte eingezogen werden, ist die Rietzahl $= ^1/_2$ Gangzahl.

Der beschriebene Handwebstuhl hat bis zur Erfindung der Schnellschütze durch den Wollenweber John Kay aus Bury 1733 kaum eine nennenswerte Änderung erfahren. Die Schnellschütze bot zwei erhebliche Vorteile gegenüber der Handschütze: schnelleres Arbeiten und Herstellung der breitesten Gewebe durch einen Mann, wozu bisher neben dem Weber für den Schützenwurf noch ein bis zwei Hilfskräfte nötig waren.

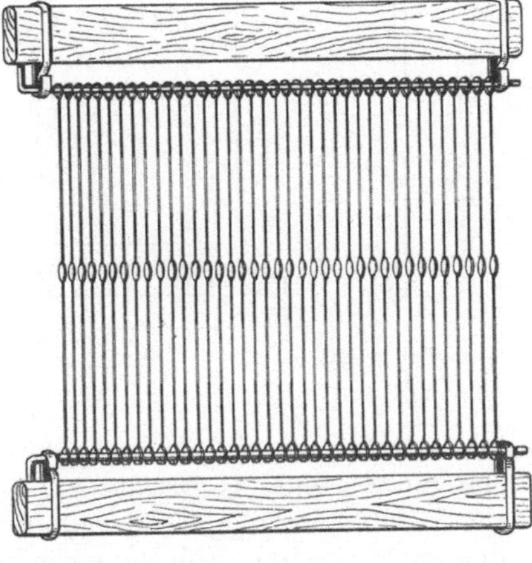

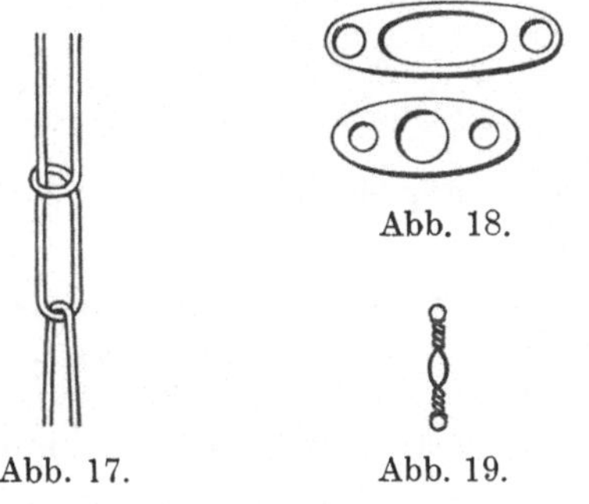

Abb. 18.

Abb. 17. Abb. 19. Abb. 20. Schaft mit Drahtlitzen.

Kay erfuhr seitens der englischen Weber, die sich durch seine Erfindung beeinträchtigt glaubten, so viel Anfeindungen, daß er nach Paris auswanderte. In Berlin soll die Schnellschütze nach Karmarsch, Geschichte der Technologie seit der Mitte des 18. Jahrhunderts, zuerst 1791 in einer Tuchweberei zur An-

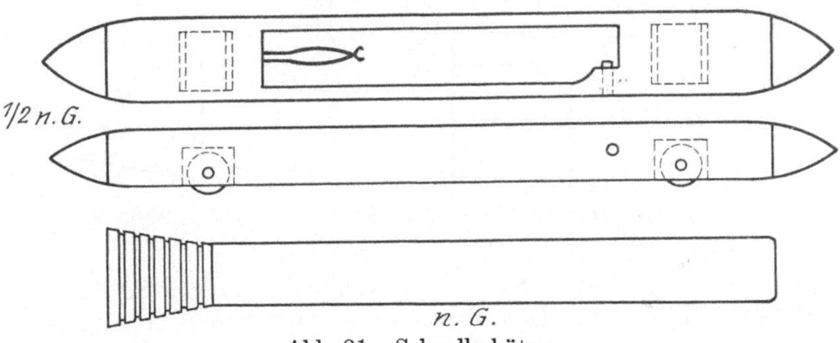

Abb. 21. Schnellschütze.

wendung gekommen sein. Es hat also langer Zeit bedurft, ehe diese bedeutsame Neuerung sich Bahn brach. Die Schnellschütze hat die durch Abb. 21 gegebene Gestalt ohne und mit Rollen. (Gleitschütze und Rollenschütze.) Bei letzterer sind die Achsen der Rollen um einen kleinen Winkel gegeneinander gestellt, wodurch die Schütze die Neigung erhält, gegen das Blatt zu laufen. Der Schützenkörper ist von Holz und hat eiserne Spitzen; das Garn ist auf eine Holzspule gewickelt, die durch 2 federnde Drähte gehalten wird. Der Faden tritt, wie bei allen Schützen, durch ein Porzellanauge nach vorn aus. Die Spule ist in halber natürlicher Größe mitgezeichnet.

Die Einrichtung der Lade für die Schnellschütze zeigt Abb. 22 nach einer Ausführung an einem Musterwebstuhl. Der Ladenklotz 12 trägt an beiden Enden die Schützenkästen 1; am linken ist die Vorderwand abgenommen. In den

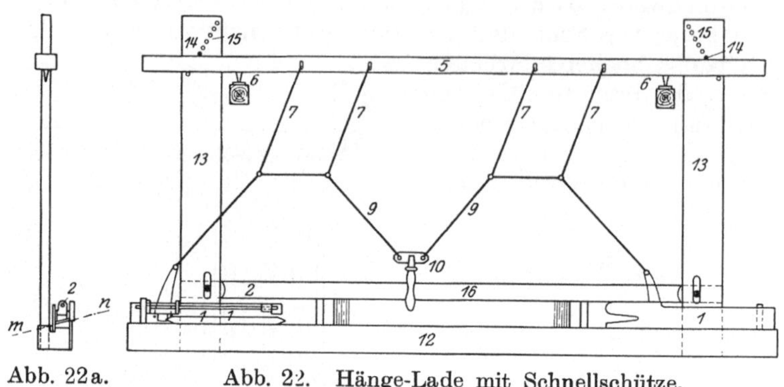

Abb. 22a.   Abb. 22. Hänge-Lade mit Schnellschütze.

Kästen erhalten die Schützentreiber (Picker, Vogel) Bewegung und werden geführt durch runde Holzstäbe 2 und die Ladenbahn. Ein Treiber ist in den Abb. 23 und 24 in $^1/_2$ n. Gr. dargestellt. Er besteht aus einem Holzklötzchen 4, an dessen Stirnseiten Führungsscheiben 5 aus weißgarem Leder für die Spin-

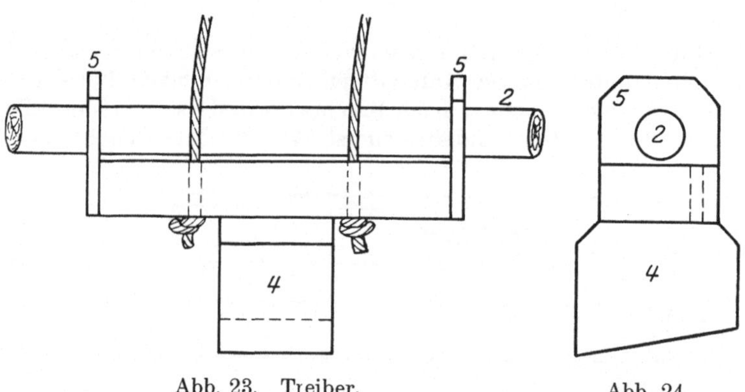

Abb. 23. Treiber.   Abb. 24.

del 2 genagelt sind. Das Klötzchen 4, welches gegen die Schütze wirkt, ist unten abgeschrägt, weil die Ladenbahn stark nach hinten geneigt ist. (Siehe Abb. 22a Richtung $m\,n$.) Diese Schräge ist nötig, da die Ladenbahn, wenn die Lade nach hinten gelegt ist, um den Schuß eintragen zu können, noch eine Neigung nach hinten besitzen muß, wodurch ein ungestörter Durchlauf der Schütze gesichert ist.

Der Ladenklotz 12 ist mittels der Arme 13 an der Ladenachse 5 durch Vorstecker 14 befestigt und seine Höhenlage läßt sich durch die Löcherreihen 15 nach Bedarf ändern.

Die Ladenachse läuft auf Spitzen 6, die in Pfannen auf den oberen Längsholmen des Gestelles eintauchen. An der Ladenachse sind Schnuren 7 befestigt, welche mit den Faderschleifen der Picker und durch die Schnuren 9 mit dem Handgriff (Schneller) 10 verbunden sind. Wird der Schneller rasch nach rechts bewegt, schießt die Schütze von links nach rechts durch das Fach und bringt den rechtsseitigen Treiber in seine Endstellung. Für den nächsten Schuß wird der Schneller schnell nach links bewegt. Der Weber führt mit einer Hand den Schützenwurf aus, mit der anderen ergreift er den Ladendeckel 16 und bewegt die Lade zurück und vor, und mit den Füßen werden die Tritte für den Schaftgang, die Fachbildung, in Bewegung gesetzt.

Bei der großen Ausdehnung, welche die Weberei in den europäischen Ländern, besonders in England in den vergangenen Jahrhunderten erfahren hatte, kann es nicht wundernehmen, daß schon früh Bestrebungen sich bemerklich machten, die Webstühle mechanisch zu betreiben, um die Leistung gegenüber den Handwebstühlen zu erhöhen und den Weber in seiner oft nicht leichten, die Körperkräfte stark in Anspruch nehmenden Tätigkeit dadurch zu entlasten, ihm in der Hauptsache nur die Aufsicht über das Arbeiten des Stuhles, das Auswechseln leergelaufener Schußspulen und die Beseitigung entstandener Fehler zuzuweisen. Nach Karmarsch, Geschichte der Technologie, ist nachweislich 1678 der erste Entwurf zu einem Kraftstuhl der Akademie zu Paris von einem Seeoffizier de Genne vorgelegt worden, aber jeder Erfolg blieb bei der großen Mangelhaftigkeit aus. Etwas größeren Erfolg hatte der englische Geistliche Edward Cartwright, welcher von 1784 sich der Aufgabe unterzog, einen Kraftstuhl zu schaffen, es aber erst nach eingehender Kenntnisnahme der Handweberei 1787 dahin brachte, zu Doncaster eine kleine Weberei mit 20 Stühlen zu errichten, die von 1789 durch eine Dampfmaschine betrieben wurde, jedoch bereits 1793 einging, weil der Betrieb unwirtschaftlich war.

Seit dieser Zeit waren es besonders Engländer und einige Franzosen, die sich, fast immer erfolglos, mit dem Bau von Kraftstühlen beschäftigten. Erst dem Engländer Richard Roberts gelang es um 1822, eine gute Lösung zu finden, so daß die aus der Fabrik von Sharp und Roberts hervorgegangenen Stühle schnell Eingang in die Baumwollwebereien Englands und Schottlands fanden.

Die Aufgabe war für die damalige Zeit nicht leicht, die verschiedenen Bewegungen, welche der Handweber zu vollziehen hat, die Schaft- und Ladenbewegung und den Schützenwurf, auf mechanischem Wege auszuführen. Es mußte auch noch eine Reihe von wichtigen Nebenbedingungen erfüllt werden, sollten die Kraftstühle wirtschaftlich arbeiten. Es waren Vorrichtungen zu schaffen zur Erhaltung einer gleichmäßigen Spannung der Kette während der ganzen Dauer des Verwebens (Spannungsregulatoren), zur regelmäßigen Aufwicklung des Gewebes nach jedem Schuß (Aufwinderegulatoren), zur Ausbreitung des Gewebes in der Breitenrichtung (Breithalter), zur Selbstabstellung des Stuhles bei Ausbleiben des Schußfadens (Schußwächter) und bei dem Steckenbleiben der Schütze im Fach (Schützenwächter).

Heute weisen die Kraftstühle einen hohen Grad von Vollkommenheit auf. Staunend steht der Laie vor den Meisterwerken der Webstuhlbauer, den „Automaten", die neben Schuß- und Schützenwächtern noch Kettenfadenwächter besitzen, so daß bei dem Reißen irgendeines Kettenfadens der Stuhl sich abstellt und die bei dem Fehlen des Schusses die Schütze oder die Schußspule während des schnellen Ganges selbsttätig wechseln.

Die Kraftstühle wurden zuerst nur für glatte baumwollene Stoffe verwendet; erst allmählich gelangten sie auch in der Woll-, Seiden- und Leinenweberei in

Gebrauch. Die weitere Entwicklung richtete sich dann insbesondere auf Schaffung von Einrichtungen zur Herstellung gemusterter Gewebe, deren Ausführung der Handweberei, sofern reiche Muster, Figuren, Ornamente, bildliche Darstellungen in Frage kamen, große Schwierigkeiten boten[1]). Da trat im Jahre 1808 Charles (auch Joseph) Marie Jacquard, geboren am 7. Juli 1752 zu Lyon, gestorben am 7. August 1834 zu Oullins bei Lyon, mit der nach ihm benannten Musterwebmaschine hervor, die mit Leichtigkeit die Herstellung der schwierigsten Muster ermöglichte und deshalb trotz anfänglichen großen Widerstandes seitens der Weber in kurzer Zeit derartige Verbreitung fand, daß bereits 1812 18000 seiner Webstühle in Frankreich in Betrieb waren. Wohl selten hat eine Erfindung die Alleinherrschaft in so kurzer Zeit erlangt und Eingang gefunden in die Musterwebereien aller Länder und hat bis heute ihre ursprüngliche Gestaltung bis auf wenige sich auf Einzelheiten erstreckende Abänderungen beibehalten.

---

[1]) Kohl: Geschichte der Jacquardmaschine.

I. Die Herstellung der Gewebe.

Nach dieser kurzen Darlegung des Entwicklungsganges der Weberei soll zunächst die Herstellung der Gewebe aus zwei sich rechtwinklig kreuzenden Fadengruppen auf Kraftstühlen behandelt werden.

Es sind drei verschiedene Arten von Geweben, von denen die Einrichtung der Webstühle wesentlich abhängt, zu unterscheiden:

1. die schlichten, glatten, taft- oder leinwandbindigen Gewebe,
2. die geköperten, gekieperten oder kroisierten Stoffe,
3. die gemusterten, fassonierten, dessinierten oder figurierten Waren.

Zunächst sei angeführt, daß alle Gewebe aus dem Grund (Fond) und der an beiden Rändern befindlichen schmalen Salleiste (Salband, Kante, Egge) bestehen. Zur Egge werden meist kräftigere Garne oder Doppelfäden

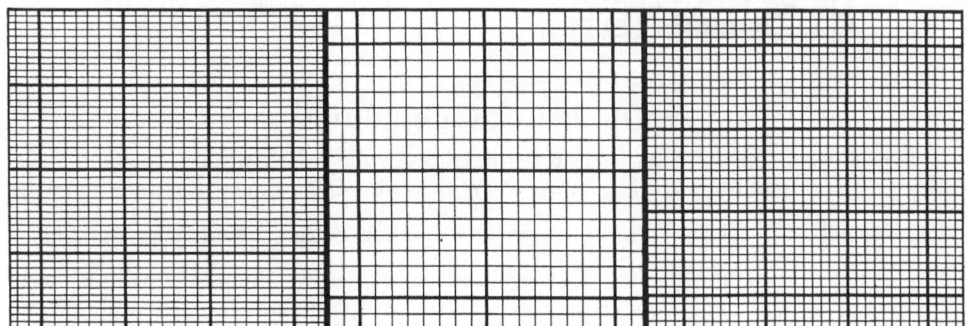

Abb. 25. Muster von Patronenpapier.

benutzt, weil die Randfäden, wie später dargelegt wird, eine stärkere Beanspruchung erfahren als die in der Mitte liegenden. Auch gibt man der Egge häufig eine andere Bindung als dem Grund, wodurch sich beide deutlich voneinander abheben.

Für alle Gewebearten ist es erforderlich, eine Zeichnung des herzustellenden Musters zu haben, welche die Umschlingung von Kette und Schuß darstellt und nach welcher die Einrichtung des Geschirres getroffen werden kann. Die Musterzeichnung, die Patrone, wird auf Papier, welches durch senkrechte und wagerechte Linien in Quadrate oder Rechtecke geteilt ist, entworfen und gibt man durch voll angelegte Quadrate die Stellen an, an welchen der Kettfaden über dem Schußfaden liegt. Das Patronenpapier, auf welchem die senkrechten Streifen die Kett-, die wagerechten die Schußfäden darstellen, erhält in regelmäßigen Abständen dickere Linien, Abb. 25, um das Abzählen der Fäden zu erleichtern.

Je nach der Anzahl der Quadrate zwischen zwei dickeren Linien wird das Papier als 7 : 12, 8 : 8, 9 : 10 bezeichnet. Quadriertes Papier wendet man an, wenn die Ketten- und Schußdichte gleich oder nur wenig verschieden ist; in Rechtecke geteiltes, wenn sie stark verschieden ist. Abb. 26 stellt ein Kreismuster dar, welches sich bei gleicher Schußdichte über 16 Fäden in beiden Richtungen erstreckt auf Patronenpapier 8 : 8. Ist die Schußdichte geringer, z. B. nur $^1/_2$ der Kettendichte, nimmt man zweckmäßig Patronenpapier mit Rechtecken (Abb. 27) und erhält dann eine Musterzeichnung, die der im Gewebe erscheinenden entspricht. Dadurch werden Verzerrungen des Bildes vermieden.

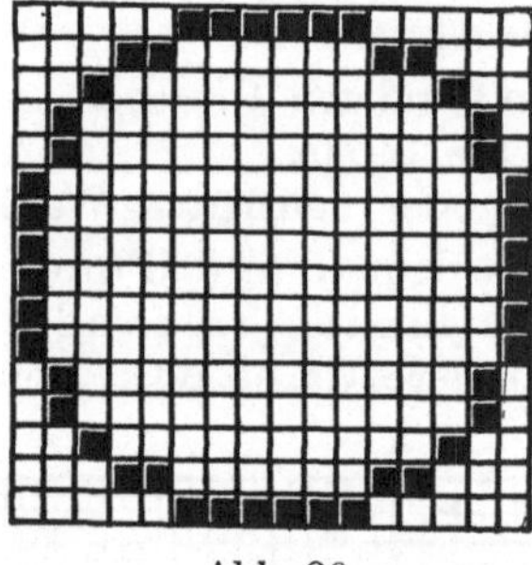

Abb. 26.

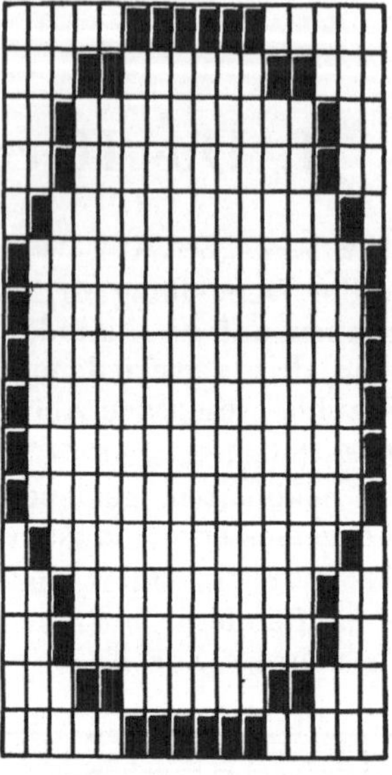

Abb. 27.

1. Die Leinwandbindung.

Diese wird angewendet bei Kattun (Baumwolle), Leinwand, Tuchen, Taft (Seide). Der Schußfaden liegt immer unter und über einem Kettfaden nach der Formel $\dfrac{1\ 1}{1\ 1}$. Das Gewebe zeigt auf beiden Seiten gleichviel von Kette und Schuß. Der Schuß- und der Kettenrapport ist 2; die Schaftzahl 2, wie schon auf S. 7 angegeben, oder bei großer Kettendichte 4, 6, 8 und gehen dann immer 2, 3 oder 4 Schäfte zusammen.

2. Die Köperbindung.

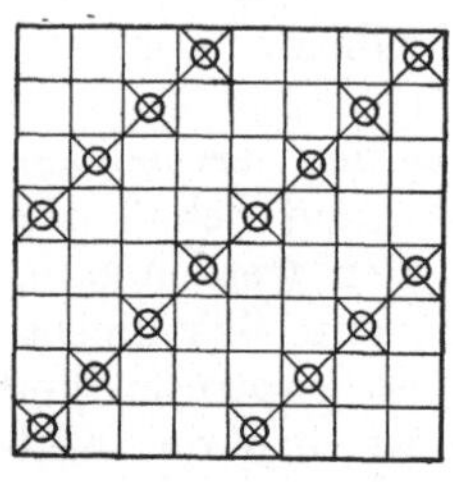

Abb. 28.

Bei dem echten Köper liegt immer ein Kettenfaden unten, mehrere oben oder umgekehrt und die Kreuzungsstellen wandern Schuß um Schuß um einen Faden nach rechts oder links. Der kleinste Rapport ist 3, kann aber jede höhere Zahl umfassen. Es wird also nach der Formel $\dfrac{2\ 2}{1\ 1}$ oder $\dfrac{3\ 3}{1\ 1}$ oder $\dfrac{6\ 6}{1\ 1}$ gewebt. Sind Schuß und Kettendichte gleich, entsteht eine Schrägstreifung (Köpergrad) unter einem Winkel von 45° (s. Abb. 28), Patrone für einen vierbindigen Köper); sind die Dichten ungleich, ist der Winkel größer oder kleiner.

Die Köperbindung kann in sehr verschiedener Weise verändert werden, wie in dem Abschnitt „Fach- und Musterbildung" weiter ausgeführt ist.

3. Gemusterte Gewebe.

Die Muster können sich in der Breite und Länge des Gewebes wiederholen, können aber auch, abgesehen von der Bordüre, wie bei Gebildgeweben, den Grund eines Gewebes ohne Wiederholung einnehmen, z. B. Altartücher mit Darstellung des Abendmahles u. a. Die Herrichtung der Patrone erfordert in diesem Falle große Erfahrung und großes Geschick. Es kann vorkommen, daß der Musterzeichnung entsprechend z. B. die Kettfäden, wenn diese Figur bilden, auf längeren Strecken sichtbar sein sollen. Die Fäden dürfen aber nicht flott liegen, sie müssen ab und an eingebunden werden, ohne daß dadurch das Bild gestört wird. Dies in geschickter Weise durchzuführen ist Sache des Webers.

Kleinere Muster werden mit Schaftmaschinen, größere mit der Jacquardmaschine hergestellt.

Zerlegen eines Gewebes. Dekomponieren.

Häufig wird der Weber vor die Aufgabe gestellt, Ware nach einem Gewebemuster zu liefern. Das Muster muß dann zerlegt werden, um alle Feststellungen für den Bezug der Garne, die Einrichtung der Webstühle usw. treffen zu können, eine Arbeit, die mit Dekomponieren bezeichnet wird.

Sind Breite und Stücklänge des Gewebes bekannt, ist zu ermitteln:

1. die rechte und linke Seite des Gewebes,
2. „ Richtung von Kette und Schuß,
3. „ zu Kette und Schuß verwendeten Rohstoffe,
4. „ Garnnummer von Kette und Schuß,
5. „ Ketten- und Schußdichte,
6. „ Bindung.

Zu 1. Die Bestimmung der rechten Seite ist meist leicht, da sie fast immer durch Bindung, Stoff, Farbe und Appretur ein schöneres Aussehen zeigt als die linke. — Die Notwendigkeit der Bestimmung entfällt, wenn das Gewebe beidrecht ist

Zu 2. Hat die Gewebeprobe noch Salleiste, ist die Kett- und Schußrichtung ohne weiteres klar. Im anderen Falle kann zur Bestimmung der Kettrichtung folgendes dienen: Zur Kette wird immer das festere Garn benutzt. Sind gezwirnte und ungezwirnte Fäden vorhanden, liegen die gezwirnten in der Kettrichtung. Besteht die Probe aus Baumwollgarn in der einen, aus Leinen- oder Wollgarn in der anderen Richtung, gilt das Baumwollgarn als Kette. Zeigen sich im durchfallenden Lichte in regelmäßigen Abständen feine Streifen, geben diese die Kettrichtung. Die Streifen (Riet- oder Rohrstreifen) entstehen dadurch, daß immer mindestens zwei, häufig mehr Fäden in eine Rietspalte eingezogen sind. — Ist das Muster ohne Appretur, geben die geschlichteten oder geleimten Fäden die Kettrichtung. Weist das Muster nur in einer Richtung verschiedenfarbige Streifen auf, gibt die Streifung die Kettrichtung. — Auch die Drehungen, der Draht, der Fäden geben einen Anhalt zur Bestimmung der Kettrichtung. Die Kettfäden sind immer schärfer gedreht als die Schußfäden.

Zu 3. Das geübte Auge wird meist schon erkennen lassen, ob die Garne aus Baumwolle, Leinen usw. bestehen. Anderenfalls gibt die mikroskopische Untersuchung unter Anwendung bestimmter Reagenzien Aufschluß. — Verbrennt man einzelne Fäden, lassen die dabei auftretenden Erscheinungen — rasches Verbrennen, Bildung von Knötchen — und der Geruch die Entscheidung darüber treffen, ob man es mit Garnen aus pflanzlichen oder tierischen Fasern zu tun hat.

Zu 4. Ist die Garnnummer nicht ohne weiteres durch Erfahrung oder Vergleich zu bestimmen, kann man folgendermaßen verfahren: Man schneidet aus der Probe ein Stück von genau 1 Quadratdezimeter Größe fadengerade heraus und löst es auf. Wiegt man dann auf einer feinen Wage die Ketten- und die Schußfäden, nachdem man die Anzahl und die Länge in gestrecktem Zustand festgestellt hat, ergibt sich die Nummer durch einfache Rechnung. Ist die Anzahl

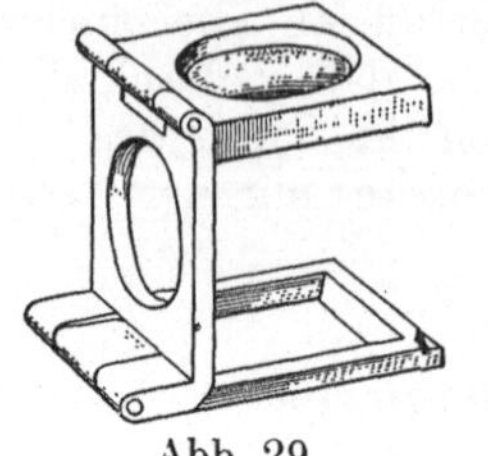

Abb. 29.

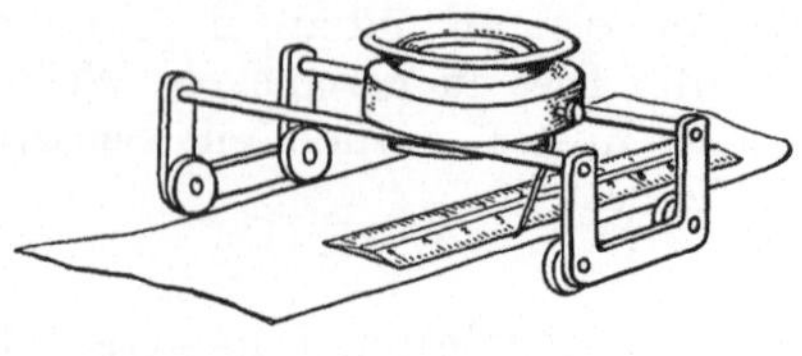

Abb. 30.

Abb. 29 u. 30.   Fadenzähler.

der Kettfäden $= k$, die Länge in gestrecktem Zustand $= l$ in m und G das Gewicht in g ist die metrische Nummer, welche angibt, wieviel Meter 1 g

wiegen $= \dfrac{k \cdot l}{G}$. Enthält die Kette noch Schlichte oder das Gewebe Appretur- und Beschwerungsmittel, müssen diese vorher ausgewaschen werden.

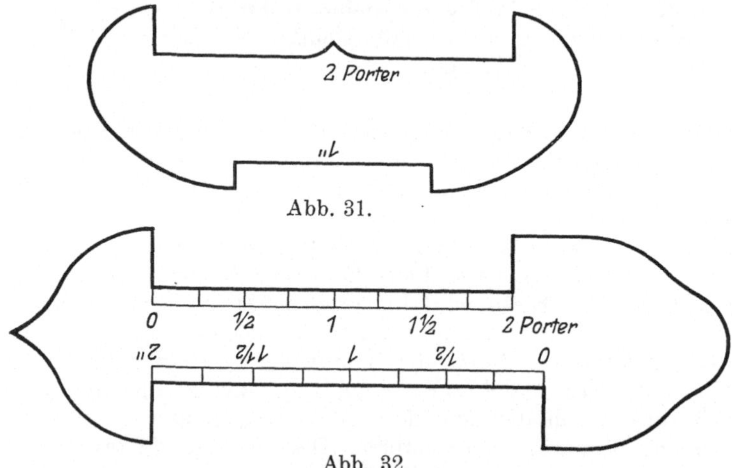

Abb. 31.

Abb. 32.

Abb. 31 u. 32.   Fadenzähler (Lehre, Porter) für Jutegewebe.

Zu 5. Das unter 4 angegebene Verfahren zur Nummerbestimmung gibt auch Aufschluß über die Ketten- und Schußdichte. k Kettfäden liegen auf 10 cm, folglich 0,1 k auf 1 cm. Braucht man das Gewebe nicht aufzulösen, benutzt man zur Dichtenbestimmung einen Fadenzähler, dessen einfachste Ausführung Abb. 29 gibt. Der Zähler ist zum Zusammenklappen eingerichtet, besitzt eine Lupe und im Fuß eine Öffnung von $1 \times 0{,}5$ oder 1×1 oder 2×2 cm oder $^1/_4 \times {}^1/_4$, oder $^1/_2 \times {}^1/_2$, $1 \times 1''$ engl. und wird auf das Gewebe gleichlaufend zu den Fäden aufgesetzt. Bei dichtem Kettenstand ist der Zähler Abb. 30 der größeren Genauigkeit wegen vorzuziehen. Die Lupe ist in zwei aufeinander rechtwinkligen Richtungen leicht verschiebbar und trägt einen bis dicht über die Gewebeoberfläche reichenden Zeiger. — In den Jutewebereien finden, da die Zahl der Kett- und Schußfäden auf eine Längeneinheit immer klein ist, Lehren (Porter) Anwendung nach Abb. 31 und 32. Beide Lehren sind Doppelporter. Über die Entstehung der Maße von $^{37}/_{40}''$ engl. s. S. 9. Die Spitze in Abb. 32 dient bei dem Auflösen der Gewebe zum Verschieben der Fäden (s. unter 6).

Zu 6. Zur Bestimmung der Bindung ist, wenn diese nicht ohne weiteres aus der Gewebeprobe erkennbar ist, die Auflösung der Probe erforderlich. Man legt das Gewebestück so hin, daß die Schußfäden von links nach rechts, die Kettfäden von oben nach unten laufen und entfernt mit einer Nadel, nachdem man am linken Rande einige Kettfäden herausgenommen hat, von oben so lange Schußfäden, bis man eine Stelle des Musters trifft, die viel Kette zeigt. Nun schiebt man den nächsten Schußfaden etwas vom Geweberand ab und versieht das Patronenpapier vom ersten Kettenfaden links anfangend überall da mit einem Kreuzchen oder Ringelchen, wo ein Kettenfaden oben liegt. Der erste Schußfaden wird, sobald sich das Muster in der Querrichtung wiederholt, herausgenommen und nun kommt der 2., 3. usf. an die Reihe, bis sich das Muster in der Längsrichtung wiederholt. Die Patrone gibt dann Aufschluß über die Zahl der anzuwendenden Schäfte oder über die Größe der Jacquardmaschine.

4. Drehung der Garne und deren Einfluß auf Aussehen und Verwendung der Gewebe.

Durch das Feinspinnen erhält der Faden Rechts- oder Linksdrehung (Draht, Drall). Werden die Fasern im Sinne eines rechten Schraubenganges angeordnet, bezeichnet man das Garn als rechts-, im entgegengesetzten Falle als linksdrähtig. Der Drehungssinn muß bei Herstellung der Gewebe in einzelnen Fällen berücksichtigt werden. So wählt man für zu walkende Stoffe rechtsdrähtiges Ketten- und linksdrähtiges Schußgarn. Im rohen Loden liegen dann die Windungen beider Garne in einer Richtung, Abb. 33, wodurch die Verfilzung gefördert wird.

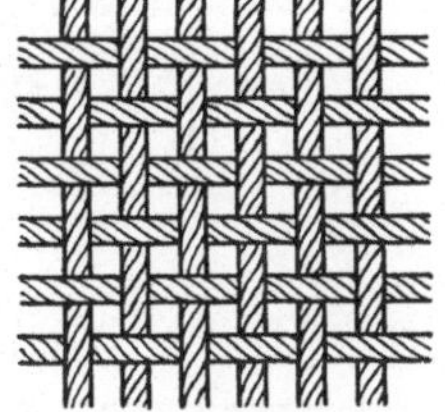

Abb. 33.

Man schert auch in die Kette neben einer Anzahl rechtsgedrehter eine Anzahl linksgedrehter Fäden im Wechsel. Das Gewebe — meist Kleiderstoffe aus Kammgarn — zeigt dann, da das auffallende Licht von den Fäden verschieden zurückgeworfen wird, trotz gleicher Färbung hellere und dunklere Streifen. — Diese beiden Beispiele mögen genügen.

II. Die mechanischen Webstühle.
A. Allgemeines.

Jeder Kraftstuhl besteht aus dem gußeisernen Gestell und im wesentlichen aus den Vorrichtungen für die Spannung und Längsbewegung der Kette, für die Fachbildung und für das Eintragen und Anschlagen des Schusses. Dazu kommen noch die verschiedenen Vorkehrungen zur Überwachung des Ganges, die Wächtereinrichtungen.

Die Praxis unterscheidet nach der Ausführung schmale und breite, leichte und schwere Stühle, nach dem Verwendungszweck Baumwoll-, Leinen-, Jute-,

Seiden-, Tuchstühle, ferner Buckskin-, Flanell-, Damast-, Samt-, Gaze-, Teppich-, Bandstühle usw. Man bezeichnet die Stühle auch vielfach nach dem Ursprungsland oder dem Erbauer oder Erfinder; sächsische, schweizer, englische Stühle oder Schönherrsche-, Hartmannsche-, Honegger-, Crompton-, Hattersley-, oder Northrop-, Seatonstühle.

Nach den Einrichtungen für die Fachbildung unterscheidet man Schaft- oder Exzenterstühle, Schaftmaschinen- und Jacquardstühle; nach der Anordnung für die Eintragung des Schusses Stühle mit Ober- und mit Unterschlag, Exzenter- und Federschlagstühle. Dann je nachdem immer mit einer oder mit mehreren Schützen gearbeitet wird, Stühle mit einfacher, einzelliger Lade, einschützige Stühle, und Stühle mit Wechsellade, die entweder als Steig- oder als Revolverlade ausgeführt

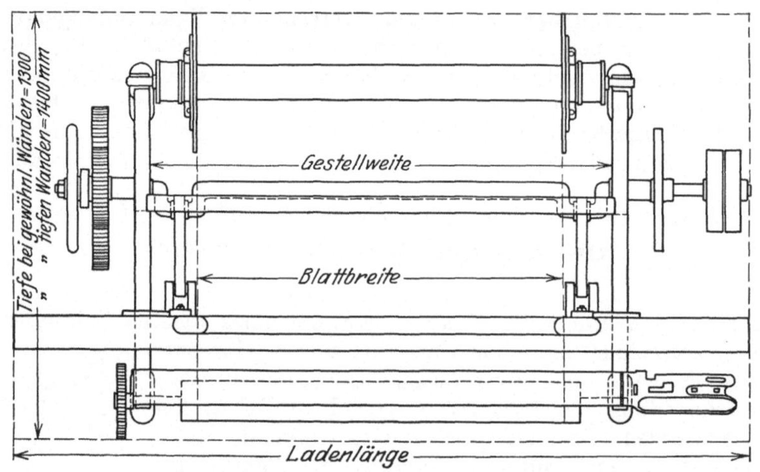

Abb. 34.   Maßskizze für mechanische Webstühle.

Grundriß-Tabelle für Zeugwebstuhl, Modell: T.

Nr.	Blattbreite Zoll engl.	Blattbreite mm	Gestellweite mm	Ladenlänge mm	Nr.	Blattbreite Zoll engl.	Blattbreite mm	Gestellweite mm	Ladenlänge mm	Nr.	Blattbreite Zoll engl.	Blattbreite mm	Gestellweite mm	Ladenlänge mm	Nr.	Blattbreite Zoll engl.	Blattbreite mm	Gestellweite mm	Ladenlänge mm
1	$20\frac{7}{8}$	530	782	1614	8	42	1066	1318	2150	13	54	1372	1624	2456	17	66	1676	1928	2760
2	$20\frac{13}{16}$	630	882	1714	8a	44	1117	1369	2201	13a	56	1422	1670	2506	18	68	1727	1979	2811
3	$28\frac{3}{4}$	730	982	1814	9	46	1168	1420	2252	14	58	1473	1725	2557	19	70	1778	2030	2862
4	$32\frac{5}{8}$	828	1080	1912	10	48	1220	1472	2304	14a	60	1524	1776	2608	20	72	1829	2081	2913
5	$36\frac{5}{8}$	930	1182	2014	11	50	1270	1522	2354	15	62	1574	1826	2658	21	74	1880	2132	2964
6	38	965	1217	2049	12	52	1322	1574	2406	16	64	1626	1878	2710	22	70	1930	2182	3014
7	40	1016	1268	2100															

wird; ferner Stühle mit Steh- oder Hängelade, Sticklade, Lancier- und Broschierlade usf.

Zu den älteren Ausführungen sind dann in neuerer Zeit noch die „Automaten" gekommen, bei denen im weitgehendsten Maße die Tätigkeit des Webers dem Stuhl übertragen ist.

Im Bau der Webstühle haben sich im Laufe der Zeit bestimmte Formen entwickelt, die zum Teil begründet sind durch die Art und Breite der herzustellenden Gewebe und die Eigenschaften der zur Kette verwendeten Garne, zum anderen Teil durch die anzuwendende Schußzahl. Schmale raschlaufende

Stühle für leichte einfache Gewebe sind leichter gebaut als breite langsamlaufende Stühle für schwere Ware mit mehr oder weniger reicher Musterung.

In der Hauptsache lassen sich zwei Stuhlarten unterscheiden: Einfache Kurbelstühle mit 2 Wellen, von denen die Antriebwelle mit n Umdre-

Abb. 35. Webstuhl für 18 m breite Papierfilze.

hungen in der Minute = der Schußzahl läuft und durch Kurbeln die Lade bewegt und von welcher die zweite, die Schlagexzenterwelle, durch Stirn-

Abb. 36. Einfacher Webstuhl mit Oberschlag.

räder mit $\frac{n}{2}$ Umdrehungen getrieben wird, und Stühle mit nur einer mit n Umdrehungen laufenden Kurbelwelle. — Die erstere Anordnung wird für leichte und schmale Gewebe aus Baumwolle, Leinen, Jute, Halbwolle usw.

verwendet, die zweite für schwerere Baumwoll-, Leinen- und Wollwaren. Ausführliche Besprechung erfolgt später in den einzelnen Abschnitten über Fachbildung und Schützenschlageinrichtungen.

Abb. 37. Einfacher Webstuhl mit Unterschlag.

Die Breite der Webstühle ist abhängig von der größten Gewebebreite, doch gibt man nicht diese, sondern die Blattbreite an, die durchschnittlich um $3 \div 5$ vH größer ist. Von der Blattbreite hängen alle übrigen Breitenabmessungen ab, wie aus der Grundrißskizze Abb. 34 (S. 284) und einer Zusammenstellung für Zeugwebstühle der Vogtländischen Webstuhlfabrik in Plauen i.V. hervorgeht. Wie man aus dieser Tabelle ersieht, ist die größte Stuhlbreite, gegeben durch die Ladenlänge, immer sehr viel größer als die Blattbreite. Noch größere Breiten besitzen Teppsichstühle, Stühle für Planen usw. Am breitesten sind Stühle für die in der Papiererzeugung

Abb. 38. Webstuhl mit Außentritten.

verwendeten „Rundfilze“. Hier kommen Gewebebreiten von 10, 12, 15, ja selbst 18 m vor. Abb. 35 zeigt einen solchen Stuhl, erbaut von der Sächsischen Maschinenfabrik vorm. Richard Hartmann in Chemnitz, für etwa 18 m breite Filze, welcher 23 m ganze Länge, 4,5 m Tiefe, 3 m Höhe und ein Gewicht von 35 000 kg besitzt und dessen Schütze 9 kg wiegt.

Abb. 39. Webstuhl mit Schaftmaschine und Steiglade.

Die Tiefe der Stühle hängt von der Breite, den zur Fachbildung dienenden Einrichtungen und von der Beschaffenheit des Kettengarnes — ob mehr oder weniger elastisch — ab.

Um zunächst einen Einblick in die verschiedenen Anordnungen der Webstühle zu geben, sei auf die Abb. 36 bis 40 verwiesen. — Abb. 36 gibt einen einschützigen Hartmannschen Kurbelstuhl mit Oberschlag, zwei Innen- oder Mitteltritten unterhalb der Kette für leichte Leinenwaren; Abb. 37 einen ebensolchen Stuhl derselben Firma für mittelschweres Leinen mit Unterschlag; Abb. 38 einen Stuhl der Vogtländischen Webstuhlfabrik A. G. in Plauen i.V., Bauart Hodgson, mit Oberschlag und Außentritten. Bei diesen Stühlen ist die Antriebwelle zugleich Kurbelwelle für die Ladenbewegung,

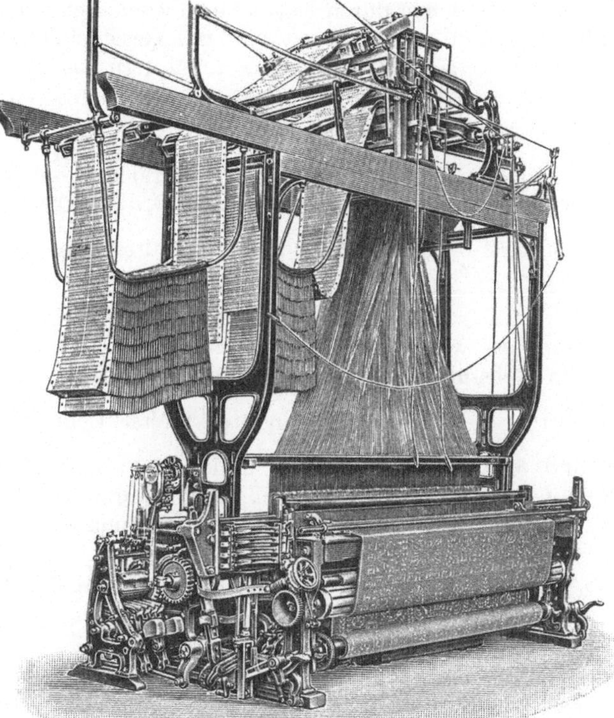

Abb. 40. Jacquardstuhl mit Steiglade.

macht so viel Umdrehungen, als Schuß in der Minute erfolgen sollen, und liegt unterhalb der Kette senkrecht zu dieser. Daneben haben die Stühle Abb. 36 und 37 noch eine zweite Welle, welche für die Schaftbewegung und den Schützenschlag mit $\frac{n}{2}$ Umdrehungen läuft, und der Stuhl Abb. 38 noch eine dritte Welle, deren Drehzahl $= \dfrac{n}{\text{Schußrapport}}$ ist.

Abb. 39 gibt einen Schönherrschen Buckskinstuhl mit Schaftmaschine, Außentritten, zweiseitiger Wechsellade (Steiglade) für siebenfachen Schützenwechsel und Unterschlag. Die Antriebwelle liegt außerhalb der einen Stuhlwand, treibt durch ein Kegelradvorgelege die Kurbelwelle und macht etwa dreimal soviel Umdrehungen als diese. Die Schußzahl läßt sich durch Auswechseln des kleinen Kegelrades etwas ändern.

Einen Jacquardstuhl Schönherrscher Bauart mit 7 fachem Schützenwechsel Unterschlag und Seitenantrieb zeigt Abb. 40.

Bei den Stühlen Abb. 36 bis 38 erfolgt der Antrieb mittels Fest- und Losscheibe auf der Kurbelwelle, der ‚Riemen muß bei jedem Ein- und Ausrücken verschoben werden. Das ist bei den Stühlen nach Abb. 39 und 40 nicht erforderlich, weil zwischen die lose auf der Antriebwelle laufende Riemenscheibe und die Antriebwelle eine Reibungskupplung eingeschaltet ist. Näheres darüber siehe unter „Schußwächter".

B. Leistung der Webstühle.

Die Leistung der Webstühle ist abhängig von der minutlichen Schußzahl n, der Anzahl der Schußfäden s auf 1 cm, der täglichen Arbeitszeit z in Stunden, den unvermeidlichen durch Kettenfadenbruch, Schützenwechsel usw. entstehenden Stillständen und nicht zuletzt von der Geschicklichkeit des Webers.

Die theoretische Lieferung L_t in Metern im Tag ergibt sich aus

$$L_t = \frac{60 \cdot z \cdot n}{100 \cdot s} = \cdot 0{,}6 \cdot \frac{z \cdot n}{s}. \tag{1}$$

Dieser Wert wird natürlich nie erreicht; die wirkliche Lieferung L_e ist immer kleiner und schwankt zwischen 0,7 bis 0,9 L_t, so daß L_e innerhalb der Grenzen $0{,}42\,\dfrac{zn}{s}$ und $0{,}54\,\dfrac{zn}{s}$ liegt, im Mittel also zu

$$L_e = 0{,}5 \cdot \frac{z \cdot n}{s} \tag{2}$$

angenommen werden kann.

Ein Webstuhl, welcher mit $n = 180$ arbeitet, würde bei $z = 8$ und $s = 25$ im Mittel $\dfrac{0{,}5 \cdot 8 \cdot 180}{25} = 28{,}8$ m Stoff (roher Loden) im Tag liefern gegenüber 36 und 39,8 m bei der früher üblichen 10- und 11 stündigen Arbeitszeit. Man erkennt daraus, welchen Einfluß die Verkürzung der Arbeitszeit auf 8 Stunden auf die Leistung einer Weberei ausüben mußte.

C. Verbrauch an Schußgarn.

Der Verbrauch an Schußgarn für einen Stuhl und Tag ergibt sich, wenn die Gewebebreite b m ist, zu

$$L_e \cdot 100 \cdot s \cdot b \cdot \text{Meter.}$$

Dazu sind aber noch der Betrag des Einwebens, d. i. die Verkürzung des Fadens durch die Einlagerung in Schlangenwindungen, und ferner die

Verluste hinzuzurechnen, die durch Reißen und Herausnehmen von Schußfäden (Schußsuchen) und durch Auseinanderfallen der Schußspulen entstehen. Man hat obigen Wert mit einem vH.-Satz, einem Erfahrungswert, p_s zu multiplizieren, um die Schußgarnlänge L_s in Metern für einen Stuhl und Tag zu finden. Es wird

$$L_s = L_e\,100 \cdot s \cdot b \left(1 + \frac{p_s}{100}\right) = L_e \cdot s \cdot b\,(100 + p_s). \qquad (3)$$

D. Verbrauch an Kettengarn.

Der Tagesverbrauch an Kette für einen Stuhl berechnet sich, wenn k Faden auf 1 cm liegen zu

$$100 \cdot b \cdot k \cdot L_e,$$

wozu aber wiederum der Betrag für das Einweben mit p_k vH. hinzuzurechnen ist, so daß sich der wirkliche Verbrauch stellt zu

$$L_k = 100 \cdot b \cdot k \cdot L_e \left(1 + \frac{p}{100}\right) = b \cdot k \cdot L_e\,(100 + p). \qquad (4)$$

Auf den Kettbaum des Webstuhles ist eine Garnlänge für eine bestimmte Anzahl Stück aufzulegen, wobei das Einweben zu berücksichtigen ist, und ferner, daß bei Beginn und am Ende des Abwebens immer eine gewisse Länge nicht verwebt werden kann, weil die Kette am Zeug- und am Garnbaum befestigt werden muß. Es sind dies nach Abb. 14 die Längen zwischen Geweberand und Zeugbaum einer- und Kettenbaum andererseits, Troddellängen genannt. Um diese auf das geringste Maß zu beschränken, bringt man am Zeugbaum ein bis über den Brustbaum reichendes Anlängertuch oder Schnuren an, an welche die Kette angeschlossen wird und dreht, wenn mehrere gleiche Ketten hintereinander abzuweben sind, was meistens der Fall, die Fäden der neuen Kette an die der abgelaufenen an, wodurch nur eine kurze Länge in Verlust geht. — Erfährt der rohe Loden durch Nachbehandlung, Waschen, Walken usw. noch Längenänderungen, sind diese ebenfalls in Rechnung zu stellen.

Endlich ist noch, um den Gesamtbedarf an Ketten festzustellen, zu berücksichtigen, daß der Weber Garn zum Anknüpfen gerissener Kettenfäden zur Verfügung haben muß. Dies Garn hängt entweder in abgemessenen Längen und gebündelt oder auf Spulen gewickelt, am Stuhlbogen, der oberen Querverbindung, und ist dem Weber von der Vorder- und Hinterseite des Stuhles zur Hand.

III. Die Vorbereitungsarbeiten.

Die Herstellung der Gewebe erfordert, ehe das Weben beginnen kann, eine Reihe von Vorarbeiten für Kette und Schuß, die mit peinlicher Sorgfalt durchgeführt werden müssen, wenn auf den Webstühlen eine möglichst große Leistung und ein tadelloses Gewebe erzielt werden soll. Von guter Vorbereitung hängt in der Tat die Wirtschaftlichkeit einer Weberei in hohem Grade ab.

1. Vorbereitung der Kette.

Die Kette besteht aus Hunderten, ja Tausenden von Fäden[1]), welche geordnet, d. h. parallel gelegt und gleichmäßig verteilt, außerdem aber mit durchaus gleicher Spannung auf den Ketten- oder Garnbaum gewickelt werden müssen

---

[1]) Ein aus der Kunstweberei von Leonhard Nickel in Schöningen i. Br. hervorgegangenes leinenes Tafeltuch mit Darstellung der Marienburg, welches dem Kaiserpaar zur Silberhochzeit überwiesen wurde, enthielt rd. 12800 Kettfäden und erforderte 7000 Karten.

(Scheren und Bäumen). Den Durchmesser des vollen Garnbaumes wählt man so groß, als es die Verhältnisse des Webstuhles gestatten, um eine möglichst große Garnlänge darauf unterzubringen und die unvermeidlichen Verluste an Kette am Anfang und Ende (Troddellängen), berechnet für eine Stücklänge, auf das geringste Maß beschränken zu können. Da nun die auf den Feinspinnmaschinen hergestellten Garnkörper — Kötzer-, Kops- und Scheibenspulen — und die Garnsträhne nur eine verhältnismäßig kleine Garnlänge enthalten, es aber für die Bildung der Kette vorteilhaft ist, Fäden von großer Länge zu haben, um häufiges Anknüpfen und damit Stillstände der betreffenden Maschine zu vermeiden, wird das Garn zunächst auf große Scheiben- oder auf Kreuzspulen gewickelt (Spulen oder Treiben), wobei zugleich eine gleichmäßige Spannung erzielt und eine Reinigung der Fäden von anhaftenden Fasern usw. und eine Beseitigung der Spinnerknoten verbunden wird, die bei dem Durchgang durch das Geschirr des Webstuhles Fadenbrüche und Stillstände veranlassen.

Die Kettfäden erleiden im Webstuhl starke Beanspruchung durch Spannung und Reibung und müssen deshalb in den meisten Fällen durch Schlichten oder Leimen verstärkt werden, wobei die Fäden zugleich durch Ankleben der herausragenden Faserenden an den Fadenkörper größere Glätte erhalten. Endlich müssen die Kettfäden in das Geschirr und Blatt eingezogen werden (Blatt- oder Kammstechen). oder sie werden, wenn an eine abgewebte Kette eine gleiche angeschlossen werden soll, angedreht.

Die Reihenfolge der Arbeiten ist hiernach:

1. Spulen oder Treiben;   4. Aufbäumen, meist mit 3. verbunden;
2. Scheren oder Zetteln;   5. Einziehen in das Geschirr oder Andrehen;
3. Schlichten, Leimen;   6. Kammstechen.

a) Das Spulen oder Treiben der Kettenfäden.

Auf den Spulmaschinen für Kettengarn wird das Garn entweder in Windungen dicht nebeneinander (Parallelwickelung) oder mit starker Kreuzung (Kreuzwickelung) aufgelegt. Im ersteren Falle sind zur Aufnahme des Garnes Scheibenspulen erforderlich; im letzteren genügt eine Hülse, ein Rohr, aus Pappe.

Spulmaschinen mit Scheibenspulen.

Die Scheibenspulen erhalten meist größere Abmessungen als die in der Feinspinnerei gebrauchten, um eine möglichst große Garnlänge aufnehmen zu können.

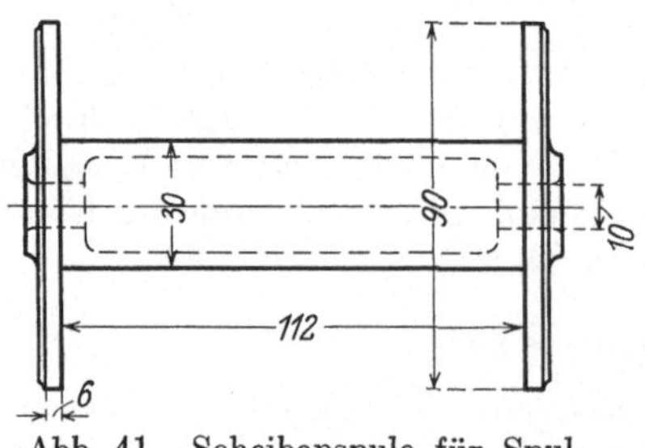
Abb. 41. Scheibenspule für Spulmaschinen.

In der Baumwollweberei verwendet man meist Spulen nach Abb. 41, deren Garngewicht bei Garn Nr. 16 ÷ 20 engl. (etwa $^2/_3$ ℔ engl. = rd. 300 g) ist. Da nun die Nummer angibt, wievielmal 840 Yards 1 ℔ engl. wiegen, enthält eine Spule 8960 Yards von Garn Nr. 16 und 11200 Yards von Garn Nr. 20 = 8190 und 10235 m.

Die Spulmaschinen werden mit stehenden und liegenden Spulen ausgeführt. Eine Maschine mit stehenden Spulen zeigt Abb. 42. Die Maschine ist zweiseitig und hat auf jeder Seite zwei Reihen von versetzt angeordneten Spindeln zum Aufstecken der Spulen. Die Fäden kommen von Kötzern und gehen entweder, wie auf der linken Seite angegeben, über eine Plüsch- oder

Tuchleiste 2 zum Spannen und Reinigen oder, wie rechts gezeichnet, über eine gegen den Faden laufende Plüschwalze 3 mit Reinigungsbürste 4; dann auf

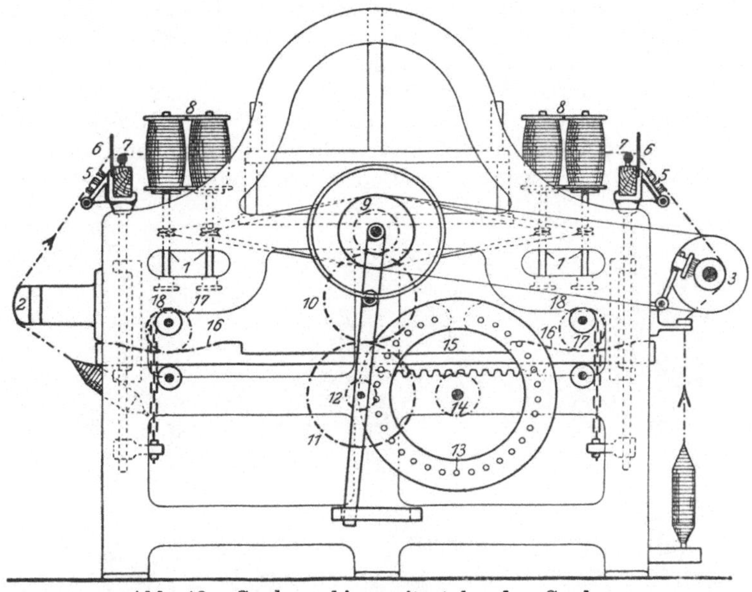

Abb 42. Spulmaschine mit stehenden Spulen.

beiden Seiten durch eine Bürste 5 nach den Fadenführern 6 über Glas- oder Stahlstäbe 7 nach den Spulen 8.

Die Fadenführer bestehen aus geschlitztem Stahlblech und wird die Schlitzweite der Garnnummer entsprechend gewählt. Abb. 43 zeigt einen Fadenführer, dessen Schlitzweiten einstellbar sind. 1 ist eine feste, 2 eine verschiebbare Schiene, an welchen die Führerbleche 3 und 4 befestigt sind. 5 ist die Stellvorrichtung mit Mikrometerschraube und Zeigervorrichtung mit Skala auf Scheibe 6. Die seitlichen Schlitze verhindern das Ausspringen des Fadens.

Die Führungsschlitze bewirken eine weitere Reinigung des Fadens und halten Spinnknoten zurück.

Die auf und ab gehende Bewegung der Fadenführerschienen erfolgt (s.

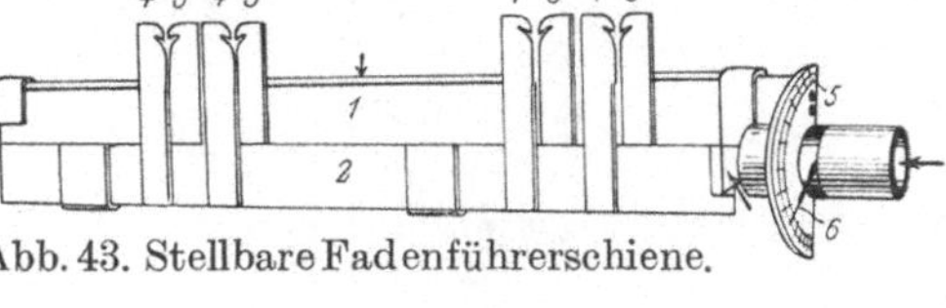

Abb. 43. Stellbare Fadenführerschiene.

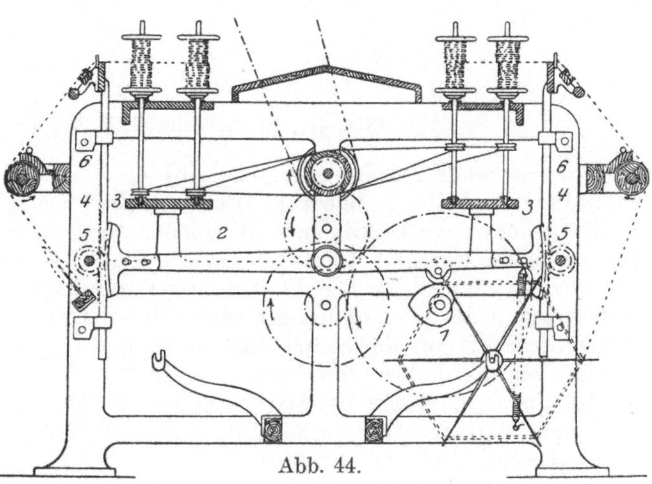

Abb. 44.

Abb. 42) von der Antriebwelle aus durch die Räder 9, 10, 11, 12. Letzteres sitzt auf einem um die Antriebwellen schwenkbaren Hebel und greift abwechselnd von außen und innen in die Triebstöcke des Mangelrades 13 ein, wodurch dieses Rechts- und Linksdrehung erhält. Auf der Mangelradwelle sitzt das Zahnrad 14, durch welches die wagerecht geführte Zahnstange 15 hin und her bewegt wird. Diese hat an beiden Enden Verzahnungen 16, welche in die exzentrisch aufgekeilten Stirnräder 17 eingreifen. Die Wellen 18 tragen eine Anzahl Kettenscheiben, deren Ketten die senkrecht geführten Tragstangen der Fadenführerstangen ergreifen. Durch die exzentrischen Räder 17 wird die bauchige Form der Spulen erreicht und dadurch die Aufnahme einer beträchtlich größeren Garnlänge gegenüber zylindrischen Spulen.

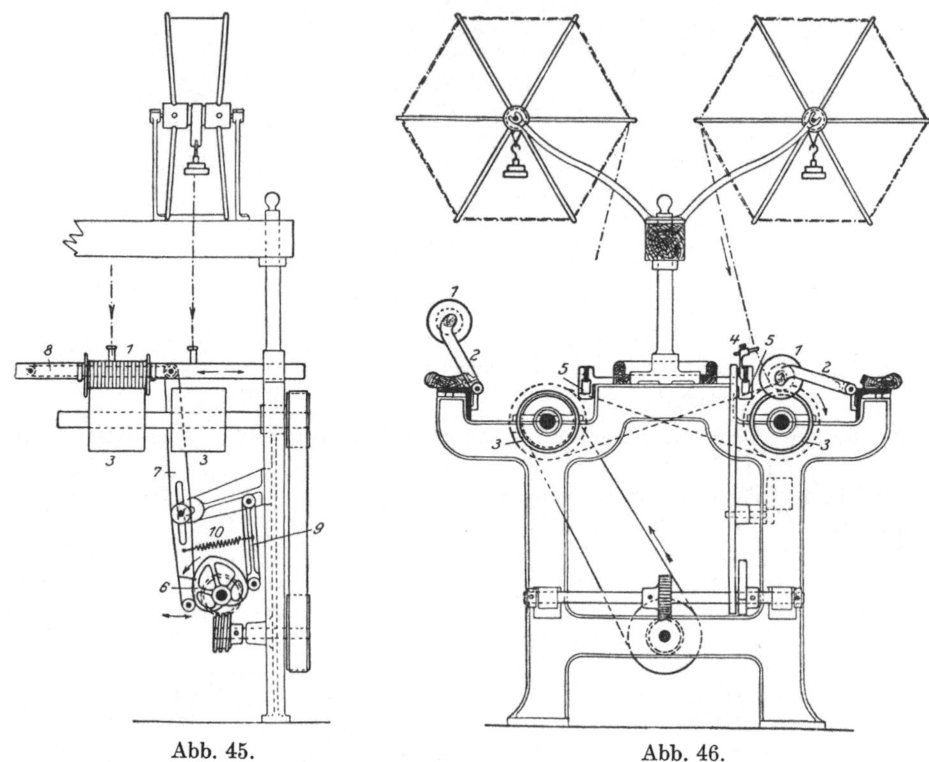

Abb. 45.　　　　　Abb. 46.

Abb. 45 u. 46. Spulmaschine mit liegenden Spulen.

Bei der Spulmaschine Abb. 44 wird die Fadenführerbewegung durch eine herzförmige Scheibe 1 bewirkt, die entweder für zylindrische oder bauchige Spulen geformt wird. Sie bewegt einen zweiarmigen Hebel 2, der an beiden Enden Zahnsektoren 3 trägt, die in die Räder 4 eingreifen. Durch Räder 5 und die Verzahnung 6 der Fadenführertragstangen erfolgt dann die Auf- und Abbewegung der Fadenführerschienen, deren Gewichte sich ausgleichen, wodurch die Kraft zur Bewegung klein ausfällt. Auf der rechten Seite wird vom Strähn, auf der linken von Kötzern gespult.

Die Spindeln laufen bei Spulmaschinen für Baumwollgarne mit $5 \div 600$ Umdrehungen und das Garn erhält, da die Drehzahl unveränderlich ist, verschiedene Geschwindigkeit; diese schwankt, wenn man eine zylindrische Spule nach Abb. 41 und $n = 600$ zugrunde legt, zwischen 56,6 und 169,8 m in 1 Min. Dies ist ein Nachteil, da dadurch die Spannung der Fäden bei der Spulenfüllung zunimmt.

Die Maschinen der Baumwollweberei werden mit $100 \div 400$ Spindeln ausgeführt; die Teilung beträgt

$$4^1/_2 \div 5'' \text{ eng.} = 114 \div 127 \text{ mm}, \quad \text{der Hub } 4 \div 5'' = 102 \div 127 \text{ mm}.$$

Die Länge der Maschinen läßt sich nach Dobson und Barlow bestimmen aus

$$\frac{\text{Spindelzahl}}{4} \times \text{Teilung} + 26''.$$

Die längste Maschine würde demnach

$$\frac{400}{4} \cdot 5 + 26 = 526'' = 13{,}26 \text{ m}$$

lang sein.

Berechnung der täglichen Leistung einer Spindel.

Ist d_m der mittlere Spulendurchmesser in Metern, n die Drehzahl und z die tägliche Arbeitszeit in Stunden, liefert eine Spindel im Tag theoretisch

$$d_m \cdot \pi \cdot n \cdot 60 \cdot z \text{ Meter Garn};$$

in Wirklichkeit aber nur etwa $0{,}8 \, d_m \cdot \pi \cdot n \cdot 60 \cdot z$.
Nimmt man

$$d_m = 0{,}06, \quad n = 600 \quad \text{und} \quad z = 8,$$

folgt die Tagesleistung zu $43\,430$ m,

Nach Gl. 4 (S. 23) ist der Tagesbedarf an Kette für einen Stuhl

$$L_k = b \cdot k \cdot L_e (100 + p_k)$$

und man erhält für

$$b = 0{,}7 \text{ m}, \quad k = 25 \quad \text{und} \quad L_e = 28{,}8$$

nach dem oben gewählten Beispiel und $p_k = 5$

$$L_k = 52\,920 \text{ m}.$$

Es würden also $\dfrac{52\,920}{43\,430} = 1{,}22$ Spindeln der Spulmaschine für einen Webstuhl erforderlich sein. In der Praxis rechnet man $1 \div 2$ Spindeln.

Spulmaschinen mit liegenden Spulen.

Abb. 45 und 46 zeigt eine solche Maschine von Rudolf Voigt in Chemnitz. Die Spulen 1 stecken auf Spindeln, welche in den aufklappbaren Gabeln 2 gelagert sind, und liegen auf den Trommeln 3, welche zwischen die Scheiben der Spulen fassen. Das Mitnehmen erfolgt durch Reibung und die Laufgeschwindigkeit des Fadens und damit die Spannung bleiben von Anfang bis Ende der Bewickelung gleich, ein erheblicher Vorzug gegenüber den Maschinen mit stehenden Spindeln.

Der Andruck der Spulen an die Treibtrommeln wird durch das Eigengewicht und das Gewicht der Gabeln bewirkt und nimmt mit Füllung der Spulen etwas zu, was aber ohne Belang ist. Die Fadenführer 4, einstellbare Drahtösen (Schweineschwänzchen), sitzen an den Schienen 5, welche von der Herzscheibe 6 aus durch Hebel 7 und Lenker 8 eine gleichmäßige hin und her gehende Bewegung erhalten, da nur zylindische Spulen gewickelt werden können. Der Drehpunkt des Hebels 7 ist etwas verstellbar, um die Hubhöhe der Fadenführer genau einstellen zu können. Hebel 9 und Feder 10 bewirken den Rücklauf der Fadenführerschienen. Die Herzscheibe erhält von der Antriebwelle aus durch Riemen, Schnecke und Schraubenrad Drehung. Das Garn kommt von den oben gelagerten Haspeln, die gebremst werden durch ein um eine kleine Scheibe gelegtes Lederband, welches durch Gewichtscheiben belastet ist, um die erforderliche Fadenspannung zu erzielen und das Überlaufen bei Fadenbruch oder plötzlichem Stillstand der Maschine zu verhüten. Die Gewichte können nach Bedarf geändert werden.

Die **Laufgeschwindigkeit** des Garnes beträgt bei Baumwollgarn, wenn vom Strang gespult wird, 70 bis 80 m, wenn von Kötzern bis 120 m i. 1 Min. Die Lieferung einer Trommel in 8 Arbeitstunden ist bei 80 bis 85 vH. wirklicher Arbeitszeit

bei den Spulen vom Strang $0,8 \cdot 70 \cdot 8 \cdot 60 \div 0,85 \cdot 70 \cdot 8 \cdot 60 = 26\,880 \div 32\,540$ m,

„   „   „   „ Kötzern $0,8 \cdot 110 \cdot 8 \cdot 60 \div 0,85 \cdot 120 \cdot 8 \cdot 60 = 46\,080 \div 48\,960$ m.

Zieht man wieder das oben angeführte Beispiel heran mit einem Tagesbedarf von 52\,900 m Kettengarn für einen Stuhl, würden 2 bis 1,08 Trommeln für einen Stuhl erforderlich sein. Diese errechneten Leistungen sind aber bei feinen Garnen, für welche diese Maschinen insbesondere Verwendung finden, nicht zu erreichen. Man rechnet in der Praxis mit 2 bis 4 Trommeln für einen Webstuhl.

Der Raumbedarf dieser Maschinen ist sehr viel größer als bei Maschinen mit stehenden Spindeln, was bei Webereianlagen eine Erhöhung der Baukosten verursacht. Die Längen der Maschinen in der Baumwollweberei gehen aus der folgenden Zusammenstellung hervor:

Anzahl der Trommeln: 60   70   80   100   120   140   160   180,
Länge der Maschinen, Meter: 4,70   6,58   8,47   10,37   12,25   14,13   16,01   17,90
Breite: 1,12 m.

Eine Maschine mit 400 stehenden Spindeln hat nur eine Länge von 13,26 m (vgl. S. 27).

Die Spulmaschinen mit stehenden und liegenden Spulen erfordern Spulen aus Holz oder gepreßtem Papier; diese sind teuer und schwer und leiden stark unter der nicht gerade zarten Behandlung. Holzspulen springen außerdem leicht aus, werfen sich wohl auch und der Verbrauch ist groß. Das große tote Gewicht schließt Versendung aus. Diese Nachteile sind bei den **Kreuzspulen** nicht vorhanden; die Spulen besitzen infolge der starken Fadenkreuzung genügend Festigkeit, bedürfen keiner Stützung an den Stirnflächen und sind versandfähig, da das tote Gewicht nur aus einem dünnen Papprohr besteht.

Kreuzspulmaschinen.

Um den Faden mit starker Kreuzung aufzuwickeln, ist er schnell hin und her zu bewegen. Dies geschieht entweder mittels einer Schlitztrommel oder eines schnell bewegten Fadenführers gewöhnlicher Ausführung.

Eine **Schlitztrommelmaschine** der Maschinenfabrik Carl Zangs A.-G. (Herm. Schroers Nachf.) in Krefeld gibt Abb. 47. Jede Trommel besteht aus zwei Teilen, zwischen denen ein Spalt in Gestalt eines halben rechten und halben linken Schraubenganges vorhanden ist, der zur Fadenführung dient. Der Faden geht also bei einer Trommelumdrehung einmal hin und einmal her. Die Trommeln treiben durch Reibung die angedrückten Spulen, so daß das Aufwinden des Garnes mit gleichbleibender Geschwindigkeit erfolgt. Die Ganghöhe der Garnwindungen ist verschieden, je nach dem Durchmesser an der Bewicklungsstelle. Ist D der Durchmesser und n die Drehzahl der Trommel, d_1 der kleinste und d_2 der größte Spulendurchmesser und l die Länge der Spule, macht diese anfänglich bei $^1/_2$ Umdrehung der Trommel $\dfrac{D \cdot \pi}{2 \cdot d_1\, \pi}$, am Ende $\dfrac{D \cdot \pi}{2 \cdot d_2\, \pi}$ oder $\dfrac{D}{2\, d_1}$ und $\dfrac{D}{2\, d_2}$ Umgänge. Die Ganghöhe der Windungen ist dann $\dfrac{l \cdot 2\, d_1}{D}$ und $\dfrac{l \cdot 2\, d_2}{D}$ oder $= c\, d_1$ und $c\, d_2$, wenn $c = \dfrac{2\, l}{D}$ gesetzt wird.

Die Kreuzspulen werden in recht verschiedenen Abmessungen hergestellt; sehr große findet man in den Jutewebereien mit etwa 180 Außen-, 20 mm Innendurchmesser und 200 mm Länge.

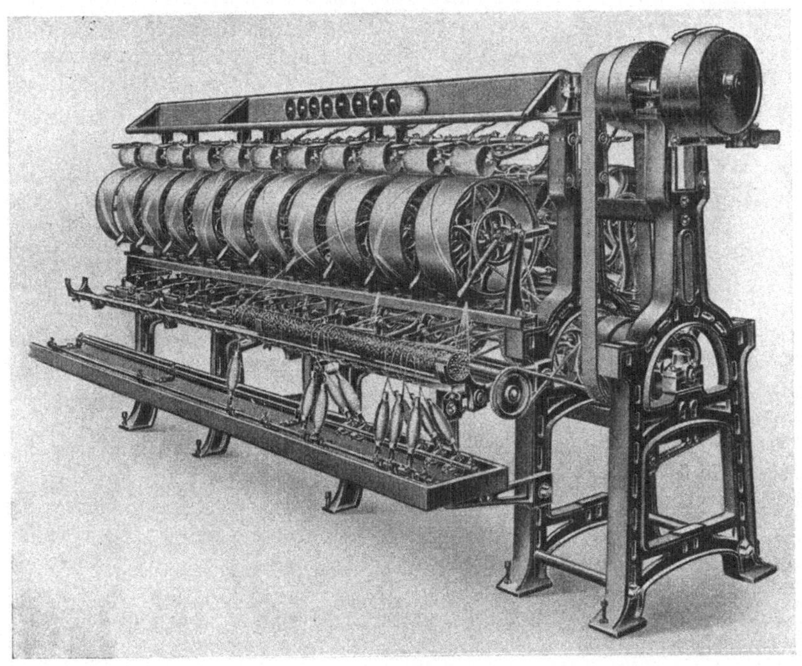

Abb. 47.

In Abb. 47 erfolgt der Antrieb der Trommeln mittels Stufenscheiben, um verschiedene Laufgeschwindigkeiten anwenden zu können. Die Maschinen sind auch vielfach mit Fadenwächtern ausgerüstet, die bei Bruch des Fadens die Trommel ausrücken, wenn jede besonders angetrieben wird, oder die Spule abheben, falls die Trommeln gemeinsam getrieben werden. Die Maschinen werden zwei- und einseitig gebaut und gespult wird vom Strang, von Kötzern oder von Scheibenspulen. Die Laufgeschwindigkeit ist davon abhängig, ebenso von der Garnnummer. Die Trommeln haben etwa 250 mm Durchmesser und laufen mit $100 \div 120$ Umdrehungen bei Vorlage von Scheibenspulen, mit $100 \div 200$ bei den Spulen vom Strang und mit $200 \div 400$ bei den Spulen von Garn- und Zwirnkötzern.

Die Berechnung der Garnlänge einer Spule stößt auf Schwierigkeiten, weil die Zahl der Windungen in den einzelnen Schichten stark wechselt. Man kommt viel schneller zum Ziel, wenn man das Garngewicht und die Nummer feststellt. Ist das Garngewicht in kg $= G$ und die metrische Nummer $= N$, so ist die Garnlänge $= 1000 \cdot N \cdot G$ Meter.

Kreuz-Spulmaschinen mit Fadenführer.

Bei diesen muß die Laufgeschwindigkeit des Garnes geringer gewählt werden als bei Schlitztrommelmaschinen mit Rücksicht auf die Massen-

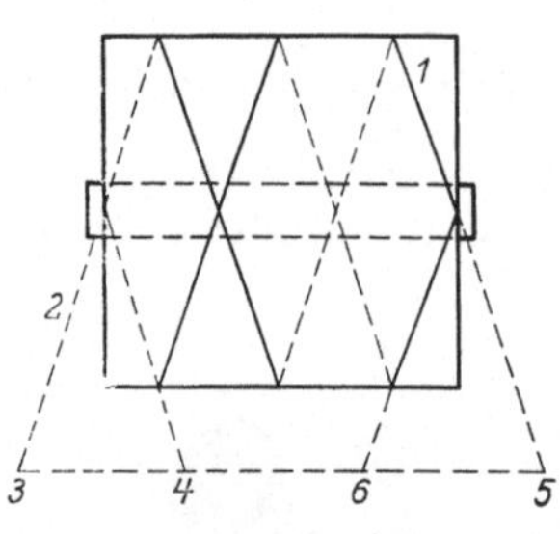

Abb. 48.   Kreuzspule.

wirkungen, welche infolge der raschen Hin- und Herbewegung der Fadenführer auftreten. Es ist ferner noch folgendes zu beachten. Der Faden muß immer die Richtung der Tangente an die Schraubenlinie einnehmen. Läuft die Windung von rechts nach links, Abb. 48 Windung 1, steht der Fadenführer schließlich bei 3. Nun kehrt die Windung um und der Fadenführer müßte plötzlich von 3 nach 4 springen und ebenso am anderen Ende von 5 nach 6. Das ist natürlich praktisch unmöglich. Zwischen 4 und 5 und 6 und 3 erfolgt gleichmäßige Bewegung. Diese nachteiligen Verhältnisse können nur dadurch soweit als möglich gemildert werden, daß man die Fadenführer stets dicht an die Garnoberfläche heranbringt, wodurch die Entfernungen zwischen 3 und 4 und 5 und 6 auf das geringste Maß gebracht werden, und daß die zur Fadenführerbewegung dienende Herzscheibe entsprechend gestaltet wird.

b) Scheren, Schieren, Anschweifen, Zetteln.

Die sämtlichen zu einer Kette gehörenden Fäden müssen in richtiger dem Muster entsprechender Anordnung parallel zueinander gelegt und auf gleiche Länge gebracht werden, wobei auf gleiche Spannung Bedacht zu nehmen ist, damit das Gewebe nicht faltig ausfällt. Die Länge bestimmt sich nach der Stücklänge der Gewebe und der Anzahl der Stücke, welche von einem Baum abgewebt werden können, also dem Fassungsraum des Scher- oder des Kettbaumes, wobei auf das Einweben und die Troddellängen und die anderen auf S. 23 angeführten Umstände Rücksicht zu nehmen ist.

Das Einweben (Einsprung) der Kette. — Kett- und Schußfäden legen sich bei dem Verweben in Schlangenlinien umeinander. Es ist deshalb die für 1 m Gewebe erforderliche Kettenlänge größer als 1 m und das Plus ergibt das Einweben, welches in vH ausgedrückt wird und abhängig ist von der Bindung und Dichte des Gewebes, der Fadenspannung und dem Durchmesser der Fäden, also der Garnnummer, und für einfache Gewebe zwischen 3 und 5 vH beträgt, zuweilen aber auf 10, ja selbst 15 bis 20 vH ansteigt.

Die Größe des Einwebens muß bei neuen Geweben durch Beobachtung festgestellt werden; Berechnung liefert keine genauen Werte, weil die Länge der Schlangenlinie nicht mit der erforderlichen Genauigkeit bestimmt werden kann wegen der Abhängigkeit von der Spannung der Fäden und der vielfach eintretenden Verdrückung des Fadenquerschnittes[1]).

---

[1]) Versuche zur Berechnung des Einwebens. — Staub: Schnell-Kalkulator für Webereien, Leipzig. — Marschik: Physikalisch-technische Untersuchungen von Geweben, Wien 1904. — Schmid: Die Festigkeitseigenschaften der rohen und gebleichten Leinwand. Zivilingenieur 1882. — Bratkowski: Einwebverhältnisse in ihrer Abhängigkeit von der Bindung, Schuß- und Kettendichte und den Garnnummern. Z. Farben- u. Textilind. 1905. — Über die Berechnung des Einwebens von Kette und Schuß bei Baumwollwaren. Leipz. Monatsschr. Textilind. 1914, S. 9.

Abb. 49 gibt den Querschnitt durch ein dicht geschlagenes leinwandbindiges Gewebe. 1, 1 sind die Kett-, 2, 2 die Schußfäden.

Die meist sehr große Zahl der Fäden einer Kette macht es unmöglich, sämtliche Fäden auf einmal zu scheren. Dies läßt sich nur in der Bandweberei durchführen. Bei Herstellung der Stoffe wird deshalb immer nur ein Teil der Fäden auf einmal geschert und sind dazu folgende Verfahren in Anwendung:

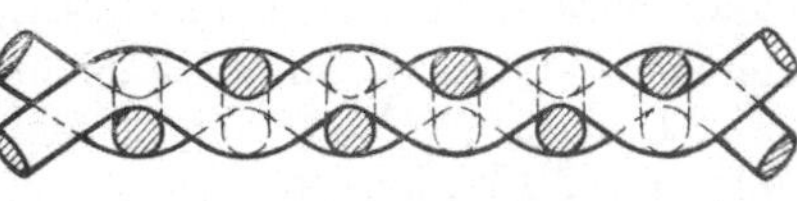

Abb. 49.

Das Gangscheren auf dem Scherrahmen (Schweifrahmen, Schermühle), angewandt in der Handweberei und auch noch in der mechanischen Weberei für Muster- und bunte Ketten und bei Herstellung gewebter Treibriemen, Förderbänder usw.

Das Baumscheren. — Der 3. bis 8. Teil der Kette wird auf je einem Scherbaum in einer Breite geschert, welche meist um etwa 5 vH größer ist als die Gewebebreite, und die Ketten einer entsprechenden Anzahl von Scherbäumen werden dann zusammen genommen.

Das Bandscheren. — Ein Teil der Kettfäden wird in richtiger Anordnung und Dichte geschert, was in verschiedener Weise geschehen kann, wie später dargelegt wird.

α) Das Gangscheren.

Dazu dient der Scher- oder Schweifrahmen, die Schermühle, Abb. 50, welche aus einer senkrecht stehenden Haspeltrommel mit 8, 12, 16 und mehr

Abb. 50. Schermühle.

Latten besteht und eine Höhe von 1,5 bis 2,5 m besitzt. Der Umfang der Schertrommel schwankt in weiten Grenzen von etwa 3,5 m anfangend. Am oberen Ende des Haspels befindet sich eine Querlatte, welche in einer Reihe und in einem Abstand von $10 \div 15$ cm drei hölzerne etwa 150 mm lange Stifte trägt; am unteren Ende eine gleiche Latte mit zwei, auch drei Stiften.

Zur Schermühle gehört zur Aufnahme der Spulen (Pfeifen) ein rahmenartiges Gestell (Scherlatte, Spulenstock, Schweifstock, Kanter), in welchem die auf Drähten steckenden Spulen in zwei oder vier Reihen aufgesteckt sind. — Man schert meist einen Gang von 40 oder einen halben Gang von 20 Fäden oder, wenn es das Muster verlangt, auch Gänge von 48, 50, 66, 72, 78, 80 Fäden oder Teilen davon. Ein Gewebe von 40 Gang enthält in der Regel $40 \times 40 = 1600$ Fäden.

Die Scherlatte wird entweder in geneigter oder senkrechter Lage angebracht und die ablaufenden Fäden wurden bei einfachster Einrichtung in der Handweberei durch die Porzellanaugen eines Scherbrettchens gezogen. Dieses besteht aus einem schmalen, unten mit Griff und oben mit einem einfachen oder einem doppelten Drahthaken versehenen Brettchen mit ein oder

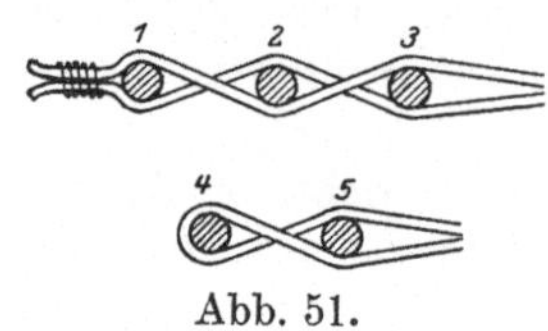

Abb. 51.

zwei Löcherreihen, je nachdem der Scherrahmen für zwei oder vier Reihen Pfeifen eingerichtet ist. Hinter dem Scherbrettchen werden die Fäden verknotet und nun über den ersten oberen Stift 1 der Schermühle gehangen, Abb. 51, indem man den Gang in die geraden und ungeraden Fäden teilt und über die beiden anderen Stifte 2 und 3 legt. Nun wird der Scherrahmen gedreht; der Weber hält in der rechten Hand das Scherbrettchen und läßt hinter diesem die Fäden durch die linke Hand laufen, um sie zu einem geschlossenen Strang zu vereinigen, und legt den Strang nach unten in einer Schraubenlinie auf, deren Gangzahl so bemessen werden muß, daß, ist der Strang unten bei Stift 4 angekommen, die Fäden die gewünschte Länge besitzen. Der Strang wird um die Stifte 4 und 5 herumgelegt und dann wird von unten nach oben geschert, wobei die Stränge nebeneinander zu legen sind und so nach und nach die ganze Schertrommel bedecken.

Schert man 20 Fäden auf einmal, liefert einmal herunter und hinauf einen Gang. Ist die Schertrommel gefüllt oder die erforderliche Fadenzahl aufgelegt, werden die Gänge bei Stift 4 durchgeschnitten, verknotet und zu Knäueln aufgewickelt.

Die Schermühle, Abb. 50, hat zwangläufige Führung des hier das Scherlättchen ersetzenden Kammes und Antrieb durch Kurbel und Schnurlauf, der auch von einer Wellenleitung aus oder durch einen Elektromotor erfolgt. Von der Haspelwelle aus wird die obenliegende Welle getrieben, von der aus eine Kettenscheibe für die Kette, welche den Kamm trägt, in Bewegung gesetzt wird. — Sehr große Schermühlen mit Kraftbetrieb finden Anwendung in den Webereien für Treibriemen, Förderbänder usw.

β) Das Baumscheren.

Dies Verfahren eignet sich nur für einfarbige Ketten, weil bei farbigen leicht Fehler entstehen. Sind z. B. 4 Scherbäume erforderlich, kommen auf den ersten Baum der 1, 5, 9, 12, . . ., auf den zweiten der 2, 6, 10, 14, . . . Faden usf. Besteht die Kette aus 10 Faden weiß, 10 blau, 10 rot usf., so würden auf den ersten Baum 3 Faden weiß (1, 5, 9), 2 Faden blau (13, 17), 3 Faden rot (21, 25, 29), 2 Faden weiß (33, 37), 3 Faden blau (41, 45, 49) usf. kommen, was sehr leicht zu Irrtümern Veranlassung gibt, da bis zu 600 Faden auf einmal geschert werden.

Die Scherbäume bestehen aus Holz mit aufgesetzten Baumscheiben aus Gußeisen, die zur Gewichtsverminderung durchbrochen sind und auf dem Baum der Scherbreite entsprechend eingestellt werden können. In neuerer Zeit verwendet man vielfach Baumscheiben aus Blech mit zur Versteifung aufgewulstetem Rand und auf der Scheibe eingepreßten Versteifungsrippen, die beträchtlich weniger wiegen als gußeiserne (Abb. 52). Es sei an dieser Stelle auch gleich auf die Kettenbäume hingewiesen, die, aus Holz oder aus Eisenrohr bestehend, sich von den Scherbäumen dadurch unterscheiden, daß rechts und links gußeiserne oder aus Blech hergestellte Bremsscheiben vorhanden sind, um die Kette durch Bremsung des Baumes spannen zu können, Abb. 53 und 54. Die Befestigung der Kette erfolgt bei hölzernen Bäumen meist durch Einlegen der Fadenenden in eine Nut des Baumes und Eintreiben einer Holzleiste, bei Rohrbäumen dadurch, daß die verknoteten Enden eines Ganges von 20 oder 40 Fäden durch in die Rohrwand gebohrte Löcher mit seitlichen Schlitzen eingeführt werden, Abb. 53. — Die Bäume laufen entweder in eingesetzten Zapfen, Abb. 52 und 54, oder es dient bei Rohrbäumen das Rohr selbst zur Lagerung.

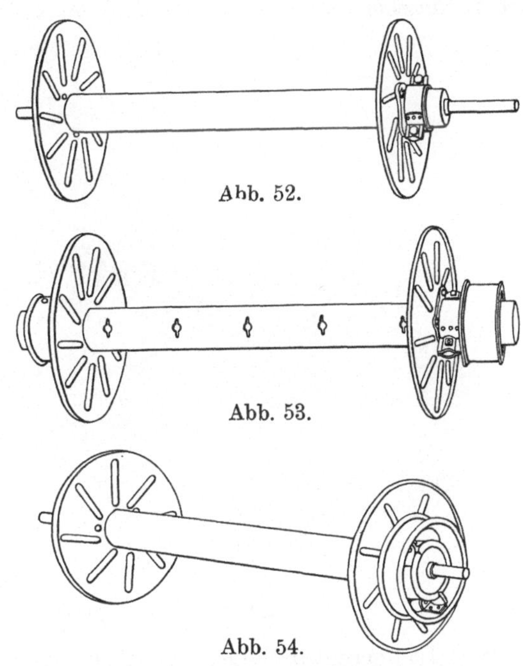

Abb. 52.

Abb. 53.

Abb. 54.

Abb. 52—54. Scher- und Kettenbäume.

Das Spulengestell (Spulenrahmen = Gatter) für das Aufstecken von Scheiben- oder Kreuzspulen, die meist wagerecht und leicht drehbar gelagert werden, oder für Kötzer (Cops) muß derart ausgebildet werden, daß alle Spulen bequem zugänglich, die ablaufenden Fäden leicht zu übersehen und gerissene leicht anknüpfbar sind. Das liegende Spulengestell, Abb. 55, entspricht der Anforderung bequemer Zugänglichkeit aller Spulen nicht; auch entstehen häufig Anstände dadurch, daß gerissene Fäden herunterfallen und von den Spulen aufgewickelt werden. Es wird deshalb die Anordnung nur noch wenig angewandt. An dessen Stelle ist das stehende Spulengestell in **V**-Form getreten, welches, wie Abb. 56 zeigt, mit der Spitze nach der Schermaschine gerichtet ist und in jedem Schenkel $15 \times 18 = 270$,

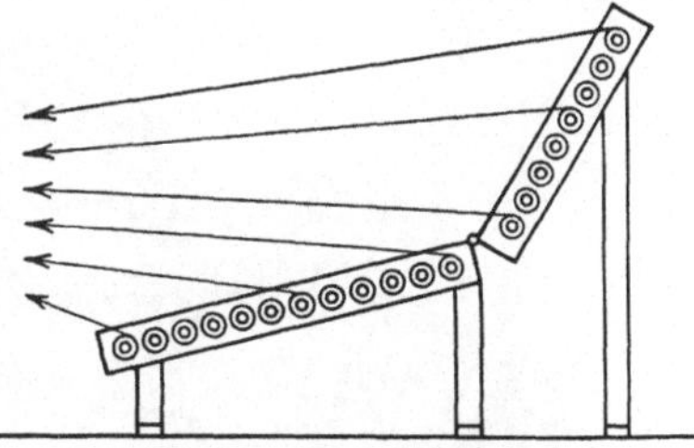

Abb. 55. Spulenrahmen.

im ganzen also 540 Spulen (Pfeifen) aufnehmen kann. Eine andere Ausführung zeigt Abb. 57 (Gebr. Sucker, Grünberg i. Schl.) für eine Band- oder Sektionalschermaschine. Das Keilgestell ist vor der Schermaschine am breitesten und hinten so weit offen, daß die Aufsteckerin bequem dazwischen treten kann. Zugänglichkeit und Übersichtlichkeit sind größer. Auch ‿-förmige Aufsteckrahmen finden sich.

Das Baumscheren erfolgt auf der englischen Schermaschine, von welcher die Abb. 58 eine Ausführung der Sächsischen Webstuhlfabrik zeigt.

Der in Schwenkarmen gelagerte Scherbaum liegt auf der hölzernen Wickelwalze auf und wird von dieser durch Reibung mitgenommen. Die Wickel-
walzen sind vielfach ausdehnbar, damit ihre Länge immer genau dem Abstand
der Baumscheiben angepaßt werden kann.

Abb. 56. Schermaschine mit Keilgestell.

Die Laufgeschwindigkeit der Fäden ist infolge des Reibungsantriebes unabhängig vom Durchmesser des Garnkörpers und vom Anfang bis Ende der

Abb. 57. Bandschermaschine von Gebr. Sucker.

Bewicklung die gleiche, was für Einhaltung gleicher Spannung wesentlich ist.
Die Geschwindigkeit des Aufwickelns beträgt je nach der Güte des Kettengarnes
$0{,}75 \div 1{,}0$ m/sek, wonach sich die theoretische stündliche Leistung auf 2700 bis
3600 m stellen würde. Die wirkliche Leistung ist immer erheblich kleiner und hängt

von der Güte des Garnes, der Zahl und Größe der Spulen, der Zeit für das Auswechseln dieser und der Scherbäume und für das Anknüpfen gerissener Fäden ab.

Die Arbeitsgeschwindigkelt der Schermaschine ist klein, einmal um zu verhüten, daß gerissene oder zu Ende gegangenen Fäden auf den Scherbaum auflaufen und dann schwer auffindbar sind, zum anderen weil mit zunehmender Geschwindigkeit die Fadenspannung und die Gefahr eines Überlaufens der Spulen bei plötzlichem Stillstellen der Maschine wächst, wodurch die Fäden schlaff werden. Auch der Scherbaum selbst läuft dann bei plötzlichem Ausrücken stärker über. Dazu kommt, daß die ruckweise Anspannung der Fäden bei dem Einrücken der Maschine um so größer wird, je größer die Arbeitsgeschwindigkeit, wodurch viele Fadenbrüche entstehen. Man kann dem vorbeugen durch allmähliches Ingangsetzen mittels Reibungsantriebes, Riemkegel usw.

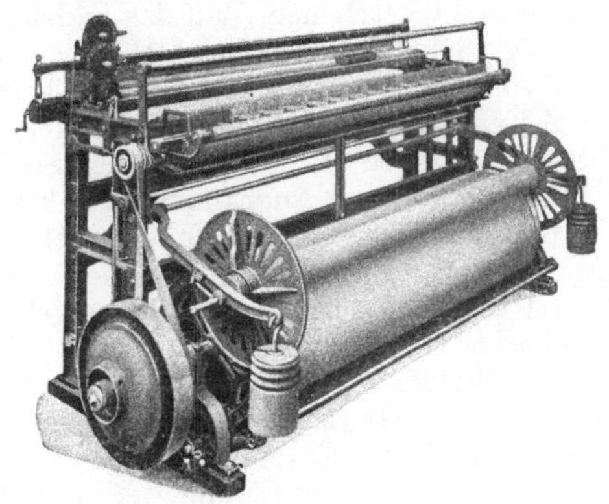

Abb. 58. Englische Schermaschine.

Aus den Abbildungen erkennt man, daß die Schermaschinen mit Meßeinrichtung versehen sind, meist so eingerichtet, daß die Maschine selbsttätig nach dem Einlaufen einer bestimmten Kettenlänge ausgerückt wird, denn alle zusammengehörigen Scherbäume müssen genau gleiche Kettenlängen enthalten, um Garnverluste zu vermeiden.

Abb. 59 gibt eine Seitenansicht der Maschine. Durch den hohen Kamm 1 werden die von den Spulen kommenden Fäden gleichmäßig über die Breite verteilt und der Meßwalze 2 zugeführt. Von da laufen die Fäden unter den Fall- und Spannstäben (Faller) 3 und 5 und über die Leitwalze 4 hinweg. Die Faller haben die Aufgabe, durch ihr Gewicht die Fäden zu spannen und eine bestimmte Garnlänge aufzunehmen, wenn ein Rückdrehen des Scherbaumes notwendig wird, um ein aufgelaufenes Fadenende aufzufinden. Die zwei Faller bewegen sich in senkrechten Schlitzen des Gestelles und lassen eine Kettenlänge gleich der 4fachen Fallhöhe aufnehmen. Arbeitet die Schermaschine ohne Fadenächter, z.B. bei sehr festen Ketten, müssen mehr als 2 Faller angeordnet werden, weil das rechtzeitige Ausrücken lediglich von der Aufmerksamkeit der Arbeiterin abhängt und deshalb häufig nach einem Fadenbruch eine größere Länge abzuwickeln ist.

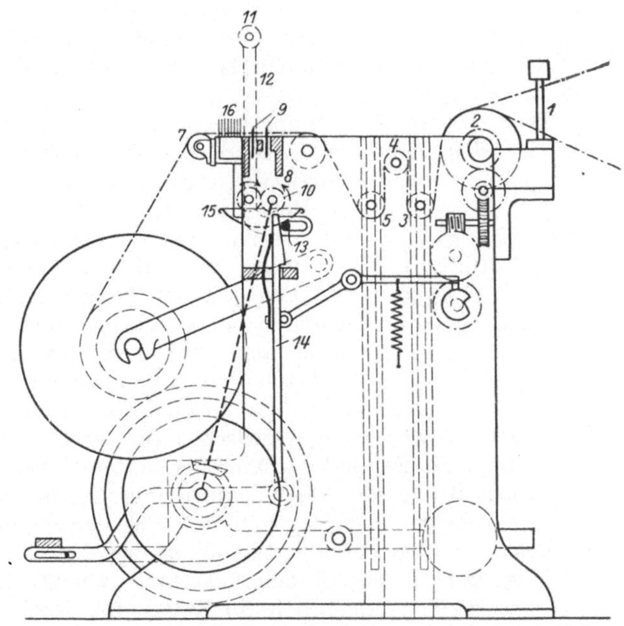

Abb. 59. Schermaschine mit Meßvorrichtung und Fadenwächtern.

Zwischen den Leitwalzen 6 und 7, Abb. 59, befindet sich je nach der Fadenzahl ein mit $2 \div 4$ Schlitzen versehener Balken 8 zur Aufnahme und Führung der **Fadenwächter** (Reiter), welche den Zweck haben, die Maschine stillzustellen, sobald irgendeiner der Fäden reißt oder zu Ende geht. Dies muß so schnell geschehen, daß das Fadenende womöglich nicht auf den Scherbaum aufgewickelt wird. Geschieht dies, so ist ein Zurückdrehen des Scherbaumes von Hand oder mittels eines besonderen Antriebes erforderlich, wodurch Zeitverluste entstehen. — In der Abb. 59 sind 2 Reihen von Fadenwächtern 9 angedeutet, welche in den Schlitzen des Balkens 8 geführt werden und bei einer älteren Anordnung aus kräftigem haarnadelähnlich gebogenen Draht bestehen und über die Fäden gehängt sind. Reißt ein Faden, fällt sein Reiter herunter und gelangt zwischen die in der Pfeilrichtung umlaufenden Walzen 10, von denen die rechte festgelagert ist, während die linke in 2 um 11 drehbaren Hebeln 12 lagert.

Jede zwischen die Walzen gelangende Nadel bewirkt eine kleine Rechtsdrehung des Hebels 12, der durch den am unteren Ende befindlichen einstellbaren Anschlag 13 die Hakenstange 14 aus ihrer Ruhe drängt, welche sich unter Federzug nach unten bewegt und die Maschine ausrückt. Eine Bremse bewirkt schnellen Stillstand des Scherbaumes, der aber trotzdem nicht selten noch 1 bis 2 Umgänge macht. — Die Walzen 10 werden von der Wickelwalze aus durch eine nur angedeutete Schrägwelle getrieben, in welche eine Kupplung eingeschaltet ist, die bei dem Ausrücken der Maschine bei Fadenbruch gelöst wird. Dadurch verhütet man, daß bei einem Rückdrehen des Scherbaumes Fadenwächter schlaffgewordener Fäden zwischen die Walzen gelangen.

Die Reiter, welche in einer Mulde 15 aufgefangen werden, sind während des Ganges schwer wiederzuerlangen, weshalb die Arbeiterin einen Vorrat zur Hand haben muß.

Eine neuere Anordnung zeigt Abb. 60. Die in der Platte 8 geführten Reiter fallen nicht durch, sondern treten nur mit ihren unteren Enden über den unteren Rand der Platte 8 heraus und hindern dann die Bewegung der rasch hin und her gehenden Schiene 15, was die Ausrückung veranlaßt.

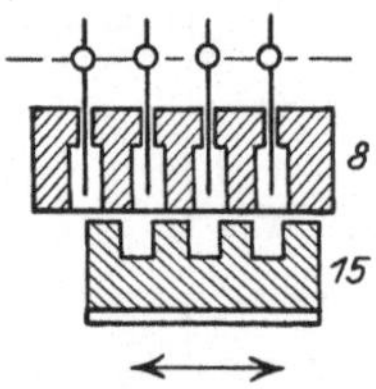

Links von der Fadenwächteranordnung (Abb. 59) befindet sich der Expansionskamm 16, heute durchgängig nach Art der Nürnberger Schere ausgeführt (Rautenkamm), (siehe auch Abb. 58), der in der Mitte einen festen Drehpunkt besitzt und durch eine Schraubenspindel mit Rechts- und Linksgewinde so eingestellt werden kann, daß die Kettfäden, welche einzeln zwischen die Nadeln des Kammes eingezogen sind, in richtiger Breite und gleichmäßig verteilt dem Scherbaum zugeführt werden. Bei großer Breite wird der Kamm rechts und links von der Mitte an je 2 Stellen durch eine entsprechend ausgebildete Schraubenspindel gefaßt, um größte Gleichmäßigkeit in der Fadenverteilung zu erzielen[1].

Von der englischen Schermaschine weicht die amerikanische Anordnung Draper, welche namentlich für Ketten für Northropstühle in Anwendung steht, in verschiedenen Richtungen erheblich ab. Bei dem Einrücken wird zunächst eine kleine Geschwindigkeit eingeschaltet, um Fadenbrüche zu vermeiden; umgekehrt wird bei dem Ausschalten verfahren, um Schlaffwerden der Fäden durch

Abb. 60.

---

[1] Sächs. Webstuhlfabrik Louis Schönherr, Chemnitz, D.R.P. Nr. 164091 Kl. 86a Gr. 2.

Überlaufen der Spulen und ein Überlaufen der Schertrommel zu verhüten (siehe oben). — Die Schertrommel wird durch in den Antrieb eingeschaltete Riemkegel so bewegt, daß zu Anfang der Bewicklung eine größere, gegen Ende eine kleinere Geschwindigkeit auftritt, wodurch eine gleichmäßigere Fadenspannung erzielt werden soll. — Zur Abnahme des vollen Scherbaumes durch eine Person und Ablegen auf einen Wagen ist eine besondere Einrichtung getroffen. (Näheres über diese Maschine siehe Mikolaschek, Mech. Weberei, Abt. I, S. 33.)

Die Meßvorrichtung (Indikator). Auf die zusammengehörenden Scherbäume sind, wie oben dargelegt, genau gleiche Kettenlängen aufzulegen. Die Längen selbst sind aber verschieden, je nach Dichte des Kettenstandes, Garnnummer, dem Betrag des Einwebens usw. Die Meßvorrichtung muß deshalb die Möglichkeit bieten, beliebige Garnlängen auflegen zu können. — Abb. 61 gibt eine einfache Anordnung. Auf der Achse der Meßwalze 1 von $^1/_2$ Yard oder Meter Umfang steckt eine eingängige Schnecke im Eingriff mit einem

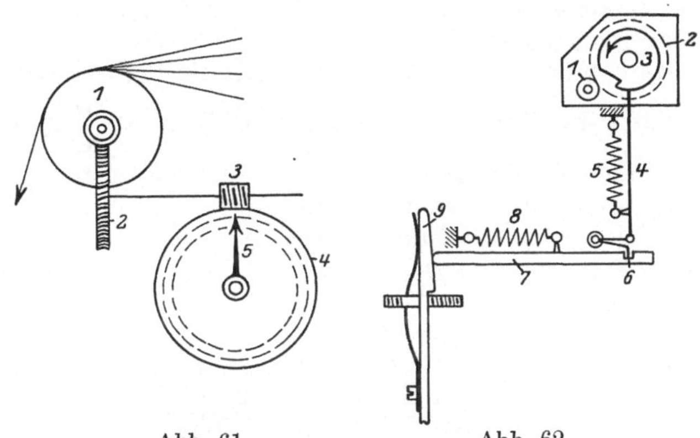

Abb. 61.   Abb. 62.
Abb. 61 u. 62. Meßvorrichtungen (Indikatoren).

54er Rad 2, auf dessen Achse die mit dem 132er Rade 4 in Eingriff stehende Schnecke 3 festgekeilt ist. Zeiger 5 steht fest. Bei einer Umdrehung von 4 werden z. B. $^1/_2 \cdot \dfrac{54}{1} \cdot \dfrac{132}{1} = 3564$ Yards aufgewickelt $= 1$ Wickel oder 1 Runde oder 1 Wrap. Die Maschine stellt nach einer oder mehreren Runden ab. Ist die aufzuwickelnde Garnlänge 14445 Yards, so ergibt das 4 Runden von $4 \times 3564 = 14256 + 189$ Yards. Hat die Maschine nach 4 Runden abgestellt, müssen noch 189 Yards aufgelegt werden; die Meßwalze muß noch 2×189 und die Schnecke 3 $\dfrac{2 \cdot 189}{54} = 7$ Umgänge machen und Zeiger 5 steht jetzt, da die Zählscheibe in 132 Teile geteilt ist, auf Teilstrich 7. Die Arbeiterin hat scharf aufzupassen und die Maschine wieder abzustellen, sobald diese Zeigerstellung erreicht ist. — Besser ist die Anordnung der Maschinenfabrik Rüti in Rüti (Schweiz), Abb. 62. Das von der Meßwalze aus getriebene Rad 1 greift in ein großes Rad 2 ein, auf dessen Achse eine mit einem Kerb versehene Scheibe 3 sitzt, gegen deren Umfang sich die Stange 4 unter dem Druck der Feder 5 legt. Schnappt 4 in das Kerb ein, wird die Sperrung 6 für die Stange 7 aufgehoben, diese geht unter Wirkung der Feder 8 nach links und löst die Sperrung von 9 aus, wodurch die Maschine ausgerückt wird. Rad 1 läßt sich durch Wegdrücken der Welle außer Eingriff mit 2 bringen und 2 kann nun durch Drehen der Zählscheibe für die erforderliche Kettenlänge eingestellt werden. Die Meßuhr gibt immer die noch zu scherende Länge an, ist also rückläufig.

Als beste Anordnung kann die von Hitchon, gebaut von Howard und Bullough in Accrington, bezeichnet werden, Abb. 63 und 64. Von der Meßwalze aus wird durch die eingängige Schnecke 1 das 24er Rad 2, das damit ein Stück bildende Kegelrad 3 mit 12 Zähnen und das große 100 er Kegelrad 4 getrieben, welches auf der Vorderseite ein Zifferblatt mit 2 Teilungen trägt, deren äußere in 100, deren innere in 50 Teile geteilt ist. Hat die Meßwalze $^1/_2$ m Umfang, laufen bei einer vollen Umdrehung des 100 er Rades

$$\frac{100}{12} \cdot \frac{24}{1} \cdot \frac{1}{2} = 100 \text{ m}$$

ein. Auf den äußeren 100 er Teilkreis spielt ein fester Zeiger ein, welcher das Ablesen von 1 bis 100 m gestattet. — Die verlängerte Nabe 4 trägt ein 51 er Rad 5, welches in Eingriff steht mit einem 50 er Rad 6 von doppelter Kranzbreite, von dem ein 50 er Rad 7 getrieben wird, dessen lange Nabe den Zeiger z trägt, der auf der 50 er Teilung der Zählscheibe läuft. Bei einer Umdrehung des Zifferblattes macht der Zeiger z $\frac{51}{50} \cdot \frac{50}{50} = 1^1/_{50}$ Umdrehungen; d. h.

stand der Zeiger vorher auf Null, so steht er nach Einlauf von 100 m auf 1, von 200 m auf 2 usf. und nach 5000 m wieder auf Null. — Das Rad 5 trägt seitwärts einen Zahn z_1 und das Doppelrad 6 hat seitlich einen Knaggen z_2, welcher leicht vertieft ist und eine Zahnlücke etwa bis zur halben Tiefe zu-

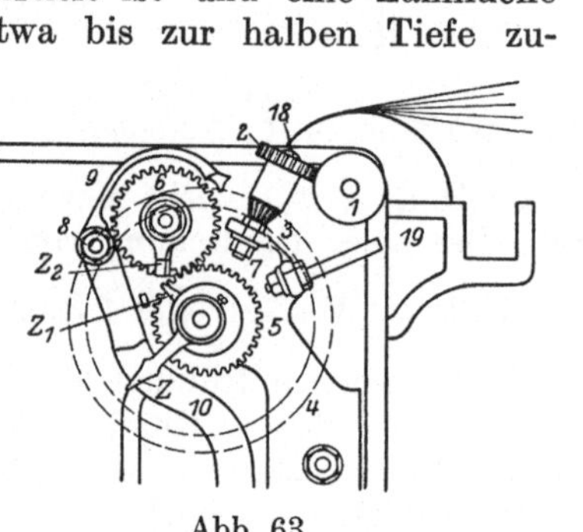

Abb. 63.

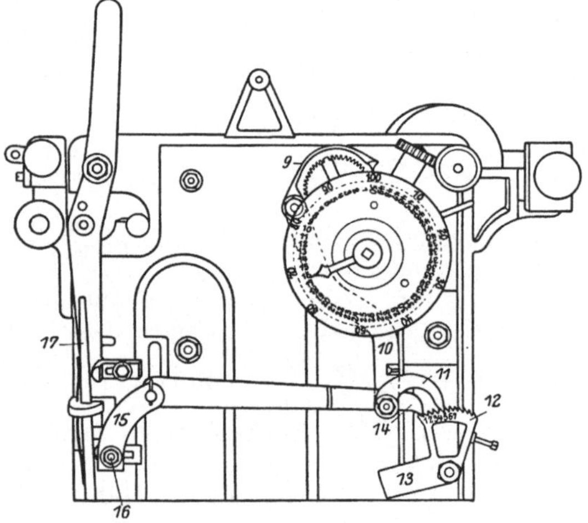

Abb. 64.

deckt. Kommen z_1 und z_2 zum Eingriff, wird das Doppelrad 6 etwas abgehoben. Um das zu ermöglichen, ist 6 in dem kurzen Arm des um 8 drehbaren Winkelhebels 9, 10 gelagert, an dessen langen Arm die Schaltklinke 11 gelenkig befestigt ist, die hinter einem Zahn des Sektors 12 liegt, welcher durch das Gewicht 13 immer zum Anlegen gebracht wird. Anheben des Rades 6 bewirkt eine Linksschwingung des Hebels 9, 10 und damit ein Weiterschalten des Sektors 12 um einen Zahn, in dessen Verzahnung noch die Klinke 14 eingreift, die mit 15 einen Winkelhebel bildet. An 15 ist ein einstellbarer Bolzen 16 befestigt, der, wenn 14 vom Sektor abgeleitet, das Ausklinken von 17 und damit das Stillstellen der Maschine veranlaßt. Jeder Schaltung des Sektors 12 um einen Zahn entspricht eine Kettenlänge von 5000 m. — Sind nun z. B. 16 630 m zu scheren, verfährt man folgendermaßen: Das Räderpaar 2, 3, welches lose auf dem Stift 18 steckt, wird abgezogen, der äußere Teilkreis auf 30 und Zeiger z auf 16 der inneren Teilung eingestellt und 14 in den ersten Zahn des Sektors 12 eingelegt.

Steckt man jetzt das Räderpaar 2, 3 auf Stift 19 und rückt die Maschine ein, läuft die Meßuhr zunächst rückwärts und es erfolgt eine Ausrückung nach

Einlauf von 30 + 1600 = 1630 m. — Nun wird der Kegel von 10 in Zahn 3 des Sektors 12 eingelegt, Räderpaar 2, 3 wieder auf Stift 18 gesteckt und die Maschine in Gang gesetzt, die nach Einlauf von 15000 m selbsttätig ausrückt. — Sollen eine Anzahl Bäume von gleicher Beschaffenheit der Kette hintereinander geschert werden, stellt man den Sektor 12 mittels der Stellschraube entsprechend ein. — Hitchons Meßuhr arbeitet sehr sicher und läßt die Kettenlänge so genau als möglich einstellen.

γ. Das Bandscheren.

α) **Die Block-Schermaschine.** Die Kette wird in einer größeren Anzahl von Abschnitten (Bändern) in richtiger Reihenfolge der Fäden (1, 2, 3, 4 usf.) und Dichte auf kurze hölzerne Bäume (Blöcke, Brote) von etwa 200 mm Durchmesser aufgewickelt und die zu einer Kette gehörenden Blöcke steckt man dann auf eine mit Nut und Feder versehene Welle, um die Vereinigung der Fäden durch Bäumen vorzunehmen. Da bei dem Bäumen die Blöcke sich nur mit der Welle drehen können, ergibt sich die Bedingung, daß die einzelnen Blöcke bei gleicher auf- oder abgewickelter Bandlänge genau gleiche Durchmesser besitzen müssen. Würden sich bei dem Abwickeln verschiedene Durchmesser ergeben, würden für jede Umdrehung von den einzelnen Blocks verschiedene Garnlängen frei werden, was notwendig zu ungleicher Spannung in den einzelnen Bändern führen müßte. Diese Übereinstimmung in den Durchmessern läßt sich nur erzielen durch gleichmäßige Spannung vom Anfang bis zum Ende der Bewickelung oder durch besondere Einrichtungen (s. z. B. D.R.P. Nr. 112 026 Kl. 86 a Gr. 2).

Die Abb. 65 und 66 geben schematisch die Hauptteile einer Block-Schermaschine. Man denke sich rechts den Aufsteckrahmen, von welchem die Fäden zunächst durch ein ge-

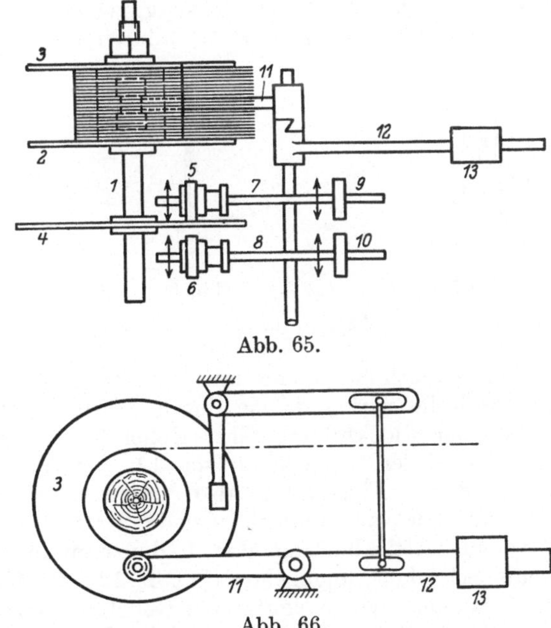

Abb. 65.

Abb. 66.

Abb. 65 u. 66. Blockschermaschine.

schlossenes Blatt gehen, um dann eine Faller- und Wächtereinrichtung von bereits S. 35 besprochener Anordnung zu durchlaufen, an deren Ende sich ein offener Kamm befindet, in dessen Lücken die Fäden einzeln eingezogen sind. Dann folgt ein Rispelblatt, um das Fadenkreuz bilden zu können, und endlich ein in der Breite einstellbarer Kamm, welcher das Band auf richtige Breite bringt. Über eine Meßwalze mit Uhr geht dann das Fadenband zur Wickelwalze.

Ein Rispelblatt einfachster Ausführung zeigt Abb. 67. Die Spalten 2, 4, 6 usf. sind an zwei Stellen verlötet. Drückt man mit einem Stab alle Kettenfäden nach unten (Abb. 68) nehmen sie die gezeichnete Lage ein und man kann bei *a* einen Teilstab (Kreuz- oder Leserute) oder einen Faden einziehen; drückt man dann alle Fäden nach oben, läßt sich bei *b* eine zweite Rute einlegen und das Fadenkreuz ist gebildet. Für 4-, 6-, 8-fache Teilung, wie solche bei dichter Fadenstellung zum Auseinanderhalten der Fäden bei dem Schlichten wünschenswert ist, haben Gebr. Sucker ein Rispelblatt patentiert erhalten (D.R.P. 68008 Kl. 86a Gr. 2).

Zur Erzielung gleichmäßiger Fadenspannung ist, wie oben dargelegt wurde, gleichbleibende Wickelgeschwindigkeit erforderlich. Der Durchmesser der Blöcke nimmt aber mit jeder Fadenlage zu. Nun besteht zwischen der Umdrehungszahl n, dem Durchmesser d des Blockes in Metern und der Laufgeschwindigkeit in m/sek. Die Beziehung $n = \dfrac{60\,v}{d \cdot \pi}$, d. h. nimmt d zu, muß n abnehmen, wenn v unveränderlich sein soll. Dazu dient folgende Einrichtung, Abb. 65. Die Welle 1, auf welche der Block mit Nut und Feder geschoben und zwischen die feste Scheibe 2 und die lose 3 eingeklemmt ist, erhält Antrieb durch Reibscheibe 4 und eine der Scheiben 5 oder 6. Letztere befinden sich auf den Parallelwellen 7, 8, von denen 7 angetrieben wird, während 8 durch die Räder 9, 10 und ein Zwischenrad in gleichem Sinne wie 7 getrieben wird. 7 und 8 sind senkrecht zur Achsenrichtung verschiebbar, so daß man je nach Bedarf 5 oder 6 an 4 anlegen und dadurch die Drehrichtung von 1 ändern kann.

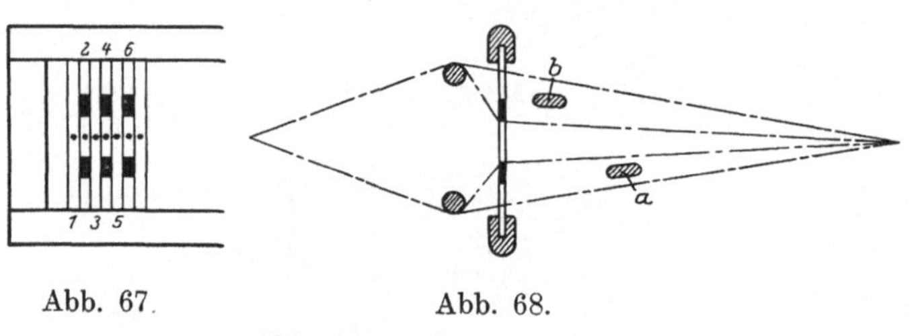

Abb. 67.   Abb. 68.

Abb. 67 u. 68. Rispelblatt.

Zu Beginn der Bewickelung ist d am kleinsten, n am größten; die Reibscheiben stehen in der Nähe der Welle 1 und werden bei zunehmendem d immer weiter abgerückt, was auf folgendem Wege erreicht wird. Gegen den Bandkörper legt sich eine im zweiarmigen Hebel 11, 12 gelagerte Fühlrolle, die zugleich als Preßrolle wirkt, da sie durch das Gewicht 13 angedrückt wird. Bei zunehmender Blockfüllung führt Hebel 11, 12 eine Linksdrehung aus, die durch Zwischenglieder, ausgehend von 12, die Verschiebung der Reibscheiben bewirkt, deren Einstellung also lediglich vom Durchmesser des Blockes und nicht von der Garnnummer oder der Kettendichte abhängig ist. Einen anderen Weg zur Gleichhaltung der Fadenspannung hat die Sächs. Webstuhlfabrik Louis Schönherr angegeben (D.R.P. 229591 Kl. 86a Gr. 2). — Jede Änderung der Spannung wird benutzt zur Regelung der Laufgeschwindigkeit des Bandes. Nimmt die Spannung ab, wird die Laufgeschwindigkeit erhöht, bis die von Haus aus eingestellte Spannung wieder erreicht ist, im umgekehrten Falle verkleinert, was durch eine auf eine Reibungskupplung wirkende Spannwalze erreicht wird.

Die Block-Schermaschine dient vorwiegend zum Scheren bunter (gestreifter) Ketten und verfährt man bei großen Mustern so, daß man immer nur $^1/_2$ Rapport schert und läßt die Bänder abwechselnd von oben und von unten auf die Blöcke auflaufen. Bei dem Aufstecken für das Aufbäumen wird dann ohne weiteres der richtige Rapport hergestellt. — Das Blockscheren erfordert einen größeren Vorrat von Blöcken verschiedener Breite, da die Bandbreite je nach dem Muster verschieden ist.

β) **Die Schönherrsche, sächsische oder Sektional-Schermaschine.** — Es werden ebenfalls Bänder mit richtiger Reihenfolge und richtiger Dichte der

Fäden geschert, aber die einzelnen Bänder werden nebeneinander auf eine meist 8 seitige Schertrommel aufgelegt, die gewöhnlich einen mittleren Scherbandumfang von 4,25 m besitzt. 1 in Abb. 69 ist die Schertrommel, welche durch Riemen und Rädervorgelege eine gleichbleibende Umdrehungszahl erhält. Dadurch ergibt sich allerdings mit zunehmender Füllung der Trommel eine Zunahme der Laufgeschwindigkeit, die aber bei dem Verhältnis zwischen Um-

Abb. 69. Sektional-Schermaschine.

fang und Dickenzunahme der Bänder ohne Belang ist. — Auf der Trommel werden die einzelnen Bänder entweder durch Bleche, welche der Bandbreite entsprechend eingestellt werden können (Abb. 70) oder durch in die Latten gesteckte oben etwas abgebogene Stifte (Abb. 71) auseinander gehalten. Bei der Stiftenschermaschine müssen die Stifte aus der punktierten in die ausgezogene Lage gedreht werden, sobald Band I fertiggeschert ist und die

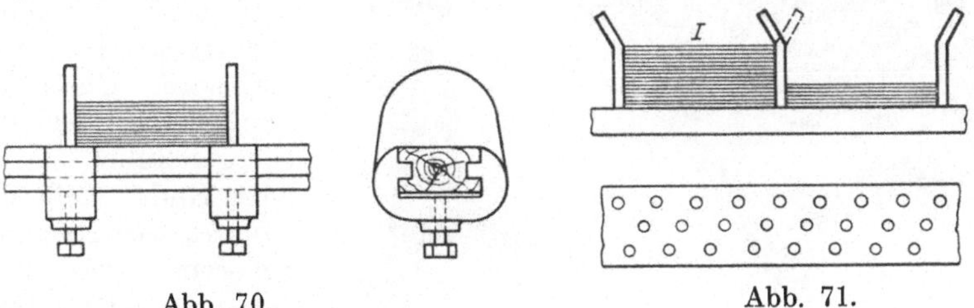

Abb. 70.   Abb. 71.

nächsten Stifte sind einzusetzen. Das ist unbequem; auch werden die Stifte durch im Laufe der Zeit eintretende Erweiterung der Löcher locker und fallen leicht heraus.

Zur Einstellung der richtigen Bandbreite wird entweder ein ebener Kamm benutzt, der um eine senkrechte Achse drehbar ist, oder ein Kamm in V-Form mit um die Spitze drehbaren Schenkeln. — Um die Bänder nebeneinander auf die Trommel legen zu können, muß entweder die Trommel nach dem Aufwickeln eines Bandes um die Bandbreite verschoben werden, wozu diese in einem Wagen gelagert ist, oder der Kamm 3 erhält die Verschiebung. Erstere Anordnung erfordert eine größere Grundfläche, bietet aber den Vorteil, daß die Fäden vom Aufsteckrahmen nach dem Kamm immer in der gleichen Richtung laufen, während bei Verschiebung des Kammes, der zuerst ganz links und zuletzt ganz rechts steht, die Fäden bei jeder neuen Stellung des Kammes in anderer Richtung laufen, wodurch leicht Verschiedenheiten in den Reibungs- und Spannungsverhältnissen hervorgerufen werden.

Der Arbeitsgang ist bei diesen Maschinen der folgende: Im Aufsteckrahmen werden die Spulen dem Muster entsprechend aufgesteckt, die Fäden durch den Kamm gezogen und verknotet, um den Strang an einem an der Innenseite der ersten Latte der Schertrommel befindlichen Stift befestigen zu können. Dann liest man zwischen Kamm und Trommel das Fadenkreuz ein und schiebt die Leseruten möglichst nahe an die Trommel heran. Nun wird die Trommel in Drehung versetzt, bis die gewünschte Kettenlänge geschert ist, was, wenn die Maschine ohne Selbstabstellung arbeitet, durch ein Klingelzeichen angegeben wird. Dann schneidet man das Scherband zwischen Kamm und Trommel durch, verknotet beide Enden, befestigt das Ende des 1. Bandes an diesem und den Anfang des 2. Bandes am Stift der 2. Abteilung und das Wickeln kann wieder beginnen, sobald Kamm oder Trommel um die Bandbreite verschoben sind.

Sind alle Abteilungen vollgeschert, erfolgt die Vereinigung der Bänder mittels einer mit der Schermaschine verbundenen Bäummaschine auf einen Scherbaum (Vorbaum). Die Schertrommel wird dabei gebremst, um die Fäden zu spannen und dichte und harte Bäume zu erhalten.

γ) **Die Konus-Schermaschine.** — Diese zuerst in der Seidenweberei angewandte Maschine hat sich ihrer Vorzüge wegen in fast allen Webereizweigen eingebürgert. Sie unterscheidet sich von der Block- und der Sektionalschermaschine dadurch, daß die Bandlagen nicht senkrecht übereinandergelegt, sondern jede neue Lage etwas seitwärts gegen die vorhergehende verschoben wird. Um dies zu ermöglichen, besitzt die Schertrommel an einem Ende Keilstücke, Abb. 72. Bei Beginn des Scherens werden die zusammengeknoteten Fadenenden an einen an der ersten Latte der Schertrommel befindlichen Haken angehangen und der das Band aufleitende Kamm wird

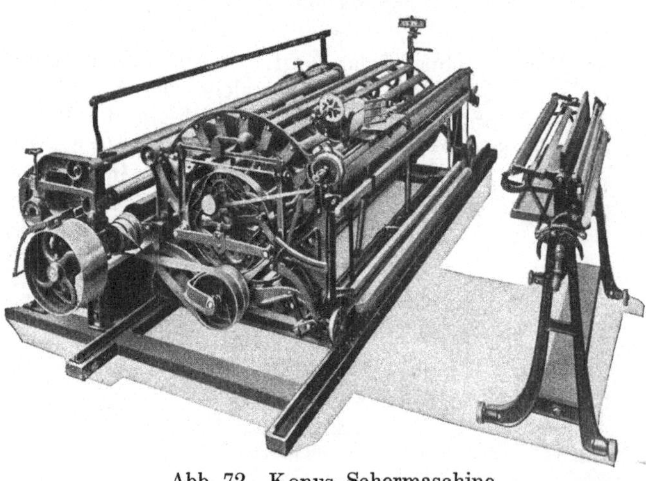

Abb. 72. Konus-Schermaschine.

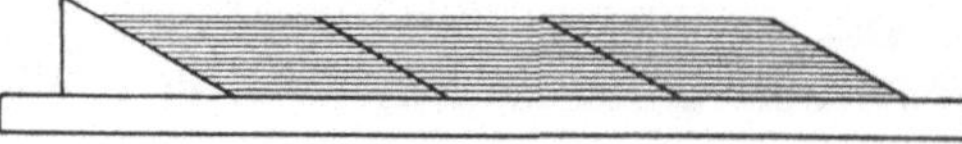

Abb. 73.

so eingestellt, daß der erste Faden genau in die Kehle zwischen Keil und Latte einläuft. Dieser Kamm erhält für jede Umdrehung der Trommel entweder eine ruckweise Verschiebung nach links (Abb. 73) durch ein Klinkwerk oder eine gleichmäßige durch eine Schraubenspindel und die einzelnen Schichten und Bänder legen sich so auf- und aneinander, wie Abb. 73 zeigt. Die einzelnen Lagen müssen immer genau zylindrische Oberfläche besitzen, es darf keinerlei Anhäufung nach rechts oder links stattfinden. Die Beziehung zwischen Keilwinkel α, der Verschiebung s und dem Garndurchmesser d läßt Abb. 74 erkennen. Es ist $\cos\alpha = \dfrac{s}{d}$. Ist α unveränderlich (feste Keilstücke), muß die Verschiebungsgröße s für jede Änderung von d, also der Garnnummer, geändert werden; ist dagegen s unveränderlich, ist α für dickere

Garne größer, für höhere Garnnummern kleiner zu nehmen (stellbare Keile). Beide Anordnungen sind in Anwendung. Abb. 75 zeigt eine Anordnung für stellbare Keile bei einer Seidenzettelmaschine. Die Keilstücke sind drehbar in den Scherlatten gelagert und die an ihnen befindlichen Stifte 1 fassen in exzentrische Nuten eines Ringes 2, der sich durch Schnecke 3, Sektor 4 und Hebel 5 gegen die Stirnscheibe der Schertrommel verdrehen läßt, wodurch dem Keilwinkel immer die richtige Größe gegeben werden kann. — Die Keile sind zuweilen in der Längsrichtung der Trommel verschiebbar, um schmale Ketten mehr in der Mitte der Trommel scheren zu können.

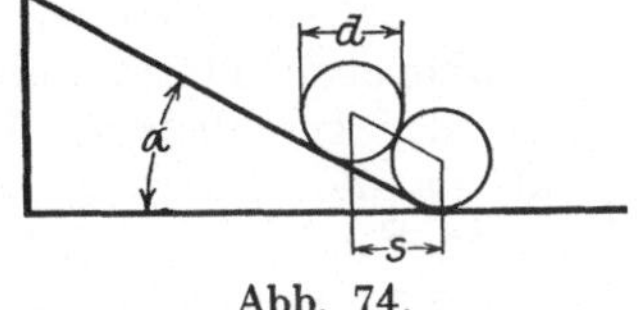

Abb. 74.

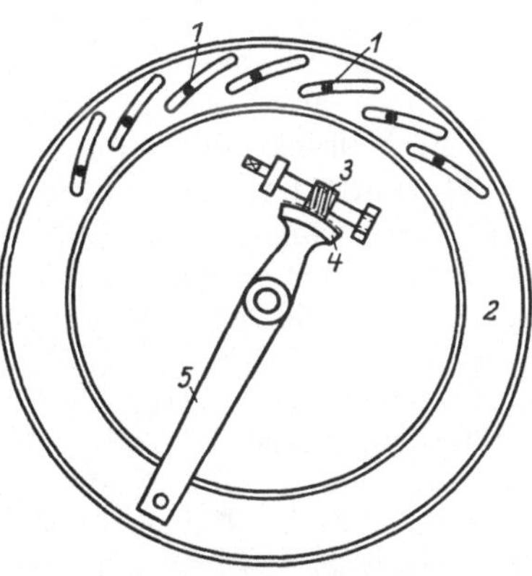

Abb. 75.

Die Schertrommel hat 1, gewöhnlich 2,5, bei Seidenzettelmaschinen auch 5 m Umfang. Bei dem Scheren des ersten Bandes wird eine Meßrolle von 1 m Umfang (Meterzähler) an das Band angelegt und gleichzeitig ein mit der Schertrommel verbundener Umdrehungszähler auf 100 eingestellt. Ist die bestimmte Kettenlänge aufgelaufen und steht der Zähler dann z. B. auf 42, hat die Trommel $100 - 42 = 58$ Umgänge gemacht. Für das Scheren der nächsten Bänder wird die Meßscheibe ausgerückt, der Zähler auf 58 eingestellt, welcher, da rückläufig, die Schertrommel nach 58 Umgängen still stellt, so daß alle Bänder gleiche Länge erhalten. Ist ein Band fertig geschert, schneidet man die Fäden durch, verknotet und verbindet sie mit der Trommelfüllung. Sind alle Bänder auf die Trommel gebracht, ist die Kette, wenn sie ungeschlichtet oder ungeleimt verwebt wird, auf den Kettenbaum, im anderen Falle auf einen Vorbaum aufzubäumen. Die Vorrichtung dazu ist meist mit der Schermaschine verbunden, da man die schweren Schertrommeln nicht leicht herausnehmen kann. Bei dem Bäumen muß man entweder dem Kett- oder Vorbaum oder der Schertrommel für jede Umdrehung der letzteren eine entsprechende Verschiebung in der Achsenrichtung geben, wozu diese in einem auf Schienen laufenden Wagen gelagert sind. Die Schertrommel wird gebremst, um den Fäden Spannung zu erteilen. Spulengestell und Geleseeinrichtung sind meist fahrbar eingerichtet, damit die Fäden immer in gleicher Richtung gegen die Schertrommel anlaufen (s. Abb. 72).

Die Hauptvorzüge der Konus-Schermaschine sind: Unterbringung der gesamten Fäden einer Kette auf einem Scherbaum ohne die bei der Sektional-Schermaschine erforderlichen Stifte oder Teilbleche; Anwendbarkeit für Ketten aus sehr feinen Fäden und dichtem Stand (Seidenketten); bei richtiger Einstellung sehr regelmäßige Wickelung dadurch, daß der Kamm so dicht als möglich an die Aufwindestelle herangebracht werden kann.

c) Schlichten und Leimen der Kette.

Bei dem Verweben erfahren die Kettfäden starke Beanspruchung durch die ihnen zu erteilende Spannung, durch Hin- und Herbiegen und durch Reibung aneinander bei der Fachbildung, durch Reibung im Geschirr und Blatt und durch die Schütze. Sie müssen deshalb verstärkt und geglättet werden, letzteres um die hervorragenden Faserenden an den Fadenkörper anzukleben und dadurch zu verhüten, daß bei dichtem Stande der Kette die Fasern benachbarter Fäden sich verschlingen, wodurch Fadenbrüche entstehen. — Baumwoll-, Leinen-, Juteketten werden geschlichtet, Wollketten geleimt. Seidene Ketten werden selten verstärkt, da die Fäden an sich große Festigkeit und Glätte besitzen.

Die zum Schlichten und Leimen dienenden Klebmittel müssen so beschaffen sein, daß sie den Faden wohl größere Festigkeit und Widerstandsfähigkeit gegen reibende Wirkung erteilen, aber die Elastizität und Biegsamkeit möglichst wenig vermindern; die Fäden dürfen nicht hart und spröde werden, sonst treten im Webstuhl viel Fadenbrüche auf. — Die Schlichte muß sich auch leicht auswaschen lassen, denn sie ist aus Geweben, welche gebleicht, gefärbt, bedruckt oder appretiert werden sollen, zu entfernen.

Als Schlichte wird ein Kleister aus Weizen-, Roggen-, Kartoffel- und Maismehl oder Gemischen dieser verwandt, der durch Kochen mit Dampf in kupfernen oder hölzernen mit Rührvorrichtung versehenen Gefäßen hergestellt und meist heiß aufgetragen wird. Reiner Stärkekleister macht die Fäden leicht hart und blättert vielfach ab. — Um Geschmeidigkeit zu erzielen, gibt man Zusätze von Talg, Wollfett, Marseiller- und Schmierseife, Wachs und gegenwärtig meist Glyzerin. Außerdem muß durch Beigabe von Chlorkalzium, Chlormagnesium oder Viehsalz, welche Feuchtigkeit anziehen, dafür gesorgt werden, daß die Fäden etwas feucht und dadurch geschmeidig bleiben. Die Schlichte geht besonders in heißem Zustande leicht in Gärung über, was durch Zusatz von Alaun, Bor- und Salizylsäure u. a. M. verhindert wird. — Die Menge der Schlichte beträgt für gewöhnliche Fälle nicht mehr als 10 vH des Garngewichtes. Soll die Kette aus besonderen Gründen beschwert, d. i. mit Pulvern von Chlorbarium, China-clay usw. versetzt werden, steigt der Prozentsatz häufig beträchtlich.

In Anlagen mit viel Schlichtmaschinen hat es sich sehr zweckmäßig erwiesen, die Schlichtekocher erhöht aufzustellen und die Schlichte durch mit Gefälle verlegte Rohrleitungen den Schlichtetrögen zuzuführen. Die Leitungen müssen gut isoliert und mit Vorrichtung zum Ausblasen mit Dampf versehen sein, letzteres um eintretende Verstopfungen beseitigen zu können. — Diese Anordnung läßt das Zutragen der Schlichte mit Eimern vermeiden und Arbeiter ersparen.

Zum Leimen der wollenen Ketten wird eine dünne Lösung von Knochenleim oder für zarte Ketten von Gelatine, der man zum Geschmeidigmachen Talg usw., zur Verbilligung Kartoffelstärke und zur Verhinderung der Gärung eines der bei dem Schlichten genannten Mittel zusetzt.

Das **Schlichten** erfolgt auf verschiedenen Wegen. In der Handweberei wird auch heute noch das Schlichten der Kette im Webstuhl vorgenommen. Der Weber trägt die Schlichte mit Bürsten auf den zwischen den Schäften und dem hinteren Streichbaum ausgespannten Kettenteil auf. Dies Verfahren hat den Vorteil, daß die Kette noch etwas feucht, also geschmeidig, verwebt wird, bedingt aber häufige Unterbrechung der Arbeit, da immer nur ein kurzes Stück

Kette auf einmal geschlichtet werden kann. Es sind auch Vorrichtungen ersonnen worden, welche ein fortgesetztes Schlichten im mechanischen Webstuhl besorgen sollen, sind aber kaum in Anwendung gekommen (vgl. Gräbner, Die Weberei, S. 240 und Mikolaschek, Mech. Weberei, Abt. 1, S. 100).

Das Schlichten im Strähn wird besonders bei bunten Ketten angewandt, um ein Ineinanderlaufen der Farben (Bluten) zu verhüten. Die Strähne hängen auf Voll- oder Gitter- (Skelett-) Walzen, durch die sie in Bewegung gesetzt werden, und tauchen in den Schlichtetrog ein. Den Überschuß an Schlichte beseitigt man durch Auswinden von Hand oder mittels einer einfachen Vorrichtung oder durch Preßwalzen, zuweilen auch durch Ausschleudern in einer Zentrifuge. Dann werden die Strähne einer Bürstmaschine übergeben, um die Schlichte zu verstreichen, die Fäden zu glätten und auszubreiten, so daß sie einander nicht berühren; zuletzt erfolgt Trocknen in luftigen, schattigen Schuppen oder in geheizten Räumen oder auf besonderen Maschinen.

Zur Verminderung der Handarbeit ist von B. Cohen in Grevenbroich eine Revolver-Strähnschlichtmaschine ausgeführt worden, über welche das Handb. d. Weberei von Schams, 4. Aufl., Näheres enthält (s. auch D.R.P. Nr. 82065 und 86794 Kl. 8a Gr. 25.) — 6 Paar Strähnwalzen sind auf einer drehbaren Trommel angebracht. Die Strähne werden an einer Seite der Maschine aufgelegt, gelangen bei Drehung der Trommel durch den unten befindlichen Schlichtetrog, werden in der nächsten Stellung ausgequetscht, dann mit Nadelwalzen, deren Nadeln aus Nickeldraht bestehen, gelöst und schließlich vor dem Abnehmen noch gebürstet. Bedienung 1 Mann.

Schlichten im Strang findet Anwendung bei den auf dem Scherrahmen gescherten Ketten. Abb. 76 zeigt eine dazu verwandte Maschine. Der Kettenstrang läuft von links über eine Skelettwalze in den Schlichtetrog und geht dann durch einen aus Porzellan oder Bronze bestehenden Quetschring, dessen Öffnungsweite sich nach Strangdicke und dem Grad des Ausquetschens richtet oder durch eine Quetschplatte 1 mit einstellbarer Durchgangsöffnung. Bewegt wird der Strang durch die Walzen 2, 3 und 4, von denen 2 mit Handkurbel versehen ist, 3 und 4 dagegen von 2 aus durch Zahnräder getrieben werden. Eine zweite Skelettwalze leitet den Strang ab, der dann getrocknet wird, wobei das Zusammenkleben der Fäden verhütet werden muß. Bei dem Schlichten

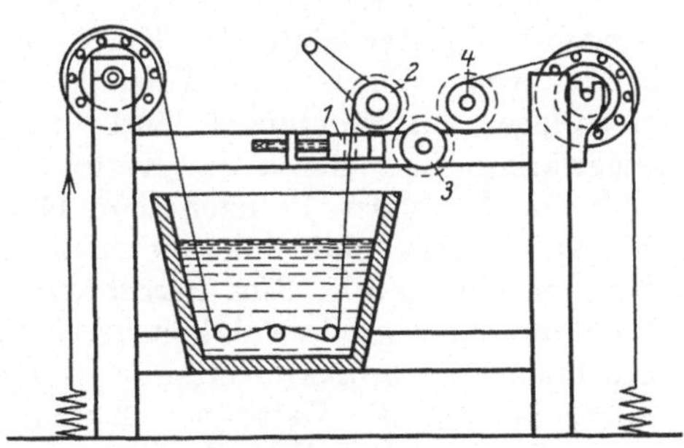

Abb. 76. Strang-Schlichtmaschine.

im Strang werden die inneren Fäden häufig weniger geschlichtet, weil die Schlichte schwer bis zur Mitte eindringen kann. — Diese Maschine wird auch zum Leimen benutzt.

In Großbetrieben wird das Schlichten mit Maschinen vorgenommen, in denen die Kette sogleich getrocknet und auf den Kettbaum des Webstuhles aufgebäumt wird. Dazu dienen

die schottische Schlichtmaschine,
die Zylinder- oder Trommel-Schlichtmaschine (Sizing-Maschine),
die Lufttrocken-Schlichtmaschine.

Bei allen Anordnungen ist der Antrieb so zu gestalten, daß die Laufgeschwindigkeit der Kette innerhalb ziemlich weiter Grenzen geändert werden kann, denn die Kette muß, ehe sie aufgebäumt wird, vollkommen trocken sein, damit die Fäden nicht zusammenkleben und dies erfordet je nach Garnnummer, Dichte und Grad der Schlichtung verschiedene Zeiten. Abb. 77 gibt eine schematische Darstellung der rechten Seite einer **schottischen Schlichtmaschine**; mn ist Symmetrieachse. An beiden Enden der Maschine befinden sich bis 4 Scherbäume, die für den Ablauf der Fäden gebremst werden. Es zieht also von jeder Seite die Hälfte der Kette in halber Dichte herein, wird durch Kamm 1 gleichmäßig verteilt und durch Walze 2 den Schlichtwalzen 3 zugeführt, deren untere in die Schlichte eintaucht und diese an die Fäden bringt, während die obere das Eindringen in das Innere der Fäden befördern, den Überschuß aber abquetschen soll. Zwischen den Schlichtwalzen und dem die Kette in 3 bis 4 Teile teilenden Kamm 4 erfolgt das Bürsten der Fäden. Die Bürstenschienen 5, 6 laufen immer in entgegengesetzter Richtung und die jeweilig sich entgegen der Kette bewegende streicht die Fäden, während die andere ausgehoben ist. Die Bürstenschienen müssen, da sie stark verkleistern, oft gewechselt werden, was unbequem ist und die Stillstände

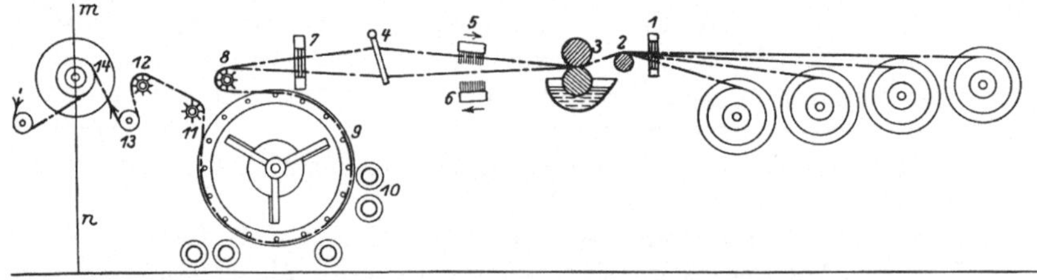

Abb. 77. Schottische Schlichtmaschine.

vermehrt. Weiter läuft die Kette durch Kamm 7, welcher sie auf richtige Breite bringt, über Skelettwalze 8, die große leicht drehbare Lattentrommel 9, in welcher ein Windflügel läuft und zum Trocknen die durch Heizrohre 10 angewärmte Luft durch die Kette treibt, weiter über die Skelettwalzen 11, 12 und eine Leitwalze 13 nach dem Garnbaum 14, auf welchem die Vereinigung der von rechts und links hereinziehenden Kettenteile stattfindet. Diese von der Maschinenfabrik Rüti herrührende Trockeneinrichtung hat den Vorzug, der Maschine eine größere Arbeitsgeschwindigkeit geben zu können, da für das Trocknen eine größere Kettenlänge als bei der alten Anordnung zur Verfügung steht, bei der die Kette von Kamm 7 in gerader Richtung nach dem Garnbaum lief. — Der Vorteil dieser Schlichtmaschine besteht einerseits in dem allmählichen Trocknen bei niederer Temperatur, wodurch die Schichte gut haftet, ferner darin, daß die Fäden nur wenig angestrengt werden, ihre Rundung nicht verlieren und große Glätte erhalten, und endlich darin, daß die Gefahr des Blutens bei farbigen Ketten gering ist. Nachteilig ist die geringe Leistung und die zum Trocknen erforderliche hohe Temperatur des Arbeitsraumes, die auf die Arbeiter bei dauerndem Aufenthalt leicht erschlaffend wirkt. — Die Maschine wird noch in Buntwebereien und für feinfädige Ketten verwandt, ist aber ihrer geringen Leistung wegen durch die anderen Anordnungen stark verdrängt worden.

Die Zylinder- oder Trommelschlichtmaschine, meist **Sizing-Maschine** genannt. — Das Trocknen der geschlichteten Kette erfolgt mittels dampfgeheizter Zylinder mit Kupfer- oder Stahlblechmantel, wodurch es möglich ist, die Arbeitsgeschwindigkeit beträchtlich zu steigern, so daß eine solche Maschine das 20- bis 30fache einer schottischen zu leisten vermag.

Abb. 78 gibt das Schaubild einer Maschine mit zwei Voll-, Abb. 79 das einer solchen mit einer großen Ringtrommel. Bei beiden Maschinen liegen links die Scherbäume. Die vereinigten Fäden gehen dann durch den Schlichtetrog, gelangen sofort in die Trockenbatterie und verlassen diese vollkommen trocken und heiß. Würde man die Kette sofort aufbäumen, würden die Fäden infolge der lang andauernden hohen Temperatur mürbe und brüchig werden. Sie müssen gekühlt werden, wozu die Kette über eine größere Anzahl von Teil-

Abb. 78. Zylinder-Schlichtmaschine mit 2 Trockenzylindern.

stäben geleitet und dadurch geöffnet wird. Unterhalb dieser befinden sich ein oder mehrere Windflügel, welche Luft durch die Kette treiben. Den letzten Teil der Maschine bildet die Bäumvorrichtung mit Expansionskamm. — Die meisten dieser Maschinen sind einseitig, d. h. die Kettfäden ziehen an einem Ende herein und werden am anderen Ende aufgebäumt. In der Juteweberei findet man dagegen meist zweiseitige Maschinen, weil man hier bei der geringen Fadenzahl das Scheren erspart und unmittelbar von den Kettspulen schlichtet

Abb. 79. Zylinder-Schlichtmaschine mit Ringtrommel.

und bäumt. An beiden Enden befinden sich Keilgestelle, auf welchen je die Hälfte der Spulen aufgesteckt ist, und die geschlichteten und auf zwei bis drei Trockentrommeln getrockneten Kettenhälften laufen in der Mitte auf den Kettbaum.

Die Abb. 80 gibt die schematische Darstellung einer in der Baumwollweberei angewandten Schlichtmaschine. Die Führung der von den einzelnen Scherbäumen 1 kommenden Kettenteile erfolgt derart, daß bei dem Ablaufen vom innersten Baum alle Fäden vereinigt sind. Die Kette läuft dann über die Leitwalzen 2 und 3, zwischen denen sich ein messingener Belastungsstab 4 befindet, in den Schlichtetrog und wird durch eine Skelettwalze 5 in die Schlichte getaucht. 5 ist in der Höhe stellbar, um den Grad der Schlichtung durch die Eintauchtiefe zu regeln, und aushebbar. um die Fäden aus der Schlichte herausheben zu können, was bei längeren Stillständen erforderlich ist, wenn kein Zerkochen eintreten soll. Die Schlichte muß im Trog auf gleicher Höhe gehalten werden, was entweder durch den Arbeiter oder durch eine Schwimmereinrichtung bewirkt wird, und außerdem auf gleichbleibender Temperatur, wozu die Dampfrohre 6 dienen. Die Schlichtwalzenpaare 7 und 8 sollen die Schlichte in die Fäden ein-, den Überschuß aber abpressen. Die Unterwalzen sind von Kupfer oder haben einen Kupfermantel, tauchen etwa zur Hälfte in die Schlichte und bringen solche an das Garn; die Oberwalzen sind von Eisen. schwer, mit einem Überzug von Flanell, Filz, Woll- oder Baumwollgewebe am besten in mehreren Lagen. Auf das Schlichten folgt sofort das Troknen auf den zwei Trockenzylindern 9 und 10, um welche die

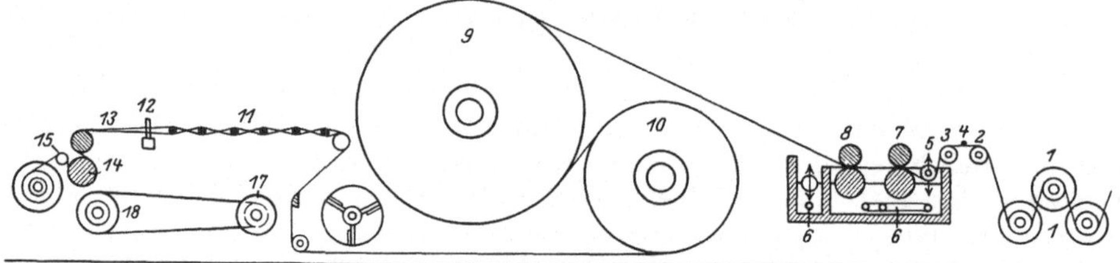

Abb. 80. Zylinderschlichtmaschine.

Kette so geführt ist, daß die Trommeloberflächen möglichst gut ausgenutzt werden. Trommel 9 hat 1,7—2,15 m, Trommel 10 1,0—1,5 m, Ringtrommeln haben bis 3 m Durchmesser. Der Dampfüberdruck beträgt $^1/_2$—1,5, selten bis 3 at, entsprechend Temperaturen von 111 ÷ 127 ÷ 143 ' C. — Die Trommeln müssen mit Vorrichtungen zur Beseitigung des Niederschlagswassers, mit Luftventilen, welche die Entstehung von Unterdruck im Innern bei Abstellung der Dampfzufuhr und das Zusammendrücken der Trommeln durch den äußeren Überdruck verhindern. mit einem Manometer zur Druckangabe und mit einem Sicherheitsventil versehen werden. Zum Heizen dient Abdampf, der ölfrei sein muß, damit die Trommeln sich im Innern nicht mit einer Ölschicht belegen, die schon bei ganz geringer Dicke den Wärmedurchgang außerordentlich vermindert, oder mit Frischdampf, der durch ein in die Leitung eingeschaltetes Druckverminderungsventil auf niedrige Spannung gebracht wird.

Hinter der Trockenbatterie durchläuft die Kette die Teilstäbe 11, von denen in der Regel einer weniger vorhanden ist, als Scherbäume vorgelegt werden, dann bei 12 den Expansionskamm, bei 13 die Meß- und Markiervorrichtung, auf die später noch einzugehen sein wird, weiter über die mit rauhem Stoff überzogene Abzugswalze 14 und die Leitwalze 15 nach dem Kettbaum, der zur harten Wickelung vielfach mit einer aus angedrückten Rollen bestehenden Preßeinrichtung versehen ist. 16 ist ein Windflügel und 17 und 18 sind die in den Antrieb eingebauten Riemkegel zur Regelung der Laufgeschwindigkeit. Bei den älteren Maschinen wurde nur die Abzugswalze und der Kettenbaum angetrieben, die Leitwalzen, Trockenzylinder und Schlichtwalzen mußten vom Garn in Bewegung gesetzt werden. Dadurch wurden die Fäden sehr stark in Anspruch genommen und es gab besonders bei feinen Garnen und losem Stande der Kette viel Fadenbruch und Stillstände und die Fäden verloren auf dem Trockenzylinder ihre Rundung. Heute werden alle Teile mit Ausnahme der Leitwalzen und der Meßwalze angetrieben, was allerdings wieder besondere Einrichtungen zur Regelung der Geschwindigkeit nötig macht, da einerseits volle Übereinstimmung in den Umfangsgeschwindigkeiten durch Zahnradübersetzung nicht zu erreichen ist, andererseits Längenänderungen des Garnes durch die Befeuchtung bei dem Schlichten und durch das Trocknen eintreten. Sind die Umfangsgeschwindigkeiten nicht gleich, tritt entweder ein Schlaffwerden der Kette ein, was sich sofort bemerklich machen würde und leicht beseitigt werden kann, oder eine zunehmende Anspannung, die nicht ohne weiteres wahrnehmbar ist, der Kette aber gefährlich werden kann und verhindert werden muß, z. B. durch Einschaltung einer Rutsch- oder Gleitkupplung, die das Überschreiten einer einstellbaren Höchstspannung unmöglich macht.

Der Antrieb. Wie schon oben angeführt, muß der Antrieb die Möglichkeit bieten, die Laufgeschwindigkeit der Kette innerhalb ziemlich weitere Grenzen je nach der Garnnummer, Dichte der Kette, dem Grade der Schlichtung und der Temperatur der Trockentrommeln ändern zu können. Aber noch eine zweite Bedingung ist zu erfüllen. — Reißt während des Schlichtens ein Faden, muß dieser während des Ganges angeknüpft werden. Wollte man die Maschine dazu abstellen, könnten die Fäden sehr leicht auf den heißen Trockenzylindern zu stark erwärmt und brüchig werden. Deshalb sind für diesen Fall alle Antriebe mit einem Langsam- oder Kriechgang ausgerüstet, da ein Anknüpfen bei Arbeitsgeschwindigkeit nicht möglich ist.

Abb. 81 zeigt eine gute Anordnung des Antriebes bei einer Schlichtmaschine für Baumwollketten. Auf der mit Riemen angetriebenen und mit $200 \div 220$ Umdrehungen in der Minute umlaufenden Hauptwelle 1 sitzt ein Riemkegel 2, von

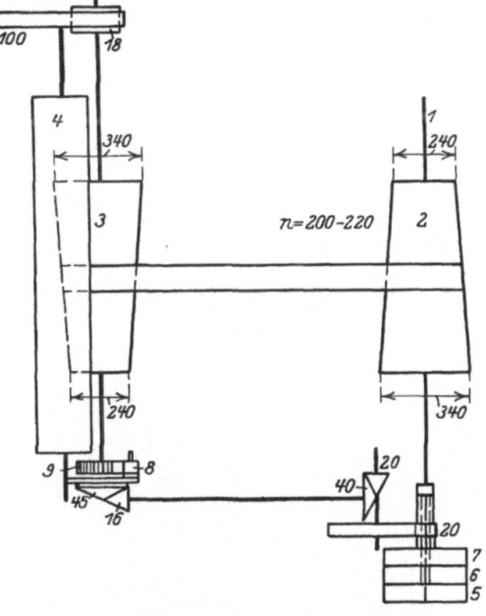

Abb. 81. Antrieb für Schlichtmaschinen.

dem aus der Gegenkegel 3 durch einen mittels Schraubenspindel einstellbaren Riemen getrieben wird. Macht 2 im Mittel 210 Umgänge, läuft 3 mit

$$n_3 = 210 \cdot \frac{340}{240} = \text{rd. } 295 \text{ bis } n_3 = 210 \cdot \frac{240}{340} = \text{rd. } 145 \text{ Umdrehungen; im Mittel}$$

ist $n_3 = 210$. — Von 3 aus wird durch das Räderpaar 18/100 die Abzugswalze 4 v n 0,715 m Umfang getrieben. Es berechnet sich nunmehr die mittlere theoretische Leistung zu $L_t = 210 \cdot \frac{18}{100} \cdot 0,715 = \text{rd. } 27$ m/min und die höchste

und geringste Leistung zu $295 \cdot \frac{18}{100} \cdot 0,715 = \text{rd. } 38$ und $145 \frac{18}{100} \cdot 0,715 = \text{rund}$ 19 m/min. In 8 Stunden könnten theoretisch im Mittel $27 \cdot 8 \cdot 60 = 12960$ m geschlichtet werden; die wirkliche Leistung beträgt aber nur $0,7 \div 0,75$ davon, also $9070 \div 9720$ m. Die Höchstleistung ergibt sich zu $38 \cdot 8 \cdot 60 \ (0,7 \div 0,75)$ $= 12770 \div 13770$ m in 8 Stunden. In der Praxis rechnet man für 300 gewöhnliche schnellaufende Webstühle 1 Schlichtmaschine.

Der Kriechgang. Neben der Festscheibe 5 sitzt eine schmale Scheibe 6 deren lange Nabe das 20er Rad trägt. 7 ist die Leerscheibe, auf welcher der Antriebsriemen bei Stillstand der Maschine liegt. Verschiebt man den Riemen von 5 nach 7 jedoch so, daß er noch auf 6 liegt, macht 4 im Mittel $210 \cdot \dfrac{20}{73} \cdot \dfrac{20}{40} \cdot \dfrac{16}{45} \cdot \dfrac{18}{100} = 1{,}84$ Umgänge/Min. und die Laufgeschwindigkeit der Kette ist $1{,}84 \cdot 0{,}715 = 1{,}316$ m/min $= 0{,}022$ m/sek, genügend klein, um das Anknüpfen gerissener Fäden während des Ganges zu ermöglichen. Wird der Kriechgang eingerückt, legt sich ein durch eine Schleifkupplung betätigter Sperrkegel 8 in das Sperrad 9 ein, wird aber sofort selbsttätig ausgehoben, wenn der Schnellgang eingerückt wird.

Antrieb des Kettbaumes. Bei gleichbleibender Laufgeschwindigkeit der Kette muß die Drehzahl des Kettbaumes mit zunehmender Füllung abnehmen. Dazu ist eine Reibungskupplung eingeschaltet, welche mit Wachsen des Kettbaumhalbmesser mehr und mehr gelöst werden müßte. Nun nimmt aber das von der gleichzuhaltenden Kettenspannung P beruhende Drehmoment $P \cdot r$, wenn r, der jeweilige Halbmesser der Bewickelungsstelle, wächst, zu. Dann müßte das Moment der Reibung vergrößert, also die Reibungskupplung schärfer angezogen werden. Es ist Sache des Arbeiters, der von Zeit zu Zeit die Spannung der Kette zwischen Abzugswalze und Kettbaum durch Auflegen der Hand prüft, die Reibungskupplung entsprechend einzustellen. Abb. 82 zeigt eine viel angewendete Anordnung des Kettbaumantriebes. Von der Welle 1 aus wird durch den Mitnehmerbolzen 2 der eingelegte Kettbaum in Drehung versetzt. Auf 1 reiten mit Nut und Feder die beiden Naben 3 und 4, welche Blechscheiben 5, 6 tragen, die auf beiden Seiten mit Filz oder Leder belegt sind. Diese Reibscheiben liegen zwischen den Scheiben 7, 8,

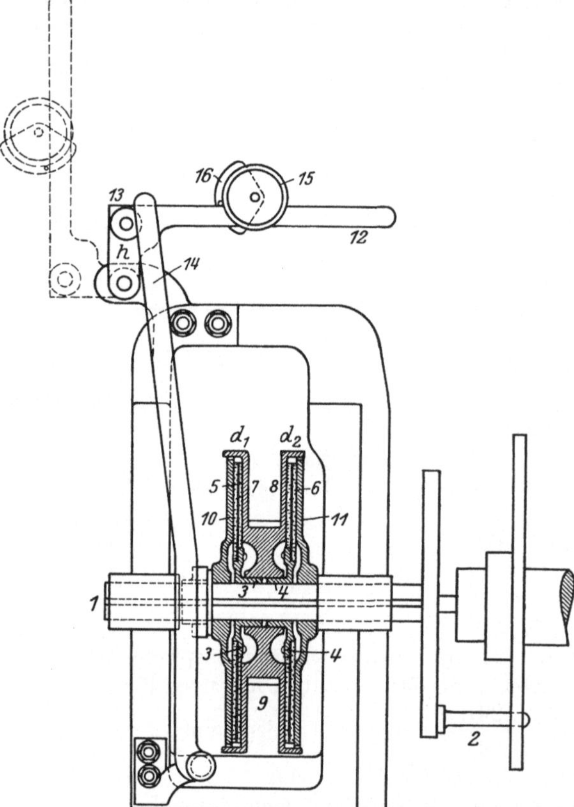

Abb. 82. Kettbaumantrieb für Schlichtmaschinen.

welche mit dem lose auf 1 drehbaren Zahnrad 9 zusammengegossen sind und den Scheiben 10, 11, die ebenfalls lose auf der Welle drehbar sind. Scheibe 7 greift mit ein paar Knaggen in Ausschnitte von 10 und 8 in 11, so daß alle 4 Scheiben immer mit derselben Winkelgeschwindigkeit umlaufen müssen. Zahnrad 9 erhält Antrieb von dem 100er Rade Abb. 81. Zur Erzielung der erforderlichen Reibung muß 10 nach rechts gedrückt werden. Dazu dient der mit einem verschiebbaren Gewicht 15 versehene Hebel 12, dessen Arm 13 sich mit einer Nase gegen Hebel

14 legt, und dieser wirkt mit einem Druckring gegen 10, während sich 11 gegen das Lager der Welle stützt. Schlägt man Hebel 12 nach links herum bis zu einem festen Anschlage, wird sofort die Drehung des Kettbaumes unterbrochen. Das kleine an 15 drehbar befestigte Gewicht 16 kann nach rechts herumgeschlagen werden, wenn der Andruck größer werden soll, ohne die Stellung von 15 zn ändern.

Die Meß- und Markiervorrichtung. Aufgabe dieser ist, die geschlichtete Kettenlänge zu messen und auf den Leistenfäden die Stücklänge und vielfach auch Unterteilungen dieser durch einen, besser 2 in kleinem Abstand befindliche Farbstriche kenntlich zu machen. Im letzteren Falle bleiben bei dem Abtrennen der Stücke die Teilstriche sichtbar, während sie im ersten Falle verschwinden.

Eine Markiervorrichtung, welche nur die Stücklänge angibt, zeigt Abb. 83. Von der Meßwalze 1 aus wird durch das x-Rad und einen Übertrager das y-Rad getrieben, auf dessen Achse eine eingängige Schnecke sitzt in Eingriff mit einem 45er Rad auf der Klingelwelle 2, von der aus durch Kegelräder die in den Farbtrog eintauchende Farbwalze 3 getrieben wird. Auf 2 sitzt ein spiralförmiger Daumen 4 (s. Seitenansicht), auf dessen Umfläche sich der Arm 5 des Markierhammers 6 auflegt. 6 trägt 2 schmale Leistchen in

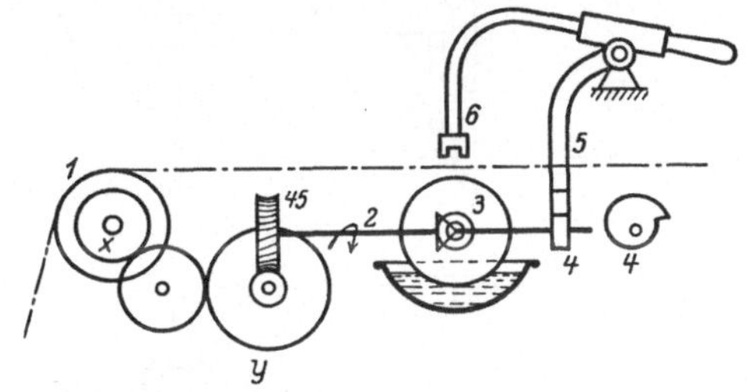

Abb. 83. Meß- u. Markiervorrichtung für Stücklänge.

kleinem Abstande voneinander. Nach einer Umdrehung der Klingelwelle ertönt ein Klingelsignal und gleichzeitig fällt der Markierhammer herunter und läßt auf der Kette zwei kurze Farbstriche entstehen. Ist der Umfang der Meßwalze $= u$ und die Klingel $=$ Stücklänge L, besteht die Beziehung

$$L = \frac{45}{1} \cdot \frac{y}{x} \cdot u \quad \text{und für } u = 0{,}4 \text{ Yards wird } L = 18 \cdot \frac{y}{x}. \text{ Ist nun z. B. } L = 37{,}5 \text{ Yards,}$$

wird $\dfrac{y}{x} = \dfrac{375}{18} = 2{,}0833$, welchem Übersetzungsverhältnis die Zähnezahlen

$\dfrac{25}{12} = \dfrac{50}{24} = \dfrac{100}{48}$ entsprechen, was leicht mit dem Rechenschieber ermittelt werden

kann. — Ist $u = 0{,}5$ m, wird $L = \dfrac{45}{1} \cdot \dfrac{y}{x} \cdot 0{.}5 = 22{,}5 \dfrac{y}{x}$ bei $L = 52$ m ist $\dfrac{y}{x} = 2{,}311$,

dem die Zähnezahlen $\dfrac{37}{16} = \dfrac{74}{32} = \dfrac{81}{35}$ entsprechen. Der vorhandene Rädersatz enthält Räder mit $15 \div 120$ Zähnen.

Das Auswechseln von 2 Rädern bei Änderung von L ist etwas unbequem, man hat deshalb versucht, mit einem Wechselrade auszukommen, wobei jedoch die genaue Einhaltung von L häufig Schwierigkeiten bietet. Gibt man z. B. dem x-Rad ein für allemal 24, dem auf der Klingelwelle steckenden Rad 48 Zähne und nimmt $u = 0{,}5$ m wird $L = \dfrac{48}{1} \cdot \dfrac{y}{24} \cdot 0{,}5$ d. i. $y = L$: die Zähnezahl des x-Rades müßte also immer gleich der Meterzahl der Stücklänge sein. y muß aber eine ganze Zahl sein, während L häufig mit Rücksicht auf das verschiedene Einweben keine ganze Zahl ist z. B. 51.5 oder 52,5. Diese Längen sind nur dann genau einzuhalten, wenn man die Klingellänge verdoppelt, also zu 103 oder 105 m wählt und diese durch eine Hilfseinrichtung halbiert. Mit

2 Wechselrädern würde sich $L = 52{,}5$ m sehr leicht erreichen lassen, wenn $\dfrac{y}{x} = \dfrac{42}{18} = \dfrac{84}{36}$ gewählt wird.

Eine Markiervorrichtung, welche auch Unterteilungen angibt, ist durch Abb. 84 und 84 a dargestellt. Von der Meßwalze 1 aus wird durch die Rädervorgelege 27/60, 45/45, 20/54 und 12/40 das lose auf der Welle 2 steckende 40 er Rad getrieben, welches ein Stück bildet mit der Daumenscheibe 3. Diese betätigt durch Hebel 4 und Welle 5 den Markierhammer 6, dessen Farbwalze 7 ist. Eine auf Welle 2 befindliche eingängige Schnecke 9 greift in ein 45 er Rad auf Welle 10, auf welcher die zweite Daumenscheibe 11 für den Markierhammer 12 steckt und von welcher aus durch Kegelräder die Farbwalzenwelle getrieben wird.

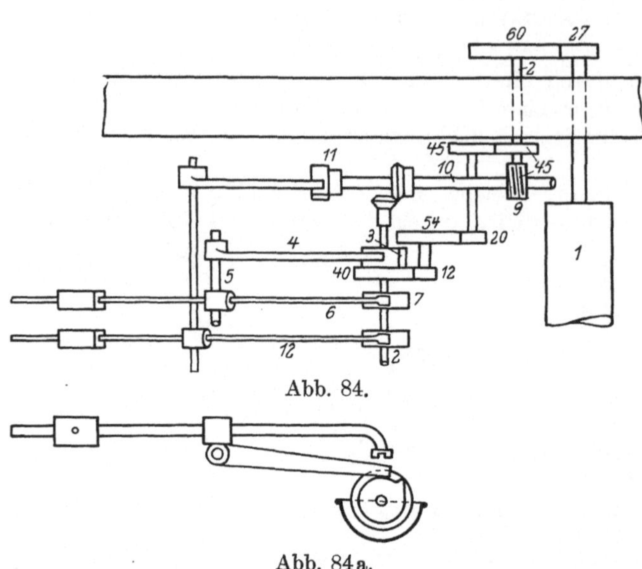

Abb. 84.

Abb. 84 a.

Abb. 84 u. 84 a. Markiervorrichtung für Stücklänge und Unterteilung.

Der Markierungshammer 12 wird einen Schlag ausführen, wenn Welle 10 eine und die Meßwalze $\dfrac{45}{1} \cdot \dfrac{60}{27}$ Umgänge gemacht hat. Ist der Umfang der Meßwalze 0,5 m, folgt die Kettenlänge $L = 45 \cdot \dfrac{60}{27} \cdot 0{,}5 = 50$ m. — Der Markierhammer 6 schlägt einmal nach einer Umdrehung des 40 er Rades oder nach $\dfrac{40}{12} \cdot \dfrac{54}{20} \cdot \dfrac{45}{45} \cdot \dfrac{60}{27} = 20$ Umgängen der Meßwalze, also nach 10 m Kettenlänge. — Das 20 er Rad kann für andere Unterteilungen ausgewechselt werden; ebenso das 27 er Rad für größere Stücklängen.

Der Schlichtetrog, früher meist aus Holz mit Blechauskleidung und in der Schlichte liegenden Heizröhren bestehend, wird jetzt meist aus Kupfer- oder verzinktem oder verzinntem Eisenblech hergestellt und befindet sich in einem Wasserbade mit Heizröhren, wodurch das Anbrennen der Schlichte an die Dampfrohre vermieden wird.

Bürstenvorrichtung in Gestalt einer umlaufenden Bürstwalze, welche die Kette zwischen Schlichtetrog und erstem Trockenzylinder bearbeitet und durch eine zweite in Waschwasser eintauchende Bürstwalze fortgesetzt gereinigt wird, findet man bei Trommelschlichtmaschinen selten.

Dampfverbrauch der Schlichterei. — Dieser zerfällt in den Verbrauch der Schlichtemaschinen, den für das Schlichtekochen und Warmhalten und die unvermeidlichen Verluste in den Dampfleitungen. Zuverlässige Angaben hierüber sind aus der Praxis schwer zu erlangen, da man sich selten die Mühe nimmt, den Verbrauch zu ermitteln. Es sollen hier kurz die Ergebnisse mitgeteilt werden, welche erlangt wurden bei Versuchen, angestellt vom bayrischen Revisions-Verein in der Mechanischen Baumwollspinnerei und Weberei Augsburg[1]). — Die Weberei besaß in einem Altbau 9 Schlichtmaschinen verschiedenen Alters und Ursprungs mit großen Trockenzylindern von 1500÷2000 mm Durchm. u. 1325÷1730 mm lichter Länge und kleinen Zylindern von 1000÷1400 mm Durchm. u. 1190÷1740 mm lichter Länge für Dampfdrücke von 1,2 ÷ 1,5 Atm., und in einem Neubau 4 Maschinen gleichen Ursprungs und nahezu gleichen Alters mit großen Zylindern von 2000 mm Durchm. und 1520 ÷ 1770 mm l. Lg. und kleinen Zylindern von 1200 mm Durchm. und 1550 ÷ 1770 mm l. Lg. für 1,5 Atm. Dampfdruck. Geschlichtet wurden im Altbau Ketten aus Garn Nr. 17, 20 und 25, im Neubau aus Garn Nr. 12, 17, 20 und 25 englisch.

Die Versuche ergaben im Altbau einen Gesamtdampfverbrauch (ohne Hauptdampfleitung) von 3,938 und im Neubau von 3,199 kg für 1 kg geschlichtetes Garn. Der Dampfverbrauch für die Trockenzylinder allein stellte sich zu 1,655 kg im Alt- und 1,643 kg im Neubau für 1 kg geschlichtetes Garn. Man erkennt, daß im Altbau weniger als die Hälfte des Gesamtdampfverbrauches wirklich zum Trocknen verbraucht wurde; im Neubau ein wenig mehr als die Hälfte. Johannsen gibt den Dampfverbrauch für eine Maschine zu 180 ÷ 270 kg in der Stunde an.

Dunstfang. — Die bei dem Trocknen entstehenden Dämpfe werden von einem meist aus Brettern (Pitch-pine) hergestellten über den Trockentrommeln schwebenden Dunstfang gesammelt und durch einen Schlot ins Freie geführt. Vielfach saugt man die Dämpfe aus dem Dunstfang durch einen Exhaustor ab, wodurch zugleich eine bessere Lüftung des Schlichteraumes, in dem meist eine höhere Temperatur und ein großer Feuchtigkeitsgehalt herrscht, erzielt wird.

Lufttrockenschlichtmaschinen. — Langsames Trocknen bei niederer Temperatur — 30 ÷ 60 ÷ 75° C — aber trotzdem größerer Arbeitsgeschwindigkeit sind die wesentlichen Merkmale der Lufttrockenschlichtmaschinen. Sie vereinigen also die Vorteile der schottischen und der Trommelschlichtmaschinen ohne deren Nachteile und finden deshalb eine immer ausgedehntere Verwendung. — Um das Trocknen bei niederer Temperatur mit großer Geschwindigkeit ausführen zu können, ist es auf eine größere Kettenlänge auszudehnen.

Zwei besonders bemerkenswerte Ausführungen seien hier angeführt. Die Abb. 85 stellt eine Maschine von Baerlein in Manchester dar. Die Kette kommt von rechts herein, geht durch den Schlichtetrog, wird gebürstet und gelangt dann in die erste Trockenkammer, von denen 2 bis 4 vorhanden sind. In diesen befinden sich 2×12 meist aus nahtlosen Kupferrohren bestehende Heizrohre in zwei nahezu senkrechten Reihen (s. Abb. 86) und unten 22 im Kreise angeordnete Heizrohre mit Windflügel, welcher die warme Luft durch die in jeder Kammer zweimal auf und abgehende Kette treibt. Die Kammern sind oben in Höhe von $2^1/_4$ m über Fußboden, also über Kopfhöhe, offen, so daß eine Belästigung der Arbeiter nicht eintritt, da außerdem die Schlichterei gut gelüftet wird.

Bemerkenswert ist auch die Einrichtung des Schlichtetroges und der Bürstvorrichtung Abb. 87 und 88 1 ist die kupferne Schlichtwalze, 2 die mit Flanell bezogene Preßwalze. Im Schlichtetrog liegen noch die Walzen 3 und 4. Im

---

[1]) Veröffentlicht i. d. Zeitschr. d. bayr. Rev.-Vereins 1907, S. 207.

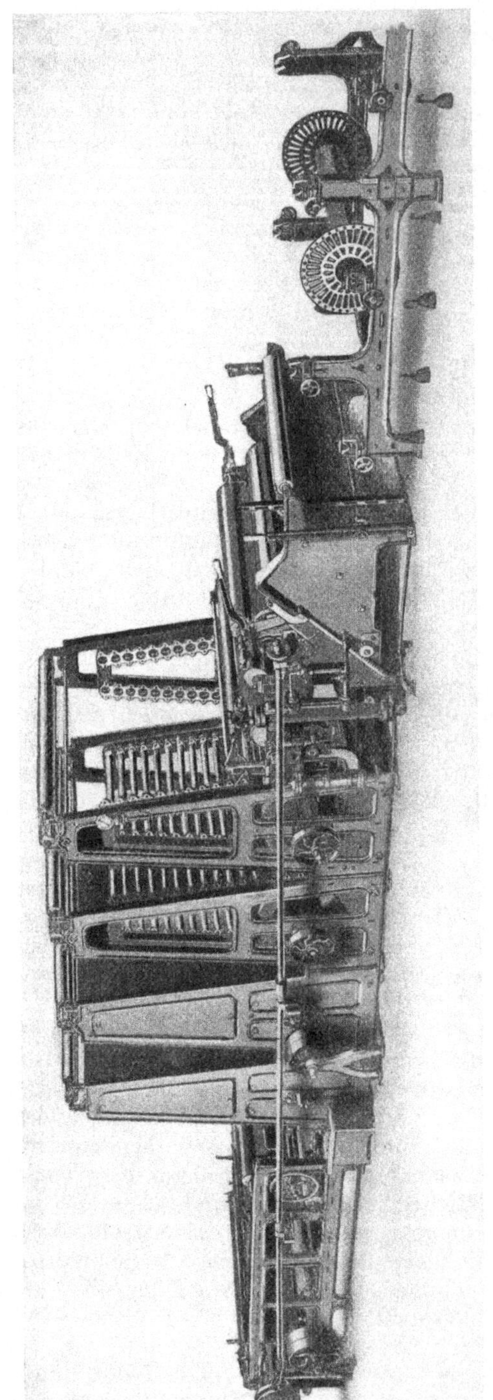

Abb. 85.

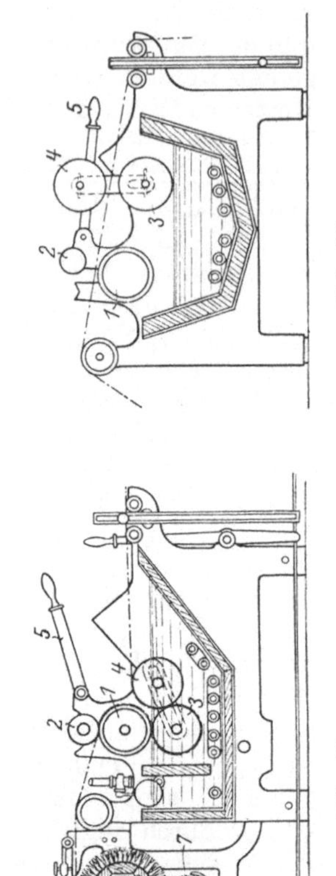

Abb. 88.

Abb. 87.

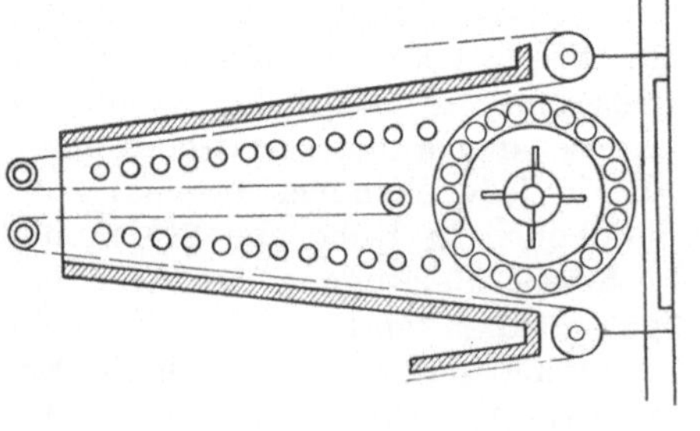

Abb. 86. Lufttrockenmaschine nach Baerlein.

Betrieb läuft die Kette, geleitet von 3 und 4, um 1 herum. Bei Stillständen werden 2 und 4 zunächst schräg aufwärts nach rechts gezogen, dann 4 um 3 geschwenkt und davon abgehoben, Abb. 88; ebenso wird durch Hebel 5 Walze 2 von 3 entfernt. Die Kette läuft dann völlig frei durch und die Entstehung von Druckstellen, Ankleben und Zerkochen ist ausgeschlossen.

Die Bürsteinrichtung besteht aus einer Bürstwalze 6 mit darunterliegender Bürstreinigungswalze 7 und deren Waschtrog 8; 9 ist der Niederhalter für die Kette. — Die Baerleinsche Maschine hat den Vorzug, die Kette nur sehr wenig zu beanspruchen und ist deshalb für Ketten hoher Nummer gut brauchbar. Auch kann der Grad der Schlichtung innerhalb weiter Grenzen verändert werden.

Die Lufttrocken-Schlichtmaschine der Sächsischen Webstuhlfabrik in Chemnitz zeigt Abb. 89. Die von rechts von dem Vorbaum kommende Kette durchläuft den Schlichtetrog, geht, geteilt durch eingelegte Stäbe, senkrecht nach oben, um dann hoch über dem Kopf des darunterstehenden Maschinenführers in die Trockenkammer einzuziehen, in welcher sich in zwei wagerechten Reihen 5, 7, 9 oder 11 Skeletttrommeln befinden, in denen Windflügel umlaufen. Die getrocknete Kette geht wie gewöhnlich über Teilstähle, den Expansionskamm, die Meß- und Markiervorrichtung nach dem Kettbaum. Im

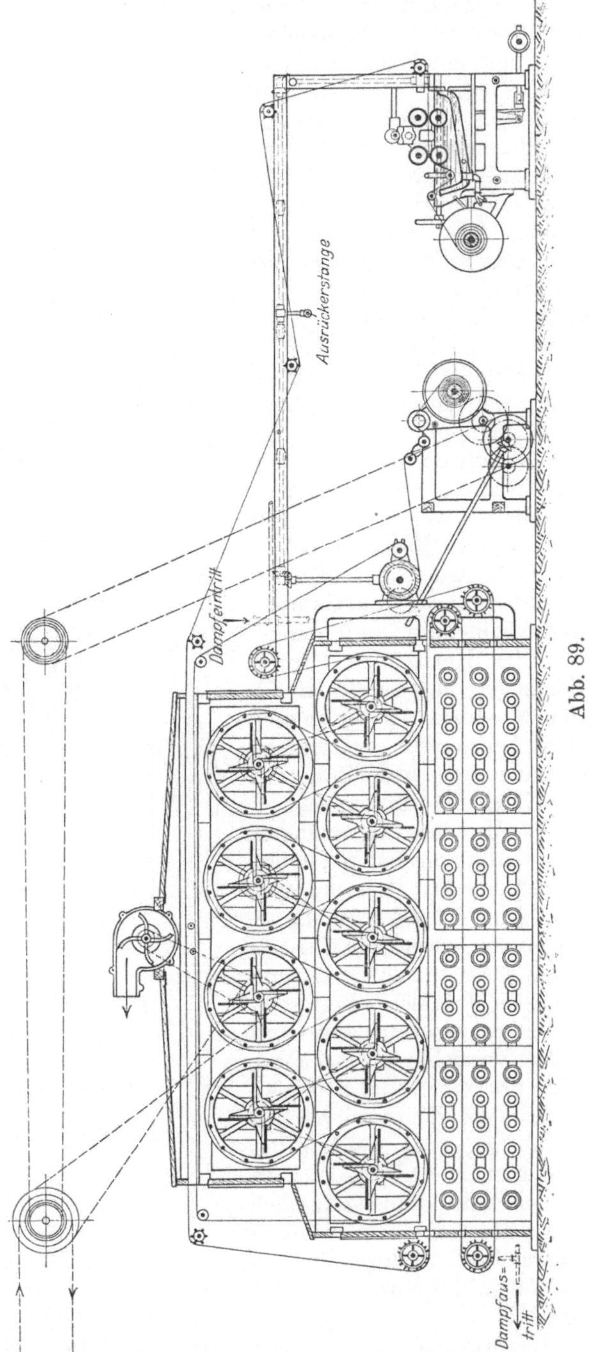

Abb. 89.

unteren Teil der Trockenkammer, die vielfach soweit als möglich verglast ist, um das Laufen der Kette beobachten zu können, liegen, durch eine Blechplatte vom Trockenraum getrennt, die Heizrohre, denen die Luft von linksher durch Jalousieklappen regelbar zugefühit wird. Seitliche Kanäle leiten die vorgewärmte Luft den Windflügeln zu, welche sie durch die Kette von beiden Seiten her treiben. Die feuchte Luft saugt ein Exhaustor aus dem höchsten Teil der Trockenkammer ab. — Muß die Maschine stillgestellt werden, erfolgt gleichzeitig durch Umstellen einer Klappe in den senkrechten Kanälen, Abschluß der Skeletttrommeln von der Heizkammer und Einlaß von Raumluft, wodurch jede Überhitzung der Kette vermieden ist.

Die Skeletttrommeln erhalten Antrieb durch einstellbare Reibungskupplungen, so daß jede schädliche Spannung der Kette während des Trocknens ferngehalten werden kann und die Fäden ihre Elastizität behalten. — Die Arbeitsgeschwindigkeit wird durch eine 5 stufige Riemscheibe, die Umdrehungszahl des Kettbaumes durch Riemkegel hergestellt, deren Riemen selbsttätig durch eine Schraubenspindel verschoben wird entsprechend der Zunahme des Kettbaumdurchmessers.

Die Maschine, die auch mit Kriechgang versehen ist, liefert vortreffliche Arbeit, ist sparsam im Dampf- und Arbeitsverbrauch und hat noch den besonderen Vorzug, zur Bedienung nur eines Mannes zu bedürfen, da dieser, zwischen Bäum- und Schlichtvorrichtung stehend, beide übersehen und bedienen kann, was bei der gewöhnlichen Ausführung, bei welcher das Schlichten am Anfang, das Bäumen am Ende der meist ziemlich langen Maschine erfolgt, nicht möglich ist, wodurch in vielen Fällen 2 Leute notwendig werden.

Leimmaschinen. — Soll bei dem Leimen der wollenen Ketten eine Verminderung der Elastizität oder ein Brüchigwerden der Fäden vermieden werden, muß das Trocknen ganz langsam erfolgen. Dazu eignen sich am besten

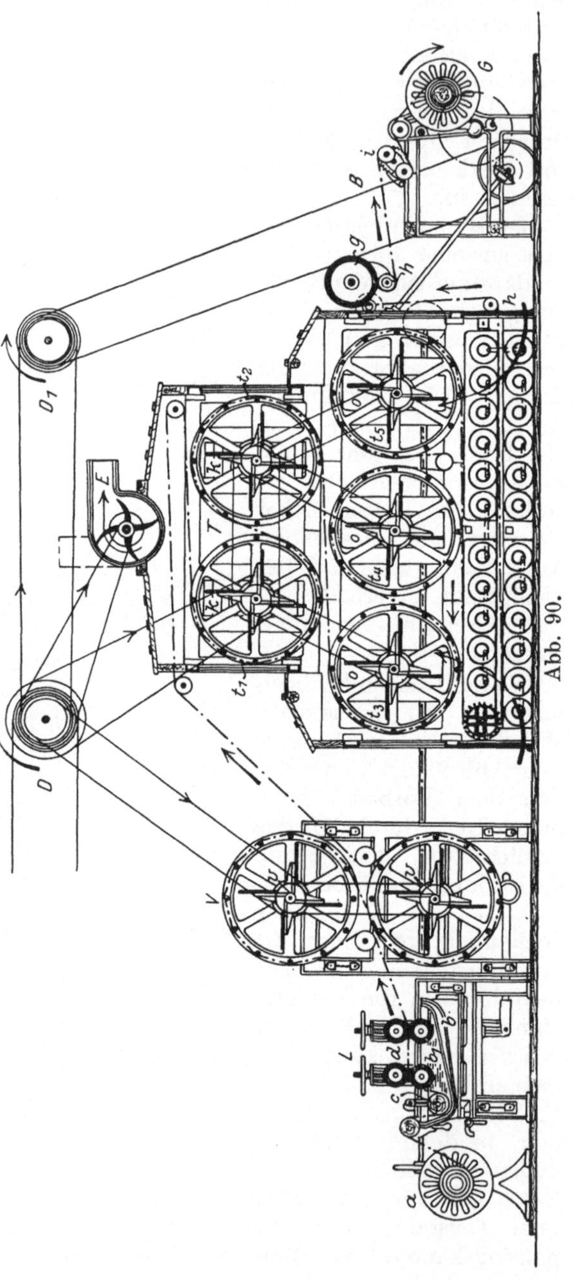

Abb. 90.

Maschinen mit Lufttrocknung, von denen Abb. 90 eine ältere Ausführung von Gebr. Sucker in Grünberg für schwere Streich- und Kammgarnketten zeigt. Die von einem Vorbaum kommende Kette geht durch den Leimtrog L und gelangt zunächst nach einem aus 2 Skelettwalzen bestehenden Vortrockner V, dessen Windflügel Raumluft ansaugen und durch die Kette treiben. Vorgetrocknet tritt die Kette in die Trockenkammer T ein, aus welcher ein Exhaustor die feuchte Luft absaugt. In T liegen in 2 wagerechten Reihen je nach der verlangten Leistung 3, 5, 7 oder 9 Skeletttrommeln mit innen befindlichen Windflügeln. Die Trommeln der unteren Reihe erhalten durch Öffnungen O die durch unten liegende Rippenheizrohre vorgewärmte Luft, die der oberen Reihe arbeiten entweder mit der Luft der Trockenkammer oder mit der durch die Öffnungen k eintretenden Raumluft. Hat die Kette alle Skelettwalzen durchlaufen, wird sie noch durch die Heizrohrbatterie geleitet, tritt dann aus T aus und gelangt über die mit rauhem Stoff bezogenen Förderwalze g mit Druckwalze h nach der Bäummaschine B. Walze g, der Kettbaum und die Leimwalzen werden angetrieben und die Kette erhält durch einstellbare Spannriegel i die erforderliche Spannung für die Bildung harter Bäume. Die Arbeitsgeschwindigkeit ist durch Stufenscheiben zu regeln; die Skelettwalzen sind mit Reibungsantrieb versehen, um jede schädliche Anspannung der feuchten Kette zu vermeiden. In feuchtem Zustand sind die Fäden stärker dehnbar; werden sie ausgedehnt und gleichzeitig getrocknet, verlieren sie, wie leicht einzusehen, ihre Elastizität.

Die Trockenkammer besitzt Schiebefenster, so daß das Innere gut zu übersehen und leicht zugänglich ist. Die Maschine ist mit Kriechgang ausgerüstet und besitzt geringen Kraft- und Wärmebedarf und entspricht durchaus den Anforderungen, die man an eine Leimmaschine für schwere Wollketten stellen muß.

d) Das Bäumen.

Werden Ketten auf Maschinen in voller Breite geschlichtet oder geleimt, erfolgt, wie bei Besprechung der Schlichtmaschinen dargelegt wurde, zugleich das Aufbäumen auf den Kett- oder Garnbaum des Webstuhls. Sind die Ketten dagegen im Strähn oder Strang geschlichtet oder werden sie ungeschlichtet verarbeitet (Zwirn- und Seidenketten), muß das Aufbäumen als besondere Arbeit ausgeführt werden.

Für auf den Scherrahmen gescherte Ketten dient z. B. die durch Abb. 91 dargestellte einfache Vorrichtung. Die

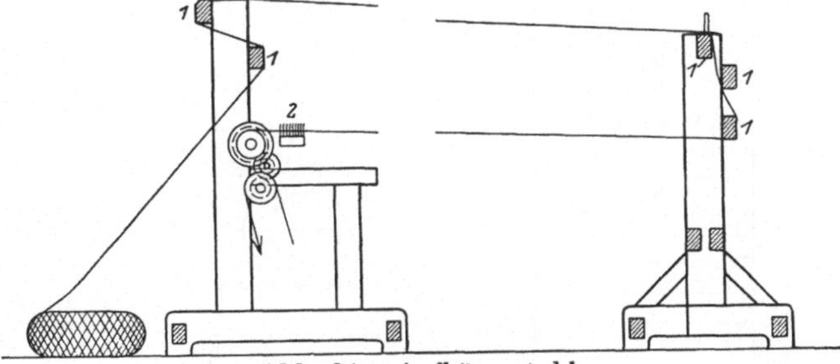

Abb. 91. Aufbäumstuhl.

von Knäueln kommende Kette läuft zum Spannen über Streichbäume 1 und durch den Expansionskamm 2 nach dem Kettbaum, welcher periodisch vorwärts bewegt wird, um das zwischen dem letzten Streichbaum und dem Kamm ausgespannte Kettenstück durch sehen und von anhaftenden Fremdteilen, Knoten usw. befreien zu können (s. a. Putzen der Kette). — Von den Bäummaschinen für Ketten, welche auf Scherbäume in voller Breite geschert sind, kann man sich ein Bild machen, wenn man sich in der Abbildung der Zylinderschlichtmaschine Seite 48 die Schlicht- und Trockenpartie entfernt und das Scherbaumgestell und die Bäummaschine aneinandergerückt denkt. Ist die Kette auf der Bandschermaschine in Blocks geschert, erhält nur das Gestell eine entsprechende Ausbildung, da die Blöcke auf eine Welle mit Nut und Feder aufgesteckt werden.

e) Das Putzen der Kette.

Zuweilen wird mit dem Bäumen der Kette ein Putzen (Dressieren) verbunden, um alle Unregelmäßigkeiten der Fäden zu beseitigen und dadurch Störungen bei dem Verweben nach Möglichkeit zu vermeiden. — Die Vorrichtung zum Putzen besteht aus zwei in 6 bis 10 m voneinander aufgestellten Böcken, von denen der eine einen Vorbaum, der andere den Kettbaum aufnimmt. Der Vorbaum wird gebremst, der Kettbaum durch Sperrad und Kegel an Rückdrehung verhindert und periodisch von Hand vorwärts bewegt. Dicht am Kettbaum befinden sich in der Kette ein Kamm und mehrere Teilstäbe. Die ausgespannte Kette wird mit einer Bürste gestrichen, Knoten, Wulste, Fremdteile werden entfernt, dann treibt man die Teilstäbe und den Kamm einzeln bis zum Vorbaum heran und wickelt das fertig geputzte Stück Kette auf den Garnbaum auf, worauf sich der Vorgang wiederholt.

f) Das Einziehen der Kettfäden in das Geschirr und Blatt.

Diese Arbeiten werden in der Handweberei immer im Webstuhl, in der mechanischen Weberei in besonderen Gestellen vorgenommen, damit den Webstühlen Bäume vorgelegt werden können, deren Kette bereits in Schäfte und Blatt eingezogen ist. Dadurch läßt sich die Stillstandszeit bei Kettbaumwechsel erheblich vermindern. — Die Kette von Jacquardgeweben wird stets im Webstuhl in die Harnischlitzen eingezogen.

Ein einfaches Einziehgestell aus der Juteweberei gibt Abb. 92. Von dem auf Böcken ruhenden Kettbaum läuft die Kette, gespannt durch einen schweren Rundeisenstab, nach dem Riegel 1 und von da nach einer aus zwei Holzleisten bestehenden Kluppe 2, in welcher die Fäden festgeklemmt sind und aus welcher sie etwa $^1/_2$ m weit heraushängen. Davor befinden sich, an einem oberen Querriegel aufgehangen, die Schäfte. Links davon sitzt der Einzieher bei 3, rechts bei 4 eine jugendliche Arbeiterin, welche Faden für Faden in den Drahthaken 5 einlegt, den der Einzieher durch die Schaftaugen gestochen hat und nach Einlegen des Fadens zurück- und damit diesen in den Schaft einzieht. Der Einziehhaken besteht aus einem Stahldraht mit Holzgriff, der am vorderen Ende flachgeschlagen und mit einem schrägen Einschnitt versehen ist.

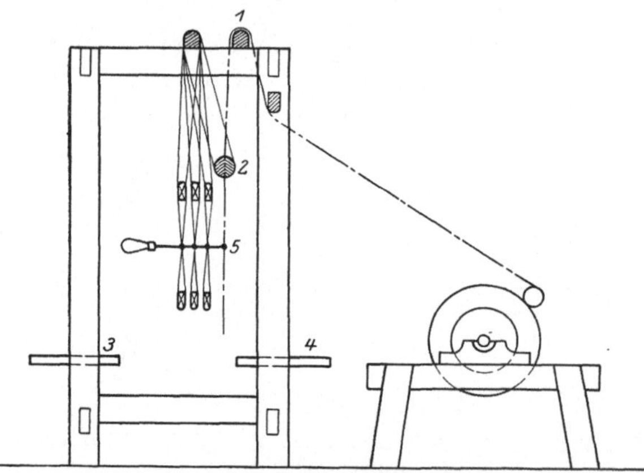

Abb. 92.   Einziehgestell.

Sind alle Fäden in die Schäfte eingezogen, wird das Blatt senkrecht oder wagerecht vor den Schäften angebracht und die Fäden werden mit dem Blatthaken durch die Rietspalten gezogen und vor dem Riet partienweis verknotet (Blattstechen). — Der Blatthaken (Blattmesser) besteht aus einem langen dünnen Metallstreifen mit abgerundeter Spitze, hinter der sich ein schräger Einschnitt zum Einlegen des Fadens befindet, oder ist aus Holz angefertigt und messerartig nach hinten dicker werdend, damit er sich zwischen den Rietstäbchen festklemmen läßt, um dem Arbeiter beide Hände zum Einlegen des Fadens freizugeben.

Um eine durchaus gleichmäßige Verteilung der Kettfäden in der Breite zu erzielen, müßte in jede Rietspalte nur ein Faden oder, wenn zwei Fäden an Stelle eines verwandt werden, ein Doppelfaden eingezogen werden. Dies ist aber nur bei losem Stande der Kette möglich. Bei dichtstehender Kette würden die Spalten so eng werden, daß zwischen Fäden und Rietstäbchen starke Reibung entstünde und die durch Anknüpfen von Fäden entstandenen Knoten nicht durchgehen würden, was zu vielen Fadenbrüchen und Stillständen führen müßte. Man gibt dem Blatt gröbere Teilung und zieht zwei und mehr Fäden in eine Spalte, was aber leicht die Entstehung von Blatt- oder Rietstreifen zur Folge hat, weil einzelne Fäden dichter aneinander liegen als andere (s. S. 15).

Das Einziehen der Fäden in die Schäfte muß dem Muster entsprechend erfolgen. Im dargestellten Falle (Abb. 92) kommen die Fäden 1, 4, 7... in den ersten, die Fäden 2, 5, 8... in den zweiten, 3, 6, 9... in den dritten Schaft, da es sich um die Herstellung eines dreibindigen Köpers handelt.

Bei dem Blattstechen können bei feiner Teilung des Blattes leicht Fehler dadurch entstehen, daß eine Spalte übersprungen wird. Dies kann verhütet werden durch den sich selbsttätig fortsetzenden Blattstecher von Felten und Guilleaume A.-G., Köln-Mülheim (D. R. P. Nr. 188742 Klasse 86h, Gr. 7) Abb. 93, der für die verschiedenen Blattdichten von 26 bis 5 Stäbchen auf 1 cm in fünf verschiedenen Stärken ausgeführt wird. Stößt man den Blatthaken ein, gelangt das links vom Teil *a* befindliche Rietstäbchen unter der Spitze des federnden Teiles *b* hinweg bis nach *c*. Nach Einlegen des Fadens in den Einschnitt *d* wird der Haken zurückgezogen, das Rietstäbchen wird durch eine gleiche auf der Rückseite des Blatthakens befindliche Einrichtung auf die rechte Seite von *a* geleitet und der Haken hat sich um eine Teilung fortgesetzt. Damit der Haken bei dem Zurückziehen nicht aus Versehen ganz durchgezogen werden kann, ist Teil *a* an der Spitze kurz rechtwinklig umgebogen.

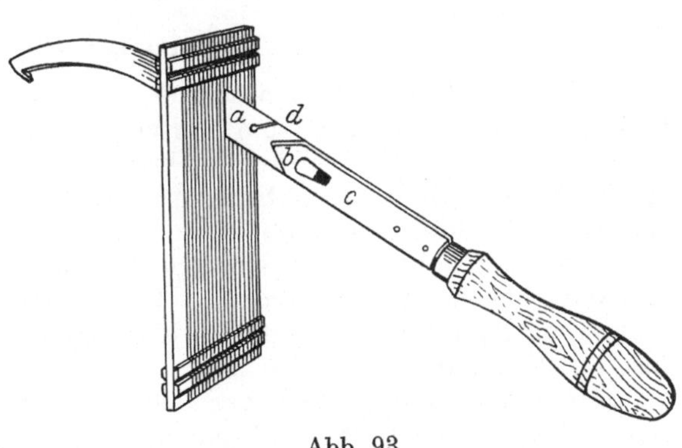

Abb. 93.

g) Das Andrehen der Ketten.

Zum Andrehen der Ketten dient ein besonderes aus zwei Teilen bestehendes Gestell. In dem einen Teil ist der Zeugbaum mit der abgewebten Kette, auf der noch Blatt und Schäfte hängen, untergebracht; der andere trägt den Kettenbaum mit der neuen Kette. Eine Arbeiterin reicht Faden um Faden der abgewebten Kette der Andreherin, die damit Faden um Faden der neuen Kette durch Zusammendrehen verbindet. Das Andrehen kann auch von einer Arbeiterin allein besorgt werden. Sind alle Fäden angedreht, wird die Kette vorsichtig soweit durchgezogen, bis die Andrehstellen durch Schäfte und Blatt durch sind, wobei häufig infolge der Verdickungen Fadenbrüche eintreten, die sogleich durch Anknoten der Fäden beseitigt werden müssen. — Bei dem Andrehen in besonderem Gestell sind allerdings mehrere Sätze von Schäften und Blatt erforderlich, da diese mit aus dem Webstuhl genommen werden. Der Vorteil liegt aber darin, daß der Webstuhl nur sehr kurze Zeit außer Betrieb kommt, während, wollte man das Andrehen im Webstuhl vornehmen, dieser eine Reihe von Stunden stillstehen würde.

Das Einbringen von Teilstäben (Lese- oder Kreuzruten) oder von Teilfäden in die Ketten zur Bildung des Fadenkreuzes, das Einziehen der Fäden in Schäfte und Blatt und das Andrehen erfordern viele Menschenhände und Zeit. Es fehlt deshalb nicht an Versuchen, diese Arbeiten von Maschinen ausführen zu lassen, doch sind dabei, begründet in der Art der vorzunehmenden Arbeiten, große Schwierigkeiten zu überwinden, die es erklärlich machen, daß größere bleibende Erfolge vielfach ausgeblieben sind. Eine recht gut arbeitende Maschine zum Einlesen des Fadenkreuzes, eine verhältnismäßig einfache Arbeit, ist Otto Fischer in Plauen i. V. unter Nr. 195932 mit Zusätzen Nr. 209902, 209903 und 227731 Klasse 86h Gr. 7 patentiert worden. In den Seidenwebereien, in denen sehr feine Blätter Verwendung finden, sind Blattstechmaschinen schweizerischen Urprungs in Anwendung, die recht sicher arbeiten.

2. Vorbereitung des Schusses.

Kann das Schußgarn nicht in Gestalt von Kötzern (Schußkötzer, Pin-cops) bezogen werden, die sich ohne weiteres in die Schützen einlegen lassen, muß es durch Spulen in eine Form gebracht werden, welche eine möglichst große Länge in der Schütze unterbringen läßt und ungestörten Ablauf des Fadens sicherstellt. Außerdem muß die Schußspule genügende Festigkeit besitzen, damit bei der heftigen fast stoßweisen Ingangsetzung der Schütze und bei dem Einlaufen dieser und der damit verbundenen plötzlichen Geschwindigkeitsverminderung kein Auseinanderfallen eintritt, was Stillstand des Stuhles und Verlust an Schußgarn zur Folge hat.

Durch das Spulen wird das Schußgarn für mechanische Webstühle meist auf Holz-, Papier- oder Blechspulen mit kegelförmigem Ansatz gewickelt. Die ersteren haben auf dem kegelförmigen Kopf und dem zylindrischen Schaft eingedrehte Nuten oder Rillen, um dem Garn besseren Halt zu geben; Blechspulen sind zu gleichem Zweck mit eingebördelten Wulsten versehen.

Das Garn wird in kegelförmigen Schichten aufgelegt und der Faden läßt sich von den auf die Schützenspindel gesteckten Spulen in der Achsenrichtung abziehen (Schleifspulen). Der Faden läuft dabei von außen ab. — Das Umgekehrte findet bei den Schlauchspulen statt, die bei dem Verweben der Jutegarne und grober Baumwoll-, Woll- und Leinengarne in Anwendung stehen. Der Faden läuft von innen ab. Diese Garnkörper haben keine Spule, können deshalb auch nicht auf eine Spindel der Schütze gesteckt werden, sondern werden in die Schütze eingeklemmt. Damit der Kötzer im Hohlraum der Schütze bei dem Schützenwurf nicht hin und her fährt, sind die Innenwände des hölzernen Schützen sperrzahnartig verzahnt. — Roll- oder Laufspulen kommen heute nur noch bei Bandstühlen und bei Broschierschuß vor. Das Garn ist auf kleine Scheibenspulen gewickelt, welche in der Schütze auf einem Draht stecken, und die Spule dreht sich bei Ablauf des Fadens, der senkrecht zur Spulenachse abgezogen wird.

a) Schleifspulmaschinen.

Herstellung von Schleifspulen. — In der Handweberei dient dazu das Spulrad, ein flügelloses Spinnrad mit liegender Spindel, auf welche die Spule gesteckt wird.

Die Hand führt dabei den Faden so, daß kegelförmige Schichten aufeinander gebaut werden. — Die mechanische Weberei verwendet Spulmaschinen mit wagerechten oder senkrechten Spindeln, die entweder durch Reibrollenantrieb, durch Kegel-, Schrauben- oder Hyperboloidenräder oder durch Schnurenantrieb Drehung erhalten. Abb. 94 zeigt eine ältere Anordnung mit liegenden Spindeln und Reibrollenantrieb. Die Spule 1 steckt auf einer Spindel, welche mit einer Reibrolle versehen und in Schlitzen der Gabel 3 gelagert ist. An der Unterseite der Gabelarme sind Federn angebracht, welche die Spindel halten, wenn man Teil 3 aufklappt und ein leichtes Wechseln der Spule ermöglichen. Die Reibrolle 2 ruht auf der auf der durchgehenden Welle 4 sitzenden Reibscheibe 5 auf. — Als Fadenführer dient eine Rolle 6, in deren eingedrehter Nut der Faden läuft und die lose auf einer mit flachen, steilen aber wenig tiefem Gewinde versehenen durchgehenden Stange 7 sitzt, die alle Fadenführer der betreffenden Maschinenseite trägt und durch Exzenter, Nuten- oder Herzscheibe eine hin und her gehende Bewegung entsprechend der Höhe des kegelförmigen Spulenkopfes erhält. Die Fadenführerrolle ist mit einer Feder 8 versehen, deren umgebogenes Ende in den Gewindegang der Stange 7 eingreift. Bewegt sich der Fadenführer in Richtung des Pfeiles, stößt dessen gerauhter Rand an den Garnkörper, kommt dadurch in Drehung und setzt sich auf der Stange fort. Ist die Spule vollendet, muß die Gabel 3 aufgeklappt und dadurch der Reibungsantrieb unterbrochen werden, was entweder von Hand oder selbsttätig geschieht.

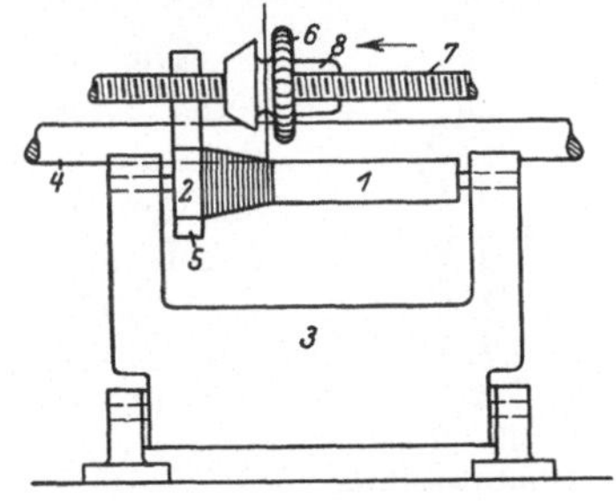

Abb. 94. Schußspulen auf Schleifspulen.

Das Garn kommt entweder von Kötzern oder von Strähn. Die Spulen werden nicht besonders fest, weil die Fadenspannung klein ist und außerdem mit der Laufgeschwindigkeit des Garnes wechselt, denn diese ist bei Bewicklung auf den großen Durchmesser 2- bis 3 mal so groß wie beim Wickeln auf den Spulenschaft. Der Raumbedarf dieser heute nur noch wenig gebauten Maschinen ist groß infolge der liegenden Anordnung der Spulen gleichlaufend zur Längsrichtung der Maschine. Dieser Umstand hat dahin geführt, die Spulen senkrecht zu stellen; dann muß aber jede eine Schraubenspindel für den Fadenführer erhalten, die auf einem auf und ab gehenden Schlitten angebracht sind. Unbequem ist auch bei beiden Anordnungen, daß die Fadenführer nach Vollendung jeder Spule in die Anfangsstellung, die durch einen einstellbaren Bund auf der Schraubenspindel festgelegt ist, zurückgeführt werden müssen.

b) Trichterspulmaschinen.

Diese finden heute fast allgemein Anwendung. Bei den älteren Anordnungen erfolgt die Bildung der Kötzer auf Holz- oder Papierspulen mit konischem Ansatz in einem Trichter 1, Abb. 95, statt, welcher an einer Seite zur Einführung des Fadens aufgeschlitzt ist. Die Spindel, auf welcher die Spule steckt, wird durch Gewicht oder Feder belastet, um eine harte Wicklung zu erzielen.

Vor dem Schlitz des Trichters bewegt sich der Fadenführer 2 der zu erzielenden Konuslänge entsprechend auf und ab. Geschieht diese Bewegung langsam, werden die Windungen in konischen Spiralen von geringer Ganghöhe aufgelegt (Parallelwicklung); geschieht sie schnell, verlaufen die Fadenwindungen in steilen konischen Spiralen mit starker Kreuzung (Kreuzwicklung). Letztere Anordnung ist die übliche, weil dadurch der Fadenablauf sicherer wird; bei Parallelwicklung lösen sich leicht mehrere Windungen gleichzeitig und es entstehen Schleifen und Verschlingungen, die zum Reißen des Fadens Veranlassung geben.

Mit zunehmender Füllung der Spule steigt diese nach oben, bis schließlich die im unteren Teil vierkantige Spindel aus dem Wirtel heraustritt, wodurch die Bewicklung unterbrochen wird. — Sollen auf einer solchen Maschine Kötzer verschiedener Länge gebildet werden, muß man entweder Spindeln verschiedener Länge zur Verfügung haben oder man hilft sich bei Herstellung kürzerer Spulen durch Aufstecken eines Holzringes entsprechender Länge auf die Spindel unterhalb des Kopfes.

Die Spulmaschinen mit Trichter haben verschiedene Nachteile. Erstens ist die Laufgeschwindigkeit des Garnes bei unveränderlicher Drehzahl der Spindel verschieden, je nachdem auf den großen oder kleinen Durchmesser gewickelt wird und damit schwankt die Fadenspannung stark, besonders wenn vom Strähn gespult wird, weil der Haspel zeitweilig voreilt und das Garn schlaff wird; zweitens findet zwischen Trichter und Garnoberfläche eine starke Reibung statt, die nicht von jedem Garn vertragen wird und bei unbeachtetem Reißen des Fadens zu einem Zerreiben und starker Erhitzung führen kann, und drittens findet, da der Druck zwischen Garnkörper und Trichter ziemlich groß ist, leicht ein Verdrücken des Fadenquerschnittes statt.

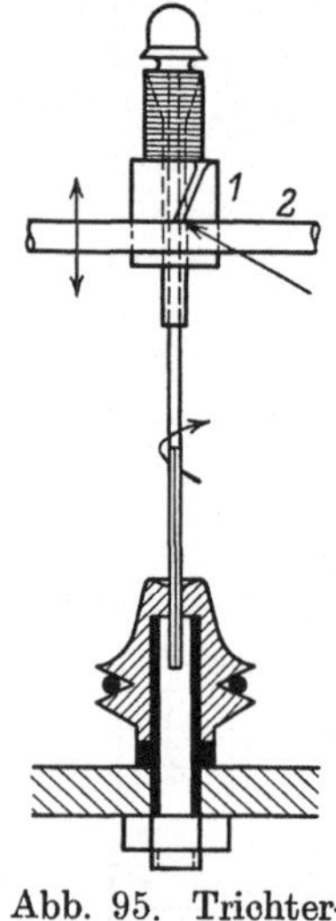

Abb. 95. Trichter-Spulmaschine.

Gleichbleibende Fadenspannung läßt sich erzielen durch Veränderung der Spindelumgänge nach dem durch die Gleichung $n = \dfrac{60\,v}{\pi\,d}$ ausgedrückten Gesetz, worin $n =$ Spindelumgänge in 1 min, $v =$ Laufgeschwindigkeit des Garnes in m/sek und d der jeweilige Bewicklungsdurchmesser, oder durch sonstige besondere Vorkehrungen, welche bei unveränderlichen n eine gleiche Fadenspannung sichern. — Um die starke Reibung an der Garnoberfläche zu vermeiden, hat man den Trichter durch eine stumpfkegelförmige leicht bewegliche Rolle ersetzt, Abb. 96. Bei richtiger Formgebung dieser, auf die noch weiter unten eingegangen werden wird, läßt sich die Reibung bis auf einen kleinen, durch das unvermeidliche Zurückbleiben der Rolle hervorgerufenen Betrag vermindern. Aber die Beanspruchung der Spindel ist weit ungünstiger als bei Anwendung des Trichters und kann zu Durchbiegungen Veranlassung geben. Ist P, Abb. 97 und 98, der Druck zwischen Rolle und Garnkörper, folgt durch Zerlegen in die Kräfte H und S, H als die die Spindel auf Biegung beanspruchende Kraft. S ist die Kraft, welche das Heben von Spindel und Spule bewirkt und als gegeben anzusehen ist. Man erkennt, daß P und H wesentlich von dem Winkel der Kötzerspitze abhängen. — Um H unschädlich zu machen, hat man der Rolle gegenüber ein Teilstück des Trichters angebracht, wodurch aber wieder die Reibung an der Garnoberfläche vergrößert wird. Beiden neueren Ausführungen findet man deshalb nur die Rolle; man könnte zur Verhinderung einer Durchbiegung der Spindel 2 oder 3 Rollen anwenden, wenn dem nicht bauliche Schwierigkeiten entgegenstünden. Abb. 96 zeigt eine zweiseitige Spulmaschine.

Manche Spulmaschinen englischen Ursprungs haben wagrecht angeordnete Trichter und Spindeln; auch sind die Trichter zuweilen umgekehrt angebracht, so daß die Spule bei der Füllung gesenkt wird.

Abb. 96.

Um recht feste Wicklungen zu erzielen, wird der Fadenführer bei Anordnung nach Abb. 95 zuweilen rasch auf- und langsam abwärts bewegt, wodurch die eine Schicht etwa halb soviel Windungen erhält als die andere.

c) Schlauchspulmaschinen.

Diese unterscheiden sich von den besprochenen Trichterspulmaschinen im wesentlichen dadurch, daß das Garn unmittelbar auf die nackte gewöhnlich achtkantige Spindel gewickelt wird, die Kötzer also keine Spule enthalten.

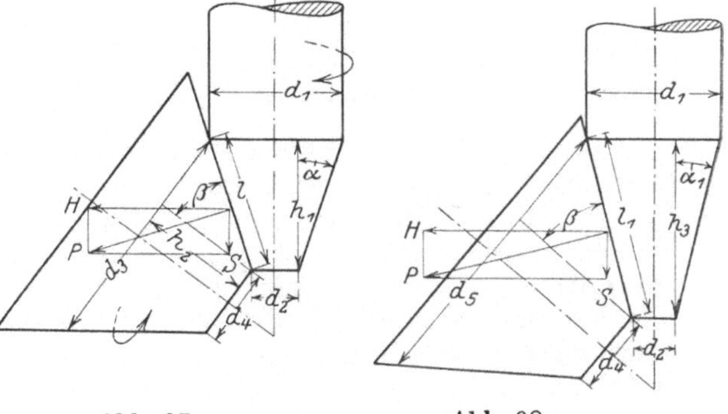

Abb. 97.   Abb. 98.

Zwei Ausführungen dieser in der Juteweberei allgemein und für gröbere Leinen- und Baumwollgarne in Anwendung stehenden Maschinen sind zu unterscheiden. Bei der einen erteilt die Spindel dem Kötzer Drehung und verschiebt sich mit diesem in der Achsenrichtung; der Arbeitsvorgang gleicht also dem durch Abb. 95 dargestellten. Bei der anderen ist die Spindel unverschieblich gelagert, erteilt dem Kötzer nur Drehung und dieser schiebt sich bei dem Anwachsen von der Spindel ab. Alle Maschinen besitzen Selbstabstellung für jede Spindel bei Vollendung des Kötzers und sind mit Fadenwächtern ausgerüstet, welche bei Reißen des Fadens die Spindel stillstellen.

Die Laufgeschwindigkeit des Garnes beträgt gewöhnlich 1 m i. d. Sekunde, kann aber durch besondere Einrichtungen auf das Doppelte und Dreifache gesteigert werden.

In Abb. 99 ist eine Trichterspulmaschine älterer Bauart von Rud. Voigt in Chemnitz dargestellt. Die Spindel 1 trägt bei 2 einen kurzen konischen Holzkörper, welcher bei Beginn der Bewicklung in dem Trichter 3 liegt und wird durch die Stange 4 belastet. Die Spindel steckt mit dem unteren flachen Ende in einer oben den Kopf 5 tragenden, unten mit der Kupplungshälfte 6 versehenen Hohlwelle, die durch die Nabe des im Balken 8 gelagerten Kegelrades 9 hindurchgeführt ist. Rad 9 erhält von der Hauptwelle 11 aus durch Rad 10 Drehung und trägt an der Unterseite die Kupplungshälfte 7. Ist die Kupplung eingerückt, was bei Hochstellung von 5 der Fall, erfolgt Drehung der Spindel. — Die Bewegung der Fadenführer geschieht von der Hauptwelle aus durch die dreieckige Scheibe 12, auf deren Umfang die in der Stange 13 stellbar befestigte Rolle 14 läuft. Stange 13 erhält unten Führung durch eine die Hauptwelle umgreifende Gabel und ist oben mit dem Hebel 15 stellbar verbunden, der auf der alle Fadenführer tragenden Welle sitzt. Die Fadenführer bewegen sich dicht vor den Schlitzen der Trichter und ihre Stellung und ihr Hub kann durch Verstellen der Rolle 14 und der Stange 13 in 15 geändert werden, was die Möglichkeit gewährt, Kötzer von verschiedenem Durchmesser zu spulen.

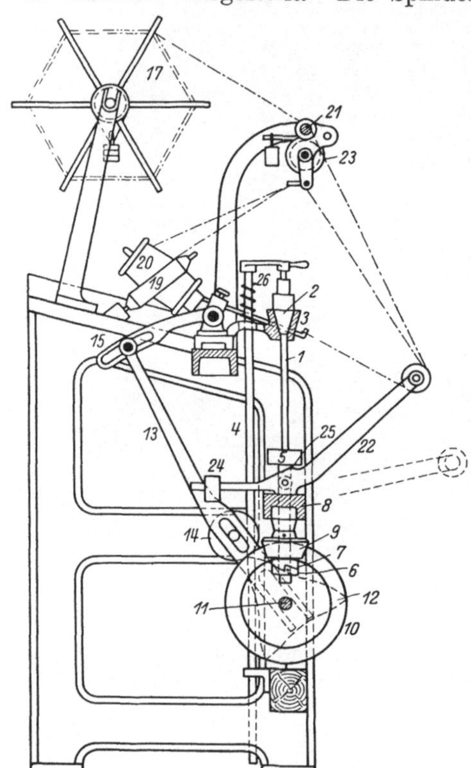

Abb. 99. Schlauchspulmaschine.

Das Garn kommt entweder vom Haspel 17, der durch Gewicht 18 und ein Lederriemchen gebremst wird, oder von Kötzern 19 oder Scheibenspulen 20. Der vom Haspel abziehende Faden geht über die Führungsstange 21 zu der im Fadenwächterhebel 22 sitzenden Rolle und von da nach dem Fadenführer am Trichter; die von 19 oder 20 kommenden Fäden sind zur Erzielung der erforderlichen Spannung meist einmal um die gebremste Rolle 23 herumgeschlungen und nehmen von da denselben Weg. Reißt der Faden, schlägt Hebel 22, dessen Gewicht zum Teil durch das Gegengewicht 24 ausgeglichen ist, in die punktierte Stellung um, wobei Bund 5 seine Stütze durch die Nase 25 verliert und abwärts sinkt; die Kupplung zwischen 6 und 7 wird gelöst und die Spindel steht still. — Bei Vollendung des Kötzers tritt die Spindel aus Bund 5 heraus und die Drehung hört auf. Zum Abziehen der

Spule wird die Stange 4 seitwärts gedreht und ruht dann auf der Feder 26 auf. Nun kann die Spindel heraus und der Kötzer abgezogen werden.

Die derselben Firma unter Nr. 305788 Kl. 76d Gr. 4 patentierte Schlauchspulmaschine, Abb. 100 und 101, zeigt eine bemerkenswerte Neuerung und eine Anordnung der zweiten Art mit Rolle an Stelle des Trichters und mit nur Drehung erhaltender Spindel (Wickeldorn), von welcher sich der Kötzer während der Bildung abschiebt. 1 ist die Spindel, die oben kantig ausgeführt ist und, wie die Abbildungen zeigen, ein Stück weit in den Kötzer hineinragt. 2 ist die stumpfkegelförmige Rolle, welche in einem Halter 3 befestigt ist, dessen Zapfen 4 im Böckchen 5 drehbar gelagert ist, wodurch Rolle 2 in beliebiger Neigung zur Spindelachse eingestellt werden kann. Die Achse des Zapfens 4 soll so gelegt werden, daß deren Verlängerung die Berührungsstelle der Rollenkante mit dem Wickeldorn schneidet. Die Verstellung der Rolle bezweckt die Herstellung harter und weicher Kötzer aus beliebigen Garnen. Wählt man den Winkel zwischen Rollenkante und Spindelachse klein, entsteht, wie auf S. 63 angeführt wurde, ein größerer, wählt man ihn groß, ein kleinerer Druck zwischen Rolle und Kötzerspitze; die Wicklung wird härter oder weicher.

Untersucht man die Verhältnisse näher, stellt sich heraus, daß nur bei einem einzigen Winkel zwischen Rollen- und Spindelachse nur rollende Reibung zwischen Rolle und Kötzerspitze eintritt, wenn man von dem Zurückbleiben der Rolle infolge der Zapfenreibung absieht. Aus Abb. 97 geht hervor:

$$\tan \alpha = \frac{d_1 - d_2}{2 \cdot h_1} \qquad (1)$$

und

$$l = \frac{d_1 - d_2}{2 \sin \alpha} \qquad (2)$$

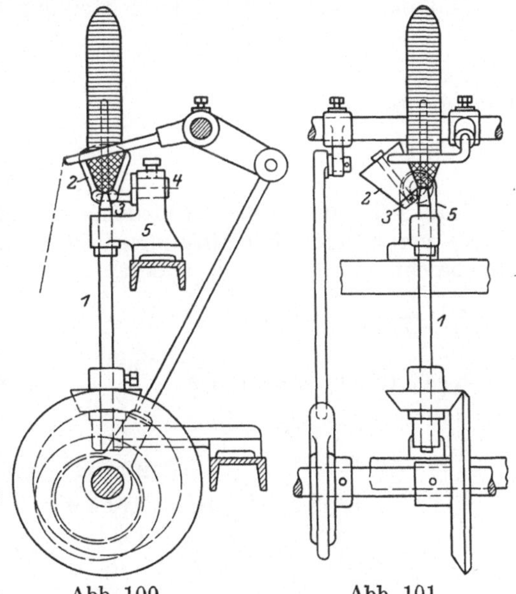

Abb. 100.   Abb. 101.

Abb. 100 u. 101. Schlauchspulmaschine mit Wickeldorn.

Soll zwischen Rolle und Kötzer nur rollende Reibung auftreten und wird der kleinste Durchmesser d_4 der Rolle angenommen, folgt weiter

$$n_1 = n \cdot \frac{d_2}{d_4} = n \cdot \frac{d_1}{d_3} \qquad (3)$$

und

$$d_3 = \frac{d_1 \cdot d_4}{d_2}. \qquad (4)$$

Der Winkel β der Rolle ergibt sich aus

$$\sin \beta = \frac{d_3 - d_4}{2\,l} \qquad (5)$$

und die Rollenhöhe

$$h_2 = \frac{d_3 - d_4}{2 \tan \beta}. \qquad (6)$$

Die Abmessungen der Rolle sind damit für eine unter dem Winkel α zur Achse verlaufende Kötzerspitze bestimmt.

Ändert man den Winkel α z. B. durch Vergrößern von h_1 in h_3, Abb. 98, folgt aus Gl. (1)

$$\tan \alpha_1 = \frac{d_1 - d_2}{2\,h_3} \tag{7}$$

und aus Gl. (2)

$$l_1 = \frac{d_1 - d_2}{2 \sin \alpha_1}. \tag{8}$$

Der große Durchmesser der Rolle geht jetzt, da Winkel β unveränderlich ist, über in

$$d_5 = 2\,l_1 \sin \beta + d_4. \tag{9}$$

Soll nun wieder nur rollende Reibung auftreten, müßte nach Gl. (3)

$$n_1 = \frac{d_2}{d_5}\,n$$

und ebenso

$$n_1 = n \cdot \frac{d_1}{d_5} = n \frac{d_1}{2\,l_1 \sin \beta + d_4} \tag{10}$$

sein.

Man sieht aus der verschiedenen Form der beiden Gleichungen, daß die Werte von n_1 nicht übereinstimmen können, was ohne weiteres schon aus Gl. (3) hervorgeht, in der sich d_3 ändert.

Beispiel: $d_1 = 30$, $d_2 = 10$, $d_4 = 18$, $h = 30$ mm.

Nach Gl. (1) wird $\tan \alpha = \dfrac{30 - 10}{2 \cdot 30} = 0{,}333$; $\alpha = $ rd. $18^0\,20'$.

„   „ (2) „ $l = \dfrac{20}{2 \sin \alpha} = \dfrac{10}{0{,}8145} = 31{,}8$ mm.

„   „ (3) „ $n_1 = 0{,}555\,n$.

„   „ (4) „ $d_3 = \dfrac{30 \cdot 18}{10} = 54$ mm.

„   „ (5) „ $\sin \beta = \dfrac{54 - 18}{2 \cdot 31{,}8} = 0{,}566$; $\beta = $ rd. $34^0\,30'$.

„   „ (6) „ $h_2 = \dfrac{54 - 18}{2 \cdot \tan \beta} = \dfrac{18}{0{,}6873} = 26{,}2$ mm.

Nimmt man h_3 Abb. 98 $= 40$ mm, wird

nach Gl. (7) $\tan \alpha_1 = \dfrac{20}{2 \cdot 40} = 0{,}25$ $\alpha_1 = $ rd. 14^0.

„   „ (8) „ $l_1 = \dfrac{20}{2 \cdot \sin \alpha_1} = \dfrac{10}{0{,}2419} = 41{,}34$ mm.

„   „ (9) „ $d_5 = 2 \cdot 41{,}34 \cdot 0{,}566 + 18 = 64{,}8$ mm.

„   „ (3) „ $n_1 = n \cdot \dfrac{10}{18} = 0{,}55\,n$.

„   „ (10) „ $n_1 = n \cdot \dfrac{30}{2 \cdot 41{,}34 \cdot 0{,}566 + 18} = 0{,}463\,n$.

Es muß also notwendig ein wenn auch geringes Gleiten zwischen Rolle und Garnoberfläche eintreten.

Die Arbeitsgeschwindigkeit der Schlauchspulmaschinen ist einigermaßen abhängig von der Geschwindigkeit, welche den Fadenführern erteilt werden kann. Diese aber ist begrenzt durch die Wirkung der schwingenden Massen. Um möglichst hohe Geschwindigkeiten anwenden und dadurch die Leistung jeder Spindel erhöhen zu können, wendet Herm. Schroers in Crefeld zur Fadenführung eine in Drehung versetzte Schlitztrommel an Abb. 102 und hat damit gute Erfolge erzielt. — Schwingende Fadenführer üben außerdem auf den Faden eine zuckende Wirkung aus; auch wird der Faden scharf abgelenkt. Um

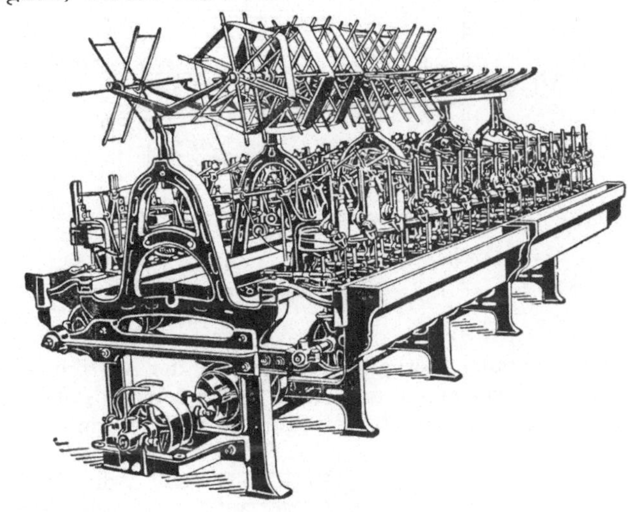

Abb. 102.

beides zu vermeiden, wird bei neueren Ausführungen der Fadenführer festgelegt und die Spindel erhält neben der Drehung eine hin und her gehende Bewegung. Diese neuere Anordnung scheint sich durchzusetzen trotz aller Be-

Abb. 103.

denken, die die Vergrößerung der hin und her gehenden Massen hervorrufen. Es sei als Beispiel die Kreuz-Schußspulmaschine mit liegenden Spindeln der Maschinenfabrik J. Schweiter in Horgen (Schweiz) angeführt (Abb. 103—105), bei welcher jeder Spulenantrieb ein besonderes Maschinchen für sich bildet und nach Angabe der Firma je nach Güte des Garnes und bei dem Spulen vom Strähn oder Kötzer Spindelumgänge von $2500 \div 4000$ in 1 min und Garngeschwindigkeiten von $125 \div 200$ m in 1 min erreichbar sein sollen.

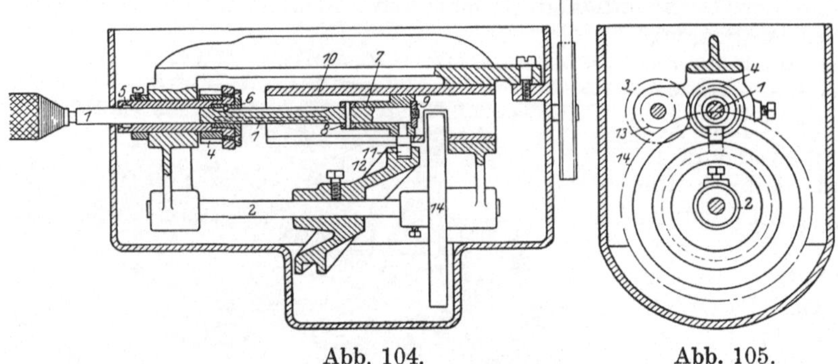

Abb. 104.   Abb. 105.

Die Spindel 1 erhält Drehung von der Antriebwelle aus durch die Zahnräder 3, 4, von welchen 4 auf einer Hülse 5 sitzt, mit welcher rechts eine als Käfig für die Kugeln ausgebildete Büchse 6 verschraubt ist. Diese Kugeln, welche in Nuten der Spindel 1 fassen, vertreten die Stelle der sonst üblichen Keile oder Federn und sollen die bei der Hin- und Herbewegung der Spindel auftretende Reibung soweit als möglich vermindern. Auf dem rechten Ende der Spindel sitzt lose eine Hülse 7, gehalten durch den mit der Spindel verstifteten Ring 8 und die Mutter 9. Hülse 7 führt sich im Rohr 10, welches unten aufgeschnitten ist, um der Rolle 11 als Führung zu dienen. Diese Rolle greift in die Nut der Scheibe 12 ein, die von der Antriebswelle aus durch die Räder 13, 14 Drehung erhält, wodurch die hin und her gehende Bewegung der Spindel bewirkt wird. Das ganze Getriebe ist in einen dicht verschließbaren Kasten eingebaut, der vor dem Verstauben schützt und gegebenen Falles mit Öl gefüllt werden kann. (Nach D.R.P. Nr. 292064 Kl. 76 d. Gr. 4). — Eine einfachere aber in bezug auf die Reibungsverhältnisse etwas weniger günstige Betriebsanordnung gibt das D.R.P. Nr. 344201 Kl. 76 d Gr. 4 von Jean Holtappels in M.-Gladbach.

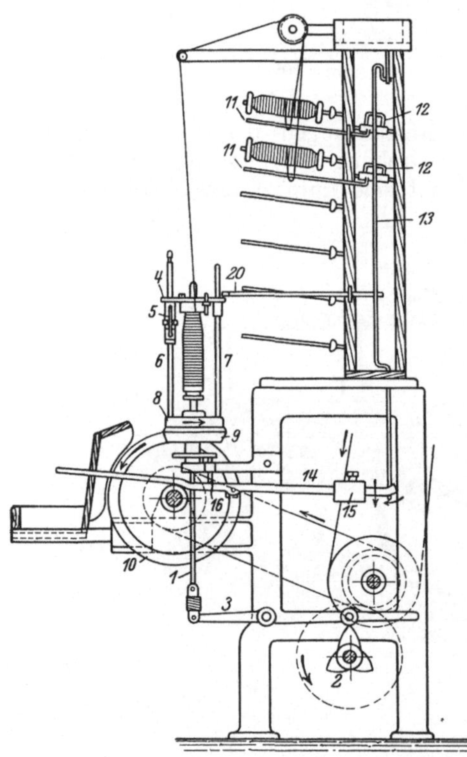

Abb. 106. Schußspulmaschine für Seide.

Eine besondere Ausführung zeigen die in den Seidenwebereien zu findenden Schußspulmaschinen, auf welchen gedoppelt (doubliert) wird, d. h. mehrere Fäden nebeneinanderliegend aufgewickelt werden. Dabei ist folgendes zu beachten. Die gedoppelten Fäden sollen im Gewebe parallel, also ohne Drehung nebeneinander liegen. Wird der Faden in der Achsenrichtung von der Schußspule abgezogen, erhält er für jede Windung eine Drehung. Das Spulen muß deshalb in der Weise vorgenommen werden, daß die Fäden dabei ebensoviel Drehungen in entgengesetzter Richtung erhalten, was sich nur durch entsprechende Drehung des Fadenführers erreichen läßt. Eine Seidenschußspulmaschine dieser Art ist in der Abb. 106 bis 108 dargestellt in einer Ausführung der Maschinenfabrik J. Schweiter A.-G. in Horgen (Schweiz). Die Abb. 106 gibt eine Seitenansicht der Maschine. Die Spindel 1 mit der daraufsteckenden Spule erhält die auf und ab gehende Bewegung durch das dreiflüglige Exzenter 2 und Hebel 3. Der mit der Platte 4 verbundene Fadenführer 5 ist höher und tiefer einstellbar, um schwächere und stärkere Spulen bilden zu können und bekommt Drehung. Die Platte 4 führt sich auf den Stängelchen 6, 7, die auf einer Scheibe 8 befestigt sind, welche ein Stück mit dem von 10 aus getriebenen Reibkegel 9 bildet. Die Fäden kommen von dem im Aufsteckrahmen befindlichen Spulen und jeder wird durch einen Fadenwächter 11 überwacht. Reißt ein Faden, sinkt der Fadenführer und dessen Auge 12 bewirkt Drehung des Stängelchens 13, wodurch der unten an diesem befindliche Haken den Hebel 14 freigibt, der unter Wirkung des Gewichtes 15 durch Stift 16 die Reibrolle *g* abhebt; der

Fadenführer bleibt stehen. Einzelheiten zeigen die Abb. 107 und 108. Die auf der Spindel steckende Spule tritt durch die Platte 4 hindurch, welche in Stellung gehalten wird durch eine mit der Hülse 17 verbundene Feder 18, die in die Verzahnung des Führungsstängelchens 7 eingreift. Mit Platte 4 ist ein durch Kugellagerung leicht drehbarer Ring 19 verbunden, der kegelförmig ausgebohrt ist. Stößt die Kötzerspitze bei dem Aufwärtsgang gegen den Ring 19, erhält dieser eine Drehung; gleichzeitig wird aber Platte 4 angehoben entsprechend dem Anwachsen des Kötzers und durch Feder 18 in der neuen Stellung festgehalten. Ist der Kötzer vollendet, stößt Platte 4 gegen Hebel 20, Abb. 106, der das Ausrücken der Spindel, wie vorher für Fadenbruch angegeben, bewirkt. Manche Verbesserungen sind im Laufe der Zeit vor

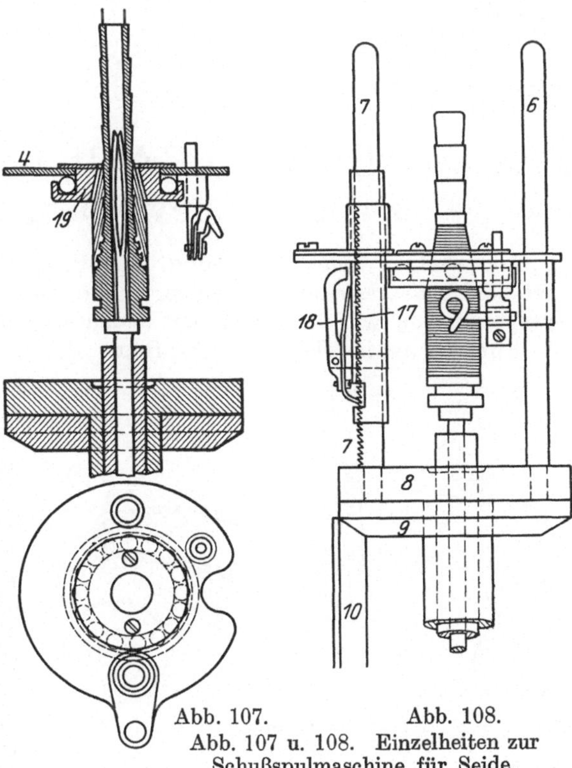

Abb. 107.   Abb. 108.
Abb. 107 u. 108.   Einzelheiten zur
Schußspulmaschine für Seide.

genommen worden. So ist die Befestigung des Ringes 19, der, wenn Kötzer anderen Durchmessers herzustellen sind, ausgewechselt werden muß, durch eine einfache Klemmvorrichtung bewirkt worden, welche raschen Wechsel gestattet (D.R.P. Nr. 259810). Ferner ist das verzahnte Stängelchen 7 durch ein glattes ersetzt worden. Das Feststellen der Platte 4 erfolgt dann durch ein Kugelklemmgesperre, welches Hebung der Platte um kleinste Beträge ermöglicht, was die Verzahnung nicht zuläßt. Dies erwies sich aberbei dem Spulen sehr feiner Seidenfäden als wünschenswert.

Bei den glatten Seidenfäden tritt ein Abgleiten von der Spule viel leichter ein als bei rauheren Garnen, wenn die Schichthöhen immer gleich groß sind. Man sucht dies durch Änderung der Schichthöhen zu verhindern, so daß diese etwas übereinandergreifen, wodurch die Spule größeren Halt bekommt. Das Exzenter 2 hat zu diesem Zweck verschieden hohe Flügel.

d) Anfeuchten des Schusses.

Um den Schuß geschmeidiger zu machen und dadurch ein dichteres Anschlagen zu ermöglichen, wird er angefeuchtet, genäßt, was vollkommen gleichmäßig geschehen muß. Man legt die Spulen entweder in Wasser oder wendet besondere Anfeuchtapparate an, die z. B. aus einem eisernen Kasten bestehen, der nach Einlegen der Spulen luftdicht verschlossen und zunächst luftleer gemacht wird, ehe man Wasser oder wie in einzelnen Fällen dünne Leimlösung oder Stärkekleisterwasser einläßt. Der Überschuß wird in einer Art Zentrifuge abgeschleudert, die aus einer rasch umlaufenden Scheibe auf senkrechter Welle besteht, auf der im Kreise Spindeln für die Aufnahme der Spulen angeordnet sind.

IV. Die Getriebe zur Erhaltung der Spannung und zur Längsbewegung der Kette.

Der zwischen dem Garn- und dem Zeugbaum des Webstuhls befindliche Kettenteil muß gespannt und entsprechend dem Wachsen des Gewebes vorwärts bewegt werden, was der Natur der Fäden wegen nur durch Zug erfolgen kann. Die Spannung ist für die ganze Dauer des Verwebens gleich zu halten, wenn nicht in der fertigen Ware Ungleichheiten durch dichtere oder dünnere Stellen oder Verdichtung oder Verdünnung das Gewebes gegen das Ende hin eintreten soll. Zur Schonung der Fäden ist es ferner wünschenswert, daß auch Veränderungen in der Fadenspannung durch die Fachbildung möglichst vermieden werden. — Die Vorwärtsbewegung der Kette, die Schaltung, für einen Schuß, ist vom Beginn bis zum Ende des Verwebens ebenfalls

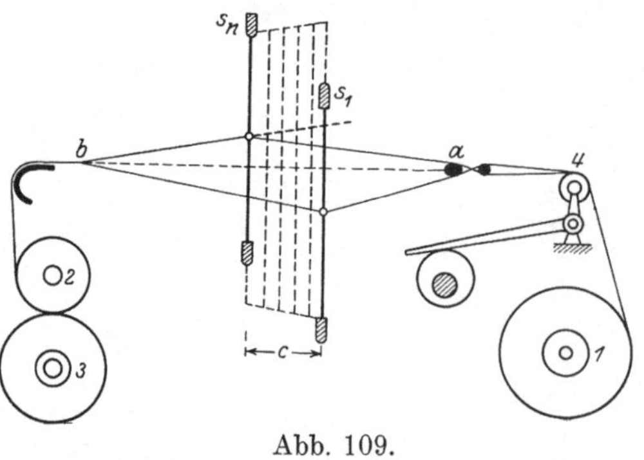

Abb. 109.

gleich zu halten, damit die Schußdichte, die Anzahl der Schußfäden auf eine Längeneinheit, keine Veränderung erfährt.

An Hand der Abb. 109 sollen die Verhältnisse zunächst weiter klargelegt werden unter der Annahme, daß ein geradfadiges Gewebe herzustellen ist. Die Anspannung des zwischen Kettbaum 1 und Sandbaum 2 ausgespannten Kettenteiles erfolgt entweder durch Vorwärtsdrehen des Sandbaumes bei festgehaltenem

Kettbaum oder durch Rückdrehung des Kettbaumes bei festgehaltenem Sandbaum und wird lediglich nach Erfahrung und Gefühle geregelt. Sie darf nicht zu groß gewählt werden, weil dann die Zahl der Fadenbrüche wächst und das Gewebe bei dem Abnehmen stärker einschrumpft; sie darf aber auch nicht zu klein gewählt werden, damit die Fäden bei der Fachbildung sich sicher voneinander trennen, sich glatt auf die Ladenbahn auflegen und keine Querverschiebung durch die Reibung zwischen Schütze und Kette bei dem Durchschießen erfolgt. Endlich aber, damit die unvermeidlichen Unterschiede in der Fadenspannung bei der Fachbildung keine völlige Entspannung irgendeines Teiles der Kette veranlassen.

In den weitaus meisten Fällen wird volles Fach gebildet (Abb. 109), d. i. ein Teil der Kette wird nach unten, der andere Teil nach oben aus der Mittelebene heraus bewegt (Unter- und Oberfach), wobei für ungehinderten Schützenlauf die Bedingung zu erfüllen ist, daß die Fäden nach dem Geweberand zu in zwei Ebenen oder bei sehr dichtem Kettenstand wenigstens in nahezu zwei Ebenen angeordnet werden, d. i. reines Fach gebildet wird und der im Unterfach befindliche Kettenteil während des Schützenwurfes auf der Ladenbahn aufliegt. Ist s_1 der erste, s_n der letzte Schaft, so lehrt die Abb. 109

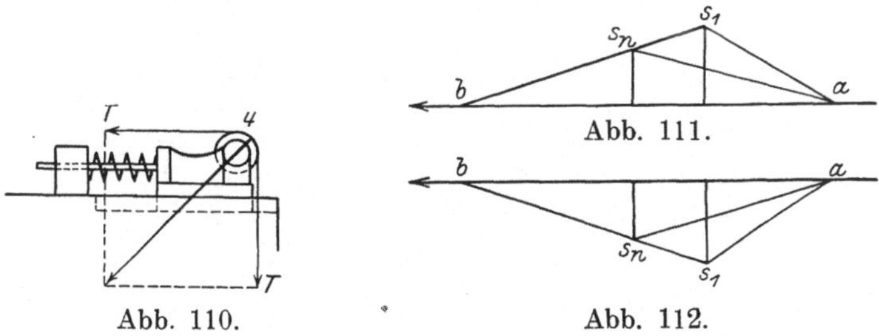

Abb. 110.

Abb. 111.

Abb. 112.

ohne weiteres, daß die Schäfte, wenn reines Fach gebildet werden soll, verschiedene Hubhöhe, verschiedenen Sprung, erhalten müssen und die zwischen a und b ausgespannten Kettenteile verschiedene Länge und damit auch ungleiche Spannung besitzen werden, wenn man a und b als Festpunkte ansieht, was in Wirklichkeit wegen der Elastizität der Fäden nicht ganz zutrifft. Diese Ungleichheiten dürfen nicht zu groß werden, was nur dadurch vermieden werden kann, daß bei gegebener Sprunghöhe des Schaftes s_n die Zahl der Schäfte oder der Abstand c nicht zu groß gewählt wird. — Um allzu große Unterschiede in der Fadenspannung bei geschlossenem und bei offenem Fach zu vermeiden, läßt man den Punkt a, da b als festliegend zu betrachten ist, während des Fachöffnens etwas nach vorn gehen, wozu der Streichbaum 4 als Schwingbaum (Abb. 109) ausgeführt oder federnd angeordnet ist. (Abb. 110). Nach Abb. 109 erhält der Streichbaum Bewegung durch ein auf die Kurbelwelle gekeiltes Exzenter und schwingt bei dem Fachöffnen herein, bei Fachschluß wieder nach außen[1]).

Ungünstiger als bei vollem Fach liegen die Verhältnisse, wenn nur Oberoder Unterfach gebildet wird (Abb. 111 u. 112). Unter der Voraussetzung gleicher Durchgangsöffnung für die Schützen wie bei vollem Fach kann sehr leicht der Fall eintreten, daß der herausgehobene Kettenteil die gesamte Spannung

---

[1]) Vgl. Edelstein: Der bewegliche Streichbaum und sein Einfluß auf die Kettenspannung. Z. ges. Textilind. 1898.

aufzunehmen hat und übermäßig gespannt, der liegengebliebene völlig entspannt und schlaff wird. — Die angestellten Betrachtungen gelten auch für Fachbildung durch Jacquardmaschine.

Die Schaltung der Kette. — Die Vorwärtsbewegung der Kette kann nur von der Zeugbaumseite aus erfolgen. Wird das Gewebe unmittelbar auf den Zeugbaum aufgewickelt, so vergrößert sich dessen Halbmesser allmählich und es nimmt, wenn der Zeugbaum Schuß um Schuß um einen bestimmten Winkel α gedreht wird, $r\alpha$ zu, d. h. die Schußdichte wird gegen das Ende des Verwebens kleiner. Dieser Weg ist, wie z. B. bei Seidenwebstühlen, nur dann gangbar, wenn der Halbmesser des leeren Zeugbaumes groß und die Zunahme desselben durch Aufwickeln des Gewebes klein gewählt wird. Dann ist die Abnahme der Schußdichte, da $r \cdot \alpha$ sich nur wenig ändert, praktisch so klein, daß sie kaum bemerkbar ist.

Die Regel bildet, Schaltung der Kette durch einen Sandbaum 2, Abb. 109, der für jeden Schuß um einen kleinen Winkel gedreht wird und das Gewebe

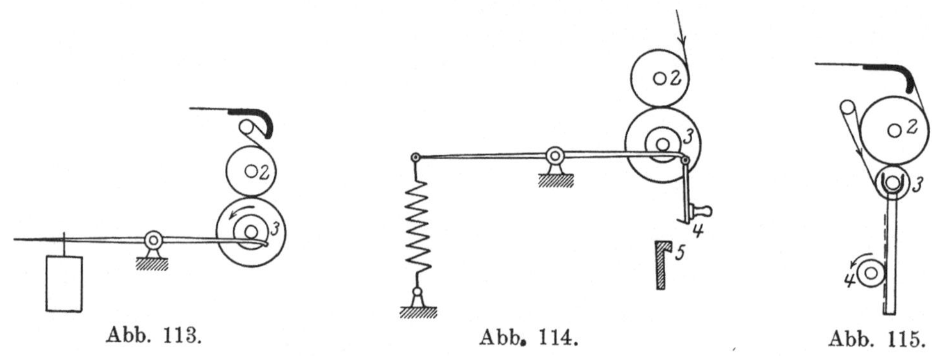

Abb. 113.   Abb. 114.   Abb. 115.

an einen von ihm durch Reibung mitgenommenen Zeugbaum 3 abgibt. $r \cdot \alpha$ ist in diesem Falle für die ganze Dauer des Verwebens unveränderlich. Die Bezeichnung Sandbaum stammt aus einer Zeit, in welcher diese Bäume aus Holz hergestellt und mit gewaschenem Sand oder Sandpapier beleimt wurden, um größere Rauhigkeit zu erzielen. Heute werden die Bäume mit einer Art Reibeblech beschlagen oder man verwendet wie in der Juteweberei Nadelwalzen, Holzwalzen mit kurzen kräftigen Nadeln, wenn die Gewebe die stärkeren Angriffe dieser vertragen. — In Abb. 109 umschlingt das Gewebe nur etwa $^1/_4$ des Sandbaumes, zu wenig für starke Kettenspannung. Die Abb. 113—115 geben Anordnungen, bei welchen der umspannte Umfang größer ist. Abb. 113 zeigt eine Anordnung für schmale Stühle und leichte Gewebe, bei welcher der Zeugbaum 3 gegen den immer fest gelagerten Sandbaum 2 durch einen auf jeder Seite vorhandenen Gewichtshebel gepreßt wird. Die Gewichte müssen mit zunehmendem Gewicht des Zeugbaumes weiter hinaus gehangen werden, was sehr unbequem ist, da diese sich innerhalb der Seitenwände des Webstuhles befinden.

In Abb. 114 erfolgt der Andruck durch Federzug, der ohne weiteres mit sinkendem, also schwerer werdendem Zeugbaum wächst. Ist der Zeugbaum gefüllt, werden die auf beiden Seiten vorhandenen Haken 4 hinter am Gestell befindliche Nasen 5 gehakt, wodurch das Herausnehmen des Zeugbaumes sehr erleichtert ist. Abb. 115 zeigt die Anordnung am Northropstuhl. Der Zeugbaum, aus einem Rundeisenstab bestehend, ruht in Gabeln zweier senkrecht geführter Zahnstangen, in die kleine auf einer Welle 4 befindliche

Zahnräder eingreifen. Eine über 4 geschobene kräftige Torsionsfeder sucht die Welle links zu drehen und wird bei dem Niedergang der Zahnstangen, also mit zunehmendem Gewicht des Zeugbaumes, mehr und mehr gespannt, wodurch der Druck des Zeugbaumes gegen den Sandbaum nahezu gleich, bleibt.

Die Schaltung des Sandbaumes besorgt der Aufwinderegulator, den man als positiven bezeichnet, wenn das Gewebe Schuß um Schuß um einen bestimmten Betrag vorgezogen wird unabhängig davon, ob ein Schuß eingetragen wurde oder nicht, und als negativen, wenn nur dann geschaltet wird, sobald wirklich ein Schußfaden eingetragen worden ist oder vom Kettbaum Kette hergegeben wurde.

1. Die positiven Aufwindungsregulatoren.

Der positive Aufwinderegulator muß die Anzahl der vorausbestimmten Schuß auf eine Längeneinheit (cm, dcm, engl. Zoll) erreichen lassen. Die Schußzahl wird meist als ganze Zahl gegeben, wobei auf die Zusammenziehung des Gewebes bei der Abnahme vom Stuhl selten Rücksicht genommen wird, da sich diese bei kleinen Maßeinheiten kaum fühlbar macht.

Abb. 116 zeigt den positiven Aufwinderegulator eines Northropstuhles. Der Sandbaum 2 erhält für jeden Schuß Drehung dadurch, daß das Sperrad z_1 von der schwingenden Lade aus um einen Zahn geschaltet wird. Die Zahl k der Schuß auf 1 cm ergibt sich bei einem Sandbaumdurchmesser d in cm zu $k = \dfrac{z_1 \cdot z_3 \cdot z_5}{z_2 \cdot z_4 \cdot d\,\pi}$. Hierin ist $\dfrac{z_1 \cdot z_5}{z_2 \cdot z_4 \cdot d\,\pi} = C$ die Schaltkonstante oder Grundzahl, während z_3 ein Wechselrad, durch dessen Auswechseln die verschiedenen Werte von k erreicht werden können. Also $k = C \cdot z_3$. Nach einer Ausführung ist $z_1 = 110$, $z_2 = 14$, $z_3 = 20$, 21, 22 ÷ 30, $z_4 = 12$, $z_5 = 42$ und $d\,\pi = 36$ cm.

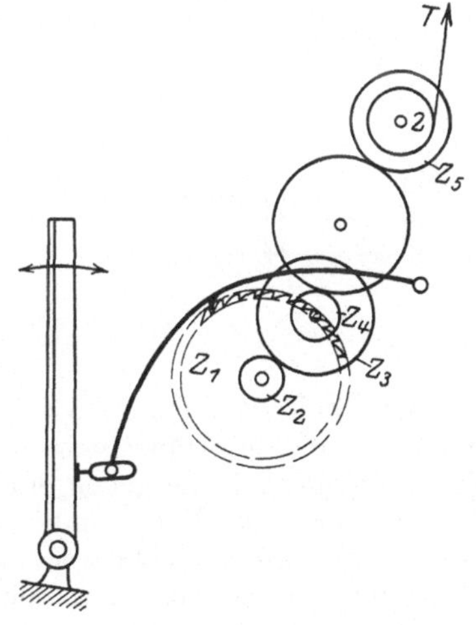

Abb. 116.

C wird $= 0{,}764$ und $k = 15{,}28$ bis $22{,}92$ Schuß auf 1 cm, also keine ganzen Zahlen. Hätte man die Verhältnisse so gewählt, daß $C = 1$ und damit $k = z_3$ geworden wäre, was sehr leicht möglich war, wenn z. B. $z_1 = 120$ und $d\,\pi = 30$ oder $z_1 = 110$ und $d\,\pi = 27{,}5$ genommen wurde, war k immer eine ganze Zahl. Bei Berechnung von k wurde vorausgesetzt, daß für jeden Schuß um einen Zahn geschaltet wird. Bei Schaltung um 2 Zähne, wird $k = 0{,}5\,z_3$. — Die Schaltung erfolgt entweder bei dem Ladenvorgange, also während des Anschlagens des eingetragenen Schußfadens oder bei dem Ladenrückgange.

Bisweilen z. B. bei Herstellung von Linoleumjute — Unterlage für Linoleum — müssen sehr große Gewebelängen — mehrere tausend Meter — aufgewickelt werden. Der Warenbaum erhält dann Durchmesser von 1 ÷ 1,5 m und läßt sich nicht mehr im Webstuhl unterbringen. Eine Anordnung zeigt Abb. 117. (Bremer Jutespinnerei und Weberei, A.-G. in Hemelingen. D.R.P. Nr. 152 099 Kl. 85 c Gr. 19). Das Gewebe läuft vom Brustbaum 1 über Leitrollen in eine flache unterhalb des Weberstandes angeordnete Grube, in welcher sich die durch Kettentriebe angetriebene Nadelwalze 2 befindet, auf welcher der Warenbaum 3 ruht, dessen Zapfen bei zunehmender Füllung auf den Schienen 4 des Bockgestelles hinauflaufen.

Bei Anwendung von positiven Aufwinderegulatoren können leicht, wenn ein oder mehrere Schußfaden fehlen, Fehlstellen im Gewebe entstehen, da unabhängig davon, ob ein Schußfaden eingetragen wurde oder nicht, geschaltet wird. Davor schützen Schußwächter, die den Stuhl stillstellen, sobald der Schußfaden fehlt (s. d.).

Wird die Kette durch einen positiven Aufwinderegulator geschaltet, muß notwendig die Regelung der Spannung vom Garnbaum ausgehen, welcher für jeden Schuß eine Kettenlänge zu liefern hat, die um den Betrag des Einwebens größer ist als die vom Zeugbaum aufgenommene. Die Drehung des Kettbaumes kann nun veranlaßt werden durch die Kettenspannung oder durch ein besonderes Getriebe. Anordnungen der letzteren Art sind selten der zu überwindenden Schwierigkeiten wegen. Wollte man z. B. ein Schaltwerk derselben Art wie am Aufwinderegulator anbringen, müßte der Drehwinkel des Kettbaumes mit abnehmendem Durchmesser vergrößert werden oder man müßte, um mit unveränderlichem Drehwinkel zu arbeiten, einen Hilfsbaum ähnlich dem Sandbaum des Aufwinderegulators anbringen. Änderungen der Kettenspannung lassen sich aber auch dann schwer vermeiden, weil es große Schwierigkeiten bietet, die Kettenablaßvorrichtung so einzustellen, daß die verschwindend kleine Kettenlänge, welche der Kettbaum für jeden Schuß mehr hergeben muß als der Zeugbaum aufnimmt, genau einzuhalten. Ist das nicht der Fall, nimmt die Spannung im Laufe des Verwebens zu oder ab und es müssen neue regelnde Vorrichtungen eingeschaltet werden, um die Spannungsänderungen zu beseitigen.

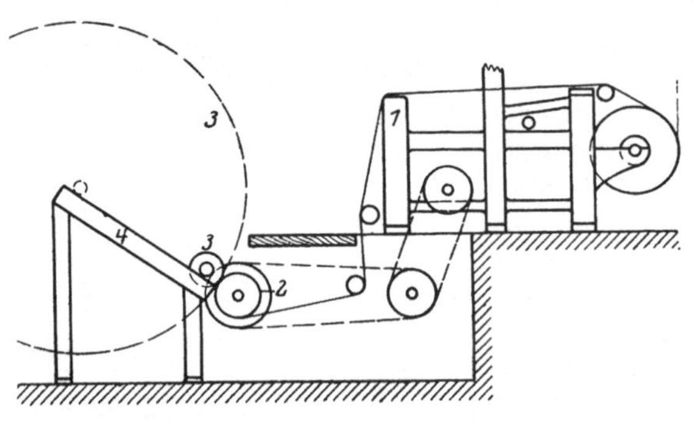

Abb. 117.

Es sollen im folgenden nur die Anordnungen besprochen werden, bei welchen die Lieferung der Kette durch die Kettenspannung erfolgt. — Um zunächst die Kraftverhältnisse darzulegen, sei in Abb. 118 die Kettenspannung mit T und der Kettbaumhalbmesser mit r bezeichnet. Um das Drehmoment Tr aufzunehmen, wirkt das Gewicht G an einem Halbmesser r_1 und es gilt $T \cdot r = G \cdot r_1$, woraus folgt, da T unveränderlich sein soll, r sich aber ändert,

$$T = \frac{G}{r} \cdot r_1 . \tag{1}$$

Da r_1 unveränderlich, muß auch $\dfrac{G}{r}$ unveränderlich gehalten werden, was ein zeitweiliges Ablegen einer Gewichtsscheibe erforderlich macht. Die Kettenspannung erfährt in diesem Falle eine periodische Schwankung; das Gewicht wird hochgewunden und muß von Zeit zu Zeit heruntergelassen werden. Es gibt allerdings Einrichtungen, welche das Gewicht selbsttätig herablassen, wenn es um einen kleinen Betrag angehoben worden ist; aber die ganze Anordnung ist unbequem und nur für geringe Kettenspannung brauchbar, wenn das Gewicht nicht sehr schwer werden soll, hat aber den einen Vorteil, daß, abgesehen von der erwähnten periodischen Änderung, die Kettenspannung weder über- noch unterschritten werden kann.

Ersetzt man das Gewicht durch Reibung R, wendet man, wie fast durchgängig, Reibungsbremsen an, so ergibt wieder die Gl. (1) unter Ersatz von G durch R

$$R = \frac{T}{r_1} \cdot r,$$

d. h. die Größe der Reibung ist direkt proportional r zu halten, wenn T unveränderlich sein soll. Die Reibungsbremse muß demnach die Möglichkeit gewähren, R im Laufe des Abwebens zu verkleinern. — Die Bremsen werden fast immer an beiden Seiten des Kettbaumes angebracht.

Den Übergang von der durch Abb. 118 dargelegten Anordnung zu den reinen Reibungsbremsen bildet die Kettenspannvorrichtung Abb. 119. Um eine Bremsscheibe ist ein Seil $1^{1}/_{2}$- oder $2^{1}/_{2}$mal herumgelegt und an einem Ende mit dem kleinen Gewicht g, am anderen durch das große aus einzelnen Scheiben bestehende Gewicht G belastet. Beide Gewichte schweben frei, die Reibung des Seiles auf der Riemscheibe muß so groß sein, daß ein Gleiten des Seiles verhindert wird. Es gilt jetzt

$$T r = (G - g) r_1. \qquad (2)$$

Hierin ist $G = g\, e^{\mu a}$, worin e die Basis der natürlichen Logarithmen $= 2{,}71828$, μ die Reibungswertziffer und α der vom Seil umspannte Bogen für den Halbmesser 1 ist.

Nun folgt

$$T r = G \left(1 - \frac{1}{e^{\mu a}}\right) r_1 = G \cdot \left(\frac{e^{\mu a} - 1}{e^{\mu a}}\right) r_1. \quad (3)$$

Der Klammerinhalt kann ohne wesentlichen Fehler $= 1$ gesetzt werden. Für $\mu = 0{,}4$ für Hanfseil auf Gußeisen und $2^{1}/_{2}$fache Umschlingung wird $e^{\mu a} = 534$;

$$\frac{533}{534} = 0{,}9981.$$

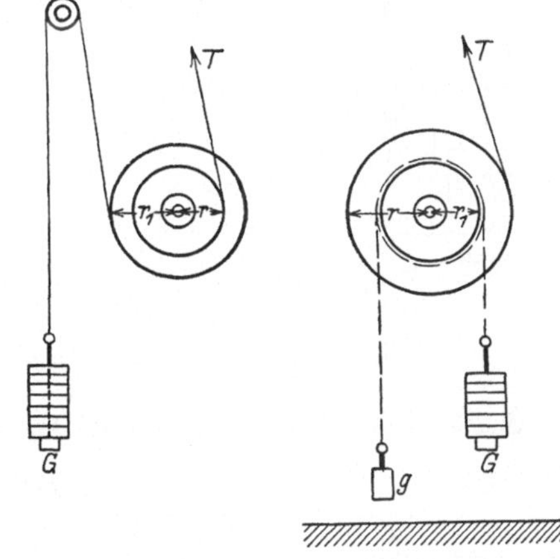

Abb. 118.   Abb. 119.

Dann folgt $T r = G \cdot r_1$, also derselbe Ausdruck wie wie in Gl. (1), und das Gewicht G muß zeitweise mit abnehmendem r verkleinert werden. Auch in diesem Falle erfährt die Kettenspannung periodische Schwankungen. Der Weber prüft von Zeit zu Zeit durch Auflegen der Hand auf die Kette die Spannung und regelt danach das Gewicht G.

Setzt g auf, wird die Spannung im linken Seilende Null und G sinkt herab, bis g wieder schwebt.

Die eigentlichen Garnbaumbremsen. — Eine viel ausgeführte Anordnung zeigen die Abb. 120 und 121. Der auf beiden Seiten im Zapfen gelagerte Kettbaum trägt rechts und links Bremsscheiben, um welche ein Seil, eine Kette oder ein aus Bandeisen bestehendes Bremsband gelegt ist (Seil-, Ketten-, Bandbremsen). Die Bremsbänder sind zur Vergrößerung der Reibung mit Filztuch oder Leder oder mit Holzklötzen (Backenbremsen) belegt. Das eine Ende des Bremsseiles, welches als Vertreter der verschiedenen Ausführungen gelten soll, ist am Stuhlgestell befestigt, das andere Ende an einem durch Gewicht G belasteten Hebel. Sind Z_1 und Z_2 die Spannungen im Bremsseil, folgt

$$Tr = (Z_1 - Z_2)\,r_1,$$

worin $T = {}^1/_2$ der gesamten Kettenspannung ist.

$$Z_1 = Z_2\,e^{\mu a} = G\cdot\frac{L}{l} + G_1\frac{s}{l},$$

wenn mit G_1 das Gewicht des Bremshebels, mit S dessen Schwerpunkt und mit s der Abstand dieses von der Drehachse bezeichnet wird.

Führt man dies ein, folgt,

$$Tr = \left[\,G\cdot\frac{L}{l} + G_1\frac{s}{l} - \left(G\cdot\frac{L}{l} + G_1\frac{s}{l}\right)\frac{1}{e^{\mu a}}\right]\cdot r_1$$

und nach Umformung

$$Tr = (G\cdot L + G_1 s)\left(\frac{e^{\mu a} - 1}{e^{\mu a}}\right)\frac{r_1}{l}. \tag{4}$$

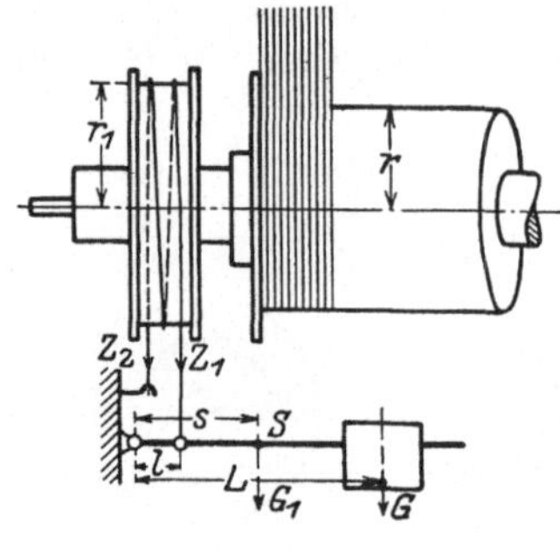

Abb. 120.

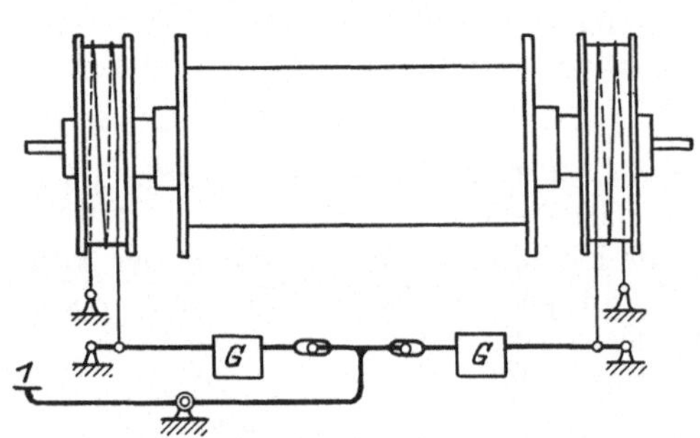

Abb. 121.

Setzt man hierin den Inhalt der zweiten Klammer wieder $= 1$, wird

$$Tr = (G\cdot L + G_1 s)\frac{r_1}{l}. \tag{5}$$

In dieser Gleichung sind G, G_1, s, r_1 und l unveränderlich; es kann also eine Änderung von T bei kleiner werdendem r nur dadurch verhütet werden, daß L allmählich verkleinert wird durch Hereinhängen des Bremsgewichtes. Es werden aber auch hier periodische Schwankungen der Kettenspannungen auftreten und ist es Sache des Webers, diese nicht zu groß werden zu lassen.

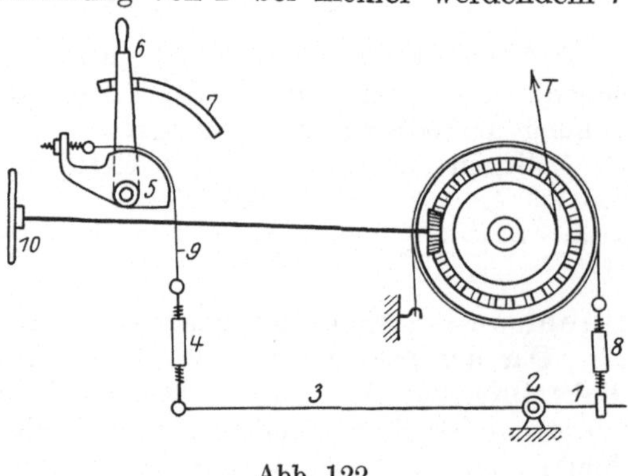

Abb. 122.

Muß der Kettbaum zurückgedreht werden, wenn z. B. ein Fehler im Gewebe entstanden ist, der das Herausnehmen einiger Schuß erfordert, ist die Bremswirkung aufzuheben. Die Gewichte sind anzuheben und dazu muß eine zweite Person herangeholt werden. Durch eine Anordnung nach Abb. 121 wird diese Hilfe erspart. Tritt der Weber auf den Fußtritt 1, wird die Bremswirkung aufgehoben und der Kettbaum läßt sich von Hand drehen. In beiden Fällen muß der Weber hinter den Stuhl treten. Um auch dies zu vermeiden, also die Regelung der Spannung und das Zurückdrehen des Kettbaumes von der Arbeitsseite aus bewirken zu können, diente die durch Abb. 122 dargestellte Einrichtung, die besonders bei Jutewebstühlen zu finden ist. — Die Bremsketten sind an kurze Hebel 1 angehangen, welche auf einer durchgehenden Welle 2 sitzen. An den langen Arm 3 ist eine Zugstange mit Schloß 4 angeschlossen, an welche eine an dem Sektor 5 befestigte Kette gehangen ist. Mit diesem ist ein kurzer federnder Hebel 6 verbunden, der in der gezeichneten Stellung in einer Ruhe (Kerbe) des festen Bogens 7 liegt. Die Kettenbremse ist angezogen und ihre Wirkung kann geregelt werden durch Anziehen oder Lösen der Schlösser 4, 8 oder der Kette 9. Hebt man die Sperrung des Hebels 6 auf, dreht sich Sektor 5 rechts, die Bremswirkung hört sofort auf und der Kettenbaum kann nun vom Handrad 10 aus vor- und zurückgedreht werden.

Soll die Kettenspannung keine periodischen Schwankungen erfahren, wie solche bei dem zeitweiligen Verhängen der Bremsgewichte eintreten, ist die Stärke der Bremsung vom Garnbaumhalbmesser abhängig zu machen, wie z. B. die Anordnung Abb. 123 für einen Federschlagstuhl der Sächsischen Webstuhlfabrik Louis Schönherr in Chemnitz zeigt. Das Bremsband ist einerseits bei 1 am Stuhlgestell, andererseits an dem kurzen Arm des Hebels 2 befestigt, gegen dessen langen Arm sich eine an der Stange 3 befindliche Rolle 7 anlegt, die unter Wirkung des Bremsgewichtes G steht. G wird von Haus aus

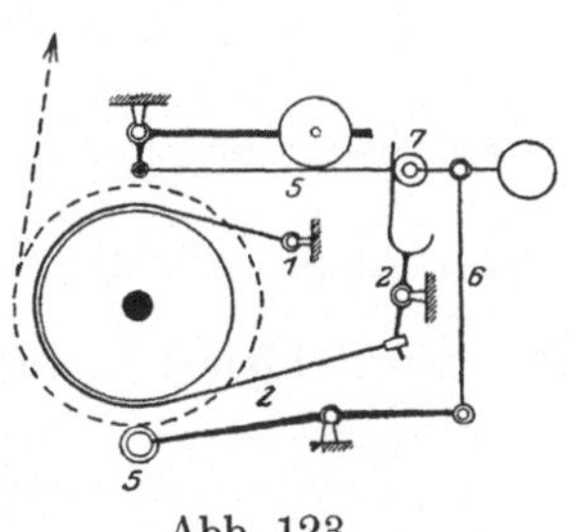
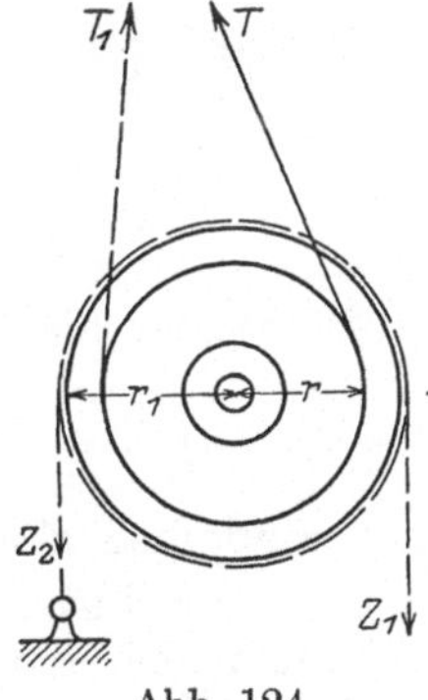

Abb. 123. Abb. 124.

entsprechend der gewünschten Kettenspannung auf dem Bremshebel eingestellt und behält diese Stellung während der ganzen Dauer des Verwebens. An den Kettenbaum legt sich eine im Hebel 4 angeordnete Fühlrolle 5 an; 4 ist durch Stange 6 mit 3 verbunden. Bei Abnahme des Kettenhalbmessers sinkt die Rolle 7 herab, der wirkende Arm des Hebels 2 wird kleiner und damit vermindert sich die Bremswirkung. Gewicht G_1 besorgt das stete Anliegen der Fehlrolle.

Auf die Beziehung zwischen Ablaufrichtung der Kette und Bremswirkung, ein Punkt von besonderer Wichtigkeit, muß noch eingegangen werden. In Abb. 124 ist angenommen, daß die Kette in Richtung T abläuft und darauf die Rechnung gegründet mit dem durch Gl. (4) und (5) ausgedrückten Ergebnis. Läuft die Kette dagegen in Richtung T_1 ab, ist das von T_1 herrührende Drehmoment rechtsdrehend, dem ein linksdrehendes entgegenwirken muß. In diesem Falle wird aber $Z_2 > Z_1$ werden müssen, d. i. nach früherem $Z_2 = Z_1 e^{\mu a}$ und

$$T\,r = (Z_2 - Z_1)\,r_1 \,.$$

Z_1 ist aber ebenso groß wie bei der ersten Anordnung $= G \cdot \dfrac{L}{l} + G_1 \dfrac{s}{l}$. Man erhält jetzt

$$T\,r = \left[\left(G \cdot \frac{L}{l} + G_1 \frac{s}{l}\right) e^{\mu a} - \left(G \cdot \frac{L}{l} + G_1 \frac{s}{l}\right)\right] r_1$$

oder durch Umformung

$$T = (G \cdot L + G_1 s)(e^{\mu a} - 1)\frac{r_1}{l}. \tag{6}$$

Diese Gleichung hat eine ganz andere Form wie Gl. (4), in der der Inhalt der zweiten Klammer $= 1$ gesetzt werden konnte, d. h. der Einfluß etwaiger Schwankungen von μ und α ist Null. Nach Gl. (6) wird aber jede Änderung von μ und α sofort einen starken Einfluß auf die Kettenspannung ausüben, weshalb diese Anordnung für die praktische Ausführung nicht brauchbar ist.

Eine besondere Ausführungsform der Bremsen bilden die Differential-bremsen, von denen Abb. 125 eine Anordnung gibt. Beide Enden des Brems-bandes sind am Bremshebel befestigt, der durch Gewicht G belastet ist. Sieht man von der Wirkung des Bremshebelgewichtes ab, gestalten sich die Kraftverhältnisse folgendermaßen:

$$T r = (Z_1 - Z_2) r_1; \quad Z_1 = Z_2 e^{f a}; \quad G \cdot L = Z_1 l - Z_2 l_1; \tag{7}$$

durch Vereinigung ergibt sich

$$T = G \cdot \frac{L}{l} \cdot \frac{r_1}{r} \cdot \frac{e^{f a} - 1}{e^{f a} - \dfrac{l_1}{l}}; \tag{8}$$

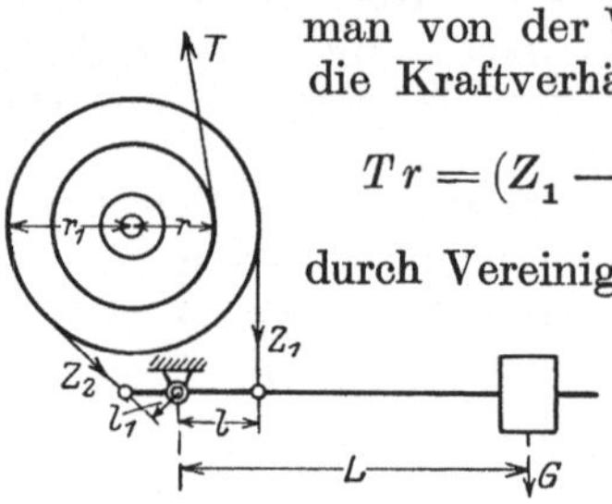

Abb. 125.

$\dfrac{l_1}{l}$ ist kleiner als 1; man wird auch hier ohne wesentlichen Fehler den dritten

Bruch $= 1$ setzen können und erhält $T = G \cdot \dfrac{L}{l} \cdot \dfrac{r_1}{r}$ und es muß, da G, l und r_1 unveränderlich sind, L zeitweilig verkleinert werden.

Bei den bisherigen Betrachtungen ist von einer Reihe von Nebenumständen — Steifigkeit der Bremsseile, Ketten und Bänder, Gewichtwirkung dieser, Reibung der Garnbaumzapfen in den Lagern und Massenwirkung bei dem ruckweisen Drehen des Garnbaumes — abgesehen worden, die aber einen zum großen Teil geringen Einfluß auf die Kettenspannung haben. Der stärkste Einfluß dürfte der Massenwirkung zuzuschreiben sein, da die Drehung des Kettbaumes, wenn auch nur um einen kleinen Winkel, in ganz kurzer Zeit ausgeführt werden muß. — Bei einem schmalen in der Minute mit 180 Schuß arbeitenden Stuhl geschehen sekundlich bei positivem Aufwinderegulator drei Schaltungen. Da die Schaltung während $^1/_2$ Umdrehung der Kurbelwelle erfolgt, ist nur $^1/_6$ sek für eine Drehung des Kettbaumes zur Verfügung, eine so kleine Zeit, daß angenommen werden kann, der Kettbaum kommt während zweier Schaltungen nicht völlig zur Ruhe, wodurch sich eine Abschwächung der Massenwirkung ergeben würde.

Das Moment der Zapfenreibung ist klein, obgleich die Zapfenlager nicht nur das Gewicht des Kettbaumes, sondern auch die am Bremsseil wirkenden Kräfte aufzunehmen haben. Die Zapfenhalbmesser sind aber klein und die Lager werden gut geschmiert.

Anders liegen dagegen die Verhältnisse bei aus Eisenrohr bestehenden Garn-bäumen, bei welchen das Rohr selbst die Drehzapfen bildet. Das Moment der Reibung ist dann erheblich größer, weil der Zapfen — in diesem Falle = Rohr-halbmesser, sehr viel größer ist, nimmt aber im Laufe des Arbeitsganges ab, weil das Gewicht des Kettbaumes und ebenso die Kräfte in den Bremsseil-enden kleiner werden. Die Verhältnisse sind mit den bei

Muldenbremsen auftretenden vergleichbar, von welchen Abb. 126 eine Ausführung gibt. Der Kettbaum liegt mit den Bremsscheiben, über welche außerdem noch Bremsbänder gelegt sind, in Mulden. Das Bremsband ist mit dem rechten Ende an die Mulde angehakt, mit dem linken am Bremshebel gewöhnlicher Ausführung befestigt. Ist Q das Gewicht des Kettbaumes und nimmt man, um die Rechnung zu vereinfachen, an, daß die Kräfte T, T_1, T_2 und Q in senkrechter Richtung wirken, ist der Auflagerdruck in der Mulde $= T_1 + T_2 + Q - T$ und es ist die Reibung in der Mulde, wenn die Reibungswertziffer mit μ_1 bezeichnet wird,

$$R = (T_1 + T_2 + Q - T)\,\mu_1. \qquad (9)$$

Denkt man sich T in zwei Teile zerlegt, T_b vom Bremsband, T_m von der Mulde herrührend, ist $T = T_b + T_m$,

worin $T_b = (T_1 - T_2)\dfrac{r_1}{r}$. Da nun $T_1 = T_2 e^{\mu a}$ ist, folgt

$$T_b = T_1 \frac{e^{\mu a} - 1}{e^{\mu a}} \cdot \frac{r_1}{r} \qquad (10)$$

und für T_m folgt

$$T_m = (T_1 + T_2 + Q - T)\,\mu_1 \cdot \frac{r_1}{r}.$$

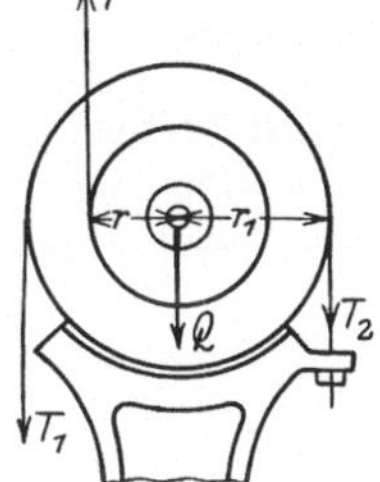

Abb. 126.

Setzt man hierin $T = T_b + T_m$ und für T_b den Wert aus Gl. (10) ein, erhält man nach entsprechender Umformung

$$T_m = \left[T_1 \cdot \frac{e^{\mu a} + 1}{e^{\mu a}} + Q - T_1 \cdot \frac{e^{\mu a} - 1}{e^{\mu a}} \cdot \frac{r_1}{r} \right] \frac{\mu_1 r_1}{\mu_1 r_1 + r}.$$

Hierin kann $\dfrac{e^{\mu a} \pm 1}{e^{\mu a}}$ wiederum $= 1$ gesetzt werden. Dann wird

$$T_m = \left[T_1 \cdot \frac{r - r_1}{r} + Q \right] \frac{\mu_1 r_1}{\mu_1 r_1 + r}. \qquad (11)$$

T_m ist $= T - T_b$ und $T_b = T_1 \dfrac{r_1}{r}$.

Führt man dies ein, folgt schließlich

$$T = T_1 \cdot r_1 \frac{1 + \mu_1}{\mu_1 r_1 + r} + Q \cdot \frac{\mu_1 r_1}{\mu_1 r_1 - r}, \qquad (12)$$

worin Q und r veränderlich sind. Die Gl. (12) hat, verglichen mit Gl. (5), eine recht verwickelte Form und man erkennt, daß T_1 wesentlich abhängt von μ_1, der Reibungswertziffer für die Muldenbremse.

2. Die schwebenden — negativen — Aufwinderegulatoren.

Bei Anwendung dieser wird, wie schon auf S. 73 angegeben, nur dann Gewebe aufgewickelt, wenn ein Schuß eingetragen oder vom Kettbaum Kette freigegeben wurde. Abb. 127 zeigt die einfachste Anordnung, bei welcher das Gewebe unmittelbar auf den Zeugbaum aufgewickelt wird. Die Spannung T der Kette wird hervorgerufen durch das auf dem Hebel 1 befindliche Gewicht G, welches von dem schwingenden Ladenarm 2 aus durch den an 3 anstoßenden Stift 4, wenn eine Schaltung erfolgt ist, immer wieder aufgezogen wird. Mit

3 ist die Schaltklinke 5 verbunden, die gewöhnlich mehrere Kegel enthält, um auch um $^1/_2$, $^1/_3$, $^1/_4$ der Teilung des Sperrades 6 schalten zu können (mehrfache Schaltklinke). Ebenso ist der Gegenkegel 7 eingerichtet, welcher die Rückdrehung verhindert.

Es besteht hier angenähert die Beziehung

$$G \cdot \frac{L}{l} \cdot \frac{r_1}{r_2} \cdot \frac{r_2}{r} = T, \tag{13}$$

worin G, l, r_1, r_2 und r_3 unverändert sind, T sich nicht ändern soll, r aber allmählich zunimmt. Es muß demnach $\dfrac{L}{r}$ unveränderlich gehalten werden. L wird zeitweilig durch Hinausschieben des Gewichtes G_1 geändert, was wieder zu periodischen Spannungsänderungen in der Kette führt. Durch Anwendung eines Sandbaumes kann dies vermieden werden.

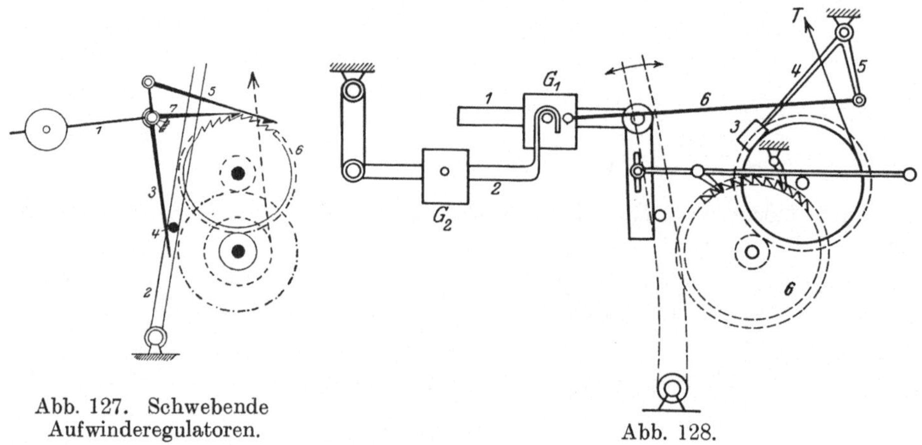

Abb. 127. Schwebende Aufwinderegulatoren.

Abb. 128.

Eine Anordnung, bei welcher L sich ohne weiteres mit r ändert, zeigt Abb. 128 (Schönherrscher Buckskinstuhl). Es sind zwei Gewichte G_1 und G_2 vorhanden; G_1 sitzt auf 1, G_2 auf einer Stange 2, auf welcher es sich zur Verstärkung oder Verschwächung der Wirkung verschieben läßt. 2 ist über einen Bolzen von G_1 gehakt, um G_2 leicht ausschalten zu können. Gegen den Zeugbaum legt sich ein Fühlklotz 3 an, welcher auf dem einen Arm des Winkelhebels 4, 5 sitzt und 5 ist durch Stange 6 mit G_1 verbunden. Nimmt der Durchmesser des Zeugbaumes zu, wird G auf 1 hinausgeschoben und damit das von G_1 und G_2 herrührende Drehmoment vergrößert entsprechend der Zunahme des Drehmomentes Tr.

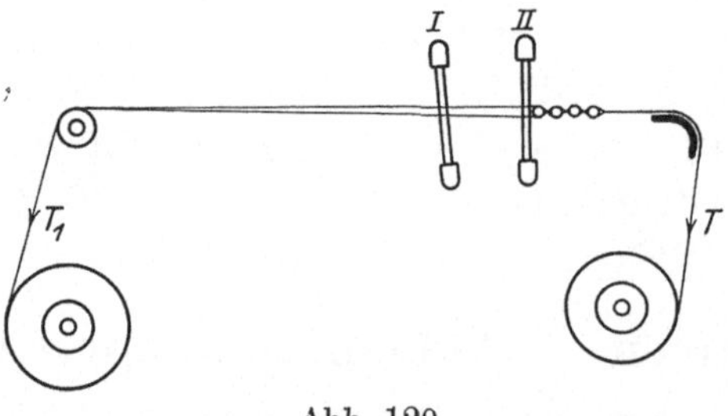

Abb. 129.

Wird am Zeugbaum ein schwebender Regulator, am Garnbaum eine Bremse z. B. nach Abb. 120 angebracht, ergeben sich ganz eigentümliche Verhältnisse, die an Hand der Abb. 129 erläutert werden sollen. Steht das Blatt der Lade in Stellung I und ist die von der Bremse herrührende Spannung T_1 und die vom Aufwinderegulator gegebene T, so müßte streng genommen $T = T_1$ sein. Das ist aber aus praktischen Gründen nicht zulässig. Bei den schweren Erschütterungen, welche die Webstühle durch die Ladenbewegung, ganz besonders aber durch den Schützenwurf erfahren, würde dann sehr leicht eine unbeabsichtigte Schaltung eintreten können, die unbedingt zu vermeiden ist. Es muß T immer etwas kleiner als T_1 sein, und die Kette besitzt, wenn die Lade nicht anschlägt, eine Spannung T_2, die etwas größer als T, aber etwas kleiner als T_1 ist. Schlägt die Lade an — Stellung II —, drängt das Blatt den eingetragenen Schußfaden an den Geweberand heran und übernimmt für kurze Zeit die Spannung T_1 und der Kettenbaum erfährt Drehung. Der zwischen Blatt und Zeugbaum liegende Gewebeteil wird spannungslos und nun kann der Aufwinderegulator erst wirken. Die Zeit für den Ladenschlag, für diesen spannungslosen Zustand, ist aber sehr klein; die durch Kurbel und Lenkstange bewegte Lade geht sofort nach dem Anlegen des Schußfadens zurück. Der Aufwinderegulator muß also in ganz kurzer Zeit die Schaltung besorgen. Um den Warenbaum, die Vorgelegeräder und das durch das Gewicht betätigte Schaltgetriebe in Gang zu setzen, ist jedoch eine gewisse Zeit erforderlich. Man erkennt daraus, daß die schwebenden Aufwinderegulatoren für schnelllaufende Stühle nicht anwendbar sind.

In der Kette hinter dem Blatt herrscht während des Ladenschlages die Spannung T_1, unmittelbar darauf die Mittelspannung T_2, welche größer ist als die vom Aufwinderegulator gegebene. Der letzteingetragene Schußfaden wird deshalb eine kurze Strecke zurückweichen, auch ein kleiner, wenn auch geringfügiger Nachteil dieses Regulators.

Bei der besprochenen Anordnung erfolgt eine Schaltung nur dann, wenn ein Schußfaden eingetragen wurde, und es werden dadurch Fehlstellen im Gewebe, wie sie bei positivem Aufwinderegulator und Fehlen des Schusses eintreten können, vermieden. Da bei dem schwebenden Aufwinderegulator die Größe der Schaltung des Zeugbaumes lediglich von dem Abstand zweier benachbarter Schußfaden und dieser mit vom Durchmesser oder der Nummer des Garnes abhängt, ist dieser Regulator besonders geeignet für Gewebe mit Schußfäden verschiedener Dicke.

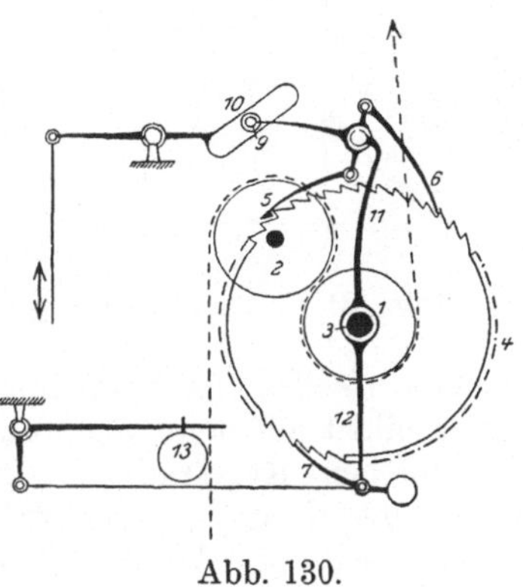

Abb. 130.

Eine besondere Ausführung eines schwebenden Aufwinderegulators gibt Abb. 130 (Sächsische Webstuhlfabrik, Louis Schönherr). Die Aufnahme des Gewebes erfolgt durch zwei Sandbäume 1 und 2, von denen 1 auf der Welle w festsitzt, die auch das Schaltrad 4 trägt, in welches sich oben die meist mehrfachen, d. h. für $^1/_2$, $^1/_3$, $^1/_4$ Teilung eingerichteten Schaltkegel 5, 6, unten der mehrfache die Rückdrehung verhindernde Kegel 7 einlegen. 5 und 6 sind an die kurzen Arme des dreiarmigen Hebels 8 angeschlossen, der bei 9 eine in der Kulisse 10 laufende Rolle trägt und um das obere Ende des Hebels 11, 12 drehbar ist. Hebel 11, 12, welcher lose drehbar auf 3 sitzt, erhält durch Gewicht 13 die Neigung, sich rechts zu drehen, was durch die Kettenspannung verhindert wird. Die Kulisse 10 bekommt eine schwingende Bewegung, z. B. bei einem Ladenschlag nach oben, bei dem nächsten nach unten. Denkt man sich den Hebel 11, 12 festgehalten, würde der Regulator als positiver wirken. Nun steht aber 11, 12 unter Wirkung des Gewichtes 13 und führt, sobald ein Ladenschlag erfolgt und die Spannung T Null wird, eine Rechtsdrehung aus; das Gewebe wird dadurch aufgenommen und 13 sinkt etwas. Weicht nun das obere Ende von 11 etwas nach rechts aus, läuft die vor 8 sitzende Rolle 9 in der Kulisse 10 hinauf, der Schwingungswinkel von 8 wird größer, damit steigt die Warenspannung, Hebel 11, 12 geht wieder in die ursprüngliche Lage zurück und 13 wird aufgezogen. Die Anordnung hat den großen Vorzug, daß jede zufällige Änderung in der Spannung oder Schaltung nach wenigen Schuß ausgeglichen wird und daß die Schaltung durch die Betriebskraft und nicht wie bei der gewöhnlichen Ausführung der schwebenden Aufwinderegulatoren lediglich durch das Gewicht auf dem Schalthebel bewirkt wird.

3. Bestimmung der Schaltgröße vom Garnbaum aus — Kettenbaumregulatoren.

Wird die Schaltung vom Garnbaum aus bestimmt, muß der Warenbaum eine Gewebelänge aufnehmen, die um den Betrag des Einwebens kleiner ist als die vom Garnbaum abgewickelte Kettenlänge. Dazu eignen sich positive Aufwinderegulatoren nicht, wie schon auf S. 74 dargelegt wurde, wohl aber die schwebenden. Abb. 131 gibt einen Kettenbaumregulator. Der Kettenbaum bekommt von der stehenden Welle 1 aus Antrieb durch Schnecke und Schraubenrad. Welle 1 erhält während des Arbeitsganges ruckweise Drehung von der hin und her schwingenden Lade aus durch Zugstange 2, Hebel 3, 4, Zugstange 5, die mit einer Rolle in die Kulisse 6 faßt und so den Hebel 7 in Schwingung versetzt. Zugstange 8 ist oben an die lose auf der Welle 9 drehbare Scheibe angeschlossen und kann der Zapfen auf 10 in Richtung des Halbmessers verstellt werden zur Änderung der Schaltgröße. An Scheibe 10 sitzt die Sperrklinke 11 im Eingriff mit dem Sperrade 12, welches ein Stück bildet mit dem Kegelrad 13 auf 9, und dieses steht im Eingriff mit dem auf 1 befindlichen Kegelrad 14. Der jeweilige Drehwinkel des Kettbaumes wird beeinflußt durch die Stellung der Rolle der Zugstange 5 in der Kulisse 6, welche, wie die Abbildung zeigt, vom Kettbaumhalbmesser abhängig ist. — Rückdrehung des Kettbaumes wird dadurch ermöglicht, daß das Kegelrad 15, welches mit 14 auf einer kurzen verschiebbaren Hohlwelle sitzt, in Eingriff mit 13 gebracht wird. Einfacher läßt sich der Wechsel der Drehrichtung von 1 erreichen, wenn man an Stelle des sägezahnartig verzahnten Schaltrades ein geradflankiges und eine doppelte Schaltklinke für Rechts- und Linksgang anordnet.

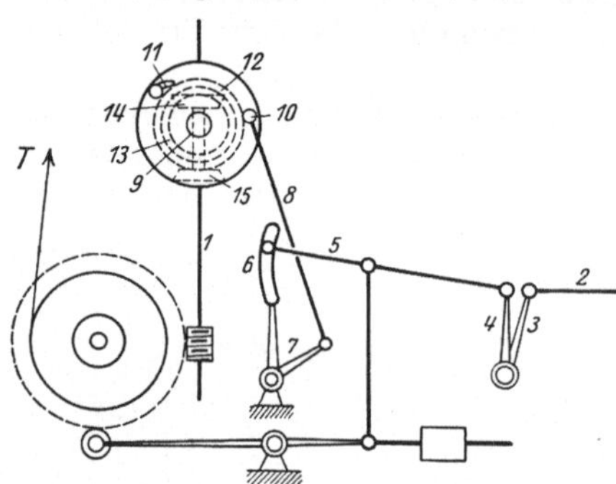

Abb. 131.   Kettenbaum-Regulator.

V. Die Getriebe des mechanischen Webstuhles zur Fach- und Musterbildung.

Die Einrichtungen zur Fach- und Musterbildung richten sich in erster Linie nach der Anzahl der Gruppen, in welche die gesamte Kettenfadenzahl zerlegt werden kann. Zu einer Gruppe können nur diejenigen Kettenfäden vereinigt werden, welche für die ganze Dauer des Verwebens immer in gleicher Weise bewegt werden, also die Fäden, welche immer zusammen ins Ober- oder Unterfach gehen. — Die Anzahl der Gruppen ist außerordentlich verschieden;

die kleinste ist 2 (leinwandbindige Gewebe), steigt aber bei reichgemusterten Geweben in die hunderte, ja selbst in die tausende. Bis zu einer Gruppenzahl von $20 \div 22$ werden zur Fachbildung Schäfte, bei größerer Anzahl wird die Jacquardmaschine zur Anwendung gebracht (Schaft- und Jacquardweberei). Mehr als $20 \div 22$ Schäfte — man geht wohl bis 40 und 43 hinauf — finden sich nur selten; das Schaftpaket, das Geschirr, erhält schon bei 20 Schäften eine bedeutende Tiefe, die zur Vergrößerung der Stuhltiefe zwingt; die Unterschiede in der Sprunghöhe der Schäfte (vgl. S. 70) werden zu groß und die Spannung der Fäden in den verschiedenen Schäften zu ungleich. In den meisten Fällen wendet man nicht mehr als $8 \div 16$ Schäfte an, wenn nicht für die Salleiste oder Egge besondere Schäfte angeordnet werden, weil man dieser z. B. Leinwandbindung geben will, während das Gewebe selbst irgendeine andere Bindung erhält.

Kommen nur zwei Schäfte zur Anwendung, in deren einen alle ungeraden, in den anderen alle geraden Fäden eingezogen sind, müssen diese regelmäßig Schuß um Schuß ihre Stellung wechseln. Stand Schaft 1 für Schuß 1 im Oberfach, muß er für Schuß 2 ins Unterfach gehen, während Schaft 2 ins Oberfach kommt. Das Gewebe zeigt auf beiden Seiten gleichviel Kette und Schuß; es ist beidrecht. Bei dichtem Stand der Kette ist es häufig nicht möglich, alle Fäden in 2 Schäften unterzubringen, weil nicht genug Platz für die Schaftlitzen und Augen vorhanden ist. Dann kommen für jede Gruppe 2 und mehr Schäfte zur Anwendung, die aber miteinander verknüpft werden und als ein Schaft anzusehen sind. In den einen Schaft werden bei Doppelschäften von den ungeraden Fäden die Fäden 1, 5, 9; in den zweiten die Fäden 3, 7, 11 eingezogen.

Der Kettenrapport, d. i. die Zahl der Kettenfäden, über welche sich das Muster erstreckt, ist, wenn man in diesem einfachsten Fall von Muster sprechen will, 2, und ebenso ist der Schußrapport 2, denn auf den zweiten Schuß folgt wieder der erste.

Sind 4 Schäfte vorhanden in welche die Kettfäden 1, 5 9 bzw. 2, 6, 10 — 3, 7, 11 — 4, 8, 12 usf. eingezogen sind, muß mindestens ein Schaft im Oberfach, drei im Unterfach stehen oder umgekehrt. Wird nun so gearbeitet, daß regelmäßig nacheinander die Schäfte 1, 2, 3, 4 — 1, 2, 3 usf. ins Oberfach gezogen werden, ist der Schußrapport gleich dem Kettenrapport $= 4$; das Gewebe weist auf einer Seite $^1/_4$ Kette und $^3/_4$ Schuß, auf der anderm $^3/_4$ Kette und $^1/_4$ Schuß auf und erhält eine von Rand zu Rand unter etwa 45^0 verlaufende Schrägstreifung, das Merkmal der reinen Köperbindung (Abb. 132). Läßt man auf den 4. Schuß den 3. und auf diesen den 2. usf. folgen, ordnen sich die Bindungsstellen in zickzackförmigen Linien an. Es entsteht der Schlangenköper (Abb. 133). Der Kettenrapport ist wieder 4, der Schußrapport dagegen 6, denn erst nach dem 6. Schuß setzt dieselbe Schußfolge wieder ein. Für alle Schlangenköper, welche mit z Schäften gewebt werden, von denen immer einer im Oberfach steht, gilt: es ist der Schußrapport $r_s = 2(z-1)$. Für $z = 6$ wird der Schußrapport $= 10$, während er für reinen Köper $= 6$ ist.

Bei 4- und mehrschäftigen Geweben lassen sich Änderungen des Musters noch auf anderem Wege erreichen. Stellt man z. B. bei einem z-schäftigen Gewebe die Bedingung, daß immer 2 oder 3 Schäfte Oberfach bilden sollen, kann

für $z = 6$ der Schußrapport $r = \dfrac{z(z-1)}{1 \cdot 2} = 15$ bzw. $r = \dfrac{z(z-1)(z-2)}{1 \cdot 2 \cdot 3} = 20$

werden, d. h. es gibt 15 bzw. 20 Kombinationen der Schäfte, bei welchen niemals die gleichen im Oberfach stehen. Erst nach 15 bzw. 20 Schuß tritt der Fall einer Wiederholung ein. Der Schußrapport kann aber noch erheblich größer werden, wenn man nach 15 oder 20 Schuß die Schußfolge ändert.

Ist die Schaftzahl eine gerade, z. B. 6, und werden für die aufeinanderfolgenden Schuß die Schäfte 1, 2, 3 — 2, 3, 4 — 3, 4, 5 usf. ins Oberfach gezogen, entsteht ein beidrechter Köper, welcher auf beiden Seiten gleichviel von Kette und Schuß zeigt (Abb. 134) und entweder mit gerade durchgehender Schrägstreifung oder als Schlangenköper ausgeführt werden kann.

Einige weitere Köperbindungen zeigen die Abb. 135 bis 138. Abb. 135 gibt einen Spitzköper, der aber wenig gebräuchlich ist der langen flottliegenden Fäden wegen; häufiger angewendet wird deshalb der gebrochene Spitzköper Abb. 136. Die Abb. 137 und 138 zeigen noch die Patronen für Effektköper. — Aus diesen wenigen Darstellungen wird man schon ersehen, wie außerordenlich verschieden das Aussehen der Gewebe durch Veränderung der Köperbindung sein kann.

Eine besondere Art des Köpers bilden die Atlas- oder Satinbindungen, bei denen die Bindungspunkte nicht um einen sondern immer um mehrere Kettfäden wandern (zerstreuter Köper). Abb. 139 zeigt einen achtbindigen Kettenatlas, welcher mit 8 Schäften gewebt wird. Ketten- und Schußrapport sind = 8. Die Stellen, an welchen der Schußfaden oben liegt, rücken für jeden Schuß um 3 Fäden nach rechts. Wird der Schuß fest angeschlagen, verschwinden die Bindungspunkte fast vollständig unter der Oberfläche, auf welcher nun nur Kettenfäden zu sehen sind, die das auffallende Licht in einer Richtung zerstreuen, wodurch das Gewebe eine glatte glänzende Oberfläche erhält. — Der kleinste Rapport für Atlas ist 5 (Abb. 140). Als Sprungzahl bezeichnet man die Fadenzahl, um welche der Bindungspunkt für jeden Schuß seitlich wandert; sie darf nicht = 1 sein und keine gleich großen Zahlen und ferner keine durch einander oder durch eine dritte Zahl teilbare enthalten. Diese Bestimmung schließt den 6-bindigen Atlas aus. Die Sprungzahl 1 ist ohne weiteres ausgeschlossen; mit 2 und 3 läßt sich 6 teilen und 4 und 6 sind durch 2 teilbar. Dagegen sind 7- bis 12-bindige Atlasse anwendbar. Bei 7-bindigem können die Sprungzahlen 2 und 5 oder 3 und 4, bei dem 8-bindigem 3 und 5, bei 10-bindigen 3 und 7 sein.

Je nachdem auf der rechten Seite des Gewebes mehr Kette oder mehr Schuß sichtbar ist, spricht man von Ketten- odeɪ Schußköper, Ketten- oder Schußatlas. Das wertvollere Garn wird zur Ansicht gebracht und kann diese lebhafter, schöner gestaltet werden durch Wahl verschiedener Farben in Kette oder Schuß oder in beiden. Die Patrone wird dann in den gewählten Farben angelegt.

Zwei häufig vorkommende abgeleitete Bindungen.

Ripsbindung. — Bei dieser zeigt das Gewebe hervortretende Rippen, die entweder in der Quer- oder in der Längsrichtung verlaufen.

Querrips entsteht, wenn bei Leinwandbindung in dasselbe Fach zwei und mehr Fäden oder ein mehrfach gespulter Faden eingelegt werden oder wenn abwechselnd ein dicker und ein dünner Faden eingeschossen wird. Abb. 141 gibt die Patrone für einen Querrips mit 2 Schußfäden in einem Fach; Abb. 142 die Patrone für einen gemischten Rips mit abwechselnd 4 und 2 Fäden in einem Fach und Abb. 143 zeigt den Längsschnitt eines Ripses mit dicken und dünnen Schußfäden. In diesem Falle müssen zwei Kettenbäume zur Anwendung kommen, da der Bedarf an Kette verschieden ist. Auf den einen Ketten-

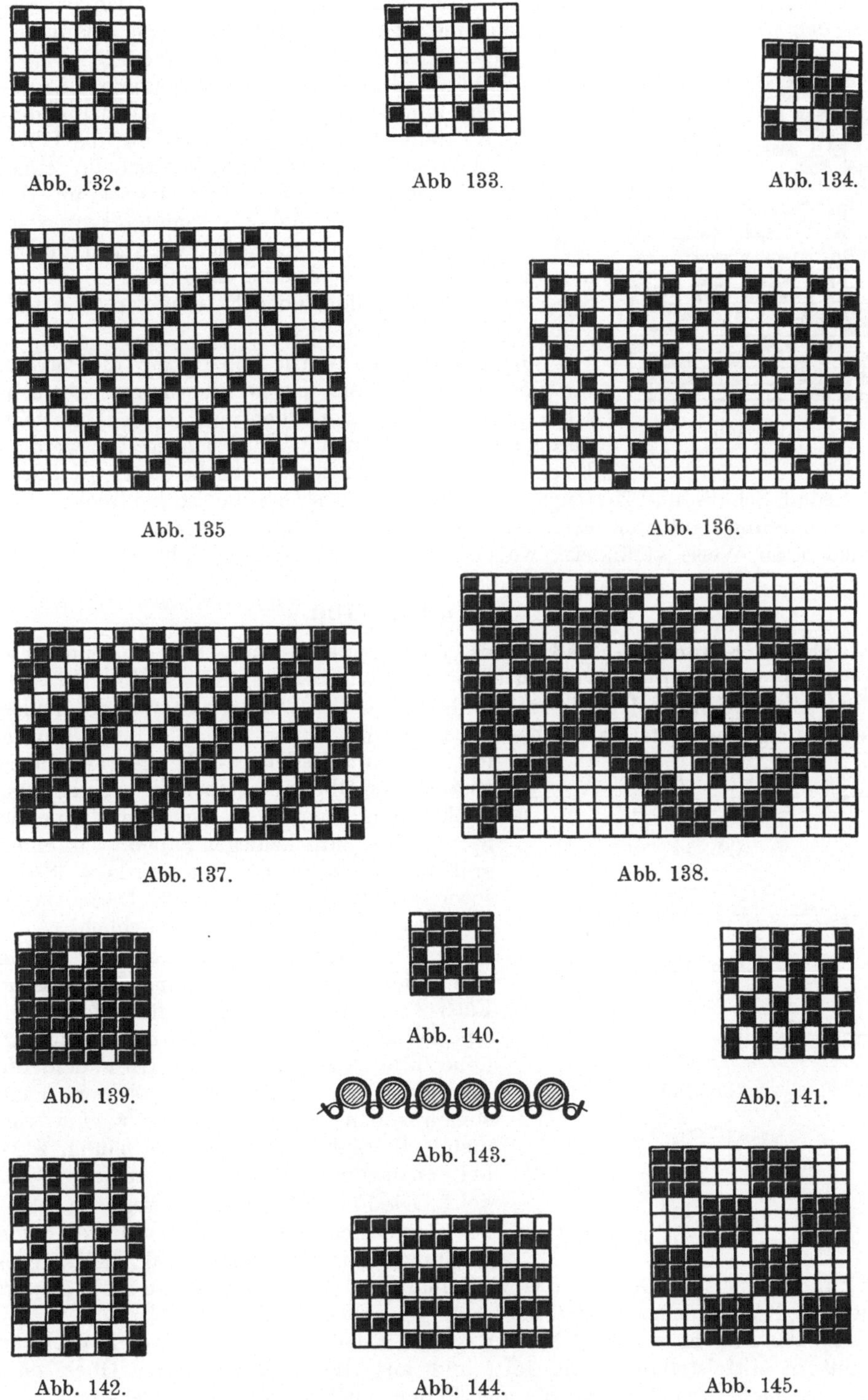

Abb. 132.

Abb 133.

Abb. 134.

Abb. 135

Abb. 136.

Abb. 137.

Abb. 138.

Abb. 139.

Abb. 140.

Abb. 141.

Abb. 143.

Abb. 142.

Abb. 144.

Abb. 145.

Abb. 132 bis 145. Körperbindungen.

baum kommen alle Fäden, welche unter, auf den anderen die Fäden, welche über den dicken Schußfäden liegen, und diese Kette erhält weniger Spannung,

Abb. 146.

damit die Rippen deutlicher hervortreten.

Bei Rips mit Rippen in der Längsrichtung (Längsrips) gehen immer zwei oder mehr nebeneinanderliegende Kettfäden für den einen Schuß ins Ober- für den nächsten ins Unterfach; s. Patrone für einen 3-fädigen Längsrips Abb. 144. Auch hier kann das Aussehen des Gewebes dadurch verändert werden, daß man Kettfäden in verschiedener Anzahl nebeneinander, z. B. 2, 4, 2, 4 oder 2, 3, 4, 2, 3, 4 usf. die Rippen bilden läßt oder Kettenfäden von verschiedener Stärke anordnet.

Würfelbindung. — Die Abb. 145 gibt die Patrone für eine Würfelbindung, bei welcher immer abwechselnd 3 Kettenfäden im Ober- und 3 im Unterfach liegen und in jedes Fach 3 Schuß eingetragen werden. Es erscheinen dann auf der Oberfläche lauter Quadrate, wechselnd Schuß- und Kettengarn zeigend und das Gewebe ist beidrecht. Die Würfelbindung läßt sich ebenfalls durch andere Gruppenbildung in der verschiedensten Weise verändern, wovon Abb. 146 ein Beispiel gibt.

Fachbildungsarten.

Unter der Annahme, daß volles Fach gebildet wird, sind folgende vier Fachbildungsarten in Anwendung:

1. Alle Fäden, welche Oberfach bilden sollen, müssen vor jeder neuen Fachbildung ins Unterfach gehen (ausgezogene Linien in Abb. 147). Daraus

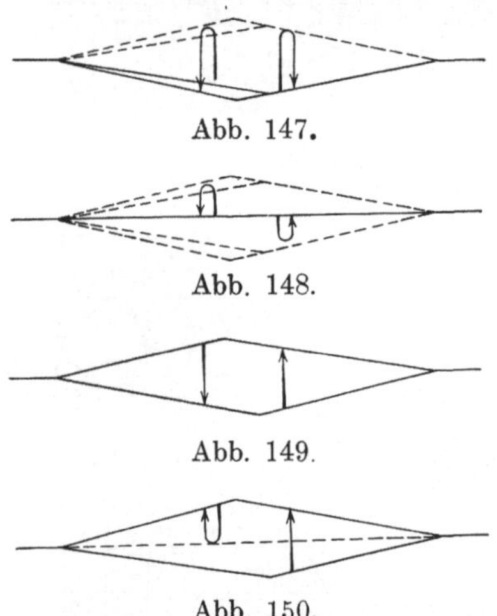

Abb. 147.

Abb. 148.

Abb. 149.

Abb. 150.

Abb. 147—150. Fachbildungsarten.

folgt, daß alle Fäden, welche mehrmals nach einander im Oberfach stehen sollen, vor jeder Fachbildung einen Weg gleich der doppelten Sprunghöhe zurückzulegen haben, was einen größeren Zeitaufwand und stärkere Beanspruchung der Kette hervorruft. Diese Anordnung ist deshalb wenig gebräuchlich.

2. Vor jeder neuen Fachbildung gehen alle Fäden in Mittelstellung, ins geschlossene Fach (Abb. 148) und müssen für jeden Schuß einen Weg gleich zweimal der halben Sprunghöhe zurücklegen. Für diejenigen Fäden, die mehrmals hintereinander im selben Fach stehen sollen, erwächst dadurch eine vermehrte Bewegung, die sich aber häufig, z. B. bei den Jacquardstühlen, nicht umgehen läßt.

3. Die Fäden bleiben so lange im Ober- oder Unterfach stehen, bis das Muster einen Stellungswechsel erfordert (Abb. 149). Dies ist für die meisten Gewebe das vorteilhafteste, weil dadurch an Zeit gespart und die Beanspruchung der Fäden am geringsten wird.

4. Alle Fäden, welche Oberfach gebildet haben, gehen vor dem nächsten Schuß in Mittelstellung (Abb. 150) und aus dieser entweder ins Ober- oder ins Unterfach. Der Weg ist für alle Fäden, auch diejenigen, welche aus dem

Unterfach ins Oberfach gehen, gleich der Sprunghöhe. — Der Unterschied zwischen Anordnung 3 und 4 besteht darin, daß im Falle 4 auch diejenigen Fäden, welche mehrmals hintereinander im Oberfach stehen sollen, für jeden Schuß eine Bewegung ausführen, während sie im Falle 3 stillstehen.

a) Stellung der Kette bei dem Anschlagen des Schusses.

Das Anschlagen des Schusses erfolgt entweder bei offenem oder bei geschlossenem Fach. Im ersteren Falle kann durch die Resultierende der Fadenspannungen (Abb. 151), namentlich bei dichtem Schußstand, ein Zurückdrängen des angeschlagenen Schußfadens erfolgen, sobald das Blatt zurückweicht. Wird bei geschlossenem Fach angeschlagen, verhindert die Reibung das Zurückdrängen des Schußfadens. Bei offenem Fach wird angeschlagen, wenn der Schuß nicht sehr dicht steht — leichte Ware auf schnellaufenden Stühlen — bei geschlossenem Fach für dichten Schußstand.

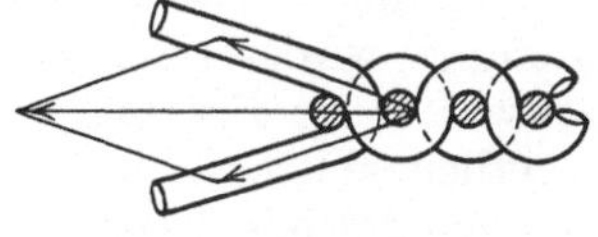

Abb. 151.

Die Kette läuft bei geschlossenem Fach in den meisten Fällen in gerader Linie vom Streichbaum nach dem Brustbaum und liegt entweder wagerecht oder ist, damit der Weber sie besser übersehen kann, etwas nach vorn geneigt. Eine Abweichung findet sich in der Baumwollweberei, besonders aber in der Juteweberei, in welcher grobe, häufig recht unregelmäßige Garne verwebt werden und zwei und mehr Fäden in eine hier ziemlich weite Rietspalte eingezogen sind. In Abb. 152 ist 1 der Ablaufpunkt vom Streich-, 2 der Anlaufpunkt an den Brustbaum, der erstere liegt etwa 100, der letztere etwa 25 mm über

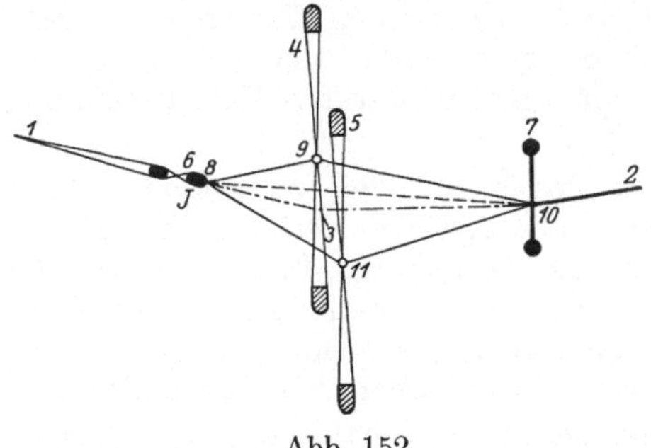

Abb. 152.

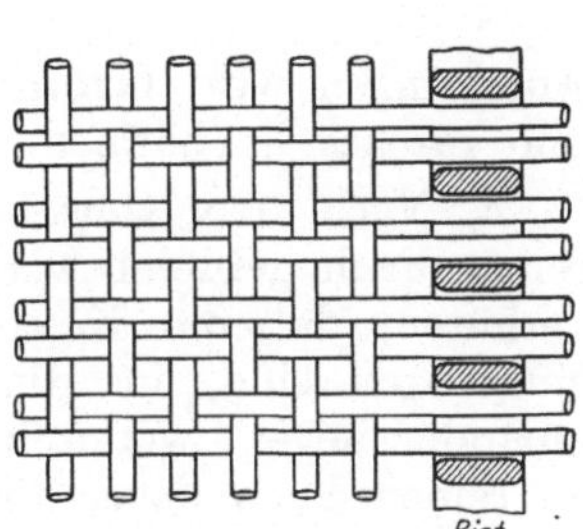

Abb. 153. Rietstreifen.

dem Mittelpunkt 3 des geschlossenen Faches und die Höhenlage des Streichbaumes ist etwas veränderlich! Die Kette bildet also, wenn geschlossen, eine gebrochene Linie 1, 3, 2. Die Schäfte sind mit 4, 5, die Kreuzruten mit 6, das Blatt mit 7 bezeichnet. Wird Fach gebildet, wobei sich die Schäfte so bewegen, daß die Höhe 3, 9 gleich 3, 11 ist, erfährt der im Unterfach liegende Kettenteil 8, 11, 10, eine stärkere Spannung als der im Oberfach befindliche 8, 9, 10, wodurch Rietstreifen im Gewebe (s. Abb. 153) vermieden werden, die bei gleicher Spannung leicht eintreten, weil dann der Schußfaden die durch eine Rietspalte gezogenen Fäden nicht so auseinanderdrängen kann, daß die Kettfäden in gleiche Abstände zu liegen kommen.

b) Fachbildung mit Schäften.

Für die Schaftbewegung sind folgende Bedingungen zu stellen:

1. Die Schäfte sollen mindestens so lange, als die Schütze sich im Fach befindet, stillstehen oder wenigstens nahezu stillstehen. — Ist das nicht der

Fall, liegen die im Unterfach befindlichen Fäden noch nicht auf der Ladenbahn auf, wenn die Schütze in das Fach eintritt und heben sich schon wieder von der Ladenbahn ab, ehe die Schütze das Fach verläßt und die Schütze findet keine sichere Auflage.

2. Das Fachöffnen darf nicht plötzlich erfolgen; die Geschwindigkeit muß anfänglich beschleunigt, später verzögert werden. Jede ruckweise Bewegung der Kettfäden verursacht Vermehrung der Fadenbrüche und Stillstände des Stuhles.

3. Die Höhe des Faches soll möglichst groß sein. Je größer das Fach, um so größere Schützen mit großer Garnlänge können zur Anwendung kommen, wodurch die Zahl der Stillstände zwecks Auswechseln der leergelaufenen Schütze vermindert wird. — Bei den „Automaten" mit selbsttätigem Spulen- oder Schützenwechsel kommt dies nicht in Frage. — Die Sprunghöhe der Schäfte ist aber wesentlich abhängig von der Elastizität der Kettenfäden und der Stuhltiefe. Bei unelastischer Kette muß man unter sonst gleichen Verhältnissen die Sprunghöhe kleiner nehmen als bei elastischer. Sie ist ferner abhängig vom Dichtenstand und der Beschaffenheit der Fäden. Bei dichtem Stande und rauhen Fäden, z. B. Streichgarn, kommen leicht Verknotungen innerhalb des Faches,

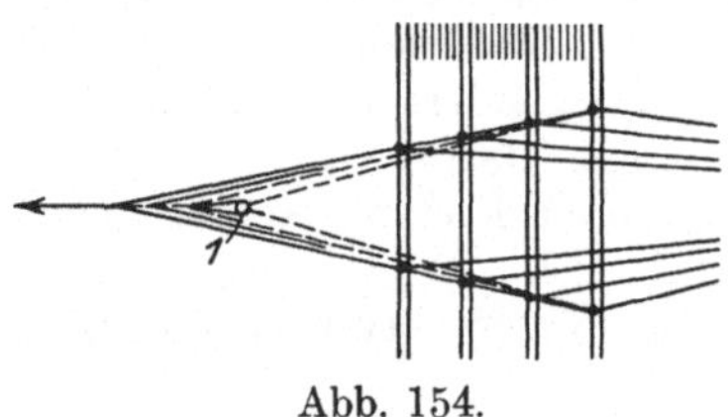

Abb. 154.

wie dies in Abb. 154 bei 1 angegeben ist, vor; die Fäden springen nicht glatt aus und das Fach wird unrein. Die Schütze findet keine glatte Bahn, wird abgelenkt und die Kettfäden werden abgerissen. Der Schußfaden bildet an solchen Stellen auch leicht Schleifen; diese treten bei dem nächsten Ladenschlag hervor und es entstehen Fehler, die nachträglich beseitigt werden müssen. Ein glattes Ausspringen wird befördert durch große Sprunghöhe, stärkere Kettenspannung und rasches Fachöffnen.

4. Nach dem Geweberand hin soll reines Fach oder wenigstens nahezu reines Fach gebildet werden, letzteres bei sehr dichtem Kettenstand, um zu verhüten, daß die Kettfäden, von denen immer mehrere in eine Rietspalte eingezogen sind, im Blatt zu starke Reibung finden, wenn sie dicht nebeneinander liegen, wodurch die Zahl der Fadenbrüche vermehrt wird. Bei nahezu reinem Fach liegen die Kettfäden im Blatt etwas über- bzw. untereinander.

Die Bewegung der Schäfte erfolgt entweder durch Schaftexzenter und Tritte oder mittels Schaftmaschinen.

c) Schaftbewegung durch Exzenter und Tritte.

Nach der Lage der Tritte unterscheidet man Webstühle mit Innen- und mit Außentritt. Bei Innentritt liegen die Tritte unterhalb und gleichlaufend zur Kette (Abb. 36 und 37) und haben ihren Drehpunkt meist unterhalb des Kettenbaumes, selten vorn. Bei Außentritt sind die Tritte ausserhalb der einen Stuhlwand angebracht (Abb. 38 und 39) und liegen entweder gleichlaufend zur Kette oder schwingen in senkrechten Ebenen gleichlaufend zu den Schäften. Die Außentritteinrichtung ist für das Auswechseln der Exzenter bei Änderung des Musters bequemer, läßt, wie später noch gezeigt werden wird, für die verschiedenen Sprunghöhen der Schäfte Exzenter mit gleich großem Hub verwenden und die Exzenter und Tritte sind nicht dem Verschmutzen durch abgeriebene Fäserchen, Schlichte usw. ausgesetzt. Die Innentritteinrichtung ist dagegen konstruktiv einfacher und wird deshalb bei Stühlen bevorzugt, auf welchen immer die gleichen Gewebe hergestellt werden.

Ehe auf die Fachbildungsgetriebe selbst eingegangen werden kann, muß die Frage erläutert werden, welche Zeit oder welcher Drehwinkel der Kurbelwelle des Stuhles, von welcher die Laden- und Geschirrbewegung ausgeht, steht zur Verfügung. Abb. 155 gibt schematisch ein einfaches Ladengetriebe, wie solches bei schmalen Baumwoll- und Leinenstühlen zur Anwendung kommt. Die Kurbelwelle läuft links um, die Totlagen, welchen die Punkte 1 und 4 des Ladenbolzens entsprechen, sind mit 1 und 4 bezeichnet. Steht die Kurbel im Punkt 2, etwa $25 \div 30^0$ vor Punkt 3, beginnt die Bewegung des Schützen; bei Stellung 5 ist die Schütze im gegenüberliegenden Kasten zur Ruhe gekommen. Bei Jutewebstühlen läuft die Kurbelwelle fast ausnahmslos rechts um und finden sich die entsprechenden Kurbelstellungen in gleicher Weise. — Für die Schützen- wie die Schaftbewegung steht hiernach je ein Kurbeldrehwinkel von 180^0 zur Verfügung oder in Zeit ausgedrückt $\dfrac{60}{2 \cdot n}$ Sekunden, wenn n die Schußzahl in 1 min. ist, bei $n = 180$ also $^1/_6$ sek.

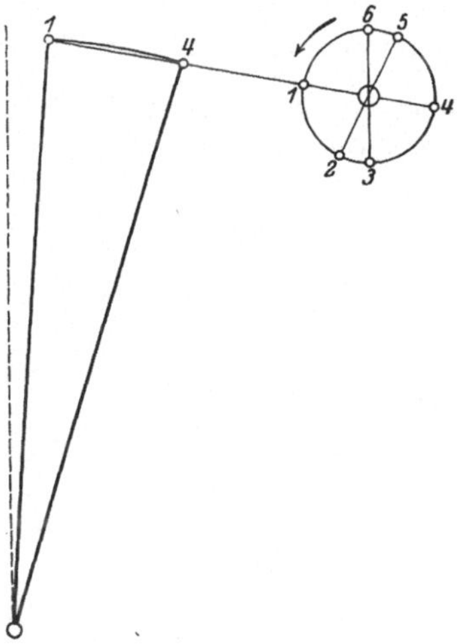

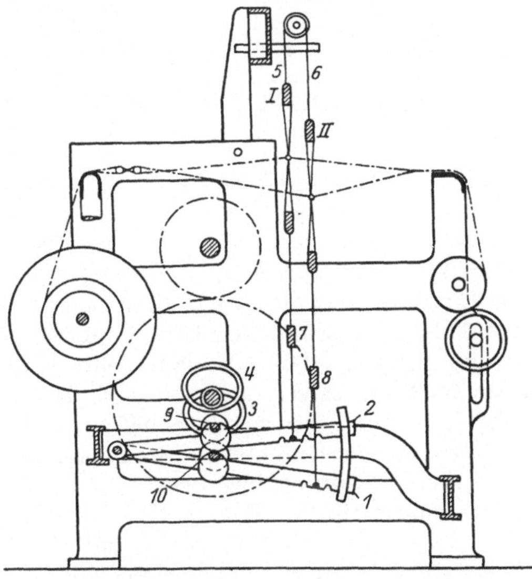

Abb. 155.

d) Innentrittanordnung.

Abb. 156 zeigt eine solche für ein leinwandbindiges Gewebe. Es sind nur zwei Schäfte und zwei Tritte 1, 2 und zwei Exzenter 3, 4 vorhanden, die um 180^0 versetzt auf die Geschirrwelle gekeilt oder durch Klemmschrauben befestigt sind. Die Geschirrwelle ist zugleich Schlagexzenterwelle und läuft mit $\dfrac{n}{2}$ Umdrehungen in der Minute. — Die Schäfte werden durch Schnuren getragen, welche in die an den Schaftrollen verschraubten Riemchen 5, 6 eingeknüpft sind. Die Schaftrollen, bei schmalen Stühlen zwei Paar, sitzen auf einer am Stuhlbogen gelagerten Welle. Unterhalb sind die Schäfte durch Schnuren mit den Querleisten 7, 8 verbunden, die mit Schnuren oder Drahthaken an die Tritte angehangen sind. Alle Schnuren sind straff angezogen, so daß die Trittrollen 9, 10 stets an den Exzentern anliegen.

Wird ein Tritt durch sein Exzenter niedergetreten, geht der betreffende

Abb. 156. Webstuhl mit Innentritt.

Schaft ins Unterfach und zieht durch die Verbindung der Schäfte mit den Schaftrollen den anderen ins Oberfach (Gegenzug).

Verwendet man Kreisexzenter, sind die Schäfte fortgesetzt in Bewegung; es wird also der Bedingung, daß die Schäfte während des Schützendurchganges stillstehen sollen, nicht entsprochen. Um dieser zu genügen, müssen die Exzenter nach Abb. 157 geformt werden. Diese besitzen innerhalb des Winkels β (Stillstandswinkel) konzentrische Kreisbögen, welche durch die Hebe- bzw. Ablaufkurven miteinander verbunden sind. Die Größe des Winkels β hängt ab von dem Winkel α, welchen die Kurbel durchläuft, solange sich die Schütze im Fach befindet. α wird für schmale Stühle zu 90^0, für breite bis zu 120^0 angenommen. Dann ist für $\alpha = 90^0$ allgemein $\beta = \dfrac{90}{S}$, wenn S der Schußrapport ist; im vorliegenden Falle, da $S = 2$, $\beta = 45^0$. Bei dem Aufzeichnen des Exzenters verfährt man folgendermaßen: Man wählt den kleinsten Halbmesser r_1 (Abb. 157) mit Rücksicht auf den Halbmesser der Geschirrwelle und die Wandstärke der Exzenternabe, trägt nach unten auf Linie o—m die aus Sprunghöhe des Schaftes und den Hebelarmverhältnissen des Trittes berechnete Hubhöhe h des Exzenters an, zieht Kreise durch die Endpunkte von h und trägt die Stillstandswinkel $\beta = 45^0$ ein. Auf den konzentrischen Kreisbögen $15 \div 1$ und $7 \div 9$ läuft dann die Trittrolle, wenn der Schaft im Ober- bzw. Unterfach steht. Diese Kreisbögen sind miteinander zu verbinden derart, daß die Schaftbewegung anfänglich beschleunigt und später wieder verzögert wird. Gute Verhältnisse erhält man, wenn der in Abb. 157 links gezeichnete Halbkreis über h in 6 gleiche Teile geteilt wird und man von den Teilpunkten Lote auf h fällt. Durch die Fußpunkte dieser zieht man Kreise aus o. Teilt man nun noch die Winkel $180 - \beta$ in 6 gleiche Teile, zieht nach den Teilpunkten die Halbmesser, so geben die Schnittpunkte mit $2 \div 6$ und $10 \div 14$ Punkte der Hebe- bzw. Ablaufkurven. Zur weiteren Veranschaulichung der Schaftbewegung dient das Diagramm,

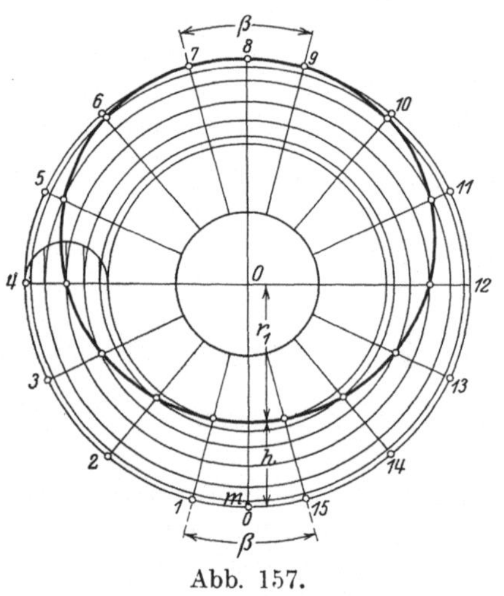

Abb. 157.

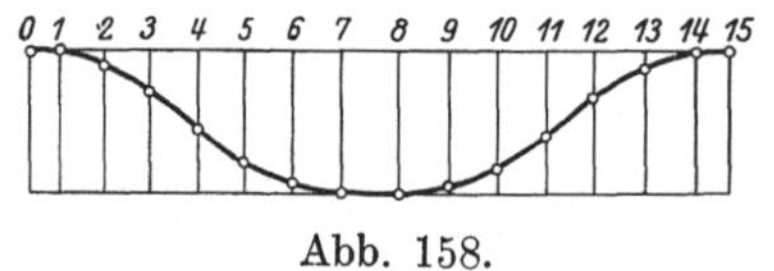

Abb. 158.

Abb. 158. Die Strecken $1 \div 2$, $2 \div 3$ usf. entsprechen gleichen Drehwinkeln des Exzenters; auf den Senkrechten sind dann die Wegstrecken der Trittrolle in der aus Abb. 157 ersichtlichen Größe aufgetragen und durch die Endpunkte ist eine Kurve gezogen, deren Verlauf lehrt, daß die Schaftbewegung zu Beginn ganz allmählich gesteigert, gegen das Ende hin vermindert wird und in der Mitte, also bei dem Eintritt der Schäfte in das geschlossene Fach, am größten ist.

Die beiden Exzenter müssen verschiedene Hubhöhe erhalten, da Schaft I eine größere Sprunghöhe besitzt und an einen kürzeren Hebelarm des Trittes angeschlossen ist als Schaft II. Geht Schaft II ins Unterfach, zieht er durch den Gegenzug, Abb. 156, den Schaft I ins Oberfach. Sind die Halbmesser der Schaftrollen r_1 und r_2, gerechnet bis Mitte Riemendicke, die Sprunghöhen der Schäfte h_1 und h_2, und der Abstand der Schäfte voneinander a, ergeben sich folgende Beziehungen aus Abb. 159.

$$a = r_1 + r_2; \qquad h_1 = \frac{2\,r_1\,\pi\,\alpha}{360} \quad \text{und} \quad h_2 = \frac{2\,r_2\,\pi\,\alpha}{360},$$

worin α der Drehwinkel der Schaftrollen ist. Hieraus folgt

$$\frac{h_1}{h_2} = \frac{r_1}{r_2} \quad \text{oder} \quad r_1 = r_2 \frac{h_1}{h_1};$$

und ferner

$$a = r_2 \frac{h_1 + h_2}{h_2}; \qquad r_2 = \frac{a\,h_2}{h_1 + h_2} \quad \text{und} \quad r_1 = \frac{a\,h_1}{h_1 + h_2}.$$

Bei der Ausführung muß man r_2 wählen mit Rücksicht darauf, daß α den Winkel von 270, höchstens 300°, aus leicht ersichtlichen Gründen nicht überschreiten darf. Dann ergibt sich $a = r_2 \dfrac{h_1 + h_2}{h_2}$; a wird man so klein als

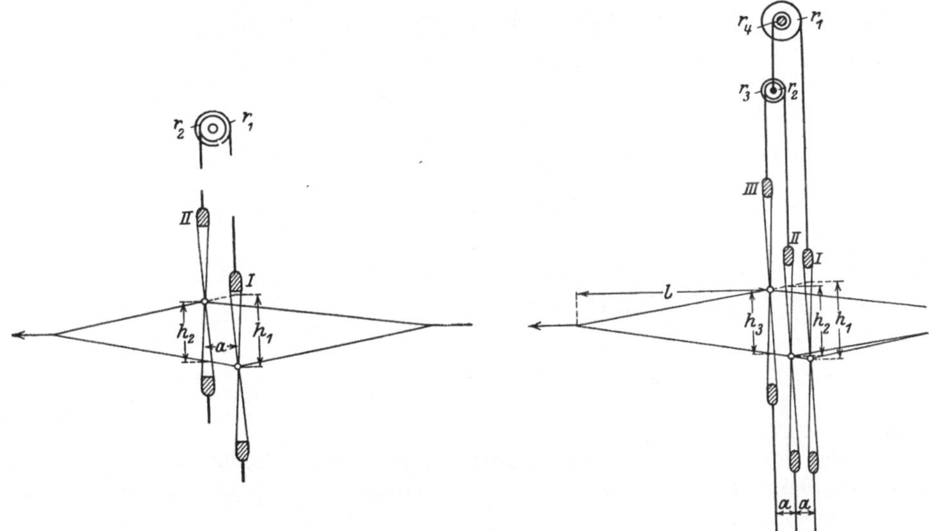

<table>
<tr><td>Abb. 159.</td><td>Abb. 160. Gegenzug für 3-bindigen Köper.</td></tr>
</table>

möglich halten, um die Sprunghöhen nicht zu verschieden werden zu lassen.

Exzenter für 3bindigen Köper. — Bei Kettenköper legt man gewöhnlich die rechte Seite nach unten, weil dann immer $^2/_3$ der Kettenfäden auf der Ladenbahn aufliegen und die Schütze tragen. Es ist der Schußrapport $= 3$, der Stillstandswinkel β unter denselben Annahmen wie vorher $= \dfrac{90}{3} = 30^0$ und die nun vorhandene besondere Geschirrwelle macht $\dfrac{n}{3}$ Umdrehungen i. d. Min., welche von der mit $\dfrac{n}{2}$ Umdrehungen umlaufenden Schlagexzenterwelle durch Zahnräder im Verhältnis 2 : 3 getrieben wird.

Jeder ins Unterfach gehende Schaft hat einen der anderen ins Oberfach zu ziehen, was wieder durch Gegenzug, Abb. 160, bewirkt wird. Die Schaftriemchen von Schaft 2 und 3 sind an der fliegenden Doppelrolle r_2, r_3 befestigt, welche durch ein Riemchen mit der festgelagerten Doppelrolle r_1, r_4 verbunden ist, an welche das Riemchen für Schaft I angeschlossen ist. Sollen die Schäfte gleichen Abstand a besitzen und soll reines Fach gebildet werden, bestehen hier folgende Beziehungen:

Es ist

$$\frac{h_2}{h_3} = \frac{l+a}{l} = \frac{r_2}{r_3} \tag{1}$$

und

$$\frac{h_1}{h_3} = \frac{l+2a}{l}. \tag{2}$$

Ferner

$$a = r_2 + r_3 = r_1 + r_4 - r_2. \tag{3}$$

Die Sprunghöhe h_3 und der Abstand l des Schaftes III vom Geweberand sind als gegeben anzusehen, a ist zu wählen mit Rücksicht darauf, daß der Halbmesser der kleinsten Rolle nicht zu klein ausfällt.

Beispiel: $h_3 = 80$, $l = 250$, $a = 40$ mm. Dann folgt aus

$$\text{Gl. (1)} \qquad h_2 = h_3 \cdot \frac{l+a}{l} = 93 \text{ mm},$$

$$\text{,, (2)} \qquad h_1 = h_3 \cdot \frac{l+2a}{l} = 106 \text{ mm}$$

und aus

$$\text{,, (1) und (3)} \quad \frac{h_2}{h_3} = \frac{r_2}{r_3} = \frac{93}{80}; \qquad r_2 + r_3 = 40 = a.$$

Es wird

$$r_2 = \frac{40 \cdot 1,16}{2,15} = 21,5 \text{ mm} \quad \text{und} \quad r_3 = 40 - 21,5 = 18,5 \text{ mm}.$$

Für den zweiten Schuß geht Schaft III ins Unter-, Schaft I ins Oberfach, Schaft II bleibt stehen. Der Weg der Schaftrolle r_2, r_3 ist in diesem Falle zu bestimmen aus

$$h_3 = w + \frac{w \cdot r_3}{r_2} \tag{4}$$

woraus folgt

$$w = \frac{h_3 \cdot r_2}{r_2 + r_3} = 43 \text{ mm} \quad \text{und} \quad h_1 = \frac{r_1}{r_4} \cdot w \tag{5}$$

oder

$$\frac{r_4}{r_1} = \frac{w}{h_1}. \tag{6}$$

Da nach Gl. (3) $r_1 + r_4 = a + r_2$, ergibt sich aus (6) und (3)

$$r_4 = \frac{w \cdot (a + r_2)}{(w + h_1)} = \text{rd. } 17,5 \text{ m} \quad \text{und} \quad r_1 = 61,5 - 17,5 = 44 \text{ mm}.$$

Abb. 161 gibt die Gegenzugeinrichtung für eine 6 bindige Ware; es sind 4 fliegende Rollen vorhanden, deren Anzahl immer = Schaftzahl — 2 ist, und man erkennt, daß die Anordnung ziemlich verwickelt wird, weshalb der Gegenzug selten für mehr als 4 Schäfte Verwendung findet. Es ist, wenn der Schußrapport größer als 4 ist, weit vorteilhafter, die Bewegung der Schäfte unabhängig voneinander zu machen.

Exzenter für mehr als 4 bindige Ware. — Als Beispiel sei ein Exzenter für eine 8 bindige Ware angeführt. Dazu Abb. 162 und 163. Die angelegten Quadrate geben die Stellung der Schäfte im Oberfach. Der Grundkreishalbmesser der Exzenter ist in diesem Falle zu wählen mit Rücksicht darauf,

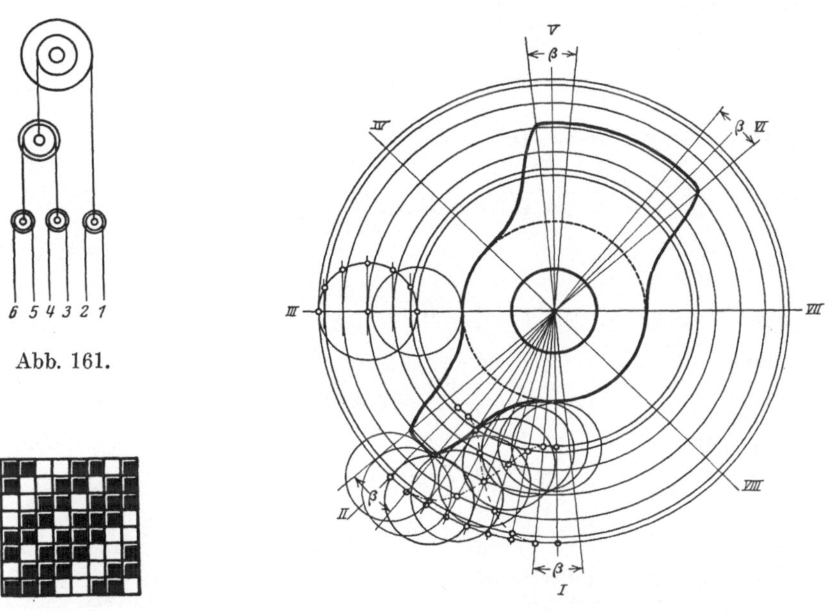

Abb. 161.

Abb. 162.   Abb. 163.

daß die Trittrolle auch dann Platz finden muß, wenn der Schaft bei 3 aufeinanderfolgenden Schuß im Unter-, Ober- und Unterfach steht. — Der Stillstandswinkel β ist unter gleichen Annahmen wie vorher $\dfrac{90}{8} = 11^1/_4{}^0$.

Zeichnet man sich für Schuß II die Kurve für die Trittrollenmitte — in Abb. 163 punktiert — und die Kreise der Trittrollen, so gibt die Einhüllende dieser die Kurven des Exzenters. Diese verlaufen bei der 8 bindigen Ware schon recht steil, was ungünstig auf das Kräftespiel und die Schaftbewegung einwirkt, und man erkennt, daß der Stillstandswinkel von $11^1/_4{}^0$ nicht eingehalten werden kann. Je größer der Schußrapport, um so ungünstiger werden die Verhältnisse; sehr bald kommt es dahin, daß Hebe- und Ablaufkurven in einer Spitze zusammenlaufen, d. h. steht der Schaft im Unterfach, ist der Stillstandswinkel $\beta = 0$. In diesem Falle läßt sich doch noch Stillstand der Schäfte durch ruckweises Drehen der Exzenter mittels Sternrad und Treiber erzielen. Der Treiber 1, Abb. 164, sitzt auf der mit n Umdrehungen laufenden Kurbelwelle, greift während eines Drehwinkels dieser von 90^0 in die Schlitze des Sternrades 2 und erteilt diesem für einen Schußrapport $S = 8$ eine Drehung

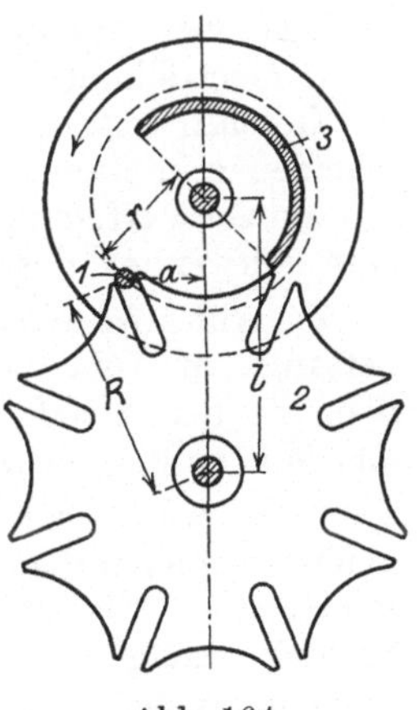

Abb. 164.

um $\dfrac{360}{8} = 45^0$. Der Abstand von Kurbel- und Exzenterwelle l ist unveränderlich; dann ergibt sich, wenn r der Halbmesser des Treibers und R der Halbmesser des Sternrades bei Angriff des Treibers ist:

$$a = r \sin 45^0 = R \sin \frac{360}{2\,S}. \tag{1}$$

Ferner ist

$$r \cos 45^0 + R \cdot \cos \frac{360}{2\,S} = l. \tag{2}$$

Da nun $\sin 45^0 = \cos 45^0 = 0,7$, folgt

$$0,7\,r = R \sin \frac{360}{2\,S} \tag{3}$$

und

$$0,7\,r + R \cos \frac{360}{2\,S} = l, \tag{4}$$

woraus folgt

$$R\left(\sin \frac{360}{2\,S} + \cos \frac{360}{2\,S}\right) = l$$

und für $S = 8$

$$R\,(0,3827 + 0,9289) = l,$$

$$R = 0,762\,l \quad \text{und} \quad r = 0,416\,l.$$

Ändert sich der Schußrapport S, ändern sich auch r und R; der Treiber muß versetzt und das Sternrad ausgewechselt werden. Das ist unbequem, weshalb von dieser Anordnung wenig Gebrauch gemacht wird. Das Sternrad muß, wenn es durch den Treiber gedreht worden ist, gesperrt werden. Dies besorgt die Scheibe 3, die sich in die Ausrundung des Sternrades einlegt, sowie der Treiber zu wirken aufhört.

Eine kleine Zusammenstellung von Exzentern mit den zugehörigen Patronen gibt Abb. 165.

Das oben entwickelte Exzenter für eine 8bindige Ware zeigt Nr. 86 der Zusammenstellung in Ausführung. Alle 8 Exzenter werden nebeneinander auf die Geschirrwelle gesteckt. Da nun für 8bindige Ware die Bindung sehr verschieden sein kann, müßte man für alle vorkommenden Fälle Sätze von Exzentern zur Verfügung haben, was einen erheblichen Kostenaufwand verursacht. Man verwendet deshalb zusammensetzbare Exzenter nach Abb. 166 und 167.

Zu Abb. 166 sind die Ansatzstücke (Daumen) seitlich an der Grundscheibe befestigt, in Abb. 167 auf den Rand geschraubt und es sind Daumen vorhanden, die den Schaft für 1, 2 oder 3 Schuß im Unterfach halten, je nachdem das Muster dies erfordert.

Oben wurde erwähnt, daß der Gegenzug und damit die Abhängigkeit der Schäfte voneinander vermieden werden kann, wenn man die Schäfte unabhängig voneinander bewegt, wodurch außerdem eine größere Freiheit in der Musterbildung ermöglicht wird. Dies läßt sich auf zwei Wegen erreichen, einmal mit offenen Exzentern beschriebener Ausführung, welche die Schäfte ins Unterfach bewegen, während die Bewegung ins Oberfach durch Federn bewirkt wird oder durch geschlossene oder Nutenexzenter.

Man denke sich jeden Schaft an zwei Federn aufgehangen, die so kräftig sein müssen, daß sie, wenn der Schaft im Oberfach steht, nicht allein die

Resultierende der Fadenspannungen und das Gewicht des Schaftes, sondern auch die Gewichtswirkung des Trittes aufzunehmen und die Trittrolle mit

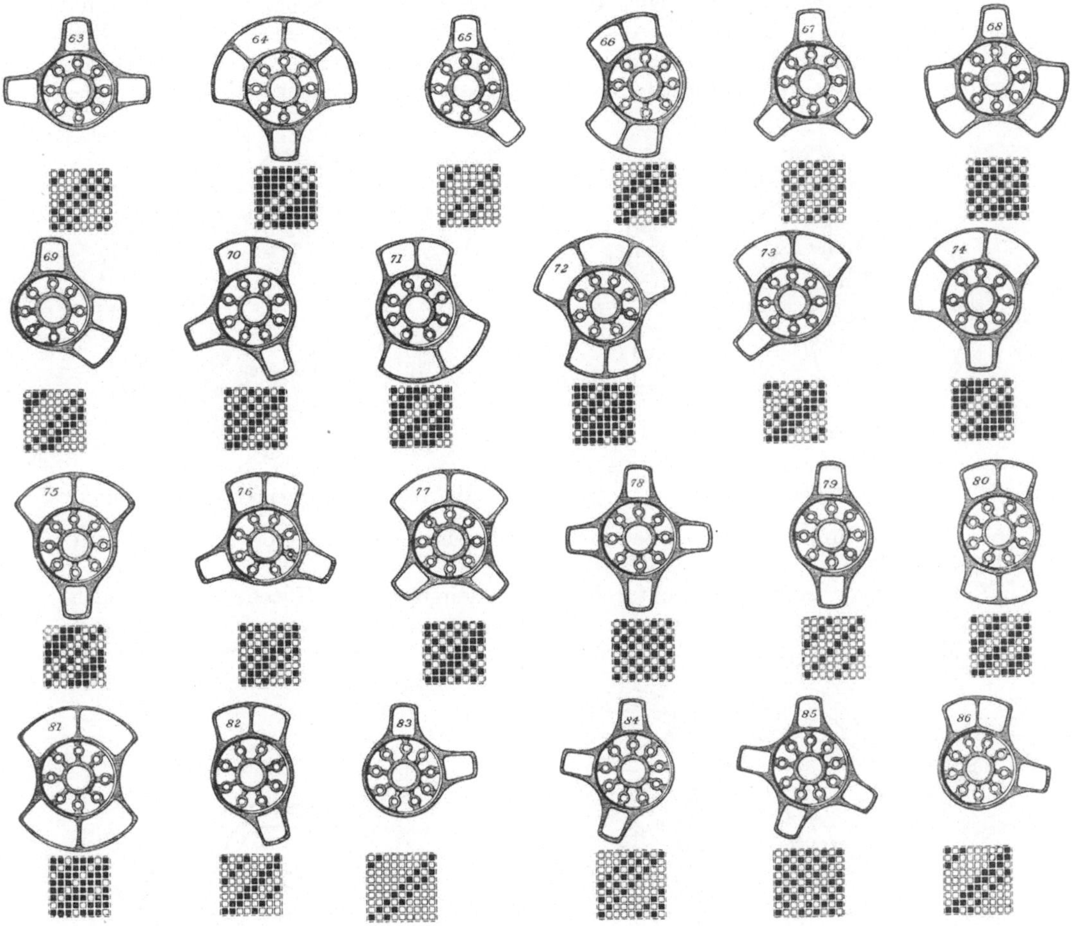

Abb. 165.

einigem Druck gegen das Exzenter anzulegen haben. Geht der Schaft ins Unterfach, werden die Federn stärker gespannt, was vermehrten Arbeitsaufwand zur Folge hat und außerdem der Sprunghöhe ent-
sprechend gedehnt. Die
Federn müssen nicht nur
sehr kräftig, sondern
auch lang sein, um diese
Dehnung zu ermöglichen.
Dazu kommt, daß die
Federn minutlich viele
Male gedehnt werden,
was sie dauernd nicht
vertragen; der Verschleiß
ist groß.

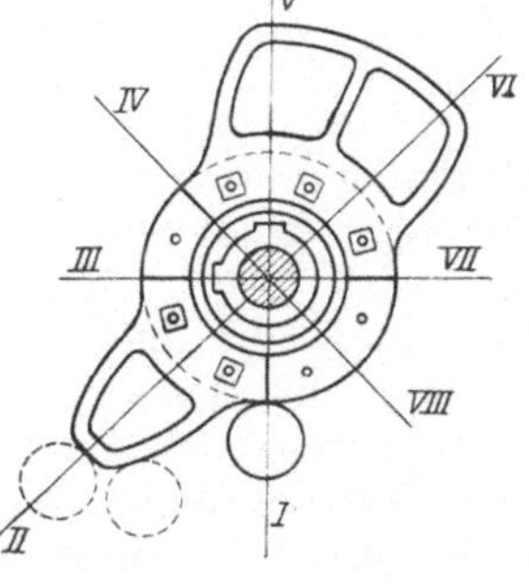

Abb. 166.

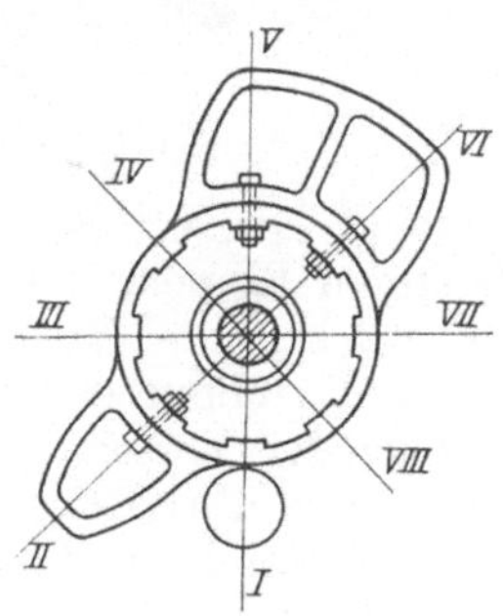

Abb. 167.

e) Geschlossene oder Nutenexzenter.

Abb. 168 gibt ein Nutenexzenter für ein 4 bindiges Gewebe. Die Trittrolle 1 läuft in einer geschlossenen Nut, die nur bei 2 einen Ausschnitt hat zur Einführung der Rolle 1. Dieser Ausschnitt ist unbedenklich, da Rolle 1 im Betriebe stets gegen die Innenrippe der Nut angelegt wird. Auf der Geschirrwelle werden so viel Nutenscheiben hintereinander aufgesteckt als Schäfte vor-

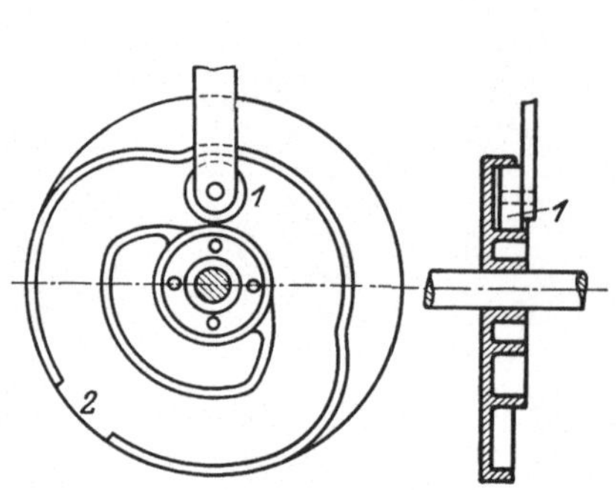

Abb. 168. Nutenexzenter für die 4 bindigen Köper.

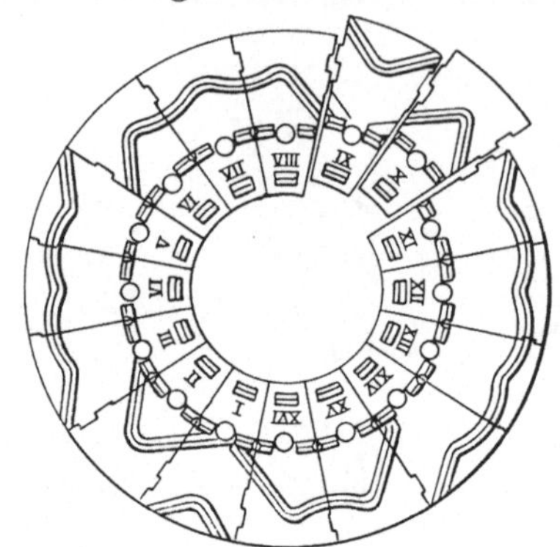

Abb. 169. Nutenexzenter nach Woodcroft.

handen sind und die vorderste wird durch eine Schlußscheibe abgedeckt zur Führung der Trittrolle.

Ein aus einzelnen Sektoren zusammengesetztes Nutenexzenter nach Woodcroft zeigt Abb. 169. Das Exzenter ist 16 teilig, wodurch Änderungen im Muster, da man die Sektoren beliebig zusammensetzen kann, erleichtert

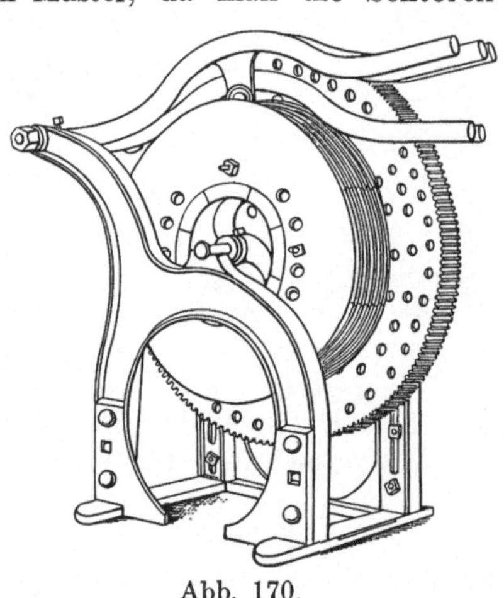

Abb. 170.

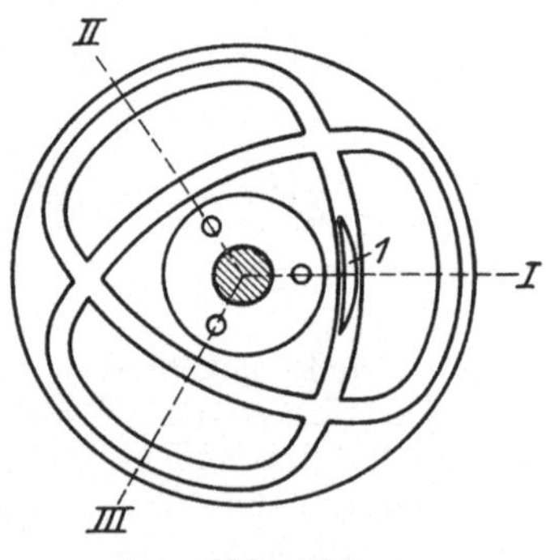

Abb. 171.

werden. Die Nut ist nicht vollständig geschlossen; es sitzen auf den einzelnen Sektoren Rippen, die eine teils nach außen, teils nach innen offene Nut bilden, in welcher die Trittrolle läuft (siehe Abb. 170). Die inneren Rippen, die Senker, führen den Schaft ins Unter-, die äußeren, die Heber, ins Oberfach infolge der Verschnürung der Tritte mit den Schäften durch nach oben und unten und über Rollen geführte Schnuren oder Kettchen oder durch Einschalten von zweiarmigen Hebeln in die Verschnürung.

Eine ganz besondere Ausführung eines Nutenexzenters für eine 3 bindige Ware, deren Leiste Leinwandbindung erhalten soll, ist in Abb. 171 dargestellt.

Die Exzenterwelle macht $\frac{n}{3}$ Umdrehungen, während für die Leiste $\frac{n}{2}$ erforderlich wären. In der in sich zurückkehrenden 3 teiligen Nut läuft ein Fischchen 1, welches für Schuß 1 auf kleinstem, Schuß 2 auf größtem, Schuß 3 auf kleinstem Abstand usf. von der Exzenterwelle steht, wodurch der Schaft regelmäßig das Fach wechselt.

f) Exzentervorrichtung für Außentritte.

Eine Anordnung dieser zeigt Abb. 172 für 5 schäftige Gewebe, doch lassen sich auch 2-, 3-, 4-, 6- und 7 schäftige herstellen. Man sieht rechts unten 5 Ex-

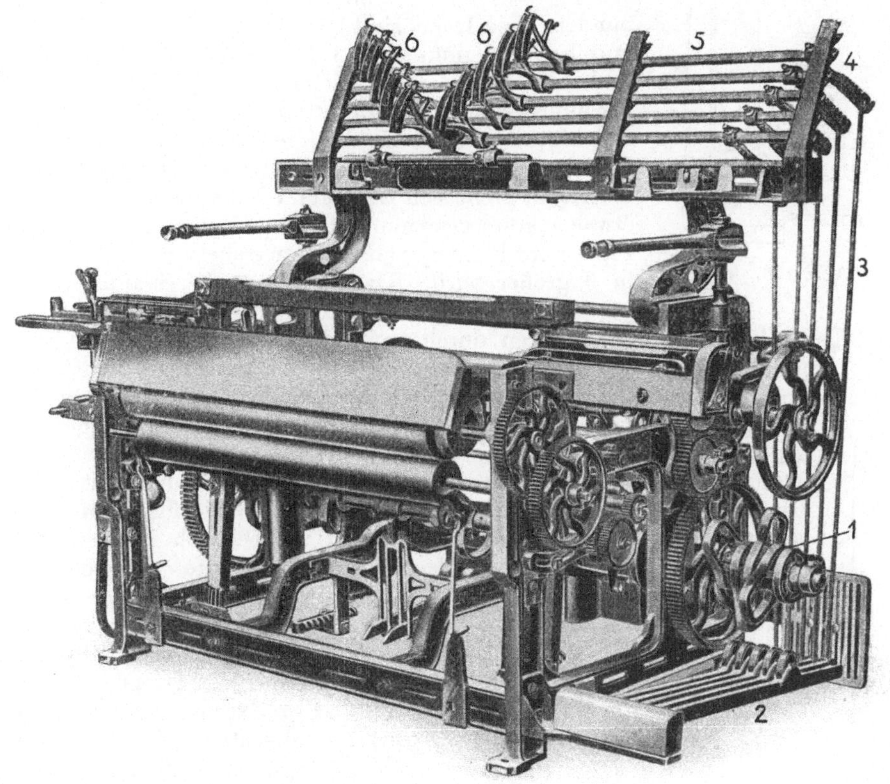

Abb. 172. Webstuhl mit Außentritten.

zenter 1, darunter die Tritte 2, die unten liegen, da die Schäfte nicht eingeschnürt sind.

Mit den Tritten sind durch Zugstängelchen 3 die Kerbhebel 4 verbunden, welche auf den quadratischen Schaftwellen 5 sitzen, die zur Führung der Schäfte je zwei Kettensektoren 6 tragen, deren Ketten durch Schnuren oder Schnuren mit eingeknüpften Schaftreglern mit den Schäften verbunden sind. Wird ein Tritt niedergetreten, geht der zugehörige Schaft ins Oberfach. Die Exzenter haben gleiche Hubhöhe — einer der Vorzüge dieser Einrichtung — und die verschiedene Sprunghöhe der Schäfte wird dadurch erreicht, daß die Zugstängelchen 3 an den Tritten und den Kerbhebeln mehr oder weniger weit von den Drehpunkten eingehangen werden können. — Die Bewegung der

Schäfte ins Unterfach und das stete Anlegen der Trittrollen an die Exzenter wird durch Federn bewirkt, die mit den unteren Schaftleisten verbunden sind.

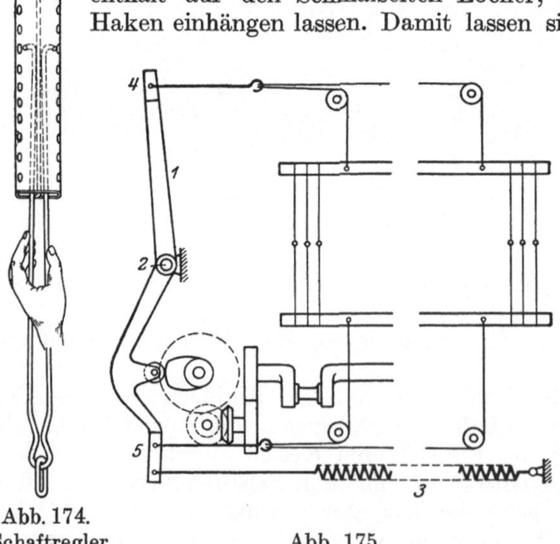

Damit sind dieselben Nachteile verknüpft, die auf S. 95 für den Federzug ins Oberfach hervorgehoben wurden. Man begegnet diesen durch Federregister, von denen Abb. 173 eine Ausführung gibt. Die Hebel 1, 2 usf., die sich unterhalb der Schäfte befinden, sind mit diesen durch Schnuren verbunden. Die Hebel sind lose drehbar um den Bolzen 3 und besitzen links von 3 Haken zum Einhängen der Federn 4, 5, die durch Riemen mit den Exzentern 6, 7 verbunden und durch Zugstängelchen 8, 9 an 1 und 2 angeschlossen sind. Geht Hebel 2 in die Stellung des Hebels 1, d. h. der betr. Schaft aus dem Unter- ins Oberfach, dreht sich Exzenter 7 links, die Feder 5 wird etwas stärker gespannt, aber der Hebelsarm des Federzuges wird kleiner, während der Hebelsarm für die Kraft in 9 größer wird. Damit nimmt die Spannung in 9 ab. Das Umgekehrte tritt ein, wenn Hebel 1 in Stellung 2 geht. — Die Federn erfahren durch Anwendung des Registers für große Sprunghöhe nur geringe Dehnung und werden geschont.

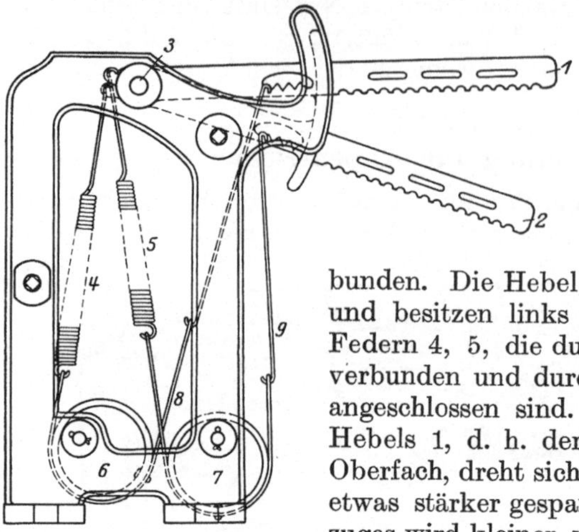

Abb. 173.

Die Außentritteinrichtung hat den weiteren Vorteil, daß die Schäfte unabhängig voneinander bewegt werden und die Exzenter bequem zugänglich sind.

Ein Schaftregler, von denen es eine ganze Anzahl gibt, ist in der Ausführung von Schöne in Abb. 174 dargestellt. Die flachovale Hülse enthält auf den Schmalseiten Löcher, in welche sich die federnden Haken einhängen lassen. Damit lassen sich die Schäfte mit Leichtigkeit höher oder tiefer stellen.

Abb. 175 zeigt die zweite Anordnung der Tritte oder Schemel, bewegt durch offene Exzenter, die auf einer gleichlaufend zur Kette liegenden Welle sitzen. Diese wird von der Kurbelwelle aus durch Stirn- und Kegelräder und durch dem Schußrapport entsprechende Übersetzungsräder in Drehung versetzt. Die Tritte 1 sind um Bolzen 2 drehbar. Erfährt der Tritt durch das Exzenter eine Rechtsdrehung, geht der Schaft ins Unterfach; die Feder 3 zieht den Schaft

Abb. 174.
Schaftregler.

Abb. 175.

ins Oberfach. Werden Nutenexzenter verwendet, fallen die Federn weg. Die Exzenter müssen zur Bildung reinen Faches verschiedene Hubhöhe erhalten, wenn die Hebelarmlängen 2 ÷ 4 und 2 ÷ 5 unveränderlich sind; bei gleicher Hubhöhe der Exzenter werden zur Erzielung verschiedener Sprunghöhen diese Hebelsarme entsprechend geändert.

Ist der Schußrapport groß, können Exzenter der bisher angegebenen Ausführungen nicht gut Verwendung finden, da bei ununterbrochener Drehung dieser bald die Möglichkeit einer zweckmäßigen, den Anforderungen entsprechenden Ausgestaltung aufhört. Dann kommen, wie z. B. in der Seidenweberei, **Exzenterkarten** oder **Exzenterketten** zur Anwendung. — In Abb. 176 ist eine Exzenterkarte dargestellt. Eine endlose, nach Art der Galleschen Ketten gebildete, aus einzelnen Brettchen bestehende Kette erhält durch zwei achtseitige Prismenscheiben 1 Bewegung. Auf die Brettchen (Karten) werden dem Muster entsprechend Trittherzchen 2 aufgeschraubt, die, wenn der Schaft nach einem Schuß seine Stellung wechseln soll, nach Abb. 176, wenn er zweimal im selben Fach stehen soll, nach Abb. 177a, und wenn er mehr als zweimal im selben Fach verbleiben soll, nach 177b geformt sind zur Bildung eines Überganges. — Wird die die Prismenscheibe tragende Welle 4 ständig gedreht, müssen die Trittherzchen eine entsprechende Ausbildung für den Schaftstillstand erhalten, wie aus den Abb. 176 und 177 a u. b hervorgeht; erfolgt ruckweise Drehung, z. B. durch Sternrad und Treiber, erhalten die Herzchen eine spitze Form.

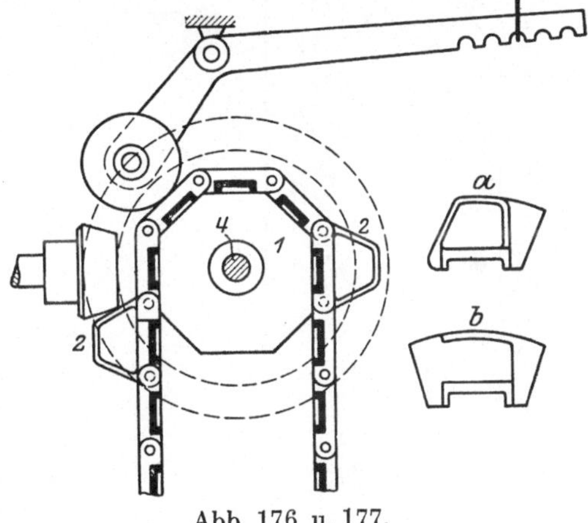

Abb. 176 u. 177.

Abb. 178 zeigt eine Exzenterkette, gebildet aus hohen und flachen Herzchen, die durch Aufstecken auf Gelenkbolzen zu einer endlosen Kette vereinigt sind.

Der Vorteil dieser Einrichtung besteht einmal in dem Wegfall der dem Schußrapport entsprechenden Übersetzung von der Kurbel- zur Exzenterwelle — das Prisma macht

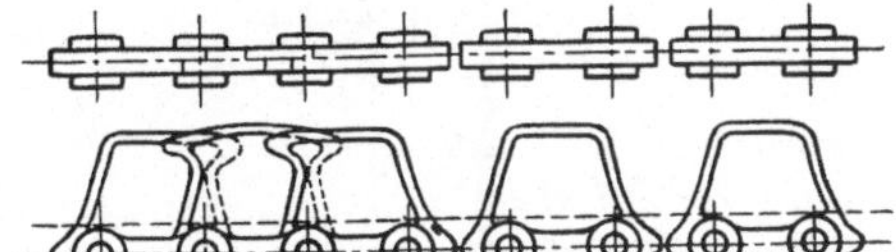

Abb. 178.

für jeden Schuß $^1/_8$ Drehung, gleichgültig wie groß der Schußrapport ist —, dann in leichtem Ändern des Musters und Anwendbarkeit für beliebig großen Schußrapport, da die Zahl der Kettenglieder beliebig ist.

Exzenterkarten und Ketten bilden den Übergang zu den Schaftmaschinen.

g) Die Schaftmaschinen.

Bei diesen wird der Gang der Schäfte durch eine leicht auswechselbare Musterkarte bestimmt, während die Schaftbewegung fast immer durch von der Musterkarte eingestellte **Platinen** — hakenartige Teile — und schwingende Messer bewirkt wird.

Als Karten finden Verwendung:

1. **Pappkarten**, auch Blechkarten, welche dem Muster entsprechend gelocht sind und gegen Nadeln wirken, durch welche die Platinen eingestellt werden.

2. Stiftenkarten, zusammengesetzt aus gelenkig miteinander verbundenen schmalen Brettchen, in welche Holz- oder Eisenstifte eingeschraubt oder geschlagen werden. — Die Befestigung der Stifte wird im Laufe der Zeit infolge Abnutzung der Gewinde leicht unsicher.

3. Rollenkarten. Auf die Bolzen einer breiten Galleschen Kette sind dem Muster entsprechend gußeiserne Rollen von etwa 30 mm Durchmesser und aus Blechstreifen gebogene Hülsen aufgesteckt.

Bei den Schaftmaschinen sind die Schäfte völlig unabhängig voneinander und die Schaftzahl kann bis 40, ja selbst etwas darüber gesteigert werden, weil sich die Platinen dichtgedrängt nebeneinander anordnen lassen. Bei einer Cromptonschen Schaftmaschine (s. w. u.) lassen sich bei einem Abstand (Teilung) der Schäfte von 13 mm bis 33, bei einer Teilung von 10 mm sogar 43 Schäfte bei 416 ÷ 420 mm Tiefe des gesamten Schaftpaketes anbringen.

Um die Arbeitsweise der Schaftmaschine zu erläutern, sei zunächst auf die schematische Darstellung einer solchen hingewiesen (Abb. 179 nach Repenning, Die mechanische Weberei, S. 153), die der Einfachheit halber nur für 4 Schäfte bestimmt ist. Die Musterkarte, Abb. 180, ist eine Papp- oder Blechkarte mit Löchern, welche genau auf die auf allen vier Seiten des Prismas 7 eingebohrten Löcher 1, 2, 3, 4 passen. Außerdem besitzen die Karten noch Löcher 5, 5, durch welche die auf dem Prisma angebrachten Warzen oder Eicheln 6, 6 treten und bei dessen Drehung die Fortschaltung der Musterkarte bewirken. Das Prisma erfährt für jeden Schuß Drehung von 90°, wird im geeigneten Zeitpunkt nach rechts bewegt und in der Endstellung so lange gehalten, bis die zu hebenden Schäfte ins Oberfach gegangen sind. Bei dem Prismaschlag trifft die an der Vorderseite liegende Karte gegen die im Nadelbrett 8 und

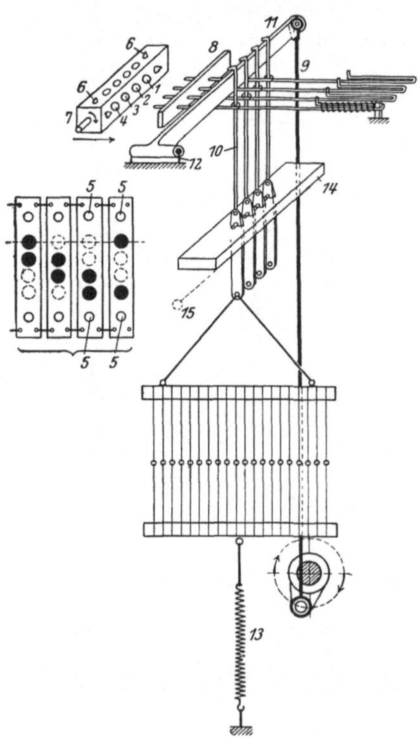

Abb. 179 u. 180.

am hinteren Ende im Federkasten geführten Nadeln 9, deren jede eine der Platinen 10 führt, die am oberen Ende einen Haken tragen, mit dem sie über das Messer 11 greifen, wenn die betreffende Nadel durch ein Loch der Musterkarte trat. Traf volle Pappe die Nadel, wurde diese zurückgedrängt und legte die zugehörige Platine soweit aus, daß deren Haken außer Bereich des Messers liegt. Das um Bolzen 12 drehbare Messer erhält durch Kurbel und Lenkstange eine Schwingbewegung, wodurch die übergehakten Platinen nach oben gezogen werden und die damit verbundenen Schäfte ins Oberfach ziehen. Man erkennt, daß die Platinen verschieden hoch gehoben werden, wodurch reines Fach (Schrägfach) gebildet wird. Die Abwärtsbewegung der Schäfte erfolgt durch die Federn 13 oder Federregister. Die Platinen ruhen bei geschlossenem Fach sämtlich auf dem Platinenboden 14 auf und die Maschine bildet nur Oberfach. Soll auch Unterfach hergestellt werden, erhält der Platinenboden eine Schwingbewegung um den punktiert angedeuteten Bolzen durch eine zweite Kurbel, welche gegen die Messerkurbel um 180° versetzt ist.

Die Lochung der Musterkarten ist folgendermaßen zu bewirken: Schaft ins Oberfach — Loch in der Karte, Schaft ins Unterfach — Karte ungelocht.

Groß ist die Zahl der Ausführungsformen der Schaftmaschinen und der Neuerungen an diesen, was auch durch die vielen Patente bewiesen wird. Es können deshalb nur einige besonders bemerkenswerte und viel angewendete Ausführungen eine Besprechung erfahren, wobei folgende Einteilung zugrunde gelegt werden soll:

Einhub- und Doppelhubmaschinen. — Bei den Einhubmaschinen führen die Messer für jeden Schuß einen vollen Hin- und Hergang aus, ein volles Spiel, und alle Teile stehen nach jedem Schuß wie zu Beginn. Sie besitzen für jeden Schaft eine Platine, falls nicht aus besonderen Gründen eine zweite oder eine Doppelplatine erforderlich wird.

Bei den Doppelhubmaschinen machen die die Schaftbewegung bewirkenden Teile für jeden Schuß nur $^1/_2$ Spiel, so daß erst nach zwei Schuß die Anfangsstellung wieder vorhanden ist. Für jeden Schaft sind zwei Platinen oder eine Doppelplatine erforderlich, welche abwechselnd bei dem ungeraden und geraden Schuß wirken. Die Doppelhubmaschinen lassen, da die zur Bewegung dienenden Teile infolge der Anordnung eine geringe Geschwindigkeit besitzen, eine größere Schußzahl zu und werden deshalb vorwiegend bei schnelllaufenden Stühlen angewendet, während die Einhubmaschinen besonders bei Stühlen für schwere und breite Ware zu finden sind.

Offenfach- und Geschlossenfachmaschinen. — Der Ladenschlag erfolgt bei den ersteren bei offenem Fach, weil alle Schäfte, welche mehrmals hintereinander im gleichen Fach stehen sollen, in diesem verbleiben, während bei den letzteren alle Schäfte für den Ladenschlag in die Mittelstellung gehen, das Fach geschlossen wird. Bei den Offenfachmaschinen werden die Kettenfäden geschont, da sie weniger Bewegungen auszuführen haben, aber die Fadenspannungen sind ungleich, was bei den Geschlossenfachmaschinen nicht der Fall ist.

Üblich ist auch eine Einteilung der Schaftmaschinen in Hochfach-, Tieffach-, und Hoch- und Tieffachmaschinen, von denen die ersteren selten, die zweiten fast gar nicht, die letzteren am meisten, besonders für schwere Ware, angewendet werden.

Schaftmaschine nach Crompton mit Rollenkarte, Abb. 181. Die Maschine bildet Ober- und Unterfach, und die Schaftbewegung erfolgt vollkommen zwangläufig ohne Zuhilfenahme von Federn. In Abb. 181

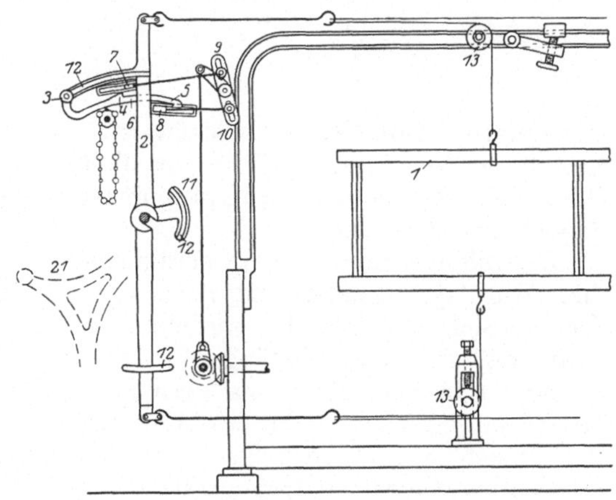

Abb. 181. Schaftmaschine nach Crompton mit Rollenkarte.

sind alle Teile in Mittelstellung, das Fach ist geschlossen. Die Schäfte 1 sind durch Schnuren, Ketten und Drähte an die Schemel oder Tritte 2 angeschlossen, welche bei Linksdrehung die Schäfte ins Ober-, bei Rechtsdrehung ins Unterfach ziehen. Jeder Schemel besitzt eine um Bolzen 3 leicht drehbare mit zwei

Haken 4, 5 versehene Platine 6, welche durch die Rollenkarte eingestellt wird. 7 und 8 sind in Gestellschlitzen geführte Messer, welche bei geschlossenem Fach die Schemel, wie gezeichnet, berühren und dadurch in der Mittelstellung halten. Die Messer bekommen Bewegung von einer Kurbel oder einem Exzenter aus, die mit n Umdrehungen, der minutlichen Schußzahl, umlaufen und mittels Zugstange den zweiarmigen, auf beiden Seiten der Platinen angebrachten Schlitzhebel 9, 10 in schwingende Bewegung versetzen. Wird die Platine durch eine Rolle gehoben, faßt das linksgehende Messer 7 hinter die Nase 4, der Schemel erhält Linksdrehung und zieht den Schaft ins Oberfach, während Messer 8 für diesen Schaft außer Wirkung tritt. In Abb. 181 ist die Platine, weil auf einer Hülse aufliegend, gesenkt und der Schaft wird durch das rechtsgehende Messer 8 ins Unterfach gezogen. Die Zurückführung der Tritte und Schäfte in die Mittelstellung erfolgt durch die sich gegen die Schemel legenden Rücken der Messer. 11 ist ein Ausgleichgewicht am Schemel und 12, 12 sind Leisten für die Führung der Schemel aneinander. Die stellbaren Rollen 13, 13 dienen zur Spannung der Schaftschnuren und zur Regelung der Schaftlage.

Für die Cromptonsche Maschine gilt: Schaft ins Oberfach — große Rolle, Schaft ins Unterfach — Hülse, wonach der Zusammenbau einer

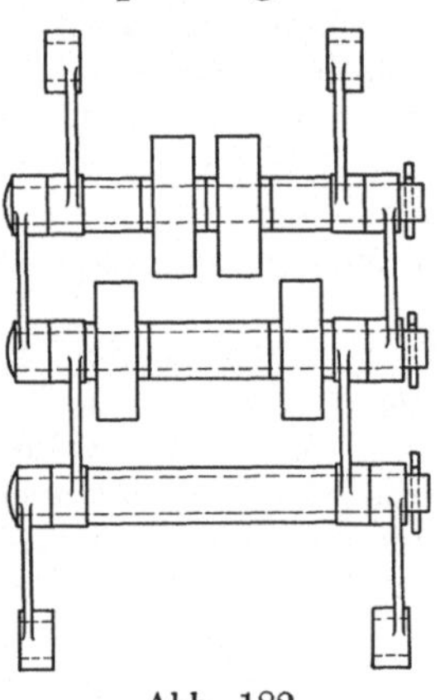

Abb. 182.

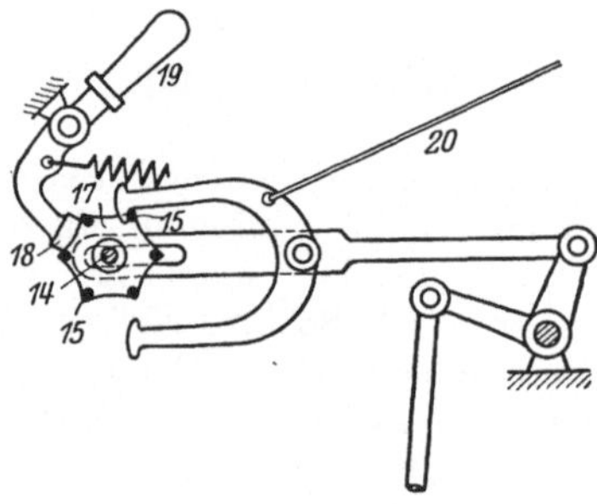

Abb. 183.

Musterkarte, Abb. 182, sehr leicht ist. Die Kette muß mit Rücksicht auf die Gestalt der Verbindungsstücke für die Gestellbolzen immer eine gerade Anzahl Glieder haben. Ist der Schußrapport eine ungerade Zahl, gibt man der Kette doppelt soviel Glieder.

Zur Bildung reinen oder Schrägfaches werden die Messer nicht gleichlaufend ihrer Ruhelage, sondern so bewegt, daß die hinteren Enden einen größeren Weg zurücklegen als die vorderen, was in einfacher Weise dadurch erreicht wird, daß die Hebelarmlängen in den vorn und hinten angebrachten Hebeln 9 und 10 hinten größer als vorn eingestellt werden. Die hinteren Enden der Messer bewegen sich dadurch weiter von der Mittelstellung ab als die vorderen, der Ausschlagwinkel der Tritte ist vorn kleiner wie hinten und die Schäfte erhalten verschiedene Sprunghöhe.

Die Rollenkarte liegt mit ihren Gelenkbolzen in den Einkerbungen zweier auf Welle 14 steckenden sechsseitigen Scheiben, Abb. 183, und diese erhalten für jeden Schuß, sobald die Schemel in die Mittelstellung eintreten, eine ruckweise Drehung um 60° durch den in die Laternenbolzen 15 eingreifenden oberen Wendehaken 16, der von einem Exzenter aus Bewegung erhält. Damit die Rollenkarte sicher in der gegebenen Stellung festgehalten wird, ist auf die Achse 14 ein Stern 17 aufgesetzt, gegen welchen sich ein durch eine Feder angedrückter Sperrklotz 18 anlegt. Der Griff 19 läßt die Sperrung aufheben, wenn eine Drehung der Karte von Hand erfolgen soll.

Müssen einige Schuß herausgenommen werden, weil ein Fehler im Gewebe entstanden ist (Schußsuchen), ist die Rollenkarte rückwärts zu bewegen, was durch den zweiten Wendehaken bewirkt wird, welcher durch Zug an einem über die ganze Breite des Webstuhls gehenden am Stuhlbogen geführten Riemchen 20 zum Einlegen in die Laternenbolzen gebracht wird.

Die Schaftmaschinen Cromptonscher Bauart sind sehr einfach und wirken namentlich bei kleinen Mustern sehr sicher. Fehler entstehen zuweilen dadurch, daß die Platinen klemmen und durch das Eigengewicht nicht fallen, wenn auf eine Rolle eine Hülse folgt. Man hat verschiedentlich diesem Mangel durch Federn zu beseitigen gesucht, welche die Platinen abwärts drücken, aber

dadurch den großen Vorzug der Maschine, die Federlosigkeit, wieder etwas vermindert. Für sehr große Muster mit vielen Schäften und großem Schußrapport fällt die Rollenkette sehr schwer aus und deren Bewegung erfordert viel Kraft, was leicht Störungen veranlaßt. Für lange Rollenketten wird die aus Abb. 181 ersichtliche Führung 21 angebracht. Für großen Schußrapport wendet man Löcheroder Stiftenketten an. Die Anordnung der Platinen, Messer und Schemel ist die gleiche wie in Abb. 181. Die Platine 1, Abb. 184, ruht auf einer um 2 drehbaren Hilfsplatine 3, an welcher ein Haken 4 leicht drehbar befestigt ist, der durch einen kammartigen Rost ge-

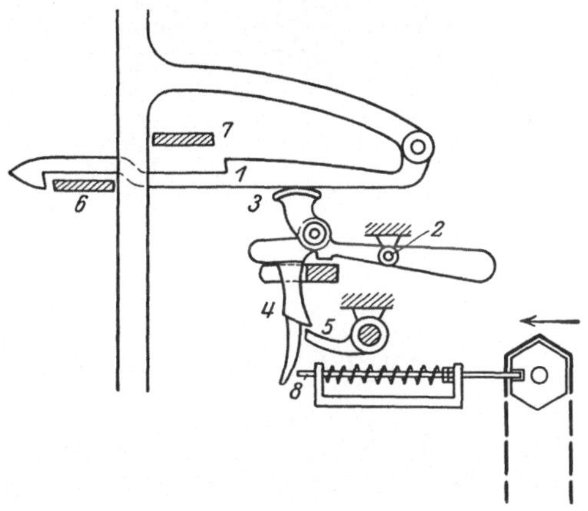

Abb. 184.

führt wird. Faßt das schwingende Messer 5 den Haken, wird die Hilfsplatine und durch diese Platine 1 gehoben und das Messer 7 zieht den Schaft ins Oberfach. Die Einstellung des Hakens 4 erfolgt durch die Karte und die Nadeln 8. Die Karte ist über das sechsseitige Prisma gelegt, welches für jeden Schuß um 60° gedreht wird und eine Schwingung in wagerechter Richtung erhält zur Ausübung des Prismaschlages. Trifft volle Pappe gegen eine Nadel, wird diese zurückgedrängt, bringt Haken 4 außer Bereich des Messers 5, Platine 1 bleibt gesenkt und der Schaft geht, da das Messer 6 die Platine faßt, ins Unterfach. Hier gilt demnach: Loch in der Karte — Schaft ins Oberfach. — Die ganze Anordnung hat eine erheblich größere Zahl von Teilen als die Maschine mit Rollenkarte, und das Prisma muß gedreht werden und einen Schlag ausüben, aber die Bewegung der Musterkarte ist sehr sicher und erfordert wenig Kraft.

Die Maschinen Cromptonscher Bauart gehören zu den Geschlossenfachmaschinen. Die Messer haben nur eine Bewegung entsprechend der durch Hebelarmverhältnisse verkürzten halben Sprunghöhe auszuführen. Bei den Offenfachmaschinen werden nur diejenigen Schäfte bewegt, welche das Fach wechseln sollen. Die Messer haben dann eine doppelt so große Bewegung auszuführen, da sie die Schäfte um die volle Sprunghöhe bewegen müssen.

Offenfachmaschine Bauart Hodgson, Schaufelschaftmaschine, Abb. 185. Jeder Schaft ist mit Lederriemchen oder Schnuren an den Schafthebel 1, 2 und einen zweiten weiter links zu denkenden und durch Schnur, Draht oder Kette 3 bewegten angehangen. An Hebel 2 ist ferner die vorn mit einem Doppelhaken versehene Platine 4 gelenkig angeschlossen, die bei 5 noch eine Nase besitzt. Das Prisma ist in einem zweiarmigen Hebel 6, 7 gelagert, welcher für jeden Schuß einen Schlag ausführt, und erhält durch Wendehaken Drehung um 60°. Haken 9 besoigt Rückwärtsdrehung, wenn ein Schuß gesucht werden muß.

Trifft bei dem Prismaschlag volle Pappe gegen die Nadel 10, wird die Hilfsplatine 11 und damit Platine 4 gehoben, Haken 12 kommt in das Bereich

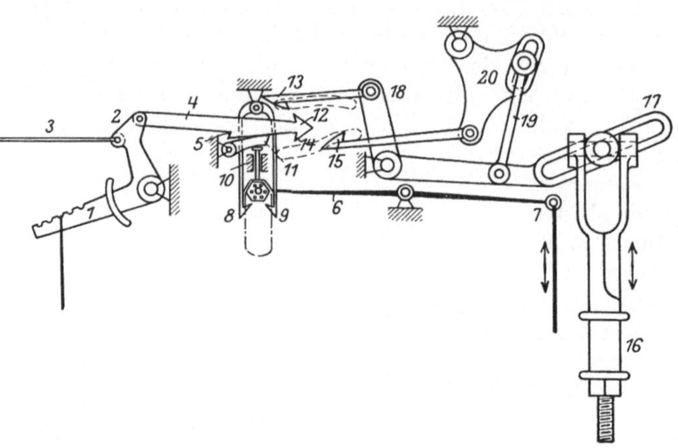

Abb. 185.   Schaufelschaftmaschine.

des Messers, der Schaufel 13, welche bei Rechtsgang den Schaft ins Oberfach zieht. War die Pappe gelocht, wie in Abb. 185 angenommen, ist Platine 4 gesenkt und es kann jetzt weder Schaufel 13 noch Schaufel 15, die immer entgegengesetzt laufen, eine Bewegung des Schaftes veranlassen; er bleibt im Unterfach. — Die beiden Schaufeln werden bewegt von der mit der halben Schußzahl umlaufenden Schlagexzenterwelle durch ein Exzenter, Lenkstange 16 und Winkelhebel 17, 18, dessen Arm 17 als Stellarm ausgebildet ist, um den Schaufelhub verstellen zu können. An Arm 17 ist durch Lenkstange 19 der Hebel 20 angeschlossen, der die Bewegung der Schaufel 15 bewirkt. Soll ein Schaft mehrmals hintereinander im Oberfach stehen bleiben, legt sich die Hilfsplatine 10 hinter Nase 5 der Platine 4 und verhindert deren Rückgang bei dem Zurückschwingen der oberen Schaufel.

Bei dieser Maschine arbeiten alle ungeraden Karten mit der oberen, alle geraden mit der unteren Schaufel und werden meist, um Verwechselungen bei dem Zusammenbinden auszuschließen, verschiedenfarbig gewählt. Der Niedergang der Schäfte erfolgt durch Einzelfedern oder Federregister.

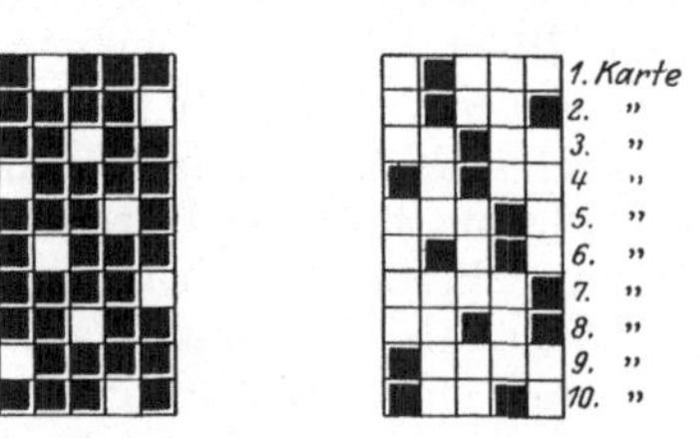

Abb. 186 u. 187.

Um die Lochung der Musterkarte klarzulegen, sei angenommen, daß ein fünfbindiger zerstreuter Köper (fünfbindiger Atlas) hergestellt werden soll, dessen Patrone Abb. 186 gibt. Die angelegten Quadrate geben an, welche Schäfte im Unterfach stehen. Abb. 187 ist die Patrone für die zu schlagenden Karten, in welcher die nicht angelegten Quadrate angeben, für welche Schäfte die Karte zu lochen ist; für Schuß 1, also für Schaft 1, 3, 4, 5; für Schuß 2 geht Schaft 5 ins Oberfach, Schaft 2 ins Unterfach und letztere Bewegung wird durch die rückkehrende Schaufel 13, Abb. 185, veranlaßt, während Schaft 5 durch Schaufel 15 ins Oberfach gezogen werden muß. Für Schuß 3, 4 und 5 ergibt sich nun die Kartenlochung ohne weiteres. Die Musterkarte selbst muß, wie für alle ungeraden Schußrapporte, aus doppelt soviel Karten, hier also 10, zusammengesetzt werden, wozu schon der Umstand zwingt, daß sich eine Musterkette mit fünf Karten nicht um das sechsseitige Prisma herumlegen läßt

Offenfachmaschine Bauart Hattersley, Abb. 188. Diese Maschine unterscheidet sich im wesentlichen von den bisher besprochenen dadurch, daß das Kartenprisma nur für je zwei Schuß eine Drehung erfährt; jede Karte muß demnach die Einstellung der Platinen für zwei aufeinanderfolgende Schuß bewirken. Verwendung finden Stiftenkarten, deren Stifte dem Muster entsprechend in zwei Reihen gegeneinander versetzt aufgesteckt werden und zum leichteren Auseinanderhalten meist verschiedenfarbig sind.

Die Schäfte hängen an den Schafthebeln 1, welche um Bolzen 2 drehbar und durch Arm 3 gelenkig mit den zweiarmigen Hebeln 4, 5 verbunden sind, die in der Ruhelage sich gegen die am Gestell festen Anschläge 6, 7 stützen. An Hebel 4, 5 sind die Platinen 8, 9 angeschlossen — es sind für jeden Schaft zwei vorhanden —, welche von der Musterkarte aus folgendermaßen gesteuert werden. — Die Karte bewirkt zunächst die Einstellung der Hilfsplatinen 10, 11, von denen 10 durch die Nadel 12 mit Platine 8 in Verbindung

steht, während 11 unmittelbar durch das aufgebogene rechte Ende 13 auf Platine 9 wirkt. Nach Abb. 188 ist die Hilfsplatine 11 durch einen Stift gehoben worden, Platine 9 hat sich infolgedessen gesenkt und über das Messer 14 gehakt. Hilfsplatine 10 ist nicht gehoben, da die Karte für diese keinen Stift enthält, und Platine 8 befindet sich in gehobener Stellung und außer Bereich des Messers 15. — Die Messer erhalten Bewegung von einer mit der halben Schußzahl

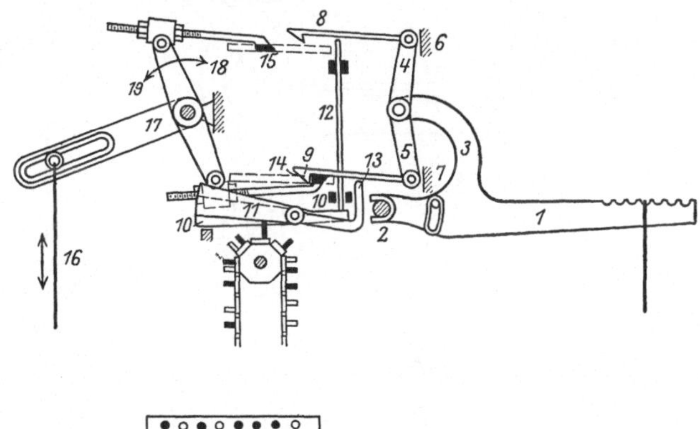

Abb. 188 u. 189. Schaftmaschine nach Hattersley.

umlaufenden Welle durch Kurbel, Lenkstange 16 und den dreiarmigen Hebel 17. Schwingt dieser im Sinne des Pfeiles 18, nimmt Messer 14 Platine 9 mit nach links, Hebel 4, 5 führt eine Drehung um das obere Ende 4 aus und der Schaft geht ins Oberfach.

Für den nächsten Schuß dreht sich Hebel 17 im Sinne des Pfeiles 19 und der Schaft geht durch Federzug wieder ins Unterfach. Soll der Schaft dagegen im Oberfach stehen bleiben, müßte die Karte auch für die Hilfsplatine 10 einen Stift erhalten. Platine 8 hätte sich dann gesenkt und bei dem Rechtsgang des Messers 15 sich über dieses gehakt. Schwingt dann Hebel 17 im Sinne des Pfeiles 19, nimmt Messer 15 Platine 8 nach links mit, während Platine 9 nach rechts geht. Der Hebel 4, 5 führt dann nur eine Drehung um seine Mitte aus, ohne daß die Lage des Armes 3 und damit des Schaftes geändert wird. — Die Drehung des Prismas bewirkt ein an 17 angelenkter Wendehaken.

Diese Maschinen arbeiten selbst bei großer Schußzahl ruhig und sicher und werden namentlich für leichte und mittelschwere Ware viel angewendet.

Abb. 189 zeigt noch ein Brettchen der Musterkarte.

Im Laufe der Zeit sind an den Schaftmaschinen zahlreiche Veränderungen und Verbesserungen vorgenommen worden, woran sich die deutschen Webstuhlbauer in reichem Maße beteiligt haben. Es ist hier nicht der Raum dazu, auf diese des weiteren einzugehen und sei nur noch folgendes erwähnt:

An Stelle der Pappkarten hat man dem Muster entsprechend gelochte Papierkarten, aus einer endlosen um einen Zylinder gelegten Papierbahn bestehend, angeordnet, deren Anwendung aber sehr leichten Gang der dadurch gesteuerten Teile voraussetzt. Muß man doch schon bei den aus vorzüglichen Pappen hergestellten Karten die Erfahrung machen, daß diese von den Nadeln im Laufe der Zeit durchstoßen werden, was natürlich zur Entstehung von Fehlern im Gewebe führt.

Bei Stiftenkarten entstehen leicht Fehler durch sich lösende Stifte, was durch Kartenwächter verhindert werden soll, von denen Abb. 190 eine Ausführung von Gebr. Stäubli in Horgen bei Zürich gibt. Ein herunterfallender Stift wird durch den Trichter 1 zwischen die Zungen 2, 3 geführt, von denen 2 von dem dreiarmigen Hebel 4 Bewegung erhält. Sobald ein Stift einfällt, wird Zunge 3 rechts gedreht und durch das aus der Zeichnung ersichtliche Gestänge die sofortige Ausrückung des Stuhles bewirkt.

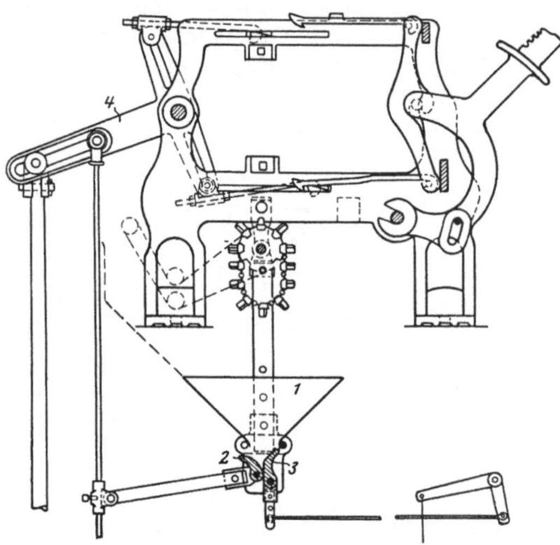

Abb. 190.   Kartenwächter von Stäubli.

Eine ganz besondere Bauart weist die Schaftmaschine von C. Wolfrum in Aussig a. E. auf (D.R.P. Nr. 236473 Kl. 86 b, Gr. 2), welche von der Sächs. Maschinenfabrik vorm. Rich. Hartmann in Chemnitz gebaut wird. Die Schäfte haben die Gestalt eines festen rechteckigen Rahmens, welcher an beiden Schmalseiten je eine Doppelplatine trägt, die durch auf und ab gehende Messer gefaßt werden, wodurch der Hoch- oder Tiefgang der Schäfte, welche in senkrechten Führungen laufen, bewirkt wird. Es entfallen bei dieser Maschine die Schafthebel und alle Verschnürungen dieser mit den Schäften.

Endlich sei noch erwähnt, daß auch manche zum Teil erfolgreiche Versuche zur Ersparung von Karten gemacht worden sind. Schon bei der Hattersleymaschine ist, wie oben angegeben, die Kartenzahl $= {}^1/_2$ Schußrapport, denn jede Karte dient für zwei aufeinanderfolgende Schuß.

Die Schaftmaschinen werden entweder oberhalb der Kette oder seitlich am Webstuhl angebracht; letztere Anordnung wird besonders bei Seidenwebstühlen bevorzugt, um jedes Verschmutzen der Kette durch herabtropfendes Öl zu vermeiden.

h) Die Jacquardmaschine.

Die Schaftmaschine kann, wie schon auf S. 100 angegeben wurde, nur benutzt werden für höchstens 43 Schäfte. Verlangt das Muster eine Teilung der gesamten Kettenfadenzahl in mehr Gruppen, kommt die vielfach schon für eine Gruppenzahl über 20 vorteilhafte Jacquardmaschine unter allen Umständen zur Anwendung, die, theoretisch, es ermöglicht, jeden Kettenfaden unabhängig von allen anderen zu bewegen. Dieser Fall kommt natürlich nicht vor. Es finden sich immer auch bei den größten Mustern Kettenfäden, welche Schuß um Schuß zusammen Fach bilden und die deshalb gemeinsam bewegt werden können.

Die Anordnung der Jacquardmaschine weicht grundsätzlich nicht von der für Schaftmaschinen auf S. 100 und durch Abb. 179 gegebenen ab, was sich daraus erklärt, daß die Schaftmaschine aus der Jacquardmaschine hervorgegangen ist. Nur ist die Zahl der aus Holz oder Draht bestehenden Platinen beträchtlich größer — 100, 200 bis 1200 und mehr. Die Platinen stehen in 4, 8, 10, 12, 16 Reihen nebeneinander, werden wieder von Nadeln gesteuert, die in Reihen übereinander angeordnet sind, und ebenso enthält das Prisma eine der Platinenzahl entsprechende Anzahl von Löchern. Je nach der Platinenzahl spricht man von 100er, 200er, 400er, 600er usf. Maschinen und teilt diese wie die Schaftmaschinen ein in Einhub- und Doppelhubmaschinen, die entweder nur Hoch- oder Hoch- und Tieffach bilden und fast ohne Ausnahme mit geschlossenem Fach arbeiten.

Ein wesentlicher Unterschied zwischen Schaft- und Jacquardmaschine besteht nur in bezug auf die Verbindung der Platinen mit den Schäften bzw. den einzelnen Kettenfäden. Man denke sich die durch Abb. 191 gegebene Anordnung unterhalb der Platinen in Abb. 179 S. 100 angebracht. Die von den Platinen kommenden Schnuren gehen durch das Halsbrett 1, ein Brett mit soviel Löchern als Platinen vorhanden sind, oder an dessen Stelle ein aus sich kreuzenden Metall- oder Glasstäben bestehender Rost, welcher die Aufgabe hat, die Schnuren senkrecht zu führen. Unterhalb des Rostes sind an die Schnuren die den Harnisch bildenden Litzen (Korden, Heber) 2 angeschlossen, welche, durch das Harnisch-, Schnur- oder Chorbrett 3 geführt, bei 4 die Augen (Helfen) für die Kettfäden tragen und unterhalb der Kette durch

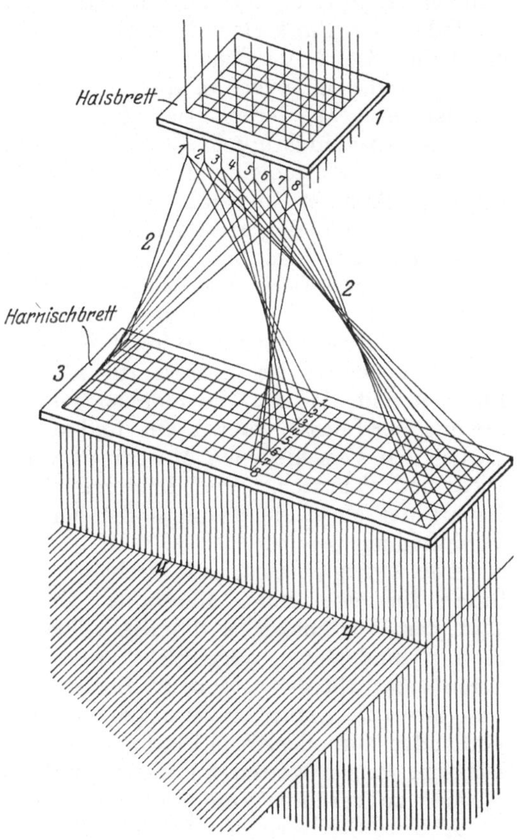

Abb. 191. Jacquard-Harnisch.

Gewichte aus Eisendraht (Eisel) (Anhänger, auch Bleie genannt, weil früher aus Bleidraht bestehend) belastet sind. Die Anhänger sind oben breitgeschlagen und zum Einknüpfen der Korden gelocht; besser, weil schonender für die Litzen sind die der Sächs. Stahldrahtlitzen-Fabrik Georg Hentschel & Co. in Chemnitz mit eingelöteten Runddrahtösen. — Das Gewicht der Anhänger beträgt 8 bis 10 g bei leichten Seidenketten, bei anderen 25 ÷ 35 g und mehr. Die Anhänger müssen so schwer sein, daß sie bei Fachschluß die Platinen abwärts ziehen und, wenn auch Tieffach gebildet wird, die Spannung der Kettfäden überwinden. Sie belasten die Maschine stark und vermehren die Betriebskraft, da immer eine größere Anzahl davon gehoben werden muß.

Die Korden, aus 3×2- und 3×3-fachem Leinenzwirn bestehend, werden gewachst, besser gefirnißt, um sie widerstandsfähig zu machen und um das Drehen bei wechselndem Feuchtigkeitsgehalt zu verhindern, wodurch der Kettfaden wickelt oder festgeklemmt wird, was Fehler im Gewebe veranlaßt.

Die Jacquardmaschine wird möglichst hoch über dem Harnischbrett angebracht, um die Litzen nicht zu schräg nach den Löchern des dünnen Chorbrettes laufen zu lassen und um zu verhindern, daß diese schnell ausgeschliffen werden, was eintritt, wenn das Brett aus Holz besteht. Man verwendet jetzt vielfach Chorbretter aus der widerstandsfähigeren Vulkanfiber.

Jede Litze führt einen Kettenfaden und es werden diejenigen Litzen, deren Kettfäden Schuß um Schuß dasselbe Fach bilden, an eine Platinenschnur angeknüpft oder in einen an dieser befestigten Ring oder einen Karabinerhaken eingehangen. Wiederholt sich das Muster in der Querrichtung öfter, ordnen sich die Litzen in Gruppen (Zöpfen, Rapporten) an, wie dies Abb. 40 S. 21 zeigt.

Als erste Platine nimmt man meist die rechts hintenstehende an und das Einlesen (Gallieren) der Harnischschnuren in das Chorbrett findet dann in der Weise statt, daß der erste Kettfaden von links durch die Litze, welche durch das erste Loch links hinten des Chorbrettes, der zweite in die Litze, welche durch das erste Loch der zweiten Löcherreihe links hinten usf. gezogen wird. Damit die Kettfäden nebeneinander liegen, muß das Chorbrett etwas schräg, d. h. unter einem kleinen Winkel zur Lade befestigt werden.

Die Lochung der Musterkarte ist bestimmt durch die Abmessungen der Platinen und Nadeln, die man so gedrängt wie möglich anordnet. Die Entfernung der Löcher einer Reihe und der Reihen untereinander, Stich genannt, ist bei den verschiedenen Maschinen verschieden und unterscheidet man Grobstich und Feinstich. Von letzterem gibt es wieder verschiedene durch die Bauart der Maschine bedingte Feinheitsgrade (Wiener feine Teilung, Lacasse-, Verdolteilung usw.).

Abb. 192 gibt eine voll geschlagen gedachte Karte mit groben (Lyoner) Stich für eine 400er Maschine. Die Teilung ist rund 7, genau 6,83 mm. 1 ist das Warzenloch, 2 die Bindelöcher. In der Mitte der Karte sind nochmals 2 Bindelöcher angebracht, wodurch die Karte in 2 Teile zerlegt wird, deren einer 25, der andere 26 Löcher in einer Längsreihe enthält. Im ganzen sind also $(25 + 26) \cdot 8 = 408$ Löcher in der Karte und auf jeder Prismaseite vorhanden für ebensoviel Platinen, von denen die letzten 8 als Reserve dienen. Bei sehr langen Karten findet ein Binden an mehreren Stellen statt, um Durchbiegung zu verhüten und ein sicheres Auflaufen auf das Prisma zu erzielen.

Abb. 193, Karte mit Wiener Feinstich, Teilung 5,75 mm mit 2 Gruppen von Löchern, getrennt durch Bindelöcher; 1. Gruppe 27, 2. 28 Querreihen für $(27 + 28) \cdot 8 = 440$ Platinen bei einer 400er Maschine.

Abb. 194, Karte mit Lacasseteilung für eine 800er Maschine; Stich 4 mm, 2 Gruppen von je 28 Querreihen, geteilt durch Binde und Warzenlöcher. Platinenzahl $2 \cdot 28 \cdot 16 - 16 = 880$.

Abb. 195, Karte mit Verdolteilung für eine 1344er Maschine. Stich in der Längsrichtung 5,14, in der Querrichtung 3 mm. 3 Gruppen, getrennt durch Eichellöcher, jede Gruppe 56 versetzte Querreihen.

Verwendet werden entweder Pappkarten (selten Karten aus dünnem Blech) oder wie bei der Verdolmaschine endloses Papier. Die Verbindung der Karten muß so erfolgen, daß ein Verschieben in der Querrichtung und in der Längsrichtung ausgeschlossen ist und die Entfernung der Warzenlöcher genau dem 4-, 5-, 6- oder 8seitig ausgeführten Prisma entspricht. Die Bindeschnuren sind deshalb gekreuzt (siehe Abb. 196). Muß eine Karte ausgewechselt werden, geschieht dies in der durch Abb. 197 gegebenen Weise. Die oben und unten liegenden Schnuren werden durch dünne feste Fäden miteinander verbunden. — Für Muster, welche eine große Anzahl von Karten erfordern, fällt die Pappkarte sehr schwer aus und macht besondere Einrichtungen zur Unterstützung und Führung erforderlich. Die Karte wird dann in Falten angeordnet dadurch, daß in bestimmten Abständen Drähte eingebunden werden, deren Länge größer als die Kartenlänge ist und die mit den freien Enden auf schiefen Ebenen herunterlaufen.

Stellung der Jacquardmaschine. — Bei den Handwebstühlen steht diese so, daß der Messerhebel nach vorn geführt ist und mit dem unten liegenden Tritt durch eine hinter dem Rücken des Webers heruntergehende Schnur verbunden wird. Die Achse des Prismas liegt parallel zur Kette und die Musterkarte läuft seitwärts ab. Dieselbe Stellung zeigt auch Abb. 40 bei einer Maschine für Hoch- und Tieffach. Doch findet sich bei Kraftstühlen auch die Jacquardmaschine um 90° verdreht angeordnet; die Prismaachse steht

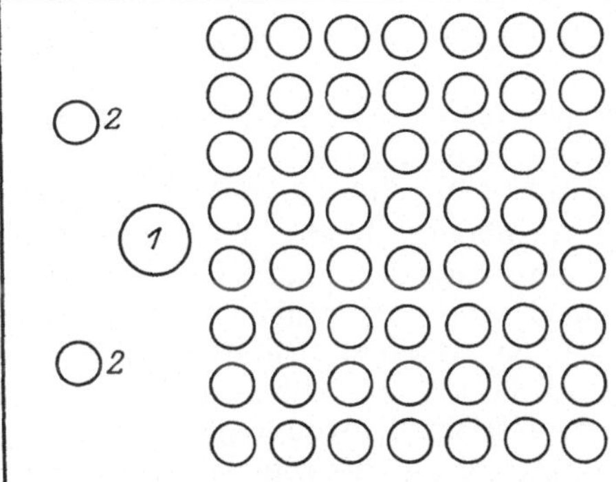

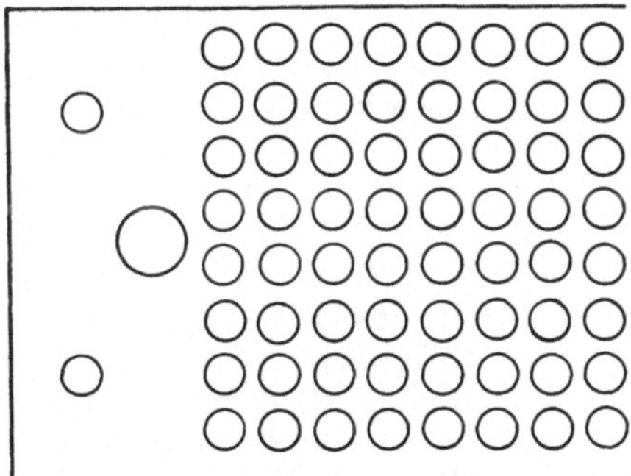

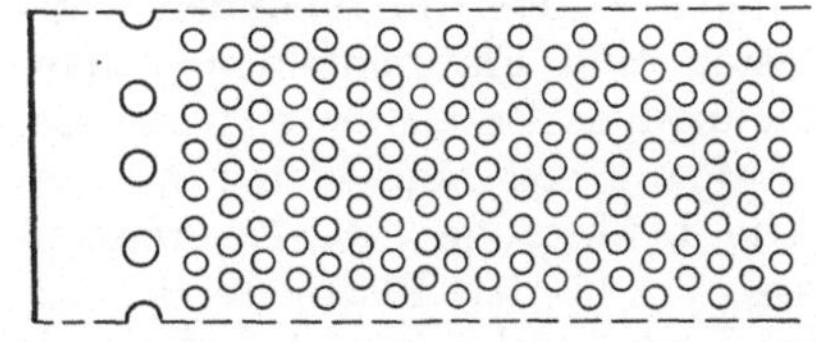

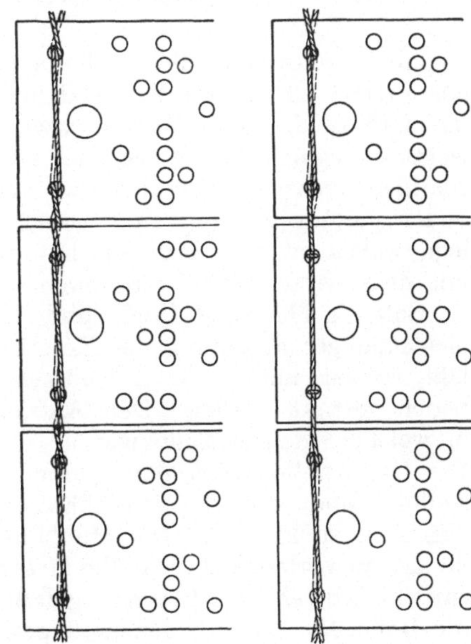

Abb. 192—195. Sticharten für Jacquardkarten.   Abb. 196 u. 197. Verbindung d. Jacquardkarten.

dann senkrecht zur Kette, das Prisma liegt meist hinten und die Musterkarte läuft nach hinten ab, um nicht störend für den Weber zu wirken und das Licht nicht zu beeinträchtigen.

Von den zahlreichen Ausführungsformen der Jacquardmaschine können hier nur einige besonders bemerkenswerte Aufnahme finden.

Einhubmaschine nach Lacasse für Hochfach, Abb. 198. Die federnden Drahtplatinen 1 stehen auf dem festen Platinenboden 2, der mit versetzten Löchern versehen ist, um eine gedrängte Anordnung der Platinen zu ermöglichen. Dies bedingt, daß die in zwei benachbarten Querreihen befindlichen Platinen nach links bzw. rechts abgebogene Füße erhalten. Die Platinen legen sich mit ihrem federnden Teil gegen die im Rost 3 befindlichen Stäbe und mit dem Hakenteil gegen eine Kröpfung der Nadeln 4, wodurch diese nach links gedrängt werden und ein besonderes Federhaus überflüssig wird. Am rechten Ende sind die Nadeln durch einen Rost 5 geführt, gegen den sich in

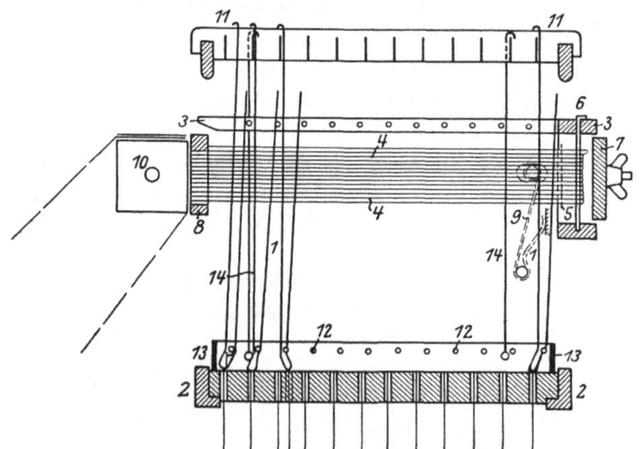

Abb. 198.   Jacquardmaschine nach Lacasse.

der Ruhelage die umgebogenen Enden stützen, und weiter sind Drähte 6 durchgesteckt, um das Verdrehen zu verhindern. Der einstellbare Boden 7 ist mit dem Nadelbrett 8 durch 2 Stangen verbunden und der so gebildete Rahmen ist wagerecht verschiebbar und wird durch Feder 9 stets nach links gedrückt. Seine Stellung ist durch Anschläge begrenzt. Die Nadeln treten in der Ruhelage nicht wie sonst üblich aus dem Nadelbrett heraus, wodurch leicht Verbiegungen eintreten, die zu Fehlern im Muster Veranlassung geben. Schlägt das Prisma 10 an, werden Nadelbrett und Boden 7, dem die Aufgabe zufällt, die zurückgedrängten Nadeln wieder nach vorn zu bringen, nach rechts bewegt. — Damit die durch die im Kasten 11 befindlichen Messer gehobenen Platinen auch mit Sicherheit für den nächsten Schuß wieder auf den Platinenboden gestellt werden, sind zwischen den beiden Schenkeln Drähte 12 eingelegt, welche in dem Rahmen 13 angebracht sind. Dieser ist durch Drähte 14 mit dem Messerkasten verbunden, geht also mit diesem auf und nieder.

Soll die Maschine Hoch- und Tieffach machen, was zur Schonung und zu gleichmäßiger Spannung der Kettfäden beiträgt und auch höheres Fach bilden läßt, so daß mit größeren Schützen gearbeitet werden kann, muß der Platinenboden gesenkt werden. Den Antrieb für eine solche Maschine zeigt Abb. 199, in welcher gleiche Teile wie in Abb. 198 mit gleichen Ziffern versehen sind. Die Hauptwelle trägt eine Doppelkurbel 15, deren Zapfen in Schlitzen verstellbar sind, um die Hubhöhe von Messerkasten und Platinenboden genau einstellen zu können. Die Hubhöhe des Platinenbodens ist etwas geringer als die des Messerkastens, weil die Messer bei dem Aufgang erst eine kleine Strecke zurücklegen, ehe die Platinen gefaßt werden. Die Lenkstangen 16, 17 erfassen die Hebel 18, 19, von denen 18 den Messerkasten 11, 19 den Platinenboden 12 bewegt. Die Prismalade 20 ist um das untere Ende drehbar und bekommt von dem Exzenter 21 aus durch Lenkstange 22, Winkelhebel 23 und Zugstange 24 Bewegung. Die Lenkstangen 16, 17 und 22 sind zum genauen Einstellen unten mit Gewinde versehen und tragen oben Doppelgelenke.

Bei allen Jacquardmaschinen ist wie bei den Schaftmaschinen Anordnung zu treffen, daß die Musterkarte auch rückwärts bewegt werden kann, wenn ein Fehler im Gewebe entstanden ist, der das Herausnehmen einiger Schuß erfordert. Eine solche Kartenrückschlagvorrichtung zeigen die Abb. 200 und 201. Bei regelmäßigem Gange wird das fünfseitige Prisma durch den Wendehaken 1 gewendet, wenn es nach links ausschwingt. Die beiden ein Stück bildenden Wendehaken 1 und 2 sind lose drehbar um den auf dem Winkelhebel 4 befindlichen Bolzen 3. 4 steckt lose auf dem mit dem Gestell verschraubten Bolzen 5, auf welchem Teil 6 durch Klemmschraube befestigt ist.

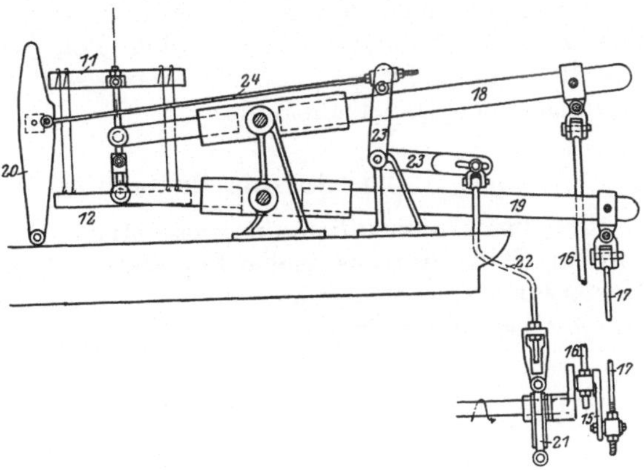

Abb. 199. Jacquardmaschine für Hoch- und Tieffach.

6 trägt im Kopf einen Federstift 7, der, solange vorwärts gearbeitet wird, den Winkelhebel 4 sperrt, außerdem noch einen Winkelhebel 8, der mit dem Federstift verbunden und an dessen wagerechten Arm eine Schnur 9 angeknüpft ist, deren anderes Ende den Arm 10 der Wendehaken faßt. Zieht man Schnur 9 an, wird der Federstift 7 ausgerückt und der untere Wendehaken in die Laterne 14 eingelegt. Jetzt läßt sich durch

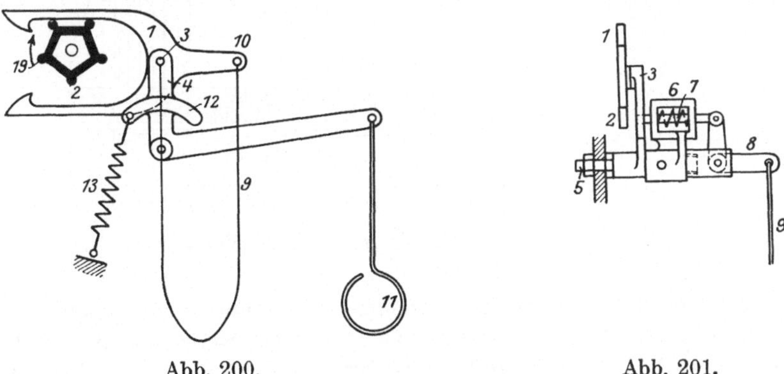

Abb. 200.   Abb. 201.
Karten-Rückschlagvorrichtung.

Zug am Griff 11 das Prisma rückwärts drehen. Der Federstift läuft dabei auf Platte 12 und schnappt, wenn man den Griff und die Schnur losläßt, unter Wirkung der Feder 13 wieder ein und sperrt Hebel 4.

Wird bei Hochfachmaschinen der Messerkasten parallel seiner Lage bewegt, entsteht unreines Oberfach wie bei der Schaftweberei, wenn alle Schäfte gleiche Sprunghöhe besitzen, weil sowohl die ganz vorn als auch die ganz hinten durch das Harnischbrett gehenden Litzen gleich hoch gehoben werden. Dies ist nicht besonders nachteilig, wenn die Fadenlagen nicht zu verschieden

sind. Die Unterfach bildenden Fäden liegen in einer Ebene. Wird Hoch-
und Tieffach bei Parallelbewegung von Messerkasten und Platinenboden gebildet, entsteht auch unreines Unterfach, was auf den Schützenlauf störend
wirken kann. Um dies zu verhindern, ist die Anordnung getroffen, daß sich
Platinenboden und Messerkasten, die in der Ruhelage parallel stehen, bei
der Bewegung nach unten und oben schräg zueinander stellen. Man denke
sich z. B. in Abb. 199 diese beiden Teile unmittelbar auf den Hebeln 18
und 19 angebracht, so wird die Schrägstellung ohne weiteres bei dem Ausschwingen der Hebel eintreten.

i) Jacquardmaschine nach Verdol.

Bei dieser namentlich für große Muster in Anwendung stehenden Maschine
wird an Stelle der aus vielen Pappkarten bestehenden und dadurch schweren
Musterkarte eine solche aus einer endlosen Papierbahn, die leicht und kurz
und bei der hier möglichen feinen Teilung (S. 109) auch schmal ausfällt, auf-

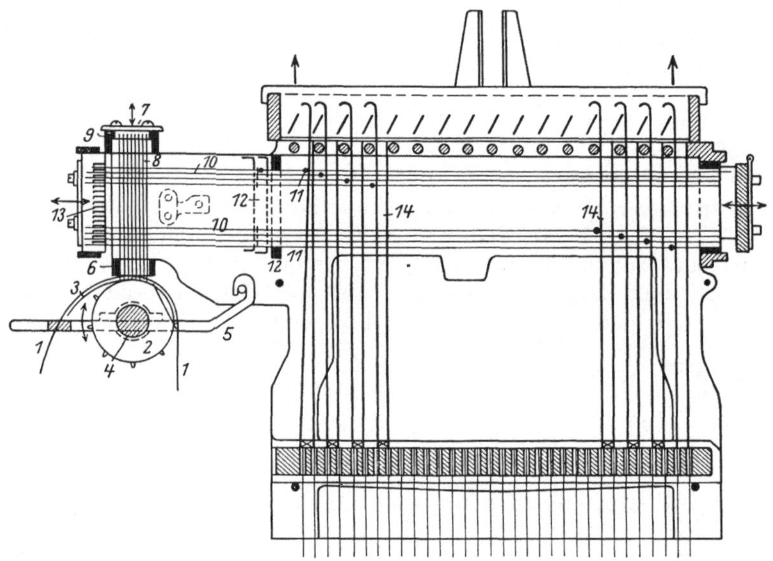

Abb. 202. Jacquardmaschine nach Verdol.

gelegt. Das Papier ist aber weit weniger widerstandsfähig gegen den Nadel-
druck als Pappe; werden doch selbst die aus bester Pappe hergestellten
Karten zuweilen von den Nadeln durchstoßen, was zu Fehlern im Muster
führt. Es mußten deshalb besondere Vorkehrungen getroffen werden, um
den Druck der Nadeln gegen die Papierkarte soweit zu ermäßigen, daß keine
Durchlochungen eintreten. Dies ist auf folgendem Wege erreicht worden.
Die Papierkarte wirkt nicht wie die Pappkarte unmittelbar auf die die Platinen einstellenden Nadeln ein, sondern auf leichte aus Draht hergestellte
Hilfsnadeln, die ihrerseits durch damit verbundene Stoßplatinen die Nadeln
der Hauptplatinen einstellen.

Abb. 202 zeigt die Anordnung. Das Musterpapier 1 wird durch mehrere
mit Warzen besetzte Scheiben 2 Schuß um Schuß um eine Teilung geschaltet
und geht über die gebogene oben ebene und dort mit Löchern versehene

Zylinderplatte 3. Die Achse 4 der Scheiben 2 ist in Hebeln 5 gelagert, die zur Ausführung des Schlages eine Schwingbewegung erhalten. Oberhalb des ebenen Teiles der Zylinderplatte befindet sich das senkrecht bewegliche Nadelbrett 6 für die Hilfsnadeln 8, welches mit der Druckplatte 7 zu einem Rahmen vereinigt ist. Die Hilfsnadeln, welche in der Ruhelage nicht aus dem Nadelbrett heraustreten, um das Fortschalten der Karte nicht zu hindern, erhalten in dem Rahmen 9 eine zweite Führung und umfassen die Stoßplatinen 10. Diese haben rechts platte Köpfe, mit welchen sie auf die Hauptnadeln 11 einwirken, und werden rechts durch das feste Löcherbrett 12 geführt. Ganz links befindet sich der Messerrost 13, welcher aus Winkelmessern besteht, durch deren Zwischenräume die Stoßplatinen treten können, wenn sie sich in Ruhelage befinden, wenn ausgehoben aber dem abwärts gerichteten Winkel eines Messers gegenüberstehen, wodurch bei Rechtsbewegung des Winkelmesserrostes die Stoßplatinen und durch diese die Nadeln 11 zurückgedrängt werden und die Platinen 14 auslegen. Trifft volles Papier gegen eine Hilfsnadel, wird die Hauptplatine ausgelegt und die davon gesteuerten Kettenfäden bleiben im Unterfach; war die Karte gelocht, bleibt die Platine 14 übergehakt und die Kettfäden gehen ins Oberfach.

Die Maschine kann auch für volles Fach eingerichtet werden und gleicht im übrigen der durch Abb. 198 gegebenen.

Herm. Schroers in Crefeld hat die Verdolmaschine dahin abgeändert, daß der Kartenzylinder nur Drehung und nicht mehr eine auf und ab gehende Bewegung zur Einstellung der Hilfsnadeln erhält, wodurch die Karte geschont wird. Dies bedingt aber, um die Hilfsnadeln einzustellen und vor der Drehung des Kartenzylinders aus der Karte herauszuziehen, daß der ganze den Messerrahmen 13, die Hilfsnadeln und Stoßplatinen enthaltende Teil aufwärts bewegt wird, wobei sich die Stoßplatinen schief stellen, da die Platte 12 an der Bewegung nicht teilnimmt. Geht der Messerrahmen abwärts, erhält er zugleich eine Bewegung um einige Millimeter nach rechts und die betreffenden Hauptplatinen werden ausgelegt, während die Hilfsplatinen, welche durch Löcher des Musterpapieres treten, die Hauptplatinen übergehakt lassen. Der Vorgang ist also der gleiche wie vorher dargelegt.

k) Doppelhub-Jacquardmaschinen.

Diese unterscheiden sich von den Einhubmaschinen dadurch, daß für jede Litze zwei durch eine gemeinsame Nadel gesteuerte Platinen und zur Bewegung dieser zwei Messerkasten vorhanden sind, die sich immer entgegengesetzt bewegen, und zwar geht der eine für den 1., 3., 5., der zweite für den 2., 4., 6. Schuß nach oben. Die Anzahl der Platinen ist doppelt so groß wie die Maschinenzahl angibt, weshalb zwecks Raumersparnis Drahtplatinen Verwendung finden und die ganze Maschine in Eisen erstellt wird.

Eine Doppelhubmaschine stellt Abb. 203 dar. Je zwei Platinen 1 und 2 werden von einer Nadel gesteuert und das Prisma führt für jeden Schuß einen Schlag aus. Trifft dabei volle Pappe die Nadel, werden beide Platinen ausgelegt. 3 und 4 sind die beiden Messerkästen, von denen 3 augenblicklich unten, 4 oben steht. Messerkasten 4 ist kammartig ausgebildet, damit die Messer des Kastens 3 durch die des Kastens 4 treten können. Die Platinen sind unten aufgebogen und legen sich in der Ruhelage mit einem Haken auf die Stäbe des rostartigen Platinenbodens 5. In die aufgebogenen Teile der Platinen 1 und 2 ist eine Drahtschlinge 6 eingehangen, in welche die Hebeschnur eingeknüpft ist. Geht eine Platine, z. B. 2, hoch, wird die

Drahtschlinge mitgenommen und gleitet an Platine 1 empor. Die Verbindung der Platinen mit der Hebeschnur kann auch unter Weglassung der Drahtschlinge durch kurze Schnuren erfolgen.

Sollen dieselben Kettenfäden für zwei aufeinanderfolgende Schuß Oberfach bilden, ändern die Platinen 1 und 2 ihre Stellung und Platine 1 wird durch Messer 3 emporgezogen.

Der Vorteil des Doppelhubes liegt in der geringeren Messergeschwindigkeit, da die Messer nicht wie bei der Einhubmaschine für jeden Schuß sondern nur für zwei Schuß einen Auf- und Niedergang auszuführen haben. Die Schußzahl kann vergrößert werden, daher die Anwendung der Doppelhubmaschine für raschlaufende Stühle.

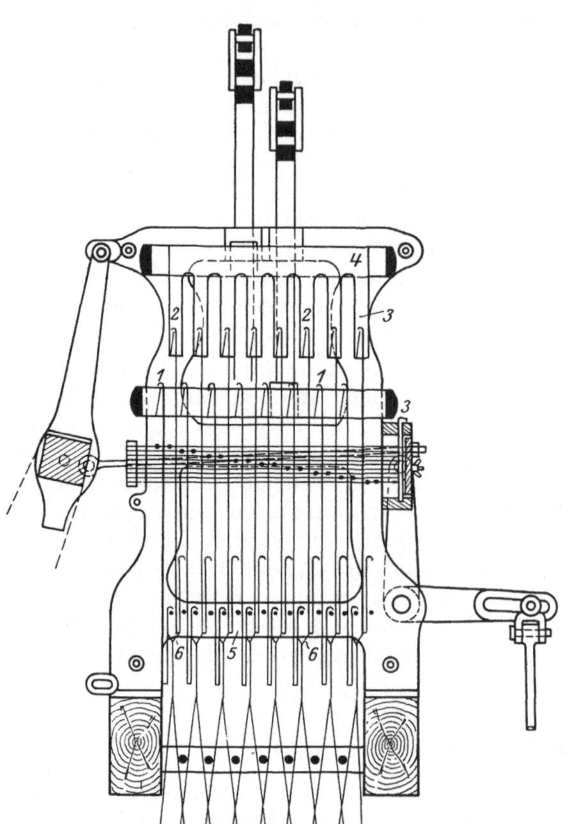

Abb. 203. Doppelhub-Jacquardmaschine.

l) Jacquardmaschine mit zwei Prismen.

Für abgepaßte Gewebe, welche aus einem Grund (Fond) und Längs- und Querkante (Bordüre) bestehen und häufig in verschiedenen Längen hergestellt werden müssen (Tisch- und Bettdecken, Mund- und Handtücher, Teppiche usw.), ist es vorteilhaft, eine besondere Karte für Grund und Längskanten und eine für die Querkante und zwei Prismen anzuordnen. Man ist dann in der Lage, den Grund beliebig lang weben und nach Ausschalten der Grundkarte und Einschalten der Karte für die Querkante diese sofort anweben zu können. Das Aus- und Einschalten erfolgt entweder von Hand oder selbsttätig, veranlaßt durch eine besondere Wechselkarte. — Hat die Maschine nur ein Prisma, müssen für derartige Fälle auch zwei Kartenläufe vorhanden sein. Ist der Grund vollendet, muß die Grundkette abgenommen und die Kantenkette aufgelegt werden, was umständlich und zeitraubend ist.

Bei Maschinen mit zwei Prismen sind diese meist auf beiden Seiten der Jacquardmaschine in Hängeladen angeordnet und es sind zwei Sätze von Nadeln, Haupt- und Hilfsnadeln, vorhanden, die zum Teil übereinanderliegen und miteinander so verbunden sind, daß die Hauptnadeln immer dieselbe Bewegung ausführen, gleichgültig ob das rechts- oder linksseitige Prisma arbeitet. Dadurch wird es möglich, die beiden Karten in ganz gleicher Weise zu schlagen.

Zwei Prismen finden auch Verwendung, wenn die Schußzahl soweit als möglich gesteigert werden soll. Von den beiden Kartenketten erhält dann die eine alle ungeraden, die andere alle geraden Karten und die Prismen treten in regelmäßigem Wechsel in Tätigkeit. Jedes Prisma arbeitet auf einen besonderen Satz von Nadeln. Durch das wechselweise Arbeiten erhalten die Nadeln und Platinen mehr Zeit, die Ruhelage mit Sicherheit einzunehmen und es werden Fehler im Gewebe vermieden.

Anwendung der Jacquardmaschine.

Die Einhubmaschine für Hochfach findet allgemein in der Handweberei Anwendung, weniger in der mechanischen Weberei, da sie für breite Ware und solche mit dichtem Kettenstand nicht besonders, dagegen für schmale leichte und mittelschwere Ware gut geeignet ist. Schußzahl etwa 100 in 1 min.

In der mechanischen Weberei zieht man für leichte und schwere Ware beliebiger Breite Hoch- und Tieffachmaschinen vor, welche $130 \div 140$ Schuß in 1 min. zulassen.

Doppelhubmaschinen sind für schmale leichte und mittelschwere Ware und große Schußzahl — $170 \div 180 \div$ ausnahmsweise 200 in 1 min. — geeignet.

m) Die Beschnürung.

Zwei Ausführungen werden unterschieden, die deutsche und die englische, die sich dadurch ergeben, daß bei der ersteren das Prisma seitwärts, rechts oder links, bei der letzteren vorn oder hinten angebracht ist. Außerdem spricht man von Beschnürung gerade durch und in Spitz. In allen Fällen geht der erste Kettenfaden durch das erste Auge links hinten, der letzte durch das letzte Auge rechts vorn.

Deutsche Beschnürung gerade durch. — Diese ist in einfachster Ausführung für eine 400er Maschine mit 8 Platinen in einer Querreihe und 8 Löchern in einer Querreihe des Harnischbrettes durch Abb. 204 dargestellt, bei welcher jede Platine nur einen Kettenfaden führt. Der Musterrapport ist 400 und das Muster erscheint auf der Breite des Gewebes nur einmal. Ist der Musterrapport eine in 400 ohne Rest aufgehende Zahl, z. B. 20, 40, 50, 80, wiederholt sich das Muster 20, 10, 8, 5-mal in der Breite.

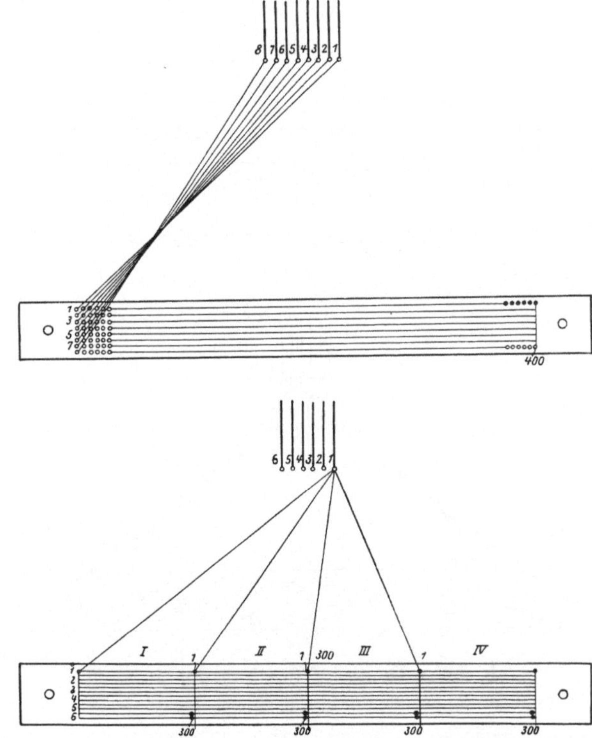

Abb. 204 u. 205. Deutsche Beschnürung.

Besitzt die Kette mehr Fäden als die Maschine Platinen, wird die Beschnürung in mehreren Abteilungen ausgeführt und mit jeder Platinenschnur werden so viel Litzen verbunden, als Abteilungen vorhanden sind. Abb. 205

zeigt die Anordnung für eine 300er Maschine und 1200 Kettfäden. Jede Platine führt 4 Kettenfäden. Es sind 4 Abteilungen, jede 300 Löcher umfassend, vorhanden und die Beschnürung erfolgt in jeder dieser genau so, wie durch Abb. 204 gegeben; die erste Platine führt Fäden 1, 301, 501, 901, die zweite die Fäden 2, 302, 602, 902 usf.

Die Zahl der Löcher in einer Querreihe des Schnurbrettes ist für mittlere Gewebedichten zweckmäßig gleich der Zahl der Platinen in einer Querreihe, kann aber für geringe Dichten kleiner sein und muß bei großen Dichten größer genommen werden.

Englische Beschnürung gerade durch. — Liegt das Prisma vorn, steht die erste Platine links hinten, die letzte rechts vorn; liegt es hinten, steht die erste Platine rechts vorn, die letzte links hinten. Die Beschnürung erfolgt hier in der durch Abb. 206 angedeuteten Weise für eine 300er Maschine mit 6 Platinen in einer Querreihe und 1500 Kettfäden, woraus sich 5 Abteilungen des Harnisches zu je 300 Litzen ergeben. Jede Platine führt 5 Litzen. Die erste Litze der Platine 1 wird durch Loch 1 des ersten Teiles, die zweite durch Loch 1 des zweiten Teiles usf. gezogen bis zur fünften. Dann erfolgt die Beschnürung von Platine 7 aus, der in der Längsreihe Platine 1 benachbarten, so, daß die erste Schnur in Loch 7 der ersten, die zweite in Loch 7 der zweiten Abteilung usf. eingezogen wird. — Diese Beschnürung bietet gegenüber der deutschen den Vorteil, daß die Harnischschnuren am wenigsten verkreuzt verlaufen und der Rost unterhalb des Platinbodens wegfallen kann.

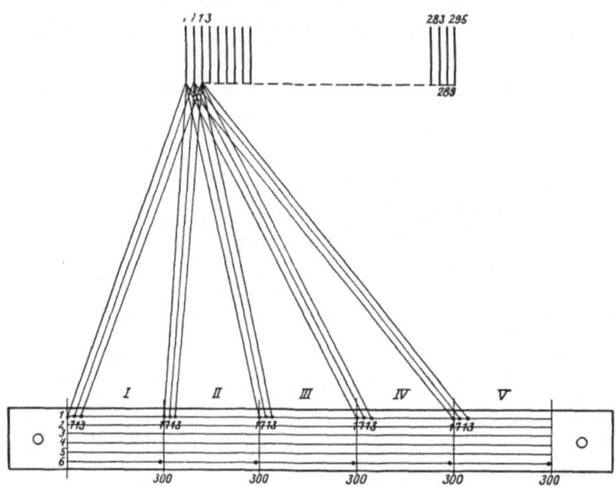

Abb. 206.   Englische Beschnürung.

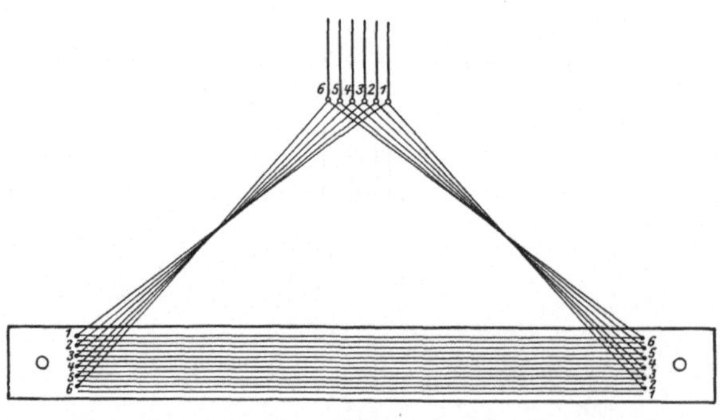

Abb. 207.   Deutsche Beschnürung in Spitz.

Deutsche Verschnürung in Spitz. — Das Wesen dieser geht aus Abb. 207 hervor, die eine Verschnürung einfachster Art bei einer 300er Maschine und 600 Kettfäden darstellt. Jede Platine führt 2 Kettfäden und zwar Platine 1 die 1ten und 600ten, Platine 2 den 2ten und 599ten usf. Nun würden der 300ste und der 301te auch an eine Platine angeschlossen werden und in der Mitte des Gewebes läge stets ein Doppelfaden, was man durch Weglassen eines Fadens verhindert.

Das Muster erscheint symmetrisch zur Gewebemitte z. B. als Quadrat, dessen Diagonalen in Kett- und Schußrichtung liegen. Soll sich das Muster in der Gewebebreite mehrmals wiederholen, werden wie bei der Verschnürung gerade durch Abteilungen gebildet und in diesen die Verschnürung in Spitz durchgeführt.

Englische Verschnürung in Spitz. — Diese weicht nur insofern von der deutschen ab, als hier nacheinander die Platinen einer Längsreihe beschnürt werden.

Bei Mustern, welche einen besonderen Rand und Grund erhalten sollen (s. oben), wendet man Beschnürung in Spitz und gerade durch an (gemischte Beschnürung).

n) Herstellung der Jacquardkarten[1])

Das Schlagen der Jacquardkarten geschieht mit einer Klaviatur-Kartenschlagmaschine nach Abb. 208 und 209 von Herm. Ulbricht in Chemnitz

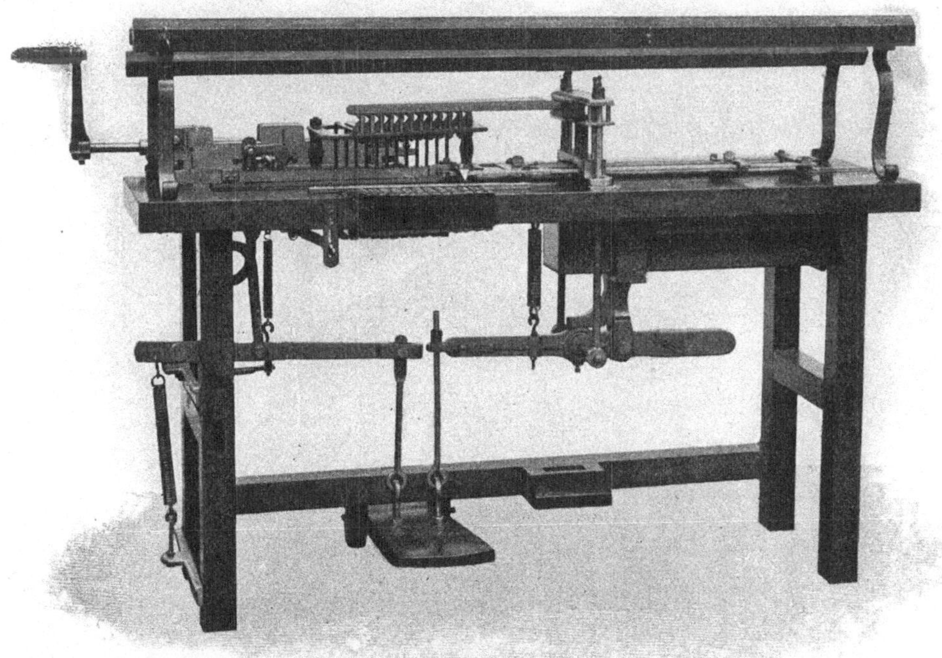

Abb. 208. Jacquardkarten-Schlagmaschine.

und Hahlo und Liebreich in Bradford. Diese besitzen einen Rahmen zur Aufnahme der Musterzeichnung (Patrone), versehen mit einem Lineal, welches für jeden Schuß um eine wagerechte Reihe der Patrone verstellt wird. Die zu schlagende Karte liegt in einem Schlitten oder Wagen und es werden immer die Löcher einer Querreihe gelocht. Durch Niederdrücken von Tasten

---

[1]) Leipz. Monatsschr. Textilind. 1923. S. 78. Jacquardkarten und ihre Herstellung und Behandlung von Direktor A. Weickardt in Bramsche.

Abb. 210. Jacquardkarten-Bindemaschine.

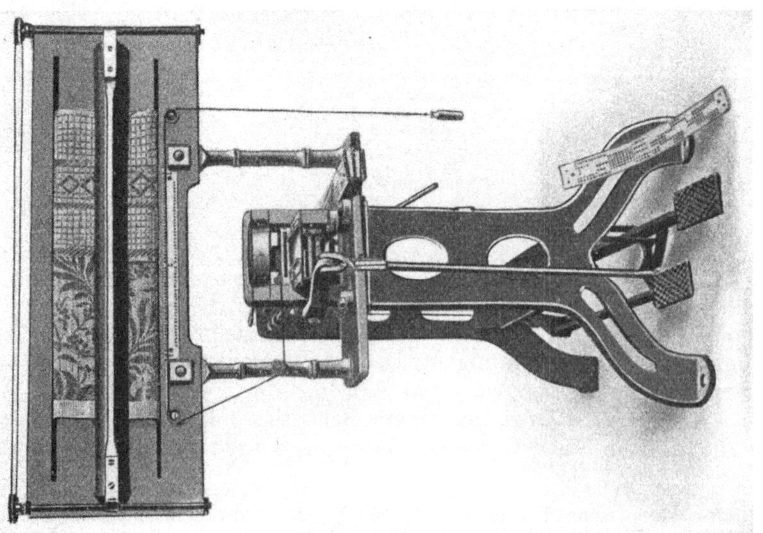

Abb. 209. Jacquardkarten-Schlagmaschine.

werden die Lochstempel eingestellt und durch Niedertreten eines Fußtrittes
die Lochung vollzogen. Die Zahl der Tasten ist gleich der größten Zahl
der in einer Querreihe angeordneten Platinen. Sind mehr als 8 bis 10 Tasten
zu betätigen, muß das Lochen einer Reihe in zwei Absätzen erfolgen, ehe
eine Verschiebung der Karte in der Längsrichtung erfolgen kann.

Abb. 211. Jacquardkarten-Kopiermaschine.

Das Lochen geschieht nun in folgender Weise: Angenommen, es stehen
8 Platinen in einer Querreihe und die Karte erhält, wenn voll geschlagen,
ebenfalls 8 Löcher in einer Querreihe. Für den ersten Schuß sollen die
Kettenfäden 1, 3, 4, 7, 8, 11, 12, 15, 16 ins Oberfach gehen, so werden zum
Lochen der ersten Reihe die Tasten 1, 3, 4, 7, 8, zum Lochen der zweiten
die Tasten 3, 4 und 7, 8 niedergedrückt usf.

Manche dieser Maschinen sind auch mit Vorrichtung zum Lochen der Binde- und Warzenlöcher und mit Numeriervorrichtung versehen. — Bei dem Lochen werden die Karten nicht selten etwas länger, weil durch die dicht nebeneinander durchstoßenden Lochstempel eine Streckwirkung ausgeübt wird. Um dies zu verhüten, spannt man neuerdings die Karte fest zwischen zwei scharnierartig miteinander verbundene gelochte Platten (Schlagbuch) ein.

Ist ein Satz Karten fertigeschlagen, wird „Korrektur gelesen", um etwa vorhandene Fehler zu beseitigen. Irrtümlich geschlagene Löcher werden mit Pappe zugeklebt.

Das Binden der Karten, die Vereinigung zu einer Kette, erfolgt von Hand oder mittels Maschinen, von denen Abb. 210 eine Ausführung von Herm. Ulbricht in Chemnitz gibt.

Zur Vervielfältigung der Musterkarten dienen Kartenschlagmaschinen, von denen Abb. 211 eine Anordnung von Oskar Schleicher in Greiz zeigt. Der Maschine, welche einer Jacquardmaschine entspricht, deren Platinen die Lochstempel einstellen, wird eine gebundene und geschlossene Originalkarte vorgelegt und die ebenfalls gebundene aber offene zu lochende und es wird für jedes Spiel eine Karte völlig der Urkarte entsprechend gelocht.

Das beschriebene Verfahren zur Herstellung der Karten ist ziemlich umständlich. Es fehlt deshalb nicht an Bestrebungen, es einfacher zu gestalten und sei hier nur auf die Versuche, die Photographie und die Elektrizität dazu heranzuziehen, kurz hingewiesen. — Nach dem Verfahren von Jan Szezcpanik wird eine Metallplatte mit chromierter Gelatine überzogen, auf welche eine sehr stark lichtempfindliche Schicht kommt. In einer Kamera wird dann das Bild, die Patrone, auf die Platte projiziert und diese entwickelt. Setzt man nun die Platte dem Licht aus, werden die belichteten Stellen der chromierten Schicht unlöslich; man kann dann die obere Schicht und die löslichen Teile der unteren Schicht abwaschen und erhält eine Platte, die neben einer durch Ätzen leicht noch vertiefbaren metallischen und für Elektrizität leitenden Oberfläche nicht leitende Stellen aufweist. Diese Platte wird dann benutzt unter Zuhilfenahme leicht beweglicher Kontakte, um die Nadeln und Platinen einer Kartenschlagmaschine einzustellen. — Über das Verfahren von Borzykowski, Webereipatronen auf photographischem Wege herzustellen siehe Z. ges. Textilind 1907/08, S. 264. — Dauernde Erfolge scheinen beide Verfahren nicht aufzuweisen zu haben.

VI. Die Lade und die Getriebe des mechanischen Webstuhles zur Ladenbewegung.

Die Lade hat die Aufgabe, die Schütze zu tragen und zu führen und mittels des Blattes oder Rietes den eingetragenen Schußfaden an den Geweberand heranzubringen, anzuschlagen. Ausgeführt werden die Laden als Steh- und als Hängeladen. Letztere finden nur Anwendung bei Handwebstühlen und Kraftstühlen für Bandweberei. Die Ladenwelle liegt bei der Stehlade tief unten, was eine größere Standfestigkeit des Stuhles zur Folge hat, da die durch die schwingende Bewegung der Lade hervorgerufenen Massenkräfte hierbei dicht über dem Fußboden vom Maschinengestell aufgenommen werden.

Bei der Hängelade liegt die Drehachse der Lade hoch über der Kette und die Massenkräfte wirken am Stuhlgestell in bedeutender Entfernung vom Fußboden, wodurch sich leicht Schwankungen einstellen können.

Die Laden sind einzellig, wenn mit nur einer Schütze gearbeitet wird — an jeder Seite befindet sich ein Schützenkasten zur Aufnahme der Schütze — oder mehrzellig, wenn mehrere Schützen für die Musterbildung erforderlich sind (Wechselladen).

Eine einzellige Lade der üblichen Ausführung für Oberschlagstühle gibt die Abb. 212. Die Lade besteht aus dem Ladenklotz 1, einem kräftigen hölzernen selten eisernen Balken, der an der Lauffläche der Schütze meist mit einer Schicht härteren und dichteren Holzes belegt ist, um größere Glätte zu erzielen und die Abnutzung zu vermindern und getragen wird von den Ladenarmen oder Stelzen 2, von denen bei schmalen Stühlen zwei, bei sehr breiten Stühlen mehrere vorhanden sind. Die Stelzen sind mit der Ladenwelle 3 verschraubt, häufig, wie in Abb. 212 angegeben, in der Weise, daß die Höhen- und die Seitenstellung der Lade etwas geändert werden kann. Gegen eine selbsttätige Verstellung der Lade in der Höhenrichtung sichert die Schraube 4. — Der Ladenklotz trägt in der Mitte das Blatt 5, welches sich bei Stühlen mit festem Blatt mit der unteren Leiste in eine Nut des Ladenklotzes einlegt und oben in einer Nut des mit den Stelzen verschraubten Ladendeckels 6 liegt. Das

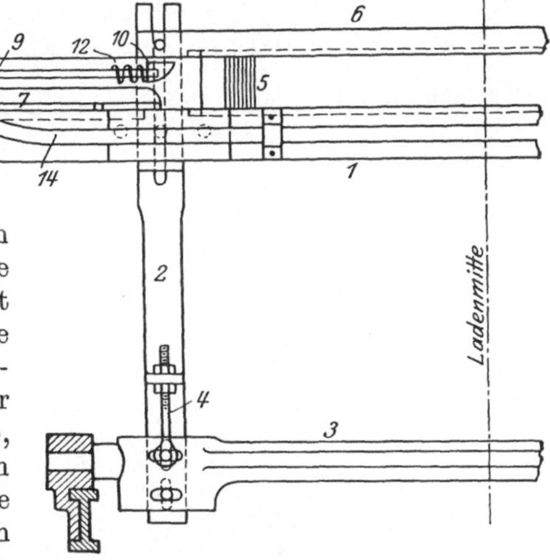

Abb. 212. Stehlade.

Blatt steht unter einem Winkel von 90, häufig bis 85° zur Oberfläche des Ladenklotzes.

An beiden Enden des Klotzes befinden sich die Schützenkästen, deren Rückwände genau in einer Ebene mit der Vorderebene des Blattes aus leicht ersichtlichem Grunde liegen müssen. Die ⌞-förmige Vorderwand 7 der Schützenkästen ist stellbar und wird so eingestellt, daß sie außen um die Schützenbreite, innen aber um 2 ÷ 4 mm mehr von der Rückwand der Zelle absteht und ist am inneren Ende nach vorn gekrümmt, wodurch der Einlauf des Schützen sich sicherer vollzieht. In einem Schlitz des Schützenkastenbodens führt sich der Picker 8, der eine zweite Führung durch die Spindel 9 erhält, die innen von dem Klötzchen 10 getragen wird und außen durch die eiserne Stirnwand des Schützenkastens hindurchgesteckt ist und durch eine Blattfeder 11 in Stellung gehalten wird. Löst man die Befestigungsschraube der Feder, kann die Pickerspindel zur Auswechselung des Treibers leicht herausgezogen werden. Diese Spindel soll bei Oberschlagstühlen gegen die Ware hin um etwa 2 mm höher über der Schützenbahn und um 2 mm weiter von der Schützenkastenrückwand abstehen. Dadurch wird die Schütze bei dem Abschießen hinten etwas angehoben und mit der vorderen Spitze gegen das Blatt gerichtet. — Die Pickerspindeln müssen gut geschmiert werden, um die Reibung möglichst zu vermindern.

Auf die Innenseite der Pickerspindel ist ein gefalteter Riemen 12 gesteckt, der als Puffer wirkt und den Treiber am Ende des Schützenschlages auffängt; an der Außenseite ist ein kurzes Riemenstück 13 übergeschoben, welches mit dem an der Vorderseite des Ladenklotzes zur Gegenseite geführten Fangriemen 14 verbunden ist. Die links einlaufende Schütze treibt den Picker und durch diesen Riemen 13 in die Endstellung und Riemen 14 führt eine kleine Linksbewegung aus, wodurch der rechtsseitige Riemen 13 etwas nach einwärts gezogen wird.

Durch die Rückwand der Zelle tritt eine leicht bewegliche Zunge 15, Abb. 213 u. 215 in das Innere des leeren Kastens unter Wirkung der Feder 16, welche zunächst auf die Stecherwelle 17 und durch den auf dieser angebrachten Hebel 18 auf die Zunge wirkt. Die Zunge übt einmal eine Bremswirkung auf die einlaufende Schütze aus, um zu verhüten, daß diese den Picker mit großer Kraft trifft, was zu einer schnellen Zerstörung dieses teuren Teiles führen würde; andererseits hat die Zunge den Einlauf der Schütze zu überwachen und die Abstellung des Stuhles zu veranlassen, wenn die Schütze herausgeflogen oder im Fach stecken geblieben ist. Im letzteren Falle würde, wenn die Lade vorschlüge, eine große Zahl von Kettenfäden zerrissen werden, was nicht nur einen längeren Stillstand des Stuhles, sondern auch einen Fehler im Gewebe zur Folge hat.

Auf der Stecherwelle sind rechts und links über den Seitenwänden des Stuhles die Stecher 19 Abb. 213 angebracht, welche, fehlt die Schütze, gegen die Frösche 20 wirken und diese, die durch Gummipuffer oder Federn unterstützt sind, etwas zurücktreiben. Der auf der Antriebseite des Stuhles befindliche Frosch wirkt auf den Ausrückhebel Abb. 213 und 214 und drängt diesen aus seiner Ruhe, wodurch der Riemen sofort auf die Leerscheibe

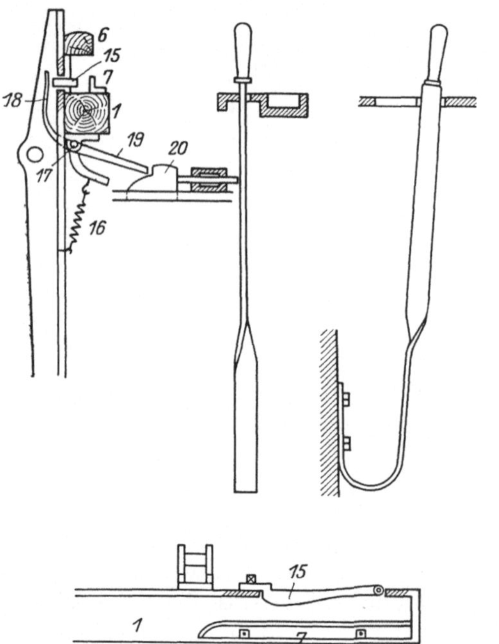

Abb. 213 bis 215. Stecheranordnung.

geworfen und eine auf das Schwungrad wirkende Bremse angezogen wird. Letzteres ist nötig, um den infolge der Massenwirkung der Lade bei dem plötzlichen Stillsetzen auftretenden heftigen Stoß zu mildern. Die Bremse muß sehr sorgfältig eingestellt werden.

Die Stechervorrichtung muß auf beiden Seiten des Stuhles gleichzeitig und gleichmäßig wirken. Bei breiten Stühlen wird noch ein Stecher in der Mitte angebracht, um jedes Durchfedern des Ladenklotzes infolge der Massenwirkung bei dem plötzlichen Anhalten zu verhüten. Das Ausrücken muß so früh und so schnell erfolgen, daß eine im Fach steckengebliebene Schütze keine Zerstörung der Kette herbeiführen kann. Da nun das Einfallen der Stecher durch Federwirkung erfolgt, ist die Stechereinrichtung für Stühle mit mehr als $160 \div 180$ Schuß i. d. Min. nicht gut brauchbar. Dann wendet man das fliegende Blatt an Abb. 216. Das Blatt 1 ist im Ladendeckel drehbar gelagert, damit es, wenn die Schütze im Fach stecken geblieben ist, nach hinten ausschwingen kann. Tritt dies ein, dreht sich der unterhalb des Ladenklotzes gelagerte vierarmige Hebel 2, 3, 4, 5 so, daß Arm 4 bei dem Vorschwingen der Lade gegen die am Ausrückhebel befindliche verzahnte Platte 6 stößt, wodurch der Stuhl ausgerückt wird. — Um das Blatt für den Ladenschlag festzulegen, trifft Hebel 5 mit der vorderen Abschrägung gegen den am Brustbaum verschraubten Teil 7. Schwingt die Lade nach hinten, muß das Blatt ebenfalls festgehalten werden, damit die Schütze sichere Führung erhält. Es wird dies erreicht dadurch, daß die am Hebel 3 befindliche Rolle auf die Blattfeder 8 aufläuft.

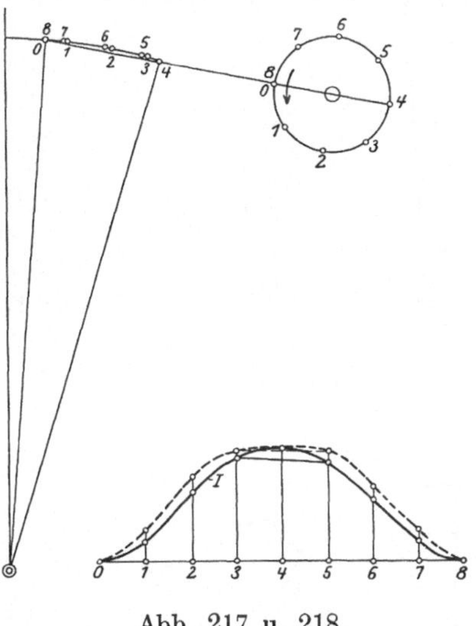

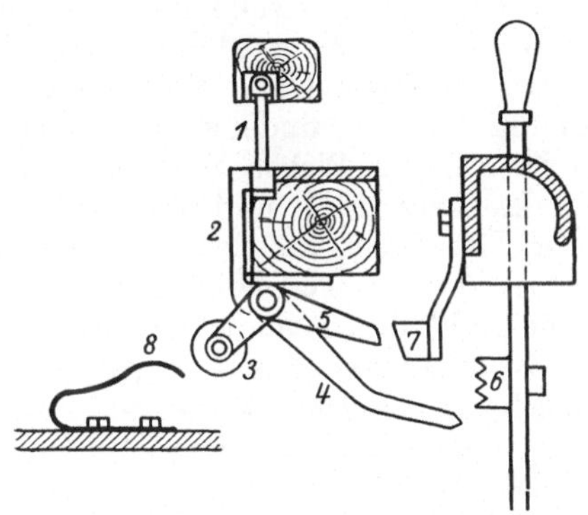

Abb. 216. Fliegendes Blatt.

Abb. 217 u. 218.
Ladenbewegung mit langer Lenkstange.

1. Bewegung der einschützigen Stehlade.

Es sind dabei zwei Bedingungen zu erfüllen: Der Ladenschlag soll in der Regel kein Stoß sondern ein ruhiger Druck sein und die Lade soll, was besonders für breite Stühle von Wichtigkeit ist, so lange stillstehen oder wenigstens nahezu stillstehen, wie die Schütze sich im Fach befindet.

Die Bewegungsverhältnisse an einem einfachen Kurbelstuhl werden an Hand der Abb. 217 untersucht, wobei — als günstigster Fall — angenommen wird, daß die Mitte der Kurbelwelle in der Verlängerung der Sehne des vom Laden- oder Stoßzapfenmittel beschriebenen Kreisbogens liegt. Dann fallen die Totpunkte 0 und 4 der Kurbel fast genau auf einen Durchmesser. Teilt man den Kurbelkreis in acht gleiche Teile und schneidet von den Teilpunkten mit der Lenkstangenlänge in den vom Ladenzapfen beschriebenen Kreisbogen ein, erhält man die Punkte 0 bis 7 und als Ladenwege zu den zugehörigen Kurbelstellungen die Strecken 0—1, 0—2 usf. Denkt man sich den Kurbelkreis in eine Gerade verwandelt — Abb. 218 — und trägt in den Teilpunkten als Ordinaten die Ladenwege ab, erhält man die Wegkurve I, die erkennen läßt, daß der Ladenschlag sanft erfolgt, daß dagegen die Lade während des Schützendurchganges, der sich während der Kurbelstellungen 3, 4, 5 vollzieht, erst noch eine Bewegung nach rückwärts und dann wieder nach vorwärts ausführt. Die Schütze läuft infolgedessen nicht geradlinig durch, sie folgt dem von Stellung 3 bis 4 ausweichenden Blatt nach hinten und wird dann vom Blatt wieder nach vorn gedrängt, was den sicheren Durchgang beeinträchtigt.

Die Verhältnisse bessern sich wesentlich, wenn die lange Lenkstange, deren Länge gewöhnlich gleich 4- bis 5 mal Kurbelhalbmesser r ist, durch eine kurze

Lenkstange, deren Länge nur wenig größer als r, ersetzt wird. Dies bedingt aber die Einschaltung von Zwischengliedern zwischen Lade und Lenkstange, denn die Kurbelwelle kann nicht so dicht an die Lade herangebracht werden, wie dies die kurze Lenkstange erfordern würde, weil zwischen Lade und Kurbelwelle die Schäfte Platz finden müssen. Die Abb. 219 und 220 geben zwei Anordnungen für Betrieb der Lade mit kurzer Lenkstange. Abb. 219 zeigt, daß auf jeder Seite die Zahl der Glieder um eine Stelze 1 und einen Lenker 2 vermehrt worden ist, wodurch größere Massen zu bewegen sind und daß die Zahl der Gelenke einschließlich Drehzapfen der Ladewelle von 3 auf 6 gestiegen ist, was zu vermehrter Abnutzung und dadurch leicht zu unruhigem Gang Veranlassung gibt. Die Anordnung Abb. 220 findet sich an Buckskinstühlen der Sächsischen Webstuhlfabrik. Zwischen die kurze Lenkstange 1 und den langen Lenker 3 ist ein ⊤-förmiger an der Seitenwand des Webstuhles gelagerter Teil (Ladenwinkel) 2 eingeschaltet. Die Zahl der Teile ist hier von 1 auf 3, die der Gelenke von 3 auf 6 gestiegen. Diese Ausführung bedingt raschen Rück- und langsameren Vorgang und nahezu völligen Stillstand der Lade während des Schützenwurfes. — Gülcher und Schwab in Biala führen die Ladebewegung nach Abb. 221 aus. 1 ist die Kurbelwelle, 2, 3 die kurze Lenkstange und 4 ein den Ladenwinkel ersetzender mit der Lade fest verbolzter Teil. Bolzen 5 dient zur Bewegung des Streichbaumes (vergl. Abb. 109). Die Zahl der Gelenke ist wie der auf 3 herabgemindert. — Für alle 3 Fälle gestaltet sich die Wegkurve, wie die punktierte Linie in Abb. 218 angibt.

Soll die Lade während des Schützendurchganges vollkommen stillstehen, läßt sich das z. B. durch auf die Hauptwelle gekeilte Nutenscheiben erreichen, Abb. 222. Innerhalb des Winkels α ist die Nut konzentrisch zur Drehachse und kann im übrigen so gestaltet werden, daß der Ladenschlag sanft erfolgt.

Eine schon früh bei langsam laufenden Schönherr'schen Stühlen angewendete Ausführung zeigt im Gegensatz zu den bisher angegebenen zwangsläufigen Bewegungen der Lade eine kraftschlüssige, Abb. 223 und 224. Auf der gleichlaufend zur Stuhltiefe angeordneten Hauptwelle 1 sitzt ein Exzenter 2, welches auf die in der Stelze 3 gelagerte Rolle 4 wirkt. Mit 3 sind durch Zugstange 5 die Ladenwinkel 6, 6 verbunden, die durch kurze Lenkstangen die Bewegung auf den Ladenklotz übertragen. Eine kräftige Feder 7 bewirkt den Rückgang der Lade, während der Ladenschlag durch das Exzenter er-

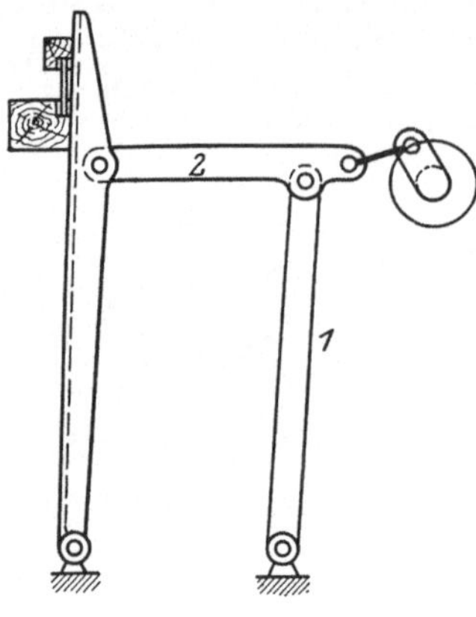

Abb. 219.

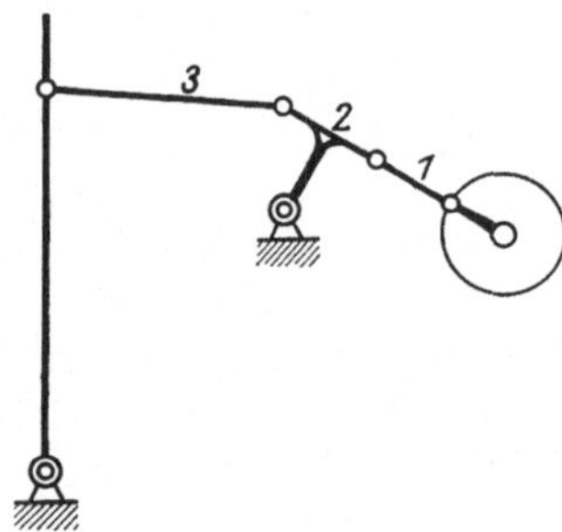

Abb. 220. Ladenbewegung mit kurzer Lenkstange.

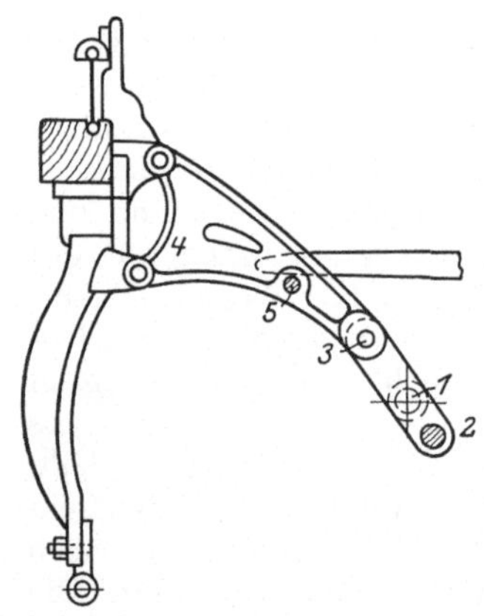

Abb. 221. Ladenbewegung nach Gülcher und Schwab.

folgt, welches leicht so gestaltet werden kann, daß die Lade innerhalb des Drehwinkels α vollkommen stillsteht, rasch nach vorn geht, dabei aber doch einen sanften Anschlag gibt und dann etwas langsamer zurückgeht.

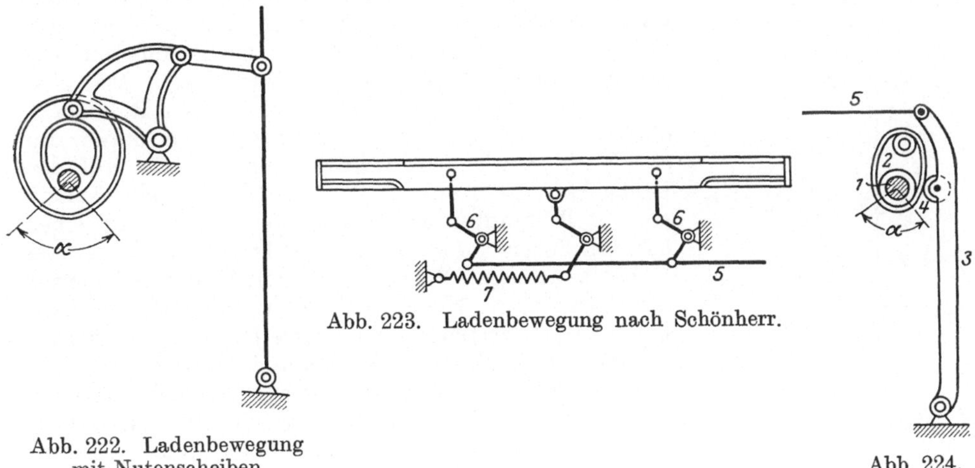

Abb. 223. Ladenbewegung nach Schönherr.

Abb. 222. Ladenbewegung
mit Nutenscheiben.

Abb. 224.

Erwähnt sei am Schlusse dieses Abschnittes noch, daß bei Ladenbewegung durch Kurbel und Lenkstange die Kurbelarmlänge r abhängig ist von der Größe der Schütze und der Bildung des Faches.

2. Ladenbewegung mit doppeltem Anschlag, mit Nach- oder Blattschlag.

Sollen die Schußfäden sehr dicht angeschlagen werden, muß die Kette eine stärkere Spannung erhalten. Dies ist aber in einzelnen Fällen, z. B. bei manchen Seidengeweben, Doppelsamt u. a. nicht möglich. Auch bei rauhen, dicht stehenden Ketten genügt der einmalige Druck des Blattes nicht, um die Schußfäden entsprechend dicht aneinander zu legen. Man läßt dann die Lade rasch zweimal hintereinander anschlagen, was auf verschiedene Weise erreicht werden kann. Bei dem Ladenantrieb nach Abb. 224 z. B. wird das Exzenter ersetzt durch ein solches nach Abb. 225, wodurch die Lade nach Durchlaufen des Winkels α ein zweites Mal anschlägt. Die Schußzahl wird dadurch allerdings um 10 bis 20 vH vermindert. — Eine andere Ausführung zeigt Abb. 226. Die Lenkstange 1 erfaßt die beiden Hebel 2, 3 und der erste Ladenschlag erfolgt,

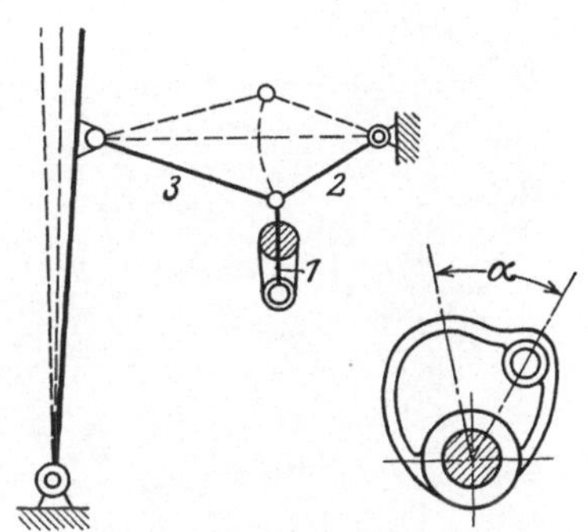

Abb. 225 u. 226.
Lade mit doppeltem Anschlag.

wenn 2 und 3 in eine Gerade fallen. Dann knicken die Hebel nach oben aus, wobei die Lade etwas zurückgeht, aber bei weiterer Drehung der Kurbel sogleich wieder vorwärts bewegt wird und den zweiten Schlag gibt, sobald 2 und 3 abermals die gestreckte Lage einnehmen.

Nach- oder Blattschlag. Das Blatt ist in einen drehbaren Rahmen eingesetzt, wird durch diesen unmittelbar vor dem Ladenschlag etwas zurück-

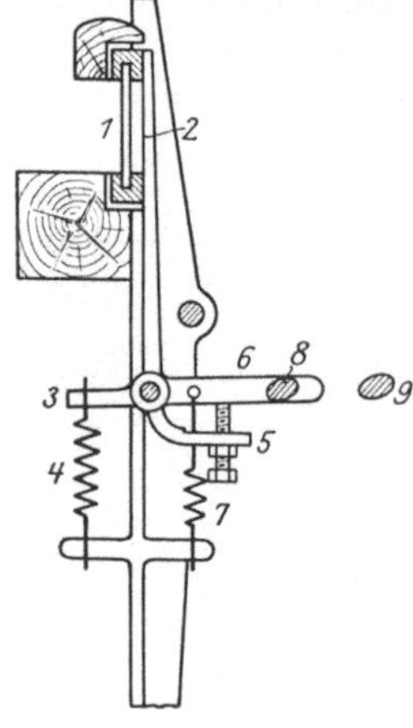

Abb. 227. Blattschlag.

bewegt und schnellt im Augenblick des Anschlages unter Wirkung einer Feder mit von der Spannung dieser abhängiger Kraft vor, einen mehr oder weniger heftigen Stoß ausübend, wodurch der Schußfaden fest an den Geweberand angelegt wird. Abb. 227 gibt eine Ausführung. Das Blatt 1 ist in den Rahmen 2 eingesetzt und wird in Stellung gehalten durch die am Hebel 3 wirkende kräftige Feder 4. Der auf der Drehachse des Rahmens 2 befestigte Hebel 5 trägt eine Stellschraube, auf welche sich unter Zug einer leichten Feder 7 der lose auf der Drehachse steckende Hebel 6 auflegt. Schwingt die Lade zurück, gleitet der Bolzen 8 des Hebels 6 über einen festen Anschlag hinweg und das Blatt wird für die Dauer des Schützenwurfes durch Feder 4 in Stellung gehalten. Sobald Bolzen 8 über 9 hinweggegangen ist, nimmt Hebel 6 wieder die gezeichnete Stellung ein. Bei dem Vorwärtsschwingen der Lade gleitet Bolzen 8 unter 9 hinweg, das Blatt schwingt dadurch etwas nach hinten aus und schlägt kräftig nach vorn, sobald Bolzen 8 von 9 abgleitet.

3. Freifallende Laden.

Diese finden nur bei Hängeladen Anwendung. Die Lade wird von der Stuhlwelle aus nach hinten bewegt und fällt zur Ausübung des Schlages unter Wirkung des Eigengewichtes frei nach vorn, der durch Einschaltung von Federn verstärkt werden kann.

4. Die Wechsellade.

Bei den mechanischen Webstühlen wird die Wechsellade entweder als Steig- oder Hublade oder als Revolverlade ausgeführt. Bei der ersteren (s. Abb. 39) sind die Zellen übereinander angebracht und die Bewegung erfolgt geradlinig, bei der letzteren sind die Zellen, gewöhnlich 6, auf einem sechsseitigen Prisma, dem Revolver, angeordnet, welcher zur Einstellung um eine wagerechte Achse gedreht werden kann (s. Abb. 228).

Abb. 228. Stuhl mit Revolverlade.

Die Wechsellade ist entweder nur auf einer oder auf beiden Seiten der Lade angebracht — ein- und zweiseitige Wechselladen —. Die Höchstzahl der Schützen, mit welchen gearbeitet werden kann, ist, wenn z die Gesamtzahl der Zellen, $z - 1$. Dann muß bei ein- und zweiseitiger Lade regelmäßig von links und rechts geschossen werden. Ist die Anzahl der Schützen kleiner als $z - 1$, sind bei zweiseitiger Wechsellade immer mehrere Zellen leer und es kann mehrmals hintereinander von einer Seite geschossen werden. — Erfolgt die Einstellung der Zellen derart, daß die Zellen 1, 2, 3, 4, 1, 2 usf. regelmäßig nacheinander in die Ladenbahn gebracht werden, spricht man von **Wechsel der Reihe nach**. Mit **Überspringer** bezeichnet man einen Wechsel, bei welchem die Aufeinanderfolge der Zellen beliebig ist, also z. B. 1, 4, 2, 4, 3, 1. — Die Schützen gelangen bei zweiseitigem Wechsel in verschiedene Zellen, es wird aber immer nach einer bestimmten Anzahl Schuß die Anfangslage wieder eintreten. Diese Anzahl bildet den **Wechselrapport**.

Einseitiger Wechsel. — Jede Schütze muß bei diesem immer wieder in ihren Kasten zurückkehren. Der einseitige Wechsel ist deshalb nur für solche Muster brauchbar, welche eine gerade Anzahl Schußfäden nacheinander verlangen. Die Musterbildung ist beschränkt, denn es können nicht zwei verschiedenfarbige Schuß hintereinander eingelegt werden·

Zweiseitiger Wechsel. — **Wechsel der Reihe nach.** Hat die Lade zwei Zellen und wird mit zwei Schützen gearbeitet, läßt sich jedes beliebige zweifarbige Muster herstellen. Sind 3 Schützen vorhanden, ergibt sich nach Abb. 229, daß nach 12 Schuß die Anfangslage der Schützen a, b und c wieder eintritt; der **Wechselrapport** ist $= 12$. Nach 4 Schuß ist die Kastenstellung die gleiche wie zu Anfang, der **Kastenstellungsrapport** ist 4, und nach 3 Schuß kommt immer derselbe Schußfaden ins Fach, der **Musterrapport** ist 3, und das Schießen erfolgt abwechselnd von links und rechts, der **Schlagrapport** ist 2. Bezeichnet man mit a, b, c die Farben der Schußfäden, würden die Farben a, c, b regelmäßig wechseln;

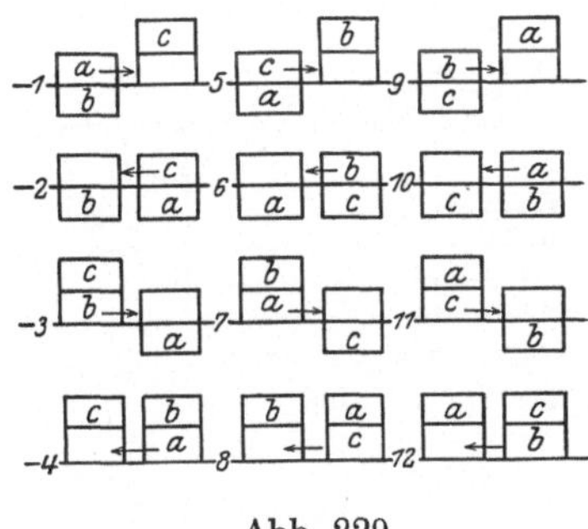

Abb. 229.

verlangt das Muster die Farbenfolge a, b, c, hätten für Schuß 1 b und c miteinander vertauscht werden müssen. Man erkennt hieraus, daß vor Beginn die Schützen der Farbenfolge entsprechend eingelegt werden müssen. — In ganz ähnlicher Weise läßt sich auch für mehrzellige Laden ein Schema entwickeln[1]).

Überspringer. Sind auf jeder Seite z Zellen vorhanden und wird mit z Schützen gearbeitet, läßt sich jedes beliebige z-farbige Muster herstellen. Ist die Schützenzahl größer als z, ergeben sich für die Musterbilder Einschränkungen, weil es dann nicht mehr möglich ist, z mal hintereinander von einer Seite zu schießen. Bei einer Schützenzahl $2z - 1$ muß regelmäßig von links und rechts geschossen werden, wie schon oben angegeben.

5. Die Steigladen. Einstellung der Zellen.

Bedingung für die Einstellung der Zellen ist, daß jede Zellenbahn genau in die Höhe der Ladenbahn zu liegen kommt. Steht die Zellenbahn höher, gelangt die Schütze bei dem Losschießen nicht sofort auf die Ladenbahn; steht sie tiefer, trifft die Schütze gegen eine Stufe, wird nach oben abgelenkt und kann dadurch herausgeschleudert werden, was leicht eine Zerstörung von

---

[1]) Theorie des Schützenwechsels von Dr. Thiering. Leipz. Monatsschr. Textilind. 1920, S. 187.

Kettenfäden zur Folge hat. Die Schütze leidet auch durch den Anstoß an die Stufe.

Für die Bewegung der Zellen steht die Zeit für rund $^1/_2$ Umdrehung der Kurbelwelle zur Verfügung. Sie muß so zeitig beendet sein, daß die Wechsellade Zeit hat, sich sicher einzustellen, ehe der Schützenschlag beginnt. Die Aufwärtsbewegung der schweren eisernen Steiglade erfolgt immer durch Maschinenkraft, die Abwärtsbewegung entweder ebenfalls zwangläufig oder die Lade fällt frei unter Wirkung des Eigengewichtes. Letztere Anordnung läßt nur eine geringe Schußzahl zu, weil der freie Fall eine gewisse Zeit beanspruch und nicht selten durch das Vorbeistreifen der Schützenspitzen an den Einstellrollen r, r (Abb. 237) oder an den diese ersetzenden Gleitstücken gehemmt wird. Bei dem Heben der Kasten freifallender Laden stellt sich, da diese Bewegung nicht völlig zwangläufig erfolgt, leicht ein Überschießen über die Hubstrecke und eine zitternde Bewegung ein, welche den Schützenlauf beeinträchtigt. Es wird deshalb von den freifallenden Laden nur noch wenig

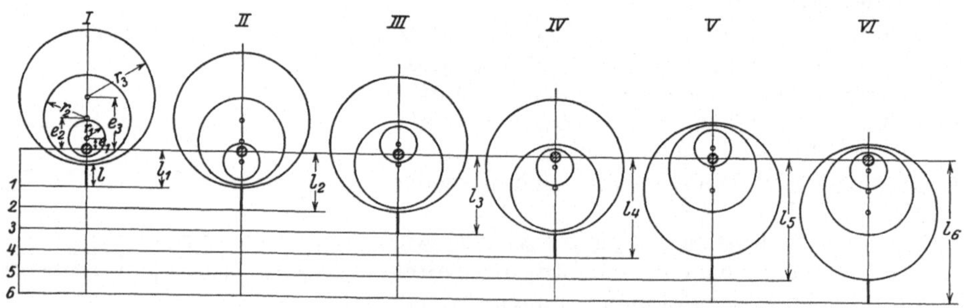

Abb. 230. Wechsellade nach Hacking.

Gebrauch gemacht und soll im nachfolgenden mit Rücksicht darauf nur auf einige der recht zahlreichen Ausführungen der zwangsläufigen Hubkastenbewegungen eingegangen werden.

Anordnung von Hacking. — Die Abb. 230 gibt den Antrieb eines 6 zelligen Wechselkastens durch 3 ineinandergesteckte Exzenter und die 6 Stellungen dieser. Bezeichnet man die Exzentrizitäten mit e_1, e_2, e_3, die Halbmesser der Exzenter mit r_1, r_2, r_3, die Abstände des Endes der nur angedeuteten Exzenterstange vom Wellenmittel mit l_1, l_2 usf., die Länge dieser mit l und den Hub für eine Zelle mit h, ergeben sich folgende Beziehungen:

woraus folgt
$$l_1 = r_3 - e_3 + l; \qquad l_2 = r_3 - (e_3 - 2\,e_1) + l,$$

oder
$$l_2 - l_1 = 2\,e_1$$

$$e_1 = \frac{l_2 - l_1}{2} = \frac{h}{2}.$$

Aus

folgt
$$l_3 = r_3 - e_1 + l = r_3 - \frac{h}{2} + l \quad \text{und} \quad l_3 - l_1 = e_3 - \frac{h}{2} = 2\,h$$

$$e_3 = \frac{5}{2}\,h.$$

Aus Stellung V ergibt sich

$$l_5 = r_3 + e_2 + l; \quad l_5 - l_1 = e_2 + e_3 = 4\,h, \quad \text{und da} \quad e_3 = \frac{5}{2}\,h$$

wird

$$e_2 = \frac{3}{2}\,h.$$

Die Exzentrizitäten verhalten sich also für den 6 kastigen Wechsel wie $1:2:5$. — Läßt man das große Exzenter weg, ergibt sich die Anordnung für 4 kastigen Wechsel entsprechend den Stellungen I ÷ IV der Abb. 230. Die Verbindung der Exzenterstange mit der Stelze der Wechsellade ist aus Abb. 231 ersichtlich. Die Exzenterstange 1 ergreift den Hebel 2, der links die Stelze 3 trägt und rechts als Fußtritt ausgebildet ist, um die Wechsellade für das Herausnehmen einer leergelaufenen Schütze in die Ladenbahn einstellen zu können.

Feder 4 dient zur Ausgleichung des Wechselkastengewichtes. In die Exzenterstange ist noch bei 5 eine Sicherung eingebaut, welche zur Wirkung kommt, wenn die Bewegung der Wechsellade z. B. durch eine nicht ganz eingelaufene Schütze verhindert wird. Die Exzenterstange ist geteilt und der obere, sich in dem Rahmen 5 führende Teil mit einer Einkerbung versehen, in welche sich eine

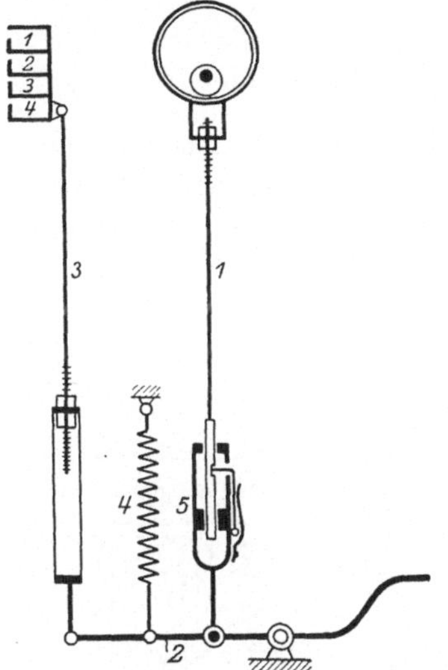

Abb. 231. Sicherungsvorrichtung bei Wechselladen

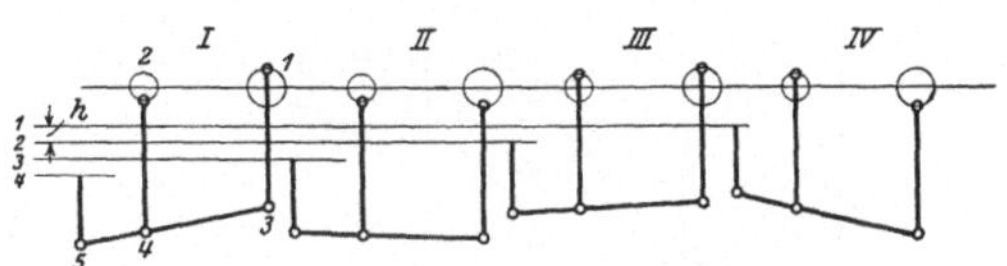

Abb. 232. Wechsellade nach Hodgson.

durch eine Feder angedrückte Zunge einlegt. Wird eines der Exzenter gedreht, wenn sich der Zellenkasten nicht bewegen kann, springt die Zunge aus und der obere Teil der Exzenterstange verschiebt sich nur im Rahmen 5, wodurch der Bruch irgendeines Teiles verhütet wird.

Bei der Anordnung von Hacking müssen die betreffenden Exzenter stets um 180^0 gedreht werden, was z. B. dadurch geschehen kann, daß die mit den Exzentern verbundenen Zahnräder zur gegebenen Zeit in ein Stiften- oder ein Zahnrad eingreifen, welches auf dem halben Umfange nur halb soviel Stifte oder Zähne trägt, als das Exzenterrad Zähne besitzt. Sind Exzenter gedreht worden, tritt eine Sperrung in Tätigkeit, um die Höhenlage des Wechselkastens vollkommen zn sichern. Auf weitere Einzelheiten soll hier nicht eingegangen werden; es sei nur noch angeführt, daß die Steuerung der Exzenter durch eine Löcherkarte ähnlich wie bei den Schaftmaschinen erfolgt.

Anordnung von Hodgson für 4 zellige Laden, Abb. 232.

Die Einstellung der Zellen erfolgt durch zwei Kurbeln 1 und 2, deren Lenkstangen den Hebel 3, 4, 5 fassen, von dem aus der Wechselkasten bewegt wird in der Weise, daß Kurbel 1 Hebung oder Senkung um eine, Kurbel 2 um 2 Zellen bewirkt. Bezeichnet man die Kurbelarmlängen mit

r_1 und r_2, die Länge des Hebels von $3 \div 5$ mit l und von $3 \div 4$ mit $^2/_3\, l$ und die Zellenteilung mit h, so ist, da die Kurbeln stets $^1/_2$ Umdrehung machen,

$$h = 2\, r_1 \frac{^1/_3\, l}{^2/_3\, l} \quad \text{und} \quad r_1 = h\,.$$

$$2\, h = 2\, r_2 \frac{l}{^2/_3\, l} \quad \text{und} \quad r_2 = \frac{2\, h}{3}\,.$$

Woraus folgt

$$r_2 = \frac{2}{3}\, r_1\,.$$

Die Drehung der Kurbeln erfolgt durch teilweise verzahnte Räder 6, 7, Abb. 233, deren nicht verzahnte Teile sich gegen die Wand einer Trommel 8 legen, wodurch die Kurbeln nach jeder Drehung gesperrt werden, und die Zahnsektoren 9, 10. Soll eine Drehung der Kurbel erfolgen, wird der betreffende Zahnsektor so eingestellt, daß die Zähne mit denen der Räder 6 oder 7 in Eingriff kommen, wodurch diese eine halbe Umdrehung ausführen.

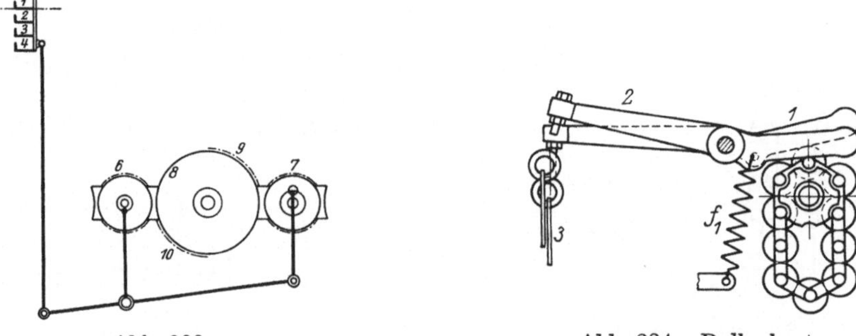

Abb. 233.   Abb. 234. Rollenkarte.

Anordnung von Knowles in einer Ausführung der Sächsischen Webstuhlfabrik, Abb. 234 bis 237. Die Einstellung der vier Kästen der zweiseitigen Wechsellade wird durch eine Rollenkette, Abb. 234, eingeleitet, auf deren Rollen oder Hülsen sich die Arme 1 des zweiarmigen Hebels 1, 2 durch Zug der Feder f_1 auflegen. Es sind für jeden Wechselkasten zwei Hebel 1, 2 nebeneinander angeordnet. Die von 2 ausgehenden Drähte 3 fassen leicht drehbare Winkelhebel 4, 5, 6, Abb. 235, welche, wenn 1 durch eine Rolle gehoben worden ist, die gezeichnete Stellung einnehmen. Hebel 5, 6 wirkt auf den um Bolzen 9 drehbaren mit einem Gegengewicht 8 versehenen Hebel 7, 10. Bolzen 9 befindet sich auf einem um 12 drehbaren Hebel, welcher mit dem Arm 14 ein Stück bildet und durch eine durch Feder f_2 angezogene Bremse b_1, b_2 in Stellung gehalten wird. m_1 ist ein auf alle 4 Hebel 10 wirkendes Messer, welches von dem Exzenter E_1 aus durch Vermittlung des das Messer m_2 tragenden Hebels und eine bei 11 angreifende Lenkstange eine Schwingbewegung erhält. E_1 wird von der Hauptwelle aus durch B und C mit n Umdrehungen $=$ der Schußzahl getrieben und die Rolle an m_2 legt sich durch Zug der Feder f_4 ständig an E_1. Läuft E_1 im Sinne des Pfeiles um, geht Messer m_1 abwärts und erteilt infolge der Einklinkung bei 10 den Winkelhebel 9, 12, 14 eine Rechtsdrehung. Befindet sich unter Hebel 1 eine Hülse, wird Winkelhebel 4, 6 links gedreht, wodurch 7 über Messer m_2 hakt und der Hebel 9, 12, 14 bei dem Aufwärtsgang von m_2 im Gegensatz zu vorher eine Linksdrehung erhält.

In dem Arm 14 ist bei 13 ein Zahnrad R_2 gelagert, an welchem sich der Kurbelzapfen 18 für die Zugstange 18, 19 befindet, die bei 19 an den Winkelhebel 19, 29, 20 angeschlossen ist. 20 ist mit dem zweiarmigen Hebel 23, 21, 22 durch einen kurzen Lenker verbunden. Wird R_2 um 180^0 gedreht, gelangt 19 nach 25 und der Hebel 23, 22 erfährt eine Linksdrehung um den als feststehend zu denkenden Bolzen 21, die durch Stange 3, Winkelhebel 32, 33, 34, Lenker 34, 35, Tasche 36 und Wechselkastenstelze 37 auf diesen über-

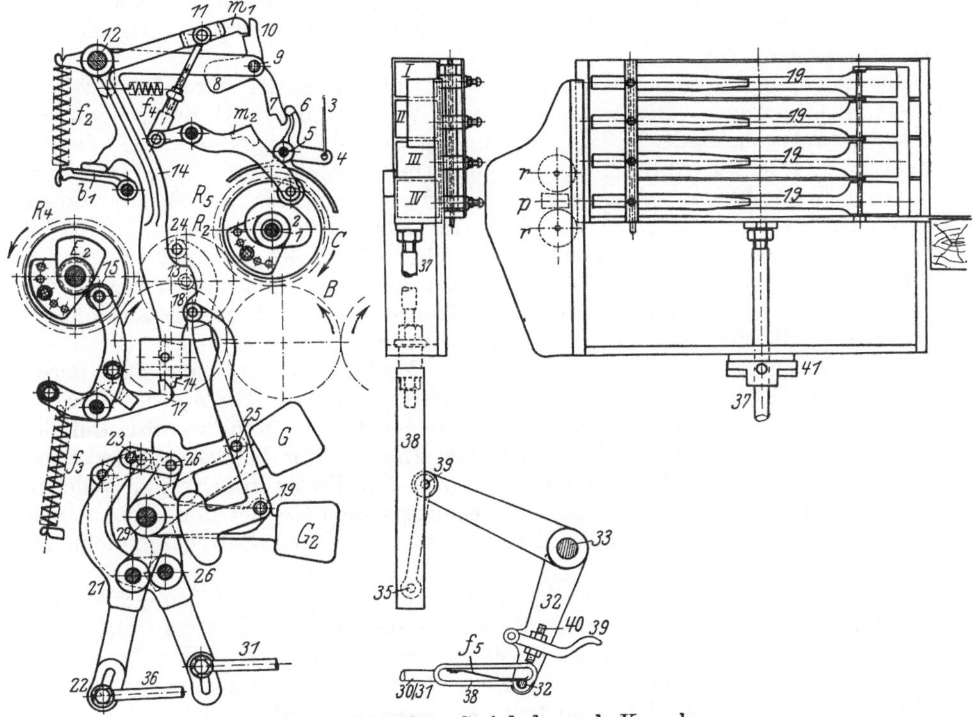

Abb. 235 bis 237. Steiglade nach Knowles.

tragen wird und eine Senkung oder Hebung um eine Teilung hervorruft. Der Bolzen 21 sitzt auf dem kurzen Arm des Winkelhebels 21, 29, der von einem zur selben Wechsellade gehörenden zweiten Rade R_2 in gleicher Weise wie vorher beschrieben gesteuert wird. Geht durch Drehung dieses zweiten Rades R_2, dessen Lenkstange 24, 25 dadurch in die zum Teil punktierte Lage kommt, gelangt Bolzen 21 in die Stellung des Bolzens 26, Hebel 23, 21, 22 erhält Drehung um 23 und Bolzen 22 wird jetzt infolge der Hebelarmverhältnisse um die doppelte Wegstrecke wie vorher bewegt. Der Wechselkasten senkt oder hebt sich je nach Drehrichtung des Rades R_2 um 2 Zellen. Werden beide eine Wechselkastenseite betätigenden Räder R_2 so gedreht, daß die damit verbundenen Kurbeln oben oder unten stehen, erfolgt Senkung oder Hebung des Wechselkastens um 3 Zellen.

Die Drehung der Räder R_2 geschieht auf folgende Weise: Die Räder werden durch die Einstellung der Hebel 14, an welchen sie gelagert sind, zeitweilig mit den Zahntrommeln R_4 und R_5, die in entgegengesetzter Richtung umlaufen, in Eingriff gebracht. Diese Zahntrommeln sind nur auf dem halben Umfang verzahnt, so daß die Räder R_2 bei Eingriff nur ein klein wenig mehr als $^1/_2$ Umdrehung ausführen. Um den Eingriff zu sichern, wenn R_2 mit R_5 kämmt, greift die unter Zug der Feder f_3 stehende Sperrnase 17 hinter 14. Soll R_2 in R_3 eingreifen, wird die Sperrung durch das auf Rolle 15 wirkende Exzenter E_2 aufgehoben, Hebelende 14 geht nach links und Sperrnase 17 legt sich rechts von 14 ein.

Die Räder R_2 haben an einer Stelle eine Lücke über 3 und gegenüber eine solche um einen Zahn, damit kein Eingriff erfolgt, wenn die Räder dem einen oder anderen Rade R_3 oder R_5 genähert sind, aber keine Drehung von R_2 erfolgen soll. Die Bremse b_1, b_2 sichert dann die Stellung. — G_1 und G_2 sind Ausgleichgewichte.

Die Zugstange 30 bewegt die linksseitige, die Stange 31 durch Vermittlung zweier in wagerechter Richtung drehbarer Winkelhebel und Zugstangen die rechtsseitige Wechsellade. — Die Verbindung der Zugstangen mit den Winkelhebeln 32, 34 ist aus Abb. 236 ersichtlich. Die Zugstangen besitzen einen geschlitzten Kopf 38 mit einer Aussparung für den Bolzen 32, der in dieser durch eine Blattfeder f_5 gehalten wird. An Hebel 32, 33 ist ein Fußtritt 39 befestigt, der mit der einstellbaren Schraube 40 auf 38 aufruht. Wird der Tritt niedergetreten, springt Bolzen 32 aus der Rast und nun läßt sich die Wechsellade bewegen, damit man, eine leergelaufene Schütze herausnehmen und wieder mit einer Schußspule versehen kann.

Abb. 237 gibt eine Vorderansicht der Wechsellade. 19 sind die durch Federn f angedrückten Bremszungen, welche in diesem Fall an der Vorderseite der Lade liegen, da an der Rückseite der Picker geführt wird und die Peitsche sich bewegt und die zugleich den Einlauf der Schütze überwachen. Der Picker p liegt in Ruhestellung zwischen den Einstellrollen r, r, welchen die Aufgabe zufällt, eine etwas zu weit gegangene Schütze bei dem Heben oder Senken der Wechsellade zurückzudrängen, so daß deren Bewegung nicht gehindert wird.

Die richtige Einstellung der Wechselladen in bezug auf Hubgröße und Lage der Zellenbahn erfolgt durch Verstellen der Zugstange 30 im Schlitz des Hebels 21, 22 oder 32, 33 und durch Verstellen der Stelze 37 in der Tasche 36. Der oben mit Leder belegte Anschlag 41 auf Stange 37 begrenzt die höchste Stellung und verhindert Überschießen, wenn Zelle 4 auf 1 folgt.

Schema für die Rollenkarte.

| | | | Rollenkarte | |
Einstellung	Kurbel 18	Kurbel 24	für Kurbel 18	für Kurbel 24
Zelle I	oben	oben	Rolle	Rolle
„ II	unten	oben	Hülse	Rolle
„ III	oben	unten	Rolle	Hülse
„ IV	unten	unten	Hülse	Hülse

6. Revolverladen.

Die Revolverladen werden selten 2- und 4 zellig, zumeist 6 zellig und ausnahmsweise 8- und 10 zellig ausgeführt. Das Wechseln der Zellen erfolgt entweder der Reihe nach oder sprungweis (Überspringer). Für die weitere Betrachtung soll eine 6 zellige Lade zugrunde gelegt werden, Abb. 238. Der Revolver ist an der Innenseite in einem mit dem Ladenklotz verschraubten

Ring, außen durch einen Zapfen gelagert, auf welchem die Schalt- und Sperrvorrichtungen angebracht sind.

Eine durch den Revolver gehende feste Achse ist nicht zweckmäßig; um diese würden sich bei Drehung des Revolvers in einer Richtung die von den Schützen kommenden Fäden leicht herumwickeln, wodurch die Bewegung schließlich erschwert und die Einstellung unsicher werden würde. Die Einstellung hat so zu erfolgen, daß die Bahn jeder Zelle genau in Höhe der Ladenbahn und die Rückwand genau in der Vorderebene des Blattes liegt, wenn sich der Schützenwurf ungestört vollziehen soll.

Revolverwechsel der Reihe nach.

In Abb. 238 ist ein einseitiger 6 zelliger Wechsel mit Löcherkarte dargestellt, durch welche die mit Stiften versehenen Hebel 1, 2 eingestellt werden. Hat die Karte ein Loch, kommt Hebel 1, 2 in die punktierte Lage und drängt die Platine 3 in die punktierte Stellung; sie wird dann durch das am Hebel 4 befindliche Messer 5, wenn der Messerhebel, veranlaßt durch das Exzenter 6, eine Linksschwingung ausführt, nach oben gezogen. Platine 3 faßt den punktiert gezeichneten Hebel 7, an dessen linkem Ende der Wendehaken 8 sitzt, und dieser erteilt dem Revolver eine Drehung rechts um 60°. Eine zweite Platine 9, gesteuert durch einen zweiten Hebel 1, 2, bewirkt durch Hebel 10 und Wendehaken 11 Linksdrehung des Revolvers. Die Drehung des Kartenprismas erfolgt von dem Exzenter 12 aus durch Vermittlung der Stange 13, welche durch den Daumen 14 zunächst die Stifte der Hebel 1, 2 aus der Karte und dann durch Gabel 14 den mit Wendehaken versehenen Hebel 15 in Bewegung setzt.

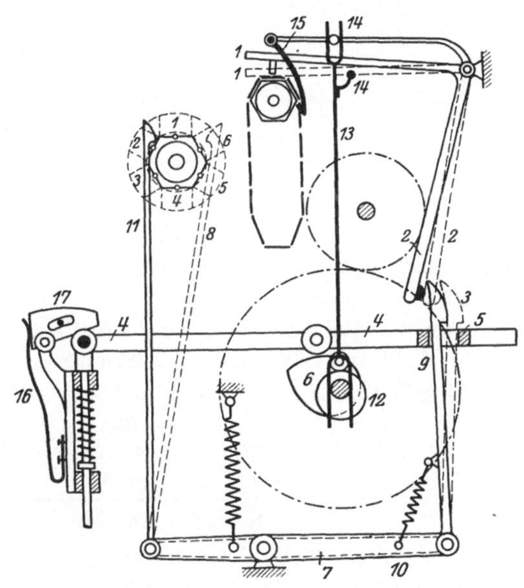

Abb. 238. Revolverladen.

Am Hebel 4 ist links eine Sicherung angebracht, um Brüche zu vermeiden, wenn eine Drehung des Revolvers nicht möglich ist. Der Drehzapfen des Hebels 4 befindet sich auf einer durch eine Feder nach unten gezogenen Stange und weicht nach oben aus, wenn Messer 5 nicht aufwärts gehen kann. Dadurch wird die durch Feder 16 angedrückte Klinke 17 gedreht und bewirkt Ausrückung des Stuhles.

Befindet sich der Revolver an der linken Stuhlseite und arbeitet mit 6 Schützen, muß abwechselnd von links und rechts geschossen werden; jede Schütze muß wieder in ihre Zelle zurückkehren und es können nur Muster gewebt werden, bei denen immer mindestens zwei gleiche Schuß aufeinander folgen.

Das Prisma erhält für zwei Schuß eine Drehung und die Exzenterwelle wird von der Hauptwelle aus im Verhältnis 1 : 2 getrieben.

Ist eine Revolverlade rechts und links angebracht, kann abwechselnd von links und rechts mit verschiedenen Farben geschossen werden und dann muß die Exzenterwelle für jeden Schuß eine Umdrehung machen.

Einige Beispiele mögen noch über die Verteilung der Schützen im Revolver Aufschluß geben.

1. Schußzettel: 2 Faden schwarz,
2 „ weiß,
2 „ rot,
____
6 Faden im Muster;

Verteilung der Schützen nach Abb. 239.

Der Revolver erhält Rechts- oder Linksdrehung; erfolgt der Wechsel nach Abb. 240, 2 schwarz, 2 weiß, 2 rot, 2 weiß, 2 schwarz usf., genügen 3 Schützen und der Revolver erhält abwechselnd Rechts- und Linksdrehung. Letzteres ist insofern vorteilhaft, als dann kein Wickeln der Fäden um den Revolver wie bei fortgesetzter Drehung nach einer Richtung eintritt. — Bei Verteilung

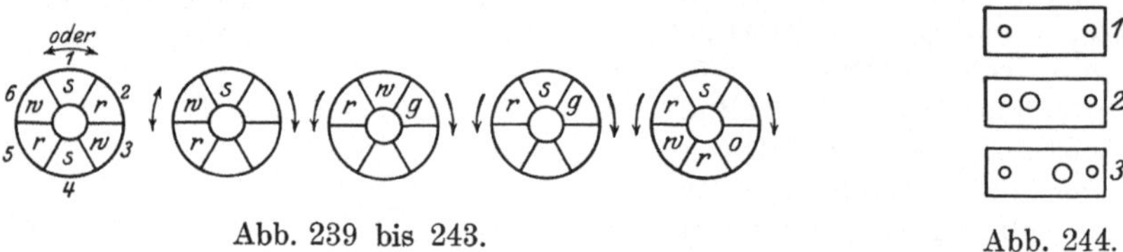

Abb. 239 bis 243.   Abb. 244.

nach Abb. 240 kann auch mit einem ganzen Vielfachen des Schußzettels gearbeitet werden.

Für den Wechsel sind 3 verschiedene Musterkarten, Abb. 244, erforderlich. Karte 1 bewirkt Stillstand, 2 Rechts-, 3 Linksdrehung des Revolvers.

2. Schußzettel: 2 Faden weiß,
2 „ rot,
2 „ weiß,
2 „ gelb,
____
8 Faden im Muster.

Es wird am vorteilhaftesten mit 3 Schützen und Rechts- und Linksdrehung des Revolvers gearbeitet (s. Abb. 241).

3. Schußzettel: 4 Faden schwarz,
2 „ rot,
4 „ schwarz,
2 „ gelb,
____
12 Faden im Muster.

Verteilung nach Abb. 242.

4. Schußzettel: 80 Faden schwarz,
2 „ rot,
3 „ weiß,
2 „ rot,
2 „ orange,
2 „ rot,
2 „ weiß,
2 „ rot,
____
94 Faden im Muster.

5 Schützen, verteilt nach Abb. 243.

Der Revolver ist hier um 4 Zellen nach rechts und links zu drehen.

Revolverüberspringer. — Bei diesen muß es, wieder einen 6 zelligen Revolver vorausgesetzt, möglich sein, von Zelle 1 auf 2 oder 3, 4, 5, 6 übergehen, was, um möglichst kleine Drehungen zu erhalten, voraussetzt, daß der Revolver je nach Bedarf rechts und links gedreht werden kann. Will man z. B. von 1 auf 3, Abb. 239, übergehen, wird der Revolver links und bei dem Übergang von 1 auf 4 entweder rechts oder links gedreht. — Eine ältere Anordnung des Revolverantriebes mittels einer Kulissenzahnstange gibt Abb. 245. Auf dem Revolverzapfen 1 sitzt ein kleines Stirnrad, mit welchem die Verzahnungen 2 und 3 in Eingriff gebracht werden können durch die aus Abb. 246 ersichtliche Einrichtung. Auf der Achse 1 des Revolvers steckt lose ein Teil 4, welcher sich in dem Rahmen 5 der Kulissenzahnstange befindet und durch Hebel 6 gedreht werden kann, der durch eine Zugstange mit dem Hebel 7 verbunden ist. Dieser kann durch die beiden Platinen 8, 9, die in Wirklichkeit hintereinander liegen, und einen Messerhebel, wie solcher aus Abb. 238 ersichtlich ist, rechts und links gedreht werden, wodurch Würfel 4 entweder die Verzahnung 3 oder 2 zum Eingriff bringt.

Die Kulissenzahnstange erhält, gesteuert von der Wechselkarte, wie an Hand der Abb. 238 angegeben wurde, durch 3 Platinen, 3 Messerhebel und 3 Exzenter mit verschiedener Hubhöhe, Abb. 245, eine solche Bewegung, daß je nachdem 2 oder 3 mit 1 in Eingriff ist, der Revolver 1, 2 oder 3 Zellen nach links oder rechts gedreht wird.

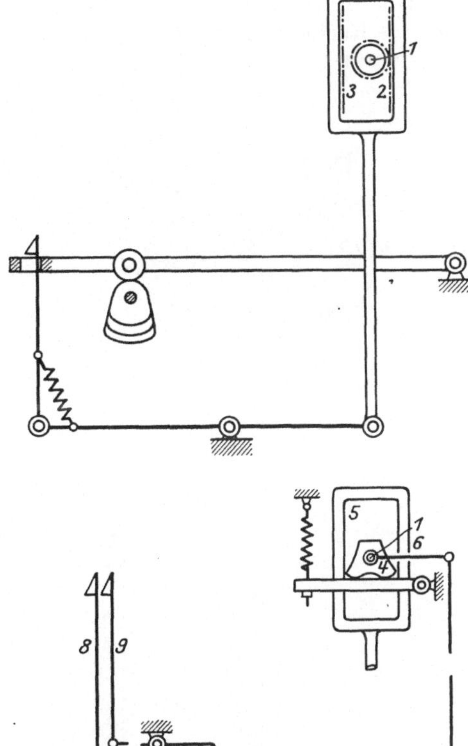

Abb. 245 u. 246. Revolverüberspringer.

Die Feststellung des Revolvers nach jeder Drehung erfolgt nach Abb. 247. Die Stange 10 wird durch Exzenter und Hebel vor jeder Drehung des Revolvers abwärts gezogen, wobei die Krücke 1 die Sperrklinken 12, 13 so weit auseinander drängt, daß diese den Revolver freigeben. — Die Bruchsicherung ist die gleiche wie auf S. 133 angegeben.

Eine neuere gute Ausführung eines Revolverüberspringers von der Oberlausitzer Webstuhlfabrik C. A. Roscher in Neugersdorf (D.R.P. 161261 Kl. 86c Gr. 22) ist in Abb. 248 dargestellt. — Von der Wechselkarte 22, einer Löcherkarte, aus werden die Nadelhebel 21 eingestellt, welche auf die 3 Platinen 11, 12, 13 einwirken, die an den zweiarmigen Hebel 8, 9 angeschlossen sind.

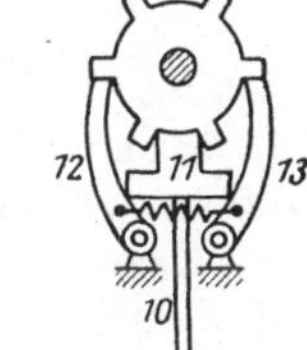

Abb. 247.

Die zu den Platinen gehörigen Messerhebel 14, 15, 16, erhalten durch die auf Welle 17 befestigten drei Exzenter 18, 19, 20 Schwingbewegungen, die so bemessen sind, daß durch Exzenter 18 Drehung des Revolvers um eine, durch 19 um zwei und durch 20 um drei Zellen erfolgt. An Hebel 8 sind

2 Zugstangen 6 und 7 angeschlossen, welche die um Bolzen 5 lose drehbaren Schalthebel 2, 3 bewegen. Mit diesen sind die Schaltklinken 23, 24 verbunden, welche durch die Federn 25, 26 für gewöhnlich außer Eingriff mit dem Schaltrad 4 gehalten werden, wobei deren Ausschlag durch die Rasten 27, 28 an den Schalthebeln und die Stellschrauben 29, 30 an den Klinken begrenzt wird. Soll eine der Schaltklinken, z. B. 24, eingelegt werden, um eine Rechtsdrehung des Schaltrades zu veranlassen, muß der Druckhebel 33, dessen auf 24 wirkende Rolle einstellbar ist, so eingestellt werden wie ge-

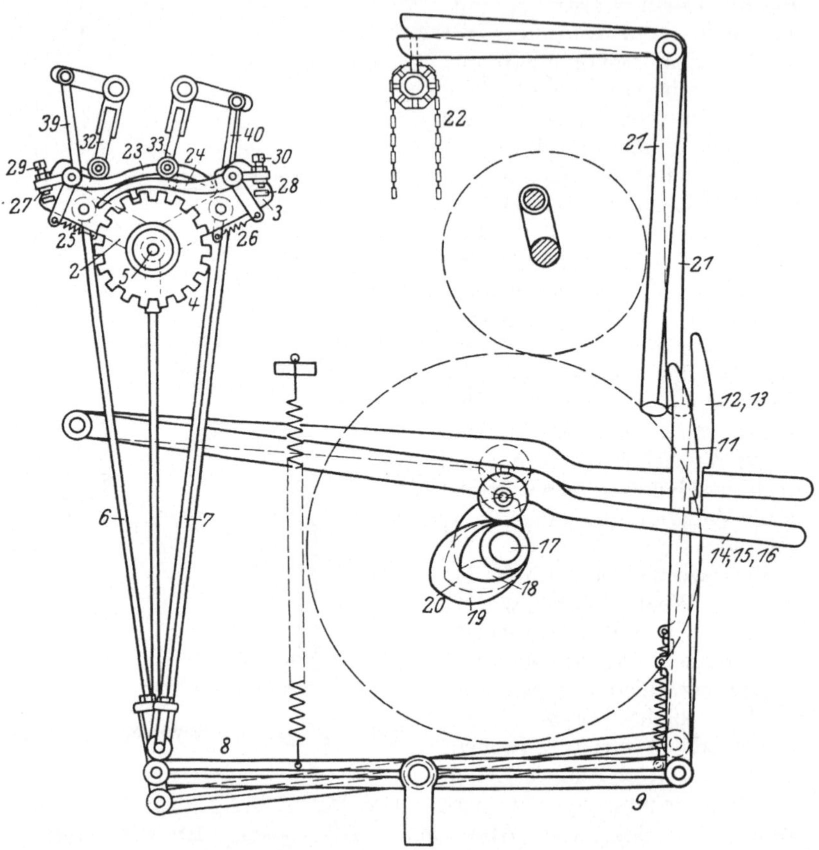

Abb. 248. Revolverüberspringer nach Roscher.

zeichnet, während der Druckhebel 32 die Klinke 23 freigibt. Die Druckhebel 32, 33 sind durch die Zugstangen 39, 40 mit dem Hebel 8, 9 gleichenden Hebeln verbunden, die durch besondere Platinen, Nadelhebel, Messerhebel und Exzenter bewegt werden. — Das Schaltrad 4 sitzt nicht unmittelbar auf dem Revolverzapfen; mit 4 ist durch eine kurze Hohlwelle (Abb. 249) das Rad 42 verbunden, welches in das Revolverrad 43 eingreift. Bei einer Übersetzung 2 : 1 genügt die Schaltung von Rad 4 um einen Zahn, um den Revolver um eine Zelle zu drehen.

Der Revolverüberspringer von Roscher hat den Vorzug, infolge der Ausführung des Schaltrades sehr sicher zu wirken und keiner besonderen Feststellvorrichtungen für den Revolver zu bedürfen, was voraussichtlich eine Erhöhung der Schußzahl zuläßt.

Revolverüberspringer werden nur einseitig ausgeführt, da sich die Anordnung für beide Seiten zu verwickelt gestaltet.

Schlußbemerkung. — Hubkastenwechsel verwendet man meist für schwere, Revolverwechsel für leichtere und schmale Ware und schnellaufende Stühle, weil die Drehung des Revolvers sich leichter und schneller vollzieht als die Bewegung des Hubkastens und weil bei schwerer Ware mit festem, bei leichter vielfach mit losem Blatt gearbeitet wird. — Im allgemeinen gilt der Hubkastenwechsel, dessen Kasten in

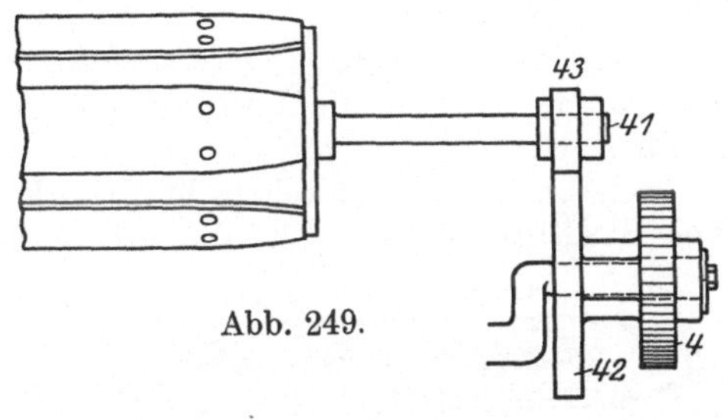

Abb. 249.

Eisen hergestellt ist, als sicherer wirkend und dauerhafter. Der Revolver wird in Holz ausgeführt und ist deshalb stärkerer Abnutzung unterworfen.

VII. Schützen und Zubehör und die Getriebe des mechanischen Webstuhles zum Eintragen des Schusses.

Schützen, Schützenspindeln, Schützentreiber, Schlagarme und -Riemen. Die Schützen für Kraftstühle werden aus hartem dichten lufttrockenen Holz (Rot- und Weißbuche, Cornelholz usw.) oder aus Stahlblech hergestellt und laufen ohne oder mit Rollen (Gleit- und Rollschützen). Die Spitzen liegen in der Regel in der Längsachse der Schütze; eine Aus-

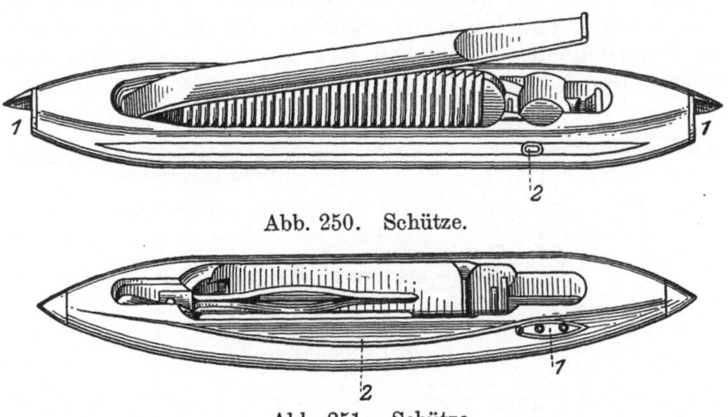

Abb. 250. Schütze.

Abb. 251. Schütze.

nahme bilden die Juteschützen mit seitlich liegenden Spitzen, Abb. 250, bei welchen die Treiber nicht wie gewöhnlich gegen die Spitzen sondern gegen die Flächen 1, 1 wirken. Die Blechklappe, welche nach dem Einlegen der Schlauchspule heruntergedrückt und festgehakt wird, um die Spule von oben abzudecken, ist etwas aufgeklappt. An der Vorderseite hat die Schütze ein Porzellanauge 2 für die Durchführung des Schußfadens.

Abb. 251 gibt eine Tuchschütze aus Holz für Schönherrsche, Hartmannsche usw. Tuchstühle mit 3 Porzellanaugen bei 1, durch welche der

Faden in Schlangenlinie gezogen werden kann, um die Spannung zu erhöhen, und einer Backe 2, welche bei dem Einlaufen den Brems- und Wächterfinger des Schützenkastens zurückdrängt. — Abb. 252 ist eine Holzschütze für leichte Stoffe.

Holzschützen werden jetzt vielfach auf den Umflächen mit Vulkanfiberplatten belegt, um die Reibung zu vermindern und die Gebrauchsdauer zu erhöhen.

Die Abb. 253 bis 255 zeigen Stahlschützen mit Kernlederrollen, Abb. 256 eine Stahlgleitschütze, alle mit seitlicher Backe.

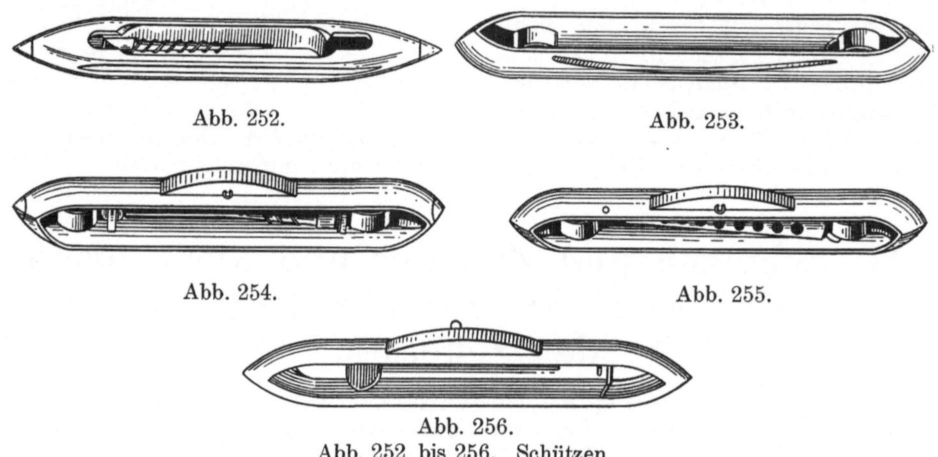

Abb. 252.   Abb. 253.

Abb. 254.   Abb. 255.

Abb. 256.
Abb. 252 bis 256. Schützen.

Schützenspindeln. — Sind Kötzer (Cops), auf Papierröhrchen oder Holzspulen gesponnen oder gespult, in die Schütze einzulegen, muß diese mit einer aufklappbaren Spindel versehen werden, die die Spule sicher festhält, wozu meist Federn dienen. Die Abb. 257 bis 259 geben drei Ausführungen mit einfacher, doppelter und vierfacher Feder. Bei Holzspulen wird das

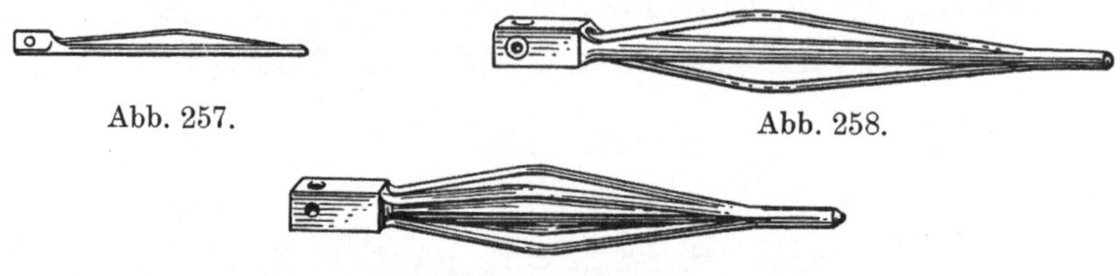

Abb. 257.   Abb. 258.

Abb. 259.
Abb. 257 bis 259. Schützenspindeln.

Lösen von der Spindel auch vielfach dadurch verhindert, daß sich bei dem Herunterklappen der Spindel ein quer durch den Schützen gehender Draht in die Nut 1, Abb. 250, einlegt.

Schützentreiber (Picker, Webervogel). — Diese sind sehr starker Abnutzung unterworfen und ihre Unterhaltung erfordert einen ziemlichen Aufwand. Sie müssen deshalb aus bestem Leder (Büffel- oder Schweinsleder, hergestellt werden. Abb. 261 gibt eine ganze Reihe von Ausführungen, die meist so getroffen sind, daß sie sich umstecken lassen, wenn die eine Seite durch die Schützenspitze zu sehr abgenutzt ist. Die Bohrungen bei 1 dienen zur Führung auf der Pickerspindel, die Schlitze 2 zum Einschlingen des

Schlagriemens, die Schlitze 3 zum Durchstecken der Peitsche bei Stühlen mit Unterschlag. — Eine sehr gute Anordnung für Unterschlagstühle, welche

Abb. 260. Schußspule.

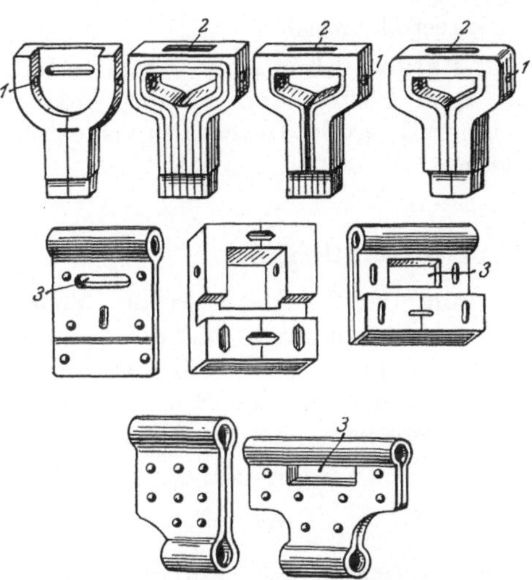

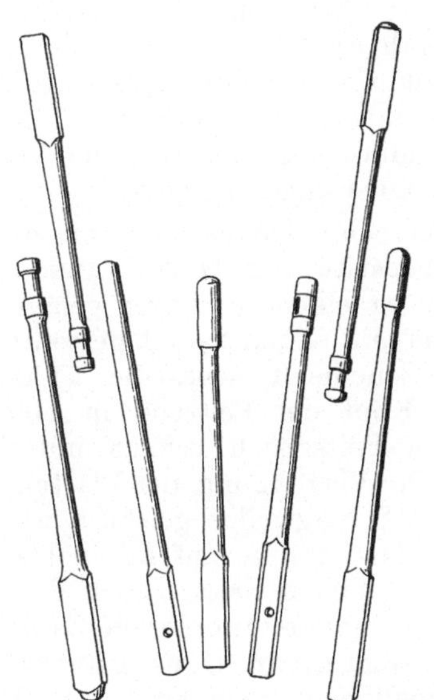

Abb. 261. Treiber-Picker.

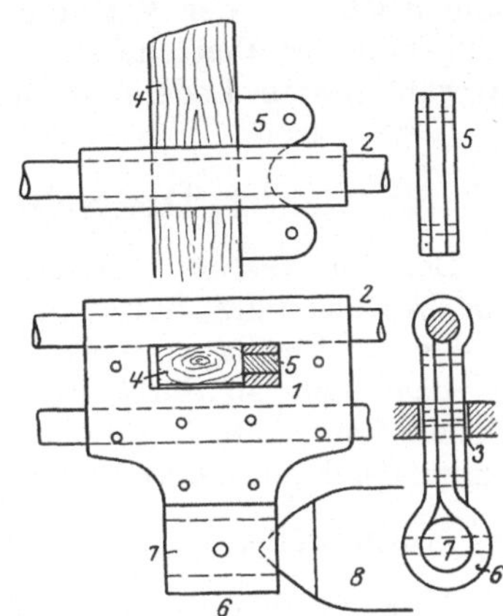

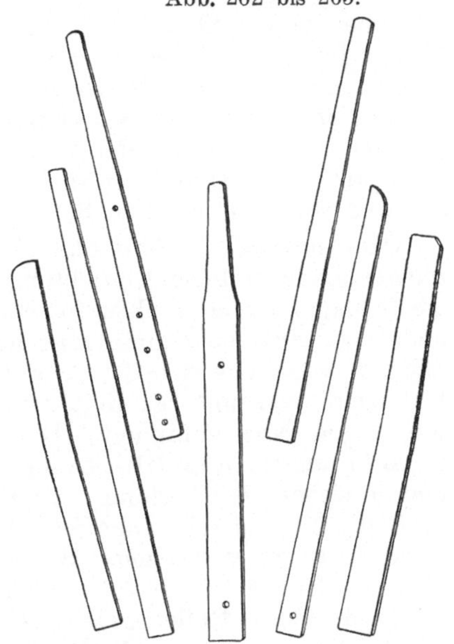

Abb. 262 bis 265.

Abb. 266. Schlagarme für Oberschlag.

Abb. 267. Schlagarme für Unterschlag.

die Pickerführung und die Verbindung zwischen Peitsche und Picker erkennen läßt, ist in Abb. 262 bis 265 dargestellt. Der Picker 1 erhält Führung durch die Spindel 2 und in einem Schlitz der eisernen Schützenkastenhinterwand 3. Die Peitsche 4 ist durch einen Schlitz des Pickers hindurchgesteckt und wirkt zunächst auf ein aus Leder hergestelltes Beilagstück 5, wodurch der Andruck der Peitsche auf eine größere Fläche verteilt wird. In das Auge 6 des Pickers ist ein Lederbolzen 7 eingenietet, welcher die Schütze 8 treibt.

Schlagarme (Schlagstock, Schläger, Peitsche). — Die Abb. 266 zeigt Peitschen für Ober-, die Abb. 267 für Unterschlagstühle. Die Schlagstöcke müssen der starken Beanspruchung wegen aus zähem, elastischen astfreien Holz (Hickory, Esche, Weißbuche) hergestellt werden.

Schlagriemen. — Auch diese sind starker Abnutzung unterworfen, namentlich an der Verbindungsstelle mit dem Picker- und an der Ablaufstelle von der Peitsche und verursachen dauernd große Unterhaltungskosten. Auswahl besten Leders ist deshalb Bedingung.

1. Die Schützenschlageinrichtungen.

Der im Kasten befindlichen Schütze erteilt der Treiber (Picker, Vogel) eine beschleunigte Bewegung, die so bemessen werden muß, daß die Schütze in der zur Verfügung stehenden Zeit eine genügende Geschwindigkeit erhält, um das Fach zu durcheilen und in den gegenüberliegenden Schützenkasten einzulaufen. Die Gesamtzeit für den Schützenwurf (Ingangsetzung, Durchlaufen des Faches und Einlaufen) ist gleich der Zeit für eine halbe Umdrehung der Kurbelwelle, also bei n Umdrehung in $1 \text{ min} = \dfrac{60}{2\,n}$ sek.

Je nach Ausführung der Schlageinrichtung unterscheidet man Oberschlag und Unterschlag. Bei Oberschlag (s. Abb. 36 S. 19) bewegt sich der auf einer senkrechten Welle sitzende Schlagarm (Peitsche), welcher den Picker durch einen Lederriemen in Bewegung setzt, oberhalb des Schützenkastens in einer wagerechten Ebene; bei Unterschlag schwingt die Peitsche gewöhnlich mit der Lade hin und her und erhält für den Schlag Bewegung in einer Ebene gleichlaufend zum Blatt. Der Picker sitzt entweder fest am Schlagarm oder dieser ist durch den Picker hindurchgesteckt oder die Verbindung wird durch einen Schlagriemen wie bei Oberschlag hergestellt.

Oberschlag. — Abb. 268 gibt die meist bei schmalen Stühlen mit einzelliger Lade übliche Einrichtung. An der Außenseite der Gestellwand ist die Schlagarmwelle 1 oben in einem Hals-, unten in einem Fußlager gelagert und trägt oben eine gußeiserne an der Oberfläche mit feinen radial gestellten Zähnen versehene Scheibe 2, auf welcher eine Scheibe 3 liegt, die an der Unterseite verzahnt ist und den quadratischen Kopf der Peitsche in einer U-förmigen Nut aufnimmt. Die Befestigung der Peitsche 6 erfolgt mittels der U-förmigen Deckplatte 4 und der Mutter 5. Die Verzahnung der Platten 2 und 3 sichert die Stellung der Peitsche auf der Schlagwelle, gewährt aber auch die Möglichkeit, nach Lösen der Mutter 5 die Peitsche auf der Schlagwelle etwas zu verdrehen. Welle 1 trägt unten an einem breitgeschmiedeten Teil die Schlagrolle 7, eine harte stumpfkegelförmige auf ihrem Zapfen leicht drehbare Rolle, gegen welche das Schlagexzenter (Schlagherz) 8 wirkt. Dieses sitzt auf Welle 9 so dicht als möglich an dem an der Stuhlwand befindlichen Lager, wodurch die Biegungsbeanspruchung der Welle am kleinsten ausfällt. Welle 9 wird von der Hauptwelle 10 durch Zahnräder im Verhältnis $1:2$ getrieben. Die Rückdrehung der Welle 1 nach einem Schlag und damit die Zurückführung des Pickers in die Anfangsstellung besorgt eine Feder 11, die mittels eines kurzen Lederriemens auf den Bund 12 wirkt. Die Schlagexzenter sind, da abwechselnd von links und rechts geschossen wird, auf Welle 9 um 180⁰ versetzt aufgekeilt.

Abb. 269 zeigt den teilweisen Grundriß; der Schlagbolzen befindet sich etwa in Mittelstellung. — Der Schlagriemen ist in Abb. 268 durch einen Schlitz des Schlagarmes gesteckt, in einigen Windungen um diesen herumgelegt und durch eine Schnur festgebunden. Das Schlitzen des Schlagarmes schwächt diesen und ruft auch eine schnelle Zerstörung des Schlagriemens hervor. Häufig ist das Ende des Schlagarmes zur Aufnahme des Schlagriemens etwas eingedreht (s. Abb. 266) und das Herausspringen des Riemens aus der Eindrehung wird durch einen übergeschraubten schmalen Riemen verhütet. Der Schlagriemen ist auch vielfach in der Länge mit einer Reihe von Löchern versehen zum Überhängen über einen in der Peitsche befindlichen Stift, wodurch die Länge des Riemens vom Picker bis zur Peitsche sicherer festgehalten werden kann. Beide Befestigungen des Schlagriemens an der Peitsche ermöglichen, die Länge des Riemens leicht zu ändern, was schon infolge der unvermeidlichen Dehnung häufig nötig wird. Eine andere Verbindung des Schlagriemens mit der Peitsche zeigt Abb. 271. Um das mit zwei vorstehenden Wulsten versehene Ende der Peitsche ist eine Lederschnalle 11 gelegt, durch deren Schlitz der Schlagriemen gesteckt und durch einen Vorstecker aus starkem Draht gehalten wird. Eine bei Juteweb-

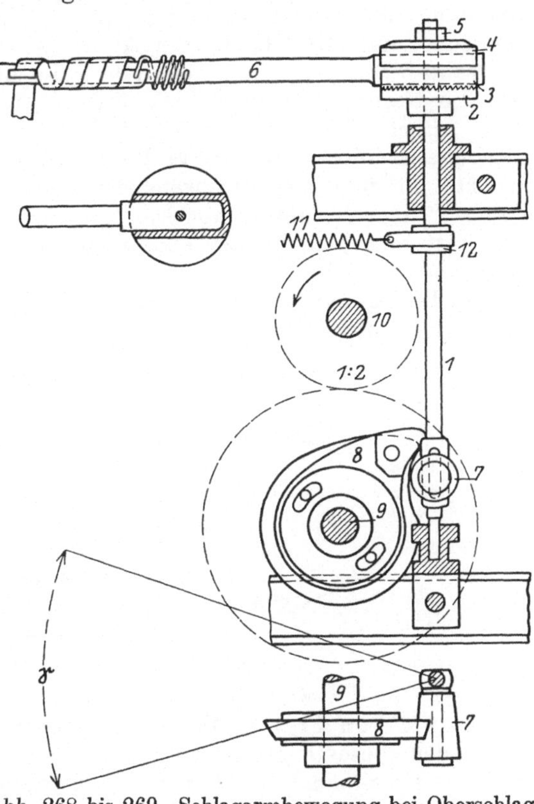

Abb. 268 bis 269. Schlagarmbewegung bei Oberschlag.

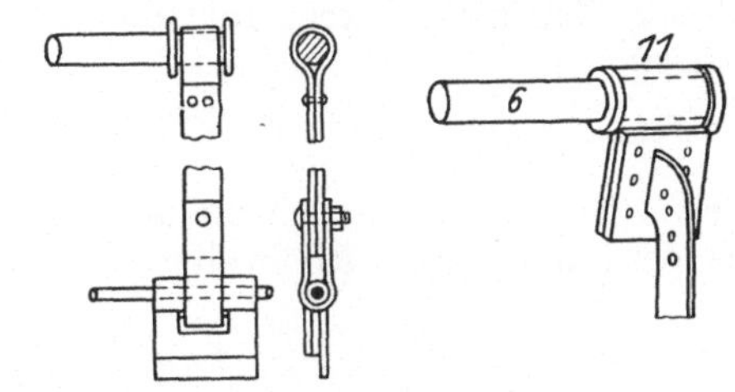

Abb. 270 bis 272.
Verbindung des Schlagriemens mit dem Schlagstock.

stühlen zu findende Anordnung zeigt Abb. 272. Der Schlagriemen ist um das Peitschenende gelegt und unten mit einer durch den Picker gesteckten Lederschleife durch eine Schraube verbunden. Die Anordnung hat den Vorteil, daß der Schlagriemen aus zwei Lagen besteht; die einzelne Lage also nur mit der halben Kraft in Anspruch genommen und der Riemen geschont wird.

Abb. 272 gibt eine andere Ausführung der Scheibe 3. Die Wände der U-förmigen Nut für Aufnahme des Peitschenkopfes sind hinten miteinander verbunden, wodurch eine größere Sicherheit gegen Bruch der Nutseitenwände erzielt wird.

Das Schlagexzenter besteht aus 3 Teilen, Abb. 273 bis 275: der Nabe 1, welche auf die Welle gekeilt wird, der Nasenplatte 2 und der Schlagnase 3, welche fast immer als besonderes Stück ausgeführt wird, weil sie starker Abnutzung unterworfen ist und ist an der Spitze vielfach verbreitert, um die Abnutzung und die Gefahr des Abbrechens zu vermindern. Die Nabe hat 2 verzahnte Sektoren, in deren Zähne die der Nasenplatte eingreifen. Damit man die Nasenplatte gegen die Nabe verdrehen und dadurch den Schlag etwas früher oder später erfolgen lassen kann, sind in der ersteren konzentrische Schlitze für die Verbindungsschrauben angebracht. Die Schlagnase hat in dem Teil, mit welchem sie in die Nasenplatte eingesetzt wird, in Abb. 275 nach hinten, abgeschrägte Seitenflächen und keilt sich damit bei dem Festschrauben in die entsprechend abgeschrägten Wände der Nasenplatte ein.

Die Bewegungsverhältnisse der Schlageinrichtung sind in der Doktordissertation von Jenny, „Untersuchungen am mechanischen Webstuhl", ge-

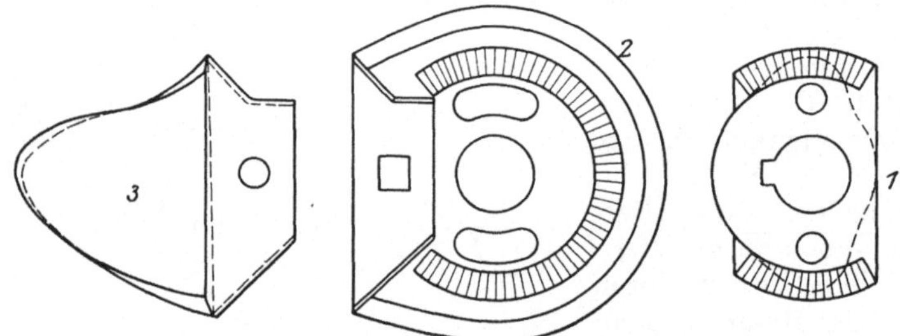

Abb. 273 bis 275. Schlagexzenter.

druckt 1912 von Frey in Zürich, in vortrefflicher Weise klargelegt worden. Hier sollen diese in etwas einfacherer Form untersucht werden. — Folgendes werde angenommen. Die Zeit der Fachöffnung für den Durchgang der Schütze sei t, die größte Gewebebreite b und die Schützenlänge l. Dann würde sich die mittlere Geschwindigkeit, mit der die Schütze das Fach durchlaufen muß, ergeben zu

$$v_m = \frac{b + l}{t}. \tag{1}$$

Die Zeit t ist, wenn der Kurbeldrehwinkel für den Schützendurchgang $= \alpha$ gesetzt wird und die Kurbelwelle n Umdrehungen in 1 min macht,

$$t = \frac{60}{n} \cdot \frac{\alpha}{360} \text{ sek.} \tag{2}$$

Die Geschwindigkeit v, mit welcher die Schütze den Treiber verläßt, muß größer sein als v_m, denn infolge der Reibung der Schütze auf Ladenbahn, Kette und am Blatt tritt eine Verzögerung ein. Setzt man $v = \varphi v_m$, worin φ größer als 1 und abhängig von den Reibungsverhältnissen ist, so erhält man

$$v = \varphi \cdot 6 \cdot n \cdot \frac{b + l}{\alpha}. \tag{3}$$

Es wächst also v mit n und $b + l$, nimmt aber mit α ab.

Sind v, φ, n, l und α gegeben, findet sich die größte zulässige Gewebebreite

$$b = \frac{\alpha v - \varphi \cdot 6 \cdot n\,l}{\varphi\, 6\, n}; \tag{4}$$

sind v, φ, b, l und α gegeben, folgt die größte Schußzahl

$$n = \frac{\alpha \cdot v}{6 \cdot \varphi\,(b + l)}. \tag{5}$$

Aus Gl. (3) geht hervor, daß v unter sonst gleichen Verhältnissen um so kleiner wird je größer α. Der Kurbeldrehwinkel α ist aber nicht beliebig. Je größer α, um so größer ist die Ladenbewegung während des Schützendurchganges durch das Fach und um so mehr verkleinert sich die Fachöffnung bei dem Ladenvorgange sobald die Kurbel die hintere Totlage überschritten hat, wodurch die Schütze leicht mit dem im Oberfach liegenden Kettenteil in Berührung kommen und in ihrer Bewegung gehemmt werden kann. Setzt man $\alpha = 90^{\circ}$, ein für viele Verhältnisse zutreffender Wert, wird

$$v = \frac{\varphi\, n}{15}\,(b + l). \tag{6}$$

Zur Ermittelung von v würde φ zu bestimmen sein, denn b und l sind als gegeben anzusehen und n ist nach der Erfahrung zu wählen.

Tritt die Schütze mit der Geschwindigkeit v in das Fach ein, ist, wenn G das Gewicht der Schütze, die kinetische Energie $\dfrac{G}{g} \cdot \dfrac{v^2}{2}$. Die Reibungsarbeit bei dem Durchlaufen des Faches ist $\mu \cdot G\,(b + l)$, worin μ die Reibungswertziffer. Die Austrittsgeschwindigkeit der Schütze aus dem Fach v_1 würde sich ergeben aus

$$\frac{v_1^{\,2}}{2}\,\frac{G}{g} = \frac{v^2}{2} \cdot \frac{G}{g} - \mu \cdot G\,(b + l),$$

woraus folgt

$$v_1 = \sqrt{v^2 - 2\,g \cdot \mu\,(b + l)}. \tag{7}$$

μ ist nach Woodhouse und Milne, Jute and Linen Weaving, bei Jutegeweben $0{,}27 \div 0{,}43 \div$ ausnahmsweise $0{,}53$; nach Jenny in der oben angeführten Dissertation $0{,}27 \div 0{,}4$. Man erkennt aus Gl. (7), daß, selbst wenn man für μ den Jennyschen Höchstwert von $0{,}4$ einsetzt, v_1 nur wenig kleiner als v wird, daß also die Reibung des Schützen bei dem Durchlaufen des Faches nur einen geringen Einfluß ausübt. Versuche Jennys haben dies auch bestätigt. Er hat auch μ für gebrauchte und neue, trockene und feuchte Schützen ermittelt und gefunden, daß bei feuchten Schützen μ immer erheblich größer ist als bei trockenen.

Bei dem geringen Unterschied zwischen v und v_1 wird man für gewöhnliche Verhältnisse und glatte Kettenfäden $\varphi = 1{,}1 \div 1{,}2$, für rauhe Ketten $1{,}25 \div 1{,}3$ setzen können, womit die Bestimmung von v nach Gl. (3) möglich wird. — Die theoretische Geschwindigkeit v wird aber nicht ganz erreicht einmal infolge der Elastizität der Peitsche und des Schlagriemens und dann infolge der heftigen fast stoßweis auftretenden Wirkung des Schlagexzenters, die eine Verminderung der Winkelgeschwindigkeit der Antriebwelle hervorruft.

Die Geschwindigkeit v muß in einer sehr kleinen Zeit erreicht werden; der zur Verfügung stehende Drehwinkel der Kurbel liegt zwischen $36 \div 45^{\circ}$, mithin der der Schlagexzenterwelle zwischen 18 und $22^1/_2$. Die Zeit für Ingangsetzung der Schütze bei einem Kurbeldrehwinkel von 45^0 ist

$$t = \frac{60}{n} \cdot \frac{45}{360} = \frac{7,5}{n} \text{ sek.}$$

Formgebung der Schlagnase. Es werde, um einfache Beziehungen zu erhalten, angenommen, daß die Schütze während der Ingangsetzung gleich-

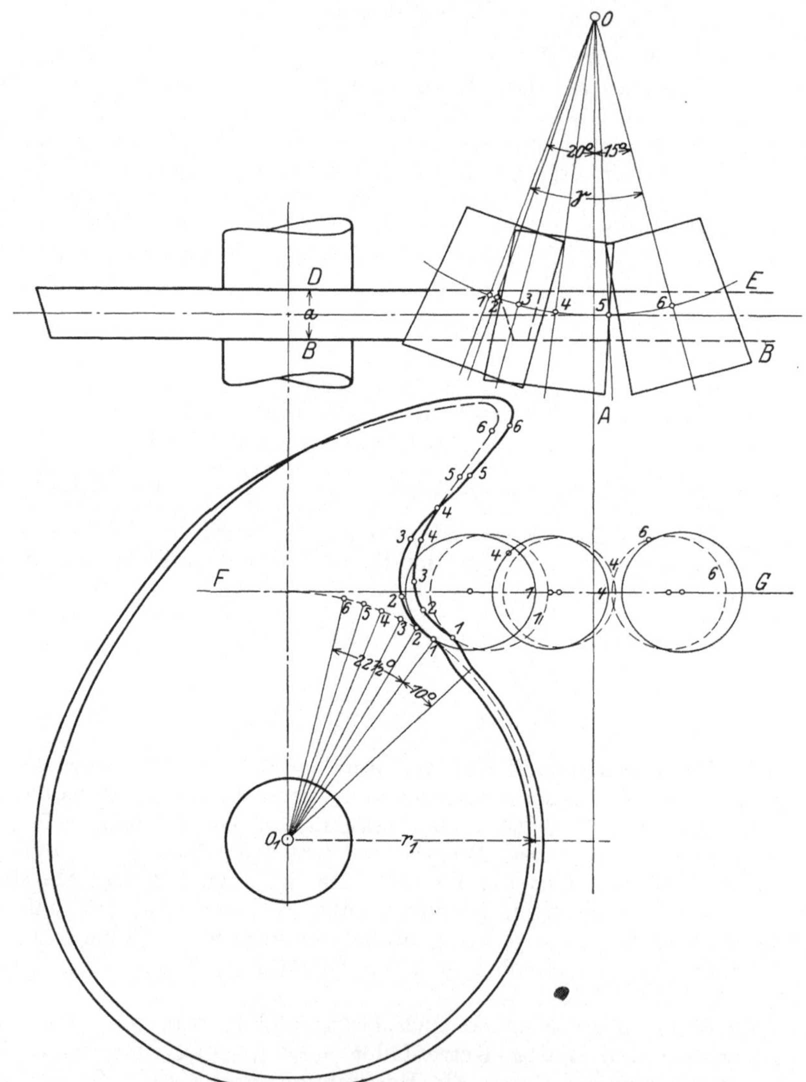

Abb. 276 u. 277. Verziehung der Schlagnase.

förmig beschleunigt werde. γ Abb. 276 sei der Ausschlagwinkel der Peitsche (s. Abb. 269) vom Ingangsetzen der Schütze bis zum Abfliegen vom Picker, wobei angenommen ist, daß bei Beginn der Schützenbewegung der Schlagriemen schon durch eine kleine Drehung der Peitsche gespannt worden ist.

L sei die Peitschenarmlänge und s der Weg des Peitschenendes, wobei der Bogen gleich der Sehne gesetzt werden kann, was ohne merkbaren Fehler zulässig, da Winkel γ klein ist. Dann findet sich

$$s = \frac{v}{2}\,t = \frac{2\,L\,\pi\cdot\gamma}{360}, \qquad (8)$$

woraus

$$L = \frac{90\,v\,t}{\pi\cdot\gamma} \qquad (9)$$

oder

$$\gamma = \frac{90\,v\,t}{\pi\cdot L} \qquad (10)$$

folgt.

An einem Beispiel soll der weitere Weg zur Formgebung der Schlagnase dargelegt werden. — Für einen schmalen Leinenstuhl sei $l = 900\ b = 260$ mm, $n = 150$ und $\alpha = 90^0$.

Nach Gl. (3) ergibt sich

$$v = \varphi\cdot 6\cdot 150\cdot\frac{1{,}16}{90} = 11{,}6\cdot\varphi .$$

Setzt man

$$\varphi = 1{,}2,$$

folgt

$$v = 13{,}92 = \text{rd. } 14\ \text{m}\cdot\text{sek.}$$

Der Weg des Peitschenendes ist dann

$$s = \frac{14}{2}\cdot\frac{60}{3\cdot 150} = 0{,}35\ \text{m}$$

und der Winkel γ nach Gl. (10)

$$\gamma = \frac{90\cdot 14\cdot 60}{\pi\cdot 0{,}6\cdot 8\cdot 150} = \text{rd. } 33{,}5^0 .$$

In den Gleichungen für s und γ ist für $L = 0{,}6$ m und

$$t = \frac{60}{8\cdot 150} = 0{,}05\ \text{sek}$$

eingesetzt worden.

Vergrößert man des leichteren Verzeichnens wegen γ auf 35^0, würde aus Gl. (9) $L = 0{,}573$ m, also wenig kleiner als 0,6 m, wie angenommen, folgen. Die Beschleunigung ergibt sich aus

$$p = \frac{v}{t} = \frac{14}{0{,}05} = 280\ \text{m/sek}^2 .$$

Berechnet man die Wege des Peitschenendes für $t = 0{,}01,\ 0{,}02$ usf. sek aus der Formel $s = \frac{p}{2}\,t^2$, erhält man für

$t =$ 0,01	0,02	0,03	0,04	0,05 sek,
$s =$ 0,014	0,056	0,126	0,224	0,350 m.

Diese Wegstrecken sind im Verhältnis $\dfrac{r}{L}$ zu vermindern, um die Wege der Schlagbolzenmitte, deren Hebelarm $= r$ ist, zu finden. Nimmt man $r = 120\,\mathrm{mm}$ (s. Abb. 276 und 277), werden die Wege der Schlagbolzenmitte

$$s_1 = \frac{120}{573}\cdot s = 0{,}2094\cdot s$$

und

$$s_1 = 0{,}003 \qquad 0{,}0117 \qquad 0{,}0264 \qquad 0{,}0469 \qquad 0{,}0733\ \mathrm{m}.$$

Es sei ferner angenommen, daß der Winkel, welchen die Schlagbolzenachse in der Ruhelage $O1$ mit OA einschließt $= 20^{0}$, der Winkel zwischen OA und der Endstellung $O6 = 15^{0}$, deren Summe gleich dem Ausschlagwinkel der Peitsche für Ingangsetzung der Schütze ist. Trägt man nun auf dem Bogen $1 \div 6$ die Strecken s_1 ab, erhält man die Punkte $2 \div 6$ und verbindet man diese mit 0, ergeben sich die Achsenlagen des Schlagbolzens für die Zeiten 0,0, 0,01, 0,02 m/sek. Auf den 6 Stellungen der Schlagrollenachse verzeichnet man die Schlagrollen. Die Dicke des Schlagexzenters sei zu a angenommen und die Mittelebene dieses schneide OA in 120 mm Abstand von O. Die Drehachse der Schlagexzenterwelle liege in wagerechter Richtung 120 mm von OA und 110 mm senkrecht unter der Schwingungsebene der Schlagbolzenmitte. Es sind nun die Kurven der Schlagnase für die Vorderebene BC und die Hinterebene DE des Schlagexzenters zu entwickeln. Der Schnitt zwischen Ebene BC und der Schlagbolzenrolle für Stellung $O1$ ist eine Ellipse. Verzeichnet man diese über $F\cdot G$, der Projektion der Schwingungsebene der Schlagbolzenachse, und schlägt von O_1 aus einen Kreis, welcher die Ellipse berührt, so erhält man den Grundkreis des Schlagexzenters für dessen Vorderebene BC und zugleich den ersten Punkt 1 der Nasenkurve. Auf dem Kreisbogen durch 1 trägt man nach links den Drehwinkel des Schlagexzenters von $22\tfrac{1}{2}^{0}$ für Ingangsetzung der Schütze ab und teilt diesen in 5 gleiche Teile, welche den Zeiten 0, 0,01, 0,02 usw. sek entsprechen, unter der allerdings nicht ganz richtigen Annahme, daß sich das Schlagexzenter mit gleichförmiger Winkelgeschwindigkeit dreht. Das ist in Wirklichkeit nicht der Fall: es tritt, wie schon oben erwähnt, eine Verzögerung ein, deren Größe aber unbekannt ist. Durch geeignete Wahl von φ kann dem Rechnung getragen werden.

Für die Stellungen $2 \div 6$ der Schlagbolzenmitte werden die Ellipsen ebenfalls verzeichnet. Nun ergibt sich aber eine Schwierigkeit dadurch, daß die Berührungspunkte zwischen Schlagnasenkurve und den Ellipsen unbekannt sind. Diese wandern von dem unterhalb der Linie FG liegenden Ellipsenteilen nach oben, wodurch anfänglich ein nach oben, später nach unten gerichteter Druck auf die Schlagrolle und die Peitschenwelle ausgeübt wird. — Die Schwierigkeit läßt sich auf folgendem Wege leicht überwinden, der eine genaue Verzeichnung der Schlagnasenkurven ermöglicht. Man fertigt sich aus Pausleinen eine Schablone an, verzeichnet auf dieser einen Kreisbogen mit dem Halbmesser r_1 (s. Abb. 277) und trägt auf diesem den in fünf gleiche Teile geteilten Winkel von $22\tfrac{1}{2}^{0}$ ab. Die Schablone wird nun so auf die Zeichnung gelegt, daß der Mittelpunkt des Kreisbogens auf O_1 fällt, und man steckt, um die Schablone sicher drehen zu können, eine Nadel ein. Stellt man jetzt die Punkte 2—6 der Schablone nacheinander auf Punkt 1 des Kreisbogens HJ der Zeichnung, so lassen sich die Berührungspunkte der Nasenkurve mit den Ellipsen der Stellungen 2—6 der Schlagrolle leicht finden und durch Zusammenziehen der Punkte die Kurven selbst entwickeln. Beide Kurven für die Vorder- und Hinterebene des Schlagexzenters enden in den Punkten 6. Die Schlagnase darf aber nicht in eine Spitze auslaufen, welche sofort abbrechen würde; sie muß gut abgerundet werden, und man erkennt aus der Abbildung, daß sich infolgedessen bei der Weiterdrehung des Schlagexzenters der Schlagbolzen und auch die Peitsche noch weiter drehen werden, aber die Schütze hat den Treiber bereits verlassen, kann also nicht mehr beschleunigt werden. Diese Drehung über die Stellung $O\,6$ hinaus ist die Veranlassung dazu, daß man links von $O\,A$ einen Winkel von 20, rechts von $A\,O$ einen Winkel von 15^0 angetragen hat.

Die Ablaufkurven für die Schlagrolle erstrecken sich meist über einen Winkel von 90^0. — Um das Spannen des Peitschenriemens vor Beginn des Schlages zu bewirken, muß der Halbmesser des Grundkreises etwas kleiner als r_1 gemacht und eine Übergangskurve nach den Punkten 1 geschaffen werden, s. Abb. 277. In dieser sind, um das Bild nicht zu sehr zu verwirren, nur die Ellipsen für die Stellungen 1, 4 und 6 gezeichnet und zwar für die Vorderebene ausgezogen, für die Hinterebene gestrichelt und auf diesen sind die Anlaufpunkte der Schlagnasenkurven durch kleine Kreise angegeben.

Aus den Abb. 276 und 277 geht hervor, daß die Schlagnase hauptsächlich von oben auf die Schlagrolle wirkt. Die Kurbelwelle läuft dabei, von der linken Stuhlwand aus gesehen, rechts herum (Vorwärtsgang des Stuhles). Bei Rückwärtsgang läuft die Kurbelwelle links herum, eine Anordnung, die sich besonders bei Jutewebstühlen findet und zur Folge hat, daß die Schlagnase von unten her auf die Schlagrolle einwirkt und die Peitschenwelle zu heben trachtet. Ein Bund auf der letzteren, der sich gegen das nun sehr kräftig zu haltende obere Halslager stützt, sichert davor.

Unterschlag. — Abb. 278 zeigt eine Einrichtung mit Rollenkurbel bei einem Stuhl mit Rückwärtsgang. Auf Welle 2, die von der Hauptwelle 1 aus mit der Übersetzung 1:2 getrieben wird, befindet sich eine Kurbel mit der Schlagrolle 4, die in einem konzentrischen Schlitz 3 verstellt werden kann, um den Schlag früher oder später eintreten zu lassen. Rolle 4 wirkt auf einen auf dem Hebel 5 befindlichen Bügel 6 (Form, Schlagexzenter), wodurch Hebel 5 bei dem Angriff der Rolle 4 schnell abwärts bewegt wird. Diese Bewegung überträgt eine Lederschleife 7, verschraubt an einen mit der Peitsche 9 verbundenen Sektor 8 (Abb. 279), auf die Peitsche 9, welche durch den Picker 10 hindurchgesteckt ist. Feder 13 besorgt die Rückführung der Peitsche nach dem Schlag. Der kurze durch Spindel 11 geführte und mit dem Fangriemen 12 verbundene Riemen fängt die einlaufende Schütze auf.

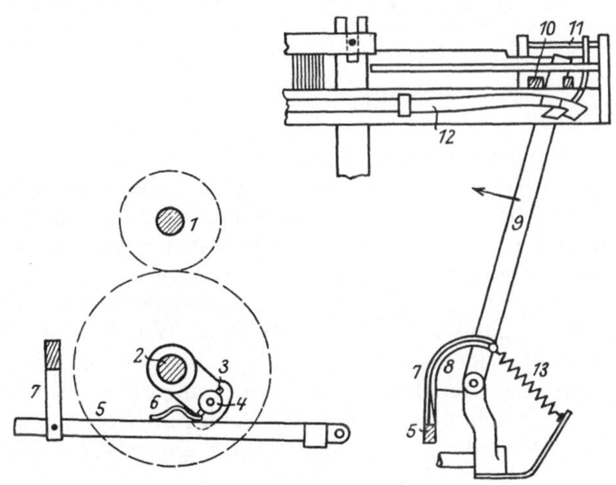

Abb. 278 u. 279. Unterschlag.

Bei der Ausführung nach Abb. 278 schwingt die Peitsche mit der Lade hin und her. Abb. 280 gibt eine Unterschlageinrichtung, welche, dem Oberschlag nachgebildet, ohne weiteres verständlich ist. Abb. 281 und 282 zeigt eine Anordnung, die sich auch bei den Northropstühlen findet. 1 ist die Ladenwelle, an deren beiden Seiten Teile 2 befestigt sind. Der Schuh 5, mit welchem die Peitsche 6 verschraubt ist, ruht auf Fläche 3, 4, führt sich mit Zunge 7 in einem Schlitz von 2 und erhält eine weitere Führung durch die durch einen Schlitz von 5 tretende Zunge 8. Der Picker ist mit dem oberen Ende der Peitsche fest verbunden, muß aber geradlinig und gleichlaufend mit der Ladenbahn bewegt werden, was erreicht wird durch entsprechende Krümmung der auf 3, 4 laufenden Fläche des Schuhes 5. Die Zurückführung der Peitsche nach dem Schlag besorgt eine kräftige Spiralfeder in der an 2 befindlichen Dose 9, an deren drehbarem Gehäuse ein die Peitsche erfassender Riemen 10 befestigt ist.

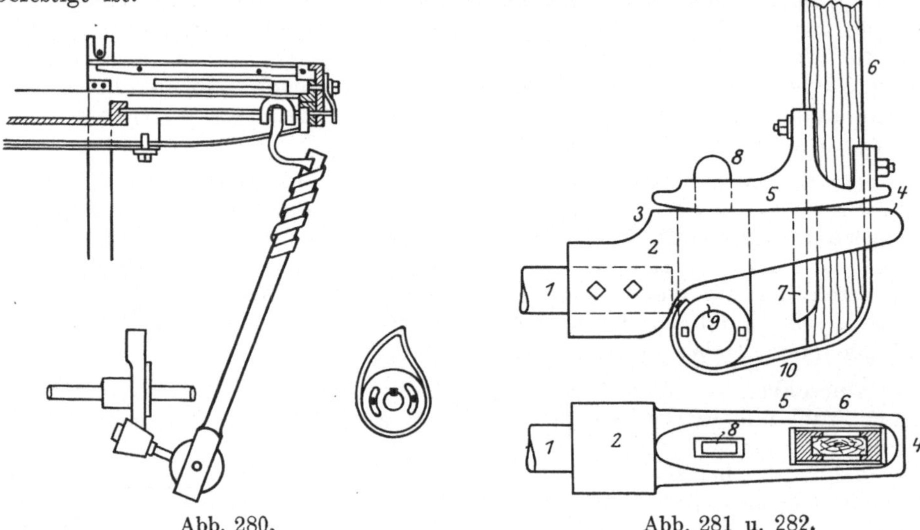

Abb. 280.   Abb. 281 u. 282.

Die besprochenen Unterschlageinrichtungen sind nur für einzellige Laden anwendbar. Wechselladen erfordern dagegen Schlageinrichtungen, welche es ermöglichen, mehrmals hintereinander von einer Seite zu schießen. Außerdem müssen noch besondere Vorkehrungen getroffen werden, einmal um nur dann einen Schützenwurf geschehen zu lassen, wenn einer gefüllten Zelle eine leere gegenübersteht; dann um jedes Losschießen zu verhüten, wenn zwei gefüllte Zellen einander gegenüberstehen. Würden in diesem Fall beide Schützen gleichzeitg losgeschossen, müßten diese in der Mitte zusammenprallen und eine Zerstörung der Kette wäre unvermeidlich. Endlich ist noch eine Sicherung gegen Bruch von Teilen der Schlageinrichtung zu schaffen, wenn aus irgendeinem Grunde, z. B. nicht richtig eingestellter Wechsellade, der Schlag nicht erfolgen kann.

Abb. 283 und 284 zeigen eine Anordnung der Sächsischen Webstuhlfabrik in Chemnitz bei einem Buckskinstuhl mit vierzelliger Steiglade an jeder Seite. Auf der Kurbelwelle befindet sich das Schlagexzenter, von welchem aus durch Hebelübersetzungen die Welle 1 für Ausführung des Schlages eine ruckweise Drehung nach links erhält, die durch Hebel 2 Zugstange 3 und Hebel 4 auf Welle 5 übertragen wird, so daß also für jede Umdrehung der Kurbelwelle ein Schlag von links oder rechts erfolgen kann. Auf den Wellen 1 und 5 sind die Schlagsektoren 6 und 7 festgekeilt, während die Arme 8 und 9 lose drehbar darauf stecken. Mit diesen Armen sind die Peitschen durch Riemen und ferner die Fallen 10, 11 verbunden, die durch Federn 12 beeinflußt werden. Legt sich eine Falle 10, wie links gezeichnet, vor die Nase des Schlagsektors, erfolgt von dieser Seite der Schützenschlag, wenn die Zelle III links gefüllt, Zelle III rechts dagegen leer ist. Rechts ist die Falle 10 ausgehoben, es kann also kein Schlag von dieser Seite erfolgen. Die Einstellung der Fallen geschieht folgendermaßen: Auf den unterhalb des Ladenklotzes gelagerten Wellen 13, 14

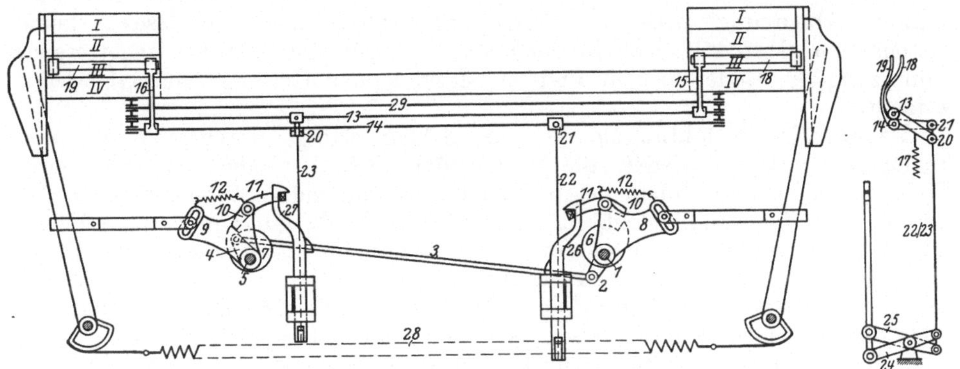

Abb. 283 u. 284. Unterschlag für Wechsellade.

sitzen Arme 15, 16, welche sich unter Wirkung der Federn 17, Abb. 283, stets gegen die Bremsfinger 18, 19 der Schützenzellen anlegen. Die Stellungen von 18 und 19 für leere und gefüllte Zellen sind aus Abb. 284 ersichtlich. Auf den Wellen 13, 14 sitzen ferner Hebel 20, 21, die durch Drähte 22, 23 mit den zweiarmigen Hebeln 24, 25 in Verbindung stehen. Diese Hebel ergreifen die senkrecht geführten Stangen 26 27, die mit den oberen Haken über Nasen der Fallenhebel 11 greifen. 27 ist gehoben, die linke Falle ist eingelegt; 26 ist gesenkt, die rechte Falle ist ausgehoben. — 28 ist die Rückzugsfeder für die Peitschen, 29 die Stecherwelle.

Es überwacht die linke Stuhlseite die rechte und umgekehrt. Stehen zwei gefüllte Zellen einander gegenüber, sind beide Fallen ausgehoben und es erfolgt kein Schlag und der Stuhl kann durch eine besondere Wächtereinrichtung stillgelegt werden. Stehen zwei leere Zellen einander gegenüber, erfolgt

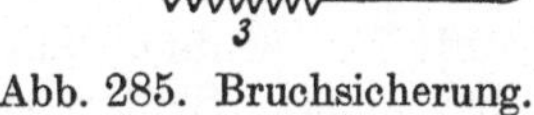

Abb. 285. Bruchsicherung.

allerdings von beiden Seiten der Schlag, aber der Stuhl wird sofort, da der Schußfaden fehlt, durch den Schußfadenwächter ausgerückt. — Eine Sicherung gegen Bruch für den Fall einer Hinderung der Peitschenbewegung zeigt Abb. 285. Die Peitsche ist nicht fest mit der Ladenwelle, auf welcher der Teil 1 sitzt, verbunden, sondern kann mit einem Bolzen in dem Schlitz 2 gleiten. Der Bolzen liegt bei regelmäßigem Gange unter Wirkung der Feder 3 am äußeren Ende des Schlitzes an. Kann das obere Ende der Peitsche sich nicht bewegen, so gleitet bei dem Schlag der Bolzen im Schlitz nach einwärts unter Überwindung der Federspannung.

Bei den Schützenschlageinrichtungen mit Schlagexzenter tritt im Augenblick des Schlages, der fast stoßweis erfolgt, eine beträchtliche Erhöhung der

Betriebskraft ein, wie das Diagramm, Abb. 286, in den Spitzen erkennen läßt, welches dem Werk von Mey, Kraftbedarf der mechanischen Webstühle, entnommen ist. Dies ruft einen stark erhöhten Druck zwischen den Zähnen der Räder hervor, der immer an einem bestimmten Zahn des Rades auf der Haupt- und an zwei um 180° versetzten Zähnen des Rades auf der Schlagexzenterwelle auftritt und weit

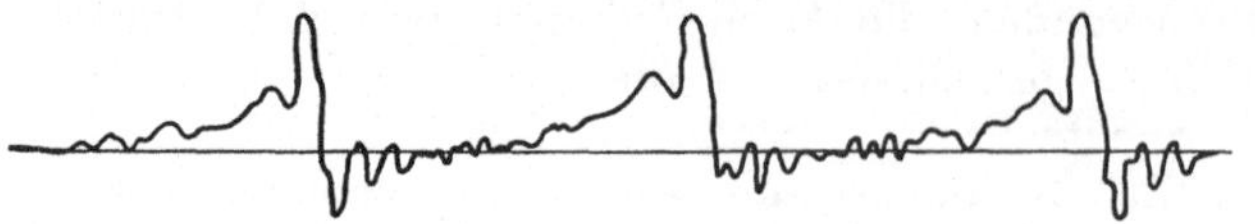

Abb. 286. Diagramm von einem Segeltuchstuhl.
Arbeitsgang: 3 Umgänge.

stärkere Abnutzung dieser zur Folge hat. Zahnbrüche sind deshalb keine Seltenheiten. Man hilft sich in der Praxis dadurch, daß man bei eingetretener Abnutzung die Räder loskeilt und um etwa $^1/_3$ des Umfangs versetzt wieder aufkeilt.

Federschlageinrichtungen. — Der Schlag erfolgt durch eine auf den Schlagarm wirkende Feder, die nach jedem Schuß wieder gespannt wird. Federschlag wird besonders bei breiten langsamlaufenden Stühlen angewendet und hat die Eigentümlichkeit, daß die Stühle beliebig langsam laufen können, da die Geschwindigkeit der Schütze lediglich von der Kraftwirkung der Feder und nicht von der minutlichen Schußzahl abhängt, wie das bei den Stühlen mit Schlagexzenter der Fall ist, daß aber eine bestimmte höchste Schußzahl nicht überschritten werden kann. Ist wie früher b die größte Gewebebreite, l die Schützenlänge, n die Schußzahl in einer Minute und v_m die mittlere Durchgangsgeschwindigkeit der Schütze, so folgt, wenn für den Durchlauf die Zeit für $^1/_4$ Umdrehung der Kurbelwelle zugrunde gelegt wird, $v_m \cdot \dfrac{60}{4\,n} = b + l$.

Hierin ist v_m unveränderlich und so ergibt sich

$$n_{\mathrm{max}} = v_m \cdot \frac{15}{b + l}.$$

Für Exzenterschlagstühle gilt unter gleichen Voraussetzungen

$$v_m = \frac{n\,(b + l)}{15}.$$

Es wächst v_m mit n. Diese Stühle könnten also beliebig schnell laufen, wenn sich dem nicht Schwierigkeiten verschiedener Art entgegenstellten, aber es darf eine kleinste Umdrehzahl n nicht unterschritten werden, wenn die Schütze noch durch das Fach fliegen soll. Übersteigt die Schußzahl die normale, trifft die Schütze hart gegen den Picker und prallt häufig zurück, wodurch der nächste Schlag zu schwach ausfällt und der Schußfaden locker wird und Schleifen bildet. Auch schlagen dann die Schußkötzer leicht ab. Sinkt die Schußzahl unter die normale, erhält die Schütze zu geringe Geschwindigkeit, läuft in den Kasten nicht voll ein oder bleibt im Fach stecken.

Die Federschlageinrichtung eines Schönherrschen Tuchstuhles für abwechselndes Schießen von links und rechts ist in Abb. 287 dargestellt. Die Peitschen 1, 1 sind lose drehbar um die Bolzen 2, 2, werden in Schlagstellung (s. rechte Seite) durch die Faller 3, 3 gehalten, die sich hinter Ansätze 4, 4 haken und sind durch die kräftige Schlagfeder 5 miteinander verbunden. Die Verbindung der Peitschen mit den Pickern 6, 6 — kurze Stahlröhren mit Kautschuk- oder Lederfüllung, geführt in Schlitzen des Ladenklotzes — erfolgt durch die Schlagriemen 7, 7. Die Bewegung der Peitschen nach außen und damit zugleich das Spannen der Schlagfeder geht von der Kurbel 8 aus, die auf einer

von der Hauptwelle im Verhältnis 1 : 2 getriebenen Welle sitzt und durch
eine Lenkstange zunächst den rechtsseitigen Winkelhebel 9 faßt, von welchem
der linksseitige durch Stange 10 bewegt wird. Die Winkelhebel 9 tragen
Stellschrauben 11, welche, wie links ersichtlich, die Falle 3 ausklinken, wenn
der Schützenschlag erfolgen soll. Von links ist eben abgeschossen worden.
Die Winkelhebel 9 bringen durch Anlegen an die Ansätze 12, 12 der Peitschen
diese wieder in Schlagstellung. Infolge der Verbindung der Peitschen mit den
Pickern durch die Schlagriemen können die Picker der Peitschenbewegung
nach außen nicht folgen; es sind deshalb mit den Winkelhebeln 9 Stangen 13
verbunden, die durch Stangen 14 die Schieber 15 bewegen, welche die Picker
nach außen befördern. 16 sind Fangrollen für die Peitschenriemen.

Für Wechselladen müssen beide Peitschen für jeden Schuß schlagbereit sein;
Kurbel 8 läuft dann mit soviel Umdrehungen als Schuß in einer Minute erfolgen und
es müssen Anordnungen getroffen werden, wie solche auf S. 149 besprochen wurden.

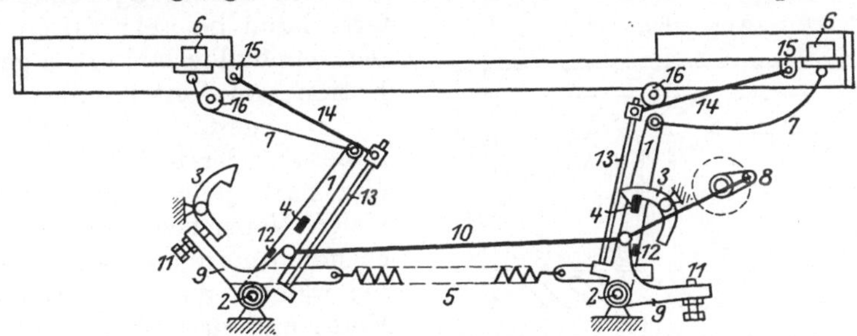

Abb. 287. Federschlag.

Alle Schützenschlageinrichtungen mit Schlagexzentern leiden an dem Übel-
stand, daß durch die fast stoßweise Ingangsetzung der Schütze schwere Erschütterungen und ein plötzlich stark vermehrter Kraftbedarf entstehen, daß
die Schütze noch mit großer Geschwindigkeit einläuft und auf kurzem Wege
durch Bremsung zur Ruhe gebracht werden muß, daß die Unterhaltungskosten
für Schlagriemen, Picker usw. recht beträchtlich sind, endlich, daß der
Schützenwurf nur unter Entwickelung eines starken Geräusches vor sich geht.
In Websälen mit Hunderten von Stühlen herrscht ein ohrenbetäubender Lärm,
der die Verständigung erschwert, zugleich
aber den Beweis für eine erhebliche Kraftver-
geudung liefert. Es darf deshalb nicht wundernehmen, wenn zahlreiche leider bis jetzt
fast gänzlich ergebnislose Versuche unternommen worden sind, die erwähnten Übelstände
zu beseitigen oder wenigstens zu mildern.

An erster Stelle sei auf die Versuche hingewiesen, die Schütze durch das Fach zu tragen
(positive Schützenbewegung). James
Lyall verwandte dazu einen auf der Ladenbahn laufenden durch Schnuren hin
und her bewegten Wagen, auf dessen oberen Rollen die Schütze mit zwei
unteren Rollen ruhte und sich mit zwei oberen Rollen am Ladendeckel führte (vgl.
Reh, Lehrbuch der mechanischen Weberei). Dann ist versucht worden, die
Schütze mit Hilfe von Greifern durch das Fach zu befördern (Steckschützen). —
Man denke sich an jedem Ladenende einen Schieber angeordnet mit einer
nach der Stuhlmitte gerichteten Stange, welche am Ende einen Greifer für die
Schütze trägt (Abb. 288). Die Schieber bewegen sich immer in entgegengesetzter

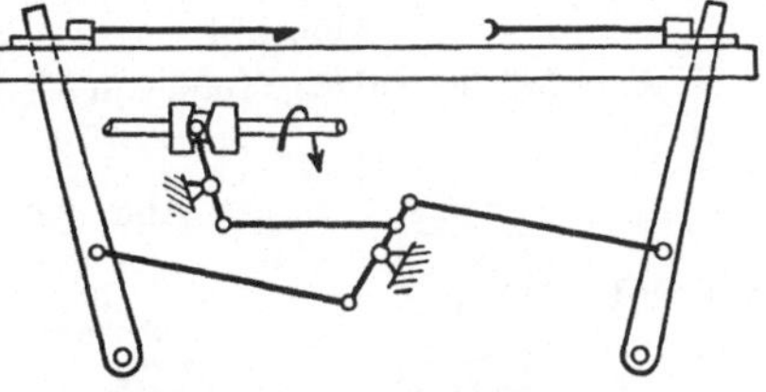

Abb. 288. Einrichtung für Steckschützen.

Richtung; der linke bringt z. B. die Schütze bis Ladenmitte, der rechte übernimmt sie und führt sie ganz durch das Fach und umgekehrt. — Eine beträchtliche Verbreiterung des Stuhles ist die notwendige Folge dieser Einrichtung, die außerdem den Nachteil hat, daß die Schütze auf ihrem Wege durch das Fach zweimal beschleunigt und verzögert werden muß und daß

sich, wie auch bei der Anordnung von Lyall die durch die gewöhnlichen Schützenschlageinrichtungen zu erzielende Schußzahl nicht erreichen läßt. Der fast einzige Vorteil der Steckschützen besteht darin, daß die Schütze weder mit dem Blatt noch mit den Kettfäden in Berührung kommt. Letzteres kann bei sehr zarten und in sehr empfindlichen Farben gefärbten Ketten von Vorteil sein.

In neuester Zeit hat nun Webereibesitzer Fritz Giehler in Chemnitz nach jahrelanger Arbeit und vielen Versuchen eine vielversprechende Anordnung herausgebracht, bei welcher die Schütze, ohne die Kette und das Blatt zu berühren, durch das Fach läuft und auch der im Unterfach liegende Kettenteil nicht auf der Ladenbahn aufruht. Dadurch wird einerseits die Kette sehr geschont und es werden Verschiebungen der Kettenfäden durch die Reibung der Schütze an den auf der Ladenbahn liegenden Fäden vermieden, andererseits ist jede Abnutzung von Blatt und Schütze durch die Reibung zwischen beiden, die bei der gewöhnlichen Anordnung eintritt, völlig ausgeschlossen. Ferner ist ein Ausspringen der Schütze nicht möglich, da diese zwangläufig durch das Fach geführt wird.

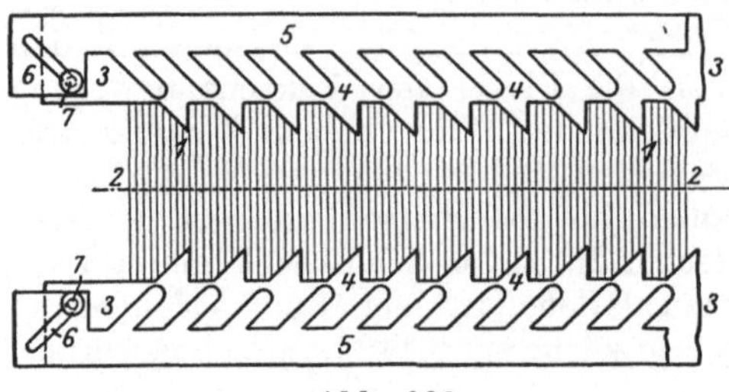

Abb. 289.

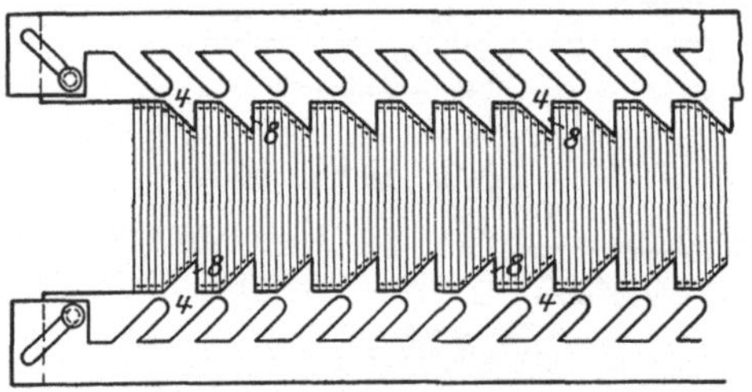

Abb. 290.

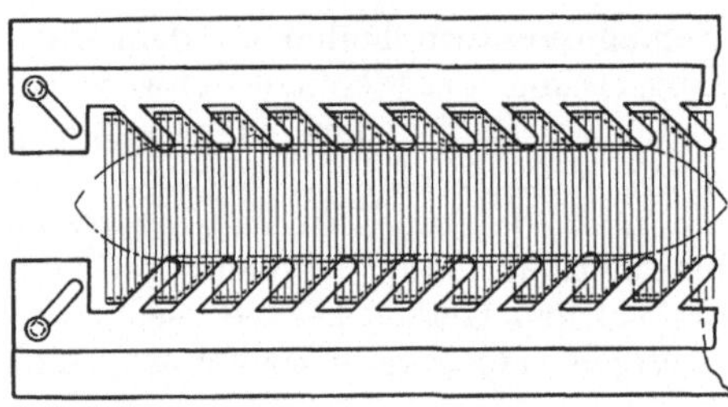

Abb. 291.
Abb. 289 bis 291a. Stuhl von Giehler.

Abb. 291a.

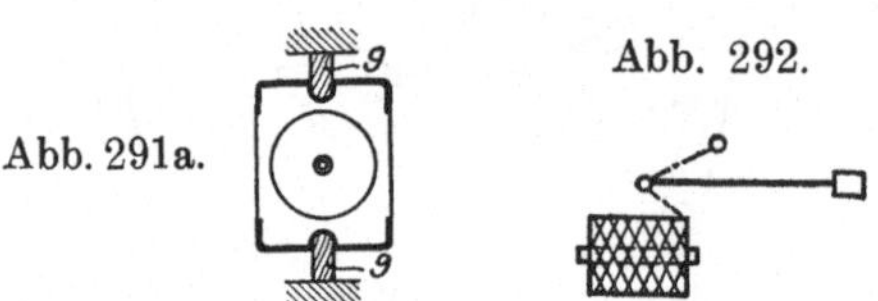

Abb. 292.

Die Anordnung (D.R.P. 353535 Kl. 86c Gr. 27) soll durch die Abb. 289 bis 291a erläutert werden, die eine schematische Darstellung geben. In Abb. 289 ist 1 das Blatt, die Kette 2 ist geschlossen. Am Ladendeckel und am Ladenklotz sind Schienen 3, 3 angebracht, welche in gleichen Abständen nach unten bzw. oben gerichtete dreieckige Zähne 4, 4 besitzen. Die Schienen 3 tragen je eine kammartige Schiene 5, welche sich mit Schrägschlitzen 6, 6 auf den an 3 sitzenden Bolzen 7, 7 führen, so daß, wenn 5 ab- bzw. aufwärts bewegt werden, dies nur in einer Richtung parallel zu den Schlitzen geschehen kann. Abb. 290 zeigt die Lage der Kettfäden, angedeutet durch Punkte, einen Augenblick vor Ausführung des Schützenwurfes. Man erkennt, daß durch die Zähne 4, 4 in beiden Kettenteilen dreieckige Öffnungen 8, 8 entstanden sind, durch welche bei der Ab- bzw. Aufwärtsbewegung der Kämme 5, 5 die Zinken dieser treten, wie das aus Abb. 291 ersichtlich ist. Diese Zinken, die ebenso wie die dreieckigen Zähne der Schienen 3 in Abständen von $60 \div 80$ mm stehen, übernehmen die Führung der Schütze bei dem Lauf durch das Fach und werden sofort zurückgezogen, wenn die Schütze durch ist, der Ladenschlag erfolgen und die Kette umgesteuert werden soll.

Aus Abb. 291 ist die Lage der Schütze im Fach zu ersehen. Die Schütze, eine Stahlschütze, liegt bei dem Stuhl von Giehler auf der Schmalseite im Kasten, Abb. 291a, ist also gegenüber der gewöhnlichen Lage um 90° gewendet. Sie trägt auf beiden Schmalseiten eine halbkreisförmige Nut, in welche Leisten 9, 9 eingreifen, die im Schützenkasten angeordnet sind. Sowie die Schütze aus dem Kasten austritt, übernehmen diese Leisten und die Zinken der Kämme 5, 5 zunächst die Führung, dann die Zinken allein bis zum Eintritt der Schütze in den gegenüberliegenden Kasten, wodurch ein durchaus sicherer Lauf der Schütze gewährleistet ist. — Ich hatte Gelegenheit, einen Oberschlagstuhl, auf welchem ein Baumwollgewebe von 2 m Breite gewebt wurde, in Gang zu sehen, der bei 112 Schuß/Min. anstandslos arbeitete und bis 120 Schuß ausführen lassen soll.

Die schwierige Aufgabe, die Schütze durch das Fach zwangläufig zu führen ohne Verbreiterung des Stuhles (s. o.) und ohne Verminderung der Schußzahl hat durch die Anordnung von Giehler eine recht glückliche Lösung gefunden.

Verschiedentlich ist versucht worden, den Peitschenschlag mittels Schlagexzenter ganz zu vermeiden und die Schütze durch Preßluft in Bewegung zu setzen (pneumatische Schützenschlageinrichtungen). Eine der einfachsten Anordnungen rührt von P. Fox in Chemnitz (D.R.P. Nr. 121104 Kl. 86c Gr. 21) her. Er legt an die Vorderseite des Ladenklotzes in dessen Mitte einen Preßluftzylinder, dessen Kolben mit nach beiden Seiten austretenden Kolbenstangen versehen ist, die mit den Pickern verbunden sind. Steht der Kolben ganz links und wird gegen die linke Kolbenseite Preßluft geleitet, fliegt der Kolben nach rechts, schleudert die Schütze durch das Fach und wird am Ende des Weges durch ein Luftkissen aufgefangen.

Auch an Versuchen, die Elektrizität für den Schützenwurf heranzuziehen, fehlt es nicht. Die Erfinder benutzen meist Elektromagnetismus; ferner sind Motor-Rollschützen in Vorschlag gebracht worden; Schützen mit kleinen Elektromotoren, die auf die Rollen wirken.

Endlich sei noch auf die Versuche hingewiesen, die Schütze ganz zu vermeiden und den Schußfaden einer großen neben dem Stuhl angebrachten Spule zu entnehmen. Dies hat bei den gewöhnlichen Webstühlen den Vorteil, daß die Zahl der Stillstände, hervorgerufen durch den Spulenwechsel, erheblich vermindert wird. Die im Schützen unterzubringende Garnlänge ist verhältnismäßig klein und wird namentlich bei Schnelläufern in wenig Minuten aufgebraucht, wodurch der Stuhl stündlich oftmals abstellt. Wenn auch das Auswechseln der Schütze, da eine Reserveschütze zur Hand ist, nur wenige Sekunden beansprucht, so gehen z. B. bei 180 Schuß in einer Minute sekundlich drei Schuß verloren. Die Abb. 292 gibt die schematische Darstellung einer solchen Einrichtung. Der von der großen Spule kommende Faden ist durch ein Öhr gezogen, wird von einer Nadel gefaßt und bis zur Mitte des Faches getragen; dort übernimmt ihn ein Haken und zieht ihn völlig durch. Man erkennt, daß immer zwei Schußfäden eingetragen werden, wodurch die Verwendbarkeit dieser Einrichtung eine recht beschränkte ist und daß wiederum der Stuhl eine erhebliche Verbreitung erfährt. Farbenwechsel läßt sich durchführen bei Anbringung mehrerer Spulen, deren Fadenführer durch eine Musterkarte so eingestellt werden, daß die Greifernadel die Fäden erfassen kann. — Ähnliche Einrichtungen finden Verwendung, wenn Roßhaare oder Holzstäbchen als Eintrag dienen. Eine Greiferzange faßt diese und zieht sie durch das Fach (Roßhaar- und Holzgewebestühle).

Die Mißerfolge, welche bei den früheren Versuchen erzielt worden sind, die Schütze mittels Greifer durch das Fach tragen zu lassen oder die Schütze ganz zu vermeiden, haben zu immer neuen Vorschlägen geführt. Sehr aussichtsreich erscheint die Webmaschine Patent Johann Gabler, welche von der Firma J. Gabler & Co., G. m. b. H. in Ettlingen in Baden, gebaut wird

Abb. 293. Stuhl von Gabler.

und bereits in einer Anzahl Ausführungen in Baumwollwebereien Eingang gefunden hat, sich aber ebensogut auch für Leinen usw. eignet. (D.R.P. Nr. 374353 Kl. 86c Gr. 21.)

Die Stühle arbeiten ohne Schützen, der Schuß wird mit besonders ausgebildeten Greifern eingetragen und großen seitlich angeordneten Spulen (s. Schaubild Abb. 293) entnommen, und zwar im Wechsel von der rechten und linken Seite. Die Abbildungen 294 bis 297 sollen die Arbeitsweise verdeutlichen. Abb. 294 zeigt die beiden Greifer 1 und 6, welche wagerecht geführt sind und von denen 1 im Augenblick Zubringer, 6 Abnehmer ist, in äußerster Stellung. Der Faden 2 des Greifers 1, welcher noch mit dem Geweberand 3 verbunden ist, geht durch den Greiferkopf 4 und um Stift 5 nach der Spule. Bewegen sich die Greifer nach der Mitte, legt sich Faden 2 so ein, wie in Abb. 295 ersichtlich ist, wird vom Greifer 6 übernommen und gleichzeitig bei 11 durch eine feine Messerklinge etwa 1 cm vom Rande abgeschnitten. — Gehen nun die beiden Greifer wieder in die Stellung Abb. 294, nimmt Greifer 6 das abgeschnittene Fadenende mit, so daß der Faden 2 schließlich die in Abb. 296 dargestellte Lage einnimmt und bis über den linken Geweberand reicht. Damit bei dem Ausziehen des Fadens durch den Abnehmer der Schuß immer die gewünschte Länge und die gestreckte Lage behält, wird er etwa bei 13 vorübergehend festgeklemmt. Nach dem Einlegen des Fadens folgt Anschlagen durch die Lade und Umtreten des Faches, und nun vertauschen die Greifer ihre Rollen; 6 wird Zubringer, 1 Abnehmer, und Faden 7 wird eingelegt. Dabei legt sich das vorstehende Ende des Fadens 2 mit in das Fach ein — bei dem dritten Schuß das vom Faden 7 usf. — und so entsteht eine Salleiste nach Abb. 297, die dem Geweberand genügende Festigkeit gibt. — Es wird bei der Gablerschen Maschine für jeden Schuß nur 1 Faden eingelegt und nicht wie bei der auf S. 154 besprochenen Greiferanordnung 2 Fäden.

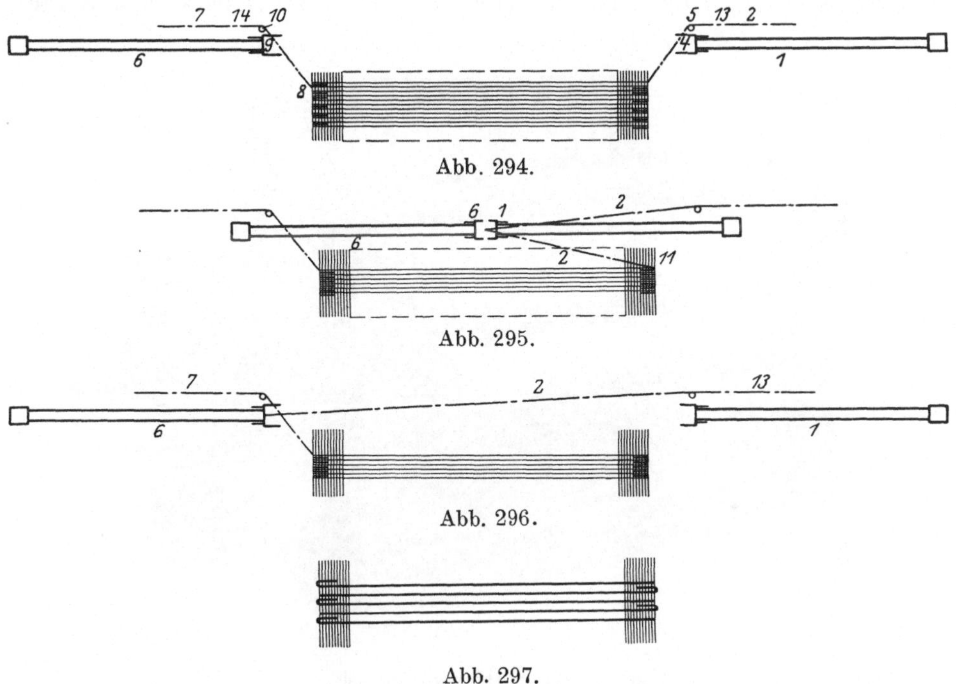

Abb. 294.

Abb. 295.

Abb. 296.

Abb. 297.
Abb. 293 bis 297. Stuhl von Gabler.

Die Herstellung verschiedener Gewebebreiten erfordert keine Veränderung der Greiferbewegung; es werden nur die Messer oder Scheren zum Abschneiden der Schußfäden verstellt. — Auf weitere Einzelheiten soll nicht eingegangen werden. Es sei nur auf die Nutenscheiben für die Greiferbewegung Abb. 293 aufmerksam gemacht.

Die Webmaschinen laufen bei Baumwolle und 90 cm Warenbreite mit 165 bis 170, ja selbst mit 180 bis 185 Schuß in einer Minute; das sind erstaunlich hohe Werte, wenn man bedenkt, daß die Greifer für jeden Schuß zweimal beschleunigt und verzögert werden müssen. Trotzdem laufen die Stühle sehr ruhig.

Als Vorteile dieser Webmaschine sind anzuführen: niedrigeres Fach und dadurch und durch das Fehlen der Schützen Schonung der Kette und des Blattes; ferner Vermeidung der bisher üblichen Schlageinrichtung und damit Verhütung von Lärm und Erschütterungen und die Möglichkeit, die Stühle leichter ausführen zu können; Aufspeicherung großer Schußlängen auf den großen Spulen und Vermeidung der durch häufigen Schützenwechsel eintretenden Stillstände bei Stühlen ohne selbsttätigen Schützen- oder Spulenwechsel. Ein weiterer Vorteil besteht noch darin, daß die Stühle in jeder Lage ohne Nachhilfe des Webers anlaufen. Werden Kettenfadenwächter angewendet, kann ein Mann eine größere Anzahl von Stühlen bedienen.

Als Nachteil ist anzuführen die größere Gesamtbreite der Stühle, die um so fühlbarer wird, je größer die größte Warenbreite ist. Aber dies kommt nicht in Frage, sobald erwiesen ist, daß die Gablerstühle mehr leisten und wirtschaftlicher arbeiten als gewöhnliche Stühle.

Im Anschluß hieran sei noch auf die Schützenwurf-Einrichtungen von Giehler (s. a. S. 152) und von Souczek (Milliands Textilberichte 1926, S. 216)

Abb. 298. Stuhl von Souczek.

aufmerksam gemacht. Beide vermeiden die bisher übliche Schützenschlag-Einrichtung mit Schlagexzenter, Peitsche und Schlagriemen und setzen die Schütze durch schnellumlaufende Reibrollen in Bewegung.

Es sei zunächst auf die Anordnung von Souczek näher eingegangen (D. R. P. Nr. 330340, 350417, 360270, 397731, Kl. 86c, Gr. 21), welche von dem Eisenwerk Sandau, A.-G. in Prag-Smichow, in Verbindung mit dem D. R. P. Nr. 425211, Kl. 86c, Gr. 27 der Vereenigde Textiel-Maatschappijen Mautned in Rotterdam (Schützenauffangvorrichtung für Webstühle) ausgeführt wird. Abb. 298 gibt ein Schaubild des Stuhles und Abb. 299 eine schematische Darstellung der Einrichtung am rechten Schützenkasten; die am linken ist genau symmetrisch dazu. — Die Schütze Abb. 299 ist eben eingelaufen und zur Ruhe gekommen. Durch das den Treiber oder Picker vertretende Lederklötzchen 2 ist der Riemen 3 gezogen, welcher an den Daumen 4 und 5 befestigt ist. Diese sitzen auf kurzen Wellchen 6, 7, welche die Rollenkurbeln 8, 9 tragen, auf die die Feder 10 wirkt. Der Riemen 3 ist dadurch stets gespannt.

Ist die Riemenspannung p, sucht der Treiber die Schütze mit einer Kraft $P = 2\,p\cos\alpha$ zurückzutreiben. Wird $\alpha = 90^0$, d. i. verläuft der Riemen 3 zwischen den Daumen senkrecht, ist $P = 0$. Diese Lage hat der Riemen 3, wenn die Schütze ankommt und den Treiber 2 trifft. Die Daumen 4, 5 sind dann nach oben bzw. unten gedreht, und die Feder 10 ist nur schwach gespannt. Nun drängt die mit großer Geschwindigkeit ankommende Schütze infolge der ihr innewohnenden Energie den Treiber zurück, und die Spannung der Feder 10 nimmt zu. Die beiden Daumen 4 und 5 sind so gestaltet, daß P zunächst schnell bis zum Höchstwert zunächst, der dann bis zur Erreichung der Endlage von 2 und 3 nahezu gleich bleibt. Wird die Endlage erreicht, tritt Sperrung der Schütze durch die Teile 11, 12 und 13 ein. Die Sperrung wird aufgehoben, wenn der nächste Schuß erfolgen soll, und nun wird die Schütze durch die Kraft P in Gang gesetzt. Sie trifft sogleich auf die fortgesetzt mit großer Geschwindigkeit laufende schwere, als Schwung- und Reibrad wirkende Rolle 14, die während des Schützeneinlaufes unter die Ladenbahn ein wenig versenkt war, aber sobald die Sperrung der Schütze aufgehoben wird, etwas über die Ladenbahn emportritt (punktierter Kreis). Die Schütze liegt nun zwischen der Rolle 14 und Platte 15 und wird infolge besonderer Ausbildung der Klemm- oder Reibrolle 14 und der Lauffläche der Schütze durch Reibung in entsprechende Geschwindigkeit versetzt.

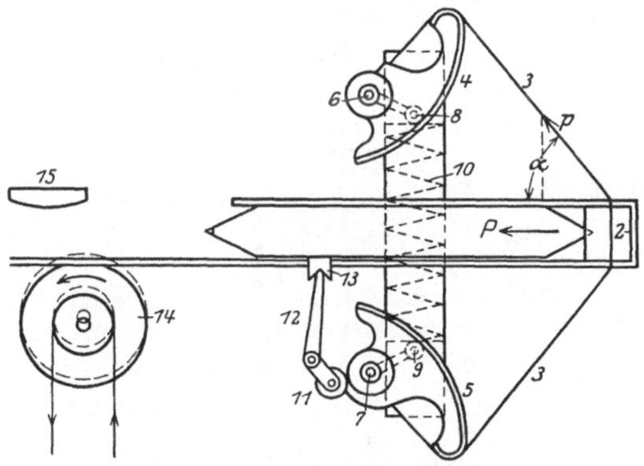

Abb. 299. Stuhl von Souczek.

Der Vorteil dieser Einrichtung liegt einmal darin, daß die in der einlaufenden Schütze steckende Energie nicht durch Bremsung mittels der in der Hinter- oder Vorderwand der Schützenzelle liegenden Zunge vernichtet wird, wodurch die Schütze starken Verschleiß erleidet. Diese Energie wird vielmehr zur Spannung einer Feder benutzt und bei dem nächsten Schuß zum größten Teil wieder zur Ingangsetzung der Schütze verwandt.

Der Schützenwurf durch den Reibrollenantrieb läßt ferner die Seitenschwankungen des Stuhles vermeiden. Diese treten bei dem bisher üblichen fast stoßartig erfolgenden Schützenantrieb unvermeidlich auf, und dies zwingt nicht nur zu einer kräftigeren Ausführung des Gestelles, sondern auch der Zahnräder und einer Reihe anderer Teile, führt also zu einer recht erheblichen Gewichtsvermehrung.

Die Stühle mit Reibrollenantrieb der Schütze gehen viel ruhiger; die Diagramme zeigen im Augenblick des Schützenwurfes keine derartigen Spitzen wie bei der älteren Anordnung (s. S. 150); der Kraftbedarf ist geringer, und die Schußzahl kann erhöht werden, ohne eine Zunahme der Kettenfadenbrüche bei gleicher Güte der Kette fürchten zu müssen. Die erbauende Firma gibt folgende Schußzahlen für Baumwollstühle an:

bei 106 cm Blattbreite	280 Schuß/Min.
„ 140 „ „	230 „
„ 200 „ „	200 „

Auch Giehler verwendet Reibrollenantrieb, der aber nicht unmittelbar auf die Schütze, sondern auf einen die Schütze tragenden hölzernen, leicht ersetzbaren Schieber oder Schlitten wirkt. Der auf S. 152 besprochene Giehlersche Stuhl ging so ruhig, daß eine auf den Stuhlbogen gestellte Zigarette nicht umfiel.

2. Vorkehrungen zur Erleichterung des Schützenschlages.

Aus dem Diagramm auf S. 150 geht hervor, daß die Betriebskraft im Augenblick des Schützenschlages eine erhebliche Steigerung erfährt. Diese rührt einmal davon her, daß die Schütze sehr stark beschleunigt werden muß, um in ganz kurzer Zeit die erforderliche Geschwindigkeit zu erhalten. Im Beispiel S. 145 war die Beschleunigung $p = 280$ m²/sek und es berechnet sich die dazu erforderliche Kraft P aus der Formel $P = m \cdot p = \dfrac{G}{g} \cdot p$, worin G das Gewicht der Schütze in kg und $g = 9{,}81$ ist. Für $G = 0{,}25$ kg und

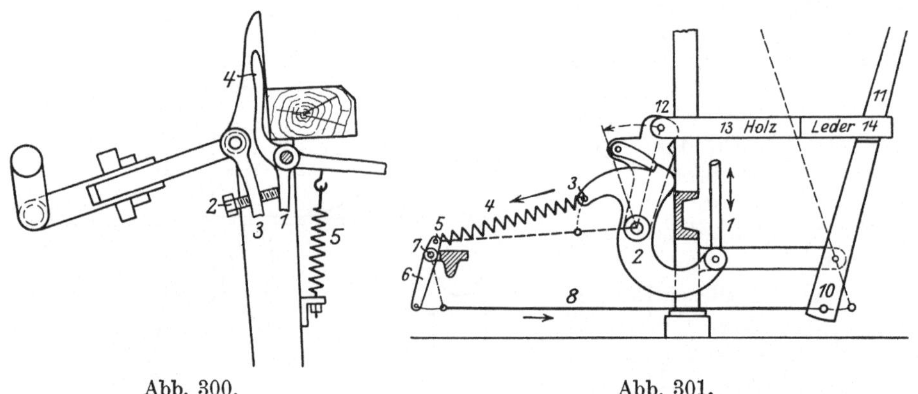

<table>
<tr><td align="center">Abb. 300.
Abschwächung der Schützenbremsung.</td><td align="center">Abb. 301.
Erleichterter Schützenschlag.</td></tr>
</table>

$p = 280$ wird $P = 7{,}14$ kg. Die Steigerung der Betriebskraft ist andererseits eine Folge der Bremsung der Schütze durch die Kastenzunge und der während des Schlages eintretenden stärkeren Spannung der Rückzugsfeder der Peitsche.

Es sind eine ganze Reihe von Vorrichtungen ersonnen worden zur Aufhebung oder Abschwächung der Schützenbremsung im Augenblick des Schlages, von denen Abb. 300 eine Ausführung gibt. Auf der Stecherwelle sitzt ein Arm 1, gegen welche eine Stellschraube 2 wirkt, die in dem mit der einen Lenkstange verbundenen Arm 3 sitzt. Dadurch wird bei Drehung der Kurbel Hebel 4, welcher sich unter Wirkung der Feder 5 gegen die Bremszunge legt, von dieser abgerückt und die Bremsung aufgehoben.

Eine Einrichtung, die Erschwerung des Peitschenschlages durch die stärkere Anspannung der Rückzugsfeder für die Peitsche zu verhindern, zeigt Abb. 301 in einer Ausführung von Georg Schwabe in Bielitz (D.R.P. Nr. 282560 Kl. 86c Gr. 21). Die Rückzugsfeder 4 ist bei 3 an den Schlagsektor 2 und bei 5 an den zweiarmigen Hebel 5, 7, 6 angeschlossen, der durch den Drahtzug 8 bei 10 die Peitsche 11 faßt. Erfolgt ein Schlag vom Schlagexzenter aus durch die den Schlagsektor 2 ergreifende nach oben stehende Stange 1, bewegt sich Punkt 3 nach außen und abwärts, Hebel 5, 6 führt eine Linksschwenkung aus und die Feder 3 verliert einen Teil ihrer Spannung.

VIII. Webstühle mit selbsttätigem Schützen- oder Schußspulenwechsel.

1. Automaten.

Das Bestreben, die Leistung der gewöhnlichen Webstühle soweit als möglich zu steigern, führte zunächst zur Erhöhung der minutlichen Schußzahl. Aber damit sind eine Reihe von Nachteilen verknüpft, die dem sehr bald eine Grenze setzen. Alle Webstuhlteile werden bei Erhöhung der Schußzahl stärker beansprucht; der Verschleiß wird größer, die Instandhaltungskosten steigern sich und die Lebensdauer sinkt. Die Garne leiden stärker, die Zahl der Kettenfädenbrüche wächst und damit auch die Zahl der Stillstände, die außerdem noch durch den häufiger notwendig werdenden Schußspulenwechsel zunimmt. Beides bewirkt ein Sinken der Leistung.

Der Kraftbedarf wächst und zwar nicht in graden sondern in einem stärkeren Verhältnis. Ist n_1 die höhere, n_2 die niedere Schußzahl, wächst der Kraftbedarf in vH etwa nach der Formel $\dfrac{n_1{}^2 - n_2{}^2}{n_2{}^2} \cdot 100$. Geht man z. B. von 120 auf 140 Schuß, ergibt sich ein Anwachsen um 36 vH und der Arbeitsverbrauch eines Webstuhles, der bei 120 Schuß 0,5 PS verbraucht, wird dann $0{,}5 \cdot 1{,}36 = 0{,}68$ PS. — Alle diese Umstände führen leicht dazu, daß der Webstuhlbetrieb bei Erhöhung der Schußzahl unwirtschaftlicher wird.

Eine Erhöhung der Leistung ohne Vergrößerung der als günstigste ermittelten Schußzahl, die von der Breite der Ware, dem Kett- und Schußgarn, der Bindung usw. abhängt, läßt sich nur dadurch erreichen, daß man die bei den gewöhnlichen Webstühlen auftretenden Stillstände, die etwa $20 \div 30$ vH der gesamten Arbeitszeit ausmachen, auf das geringste Maß beschränkt. — Kettenfadenbrüche führen, wenn nicht sofort bemerkt, zu längeren Stillständen, wenn eine Anzahl Schuß herausgenommen werden muß, um den entstandenen Fehler zu beseitigen. Diese Stillstände können vermieden werden durch Kettenfädenwächter, die den Stuhl stillstellen, sobald irgend einer der Fäden reißt.

Schußfadenbrüche, Ablaufen oder Auseinanderfallen der Schußspule führen ebenfalls zu Stillständen und diese zu beseitigen oder auf das geringste Maß zu beschränken, ist nur möglich durch selbsttätigen Wechsel der Schütze oder der Schußspule während des Ganges, ein Ziel, welches bei den kurz „Automaten" genannten Stühlen verfolgt wird. Die den Webstuhlbauern bei Schaffung dieser gestellten Aufgabe war nicht leicht, hat aber eine Reihe vortrefflicher Lösungen gefunden. — Die Schwierigkeiten bestanden hauptsächlich darin, daß die Schütze in beiden Fällen eine ganz bestimmte Lage im Schützenkasten und auch die Lade eine bestimmte Stellung einnehmen muß und daß die Zeit für das Wechseln sehr klein ist. Nimmt man für einen schmalen Baumwollstuhl 180 Schuß in der Minute an, steht für das Wechseln der Schütze oder Schußspule höchstens eine Zeit von $\dfrac{60}{2 \cdot 180} = {}^1/_6$ sek zur Verfügung. In Wirklichkeit ist aber die Zeit weit geringer, denn die Lade führt in ${}^1/_6$ sek einen für das Wechseln viel zu großen Weg aus, sie legt die Hälfte des gesamten Ausschlages nach vorn und hinten zurück.

Der selbstätige Schützen- oder Spulenwechsel läßt ferner die Zahl der Weber beträchtlich vermindern. Ein Weber konnte bisher 4 schmale Baumwollstühle bedienen, bei Automaten 8 bis 12 und mehr, allerdings nur dann, wenn Kettenfadenwächter vorhanden sind. Dann hat der Weber neben der allgemeinen Überwachung in der Hauptsache nur dafür zu sorgen, daß die Schützen- oder Spulenmagazine stets genügend gefüllt sind und hat gerissene Kettenfäden anzuknüpfen. Die Stillstände vermindern sich auf etwa 10 vH der gesamten Arbeitszeit, bisweilen sogar noch auf weniger.

Soll fehlerfreie Ware hergestellt werden, sind bei Automaten neben Schuß- und Kettenfädenwächtern noch **Schußfühler** erforderlich, welche den Wechsel der Schütze oder Schußspule veranlassen, ehe das Garn völlig abgelaufen ist. Da die Wechseleinrichtung nur auf einer Seite angebracht ist, z. B. rechts, kann der Fall eintreten, daß bei völligem Ablaufen des Schußfadens und Schuß von rechts der Schußfaden in oder vor der Mitte des Gewebes zu Ende geht und dann $1^1/_2$ Schuß fehlen, denn die Schütze muß erst wieder rechts ankommen, ehe ein Wechsel erfolgen kann.

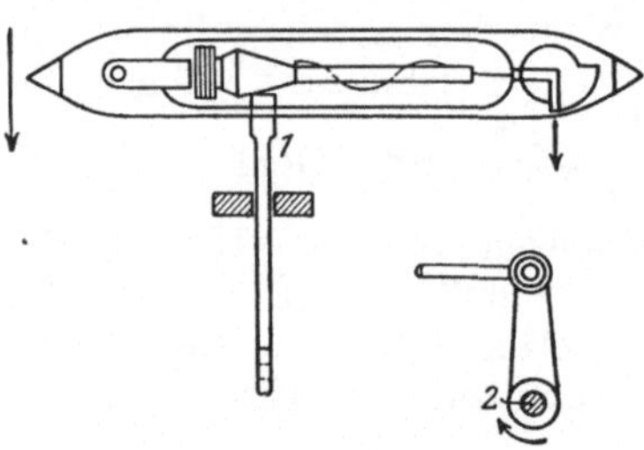

Abb. 302.   Schußfühler.

Einen viel angewendeten **Schußfühler** (**Stoßtaster**) zeigt Abb. 302. Bei dem Vorschwingen der Lade tritt die Tasterzunge 1 durch einen Schlitz der Schütze ein und wird zurückgedrängt, solange noch genügend Garn auf der Spule vorhanden ist. Dies bewirkt eine Drehung der Welle 2 und dadurch Ausschalten der Wechselvorrichtung. Läuft die Schußspule leer, setzt der Stoßtaster, der nun nicht zurückgedrängt wird, die Wechselvorrichtung in Tätigkeit. Es bleiben nur wenige Windungen auf der Spule, die allerdings in Verlust gehen, aber das ist gegenüber den anderen Vorteilen von ganz untergeordneter Bedeutung. — Auch elektrische Schußfühler sind in Anwendung. Bei Leerlauf der Spule wird ein Kontakt geschlossen und ein in die Leitung eingeschalteter Elektromagnet bewirkt den Wechsel.

2. Automaten mit Schützenauswechselung.

Diese Automaten arbeiten meist in der Weise, daß ein Zubringer von den in einem Magazin übereinander liegenden Schützen die unterste in den Schützenkasten drängt, dessen Vorderwand dazu angehoben wird. Der Wechsel erfolgt gewöhnlich bei vollem Gange, wenn die Drehzahl nicht zu hoch ist; im anderen Falle wird diese auf $1/_2$ bis $1/_3$ ermäßigt, wenn der Wechsel erfolgen soll, um diesen sicherer geschehen zu lassen. Eine Abweichung hiervon zeigen die Stühle von Geo. Hattersley and Sons in Keighley. Soll gewechselt werden, wird der Riemen von der Fest- auf die Loßscheibe geworfen, von der aus eine Reihe von nebeneinander auf einer Hilfswelle steckenden Exzentern eine Umdrehung erhalten. Das eine Exzenter hebt die vordere Schützenkastenwand hoch, das zweite bewegt einen Ausstoßer, der die leere Schütze nach vorn herauswirft, die in einen untergestellten Korb oder Kasten geleitet wird; das dritte setzt den Zubringer in Gang, der sich eine Schütze aus dem Magazin holt und in den Schützenkasten einführt; ein viertes rückt den Stuhl wieder ein, nachdem der Zubringer zurückgegangen und die vordere Schützenkastenwand gesenkt worden ist. Ein solcher Stuhl mit Oberschlag arbeitete in der technologischen Sammlung der Braunschweiger

Hochschule bei 180 Schuß vortrefflich. Die Verminderung der Schußzahl durch den Stillstand bei dem Wechseln schlägt nicht zu Buch. Der Stillstand dauerte $2^1/_4$ bis $2^1/_2$ sek und wiederholte sich, wenn die Schußspulen ohne Fadenbruch abliefen, alle 6 Minuten. Es fehlten also stündlich im günstigsten Falle $\frac{180 \cdot 60 \cdot 2,25}{60 \cdot 60} =$ rd. 68 Schuß, die sehr leicht durch eine geringe Erhöhung der Schußzahl eingebracht werden können. Ungünstig ist die Riemenverschiebung. Das Magazin enthält auch nur wenig Schützen, deren Fäden durch Wickeln um einen Stift festgehalten werden. Der Weber muß deshalb gut aufpassen, um Stillstände durch Leerlaufen des Magazins zu vermeiden, wenn schnell hintereinander gewechselt wird, was nicht selten vorkommt.

Bei den Stühlen von George Keighley in Burnley erfolgt der Schützenwechsel mit Hilfe eines vierkantigen Revolvers, in dessen eine Zelle eine Schütze eingelegt und durch Drehung des Revolvers in die Ladebahn gebracht wird, wenn die arbeitende ausgeworfen werden muß. Diese fällt bei weiterer Drehung des Revolvers schließlich heraus.

3. Automaten mit Spulenauswechselung.

Bahnbrechend für diese ist der nach seinem Erfinder Northropstuhl benannte Stuhl, der deshalb hier an erster Stelle besprochen werden soll und von dem Abb. 303 eine Ausführung für zweischäftige Gewebe zeigt. —

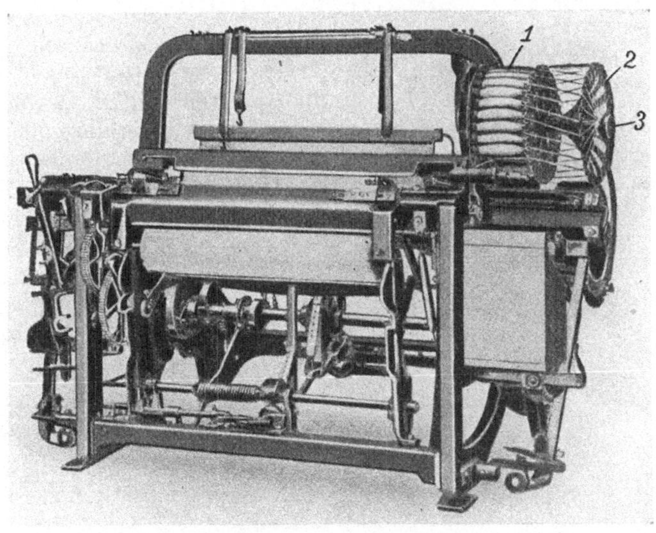

Abb. 303. Northropstuhl.

1 ist ein im Uhrzeigersinn drehbarer Revolver, in welchem 18, neuerdings bis 36 Spulen untergebracht sind, deren Fadenenden über eine Scheibe 2 gelegt und durch Wickeln um einen Knopf 3 befestigt sind. Diese Teile sind auf dem Brustbaum fest angebracht. Der Kasten darunter dient zur Aufnahme der ausgeworfenen Spulen. Bei dem Wechseln der Schußspulen wird die volle von oben her eingeführt und schlägt dabei die leere aus der Schütze heraus. Die Schützenkastenbahn und die Schützen sind deshalb durchbrochen; Abb. 304 zeigt eine Schütze für Ring-, Abb. 305 eine solche für auf Papierröhrchen ge-

sponnenes Selfaktorgarn (Cops.) Die Schützenspindeln haben einen zylindrischen Kopf mit drei eingelegten etwa zur Hälfte vortretenden Draht-

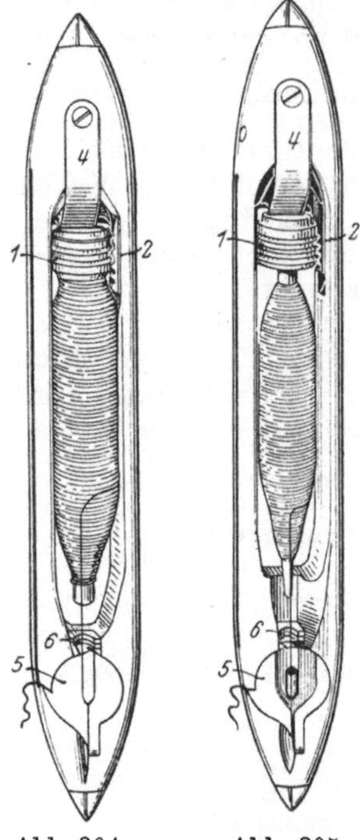

ringen 1 und werden im Schützen gehalten durch eine kräftige, federnde Gabel 2 mit Kerben für die Drahtringe. 4 ist eine schräg abwärts gebogene Zunge, die die Spule bei dem Einschlagen in richtige Stellung bringt. Am anderen Ende der Schütze befindet sich die Einfädelplatte 5, vor welcher ein kleines Fellstückchen 6 liegt, um den Faden mit einiger Spannung ablaufen zu lassen. Das Einfädeln erfolgt, wenn die Schütze nach der Magazinseite zurückkehrt, also bei dem zweiten Schuß.

Die Spulenwechseleinrichtung ist in Abb. 306 im Schaubild dargestellt. Man sieht links die Schußwächtergabel 1, welche auf einer vor dem Brustbaum liegenden Welle 2 angebracht ist und durch Federzug stets im Sinne des Pfeiles zu drehen versucht wird. Abb. 307 zeigt die Verbindung zwischen Schußgabel 1 und Welle 2. Die Gabel ist leicht drehbar auf einem Schieber 3 gelagert und faßt, wenn der Schuß fehlt, mit einer Fangschleife 4 über den Haken 5, welcher an dem durch ein Exzenter in schwingende Bewegung versetzten Hebel 6 sitzt und auf einer festen Unterlage gleitet. Hat sich 4 hinter 5 gelegt, wird Schieber 3 bei Linksschwingung von 6 nach links mitgenommen, stößt gegen den am Hebel 7 befindlichen Anschlag 8, wodurch Welle 2 eine kleine Linksdrehung erfährt, die einmal be-

Abb. 304.   Abb. 305.

nutzt wird, um den Warenbaumregulator auszuschalten, damit die Kette für den nächsten leeren Schuß nicht vorgezogen wird, zum anderen, um den

Abb. 306. Northropstuhl.

Schußspulenwechsel in Tätigkeit zu setzen. Letzteres geht aus Abb. 308 hervor. Auf Welle 2 sitzt ein Arm 9, welchen die Feder 10 immer nach unten zieht und der sich auf einen Vorsprung 11 des Hebels 12 auflegt. Mit 12 ist ein einstellbares Stück 1 verbunden, welches sich unter Druck gegen die Nase 14 der Stoßfalle 15 legt und diese in der gezeichneten Stellung hält. Die Stoßfalle ist drehbar an dem Arm 16 gelagert, der auf derselben Achse wie der

Spulenhammer 17 sitzt. Dieser besteht aus 2 Armen, von denen der eine auf den Kopf, der andere auf die Spitze der Schußspindel wirkt, so daß die Spule parallel ihrer Lage heruntergedrückt wird. Den Hammer hält eine Feder 18 hoch (s. a. Abb. 308). Fehlt der Schuß oder ist die Spule leergelaufen, erhält Welle 2, wie schon angegeben, eine Linksdrehung, wodurch Hebel 9 angehoben wird. Da-

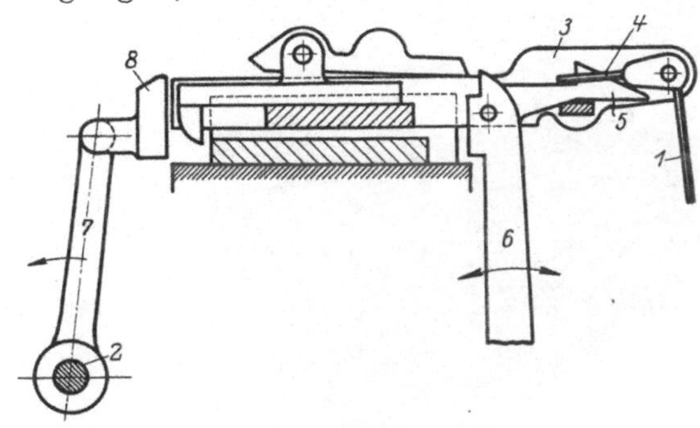

Abb. 307.

durch gibt 13 die Stoßfalle 15 frei und diese schnellt unter Wirkung der Feder 19 nach oben, so daß Kerb 15 dem an der Lade verschraubten Stoßarm 20 gegenüber steht. Der Angriff von 20 auf 15 erfolgt, wenn die Lade fast ihre vordere Totlage erreicht hat, also zu einer Zeit, in der nur noch eine geringe Ladenbewegung stattfindet. Der Hammer schlägt die unterste

Spule, die gegen eine feste Wand 21 angelegt ist, nach unten in die Schütze 22 und die neue Spule drückt die alte heraus, die, von einer schiefen Ebene gebildet, in den Kasten (Abb. 303) fällt. Dann erfolgt Drehung des Spulenrevolvers um eine Teilung. Auf weitere Einzelheiten soll nicht eingegangen werden. Es sei nur noch hervorgehoben, daß bei neueren Ausführungen auch auf der Revolverseite eine Schußgabel angebracht ist, die den Aufwinderegulator auslöst, wenn der Schußfaden bei dem Abschießen von dieser Seite fehlt; daß ferner eine Abschneidevorrichtung für die Schußfäden angeordnet ist und daß Vorkehrungen getroffen sind, um den Schlag des Spulenhammers dann nicht eintreten zu lassen, wenn die Schütze nicht richtig steht.

Viele Veränderungen sind von den verschiedenen Firmen an

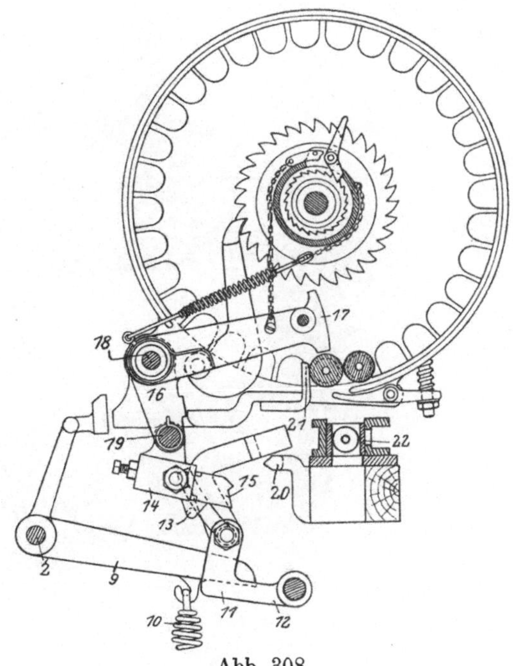

Abb. 308.

Abb. 303 bis 308. Northropstuhl.

den Automaten mit Schußspulenwechsel vorgenommen worden. Die Magazine haben die Gestalt eines senkrechten oder schrägen Kanales erhalten, oder sind, wie z. B. an Stühlen der Sächsischen Webstuhlfabrik, als endlose Kette (Abb. 309) ausgeführt, in deren Glieder die Spulen eingelegt werden. Diese Stühle zeigen noch die besondere Eigentümlichkeit dadurch, daß die Spulen von unten in die Schütze eingeführt und die ausgeworfenen durch ein gebogenes Blech in den Sammelkasten geleitet werden. Abb. 310 zeigt einen Stuhl von Butterworth und Dickinson in Burnley, bei welchen die von den Spulen abgezogenen Fäden durch zwei Rollen festgehalten sind, die eine ruckweise Drehung erfahren, um die Fadenenden nach dem Abschneiden in den Behälter für die ausgeworfenen Spulen zu leiten, eine Einrichtung, die auch bei dem Stuhl Abb. 309 ersichtlich ist.

Es ist auch der Vorschlag gemacht worden, das Magazin mit mehreren Kanälen für verschiedenfarbigen Schuß zu versehen, um bei einschützigen Stühlen mit mehreren Schußfarben arbeiten zu können. Die Auswahl der Spulen wird dann durch eine Musterkarte, eine Nockenscheibe o. a. ähnlich wie bei den Schaftmaschinen in der Weise getroffen, daß nach einer bestimmten Anzahl Schuß die Farbe gewechselt wird. (Vgl. D.R.P. Nr. 204973 Kl. 86c Gr. 24 der Gabler-Webstühle A.-G. in Basel).

Abb. 309. Automat d. Sächs. Webstuhlfabrik.

Abb. 310.   Automat von Butterworth.

Eine starke Abweichung von den bisher erwähnten Stühlen zeigen die Automaten der Schweizer Firma Maschinenfabrik Rüti. Die Schütze läuft nicht mehr auf dem Boden, sondern auf einer Seite und das Auswechseln der Spule erfolgt in wagerechter Richtung. Der Zubringer holt eine Spule aus dem Magazin, schiebt sie vor und die Spule wird dann von vorn bei dem Ladenschlag eingesetzt, die leere nach hinten ausgeworfen, nachdem die Schütze vorher in richtige Stellung gebracht ist. Diese Anordnung besitzt große Einfachheit, erfordert aber, da die Schütze auf der Seite liegt, ein höheres Fach. Um dies zu vermeiden, hat die Firma auch vorgeschlagen, den Schützenkasten um 90° drehbar zu machen, wodurch aber die Anordnung an Einfachheit einbüßt.

Der Zubringer und die Schützeneinstellung sind aus Abb. 311 ersichtlich (nach D.R.P. Nr. 211022 Kl. 86 c Gr. 24). Der Zubringer 1 bringt die Spule 2 in die punktierte Stellung, dabei schwingt der zweiarmige Hebel 4, 5 unter Wirkung der Feder 6 in die punktierte Lage und greift mit Klinke 4 hinter eine in der Schütze 7 angebrachte Nase 8, wenn die Schütze nicht genügend weit eingelaufen ist. Schwingt die Lade in der Pfeilrichtung, schiebt Hebel 4, bevor der Spulenwechsel erfolgt, die Schütze tiefer in den Kasten bis zur Erreichung der richtigen Stellung. Der Anschlag 9 legt die äußerste Lage von Hebel 4, 5 fest.

Die Automaten arbeiten fast allgemein mit Unterschlag. Die Magazine sind am Stuhlgestell fest angebracht; Versuche, diese auf der Lade selbst anzubringen, mußten von Haus aus scheitern wegen der einseitigen Belastung, der Erhöhung der Massenwirkung und der Schwierigkeit beim Füllen während des Ganges.

S c h l u ß b e m e r k u n g e n. — Anscheinend kommt man mehr und mehr von

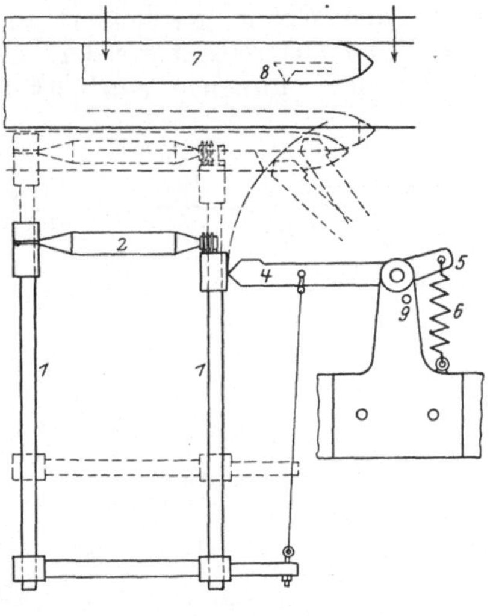

Abb. 311.

dem selbsttätigen Schützenwechsel ab, was in dem Aufwand für die erforderliche größere Zahl von Schützen, in der bei dem Auswerfen dieser leicht eintretenden Beschädigung, in der für das Auswechseln im allgemeinen etwas größeren Zeit, ganz besonders aber in der dem Weber durch das Spuleneinsetzen erwachsenden vermehrten Arbeit begründet ist. Aber auch der selbsttätige Spulenwechsel hat nur eine beschränkte Anwendung in der Baumwollweberei bei Herstellung einfacher meist schmaler Ware gefunden und wird wohl kaum in anderen Webereizweigen, in denen wertvolle Garne verarbeitet und tadellose, fehlerfreie Ware verlangt wird, Eingang finden. In Nordamerika, dem Lande, in welchem der Northropstuhl die größte Verbreitung gefunden hat, ist man der Ansicht, daß der selbsttätige Spulenwechsel in der Baumwollweberei sich nur für solche Gewebe eignet, die aus guter Ringbankkette unter Nr. 60 und Schuß unter Nr. 40 bestehen und bei denen das Vorkommen gerissener Fäden und von Schußfädenausfällen auf den Wert nicht allzu nachteilig einwirken. Auch die Kettenfadenwächter eignen sich nicht für sehr dicht stehende und stark geschlichtete Ketten.

IX. Die Wächtereinrichtungen am mechanischen Webstuhl.

1. Schußwächter.

Fehlt der Schuß durch Reißen des Fadens oder Leerlaufen der Spule, muß der Stuhl ausgerückt werden. Dies kann bei langsamlaufenden Stühlen durch den Weber geschehen; schnellaufende müssen dagegen mit Schußwächtern ausgerüstet werden, die den Stuhl selbsttätig abstellen.

Bei den einfachen Kurbelstühlen finden zumeist Gabelschußwächter Anwendung, deren Wirkungsweise an Hand der Abb. 312 bis 314 dargelegt werden soll. Auf der Antriebseite des Stuhles ist in die Lade bei 1 ein aus einer Messingplatte bestehender Rost eingesetzt (Abb. 315), durch dessen Spalten die 3 Zinken der Wächtergabel 2 (Abb. 316 und 317) hindurchtreten können, wenn die Lade bei fehlendem Schuß vorschlägt. Die unten etwas nach der Lade zu gebogenen Zinken der Gabel laufen dabei in einer Nut der Ladenbahn. Die Gabel ist leicht drehbar um Bolzen 3 und besitzt bei 4 einen Haken. Bolzen 3 sitzt an einem Stängelchen, welches im Kopf 6 durch eine Klemmschraube festgehalten wird; der Stiel des Kopfes läßt sich in dem Hebel 8, 9 verschieben, welcher um den Bolzen 9 der Brustbaumplatte 7 drehbar ist. Durch Drehen von 5 und Verschieben von 5 und 6 läßt sich die Gabel so einstellen, daß die Zinken genau in die Spalten des Rostes und in richtiger Tiefe eintreten.

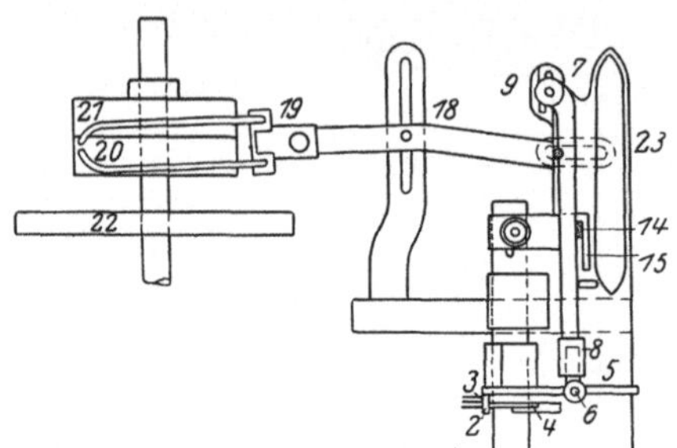

Abb. 312.

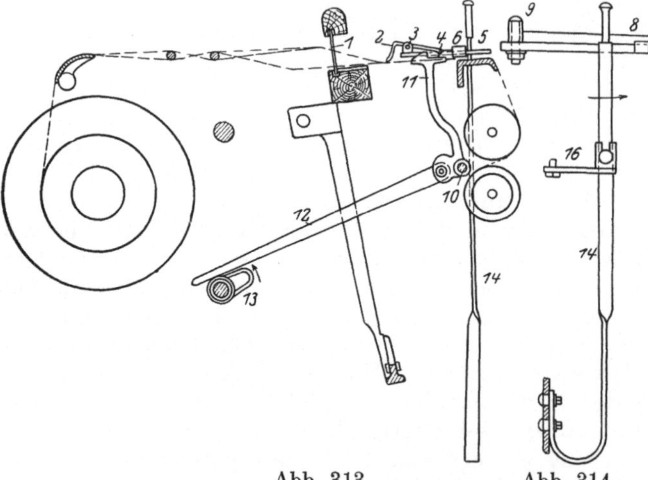

Abb. 313.   Abb. 314.

Abb. 312 bis 314.   Gabelschußwächter.

Ist ein Schuß eingetragen, legt sich der Faden vor die Gabel, wodurch der Haken 4 außer Bereich des um 10 schwingenden Hammers 11 kommt, der durch Hebel 12 und Exzenter 13 Bewegung erhält. Fehlt der Schuß, wird 4 von 11 gefaßt — Stange 5 Abb. 213 wird nach rechts geschoben, der Hebel 8, 9 führt eine Linksdrehung aus, drängt den federnden Ausrückhebel 14 aus seiner Rast in Platte 7, dieser schnappt in dem Spalt 15

Abb. 312 nach unten und bewirkt durch Arm 16, welcher die Verbindung mit den Riemgabelhebel 17, 18, 19 herstellt, Verlegung des Riemens von der Festscheibe 20 auf die Losscheibe 21. Gleichzeitig wird eine auf das Schwungrad 22 wirkende Bremse angezogen, wodurch der Stuhl schnell zum Stillstand kommt. Die Form des Exzenters 13 bewirkt ein schnelles Ausrücken. 23 ist ein in Platte 7 angebrachtes Lager für eine Reserveschütze, die bei Schußbruch oder Leerlauf eingelegt wird, um die Zeit des Stillstandes abzukürzen. Der Weber hat dann Zeit, die herausgenommene Schütze wieder dienstbereit zu machen.

Die Gabelschußwächter sind fast ohne Ausnahme nur auf der Antriebseite angebracht, weil eine zweiseitige Anbringung große Schwierigkeiten bietet. Es kann also der Fall eintreten, daß $1^1/_2$ Schuß fehlen, ehe der Stuhl abstellt. Dies würde zur Entstehung von Schußstreifen führen, wenn der Stuhl mit positivem

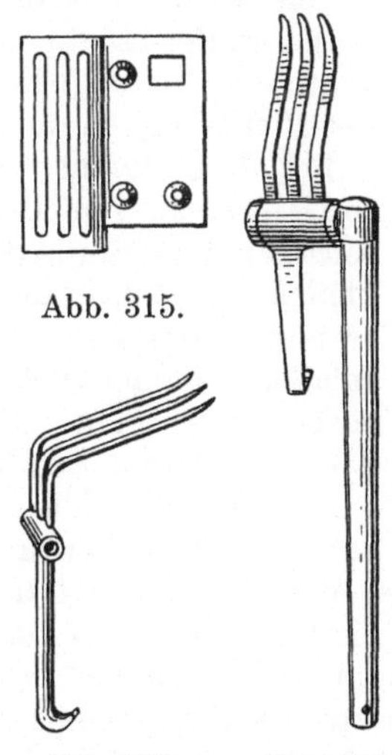

Abb. 315.

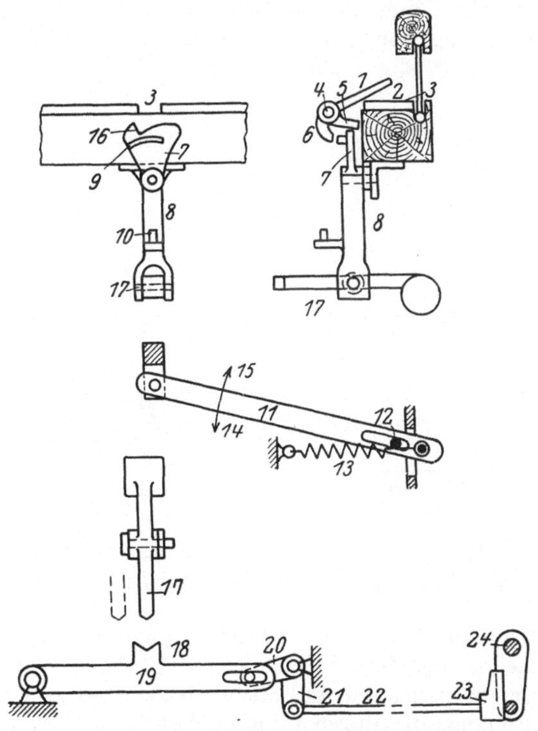

Abb. 317.   Abb. 316.
Abb. 315 bis 317.
Rost und Schußwächtergabel.

Abb. 318 bis 321. Nadelschußwächter.

Aufwinderegulator arbeitet, denn dieser schaltet die Kette Schuß um Schuß um einen bestimmten Betrag vorwärts. Die Schußstreifen lassen sich nur dadurch beseitigen, daß man das Gewebe nach Ausheben der Klinken am Schaltrad des Zeug- oder Sandbaumes etwas zurückgehen läßt. Trotzdem entstehen leicht Schußstreifen in Gestalt einer loseren oder dichteren Stelle; letzteres, wenn zuviel zurückgewunden wurde, weil dann einige Schußfäden dichter angeschlagen werden.

Der Gabelschußwächter kann bei Stühlen mit zweiseitiger Wechsellade keine Anwendung finden, denn die vom Geweberand zu den einzelnen Schützen laufenden Fäden würden ihn außer Tätigkeit setzen. Man bringt dann Nadelschußwächter an, von denen die Abb. 318 bis 321 eine Ausführung an einem Buckskinstuhl geben. Der in der Mitte der Ladenbahn angebrachte Wächter 1 Abb. 318, aus zwei dünnen Runddrähten oder Stahllamellen bestehend, tritt bei dem Rückgang der Lade durch die im Unterfach liegenden Kettenfäden hindurch und legt sich über den Schußfaden 2. Fehlt dieser, sinkt 1 in die Nut 3 der Ladenbahn. 1 sitzt auf einem kurzen an der Vorderseite des Ladenklotzes zwischen Spitzen laufenden Wellchen 4, welches noch die beiden Arme 5 und 6 trägt. Am Ladenklotz ist ferner der zweiarmige Hebel 7, 8 gelagert, auf dessen Kurventeil 9 sich Arm 5 auflegt, wodurch, wenn 7, 8 bei dem Ladenrückgange eine Linksdrehung ausführt, die Wächternadel gehoben wird und durch die Kette tritt. An der Vorderseite von 7 befindet sich noch eine zweite Kurve 9, gegen welche sich Arm 6 auf 4 anlegt. Dadurch wird das sichere Einfallen der Wächternadel in die Nut bei fehlendem Schuß bewirkt und verhütet, daß durch die Reibung zwischen den Lamellen und den Kettfäden das Herabsinken verhindert wird. Die Drehbewegung von 7, 8 veranlaßt eine über den Stift 10 an 8 gehakte Stange 11 Abb. 319, die rechts mit einem Schlitz versehen ist für den an einer festen Wand befindlichen Stift 12 und durch eine Feder 13 in Stellung gehalten wird. Bei dem Vorgang der Lade bewegt sich 11 im Sinne des Pfeiles 14, wodurch Hebel 7, 8 Rechtsdrehung erhält; bei dem Rückgange im Sinne des Pfeiles 15, was Linksdrehung von 7, 8 veranlaßt. Ist der Schuß vorhanden, geht die Sperrnase 16 an 7 unter 5 frei durch; fehlt der Schuß, fällt 5 herunter und legt sich vor 16 und hindert die weitere

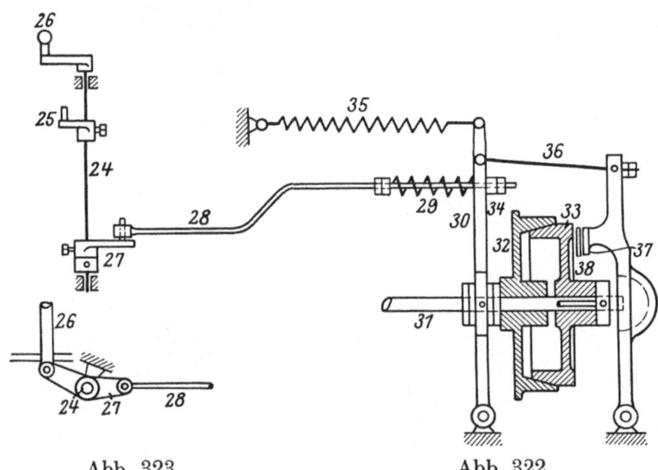

Abb. 323.   Abb. 322.
Abb. 322 u. 323. Selbsttätige Ausrückung bei fehlendem Schuß.

Rechtsdrehung von 7, 9 über einen bestimmten Punkt hinaus. Dadurch wird die in der Gabel 8 gelagerte Stoßklinke 17 dem Ansatz 18 des Hebels 19 gegenübergestellt und erteilt diesem bei dem Ladenvorgange eine kleine Rechtsdrehung, die durch Winkelhebel 20, 21, Stange 22 und Krücke 23 eine Linksdrehung der Ausrückwelle 24 veranlaßt. War der Schußfaden vorhanden, gelangt die Stoßklinke in die punktierte Stellung und kann auf 18 nicht einwirken.

Die Ausrückung des Stuhles, bei welchem die Antriebwelle gleichlaufend zur Kette liegt, geht aus Abb. 322 hervor. Die Ausrückwelle 24 trägt oben eine Kurbel mit einer quer über die ganze Stuhlbreite gehenden Stange 26, wodurch es dem Weber bei breiten Stühlen möglich ist, den Stuhl von jeder Stelle aus- und einzurücken. Unten sitzt auf 24 die kurze Kurbel 25 für das Ausrücken bei fehlendem Schußfaden (vgl. Abb. 321) und ferner eine Kurbel 27, an welcher die Stange 28 angreift. Diese trägt bei 29 eine kräftige auf den Hebel 30 wirkende Feder welche die als Reibungskupplung ausgebildete lose auf der Antriebwelle 31 laufende Riemscheibe 32 gegen die fest auf 31 sitzende Kupplungsscheibe 33 preßt. Wird nun Welle 24 links gedreht, zieht 28 die Riemscheibe 32 durch die Mutter 34, unterstützt durch die Feder 35 nach links und gleichzeitig wird durch Stange 36 der am Hebel 37 sitzende belederte Bremssektor 38 an den Rücken von 33 angelegt, wodurch der Stuhl augenblicklich zum Stillstand kommt.

Man hat auch versucht, die Wächtereinrichtung in der Schütze selbst anzubringen (Schußwächterschützen), um dadurch die den angeführten Anordnungen anhaftenden Mängel zu beseitigen. Aber. diese Schützen erwiesen sich als ziemlich unsicher wirkend und bedurften sorgfältiger Instand- und Reinhaltung.

2. Kettenfadenwächter.

Diese werden bei den „Automaten" allgemein und je nach dem Dichtenstand der Kette in 2, 3, 4 bis 6 Reihen angebracht, sind aber bei den anderen Webstühlen z. Z. noch selten zu finden. Die bei den Northropstühlen

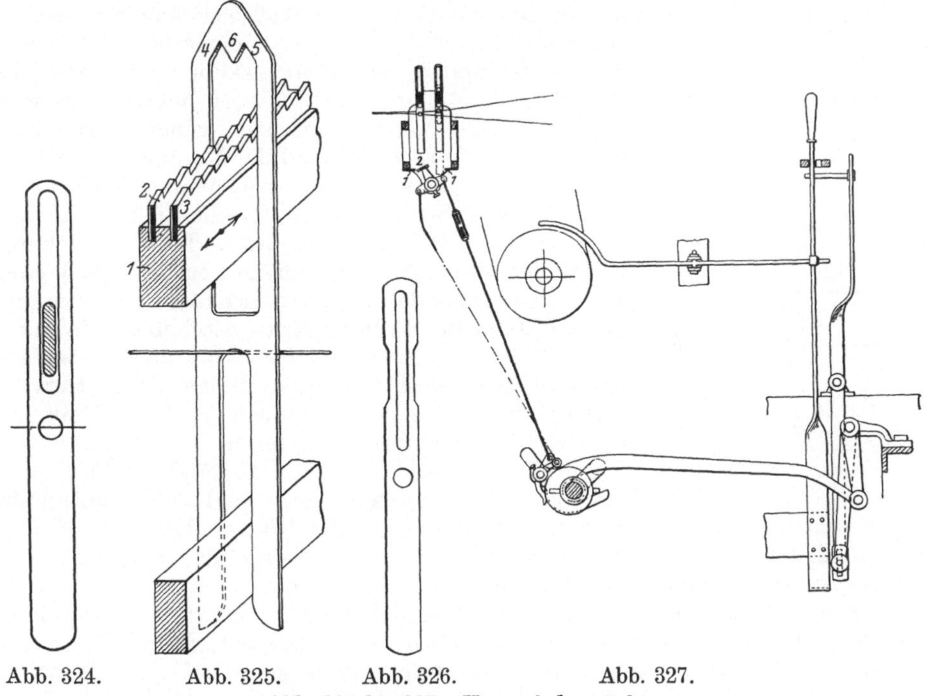

Abb. 324. Abb. 325. Abb. 326. Abb. 327.

Abb. 324 bis 327. Kettenfadenwächter.

ursprünglich angewendeten Wächterlamellen aus dünnem Bandstahl hatten die durch Abb. 324 gegebene Gestalt, sind auf eine Flacheisenschiene gesteckt, werden durch den Faden getragen und fallen herunter, wenn dieser reißt. Das Auffinden einer heruntergesunkenen Lamelle war namentlich bei dichtem Kettenstande immer einigermaßen schwierig und auch das Einziehen der Kettenfäden nicht bequem. Besser sind in letzterer Hinsicht die Aufstecklamellen, von denen Abb. 325 eine Ausführung gibt. Abb. 326 zeigt eine Lamelle mit seitlichen Einschnürungen, welche das Auffinden der Stelle eines Kettenfadenbruches kenntlich machen.

Die Abb. 327 läßt erkennen, in welcher Weise auf mechanischem Wege das Fallen irgend einer Lamelle die Ausrückung des Stuhles veranlaßt. Die Lamellen sind in zwei Reihen in einem rechteckigen Rahmen angeordnet, an dessen Längsseiten unten bei 1, 1 sägezahnartig verzahnte Stahlblätter befestigt sind. Zwischen diesen schwingt eine an beiden Langseiten in gleicher Weise verzahnte Schiene 2. Fällt eine Lamelle, gelangt sie zwischen eine der Schienen 1 und die Schiene 2, wodurch deren weitere Bewegung gehindert wird, was die Verschiebung eines an der Exzenterwelle befindlichen Hebels und dadurch die Ausrückung des Stuhles veranlaßt.

Vielfach werden elektrische Kettenfadenwächter angewendet, von denen Abb. 315 eine Ausführung von Dr.-Ing. Desiderius Schatz in Zittau i. S. zeigt (D.R.P. 251904 Kl. 86c Gr. 30) unter Anwendung von Aufstecklamellen, die den Vorteil bieten, daß sie, weil unten offen, leicht über die Kettenfäden gesteckt werden können. Außerdem läßt diese Anordnung durch eine besondere Einrichtung die gefallene Lamelle schnell auffinden, was bei der zuerst beschriebenen Anordnung immer mit einigen Schwierigkeiten verknüpft war. — Die Lamelle wird einmal unten durch eine Bandeisenschiene und oben durch die aus nichtleitendem Stoff bestehende Schiene 1 geführt, in welche zwei gezahnte dünne Schienen 2, 3 eingesetzt sind, von welchen die eine mit dem $+$-, die andere mit dem $-$-Pol einer Schwachstromquelle verbunden ist. Die Zahnteilung der Schienen muß gleich sein und die Zähne müssen einander genau gegenüberstehen. Fällt die Lamelle, wird der Kontakt sicher hergestellt durch die Schrägflächen 4, 5 und den Zahn 6. Der elektrische Strom durchläuft eine Elektromangneten, dessen Anker angezogen wird und die Ausrückung des Stuhles einleitet. Die Schiene 1 erhält eine kleine hin und her gehende Bewegung, wodurch die heruntergefallene Lamelle etwas zur Seite geschoben wird und in der Reihe eine Lücke entsteht, die dem Weber sofort den gerissenen Faden auffinden läßt. Hervorgehoben zu werden verdient noch, daß die Kontaktschienen oberhalb der Kette liegen und dadurch viel weniger dem Verstauben durch abgeriebene Fäserchen und Schlichteteilchen ausgesetzt sind als bei unterhalb angebrachten. Durch Verstauben kann leicht die Wirksamkeit elektrischer Kettenfadenwächter aufgehoben werden, da der Feuersgefahr wegen nur mit Schwachstrom gearbeitet werden darf.

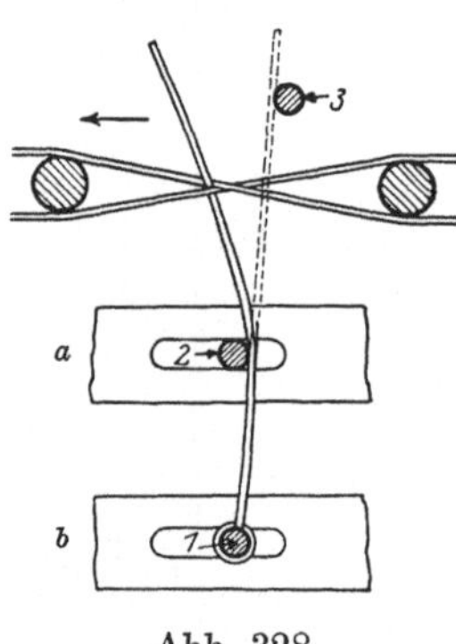

Abb. 328.

Einen elektrischen Kettenfadenwächter unter Benutzung von Stahldrähten an Stelle der Lamellen von Lidwine Daniels in Düsseldorf (D.R.P. 259954 Kl. 86c Gr. 30) zeigt Abb. 328. Die Drahtnadeln sind auf eine Stange 1 geschoben, durch die zwischen den Leseruten sich kreuzenden Kettfäden gesteckt und erhalten durch Einstellen der Stange 2 Federung. Reißt ein Faden, schnellt die Wächternadel zurück und stellt Stromschluß zwischen den Stangen 1 und 3 her. Nachteilig ist nur, daß die Kontaktstange 1 unterhalb der Kette liegt und dem Verstauben ausgesetzt ist.

Bei Anwendung von Lamellenwächtern können die Teilstäbe auch weggelassen werden.

Noch sei die Frage erörtert, an welcher Stelle am häufigsten Kettenfadenbrüche eintreten. Das ist der Fall zwischen Geschirr und Warenrand, weil sowohl durch das Blatt wie durch die Schütze und die Ladenbahn eine starkreibende Wirkung auf die Fäden ausgeübt wird. Dann entstehen in den Litzen namentlich bei dichtem Stande dieser viel Brüche infolge starker Reibung. Weniger Zerreißungen treten zwischen Geschirr und Streichbaum, am wenigsten zwischen Streich- und Kettenbaum auf, sie sind meist bei schlechtem Garn und starker Spannung zu beobachten.

3. Schützenfänger[1]).

Diese dienen dazu, das Herausfliegen der Schütze unschädlich zu machen oder ganz zu verhindern. Eine abgeschleuderte Schütze bietet für die Umgebung eine große Gefahr durch die große Geschwindigkeit, die scharfen Spitzen und den unberechenbaren Weg des Fluges.

Um eine herausgeflogene Schütze zu fangen, bringt man zu beiden Seiten der Lade Drahtgitter (s. Abb. 329) an in der Größe $0,5 \times 0,5$ bis $0,6 \times 0,6$ m, die zweckmäßig etwas nachgiebig angeordnet werden, um den Stoß der dagegenfliegenden Schütze zu mildern. Man hängt die Gitter mit Drähten an

Abb. 329. Webereisaal.

der Decke auf und verhindert das Pendeln durch Anschluß an den Fußboden mittels einer Spiralfeder. Diese Schutzgitter hindern einigermaßen die Bedienung des Stahles.

Vielfach werden Vorrichtungen angewendet, welche das Herausfliegen der Schütze überhaupt verhindern sollen, von denen aber kaum eine ihren Zweck vollkommen erfüllt, ohne das Einziehen gerissener Fäden und die Beaufsichtigung des Gewebes zu erschweren. Man findet nicht selten als Schützenfänger einen mit dem Ladendeckel festverschraubten Rundeisenstab, welcher in einigem Abstand von dem Blatt und während des Schützenwurfes dicht über dem im Oberfache befindlichen Kettenteil liegt, aber bei dem Einziehen zerrissener Fäden sehr hinderlich ist. Besser ist die durch Abb. 330 dargestellte Anordnung. Der Fangstab 1 liegt in Führungen 2 und kann, wenn das Fach frei sein soll, in die Lage 3 gebracht werden. Kommt der Stuhl

[1]) Vgl. Z. V. d. I. Bd. 34, S. 202: Über Schutzvorrichtungen gegen das Herausfliegen der Schützen von Ernst Müller.

wieder in Gang, fällt der Stab von selbst in die Schutzstellung. Lästig ist nur das unvermeidliche Klappern bei dem Hin- und Herschwingen der Lade, wodurch das ohnehin schon starke Geräusch noch vermehrt wird. — Einen einfachen und bewährten Schützenfänger zeigt Abb. 331. An dem Ladendeckel ist rechts und links ein Teil 1 verschraubt, an welchen Winkelhebel 2, 3 drehbar gelagert sind. Bei 4 ist eine quer über den Stuhl bis dicht vor die Schützenkästen reichende leichte Holzschiene angebracht, die dicht über der Kette liegt und das Herausfliegen der Schütze verhindert. In Schutzstellung wird die Schiene gehalten durch die an 3 angreifende Feder 5, unter deren Wirkung sich Zapfen 6 gegen den Anschlag 7 auf 1 legt. Muß das Fach frei gemacht werden, klappt man 4 im

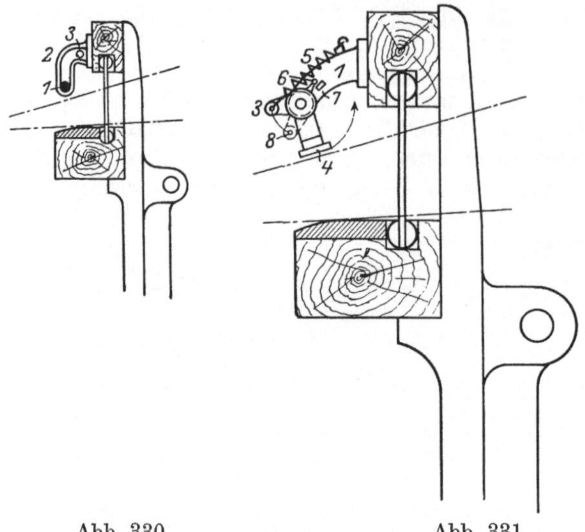

Abb. 330.   Abb. 331.

Abb. 330 u. 331. Schützenfänger.

Sinne des Pfeiles um; Punkt 3 kommt dann nach 8 und die Feder hält die Schutzschiene hoch. Bei dem Anlassen des Stuhles springt die Schiene von selbst in die Schutzstellung oder wird vorher von Hand heruntergeklappt.

4. Schußzähler.

Diese werden an vielen Stühlen namentlich solchen für wertvollere Gewebe angebracht, um eine Kontrolle über die Größe der Stillstände und die Fertigkeit des Webers zu erhalten. Es sind das Zähler, wie solche auch sonst vielfach als Hub- oder Umdrehungszähler Anwendung finden, bedürfen aber einer besonderen Einrichtung, um, wenn z. B. bei dem Schußsuchen rückwärts gearbeitet werden muß, nicht falsche Ergebnisse zu liefern. Es ist dann ein Wendegetriebe eingeschaltet, welches in solchem Falle das Zählwerk rückwärts dreht.

5. Breithalter.

Die Spannung des Schußfadens und dessen Einlegen in Schlangenwindungen um die Kettenfäden bei dem Ladenanschlag ruft eine Breiteneinsenkung des Gewebes hervor gegenüber der Ketteneinstellung im Blatt. Wird dies Einspringen nicht verhindert, laufen die am Rande der Ware befindlichen Kettfäden schräg gegen die Rietstäbe an, schleifen diese stärker ab und werden selbst durch die vergrößerte Reibung leichter beschädigt, wodurch die Zahl der Kettenfadenbrüche wächst. Auch muß sich das Gewebe bei jedem Ladenanschlag auf die Breite der Blatteinstellung ausdehnen. Um dies zu verhindern, wendet man Breithalter oder Spannstäbe an, von denen die Abb. 332 und 333 zwei in der Hand-, seltener in der mechanischen Weberei gebräuchliche Ausführungen geben. Die beiden hölzernen Teile 1 und 2 Abb. 332 sind am äußeren Rande mit schrägabwärts gerichteten Stahl-

oder Messingdrahtspitzen versehen, die in die Leiste eingestochen werden, lassen sich ineinander verschieben und durch die Schnur und die Zähne des Teiles 1 auf verschiedene Breite einstellen. Spannstab Abb. 333 ist für breite Ware bestimmt und dreiteilig mit Vorreibern zur Verbindung der Teile. — Die Spannstäbe haben den Nachteil, daß die Leiste leicht beschädigt und außer Form gebracht wird, auch zuweilen einreißt und sind deshalb für feine Waren nicht gut brauchbar. Dann finden Breithalter Anwendung, die den Rand des Gewebes zwischen Klemmbacken fassen.

Die Spannstäbe müssen bei dem Fortschreiten des Gewebes von Zeit zu Zeit wieder in die Nähe des Geweberandes gebracht werden, was bei mecha-

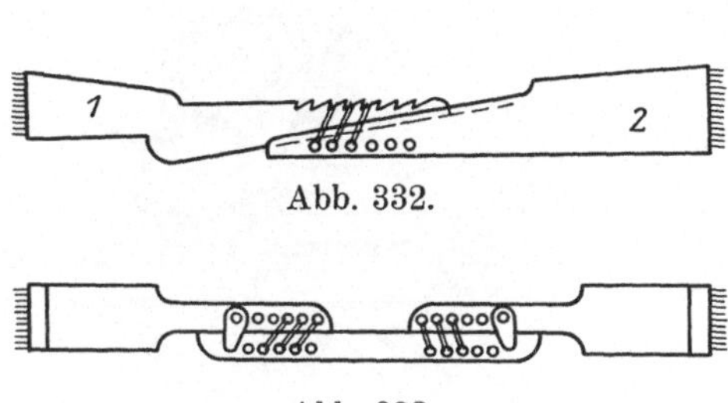

Abb. 332.

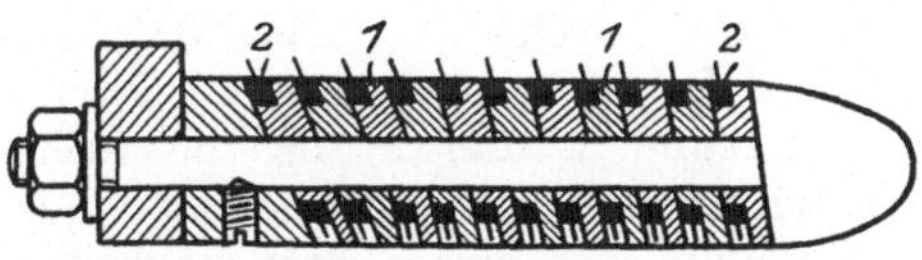

Abb. 333.

Abb. 332 u. 333. Breithalter für Spannstäbe.

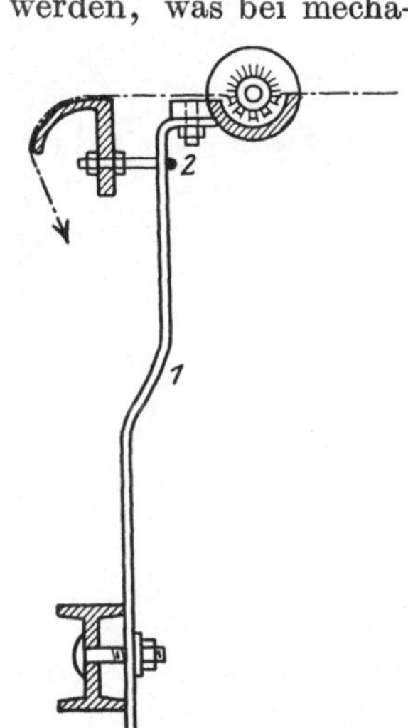

Abb. 335. Breithalterbefestigung.

Abb. 334. Walzen-Breithalter (Tempel).

nischen Webstühlen recht oft geschehen müßte. Um dies zu vermeiden, benutzt man Breithalter oder Tempel, die stets an derselben Stelle und in möglichster Nähe des Blattes verbleiben. Ein viel angewendeter Walzenbreithalter ist in Abb. 334 dargestellt. Auf einem Bolzen stecken zwischen Scheiben 1 mit Nadeln besetzte leicht drehbare schrägliegende Rädchen 2, die exzentrisch zum Bolzen gebohrt sind, so daß die Nadeln oben heraustreten, unten aber zwischen den Scheiben verschwinden. Die Nadeln stechen in das Gewebe ein, welches durch einen Deckel 3 (s. a. Abb. 336) über einen Teil des Umfanges gelegt wird und breiten es infolge der Schrägstellung aus. Für stark ein-

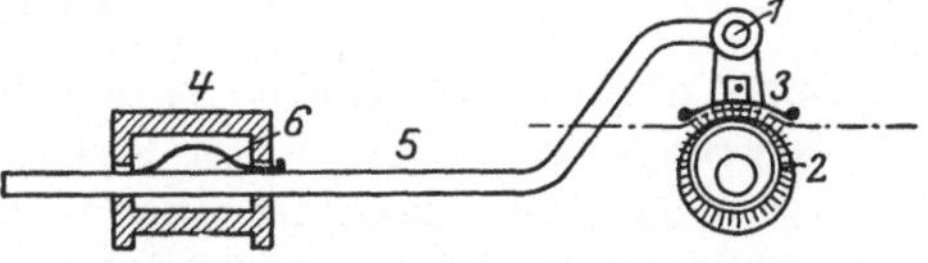

Abb. 336. Breithalterbefestigung.

springende Gewebe werden zwei auch drei Walzen nebeneinander angeordnet. An jeder Seite des Gewebes befindet sich ein in der Breiten und Tiefenrichtung einstellbarer Breithalter, deren Anbringung am Stuhl aus Abb. 335 hervorgeht. Jeder Breithalter sitzt an einer federnden Stange 1, deren innere Stellung durch einen mit dem Brustbaum verschraubten Haken 2 festgelegt ist. Dadurch ist der Breithalter in der Kettrichtung etwas beweglich und kann dem Walken des Gewebes, womit man die Vor- und Zurückbewegung des Geweberandes bei dem Laderschlag bezeichnet, folgen. Besser ist die durch Abb. 336 dargestellte Ausführung. Der Breithalter ist pendelnd um den Bolzen 1 aufgehangen und kann dadurch leicht dem Walken folgen und die in dem Gehäuse 4 verschiebbare Tragstange 5 wird durch eine Blattfeder 6 festgehalten. Bleibt die Schütze im Fach in der Nähe des Geweberandes stecken, wird 2 bei dem Ladenvorgange zurückgedrängt.

Die stets mit einer größeren Anzahl von Nadelrädchen ausgerüsteten Walzenbreithalter greifen nicht nur in die Leiste sondern auch in das Gewebe selbst ein, wodurch dieses leicht beschädigt werden kann. Auch treten bei größerer Querspannung Verschiebungen der Kettfäden ein, was zur Bildung von kaum wieder zu beseitigenden Gassen Veranlassung gibt. Man benutzt

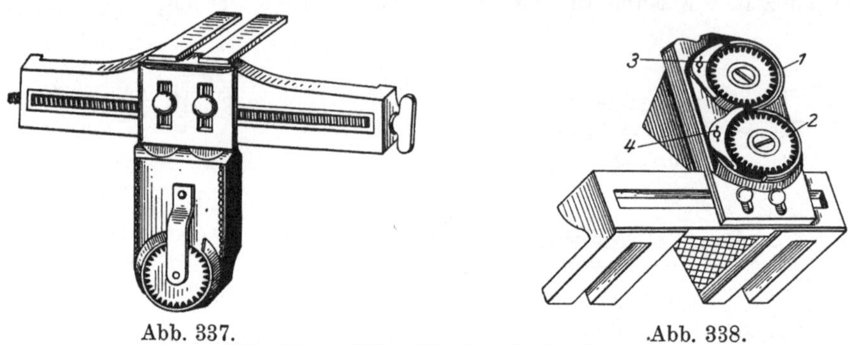

Abb. 337.   Abb. 338.
Abb. 337 u. 338.   Rädchen-Breithalter.

dann lieber Rädchen-, Stern- oder Sonnenbreithalter, Abb. 337, mit einem, Abb. 338 mit 2 Rädchen. 1 und 2 sind die mit zwei versetzten Nadelreihen versehenen flachliegenden Rädchen, 3 und 4 Leiter für die rechtwinklig abgebogene Leiste. Eine Beschädigung des Gewebes ist hier ausgeschlossen, aber die Gewebe springen, besonders bei einem Zurückarbeiten, leicht aus. — Auch Kettenbreithalter, aus einer endlosen mit Stacheln besetzten Kette bestehend, die in den aufgebogenen Geweberand einstechen, haben Anwendung gefunden.

X. Antrieb, Schußzahl und Arbeitsbedarf der Webstühle.

Der Antrieb der Webstühle erfolgt entweder durch Riemen von einem Wellenstrange aus oder durch Elektromotoren (Einzelantrieb). — In der Einleitung zu dem Abschnitt über Webstühle ist schon auf die verschiedenen Ausführungen des Riemenantriebes hingewiesen worden. Ist die Hauptwelle des Stuhles mit Fest- und Losscheibe versehen, muß der Riemen bei jeder In- und Außergangsetzung verschoben werden und leidet dadurch stark. Besser ist in dieser Hinsicht der Antrieb mit Reibungskupplung, wobei der Riemen nicht verschoben zu werden braucht, aber der Kraftbedarf erfährt eine wenn auch geringfügige Steigerung. — Dazu kommt, daß bei dem wechselnden Kraftbedarf des Stuhles während einer Umdrehung die Beanspruchung des Riemens starken Schwankungen unterworfen ist, wodurch der Schlupf und damit die Abnutzung sich vergrößert und die Schußzahl verringert wird. Diese bleibt häufig um 10 vH. und mehr gegenüber der theoretischen unter Berücksichtigung des normalen Schlupfes zurück.

Bei Riemenantrieb werden meist zwei Reihen von Stühlen von einer Welle aus getrieben, die von der Betriebsmaschine aus durch Seile oder Riemen in Drehung versetzt wird oder jeder Wellenstrang erhält Antrieb durch einen Elektromotor (Gruppenantrieb), der zweckmäßig auf die Mitte der Welle durch Riemen oder Zahnräder treibt, wodurch die Wellen leichter ausfallen, da nach jeder Seite nur die halbe Kraft zu übertragen ist.

Seit einer Reihe von Jahren hat der elektrische Einzelantrieb starke Verbreitung gefunden trotz der anfänglichen Mißerfolge, die herbeigeführt wurden durch Anwendung der für den Webstuhlbetrieb ungeeigneten Gleichstrommotoren und durch Verkennen der eigentümlichen Verhältnisse der Webstühle. — Jeder Webstuhl muß sofort mit voller Geschwindigkeit anlaufen, damit der erste Schützenschlag in voller Stärke erfolgt. Ist das nicht der Fall und läuft die Schütze im gegenüberliegenden Kasten nicht richtig ein, rückt der Stuhl sofort wieder aus. Selbst wenn dies nicht eintritt, die Schütze aber in einigem Abstand vom Picker stehen bleibt, rückt der Stuhl nach dem zweiten Schuß aus, weil der Schlag zu schwach ausfällt. Der Einzelmotor muß also ein großes Anzugsmoment haben, um den Stuhl sogleich in die richtige Geschwindigkeit zu versetzen. Für das Anlaufen des Stuhles ist eine die normale häufig um das fünf- und mehrfache übersteigende Kraft erforderlich, die allerdings nur für ganz kurze Zeit auftritt. Ferner kommt hinzu, daß der Stuhl täglich Hunderte von Malen plötzlich z. B. durch die Stechervorrichtung angehalten wird.

Der Gleichstrommotor ist für diese Betriebsverhältnisse, wie schon oben angeführt, ungeeignet. Er kommt, da er mit Anlaßwiderständen angelassen werden muß, erst allmählich auf volle Drehzahl, die stark abhängig ist von der jeweiligen Belastung und der Spannung im Netz, so daß Geschwindigkeitsschwankungen eintreten, die ungünstig auf den Webstuhl und dessen Leistung einwirken. Die Wartung der Gleichstrommotoren erfordert eine weit größere Sorgfalt, die Unterhaltungskosten werden durch den Bürstenverschleiß größer und die

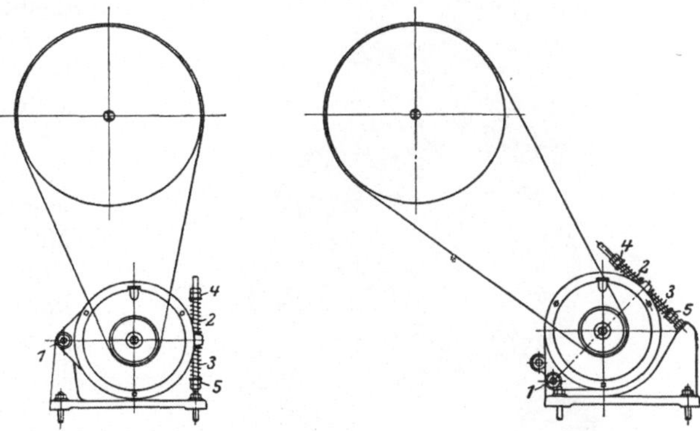

Abb. 339.   Abb. 340.

Abb. 339 u. 340. Elektromotor mit Riemenantrieb.

Feuersgefahr wächst durch Funken und die in den Webereien unvermeidliche Staubentwickelung durch abgeriebene Fäserchen.

Man ist deshalb allgemein zur Anwendung von Drehstrommotoren übergegangen, die selbst bei kleinen Ausführungen hohe Wirkungsgrade — 80 ÷ 88 vH. je nach Leistung besitzen, sich durch einen einfachen Schalter sofort an die volle Netzspannung anschließen lassen, fast augenblicklich die volle Drehzahl erreichen und diese auch bei Spannungsschwankungen beibehalten, da sie fast nur von der Periodenzahl der Primärmaschine abhängig ist. Die Bedienung ist einfach und die Instandhaltung erfordert sehr geringe Kosten. Die Motoren werden vollständig gekapselt, um Verstauben zu verhüten; die Wellen laufen in Gleitlagern mit Ringschmierung oder in Kugellagern, und diese brauchen nur in längeren Zwischenräumen geölt zu werden.

Ein Verschleiß tritt nur in den beiden Lagern ein, deren Büchsen auswechselbar sind.

Der Webstuhl erhält vom Motor aus Antrieb durch Riemen oder Zahnräder. Die Abb. 339 und 340 geben Motoren in der Ausführung der Siemens-Schuckertwerke; die Abb. 339 bis 341 zeigen den Riemen-, die Abb. 342 bis 344 den Zahnradantrieb. Das Motorgehäuse ist in den Abb. 339 und 340 um den Bolzen 1 drehbar und wird in Stellung gehalten durch die Federn 2 und 3, von denen 2 die erforderliche Riemenspannung erzielen läßt, während 3 die auftretenden Stöße mildert. Längt sich der Riemen, läßt sich durch Nachstellen der Muttern 4 und 5 die ursprüngliche Spannung leicht wieder herstellen. Durch Anwendung einer Spannrolle Abb. 341 lassen sich Änderungen der Riemenspannung ganz vermeiden und die Stöße noch weiter mildern.

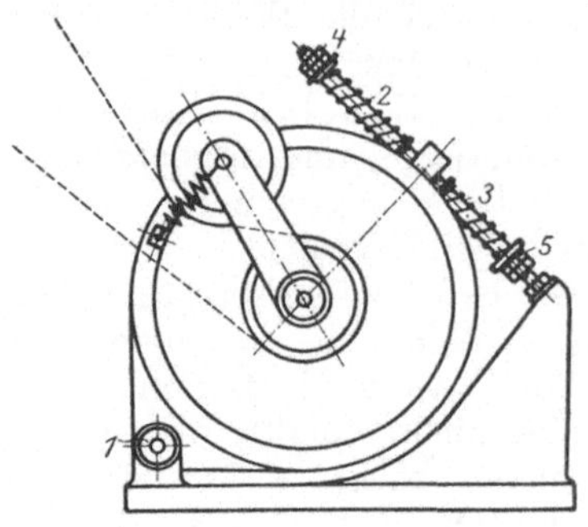

Abb. 341.

Ein Verschieben des Riemens findet nicht statt, da bei dem Ausrücken des Stuhles, welches in der gewöhnlichen Weise erfolgt, zugleich die Stromzuführung unterbrochen wird.

Schwieriger liegen die Verhältnisse bei dem Zahnradantrieb, weil das durch die Riemen gebildete elastische Zwischenglied fehlt. Es mußte deshalb in anderer Weise dafür gesorgt werden, daß bei plötzlichem Anhalten des Stuhles allzu schwere Stöße, durch welche Zahnbrüche eintreten können und der Motor leiden würde, vermieden werden. Nach Abb. 343 ist der Motor auf einem Bock wieder um Bolzen 1 drehbar gelagert und kann durch Schraube 2 gehoben und gesenkt werden, um genauen Eingriff zwischen den Rädern 3 und 4 herzustellen. Rad 3 sitzt mit Nut und Feder auf der Motorwelle und kann leicht gegen ein Rad mit mehr oder weniger Zähnen ausgewechselt werden, wenn der Stuhl mit anderer Schußzahl arbeiten soll. Es ist in Stahl, Bronze oder Rohhaut ausgeführt und besitzen Rohhauträder einen besonders geräuschlosen Gang. Rad 4 sitztlose auf der Web-

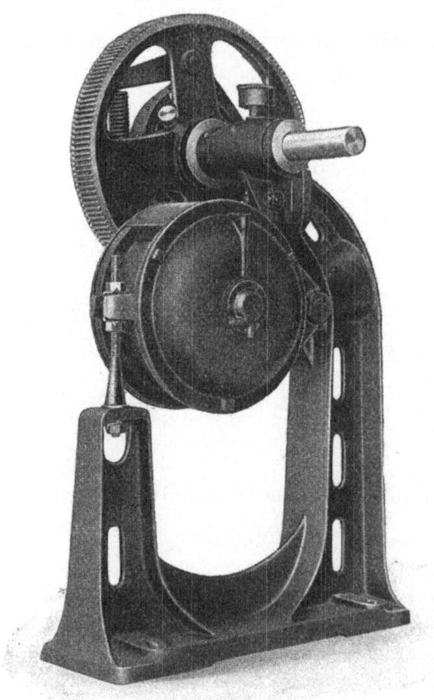

Abb. 342. Elektromotor mit Zahnradantrieb.

stuhlwelle und ist mit dieser durch eine Rutschkupplung verbunden, welche bei plötzlichem Anhalten des Stuhles in Tätigkeit tritt und so eingestellt wird, daß das Reibungsmoment nur weniger größer ist als das normale Drehmoment. Die Rutschkupplung besteht bei der Ausführung der

Siemens-Schuckertwerke aus einer Stahlbandbremse 6, welche um die auf der Webstuhlwelle festgekeilte Scheibe 5 gelegt und mit ihren beiden Enden an

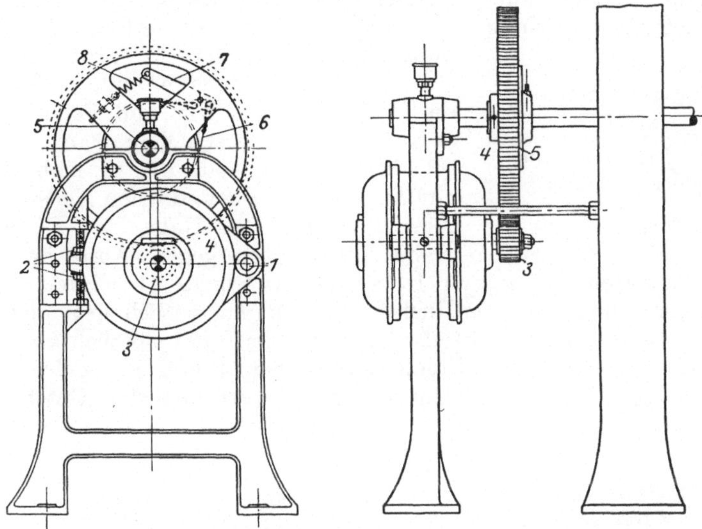

Abb. 343.　　　　　　Abb. 344.

Abb. 343 u. 344.　Elektrischer Einzelantrieb der Webstühle.

den Hebel 7 angeschlossen ist, dessen Drehzapfen am Rade 4 befestigt ist. Durch Feder 8 wird die Bremse so angezogen, daß bei regelmäßigem Gange kein Gleiten zwischen 4 und 5 eintritt. Bleibt der Stuhl durch Einfallen der Stecher plötzlich stehen, gleitet das Bremsband auf Scheibe 5 und der gleichzeitig abgeschaltete Motor kann kurz auslaufen. — Für schwere Stühle eignen sich Rutschkupplungen nicht; entweder müssen diese so fest angezogen werden, daß ein Gleiten kaum eintreten kann, oder es tritt, wenn sie weniger fest angezogen werden, durch die Schwankungen der Betriebskraft des Stuhles schon ein Gleiten ein. Es kommen dann die Fliehkraft-Kupplungen zur Anwendung, von welchen die Abb. 345 bis 348 eine Ausführung von Herm. Schroers in Krefeld darstellen.

Die Kupplung ist in das große Rad 4 eingebaut. Die Hebel 5, welche am Rad 4 gelagert sind,

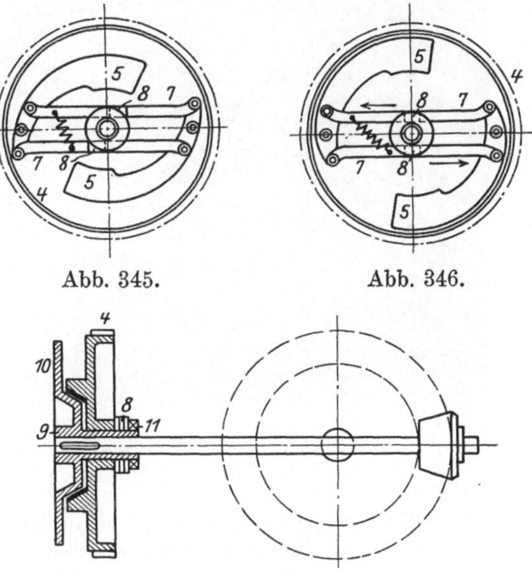

Abb. 345.　　　　　　Abb. 346.

Abb. 347.

Abb. 345 bis 347.　Fliehkraftkupplung.

nehmen, wenn der Stuhl stillsteht, die in Abb. 345 gezeichnete Stellung ein. Beide sind durch die Zugstangen 7 verbunden, die eine Parallelführung darstellen und werden durch eine schwache Feder in der Ruhestellung gehalten. Läuft Rad 4, gehen die Bremshebel 5 in die aus Abb. 346 ersichtliche Stellung und die Stangen 7 bewegen sich dabei in Richtung der Pfeile. Beide Stangen 7 tragen auf jeder Seite ein Keilstück 8, Abb. 348, wodurch eine Verschiebung der Nabe 9 auf der Webstuhlwelle erfolgt und eine Rei-

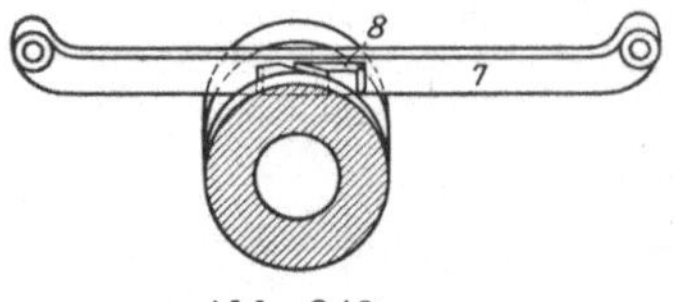

Abb. 348.

bungskupplung eingerückt wird, deren einer Teil am Rade 4, deren anderer Teil 10 auf der Stuhlwelle mit Nut und Feder sitzt und sich auf dieser verschieben kann. Dies geschieht dadurch, daß die in Abb. 345 links auf den Stangen 7 befindlichen Keilstücke gegen Abschrägungen der Nabe des Rades 4, die rechts befindlichen gegen Abschiägungen des auf der verlängerten Nabe von 10 sitzenden Ringes 11 wiiken. Die beschriebene Ausführung wird bei Buckskinstühlen mit seitlich liegender Antriebwelle getroffen und hat den Vorteil, daß, stellt der Stuhl plötzlich ab, wobei der Strom abgeschaltet wird, die Kupplung zwischen 4 und 10 sogleich aufhört, weil die schweren Schwunggewichte 5 infolge verminderter Geschwindigkeit zusammenfallen.

Abb. 349. Webstühle mit elektrischem Einzelantrieb.

Der Zahnradantrieb bietet gegenüber dem Riemenantrieb verschiedene Vorteile. Jeder Schlupf ist vermieden; der Webstuhl läuft bei unveränderlicher Drehzahl des Motors immer mit der höchstzulässigen Schußzahl; die Zahnradübertragung hat einen besseren Wirkungsgrad als die durch Riemen und die Betriebskraft ist, wie sorgfältige Messungen ergeben haben, etwas geringer.

Bei Einzelantrieb ist der Raumbedarf nicht größer als bei Riemenantrieb von einer Hauptwelle aus, weil die Motoren entweder unterhalb des über die

Seitenwand des Stuhles überstehenden Ladenendes oder, wie neuerdings bei Buckskinstühlen, oberhalb auf einem mit dem Stahlgestell verschraubten Konsol angebracht sind, Abb. 349. Der Einzelantrieb ermöglicht weiter völlige Freiheit in der Aufstellung der Stühle und vermeidet die durch die Riemenzüge eintretende aber nur geringe Lichtbeeinträchtigung. Ein mit Einzelmotoren versehener Websaal bietet unstreitig ein ruhigeres freundlicheres Bild als ein mit Wellenleitungen und Riemenzügen ausgestatteter; er kann auch niedriger gehalten werden und die Belastung der Säulen oder Dachbinder durch die Wellen und den Riemenzug fällt weg. — In jedem Falle bedarf es bei Anlage einer Weberei einer eingehenden Erwägung und sorgfältigen Berechnung, um die Frage zu entscheiden, ob Gruppen- oder Einzelantrieb wirtschaftlicher ist. Für den Gruppenantrieb sprechen noch der höhere Wirkungsgrad größerer Motoren und ferner, daß das Aus- und Einrücken eines Stuhles nur geringen Einfluß auf die vom Motor zu entwickelnde Leistung ausübt und daß nur ganz ausnahmsweise und nur für kurze Zeit einmal sämtliche Stühle in Betrieb sind. Der Motor braucht nicht für volle Leistung berechnet zu werden. Hängen z. B. an einem Motor 64 Stühle, wird man die Leistung des Motors für 48—50 berechnen; er kann dann auch für kurze Zeit 64 Stühle betreiben. Gegen den Gruppenantrieb spricht, daß Motor, Wellenstrang und Riemen immer laufen, gleichgültig wieviel Stühle im Gange sind und daß Wellen und Riemen beständiger Wartung bedürfen.

Minutliche Schußzahl. — Diese ist abhängig von der Ausführung des Stuhles, der Güte des Kettengarnes, der größten Gewebebreite, der Art des Gewebes, der Einrichtung für die Fachbildung (Trittexzenter, Schaft- und Jacquardmaschine), der Lade (einzellige oder Wechsellade), dem Blatt (festes oder loses) und dem Gewicht der Schütze. Letzteres ist sehr verschieden; es betrug bei einem leichten Leinenstuhl 0,25 kg; eine hölzerne Juteschütze wog 0,76 kg, eine Holzschütze für einen Buckskinstuhl 0,805 kg, eine Stahlschütze ohne Rollen 1,046 kg und eine solche mit Rollen 1,567 kg. Alle Angaben beziehen sich auf die leere Schütze.

Je verwickelter das Getriebe des Webstuhles ist, um so geringer ist die Schußzahl, die bei schmalen Stühlen mit Losblatt für einfache Waren den Höchstwert mit etwa 220 erreicht, der sehr selten überschritten wird. Webstühle mit Schaft- oder Jacquardmaschinen oder mit Wechselladen laufen unter sonst gleichen Verhältnissen langsamer als solche für einfache Bindungen, die mit Trittexzentern und einfädigem Schuß hergestellt werden.

Die Schußzahl für einfache Baumwollstühle oder die Drehzahl n der Hauptwelle läßt sich annähernd ermitteln aus dem Ausdruck $n = 140 + 0,57(190 - b)$, worin b die größte Warenbreite in cm, die um etwa 10—15 cm kleiner ist als die größte Blattbreite. Für Leinenstühle und Jutestühle gilt

$$n = 120 + 0,36(220 - b).$$

Die Vogtländische Webstuhlfabrik A.-G. in Plauen i. V. baut neuerdings Baumwollstühle, welche bei 1 m Blattbreite mit bis 250 Schuß laufen. Dies ist nur bei vorzüglicher Ausführung möglich; alle Zahnräder, Lagerstellen usw. sind gefräst.

Seidenstühle machen je nach Breite und Ware bei gewöhnlicher Ausführung 120—150, Schnelläufer 150—220, Stühle mit Wechsellade 90—110 Schuß. Plüschwebstühle 100—120, Samtstühle einschützig bei 70 cm Blattbreite 140, bei 150 cm 110, zweischützige bei gleichen Blattbreiten 120 bzw. 100 Schuß. Buckskinstühle mit 180—200 cm Blattbreite 100—120 Schuß.

Kraftbedarf[1]). — Dieser hängt wesentlich von der Schußzahl, dann aber von der Bauart, dem Antrieb, der mehr oder weniger großen Sorgfalt bei dem Zusammenbau und von der Wartung des Stuhles ab. — Eingehende und zahlreiche Versuche mit Arbeitsmessern sind von Oscar Mey 1892 veröffentlicht worden, die sich nicht nur auf Feststellung des Gesamtkraftbedarfes und der Leerlaufsarbeit der Stühle in den verschiedenen Webereizweigen erstreckten, sondern auch auf Ermittelung des Arbeitsverbrauches der einzelnen Teile, Antriebwelle, Lade, Geschirrvorrichtung, Schützenschlageinrichtung. Die Versuche wurden sämtlich an Webstühlen mit Riemenantrieb unternommen und dürften die Ergebnisse für die Gegenwart nicht mehr in vollem Umfange maßgebend sein. Weitere Angaben über den Kraftbedarf finden sich in der Literatur vielfach verstreut und sind einige Quellen in der Fußnote angegeben.

Nach Repenning können folgende Angaben für elektrischen Einzelantrieb zugrunde gelegt werden, wobei berücksichtigt ist, daß der Motor wegen des viel größeren Kraftbedarfes bei dem Anlaufen des Stuhles nicht zu klein gewählt werden darf.

Motore von $^1/_3$ PS. — Alle Baumwoll- und Seidenstühle — auch Wechselstühle — bei nicht zu hoher Schußzahl.

Motore von $^1/_2$ PS. — Schnellaufende Baumwoll- und Seidenstühle, nicht zu breite Plüschstühle, Samtwebstühle, leichte Kammgarnstühle mit hoher Schußzahl, leichte Jacquardstühle, Frottierhandtuchstühle. Schmale Jutewebstühle.

Motore von $^2/_3$—$^3/_4$ PS. — Nicht zu schnell laufende Buckskinstühle, breite Plüsch- und Samtwebstühle, schnellaufende Automaten. Jutewebstühle mit 66—92″ engl. = 168 ÷ 238 cm Blattbreite.

Motore von 1 PS. — Besonders breite Plüschstühle, schwere Buckskinstühle mit mehr als 75 Schuß, mittelschwere nicht zu schnell laufende Jacquardstühle.

Motore von $1^1/_2$ PS. — Schwere und schnellaufende Jacquardstühle für Möbelstoffe und dergleichen, auch schnellaufende Buckskinstühle für sehr schwere Ware.

Motore von 2 P. S. — Schwere Rutenwebstühle.

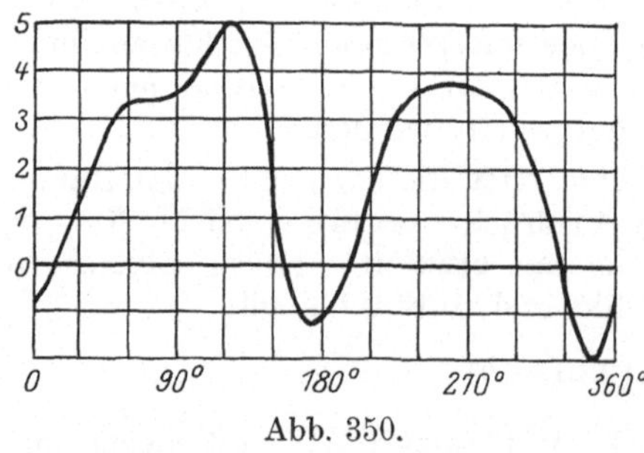

Abb. 350.

Über die Schwankungen der Betriebskraft während einer Umdrehung der Kurbelwelle, welche hauptsächlich durch die Massenwirkung der schweren Lade, die bei einer Umdrehung zweimal beschleunigt und zweimal verzögert werden muß und durch den Schützenschlag hervorgerufen werden, gibt das mit einem Oszillographen aufgenommene Diagramm Abb. 350 Aufschluß. Bei dem Kurbeldrehwinkel 0° steht die Lade ganz vorn und wird bis zu einem Winkel von 90° beschleunigt und verbraucht Arbeit. Innerhalb des Winkels von 90—120° vollzieht sich die Ingangsetzung der Schütze, was ebenfalls einen Arbeitsaufwand verursacht und im Diagramm durch die Spitze zum Ausdruck kommt. Nun tritt ein plötzlicher starker Abfall der Kraftlinie ein, die sogar bis unter die Nullinie heruntersinkt, weil innerhalb des Drehwinkels von 120—180°

---

[1]) Z. bayr. Rev.-V. 1919. — Z. Farben- u. Textiltechn. 1905, Heft 3—5 von O. Schmitz. — Leipz. Monatsschr. Textilind. 1920, Heft 9. W. Frenzel, Untersuchungen über den Kraftbedarf der Maschinen in der Jutespinnerei und Weberei.

die Lade verzögert wird und Arbeit an den Stuhl abgibt, die aber von diesem
nicht aufgenommen werden kann und an den Motor oder den Riemenantrieb
zurückgegeben wird. Von 180—270° wird die Lade wieder beschleunigt und
das Ladengewicht etwas gehoben; die Kraftlinie steigt an, erreicht aber nicht
die vorige Höhe, weil in dieser Zeit kein Schlag sondern nur die wenig Kraft
erfordernde Geschirrbewegung erfolgt. Zwischen 270 und 360° fällt die Kraftlinie wieder steil ab und unterschreitet abermals die Nullinie, weil von der
Lade wieder Arbeit abgegeben wird. Das Kräftespiel ist, wie das Diagramm
deutlich erkennen läßt, während einer Umdrehung ein stark wechselndes und
daraus erklärt es sich, daß die Winkelgeschwindigkeit der Kurbelwelle nicht
konstant ist, wie vielfach angenommen wird. Das Diagramm ist dem D.R.P.
Nr. 276475 Kl. 96c Gr. 26 der Siemens-Schuckertwerke entnommen[1]).

XI. Nach- und Vollendungsarbeiten[2]).

Nur in seltenen Fällen ist das vom Webstuhl kommende Gewebe verkaufs-
fertig. Es bedarf fast immer noch besonderer Zurichtung, um die Beschaffenheit zu erlangen, welche von der Handelsware gefordert wird. Die vorzunehmenden Arbeiten sind sehr verschiedener Art und bezwecken entweder
nur eine Oberflächenveränderung der Ware ohne Änderung der Farbe und
des Stoffes oder eine Änderung der Farbe durch Bleichen, Färben, Bedrucken
oder des Stoffes durch Merzerisieren, angewendet bei Baumwollgeweben, oder
ferner eine Beseitigung der in Wollwaren vorkommenden Teile pflanzlichen
Ursprungs durch Karbonisieren. Endlich gehören zu den Nacharbeiten das
Durchsehen, Messen, Legen, Bezeichnen, Verpacken der Gewebe, um diese für
den Versand fertigzumachen.

Man erkennt, daß die Arbeiten teils auf chemischen, teils auf rein mechanischen Vorgängen beruhen und bedarf es wohl kaum des Hinweises, daß die
Arbeiten je nach den verschiedenen Rohstoffen, aus welchen die Gewebe
bestehen, verschieden sein werden.

Alle Arbeiten, welche den Zweck haben, dem Gewebe erhöhte Glätte oder
Glanz oder größere Dichte und besseren Griff zu erteilen, bei deren Ausführung vielfach Kleb- und Füllstoffe Verwendung finden, werden in der Praxis
unter „Appretur der Gewebe" zusammengefaßt und entweder in einer
Abteilung der Weberei oder in besonderen Appreturanstalten vorgenommen.

In diesem Teil des Werkes können nur die am häufigsten vorkommenden
Zurichtungsarbeiten eine Besprechung erfahren, welche in der Hauptsache auf
rein mechanischen Vorgängen beruhen. Es sind dies:

1. Arbeiten zur Beseitigung von Fehlern im Gewebe.

2. Reinigungsarbeiten — Waschen, Spülen mit nachfolgendem Trocknen.

3. Arbeiten zur Beseitigung von Rauhigkeiten — Sengen, Scheren — oder
zur Bildung einer gleichhohen Haardecke — Scheren.

4. Hervorrufung einer dichteren Haardecke — Rauhen.

5. Arbeiten zur Verdichtung der Gewebe — Walken, Pressen.

6. Arbeiten zur Erhöhung der Glätte und des Glanzes — Pressen, Mangeln,
Kalandern.

---

[1]) Vgl. auch die Abhandlung von Otto H. Schmitz in der Z. Farben- u. Textilind.
1905, S. 458. Untersuchungen über die Gleichförmigkeit des Ganges von Webstühlen.

[2]) Bräuer, Prof. J.: Elsässer Textilblatt 1913. Die Appretur. Der Abhandlung sind
eine Reihe von Abbildungen entnommen.

7. Arbeiten zur Verhinderung des Einlaufens und der Fleckenbildung beim Naßwerden — Krumpen = Dekatieren.

8. Arbeiten zum Fertigmachen für den Versand — Durchsehen, Nässen, Falten, Aufrollen, Bezeichnen, Verpacken.

A. Nachsehen und Ausbessern.

Die Rohware bedarf vor der weiteren Bearbeitung des Durchsehens, um Fehler, die bei dem Weben entstanden sind, festzustellen und soweit als möglich zu beseitigen. Dicke und dünne Stellen in den Garnen, Schleifen, dicke Knoten, welche durch mangelhaftes Knüpfen bei dem Spulen entstanden sind, stellenweis ausgelassene Schuß- oder Kettfäden, falsche Fäden, falsche Farbstellung und Bindung, kleine Löcher usw. müssen aufgedeckt und, wenn sie nicht sofort ausgebessert werden können, durch besondere Zeichen für die Stopferin kenntlich gemacht werden. Auch ist das Gewebe auf Gleichmäßigkeit und Schußdichte zu prüfen.

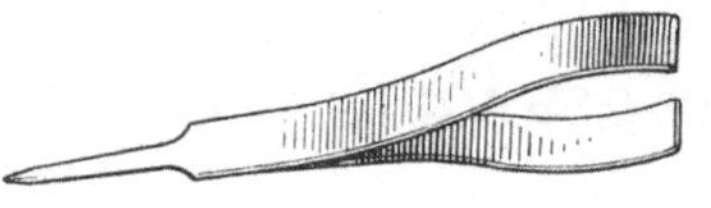

Abb. 351. Noppzange.

Knoten, die bei den nachfolgenden Arbeiten Störungen veranlassen können, Schleifen, Fadenenden vom Anknüpfen gerissener Kettenfäden usw. werden mit der Schere oder der Noppzange, Abb. 351, beseitigt, deren Spitze dazu dient, verschobene Fäden zu rechtzulegen.

Zum Nachsehen dient vielfach ein Schaureck, bestehend aus zwei über Kopfhöhe wagerecht in einigem Abstand voneinander angebrachten hölzernen Stangen, über welche das Gewebe gezogen wird. Der Beschauer steht entweder außerhalb des einen senkrecht herabhängenden Teiles oder zwischen den Stangen, so daß das Licht durch das Gewebe fällt, wodurch Unregelmäßigkeiten leichter zu erkennen sind. Das Gewebe wird entweder von Hand oder durch Walzen schrittweis vorgezogen.

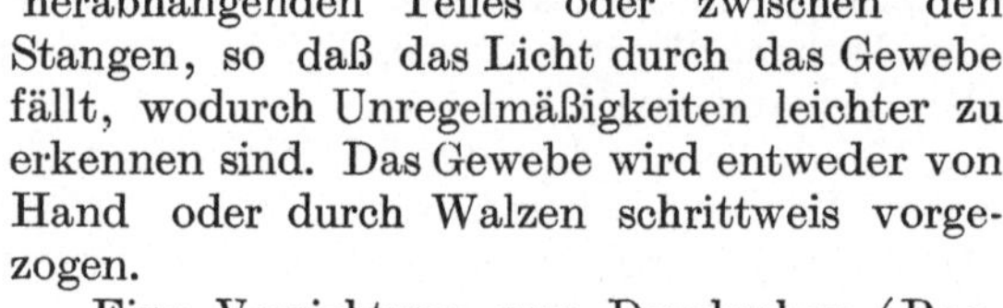
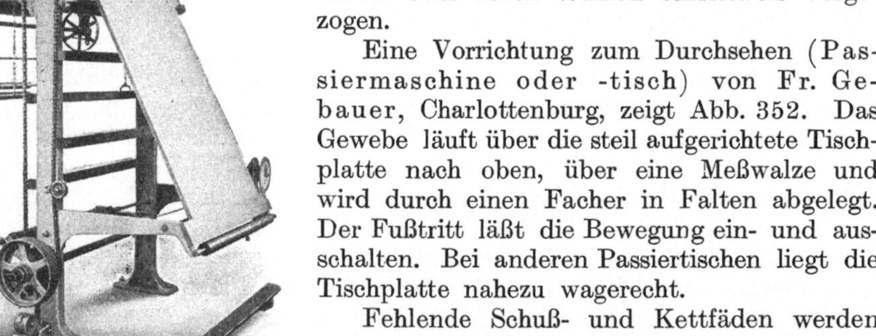

Eine Vorrichtung zum Durchsehen (Passiermaschine oder -tisch) von Fr. Gebauer, Charlottenburg, zeigt Abb. 352. Das Gewebe läuft über die steil aufgerichtete Tischplatte nach oben, über eine Meßwalze und wird durch einen Facher in Falten abgelegt. Der Fußtritt läßt die Bewegung ein- und ausschalten. Bei anderen Passiertischen liegt die Tischplatte nahezu wagerecht.

Fehlende Schuß- und Kettfäden werden durch Einziehen mit einer Nadel ergänzt, wobei der Bindung Rechnung zu tragen ist. Die Stopferin muß deshalb mit den verschiedenen Bindungsarten vertraut sein. Falsche und auffallend dicke oder dünne Fäden werden

Abb. 352. Parriertisch.

herausgenommen und ergänzt. Kleine Löcher stopft man fein zu. Nester, entstanden durch fehlerhafte Bindung mehrerer Kett- und Schußfäden, sind ebenfalls zu beseitgen.

Für das Durchsehen (Noppen) der Gewebe ist gutes Tages- und künstliches Licht erforderlich. Das sorgfältige Durchsehen ist noch nach verschiedenen Richtungen hin von Wichtigkeit. Einmal wird dadurch die Tätigkeit des Webers überwacht, der gegebenenfalls für die Fehler verantwortlich zu machen ist; andererseits erhält man ein Urteil über das Arbeiten des Webstuhles, die Güte der Garne, die Tätigkeit der Arbeiter, welche das Einziehen der Kette in das Geschirr und Blatt besorgen usw.

B. Waschen, Spülen, Trocknen der Gewebe.

Fast alle Gewebe, deren Ketten geschlichtet oder geleimt sind und appretiert oder gebleicht, gefärbt, bedruckt werden sollen, müssen gewaschen werden. Aus Wollgeweben ist die Schmelze, das Fett, welches der Wolle vor dem Krempeln zugesetzt wurde, zu entfernen. — Schlichte und Leim lassen sich leicht mit warmem Wasser auswaschen, Fett oder Öl muß durch Zusatz von Alkalien oder Seifen zum Waschwasser durch Verseifung oder Bildung einer Emulsion beseitigt werden.

Die Gewebe werden entweder in **Ballen- oder Packenform** oder in **Strangform** oder **ausgebreitet** gewaschen (**Ballen-, Strang- und Breitwaschmaschinen**).

Zum **Waschen im Ballen** wurden früher für leichte baumwollene Gewebe vielfach die **Waschtrommeln, Waschräder**, angewendet. Diese bestehen aus einem hölzernen zylindrischen Faß von etwa 2 m Durchmesser und 0,75 m Breite, welches auf einer wagerechten Achse angebracht ist, mit 10—25 Umgängen in einer Minute umläuft und durch radialgestellte gelochte Holzwände in gewöhnlich vier Zellen geteilt ist. In jede Zelle kommen ein bis zwei Gewebe. Das Waschwasser wird entweder durch die hohle Welle oder durch eine Ringspalte in der einen Stirnwand zugeführt und läuft durch Löcher am äußeren Rand der Böden ab. Die Wirkung wird unterstützt dadurch, daß die Ballen bei der Drehung der Trommel herumrollen und von einer Zellwand auf die andere fallen.

1. Hammerwaschmaschinen.

Diese finden Anwendung für das Waschen von Baumwoll- und Leinen-Geweben. Abb. 353 gibt eine ältere Ausführung. Das Gewebe wird unregelmäßig zusammengefaltet in den Waschstock 1 eingelegt, in den von rechts her beständig Waschwasser einläuft und durch zwei, zuweilen auch vier schwere hölzerne Hämmer 2 bearbeitet, die durch Daumen 3 gehoben werden und dann frei fallen. Die Abtreppung an der Arbeitsfläche der Hämmer und die Form des Stockes bewirken ein Wenden der Ware. Leistungsfähiger sind die Maschinen, bei welchen die Hämmer durch Kurbel und Lenkstangen bewegt werden, weil die Spielzahl größer gewählt werden kann, als bei freifallenden Hämmern.

Die Waschtrommeln und die

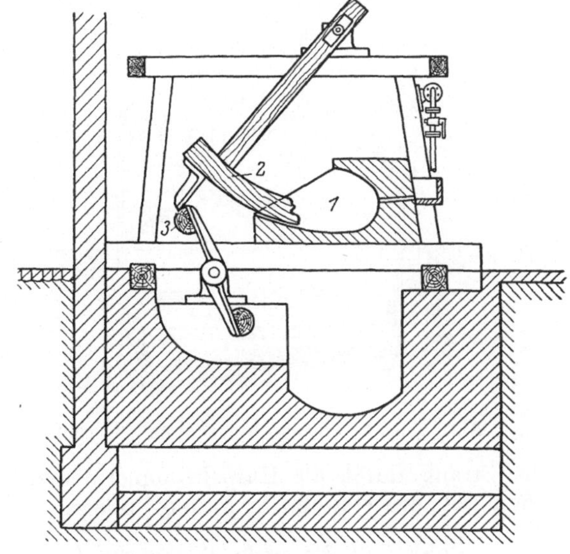

Abb. 353. Hammerwaschmaschine.

Hammerwaschmaschinen sind aus den Großbetrieben fast verschwunden; ihre Leistung war des unterbrochenen Betriebes wegen eine geringe und die Bedienung erforderte viel Handarbeit. An deren Stelle sind die Strangwaschmaschinen und die Breitwaschmaschinen getreten.

2. Strangwaschmaschinen. Clapeau. Clapot[1]).

Abb. 354 und 355 stellen eine zum Waschen von baumwollener und leinener Rohware viel gebrauchte Maschine dar. 1 ist die in festen Lagern laufende Waschwalze, auf welcher eine hölzerne, zuweilen auch eiserne senkrecht be-

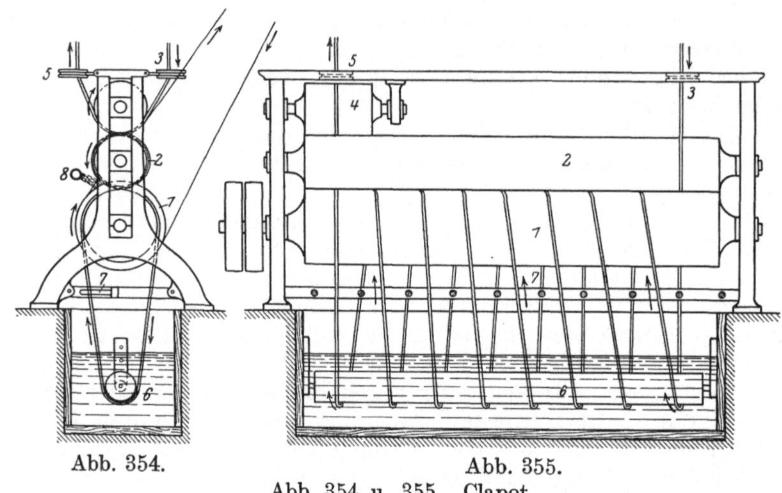

Abb. 354.   Abb. 355.

Abb. 354 u. 355. Clapot.

wegliche Druckwalze liegt. Das Gewebe tritt als Strang durch das Porzellanauge 3 ein, geht in gewöhnlich nicht mehr als 16 Windungen durch die Maschine und tritt, geleitet von der kleinen hölzernen Druckwalze 4, durch das Porzellanauge 5 aus. Im Waschkasten liegt die Haspelwelle 6; 7 ist ein Rechen zur Leitung des Stranges und 8 ein Rohr zur Zuführung des Spülwassers. Ununterbrochener Betrieb läßt sich bei dem Clapot durch Aneinandernähen der Stücke erreichen.

Bei dieser Maschine treten leicht nachteilige Spannungen in der Ware auf, die sich durch die Anordnung Abb. 356 vermeiden lassen. 1 und 2 sind die Wasch- und Druckwalzen, von denen

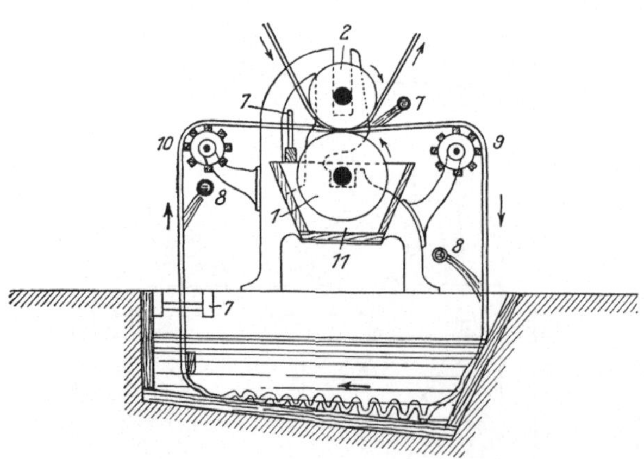

Abb. 356. Strangwaschmaschinen. Clapots.

der Strang durch die Haspeltrommel 9 dem Waschtrog zugeführt wird, in welchen sich das Gewebe in Falten einlegt. 11 ist ein Schmutzwassertrog, durch

---

[1]) Pohl, R.: Praktische Winke zur Behebung der Übelstände bei Strangwaschmaschinen für Stückware. Leipz. Monatsschr. Textilind. 1923, S. 132.

den verhindert wird, daß das ausgepreßte unreine Wasser wieder in das Waschwasser gelangt. Im übrigen sind, wie auch in den nachfolgenden Abbildungen, gleiche Teile, wie in Abb. 355, mit gleichen Ziffern bezeichnet.

Eine Strangwaschmaschine für streich- und kammwollene Stoffe von L. Ph. Hemmer in Aachen zeigt Abb. 357. Es laufen 4, zuweilen auch 6 durch Zusammennähen endlos gemachte Stränge nebeneinder. 1 und 2 sind wieder die Waschwalzen, deren obere mit Gewichtsandruck versehen ist. Von den Waschwalzen gehen die Stränge über die Haspeltrommel 9 nach dem Trog, in welchen sie sich in vielen Falten einlegen, dann über Leitwalze 12 durch den Rechen oder ein Löcherbrett (Brille) 7 zurück nach 1. Der Rechen löst leichte Verknotungen auf, wodurch Beschädigung der Ware in den Waschwalzen vermieden wird, und klappt hoch, wenn nicht auflösbare Knoten vorkommen, wodurch die Maschine so-

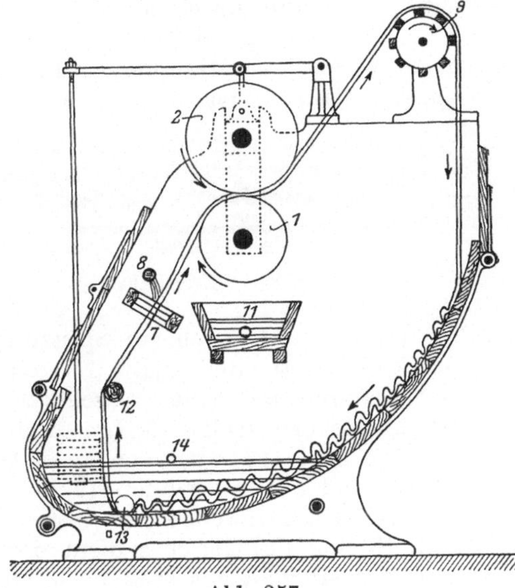

Abb. 357.

fort ausgerückt wird. Die Abflußöffnung 13 dient zur völligen Entleerung des Waschtroges; Abfluß 14 wird geöffnet, wenn mit halbem Wasser gewaschen werden soll.

Während bei den zuerst besprochenen Clapots sich das Waschen bei einmaligem Durchgang vollzieht, wobei der Fall eintreten kann, daß die Gewebe noch nicht völlig rein sind, läßt sich bei der Maschine von Hemmer die Zeit der Behandlung immer entsprechend wählen; aber die Maschine gestattet kein ununterbrochenes Arbeiten.

3. Breitwaschmaschinen.

In den Strangwaschmaschinen entstehen leicht, besonders bei harter steifer Ware, Waschfalten, weil der Strang immer in derselben Lage durch die Waschwalzen geht. Um dies zu vermeiden, hat man Einrichtungen zu treffen versucht, die den Strang vor dem Eintritt in die Waschwalzen etwas drehen, wodurch der Druck in anderer Richtung auf das Gewebe ausgeübt wird. Aber voller Erfolg ist damit nicht erzielt worden.

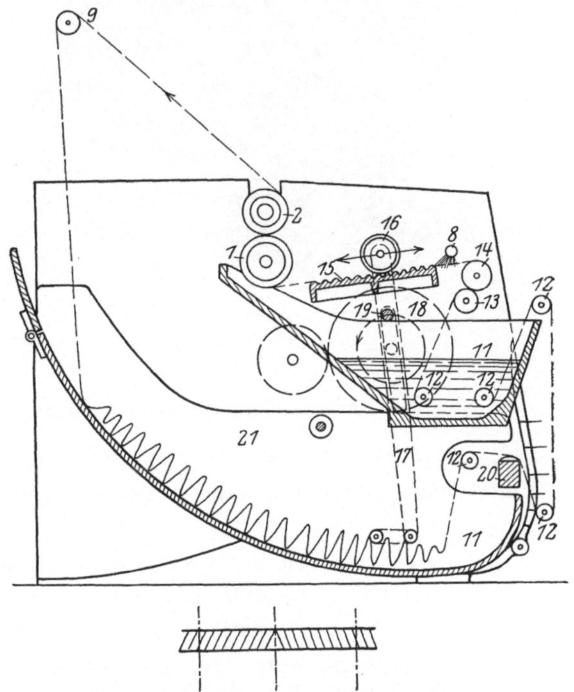

Abb. 358 u. 359. Breitwaschmaschine.

Man wäscht deshalb Gewebe, welche zur Faltenbildung neigen, aber auch andere, in voller Breite, wobei dafür zu sorgen ist, daß der Stoff ohne die geringste Längsfalte durch die Waschwalzen geht.

Eine sehr kräftig wirkende in der Wollweberei verwendete Breitwaschmaschine ist in ihrem Hauptteile in Abb. 358 dargestellt. Es werden 4 bis 6 aneinandergenähte Stück in die Maschine eingelegt. 1 und 2 sind wieder die Wasch- und Druckwalzen, von denen 2 des gleichmäßigen Andruckes wegen meist einen Gummimantel erhält. Aus dem Trog läuft das Gewebe über eine Anzahl Leitwalzen 12 nach dem Waschtrog 11, von da nach den

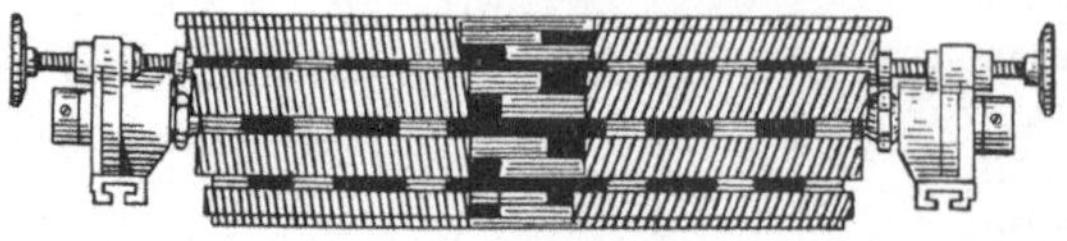

Abb. 360. Breithalter.

Walzen 13, 14, wird durch ein Spritzrohr 8 kräftig genäßt und gelangt dann auf das Waschbrett (Reibeblatt) 15 mit gewellter Oberfläche, ähnlich den in den Haushaltungen üblichen Waschbrettern. Auf dem Reibeblatt läuft eine mit Gummi überzogene Walze 16 hin und her und knetet das Gewebe kräftig durch. Die Rolle 16 wird von zwei Armen 17 getragen, die durch den auf Rad 18 sitzenden Kurbelzapfen 19 in schwingende Bewegung gesetzt werden. Zwei von außen auf Gewebebreite einstellbare Wände 21 besorgen das Geradlaufen.

Zum Breiten des Gewebes dient der Riegel 20 und die Walze 14; ersterer hat von der Mitte aus schräg nach rechts und links verlaufende gut abgerundete Riffeln, die zuweilen auch auf aufgeschraubten Porzellan- oder Glasplatten angebracht sind, Abb 359; letztere haben Riffeln in Gestalt von rechts- und linksgewundenen Schraubengängen oder der Mantel besteht aus einzelnen gegeneinander verschiebbaren geriffelten Leisten, die da, wo sie vom Gewebe bedeckt sind, auseinandergezogen werden, Abb. 360. Die Breitleisten und Walzen haben zumeist gleiche Neigung der Riffeln, wodurch jedoch eine gleichmäßige Streckung nicht erzielt

Abb. 361. Breitwaschmaschine von Hemmer.

werden kann. Die Breitung erfolgt von der Mitte aus nach beiden Rändern. Nimmt man einmal an, daß ein Gewebe von 1500 mm Breite um 24 mm gestreckt werden soll, würde

im Abstand von 250 mm von der Mitte Verschiebung um 4 mm
„   „   „   500 „   „   „   „   „   „ 8 „
„   „   „   750 „   „   „   „   „   „ 12 „

stattfinden müssen, wenn eine gleichmäßige Breitung und Spannung eintreten soll. Dies ist aber nicht der Fall, wenn die Riffeln überall dieselbe Neigung besitzen. Diese müßte bei Breitleisten von der Mitte nach dem Rande zunehmen und Breitwalzen müßten Gewindegänge mit zunehmender Ganghöhe erhalten.

Denkt man sich in Abb. 359 Waschbrett und Rolle beseitigt, bekommt man das Bild einer sehr häufig angewendeten einfachen Breitwaschmaschine, von der Abb. 361 das Schaubild einer Maschine von Hemmer in Aachen gibt.

Das Spülen der Gewebe nach beendigtem Waschen wird entweder in den Waschmaschinen selbst oder in besonderen einfachen Spülmaschinen vorgenommen.

Das Trocknen der Gewebe.

Werden die Gewebe nach dem Waschen nicht sofort gewalkt, gebleicht oder gefärbt, müssen sie getrocknet werden. Der Wassergehalt ist aber ein sehr bedeutender; er beträgt im Durchschnitt bei nassen Geweben

aus Wolle das 2- bis 3 fache
„ Baumwolle „ 1,5- „ 2,6 „
„ Leinen „ 1,5- „ 2,0 „
„ Seide „ 1,5- „ 1,8 „

des Eigengewichtes und es muß deshalb vor dem Trocknen durch Wärme eine möglichst weitgehende Entwässerung stattfinden. Man benutzt dazu die Schleudertrommel (Zentrifuge). Aber nicht alle Stoffe, z. B. glatte Kammgarngewebe, schwere Ware usw., vertragen das Ausschleudern in dieser. Die Falten werden unter Wirkung der Fliehkraft zu scharf aufeinandergepreßt und die Ware erhält leicht Knicke (Büge), die eine Beschädigung ergeben und

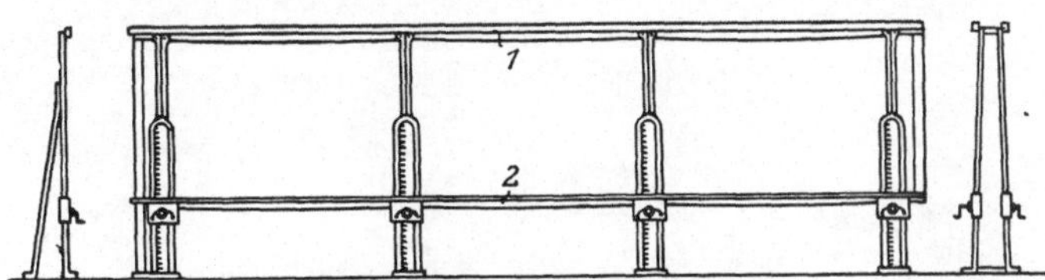

Abb. 362. Spannrahmen.

schwer zu beseitigen sind. Dann verwendet man eine Schleudermaschine, welche aus einer wagerecht gelagerten Lattentrommel besteht, auf die das Gewebe in voller Breite unter Spannung aufgewickelt wird. Die Oberfläche bedeckt man mit einem losen Leinen- oder Jutegewebe und umschnürt mit Stricken. Setzt man die Trommel in rasche Drehung, wird das Wasser abgeschleudert, von einem die Trommel umgebenden Mantel aufgefangen und abgeleitet. Die Trommel erhält durch ein Riemenvorgelege die rasche, durch ein Rädervorgelege langsame Drehung für das Auf- und Abwickeln.

Durch das Ausschleudern kann der Feuchtigkeitsgehalt auf 40 bis 30 vH, selten auf weniger verändert werden. Es hängt dies wesentlich von der Dichte der Gewebe, der Glätte der Garne und der angewendeten Geschwindigkeit ab. Lose Gewebe aus glatten Fasern, Seide, Leinen, geben das Wasser viel leichter ab als dichte Baumwollgewebe. Besonders fest hält die Wolle infolge der rauhen Oberfläche das Wasser zurück.

Um den Feuchtigkeitsgehalt weiter bis zur Lufttrockene zu vermindern, stehen zwei Wege offen, Trocknen in freier Luft und Trocknen durch Wärmezufuhr. Das erstere Verfahren findet nur noch in kleinen Tuchwebereien und bei Geweben Anwendung, deren Farben eine höhere Temperatur nicht vertragen. Dazu dieneu Spannrahmen aus Holz oder Eisen, im Freien, in luftigen Schuppen oder Dachräumen aufgestellt, von denen Abb. 362 eine Ausführung in Eisen zeigt; links als einfacher, rechts als doppelter Rahmen. Das Gewebe wird an dem oberen Querriegel 1, der Messinghaken trägt, gehangen und unten durch den ebenfalls mit Haken besetzten Riegel 2 belastet, welcher durch sein Gewicht allein oder durch gewaltsames Niederdrücken das Gewebe spannt und dann an den Ständern befestigt wird, wodurch man das Einschrumpfen (Einlaufen) in der Breite verhindert. Auch die senkrechten Ränder des Gewebes werden gefaßt und gespannt, um Krümmung der Schußfäden zu vermeiden. — Dies Trockenverfahren erfordert viel Handarbeit, beansprucht eine große Grundfläche und die Trockendauer ist gänzlich von den Witterungsverhältnissen abhängig und ist demnach für Großbetriebe nicht geeignet. In diesen kommen Zylindertrockenmaschinen und für stark einlaufende und auf bestimmter Breite zu haltende Gewebe Spannrahmen-Trockenmaschinen zur Anwendung.

4. Zylinder-Trockenmaschinen[1]).

Die mit Kupfermantel versehenen Trockentrommeln werden entweder in ein oder zwei wagerechten Reihen angeordnet oder in zwei senkrechten Reihen, und in diesem Falle bildet man Gruppen von acht bis zehn Zylindern, um

Abb. 363. Zylinder-Trockenmaschine mit 30 Trommeln.

die Bauhöhe der Maschinen in erträglichen Grenzen zu halten. Die Zahl der Trommeln schwankt zwischen 3 und 30 und gibt Abb. 363 das Schaubild einer Maschine mit 30 Trommeln von C. H. Weisbach in Chemnitz, angeordnet in drei Gruppen zu je 2 × 5. Der Flächenbedarf ist unter sonst gleichen Verhältnissen bei der senkrechten Lage erheblich geringer als bei wagerechter.

---

[1]) Hausbrand, E.: Das Trocknen mit Dampf und Luft. 5. Aufl. Berlin: Julius Springer 1920. — Keyscher, K.: Die Lehre vom Trocken in graphischer Darstellung. Derselbe Verlag 1914. — Mars, O.: Das Trocknen und die Trockner. 3. Aufl. München und Berlin R. Oldenburg 1920.

Die Trommeln sind, wie dies Abb. 364 zeigt, so dicht als möglich aneinandergerückt, um die Oberfläche bis zu 70 bis 75 vH ausnutzen zu können. Wird das Gewebe nach Abb. 364 geführt, kommen beide Seiten abwechselnd mit den Heizflächen in Berührung. Dies ist nur zulässig bei ungestärkten Geweben. Sind diese einseitig gestärkt, darf nur die linke Seite mit den Trommeln in Berührung gebracht werden, um ein Anbacken der Stärke an die heißen Flächen zu verhüten. Dann wählt man die durch Abb. 365 gegebene Anordnung mit Leitwalzen, welche eine Maschine von F. Gebauer in Charlottenburg darstellt. Das Gewebe wird in Rolle oder gefaltet vorgelegt, läuft links in die Maschine ein und wird rechts durch einen Facher, ein hin und her schwingender Hebel mit Rollen, in Falten abgelegt.

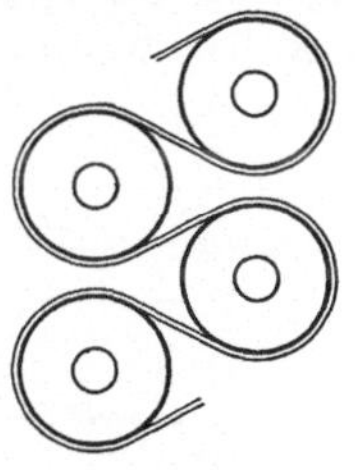

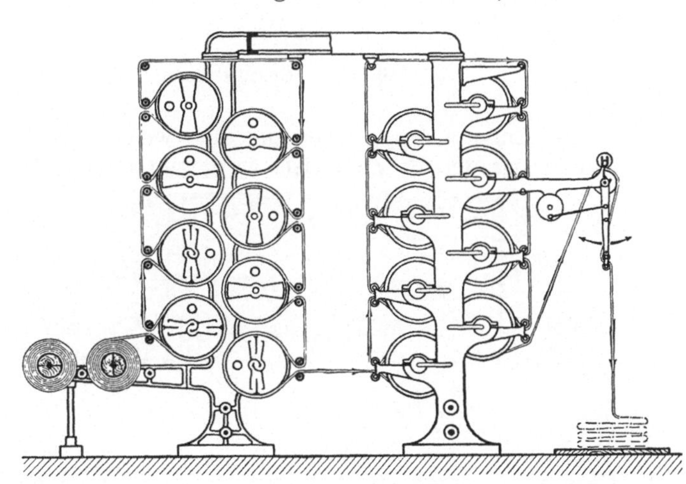

Abb. 364.

Alle Trockentrommeln werden angetrieben und sind mit Vorrichtungen zur Beseitigung des Niederschlagswassers und mit Lüftventilen auszurüsten, durch welche die Entstehung von Unterdruck im Innern und damit das Zusammendrücken durch den Überdruck der äußeren Atmosphäre verhindert wird. Die Laufgeschwindigkeit kann geändert werden.

Zylindertrockenmaschinen finden Anwendung für baumwollene, leinene und leichte Kammwollgewebe. Die Trockentrommeln besitzen 0,35 bis 0,5 m Durchmesser und man arbeitet mit 1,5—2,5 at Überdruck des Heizdampfes, entsprechend Temperaturen von $125 \div 140^0$ und führt den Dampf entweder so, daß die letzte Trommel Frischdampf erhält, der dann nacheinander alle übrigen durchströmt (Gegenströmung), wodurch eine allmähliche Temperatursteigerung eintritt, oder es erhält jeder Zylinder Frischdampf.

Abb. 365. Zylindertrockenmaschine mit Leitwalzen.

Schwere Wollgewebe werden auf Zylindertrockenmaschinen leicht hart; auch fehlt die Querspannung und die Gewebe laufen in der Breite stark ein.

5. Die Spannrahmen-Trockenmaschinen.

Bei diesen besonders für das Trocknen wollener stark zum Eingehen neigender Gewebe angewendeten Maschinen, von welchen Abb. 366 ein Schaubild und Abb. 367 eine schematische Darstellung gibt, erfolgt das Trocknen durch warme Luft, die durch und entlang des Gewebes geblasen wird. In Abb. 366 läuft das feuchte Gewebe von links ein, geht unter dem Sitz der Arbeiterinnen durch, welche das Aufnadeln (Aufklavieren) auf die endlosen Nadel- oder Kluppenketten besorgen, und tritt dann, nachdem das Einführungsfeld durchlaufen ist, in den Trockenraum, in welchem es in 1 bis 2

Läufen (Etagen) wagerecht hin und her geführt wird, um dann wieder vorn unter dem Einführungsfeld getrocknet in Falten gelegt oder aufgewickelt abgeliefert zu werden. In jedem Lauf wird das Gewebe einmal hin und hergeführt. Die Ketten gehen im Einführungsfeld schräg auseinander, um das Gewebe zu spannen und auf gewünschte Breite zu bringen, laufen dann aber parallel weiter, wenn nicht durch besondere Verhältnisse eine weitere Spannung

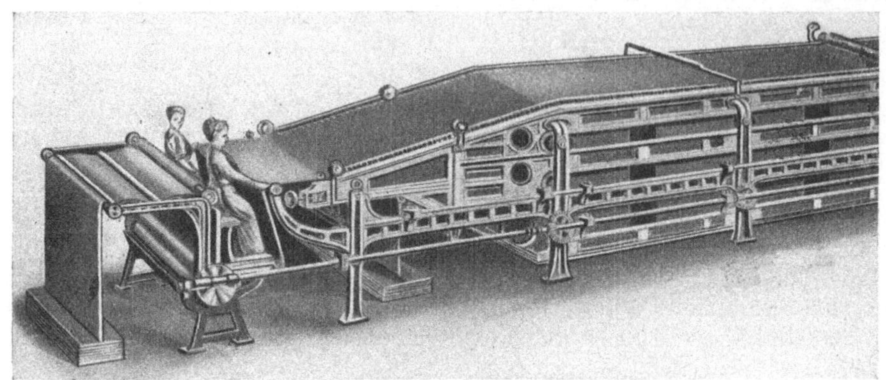

Abb. 366.   Spannrahmen-Trockenmaschine.

oder eine Entspannung, durch die eine weitere Verbreiterung oder durch eine Verminderung der Breite erzielt wird, eintreten soll[1]).

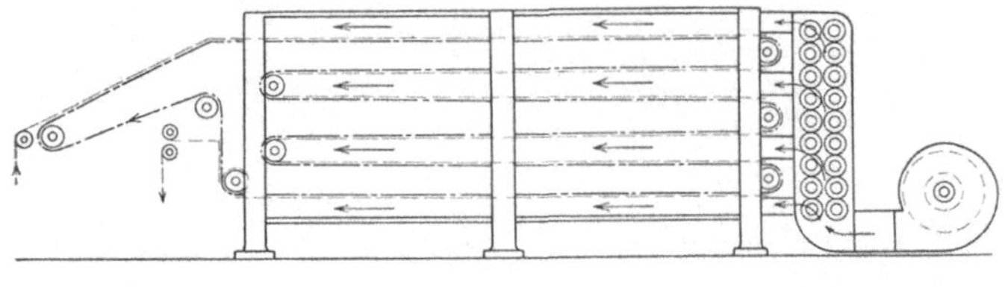

Abb. 367.

Die Ketten laufen in Führungen an den Seitenwänden der Maschine und diese sind durch Schraubenspindeln mit rechtem und linkem Gewinde für verschiedene Gewebebreiten einstellbar.

Das Glied einer Nadelkette in der Ausführung von Alexander Seifert in Chemnitz[2]) zeigen die Abb. 368 und 369 im Grundriß und Schnitt. Die Salleiste wird in die Nadeln 1 eingestochen; in die Öffnungen 2 greifen die Zähne

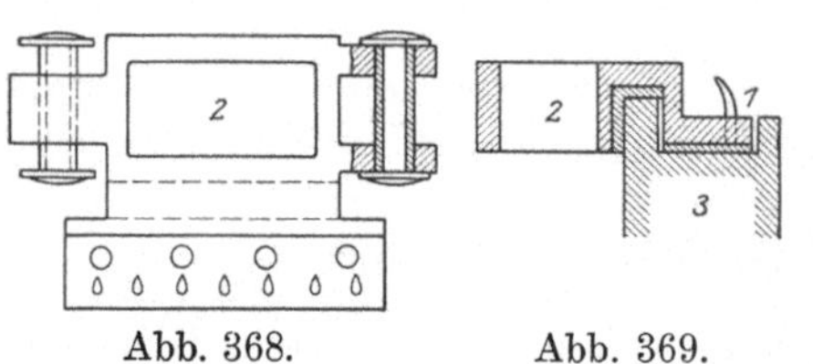

Abb. 368.   Abb. 369.

der den Antrieb und die Führung übernehmenden Kettenräder ein. Die an der Führungschiene 3 anliegenden Flächen der Kettenglieder sind mit Vulkanfiberplatten belegt, um die Reibung und das Geräusch bei dem Gang der Maschine soweit als möglich zu vermindern.

Abb. 370 zeigt eine Kluppe der Zittauer Maschinenfabrik. Der Geweberand wird bei 1 eingeklemmt unter Wirkung der Feder 3. Zur Einführung oder Lösung des Gewebes streichen die Arme 4 an einer Führungsschiene hin, welche 4 im Sinne des Pfeiles dreht.

---

[1]) Siehe D.R.P. Nr. 105 257 Kl. 8 b Gr. 4 von C. G. Haubold in Chemnitz.
[2]) D.R.P. Nr. 134 069 Kl. 8 b Gr. 4.

Die Kluppenkette hat gegenüber der Nadelkette den Vorteil, daß die Salleiste nicht beschädigt wird und daß das Lösen des Gewebes von der Kette
keine Schwierigkeiten bietet. Sind gekrümmte Nadeln, Abb. 368, oder schrägstehende vorhanden, ist das Ablösen (Abklavieren) erschwert, weil eine Spannungszunahme eintritt. Krumme oder schrägstehende Nadeln sind aber nötig,
um das Abfallen der Gewebe von den rückkehrenden Kettenteilen durch das
Eigengewicht und den Druck der eingeblasenen Luft zu verhindern.

Wichtig ist, daß bei Nadelketten die Nadelwurzel und bei Kluppenketten
das Kluppenmaul in Höhe der Kettenmitte (siehe Abb. 370) liegt, damit, wenn
die Kette um die Kettenräder herumgeht, keine Zerrungen in der Salleiste
und Verschiebungen der Schußfäden eintreten.

Das Einführen der Gewebe, wozu 2 Personen erforderlich sind, wird heute
vielfach durch besondere Einrichtungen selbst-
tätig bewirkt, doch können trotzdem die Arbeiterinnen zur Überwachung meist nicht ent-
behrt werden.

Das Trocknen erfolgt bei 50—60—70° C
und die Erwärmung der Luft entweder durch
in Schlangenlinien zwischen den Gewebelagen
liegende Dampfrohre, wodurch aber bei farbigen
Geweben infolge Einwirkung der strahlenden
Wärme leicht Farbenveränderungen auftreten,
oder in einem Röhrenkessel, durch dessen vom
Dampf umspülte Rohre die Luft gesaugt oder
geblasen wird, oder endlich in der aus Abb. 367 ersichtlichen Weise.

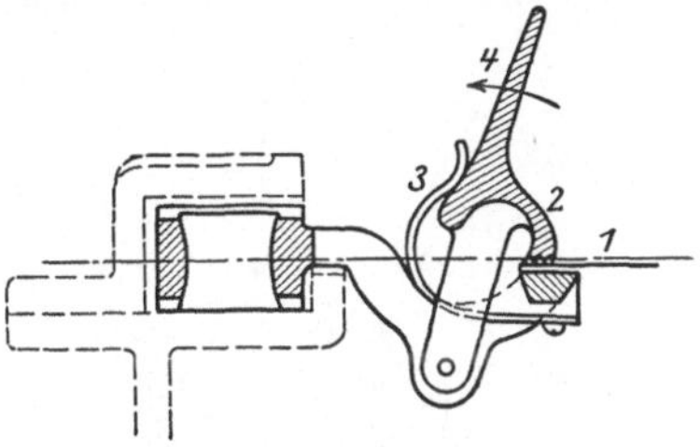

Abb. 370. Kluppen für Spannrahmen-Trockenmaschine.

In der Heizkammer liegen Rippenheizrohre. Das feuchteste Gewebe kommt
mit der am stärksten erwärmten Luft in Berührung und die Temperatur der
Luft wird von unten nach oben stufenweise gesteigert, was den Vorteil hat,
daß das auslaufende Gewebe am kühlsten ist[1]). Führt man die Luft von oben
in die Heizkammer, kehren sich die Verhältnisse um.

Die Regelung der Laufgeschwindigkeit der Ware, die recht verschieden ist
je nach Feuchtigkeitsgehalt, Dichte usw., erfolgt durch Stufenscheiben oder
Riemenkegel oder Reibungsantrieb.

Der entstehende Wasserdampf muß beseitigt werden. Über den Maschinen
befindet sich dazu ein Hut mit einem ins Freie führenden Schlot, doch machen
sich dabei die Witterungseinflüsse in starkem Grade bemerklich, weshalb vielfach in den Schlot ein Exhaustor eingebaut wird, durch den sich eine bessere
Lüftung des Raumes und eine niedrigere Temperatur erreichen läßt.

Noch sei auf eine Ausführung der Spannrahmen-Trockenmaschine aufmerksam gemacht, die als Diagonal-Kettenspannmaschine bezeichnet wird.
Man stelle sich vor, daß die Kettenwände einer Maschine nach Abb. 366 und 367
eine hin und her gehende Bewegung und zwar immer in entgegengesetzter
Richtung erhalten.

Das Gewebe muß an dieser Bewegung teilnehmen, die einer Hin- und
Herdrehung der Schußfäden um die Gewebemitte gleichkommt und wodurch
die z. B. durch das Waschen gestörte Fadenlage zwischen Kette und Schuß
aufgehoben wird. Die Maschine ahmt die Arbeit der Waschfrauen, das Zurren
langer Stücke, Tisch- und Bettücher usw. nach, welche das Gewebe an den
vier Ecken fassen, leicht zusammenfalten und dann unter Spannung wechselweise hin und herziehen, um es fadengrade zu machen.

---

[1]) Anordnung von M. Rudolf Jahr in Gera, D.R.P. 216779 Kl. 8b Gr. 4.

C. Herstellung glatter Oberflächen der Gewebe.
1. Sengen.

Die aus der Gewebeoberfläche hervortretenden Härchen und Fäserchen werden durch Abbrennen beseitigt, wozu das Gewebe entweder über eine glühende Platte geleitet oder an Gasflammen vorüberführt wird (Plattensenge und Gassenge).

Plattensenge. — Die Sengplatten aus Kupfer oder Eisen sind meist nach einem Kreisbogen gekrümmt und werden durch Kohlen- oder Gasheizung auf Rotglut gebracht. Aus Abb. 371 ist die Einrichtung einer einfachen Plattensenge zu ersehen. Die Sengplatte *2* ruht auf dem Mauerwerk, welches die Feuerung aufnimmt. Über *2* schwebt eine Platte *9*, welche während des Anheizens heruntergelassen wird, um Wärmeverluste zu vermeiden und während des Betriebes die Ausstrahlung verhindern soll. Die Ware ist auf Walze *3* aufgewickelt, läuft über Leitrollen, wird durch eine Bürstwalze bearbeitet, welche die Fäserchen aus dem Grunde des Gewebes heraufholen soll, geht dann über die Sengplatte und wieder über Leitwalzen nach der Aufwickelwalze *4*. Die Bürstwalze *6* fegt den Kohlenstaub und

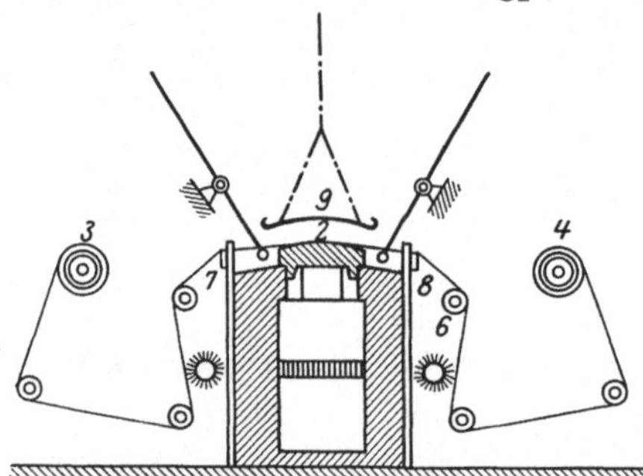

Abb. 371.   Plattensenge.

etwa noch vorhandene Fünkchen weg. Die Zeugenden sind an Ketten angeschlossen, um das Gewebe in voller Länge sengen zu können. — Dicht vor und hinter der Sengplatte liegen unterhalb des Gewebes von Hebeln getragene kleine Walzen, damit man das Gewebe vor Beginn des Sengens hochhalten und bei eintretenden Störungen sofort abheben kann.

Die Wirkung des Sengens läßt sich verändern durch Höher- oder Tieferstellen der Lineale *7* und *8* und durch Änderung der Geschwindigkeit, die so bemessen werden muß, daß kein Ansengen der Ware eintritt. — Das Sengen muß in der Regel mehrmals wiederholt werden, was dadurch geschieht, daß man das Zeug abwechselnd von links und rechts durchlaufen läßt. Man hat auch, um bei einmaligem Durchgang 2 mal zu sengen, zwei Sengöfen in kleinem Abstand nebeneinander angeordnet oder der Sengplatte eine solche Gestalt ⎍⎍ gegeben. Letztere Anordnung führt aber zu einer starken Erhitzung des Gewebes.

Über den Sengofen ist meist ein Hut aus Blech mit Abzugsrohr angebracht zur Ableitung der unangenehmen Verbrennungsstoffe.

Durch Plattensengen ist es nicht möglich, die Fäserchen bis auf den Grund des Gewebes zu beseitigen. Dies läßt sich nur erreichen mit

Gas- oder Flammensengmaschinen, die außerdem erheblich schneller als die Plattensenge arbeiten lassen und deshalb jetzt zumeist in Anwendung sind. Als Gas finden Kohlenoxyd, Ölgas, Wassergas, Leuchtgas Verwendung, die mit Luft vermischt zur Verbrennung gelangen, um eine rußfreie Flamme zu erzielen. Die Luft liefert ein Gebläse. — Die Brenner bestehen aus Röhren mit einem feinen Spalt oder mit feinen dichtstehenden Löchern, so daß eine breite zusammenhängende Flamme entsteht. Vielfach findet man auch auf das Zuführungsrohr einzelne breitflammige Brenner aufgeschraubt, was den Vorteil bietet, die Flammenbreite mit Leichtigkeit der Gewebebreite anpassen zu können. Die Maschinen werden mit 2 bis 4 Brennern ausgerüstet, die so angeordnet sind, daß entweder nur eine oder beide Seiten gesengt werden. Abb. 372 gibt den Querschnitt durch eine 4fache Maschine für einseitiges Sengen. Die Sengstellen sind mit *1* und *2*, die vier Brenner, deren Flammen tangential an dem Gewebe vorüberstreichen, mit *6* bis *9* bezeichnet. *10* ist die Zuleitung für Gas, *11* die für Luft. Die Ware zieht

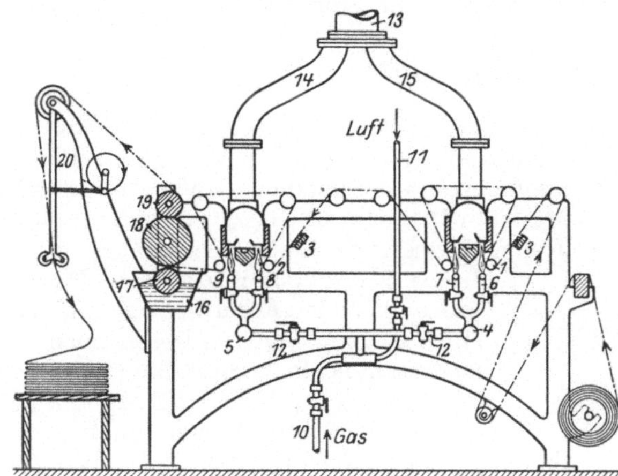

Abb. 372. Gas-Sengmaschine.

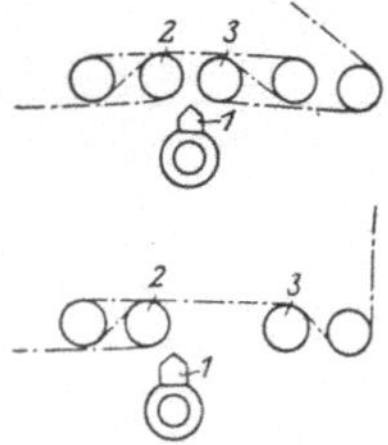

Abb. 373 u. 374.

von rechts her in die Maschine ein, läuft über Bürstenschienen *3* zum Aufrichten der Härchen, wird durch die Walzen *18*, *19* abgezogen und durch den Facher *20* abgelegt. *17* ist eine in Wasser tauchende Löschwalze, um mitgerissene Funken zu ersticken. Die Verbrennungsgase saugt man durch die Rohre *14*, *15* ab; *13* führt nach einem Exhaustor.

Durch veränderte Führung des Gewebes kann dieses bei *1* auf der rechten, bei *2* auf der linken Seite gesengt werden. — Eine andere Anordnung der Sengstellen zeigt Abb. 373 und 374. *1* ist der Brenner, *2* und *3* kupferne Walzen, in welche Wasser oder Dampf eingeleitet wird. Das Sengen erfolgt an zwei Stellen in tangentialer und in der Mitte in senkrechter Richtung. Durch wagerechte Ver-

Abb. 375.

schiebung der Walzen *2* und *3* kann die Zahl der Sengstellen vermindert werden. Abb. 375 gibt das Schaubild einer Gassengmaschine von Moritz Jahr in Gera.

Bei allen Gassengmaschinen sind die Brennerrohre drehbar gelagert, um bei Störungen die Sengwirkung sofort aufzuheben, damit das Gewebe nicht versengt oder gar entzündet wird (Momentabstellung).

Es ist auch vorgeschlagen worden, die Elektrizität zum Sengen zu ver-

wenden in der Weise, daß Sengstäbe aus Nickel, Nickeleisen oder Nickel-
silizium durch den elektrischen Strom zum Glühen gebracht werden. Doch
scheint es bis jetzt bei Versuchen geblieben zu sein. Vorteilhaft ist bei elektrischer Heizung die genaue Regelung der Temperatur durch die Stromstärke;
aber der Stromverbrauch ist jedenfalls ein recht großer.

2. Das Scheren[1]).

Das Scheren bezweckt entweder die Herstellung einer glatten härchen-
freien Oberfläche oder eines gleichhohen Flors wie bei Tuchen, Samt, Plüsch
usw. Als Werkzeuge dienen auf eine volle oder hohle Walze aufgesetzte
schraubengangförmig gewundene Messer (Spiralmesser, Federn), welche
zusammen arbeiten mit einem festen Messer, dem Grundmesser oder

Abb. 376. Schermesser.

Lieger. Abb. 376 zeigt eine Messerwalze, 377 eine Form der Federn, 378
einen Lieger. Einige andere Formen der
aus Stahlblech hergestellten, an der
Schneide zu $^3/_4$ bis $^7/_8$ gehärteten Fe-
dern geben die Abb. 379 bis 381. Volle Härte führt leicht zur Bildung von
Rissen und zum Ausbrechen. Abb. 379 zeigt eine Doppelfeder, Abb. 380
eine Feder, die sich von der in Abb. 377 dargestellten dadurch unterscheidet,

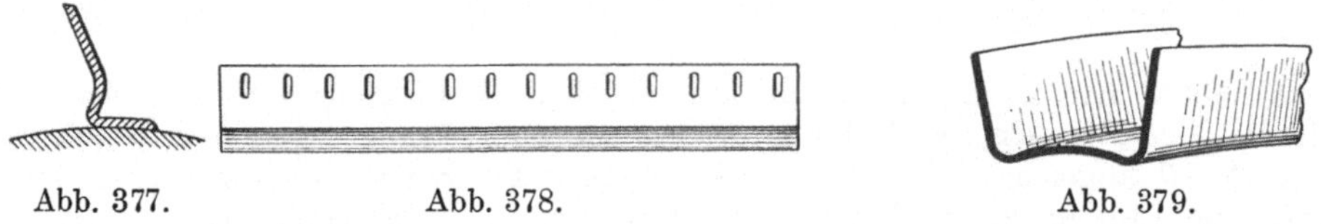

Abb. 377.   Abb. 378.   Abb. 379.

daß der Fuß bis zur Mitte der Fußplatte zurückgebogen ist, wodurch ein
besseres Anliegen dieser an die Walze erzielt werden soll; Abb. 381 Doppel-
federn mit Rückbiegung, deren Fußplatten aneinanderstoßen, wodurch Verschiebungen vermieden
werden. Abb. 382 gibt die
Befestigung der Federn.

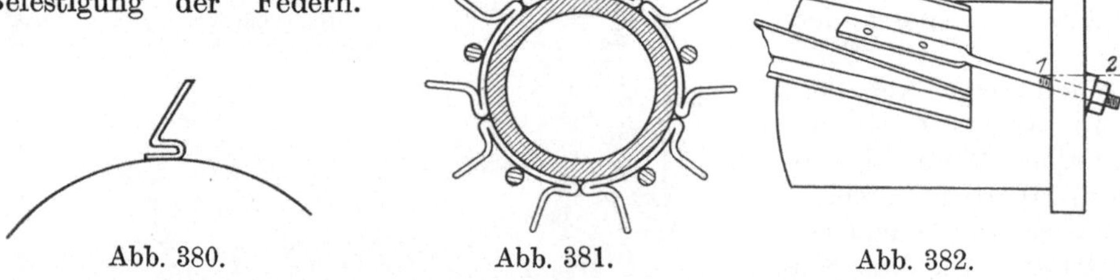

Abb. 380.   Abb. 381.   Abb. 382.

An jedes Ende ist eine Schraube genietet, welche durch den vorspringenden
Rand der Messerwalze hindurchtritt. Durch Anziehen der Muttern werden
die Federn fest auf die Walze gelegt und so stark gespannt, daß durch die
während des Betriebes eintretende Erwärmung keine Entspannung und durch
die Fliehkraft keine Lockerung eintreten kann. Die Befestigungsschrauben
werden, erfolgt die Spannung nach Abb. 382, nur auf Zug in Anspruch genommen. Nicht selten findet man die Schrauben in Richtung *1*, *2* abgebogen,

---

[1]) Erban, Dr. Fr.: Die Schermaschinen und ihre Entwicklung. Elsässer Textilbl.
1913, S. 1225.

um rechtwinklig durch die Bordscheiben geführt werden zu können. Die Schraube erfährt dann Beanspruchung auf Biegung und Zug und bricht leicht.

Abb. 383 zeigt die Anordnung des Scherzylinders, des Liegers und des Warentisches oder Brettes. *1* ist die Messerwalze, *2* der Lieger, *3* der Tisch, über dessen abgerundete Kante das Gewebe läuft. Walze und Lieger sind an einem kräftigen Balken *4* angebracht, der um Zapfen *5* drehbar ist, damit man das Schneidwerk mit Hilfe des Griffes *6* abheben kann. Schraube *7* dient zum genauen Einstellen des Scherzylinders.

Einige andere Formen des Tisches zeigen die Abb. 384 bis 386. Abb. 385 und 386 geben Hohltische, bei welchen die Schnittstelle bei *1* liegt und welche angewendet werden, um bei billigen nicht sorgfältig entknoteten Geweben ein Ausweichen der Knoten unter dem Scherzylinder zu ermöglichen und ein Zerschneiden zu verhüten. Auch federnde Tische, aus einer dünnen Stahlplatte mit verdickter Arbeitskante bestehend, sind zur Anwendung gekommen.

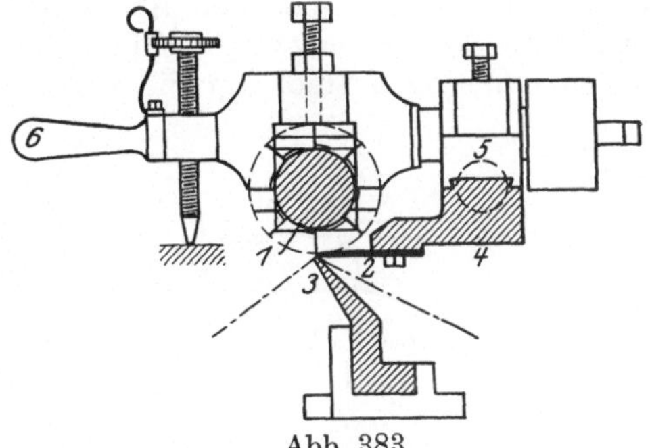
Abb. 383.

Die Schnittgeschwindigkeit der Scherzylinder schwankt zwischen 4 und 8 m/sek. Die Lagerung muß sehr sorgfältig erfolgen und in Stand gehalten werden, damit stets spielfreier Gang vorhanden ist. Die Walzenachse muß genau parallel zur Tischkante verlaufen und die Messerschneiden müssen in einem Zylindermantel liegen, dessen Achse mit der Drehachse zusammenfällt, was nur durch sorgfältiges Schleifen auf besonderen Maschinen erreicht werden kann.

Das Scheren erfolgt entweder in Richtung der Kette (Langscheren) oder in Richtung des Schusses (Querscheren) und danach unterscheidet man Lang- oder Longitudinal- und Quer- oder Transversal-Schermaschinen.

Eine einfache Langschermaschine mit einem Zylinder, deren Zahl zwischen 1 und 4 schwankt, gibt Abb. 387. Die an

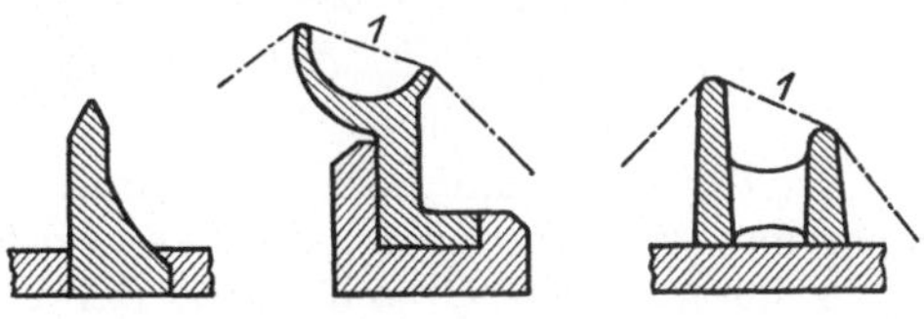
Abb. 384.   Abb. 385.   Abb. 386.
Abb. 384 bis 386. Lieger.

den Enden zusammengenähte Ware legt sich in Falten auf die Mulde oder einen Rost *1*, geht dann über die Spannriegel *2, 3* und die Walzen *4, 5* nach dem Schertisch *6*, über die Walzen *7, 8, 9, 10* nach den Abzugswalzen *11, 12*. Die Schlagwelle *14* befördert das Legen in regelmäßige Falten.

Die Bürstwalze 15 soll alle Unreinigkeiten von der linken Seite des Gewebes entfernen, damit bei dem Übergang über die Kante des Schneidtisches keine Erhöhungen entstehen, welche zu einem Tieferscheren oder gar zum Einschneiden in den Stoff führen könnten. Das Abgebürstete fällt in den Schmutzkasten *16*. Bürstwalze *17* richtet oder setzt die Härchen auf und Bürstwalze *18* legt sie nach dem Scheren wieder in den Strich und fegt etwa noch vorhandene Scherhaare aus.

Kommt die verdickte Nähstelle an das Scherzeug heran, muß dieses aufgehoben werden, um ein Durchschneiden zu verhüten, was entweder durch den Handgriff *27* oder den Fußtritt *25* bewirkt wird und Aufmerksamkeit

des Bedienungsmannes erfordert. Das Schneidwerk ist nach Durchgang der
Naht langsam niederzulassen; plötzliches Fallenlassen kann leicht Beschädigung der Messer oder Verbiegung der Stellschrauben herbeiführen.

Geßner in Aue hat eine Vorrichtung angegeben, welche ein selbsttätiges
Abheben des Schneidzeuges bewirkt. Kommt die Naht in die Nähe des
Schneidzeuges, wird durch einen Fühlhebel das Abheben eingeleitet[1]).

Da das Scheren meist mehrmals wiederholt werden muß, bringt man vielfach 2, seltener 4 Scherzylinder in einer Maschine an. Abb. 388 gibt das
Schaubild einer doppelten Schermaschine von G. Josephys Erben in Bielitz.
Bemerkenswert ist, daß bei all diesen Maschinen mit zwei Schneidzeugen
die Federn des ersten Zylinders in rechten, des zweiten in linken Schraubengängen aufgezogen sind, um die Härchen von beiden Seiten zu treffen.

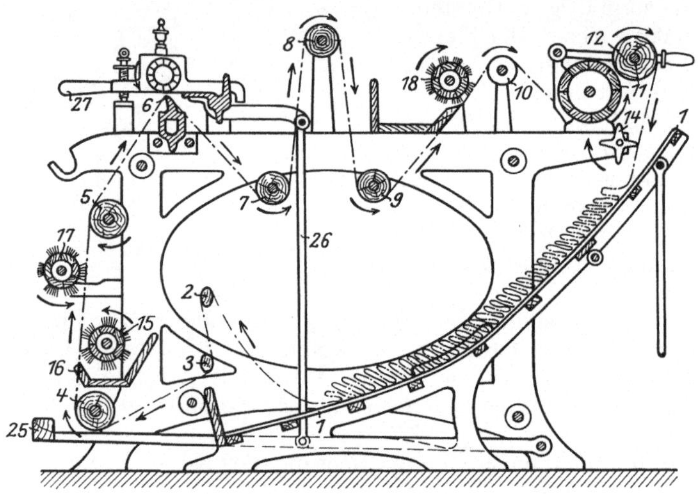

Abb. 387.   Langschermaschine.

Bei Geweben mit Salleisten, welche dicker sind als der Grund, müssen
besondere Vorkehrungen getroffen werden, um eine Beschädigung der Kanten
zu verhüten. Das Gewebe wird dann so geführt, daß z. B. die rechte Salleiste rechts von den Spiralmessern vorübergeht und der Schneidtisch so weit
nach rechts vorgezogen wird, daß die linke Egge links von der linke Ecke
des Tisches liegt, wodurch die Kante den Federn ausweichen kann. Die
Tische in den Abb. 383 und 384 sind deshalb im Träger verschiebbar.

Querschermaschinen. — Das in Kett- und Schußrichtung gespannte Gewebe liegt auf einem Tisch, über welchem das in einem Wagen gelagerte
Schneidzeug in der Schußrichtung hin und her geführt wird. Ist eine Breite
gleich der Arbeitsbreite des Scherzylinders geschoren, wird das Gewebe in
der Längsrichtung um die gleiche Strecke vorgezogen. Diese Maschinen
arbeiten also mit Unterbrechungen, während die Langschermaschinen ohne
solche das ganze Stück scheren, aber sie besitzen den Vorteil, weit kahler
scheren zu lassen. Die Abb. 389 zeigt eine solche Maschine der genannten
Firma.

Auch Muster, z. B. Längsstreifen, lassen sich durch entsprechende Gestaltung der Federn, andere Muster mit Hilfe von Schablonen herstellen.

---

[1]) Siehe Reiser: Die Appretur, II. Aufl., S. 327.

Noch sei erwähnt, daß die Scherzylinder häufig oben mit einem feingelochten Schmierleder bedeckt sind, durch welches den Federn Öl zugeführt wird, um die Reibung am Lieger, an welchem die Federn beständig anliegen müssen, zu vermindern und um kühlend zu wirken.

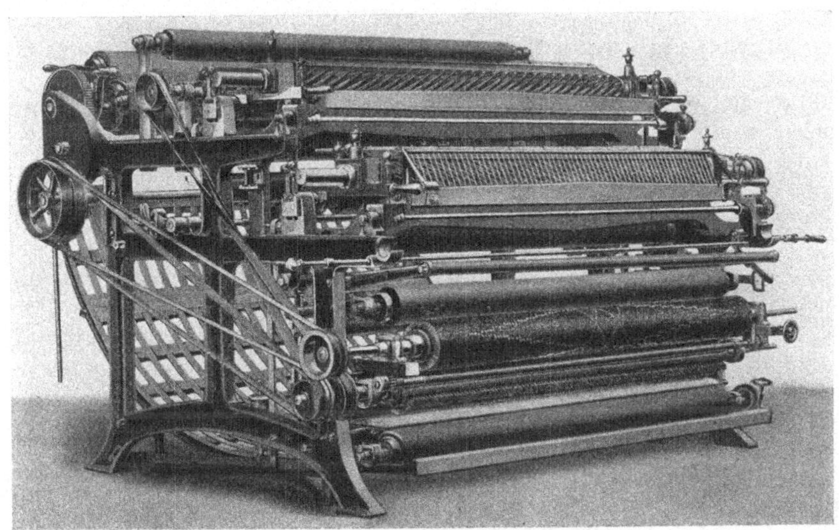

Abb. 388. Langschermaschine mit Schutzgittern.

Die Scherzylinder sind sehr gefährliche Werkzeuge und bedürfen deshalb besonderer Schutzvorrichtungen (siehe Abb. 388), um Unglücksfälle zu vermeiden.

Abb. 389. Quermaschine.

Verwendung der Scherhaare. — Diese dienen teils zur Herstellung der Samttapeten, teils werden sie in minderwertige Ware hineingewalkt, damit diese ein besseres Aussehen erhält. Aber die Scherhaare fallen bei dem Tragen von Kleidungsstücken aus solchen Geweben bald heraus und diese werden schnell unansehnlich. Diese Verwendung ist nicht gerade als reell zu bezeichnen.

D. Das Rauhen.

Durch das Waschen der Gewebe und mehr noch durch Walken sind die an der Oberfläche liegenden Härchen mehr oder weniger verfilzt und durcheinandergewirrt und müssen entwirrt und aufgerichtet und in vielen Fällen in den Strich gelegt werden, um dem Stoff ein besseres Aussehen, größere Weichheit, erhöhten Glanz und eine gleichmäßige Haardecke zu geben. Liegen die Haare im Strich, wird das Licht von allen in gleicher Richtung zurückgeworfen, wodurch das Gewebe glänzender erscheint.

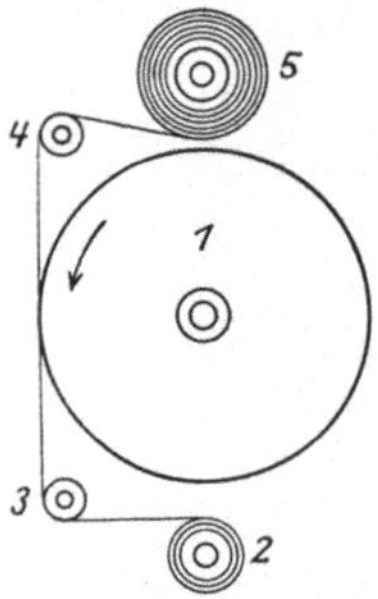

Abb. 390.
Rauhmaschine mit einfachem Anstrich.

Dieses Aufrichten und gegebenen Falles Auszupfen loser Härchen und das Instrichlegen erfolgt durch Rauhen mit den Köpfen der **Karden- oder Weberdistel** oder mit **Drahtkratzen**, die den Krempelbeschlägen nachgebildet sind.

Die **Kardendistel** wird für die Zwecke der Appretur besonders in Frankreich, den Niederlanden, Belgien, aber auch in Deutschland, Österreich usw. in Großem angebaut. Die besten liefern Frankreich und die Niederlande. Die Distelköpfe sind fast zylindrisch, 40 bis 120 mm lang, am brauchbarsten sind solche von 50 bis 80 mm Länge, mit vielen feinen an der Spitze etwas gebogenen dreieckigen Zähnchen bedeckt, und diese besitzen bei den guten Sorten große Elastizität neben Härte und deshalb Dauerhaftigkeit.

Die schematische Darstellung Abb. 390 zeigt eine einfache Rauhmaschine mit einem Anstrich. *1* ist die **Rauhtrommel** (**Tambur**) von 700 bis 800 bis 1000 mm Durchmesser und 4 bis 5 m Umfangsgeschwindigkeit, auf deren Umfang 16—18 mit Karden besetzte Schienen (**Kardeneisen**) befestigt sind. Das auf Walze *2* aufgerollte Gewebe läuft über die Leitwalzen *3* und *4* nach der Walze *5*, von welcher es aufgewickelt wird und streift zwischen *3* und *4* unter Spannung die Rauhtrommel. Da das Rauhen fast immer mehrmals — 2 bis 8 mal — vorgenommen werden

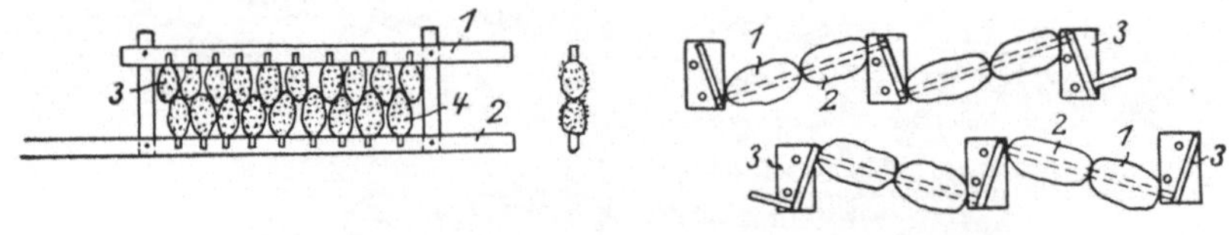

Abb. 391.   Abb. 392.
Abb. 391 u. 392.   Rauhkardenbefestigung.

muß, um die gewünschte Wirkung zu erzielen, kehrt man nach dem Durchlauf des Gewebes die Drehrichtung der Walzen *2* und *5* um. An beide Enden der Ware sind Anhängetücher genäht, um das Gewebe in voller Länge rauhen zu können. Die Walzen *3* und *4* sind stellbar, damit man die Berührungsfläche zwischen Stoff und Rauhzylinder nach Bedarf ändern kann. Muß das Rauhen oftmals wiederholt werden, beginnt man mit abgenutzten Karden und verwendet allmählich immer schärfere.

Zur Erzielung einer gleichmäßigen Rauhung ist es unbedingt erforderlich, für jeden Satz Kardeneisen Karden von gleicher Herkunft, gleicher Beschaffenheit und gleichem Durchmesser zu verwenden; anderen Falles entstehen Rauhstreifen. Die Karden müssen deshalb sorgfältig nach Durchmessern sortiert werden, wozu Blechlehren mit Löchern in verschiedener Größe dienen.

Die Befestigung der Karden im Kardeneisen ergibt sich aus Abb. 391. Die Karden werden meist in zwei versetzten Reihen angeordnet und mit den Stielen zwischen Doppelschienen *1, 2* eingeklemmt. Die freien Enden der Kardeneisen schiebt man dann in Aussparungen der Trommel ein und sichert die Lage durch Vorreiber oder Federn. Bei dieser Anordnung liegt die Längsachse der Karden in der Bewegungsrichtung und das Rauhen erfolgt wesentlich in der Kettrichtung. Um auch mehr in der Schußrichtung zu rauhen, verwendet man die Rollkarden Abb. 392. Die Karden werden nach dem Abschneiden von Stiel und Spitze gelocht und auf kleinen Spindeln befestigt, die in Haltern lagern, welche auf die hölzerne Trommel geschraubt sind. Die Reihen sind gegeneinander versetzt und die Karden zeigen in der einen Reihe mit den Spitzen nach rechts, in der anderen nach links und erfahren, da sie sich drehen, eine gleichmäßige Abnutzung.

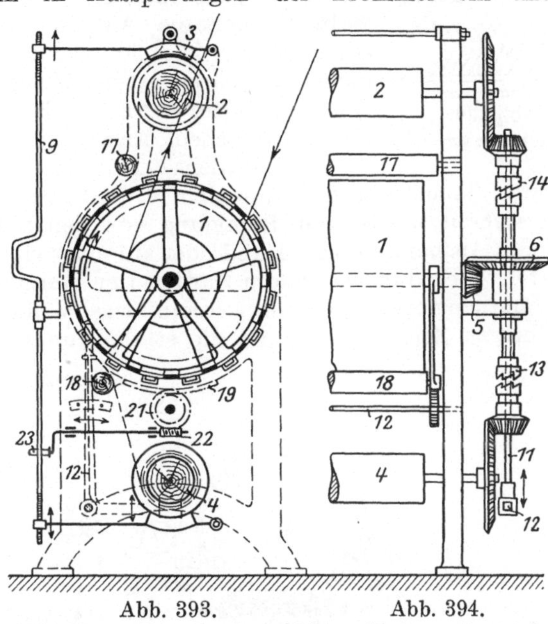

Abb. 393.   Abb. 394.

Abb. 393 u. 394. Rauhmaschine mit einem Anstrich.

Abb. 393 und 394 gibt eine einfache Rauhmaschine mit einem Anstrich in ihren Einzelheiten. *1* ist die Rauhtrommel, *2* und *4* sind die Warenbäume, welche abwechselnd die Ware auf und abwickeln. Jeder Baum ist mit einer Bremse versehen, um bei dem Ablauf die Spannung herstellen zu können. Da der Durchmesser abnimmt, die Spannung aber gleich zu halten ist, muß der Arbeiter die Bremsung regeln, was durch Drehen der Welle *9* erreicht wird. Der Antrieb der Warenbäume geht aus Abb. 394 hervor. Von der Trommel *1* wird durch die Kegelräder *5, 6* die stehende Welle *11* getrieben, welche sich durch den Winkelhebel *12* heben und senken läßt, augenblicklich aber in Mittelstellung steht, so daß *2* und *4* außer Betrieb sind. Wird Welle *11* gesenkt, kommt die Klauenkupplung *13* zum Eingriff, *4* erhält Drehung und der Stoff läuft von oben nach unten. Bei Hebung erhält *2* Drehung durch Schluß der Kupplung *14* und die Ware geht von unten nach oben. *17* und *18* sind die

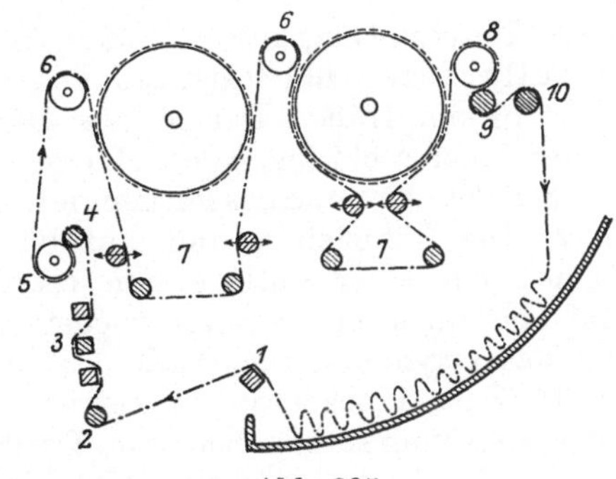

Abb. 395.

Rauhmaschine mit 4 fachem Anstrich.

Anstrichwalzen, von denen *17* festgelagert ist, *18* dagegen auf um die Trommelachse schwenkbaren Sektoren lagert, die mit einer Verzahnung *19* versehen sind und von Kurbel *23* aus durch *22, 21* und die in *19* eingreifenden Stirnräder verstellt werden können zur Regelung der Anstrichfläche.

Abb. 395 gibt die schematische Darstellung einer Rauhmaschine mit 2 Trommeln und 4fachem Anstrich, wobei, wenn erforderlich, die Warenenden für einen mehrfachen Rundgang zusammengenäht werden können. Die Ware läuft über Riegel *1*, Leitwalze *2*, die Spannriegel *3*, die Walzen *4*, *5* nach der Breit-

Abb. 396.
Metallkratze.

walze *6*, der die Aufgabe zufällt, das Gewebe der ersten Schertrommel faltenlos zuzuführen. *7* sind für beide Trommeln die einstellbaren Anstrichwalzen; *8*, *9* die Abzugswalzen, *10* eine Leitwalze. — Es sind auch Rauhmaschinen in Betrieb mit 5 ÷ 8fachem Anstrich.

Die Kardensätze müssen nach 25 ÷ 30 Trachten — unter Tracht ist der einmalige Durchgang der Ware zu verstehen — ausgewechselt werden zur Reinigung von den aufgenommenen Rauhhaaren, was durch Ausbürsten von Hand oder auf einer einfachen Maschine mit Bürstwalze erfolgt. Sind die Karden in Kardeneisen befestigt, müssen sie nach eingetretener Abnutzung etwas gedreht werden. Das häufige Auswechseln der Kardeneisen führt zu Zeitverlusten und die starke Abnutzung der Karden ergibt ziemlich

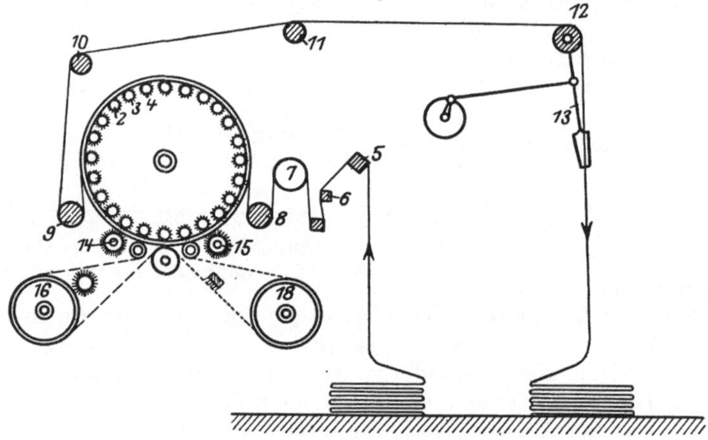

Abb. 397. Rauhmaschine mit Drahtkratzen.

hohe Unterhaltungskosten. Man ist deshalb vielfach zur Verwendung von **Metallkratzen** übergegangen von der in Abb. 396 dargestellten Gestalt und meist 10 mm Höhe. Der je zwei Häkchen miteinander verbindende Steg steht in der Arbeitsrichtung, wodurch eine größere Widerstandsfähigkeit erreicht wird, als bei den Krempelbeschlägen mit senkrecht zur Arbeitsrichtung stehendem Steg. Die Häkchen werden auf Bändern aus 2 bis 3 Lagen Baumwolle oder Leinen mit einer Auflage von rotem vulkanisierten Kautschuk angebracht. Auf die Rückseite kommt wieder eine Lage Band mit Kautschukanstrich, um das Oxydieren innerhalb des Bandes zu verhüten, wenn feucht gerauht wird. Zum Trockenrauhen verwendet man Stahl-, zum Naßrauhen Kupfer- oder Messingdrahthäkchen von Dreiecksquerschnitt (Sektoraldraht).

Die Rauhmaschinen mit Metallkratzen unterscheiden sich wesentlich von den mit Karden. Am Umfang der Rauhtrommel ist eine große Anzahl von kleinen Walzen (bis 36) Abb. 397 2, 3, 4 usf. angebracht, die mit Kratzenbeschlag versehen sind und neben der Drehung mit der Trommel noch eine selbständige Drehung erhalten. Der Beschlag steht bei den geraden Walzen in Richtung des Warenlaufes (**Strichwalzen**), bei den ungeraden entgegengesetzt (**Gegenstrichwalzen**). Die Ware läuft über Riegel *5*, Spannriegel *6*, ein nur beim Trockenrauhen verwendetes kupfernes Heizrohr *7* und Walze *8* zur Trommel und dann über die Walzen *9* bis *12* zum Facher *13*. Die Rauhwalzen werden von den Riemkegeln *16* und *18* aus durch Riemen getrieben, um verschiedene Umdrehungszahlen und damit verschiedene Rauhwirkung erzielen zu können. *14* und *15* sind Bürstwalzen zur Reinigung der Rauhwalzen. — Abb. 398 gibt eine Rauhmaschine von Ernst Geßner in Aue.

Kratzenrauhmaschinen finden heute ganz allgemein zum Rauhen baumwollener Waren Anwendung, führen sich aber auch mehr und mehr in der Wollappretur ein.

Abb. 398. Rauhmaschine.

Alle Wollengewebe werden naß gerauht; das Wollhaar muß durch Wasser geschmeidig gemacht werden, wenn nicht zuviel Bruch und Abgang entstehen soll; baumwollene Gewebe dagegen trocken.

Das Rauhen führt immer zu einer Schädigung der Ware, was sich aus dem scharfen Angriff durch die Karden und Kratzen erklärt; es muß deshalb mit großer Vorsicht vorgenommen werden[1].

Wie bei dem Scheren kann auch durch Rauhen eine Musterung hervorgerufen werden. Streifenmuster entstehen z. B., wenn man einen Teil der Rauhtrommel durch eine rostartige Schablone abdeckt; andere Muster erzeugt man durch eine mitlaufende endlose Schablone.

E. Das Walken.

Durch das Walken oder Filzen soll die Ware eine größere Dichtigkeit, mehr Schluß erhalten[2]) und vor dem späteren Eingehen geschützt oder für die Erzielung einer dichten, den Gewebegrund verbergenden Flordecke vorbereitet werden. Die Verfilzbarkeit ist ganz besonders der kurzen feinen, stark ge-

---

[1]) Schatz, Desiderius. — Einfluß der Appretur auf die physikalischen Eigenschaften eines halbwollenen Gewebes. Doktordissertation. Techn. Hochschule Braunschweig 1902.

[2]) Hartig, S. Über den Einfluß des Walkprozesses auf die Durchlässigkeit der Streichgarngewebe für Luft und Wasser. Z. ges. Textilind. 1897/98, Nr. 18 ÷ 40.

kräuselten, zu Streichgarn versponnenen Schafwolle eigen; gröbere und längere Wollen verfilzen schwerer, weshalb vorwiegend Streichgarngewebe (Tuche, Decken usw.) dem Walken unterworfen werden.

Die Verfilzung erfordert ein kräftiges Kneten der Gewebe unter Anwendung von Feuchtigkeit und Wärme, wodurch die Haare erweicht und geschmeidig werden. Häufig gibt man Zusätze von Alkalien, Seifenlösung, Walkerde, um die Ware von fettigen Überzügen und Flecken zu befreien. Die Walkerde, sandfreie fettige kieselsaure Tonerde von grauer oder gelblicher Farbe, wirkt rein mechanisch und wird heute nur noch wenig angewendet.

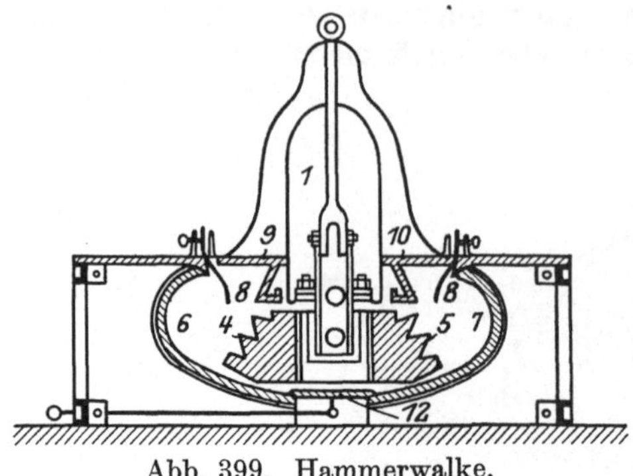

Abb. 399. Hammerwalke.

Durch das Walken schrumpft das Gewebe zuweilen recht bedeutend ein und hat man es durch die Ausführung des Verfahrens bis zu einem gewissen Grade in der Hand, hauptsächlich auf Breite oder Länge zu walken. — Das Verfilzen soll sich nicht nur auf die Oberfläche sondern auch bis ins Innere der Ware erstrecken.

Zum Walken dienen Hammer-, Kurbel- und Walzenwalken.

Hammerwalken werden nur für die schwersten Stoffe verwendet und gleichen in einfacher Ausführung fast ganz den auf Seite 183 besprochenen Hammerwaschmaschinen. Als einfache Kurbelwalke wird die auf Seite 183 beschriebene Kurbelwaschmaschine in fast unveränderter Gestalt benutzt. Eine doppelte Kurbelwalke zeigt Abb. 399. Zwei Hämmer mit je zwei hölzernen Schuhen *4* und *5* sind an Stange *1* befestigt und erhalten die schwingende Bewegung durch Kurbelschleifen. An den Trogwänden *6*, *7* sind oben unter Feder- oder Gewichtsdruck stehende Wendeplatten *8* angebracht, welche bei dem Füllen und Entleeren aufgeklappt werden. *9* und *10* sind Fangbrettchen, die den Abschluß nach oben bilden; *12* ist eine Klappe zum Ablassen der Walkflotte.

Die Hammer- und Kurbelwalken wirken durch Stoß und Druck, die Walzen- oder Zylinderwalken durch Reibung, Druck und Stauchung. Abb. 400

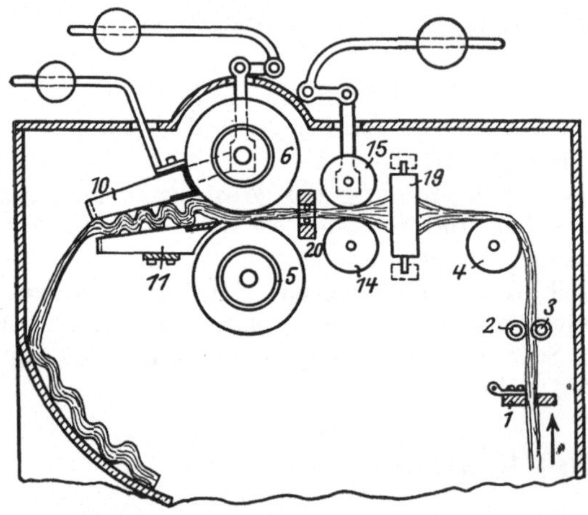

Abb. 400. Tambur, Rulette und Stauchvorrichtung.

gibt den oberen Teil einer solchen, deren Trog im unteren Teil wie bei den Breitwaschmaschinen geformt ist. Das Gewebe tritt in Strangform durch ein gelochtes Brett oder einen Rost *1*, welche aufklappen, wenn Verknotungen vorkommen und dadurch das Ausrücken der Maschine bewirken. *2* und *3* sind Leit-, *4* die Eingangswalze, die, wenn ein Stillstand des Gewebes eintritt, ebenfalls das Ausrücken der Maschine veranlaßt. Das Laufen des Gewebes bewirken die beiden meist aus Buchen- oder Eichenholz hergestellten Walzen *5* und *6*, von den *5* als Tambur, *6* als Rulette bezeichnet wird. *5* ist fest, *6* beweglich gelagert und mit Andruck durch Federn oder Gewichtshebel versehen. Walze *5* hat vortretende Ränder Abb. 401, zwischen welche das Grundbrett *11* der Stauchvorrichtung faßt, das zugleich als Abstreifer dient. Die einstellbaren Seitenwände der Stauchvorrichtung sind mit *2* und *3*, der Deckel, die Klappe oder Quetsche in Abb. 400 mit *10* bezeichnet. Die Klappe aus Holz wie alle diese Teile ist mit Armen an die Achse der Rulette gehangen und wird durch Gewichtshebel belastet. In dem Stauchkanal legt sich das Ge-

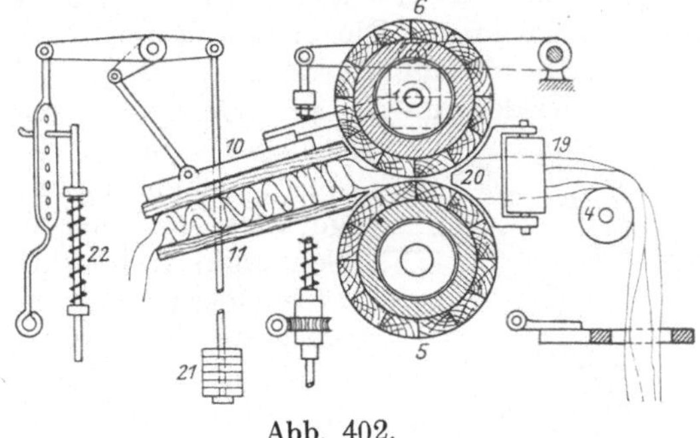

Abb. 402.

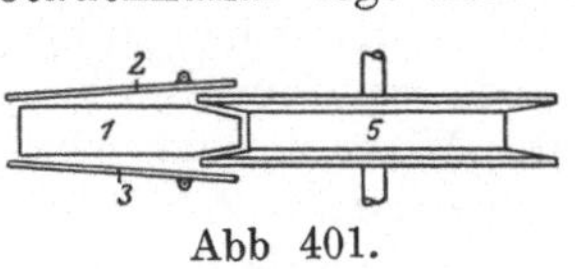

Abb 401.

webe in Falten und wird aus dem sich verengenden Kanal durch den von Tambur und Rulette herausgegebenen Strang gewaltsam herausgepreßt. Genügt die Reibung zwischen diesen Walzen dazu nicht, bleibt der Strang stehen und es entstehen dann leicht Rutschstellen.

Abb. 403. Normalwalke von Hemmer.

Das Stauchen bewirkt Einwalken in der Länge, während das Einwalken in der Breite durch die Walzen *14*, *15* und *5* und *6* und *19* erfolgt. *20* ist eine Einlaßplatte, deren wagerechte Durchgangsöffnung schmaler ist als die

Rulette. — Soll nur auf Breite gewalkt werden, wird der Stauchkanal ganz geöffnet. — Die Stauchvorrichtung wird verschieden ausgeführt; mit Klappen von oben, von den Seiten, in beiden Richtungen, mit Walzen und mit Klappen und Walzen.

Abb. 402 gibt eine in der Technik als Normalwalke bezeichnete Walke von Hemmer in Aachen. Gleiche Teile wie in Abb. 400 sind mit gleichen Ziffern bezeichnet. Die Einlaßplatten *20* bestehen aus Glas. Der Andruck der Rulette erfolgt durch Federdruck. Die Klappe *10* des Stauchkanales kann entweder durch die Gewichte entlastet oder durch die Feder *22*

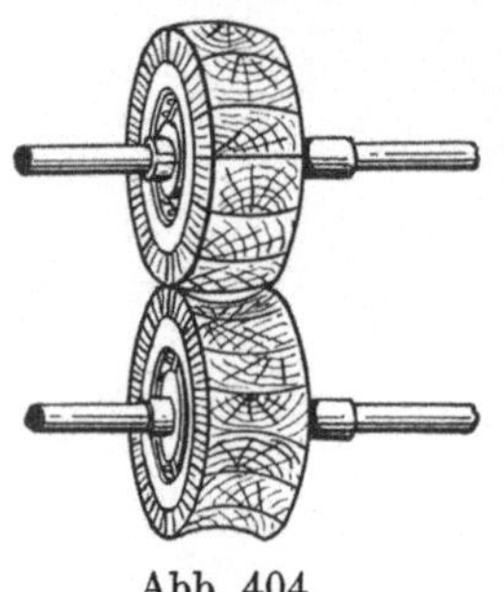

belastet werden. Der Antrieb der Rulette vom Tambur aus geschieht nicht mehr wie früher durch ein Rädergehänge, sondern durch Riemen oder Seile, wie das Schaubild Abb. 403 erkennen läßt, was einen fast geräuschlosen Gang zur Folge hat. — Hemmer führt auch die Walkwalzen nach Abb. 404 aus (Kugelwalke), wodurch das Walken mehr auf die Mitte verlegt wird und durch die verschiedenen Umfangsgeschwindigkeiten eine gegenseitige Verschiebung der Längsfalten eintritt, was die Bildung von Quetschfalten verhindert. — Bei den meisten Walzenwalken liegt die Rulette senkrecht über dem Tambur. Geßner in Aue legt sie

Abb. 404.

etwas nach vorn, wodurch die Ware hinter der Rulette mehr nach oben gedrängt wird und eine bessere Stauchwirkung erzielt werden soll.

Neben den Ausführungen mit einer Rulette finden auch Walken mit 2 und 3 Ruletten, Lacroixwalken, nach Abb. 405 und 406 Anwendung, mit denen eine härtere kernigere Ware erzielt werden kann, die aber leichter Walkschwielen entstehen lassen, da der Druck zwei- und dreimal hintereinander

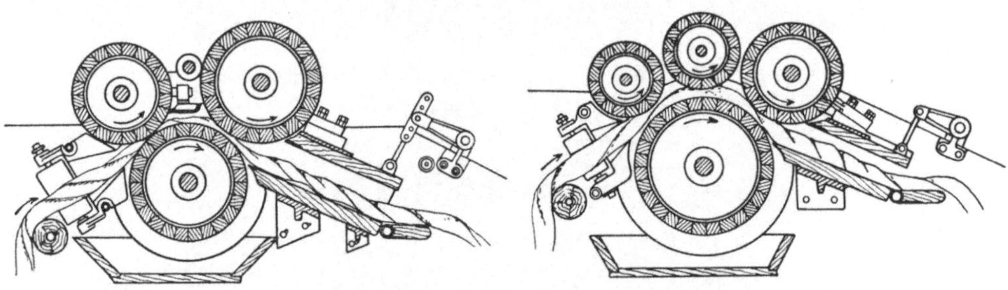

Abb. 405.   Abb. 406.

Abb. 405 u. 406. Lacroixwalken.

auf dieselben Stellen kommt. Hemmer baut auch Walken mit zwei hintereinanderliegenden Paaren von Tambur und Rulette (Tandemwalke) zur Erhöhung der Leistung bei weicher Verfilzung.

Dem Walker wird meist die Aufgabe gestellt, die Ware auf bestimmte Länge und Breite einzuwalken. Das Messen der Breite kann leicht durch zeitweiligen Gebrauch eines Maßstabes geschehen. Schwieriger ist dagegen die Ermittelung der Länge, die, wenn mit dem Maßstab ausgeführt, einen längeren Stillstand der Maschine und Abkühlung der Ware und Flotte herbeiführt. Man benutzt dazu vielfach eine Meßuhr, die mit der Einlaufwalze in Verbindung gebracht wird, sobald die Naht über diese geht. Kommt die Naht zum zweitenmal heran, wird die Meßuhr ausgerückt und der vorher auf Null gestellte Zeiger gibt nun die Länge an, allerdings nicht mit sehr großer Genauigkeit.

Breitwalken. — Damit bezeichnet man Walken, welche das Gewebe in der vollen Breite bearbeiten. Da diese Maschinen aber nur in der Längsrichtung walken können, sind sie verhältnismäßig selten in Anwendung.

Gemischte = kombinierte Walzen. — Darunter ist eine Vereinigung von Walzen- und Hammerwalke zu verstehen, durch welche die Vorteile beider miteinander verbunden werden sollen. Die Ware geht zunächst durch Tambur und Rulette und wird hinter dem Stauchkanal durch Hämmer bearbeitet.

Walkfehler. — Walkstreifen oder Schwielen, Schnauen sind Fehler, welche im wesentlichen parallel zur Kette verlaufen und entsehen, wenn die Ware zu trocken und immer in gleicher Faltenlage bearbeitet wird oder bei Anwendung zu großer Drücke. Auch der Stoff selbst kann zur Bildung von Schwielen Veranlassung geben. Die Erfahrung lehrt, daß je härter der Stoff um so leichter Schnauen entstehen. — Walkflecken haben als Ursache schlecht gewaschene Ware, schlechtes, kalk- oder eisenhaltiges Wasser; bei mehrfarbigen Stoffen ungenügendes Spülen nach dem Färben, zu scharfe Walkflotte usw. — Scheuerstellen entstehen durch Gleiten der Walkwalzen auf der Ware oder durch übermäßige Reibung an irgendeiner anderen Stelle. — Löcher kommen bei dem Walken nicht selten vor durch Mitführen harter Gegenstände, falsche Stellung der Walkwalzen, falsches Arbeiten usw.

F. Glätten und Glänzendmachen der Gewebe.

Erhöhung der Glätte und des natürlichen Glanzes der gewaschenen, gewalkten, gerauhten und gescherten Gewebe läßt sich durch Ausübung eines starken Druckes erzielen. Soll dagegen die Ware starken Glanz erhalten, ist meist ein Tränken mit Stärke oder Stärkeersatz erforderlich, denen häufig weiße pulverförmige Erden-Füllstoffe — zugesetzt werden, um die Poren besser zu stopfen und dadurch einen hohen Glanz zu erreichen, der allerdings bei der ersten Wäsche verschwindet.

Das Glätten ohne Zufügung von Appreturmasse erfolgt durch Mangeln oder durch Kalandern, dem häufig ein Einsprengen oder Anfeuchten vorausgeht. Das Verfahren gleicht also dem in den Haushaltungen bei der Fertigstellung der Wäsche geübten.

Mangeln und Kalandern unterscheiden sich dadurch, daß bei dem ersteren der Stoff fest auf eine hölzerne oder eiserne Walze gewickelt und unter sehr starkem Druck, der bis 100000 ja bis 200000 kg ansteigt, hin und her gerollt wird. Bei dem Kalandern geht das Gewebe zwischen unter Druck stehenden Walzen in einfacher Lage hindurch.

Zum Einsprengen dienen Maschinen, die entweder mit rasch umlaufenden Bürstwalzen oder mit Zerstäubern arbeiten. Eingesprengt werden fast nur Gewebe aus Flanzenfasern.

Eine einfache Einsprengmaschine besitzt eine rasch umlaufende Bürstwalze, welche etwas in Wasser taucht oder das Wasser einer in Wasser tauchenden Steingut- oder Marmorwalze oder geriffelten Kupferwalze entnimmt und als feinen Regen gegen das darüber hinweggeführte Gewebe schleudert. Um das Gewebe auf beiden Seiten einzusprengen, wendet man eine Doppelmaschine mit zwei Bürstwalzen an und führt das Gewebe entsprechend. — Das Einsprengen muß durchaus gleichmäßig erfolgen, um eine gleichmäßige

Appretur zu ermöglichen. Der Wasserspiegel in den Trögen ist deshalb auf gleicher Höhe zu erhalten. Die Wassermenge ist genau zu regeln, weil ein Zuviel den Griff der Ware vermindert und diese lappig werden läßt, ein Zuwenig aber zum Hart- und Steifwerden führt.

Bei dem Zerstäuben tritt das Wasser in feinen Strahlen aus einer Anzahl Düsen aus, über welche Preßluft geleitet wird die das Wasser in einen sehr feinen Regen verwandelt. Der Vorgang ist der gleiche wie bei den bekannten Blumenspritzen. Die Regelung der Wassermenge erfolgt durch gegenseitige Verstellung der Luft- und Wasserdüsen usw.

1. Mangeln.

Es sei hier nur eine der neuesten und vollkommensten Ausführungen der Walzenmangel mit Doppelrevolver für 40—100 t Druck von Fr. Gebauer in Charlottenburg in Abb. 407 im Schaubild und in Abb. 408 in einer schematischen Darstellung zur Erklärung der Arbeitsweise besprochen. Die Docke (Kaule, Keule) *II* liegt zwischen der Unter- und der durch Preßwasserkolben angedrückten Oberwalze. Diese drehen sich abwechselnd rechts und links; die Umsteuerung erfolgt selbsttätig. Auf beiden Seiten der Mangel befindet sich je ein

Abb. 407. Walzenmangel mit Doppelrevolver.

dreiteiliger Revolver. Beide sind miteinander verbunden, laufen mit Rollen auf Schienen und werden von dem untenliegenden Preßwasserzylinder aus bewegt. — Der rechtsseitige Revolver ist eingefahren und hat die Docke *II*

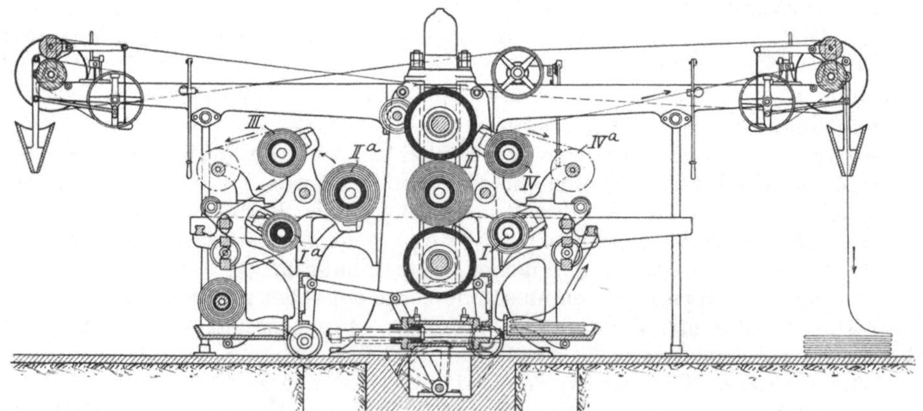

Abb. 408. Walzenmangel mit Doppelrevolver.

in die Mangel eingelegt. Docke *1* ist leer und auf diese wird während des Mangelns ein neues Gewebe aufgewickelt. Docke *IV* ist fertig gemangelt, die Ware wird abgezogen und in Falten abgelegt oder auf Docke *IVa* gewickelt. Der linksseitige Revolver ist ausgefahren; dabei hat er sich um 120⁰ gedreht, so daß die gemangelte Docke *IIa* in die Stellung *III* gekommen ist. Die bis dahin in Stellung *III* befindliche leere Kaule gelangt nach *Ia* und die in dieser Stellung befindlich frisch bewickelte Kaule nach *IIa*. Während des Mangelns von *II* kann die vorgemangelte Docke *III* auf *Ia* umgedockt werden. Ist *II* vorgemangelt, wird der linke Revolver eingefahren, wobei der rechte ausfährt und *II* in die Stellung *IV* kommt, um auf *I* umgedockt zu werden, wobei die vorherige Außenseite nach innen zu liegen kommt.

Die Vorteile dieser Revolvermangel sind: große Leistungsfähigkeit, weil die Arbeitspausen auf das allergeringste Maß beschränkt sind, Ersparnis an Arbeitskräften, Zeit und Raum. Mangeln ohne Revolver, wie solche früher allgemein üblich waren, verlangten eine ganze Anzahl von Dockstühlen, die eine große Grundfläche, mehr Arbeiter und vermehrten Transport erforderten. Dies entfällt bei den Revolvermangeln.

Auf einen Punkt muß noch aufmerksam gemacht werden. Es ist unmöglich die Kaulen so fest zu wickeln, daß während des Mangelns durch den sehr starken Druck an zwei senkrecht übereinanderliegenden Stellen kein Ovalwerden eintritt. Dies hat eine Verschiebung der aufeinanderliegenden Gewebelagen und Erhöhung des Glanzes und der Glätte, aber auch eine zunehmende Spannung in der Kettrichtung zur Folge, die, soll kein Reißen eintreten, zum Wechsel der Drehrichtung in kurzen Zwischenräumen zwingt. — Der Antrieb muß also für Rechts- und Linksgang eingerichtet werden, wodurch in den erforderlichen Zahnradvorgelegen bei dem jedesmaligen Richtungswechsel mehr oder weniger harte Stöße auftreten.

Ein Vorzug des Mangelns besteht noch darin, daß die Fadenquerschnitte nicht so verquetscht werden wie bei dem Kalandern, weil eine größere Anzahl von Lagen übereinanderliegen. Mildern läßt sich dies noch weiter durch Umwickelung der Docken mit einem Mangeltuch.

2. Kalandern.

Das Glätten und Glänzendmachen durch Kalandern erfolgt entweder zwischen Walzen oder durch Bearbeitung mit Stampfern (Rollen- oder Walzenkalander und Stampf- oder Stoßkalander).

Walzenkalander. — Diese bauen sich auf aus Hartguß- und Papier- oder Baumwoll- oder Leinenwalzen. Die Hartgußwalzen sind genau rund geschliffen und poliert; die anderen werden aus Papier- oder Stoffscheiben hergestellt, welche auf eine eiserne Achse gesteckt und sehr scharf zusammengepreßt werden. Das Abdrehen erfolgt zunächst mit Stählen, zuletzt mit Diamanten. Diese Walzen besitzen einige Elastizität, sind, wenn aus gutem Stoff hergestellt, sehr widerstandsfähig und laufen sich nach und nach sehr glatt. Die Hartgußwalzen sind zum Teil hohl und mit Dampfheizung versehen. Der Dampfdruck beträgt 1—2 Atm. Überdruck (120—130⁰ C). Durch die Heizung wird die Glätte erhöht.

Die Hartgußwalzen geben Glanz, die Papierwalzen lassen die Oberfläche matt. Das Kalandern erfolgt in trockenem oder in nassem Zustande (Trocken- und Naß- oder Wasserkalander). Die Trockenkalander dienen zur Ausrüstung von trockenen oder angefeuchteten Geweben aus Baumwolle, Halbwolle, Leinen, Halbleinen und Jute, die Naßkalander zur Entwässerung des Stoffes und geben diesem zugleich durch Wirkung des auf die erweichten Fäden ausgeübten Druckes eine größere Dichtigkeit. Die Naßkalander besitzen zumeist 3 Walzen, eine mittlere Eisenwalze mit Bronzemantel zwischen zwei Walzen aus Baumwoll- oder Jutegeweben. Neuerdings ist vorgeschlagen worden, zur Herstellung dieser Walzen Fasern von Wasserpflanzen, Typha usw., zu verwenden, die, weil von Wasserpflanzen herrührend, eine größere Widerstandsfähigkeit gegen Wasser besitzen sollen. — Papierwalzen sind für Naßkalander nicht anwendbar.

Die Trockenkalander werden mit 3—10 Walzen ausgeführt je nach der zu erzielenden Wirkung. Einen Drei-Walzenkalender mit Gewichtsbelastung zeigt Abb. 409 in einer Ausführung von Fr. Gebauer, Charlottenburg. Das Gewebe wird, aufgerollt auf Walze *1*, vorgelegt, gelangt über die stell-

Abb. 409.   Dreiwalzenkalander.

baren Spannriegel *2* zwischen Unter- und Mittelwalze, umschlingt letztere und die Oberwalze und wird durch die Abzugswalze *6* abgeführt. *4* ist eine heizbare Hartguß-, *3* und *5* sind Papierwalzen, deren Durchmesser meist etwa doppelt so groß ist wie der von Walze *4*, welche allein Antrieb erhält. Die Druckgabe erfolgt durch auf beiden Seiten liegende doppelte Hebel, deren untere mit Gewichtsscheiben belastet werden. Die auf die Lager der Oberwalzen wirkenden Druckschrauben sind mit Handrädern versehen, um die oberen Hebel wagerecht stellen zu können; bei den unteren erfolgt dies mit Hilfe der Handräder *7*. Vielfach sind die Kalander mit einer Vorrichtung ausgerüstet, welche eine sofortige Aufhebung des Druckes ermöglicht, wenn etwa harte Körper mitgeführt werden. Diese besteht meist aus unter den unteren Druckhebeln angeordneten Daumen, die auf einer Welle sitzen, welche durch einen Hebel gedreht werden kann. Schlägt man den Hebel um, werden die Gewichtshebel aufgehoben. — Diese Vorrichtung wird auch benutzt, um bei längeren Stillständen den Andruck aufzuheben, damit kein Abplatten der Papierwalzen eintritt.

Die Ständer der Maschine und die Walzenlager sind so ausgebildet, daß jede Walze leicht herausgenommen werden kann. — Wichtig ist, das Übertreten von Öl von den Zapfen zu den Walzenmänteln, besonders denen der Papierwalzen unbedingt zu verhindern.

Der Kalander Abb. 409 glättet den Stoff zweimal auf der rechten Seite, während die linke mit den Papierwalzen in Berührung stehende matt bleibt. Sollen beide Seiten gleiche Glätte erhalten, läßt man das Gewebe nur zwischen Mittel- und Unterwalze durchgehen, wendet es und kalandert ein zweites Mal. Um die Leistung zu erhöhen, werden auch gleichzeitig zwei Stück, das eine zwischen Unter- und Mittel-, das andere zwischen Mittel- und Oberwalze bearbeitet (Doppelkalander).

Abb. 410 zeigt die Anordnung der Walzen bei einem Fünf-Walzenkalander (Abb. 411) für Jute. Die Tragwalze *1* ist von Feinguß, seltener Hartguß, *2* und *4* sind Papierwalzen, *3* heizbare, *5* volle Hartgußwalze. *6* ist die hölzerne Wickelwalze, *7* sind die Spannriegel. Antrieb erhält die Walze *3*.

Bei allen Kalandern mit Antrieb nur einer Walze würde theoretisch die Oberflächengeschwindigkeit aller Walzen die gleiche sein. In Wirklichkeit ist das nicht der Fall, denn die geschleppten

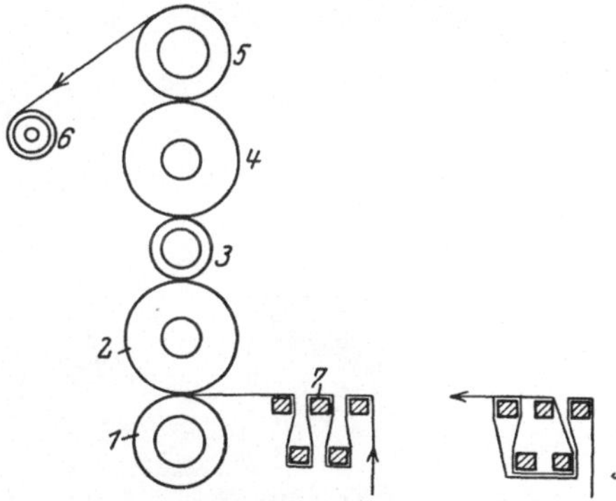

Abb. 410.   Abb. 411.

Abb. 410 u. 411. Fünfwalzenkalander.

Walzen bleiben infolge der Zapfenreibung etwas zurück und dadurch tritt zur Druck- auch noch eine wenn auch geringe Gleitwirkung. — Häufig werden die Kalander mit Antrieb für 2 bis 4 Geschwindigkeiten eingerichtet. Die kleinste Geschwindigkeit benutzt man bei dem Einführen der Ware, die größeren der zu erzielenden Wirkung entsprechend. Bei großen Kalandern wird der Andruck auch durch Preßwasser bewirkt.

Noch sei auf einige Kalander für besondere Zwecke hingewiesen.

Glättkalander (Reibungs- oder Friktionskalander). — Um größere Glätte und höheren Glanz zu erzielen, als dies bei den fast nur durch Druck wirkenden Kalandern möglich ist, gibt man der dampfgeheizten Hartgußwalze eine größere Umfangsgeschwindigkeit als den Papierwalzen und erzeugt dadurch eine dem Plätten gleichkommende Wirkung. Ein Dreiwalzen-Glättkalander besteht aus 2 Papierwalzen mit dazwischen liegender Hartgußwalze und kann auch so eingerichtet werden, daß gleichzeitig je ein Stück zwischen Unter- und Mittel- und Mittel- und Oberwalze durchgeht.

Kalander zum Wässern (Moirieren). — Läßt man zwei übereinanderliegende gefeuchtete Gewebe durch die Walzen laufen oder erteilt man dem einfachen Zeuge während des Durchganges eine hin und her gehende Bewegung in der Schußrichtung oder läßt man das straff gespannte Gewebe dicht vor Eintritt in die Walzen über die gewellte Kante einer eisernen Schiene laufen, entsteht der Moiré.

Gaufrierkalander. — Diese werden mit einem, zwei oder drei unabhängig voneinander arbeitenden Walzenpaaren ausgerüstet, die aus einer

Papier- und einer durch Gravierung oder durch Punzen oder Rändeln mit
Muster versehenen Stahl- oder Bronzewalze bestehen. Läuft der Stoff unter
Druck durch, prägt sich das Muster erhaben ab.

Seidenglanz- oder Seidenfinish-Kalander. — Auf einer Papierwalze
ruht unter Druck eine Stahlwalze, welche mit sehr feinen Riffeln versehen
ist, wodurch eine erhebliche Erhöhung des Glanzes auf schlichten, noch mehr
auf merzerisierten Baumwollgeweben erzielt wird. Abb. 412 zeigt einen
Seidenglanzkalander von Friedr. Krupp, A.-G., Essen mit Wasserdruck bis
200000 kg Walzendruck.

Viele Wollengewebe erhalten Glätte und Glanz durch dauerndes Pressen
unter Anwendung von Wärme. Man benutzt dazu heute fast ausschließlich

Abb. 412.

kräftige Wasserdruckpressen. Die Gewebe werden gefaltet und in jede Falte
kommt eine sehr glatte harte und zähe Pappe (Glanzpappe, Preßspan).
Das Einlegen erfolgt in Großbetrieben mit besonderen Maschinen, die in das
senkrecht hängend zugeführte Gewebe abwechselnd von links und rechts
einen Preßspan einschieben, wodurch die Ware gefaltet — getafelt — wird.
Zwischen die einzelnen Ballen werden durch Dampf, heute auch elektrisch
geheizte Platten eingelegt, wodurch das Beschmutzen der Ware durch Nieder-
schlagswasser vermieden wird. Die Temperatur muß der gewünschten Wirkung
angepaßt werden. Die früher übliche Anwärmung der Platten in Kesselöfen
ist der Unsicherheit der Temperaturbestimmung wegen fast ganz verlassen
worden.

Abb. 413 und 414 zeigt eine heute viel angewendete Presse von
J. G. Josephys Erben in Bielitz, welche eine möglichst günstige Ausnutzung
erlaubt. Da die Wollstoffe oft stundenlang unter Druck gehalten werden
müssen, würde es unwirtschaftlich sein, das Stoffpaket so lange in der Presse
zu lassen. Es wird deshalb auf einen Wagen aufgebaut, mit dem es in die
Presse eingefahren werden kann und der nach der Druckgabe wieder aus-

gefahren wird, so daß die Presse für eine weitere Pressung frei wird. Der Wagen besteht aus der Grundplatte *1* und der Kopfplatte *2*, die durch 4 Schrauben *3, 3* verbunden sind. Gibt man nach dem Einfahren des Wagens Druck, legt sich zunächst die Druckplatte des Preßkolbens gegen *1*, der ganze

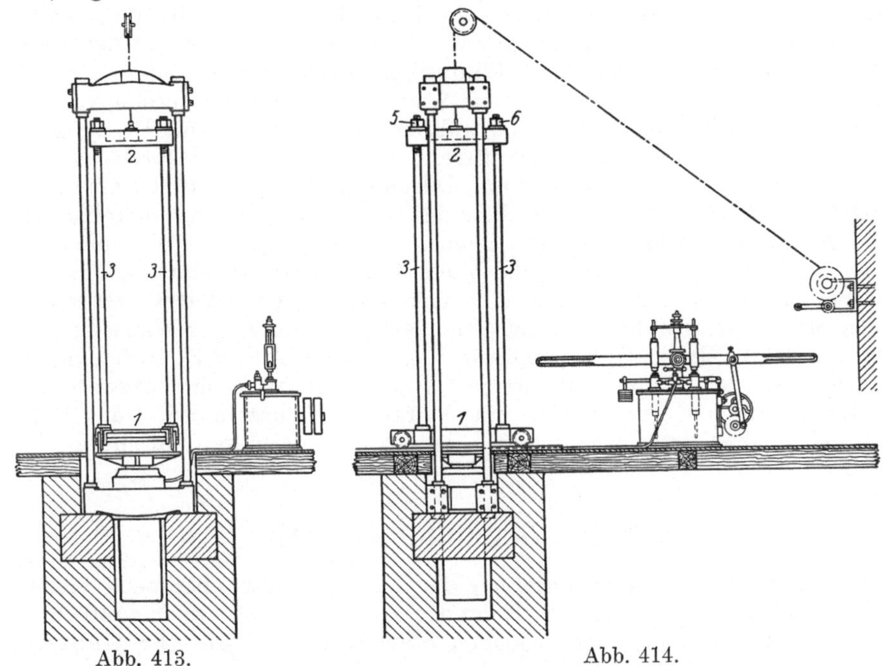

Abb. 413.

Abb. 414.

Abb. 413 u. 414. Glanzpresse.

Wagen wird emporgehoben, bis *2* gegen das obere Querhaupt stößt. Bei weiterer Pressung schieben sich die Stangen *3* durch *2* hindurch und dann werden die Muttern *5, 6*, wenn das Zusammenpressen beendet ist, bis auf *2* heruntergeschraubt. Läßt man nun das Preßwasser ab, bleibt das Stoffpaket unter Druck, der Wagen setzt sich wieder auf das Gleis und kann ausgefahren, ein zweiter vorbereiteter eingefahren werden usf. Nach dem Pressen werden die Preßspäne meist von Hand entfernt; doch gibt es auch dazu dienende Maschinen.

Stoffe, welche dem eben beschriebenen Pressen unterworfen werden, erhalten

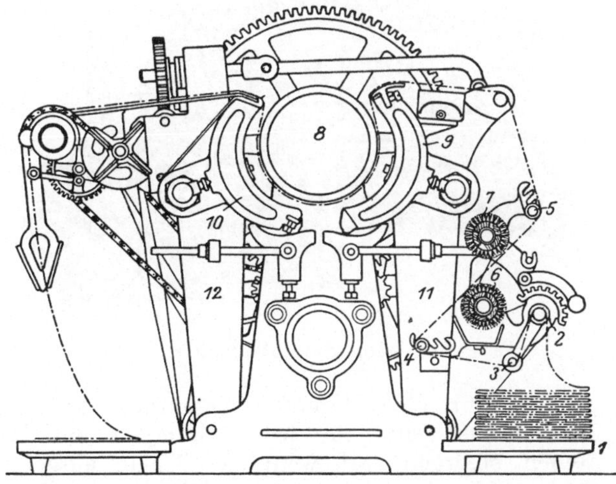

Abb. 415. Muldenpresse.

Preßbrüche. Dürfen diese nicht auftreten und soll doch ein hoher Glanz erreicht, wendet man die **Muldenpresse, Zylinder- oder Walzenpresse** an. Abb. 415 gibt eine Zwei-Muldenpresse von Geßner in Aue in geöffnetem Zustand. Die zu bearbeitende Ware ruht aufgestapelt auf dem Tische *1*, läuft über die Spannriegel *2, 3*, die Leitwalzen *4, 5* und wird zwischen den letzteren auf der linken Seite durch Bürstwalze *6* von allen anhaftenden Fremdkörpern gereinigt, während die Bürstwalze *7* auf der rechten Seite die Härchen in den Strich legt. Glätte und Glanz erhält das Gewebe zwischen der festgelagerten langsam umlaufenden mit Dampf geheizten Walze *8* und den beiden ebenfalls mit Dampf geheizten Mulden *9* und *10*. Letztere werden von den Hebeln *11, 12* getragen, durch diese während des Betriebes mit Druck gegen die Walze gelegt und sind an der Arbeitsseite mit poliertem Neusilberblech überzogen. Walze *8* hat 320 und 400 mm Durchmesser. Es tritt hier eine Plättwirkung ein, welche auf der rechten Seite des Gewebes Hochglanz entstehen läßt.

Bei der doppelten Muldenpresse können bis etwa $^2/_3$ des Walzenumfanges nutzbar gemacht werden; auch findet ein Druckausgleich statt, so daß die Walzenzapfen durch den starken Andruck nur wenig belastet werden. — Einfache Muldenpressen besitzen nur eine senkrecht unter der Walze liegende Mulde und die Walzenzapfen müssen den vollen Andruck abzüglich des Eigengewichtes der Walze aufnehmen. Ausgenutzt wird nur etwa $^1/_3$ des Walzenumfanges. — Für Tuche mit stärkeren Salleisten wird die Walze seitlich verstellbar angeordnet, um die Kanten druckfrei durchführen zu können.

3. Stampfkalander = Beetle.

Diese ursprünglich zum Zurichten der Leinen-, jetzt aber auch vielfach der Baumwollgewebe dienenden Kalander bestehen aus 30 bis 40 meist hölzernen dicht nebeneinander liegenden Stampfern, Abb. 416 (Fr. Gebauer, Charlottenburg), welche durch eine Daumenwelle in regelmäßiger Folge gehoben werden, dann frei niederfallen und das straff auf eine untenliegende

Walze aufgewickelte Zeug bearbeiten. Man wickelt auf die Walze meist gleichzeitig mehrere Stück auf, gibt ihr eine langsame Drehung und zuweilen auch eine kleine hin und her gehende Bewegung, um auch die Stellen zu treffen, welche zwischen den einzelnen Stampfern liegen. Durch das Stampfen erhalten die Gewebe größere Dichtigkeit und Steifigkeit und erhöhten Glanz.

Abb. 416. Stampfkalander.

Bei dem beschriebenen Stampfkalander ist die Spielzahl des einzelnen Stampfers wesentlich abhängig von der Fallzeit. Auf der Daumenwelle sitzt für jeden Stampfer ein Daumen, der erst wieder das Heben besorgen darf, wenn der Schlag ausgeführt ist. Eine Regelung der Schlagstärke ist ohne weiteres nicht möglich. Um diese Nachteile zu beseitigen, ist vorgeschlagen worden, für die Bewegung der Stampfer Druckluft zu verwenden oder die Maschinen nach Art der bekannten zum Schmieden dienenden Lufthämmer auszuführen, deren Kolben oder Zylinder durch eine obenliegende Exzenterwelle bewegt werden und unten mit hölzernen oder eisernen Stampfschuhen versehen sind.

Eine ähnliche Wirkung wie durch das Stampfen sucht man auch mit Walzenkalandern zu erreichen, die in der Appretur als Beetle-Kalander bezeichnet werden und von denen Abb. 417 eine Ausführung von Joh. Kleine-

Abb. 417. Beetle-Kalander.

wefers Söhne in Krefeld gibt, versehen mit einer als Chaisingvorrichtung bezeichneten Anordnung, welche es ermöglicht, bis 5 Gewebe übereinander durch die Walzen zu schicken. Dadurch soll nahezu dieselbe Wirkung wie durch die Stampfkalander erzielt werden können.

G. Krumpen — Krimpen — Dekatieren.

Der durch Pressen erzielte starke Glanz auf Wollgeweben ist sehr empfindlich gegen Feuchtigkeit und Faltung. Jeder Tropfen Wasser ruft einen Flecken hervor. Durch Behandlung mit heißem Wasser oder Dampf kann diese namentlich bei dem Tragen von Kleidungsstücken sehr unangenehm in die Erscheinung tretende Eigenschaft genommen und die Ware zugleich vor späterem starken Einlaufen geschützt werden. Dies Verfahren wird mit Krumpen oder Dekatieren bezeichnet und die Gewebe werden entweder in ganzer Breite oder in halber, im letzteren Falle mit den rechten Seiten aufeinandergelegt, behandelt.

Bei der Dampfkrumpe in voller Breite wickelt man zwei Stücke mit den rechten Seiten aufeinanderliegend auf eine hohle kupferne oder messingene mit vielen Löchern versehene Walze straff auf, stellt diese dann senkrecht und führt vom Innern Dampf zu, bis dieser die Ware vollständig durchdrungen hat (Walzenkrumpe). Das Gewebe wird vorher mit loser Leinwand oder Jute umwickelt und durch Gurte oder Seile fest umschnürt. Die Wolle nimmt dabei einen schönen natürlichen und dauerhaften Glanz an, der weder durch nachfolgendes Rauhen und Scheren noch durch Wassertropfen und das Tragen von Kleidungsstücken in starkem Grade verloren geht. Die auf der Oberfläche liegenden Härchen bleiben auch besser im Strich liegen, da sie durch den Dampf erweicht und formbar geworden sind. Feuchtigkeit und Wärme und verstärkter Druck infolge des Einlaufens während der Behandlung rufen diese Wirkung hervor.

Bei senkrechter Lage der Dekatierwalzen kann man häufig einen etwas ungleichen Glanz beobachten, welcher dadurch entsteht, daß die Feuchtigkeit sich nach unten zieht, also unten größer ist als oben, und daß die Temperatur unten höher ist als oben, wenn der Dampf wie gewöhnlich von unten zugeführt wird. Legt man die Stoffwalzen wagerecht und erteilt ihnen eine langsame Drehung, wodurch verhindert wird, daß der Feuchtigkeitsgehalt auf der unteren Seite größer ist als oben, läßt sich dies, besonders wenn der Dampf von beiden Seiten zugeführt wird, vermeiden.

In voller Breite dekatiert man unfertige Ware, weil man dann den bei der Weiterverarbeitung durch den Rückenbruch entstehenden Schwierigkeiten entgeht. Fertige Ware krumpt man dagegen meist in halber Breite, da sich bereits gekrumpte Ware nicht gut doppeln und für den Versand zusammenlegen läßt. — Bei dem Dekatieren fertiger Ware wickelt man immer zwei Stück mit Rechtseite gegen Rechtseite auf.

Plattendekatur. — Das Gewebe wird auf die durchlochte und mit mehreren Lagen Leinwand bedeckte Platte eines Dampfkastens aufgetafelt, mit Decken bedeckt, zusammengepreßt und dann mit Dampf behandelt. Auch hierbei läuft das Gewebe ein, aber die dabei entstehende Spannungszunahme ist nicht so groß als bei der Walzenkrumpe. Die Stücke müssen meist, um die Falten in die Mitte zu bringen, umgetafelt und ein zweites Mal gekrumpt werden.

Seit einer Reihe von Jahren finden zum Krumpen Vorrichtungen Anwendung, bei denen das Dämpfen in geschlossenen eisernen Kesseln vorgenommen wird. Bei der Ausführung der Zittauer Maschinenfabrik besteht das Gefäß aus einem liegenden Zylinder mit Heizmantel, in welchen die Stoffwalze mit Hilfe eines Wagens so eingefahren wird, daß dessen Achse in der Kesselachse liegt. Nach Verschluß des Klappdeckels wird durch eine durch dessen Mitte gehende Schraubenspindel die Stoffwalze an beiden Enden dampfdicht abgeschlossen. Vor Beginn des Krumpens heizt man den Kessel durch Dampfgeben in den Heizmantel an. Ist die Stoffwalze eingefahren und abgedichtet, gibt man Dampf in den Kessel; dieser durchdringt also im Gegensatz zu der vorher besprochenen Anordnung den Stoff von außen nach innen und zieht durch das Kupferrohr der Zeugwalze ab. Um mit niederen Temperaturen arbeiten zu können, erzeugt man im Kupferrohr Vakuum, wodurch außerdem das Durchdringen des Dampfes stark beschleunigt wird und das Krumpen nur kurze Zeit, oft nur wenige Minuten, in Anspruch nimmt.

Abb. 418 zeigt eine ähnliche Dekatier-Vorrichtung für Dampf- und Naßdekatur von Rudolph & Kühne in Berlin. Der Kessel besitzt keinen Heizmantel. Die Stoffwalze erhält während des Krumpens langsame Drehung und kann nach Beendigung in schnelle Drehung versetzt werden, um das Wasser gleich im Kessel soweit als möglich abzuschleudern, wenn Naßdekatur zur Anwendung kam. Diese wird in der Weise durchgeführt, daß man auf bestimmte Temperatur erwärmtes Wasser durchpreßt. Abkühlen läßt sich die Ware durch kaltes Wasser.

Für das Gelingen der Dampfdekatur ist unbedingt Erfordernis reiner und trockener Dampf. Dieser darf keinerlei Schlamm oder von der Speisewasserreinigung herrührende Chemikalien enthalten, denn diese rufen in den Geweben, namentlich in gefärbten,

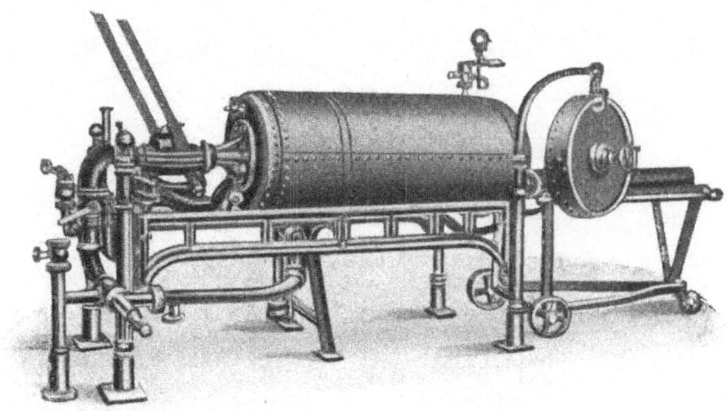

Abb. 418.   Dekatier-Vorrichtung.

leicht nicht zu beseitigende Flecke hervor. Dasselbe geschieht auch durch mitgerissene Wassertropfen, zu deren Beseitigung in die Dampfleitung ein Wasserabscheider eingebaut wird.

Naßdekatur. — Oben ist dieser bereits in einer Ausführung — im Kessel — Erwähnung getan; sie wird aber auch noch in anderer Weise durchgeführt. Die gründlich durchfeuchteten Stücke werden mit Dampf behandelt oder auf Walzen gewickelt und in heißes Wasser gestellt oder endlich in Wasser gekocht.

H. Messen. Falten. Aufwickeln.

Das Messen der Gewebe erfolgt in der Regel zweimal; das erstemal wenn es vom Webstuhl kommt, das zweitemal vor der Verpackung für den Versand.

Eine einfache Meßvorrichtung zeigt Abb. 419. Auf dem über einen Tisch laufenden Gewebe ruhen zwei Meßrädchen, die, um jedes Gleiten auszuschließen, oft mit feinen kurzen Nadeln besetzt sind und 1 m Umfang haben. Die Rädchenwelle trägt eine eingängige Schnecke zum Betrieb des Zählwerkes. Auf dem Zifferblatt kann man die Meter, Dezi- und Zentimeter ablesen.

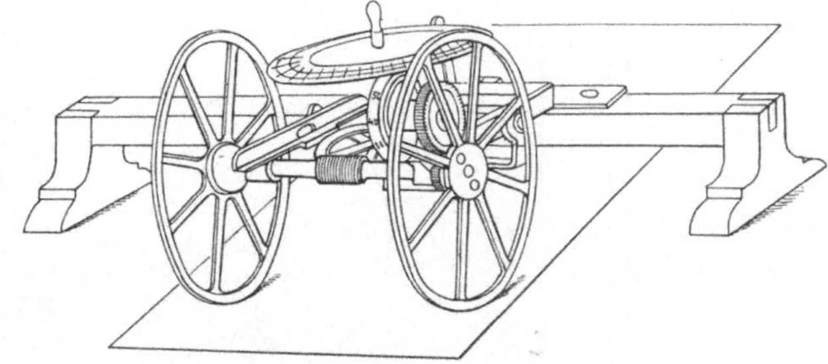

Abb. 419.   Meßrädchen.

Die gemessene Länge vermerkt man auf einem dem Gewebe angehefteten vorgedruckten Zettel, auf welchem auch die Nummer des Webstuhles, der Name des Webers, die Zeit des Verwebens usw. angegeben ist. — Nach jeder Messung wird das Zählwerk wieder auf Null gestellt. Das Messen mit dem Meßrädchen findet vielfach bei dem Durchsehen der Gewebe auf dem wagerechten oder nahezu wagerechten Passiertisch (s. S. 182, s. a. S. 229) statt. Zum Messen der Jute- aber auch anderer Gewebe wird auch eine breite hölzerne mit Nadeln besetzte Trommel von bestimmtem Umfang

(Yard, Meter) benutzt. Heute wird häufig bei dem Messen ein dünnes papiernes in Meter usw. ein geteiltes Meßband eingelegt. Wird dies am Ende abgeschnitten, kann der Käufer sofort sehen, wieviel Meter das Stück enthält und der Ver-

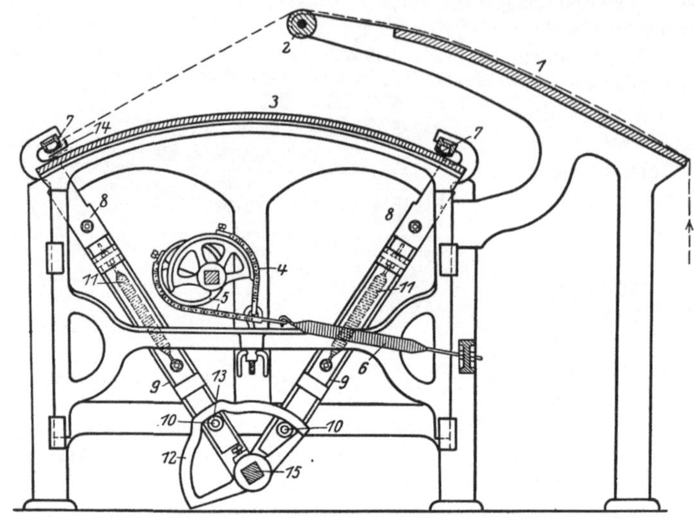

Abb. 420. Querfalt- und Meßmaschine.

käufer kann bei Kleinverkauf sich ohne Nachmessen schnell davon überzeugen, wieviel Stoff noch vorhanden ist. Das Meßband führt aber eine Verdickung herbei, die bei Strichware leicht einen glänzenden Streifen verursacht.

Das Messen wird sehr oft mit dem Falten verbunden. Eine viel angewendete Querfalt- und Meßmaschine ist in Abb. 420 dargestellt. — Das Gewebe läuft über die hölzerne Platte *1* und Leitrolle *2* und wird auf dem gewölbten Tisch *3* in Falten aufgelegt. Der Tisch ist senkrecht geführt und wird getragen durch die Ketten *4* und *5*, von denen *5* an die Feder *6* angeschlossen ist, deren Spannung mit zunehmender Tischbelastung wächst. An den Faltstellen wird der Stoff festgehalten durch die mit Nadeln oder geriffelten

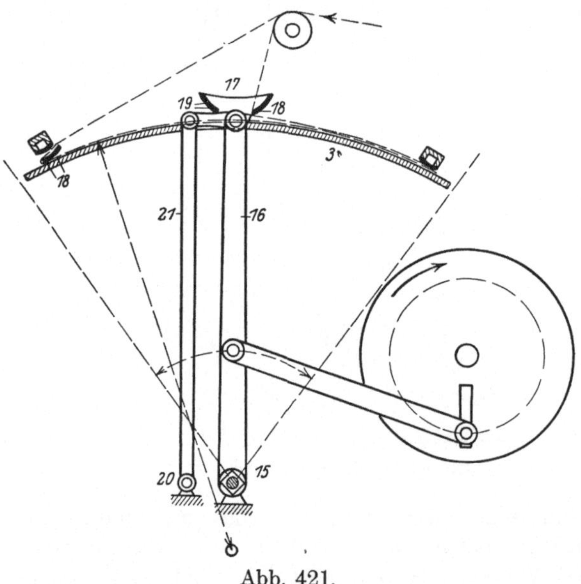

Abb. 421.

Gummileisten versehenen Klemmbacken *7, 7*, welche an Schiebern *8, 8* sitzen, die in feststehenden Führungen *9, 9* laufen. Die Schieber tragen unten Rollen *10, 10*, die sich stets unter Wirkung der Federn *11, 11* an die Innenseite des schwingenden Bügels *12* anlegen. Dieser hat bei *13* eine Vertiefung.

Tritt eine Rolle *10*, wie links gezeichnet, in die Vertiefung ein, wird die betreffende Klemmbacke *7* gehoben und nun kann eine Falte untergeschoben werden, wozu eine messerartige mit abgerundeter Kante versehene Schiene dient. Der Faltenleger ist in Abb. 421 besonders herausgezeichnet. Er besteht aus zwei seitlich des Tisches befindlichen, auf Achse *15* (s. a. Abb. 420) steckenden Armen *16*, die durch Kurbel und Lenkstange in schwingende Bewegung versetzt werden.

Der Kurbelhalbmesser ist für verschiedene Faltenlängen einstellbar. Die Arme tragen oben drehbar den muldenförmigen Faltenleger *17*, über dessen Kanten *18*, *19* der Stoff geht, je nachdem die Falte von rechts nach links oder umgekehrt gelegt wird. *17* erhält bei der Schwingung der Arme *16* eine Drehung durch den um die feste Achse *20* drehbaren Lenker *21*, so daß sich die Kante *18*, wie links angedeutet, unter

Abb. 422. Querfalt- und Meßmaschine von Gebauer.

die angehobene Klemmbacke *7* schiebt, rechts dagegen die Kante *19*, wenn die Arme *16* in die äußerste Lage kommen.

Die Stellung der Arme *9*, Abb. 420, kann je nach der gewünschten Faltenlänge geändert werden. Die Meßvorrichtung zählt die Zahl der Falten, deren Länge bekannt ist.

Abb. 422 gibt das Schaubild einer Maschine von Fr. Gebauer in Charlottenburg mit ebenem Tisch. Dabei sei noch auf eine bemerkenswerte Neuerung aufmerksam gemacht, die durch Abb. 423 dargestellt ist. Bei den Maschinen mit ebenem Tisch bauschen sich die Lagen, die an den Rändern durch die Klemmschienen eingespannt sind, in der Mitte etwas nach oben aus, wodurch die Falten

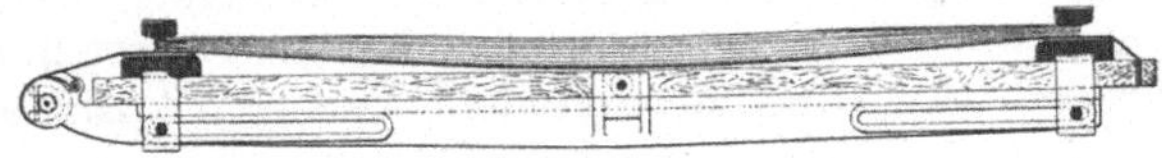

Abb. 423.

verschiedene Länge erhalten und sich die Ränder bei dem Abnehmen etwas gegeneinander verschieben. Dies soll dadurch verhindert werden, daß über zwei auf der Tischplatte angebrachte Leisten ein elastisches Filztuch gespannt wird, welches rechts befestigt und links mit einer Spannvorrichtung versehen ist, welche erlaubt, die Spannung nach dem Gewicht der Ware zu regeln.

Längsfaltmaschine. — Breite Gewebe werden der bequemeren Lagerung wegen meist in der Längsrichtung gefaltet, dupliert. Eine dazu dienende Maschine zeigt Abb. 424. Das in Querfalten oder aufgerollt vorgelegte Gewebe gelangt über eine in dem Gestell *1* gelagerte Walze *2*. Diese trägt bei *3* und *4* zwei Führungsscheiben, die entsprechend der Stoffbreite und so eingestellt werden, daß sie immer gleichweit von der Mitte abstehen. Das geschieht auf folgende Weise. In die Walze *2* sind zwei um 180^{0} versetzte Nuten eingefräst, in welchen eine endlose Schnur liegt, die seitlich außerhalb des Gestelles über

Rollen *5* gelegt ist, welche vom Handrad *6* aus gedreht werden können.
Das obere Trum der Schnur ist mit Scheibe *3*, das untere mit Scheibe *4* ver-
bunden und so verschieben sich diese immer gleichmäßig gegen oder von der
Mitte. — Der Stoff läuft von *2* über den dreieckigen Tisch *7*, dessen
Neigung etwas verändert werden kann. Die Geweberänder laufen von den

Abb. 424.   Längsfaltemaschine.

Tischkanten in wagerechter Richtung ab, während die Mitte über die kurze
wagerechte Schiene *8* geht. An diese schließen sich zwei in kleinem Abstand
voneinander befindliche unter 45° stehende Schienen *9* an, durch deren Spalt
das Gewebe gesteckt wird, um nun zusammengefaltet von den Abzugswalzen *10, 11* gefaßt und dem Facher *12* zugeführt zu werden. In die wagerechte Faltschiene *8* ist eine
Rolle *13* eingelegt, über
welche ein endloses rauhes
Filzband *14* läuft, das von
dem die Maschine bedienen-
den auf der Bühne stehenden
Mann vom Handrad *15* aus
bewegt werden kann und je
nach dem Lauf des Gewebes
dieses etwas nach links oder
rechts leitet, damit die Rän-

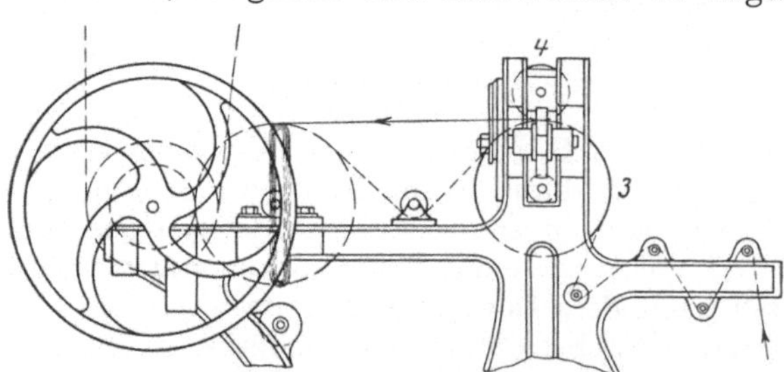

Abb. 425.   Aufwickeln der Gewebe.

der genau übereinander zu liegen kommen.
      Aufwickeln der Gewebe. — Die fertigen Gewebe erhalten, wenn sie in
größeren Längen abgeliefert werden, Rollenform mit hölzernem Kern, wenn
sie in einzelnen Stücken zum Versand kommen, die Gestalt flacher Packen
mit Einlage von Brettchen, Rahmen oder Pappe. Eine einfache Wickel-

maschine für flache Packen zugleich mit Meßvorrichtung und für Hand- und Kraftbetrieb eingerichtet, zeigen die Abb. 425 und 426. Die Wickelbretter werden zwischen die Spannbacken *1* und *2* eingespannt, von welchen *1* an einer langen Schraubenspindel sitzt, während *2* festgelagert ist. Die Wickelwelle wird auf beiden Seiten durch Stirnradvorgelege von der Antriebwelle aus getrieben, um ein Verwinden der dünnen Brettchen oder Pappen zu vermeiden.

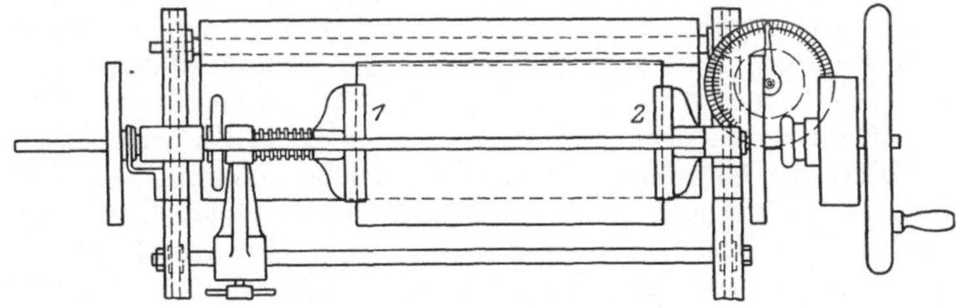

Abb. 426. Aufwickeln der Gewebe.

Das Gewebe geht zunächst über Spannstäbe nach der mit Tuch überzogenen und mit einer Druckwalze *4* versehenen Meßwalze *3*, von der aus durch Schnecke und Schraubenrad das Zifferblatt getrieben wird und dann entweder unmittelbar nach der Wickelvorrichtung oder über eine Leitwalze, wie die Punktierung angibt.

XII. Drehergewebe.

Gaze.

Die Bezeichnung **Gaze** führen verschiedenartige Gewebe. **Futtergaze** ist ein leinwandbindiges Gewebe mit losem Ketten- und Schußstand, welches in der Appretur durch viel Stärke versteift ist und als Unterfutter für Kleiderstoffe dient (Steifgaze). — Stramin, ein in gleicher Weise hergestellter Stoff, wird als Grund für Stickereien verwendet.

Die eigentliche Gaze, das Drehergewebe, dessen Bindung durch die Abb. 427 und 428 dargestellt, ist unterscheidet sich von den gewöhnlichen Geweben dadurch, daß neben den Schußfäden zwei Kettenfadengruppen, die Grund- oder Stehfäden und die Dreherfäden, vorhanden sind, die sich gegenseitig umschlingen. Dadurch entstehen Gewebe von großer Widerstandsfähigkeit gegen Fadenverschiebungen und werden deshalb vielfach als Siebgewebe (seidene Mehlgaze usw.) verwendet. Durch Abänderung der Bindung, Verbindung mit anderen Bindungen, durch verschiedenfarbige oder verschieden dicke Fäden lassen sich, wie weiter unten gezeigt werden wird, reizvolle Wirkungen (Effekte) erzielen.

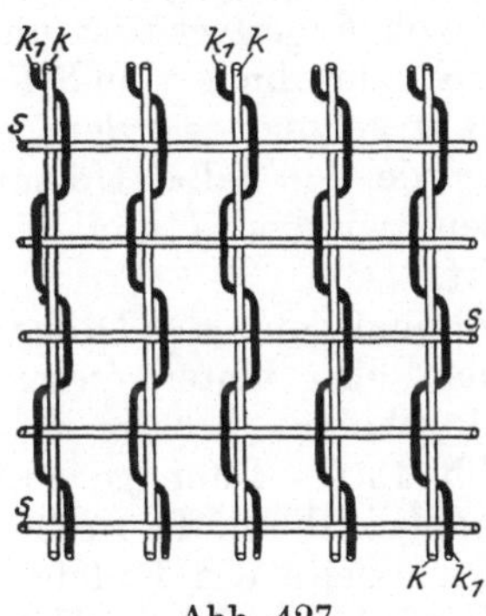

Abb. 427.

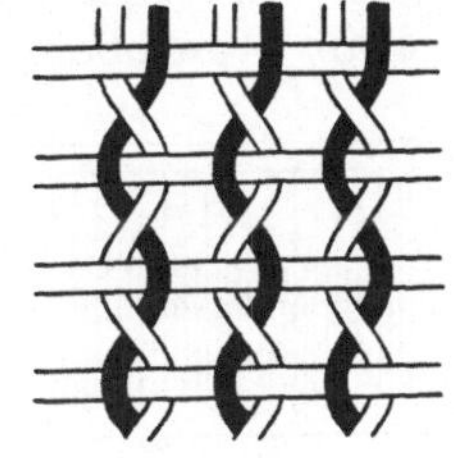

Abb. 428.

Um die Herstellung der Drehergewebe kennenzulernen, soll zunächst das Geschirr für die einfachsten durch die Abb. 429 bis 431 dargestellten Gazen besprochen werden. — Abb. 429 zeigt schematisch ein Drehergewebe mit straffer Spannung der Steh- und loser der Dreherfäden, welch letztere in dieser und den folgenden Abbildungen entweder dick schwarz ausgezogen oder angelegt sind. Bei gleicher Spannung beider Fäden werden auch die Stehfäden infolge der Umschlingung aus der gestreckten Lage gedrängt und das Gewebe erhält das durch Abb. 431 gegebene Aussehen. — Beide Abbildungen lehren, daß die Stehfäden stets unter, die Dreherfäden über den Schußfäden und die Dreherfäden abwechselnd rechts und links vor den Stehfäden liegen. Um diesen Wechsel der Stellung zu ermöglichen, ist ein größerer Zwischenraum, wie z. B. bei leinwandbindigen Geweben aus Garnen gleicher Nummer erforderlich; die Dichte der Gaze ist deshalb geringer und die Gewebe erscheinen vielfach duftig und durchsichtig. — Zur Herstellung sind neben Grundschäften Dreherschäfte erforderlich, um die Dreherfäden abwechselnd auf die rechte und

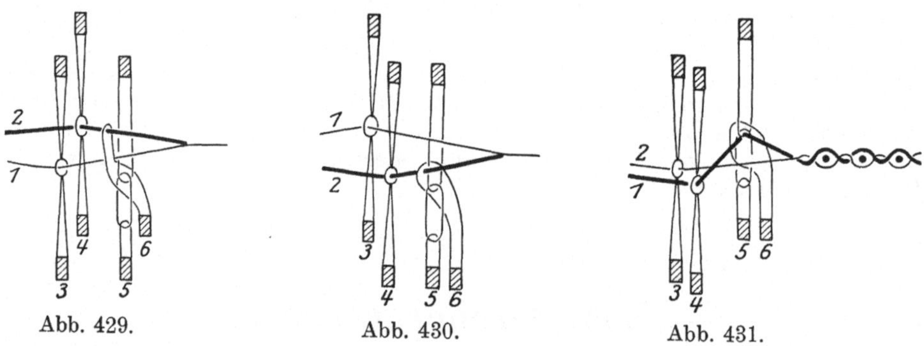

Abb. 429.　　　　　　　　Abb. 430.　　　　　　　　Abb. 431.

linke Seite der Stehfäden zu bringen. Die Dreherschäfte liegen 100 bis 150 mm vor den Grundschäften. Die Stehfäden *1* Abb. 429 bis 431 sind in der Grundschaft *3* eingezogen, der an der Fachbildung nicht teilnimmt, sondern immer bei dem Eintragen eines Schusses im Unterfach steht. Die Dreherfäden *2* führt der Grundschaft *4*; *3* und *4* sind wie gewöhnlich ausgeführt. — Die Umschlingung wird mit Hilfe des ganzen Drehschaftes *5* und des halben *6* bewirkt. *5* hat eine lange Fadenhelfe oder eine Drahtlitze mit langem Auge, *6* eine lange biegsame Fadenhelfe, welche durch die von *5* gesteckt ist und den Dreherfaden umschlingt. In Abb. 429 liegt der Drehfaden links vom Stehfaden, also im Bilde vor diesem, und ist durch Schaft *4* gehoben worden; es kann ein Schuß eingetragen werden. Gleichzeitig wurde der halbe Dreherschaft *6* gehoben, damit dessen Helfe den Dreherfaden zwischen *4* und dem Geweberand nicht einknickt.

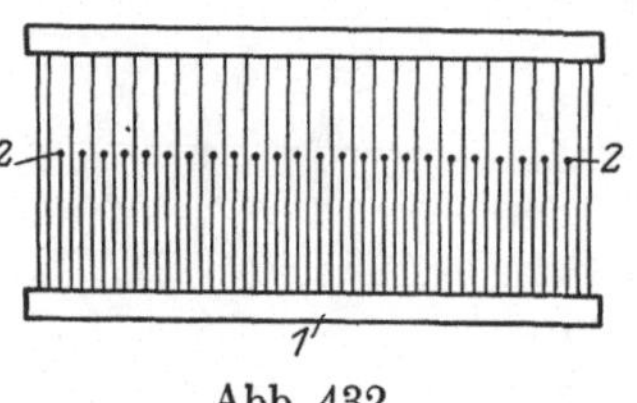

Abb. 432.

Für den nächsten Schuß muß nun der Dreherfaden rechts vom Stehfaden, also hinter diesem, liegen. Der Schaft *3* wird gehoben, Schäfte *4*, *5* und *6* werden gesenkt (Abb. 430). Dann gehen *5* und *6* nach oben, wobei, veranlaßt durch die Dreherhelfe, Faden *2* an der rechten Seite des Fadens *1* vorübergeht und Schaft *3* wird in gleiche Höhe wie *4* gestellt (Abb. 431). — Der Halbdreherschaft *6* wird durch leichte Federn stets nach unten gezogen, damit seine Helfe den in deren Schleife eingezogenen Dreherfaden fest an die Ganzdreherhelfe anlegt.

An Stelle des halben und ganzen Dreherschaftes kommen auch Nadelschäfte zur Anwendung, Abb. 432. Diese bestehen entweder aus einer Leiste *1*, auf welcher sich Nadeln *2* mit Öhr am Ende in senkrechter Stellung befinden oder aus einem geschlossenen rechteckigen Rahmen, wie in Abb. 432 angenommen und dieser wird zur Fachbildung senkrecht auf und ab bewegt und für jeden Schuß wechselnd etwas nach rechts oder links verschoben, so daß die Nadeln z. B. für alle ungeraden Schuß links, für alle geraden rechts an den Stehfäden vorübergehen.

Die zusammengehörenden Steh- und Dreherfäden werden durch eine Spalte (Rohr) des Blattes gezogen, und wählt man, um die Fäden dicht aneinanderzulegen, ein Blatt mit feiner Teilung und läßt nach jedem bezogenen Rohr je nach der Dichte des Gewebes ein oder mehrere Rohre leer.

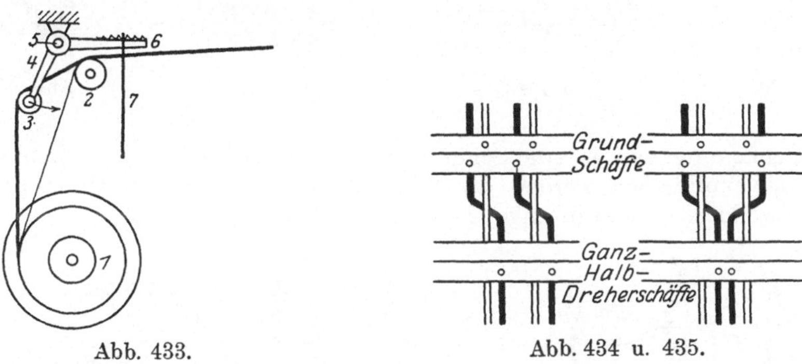

Abb. 433.   Abb. 434 u. 435.

Steh- und Dreherfäden werden, wenn mit verschiedener Spannung dieser gearbeitet werden muß oder der Bedarf verschieden ist, auf zwei Bäume gebäumt. In der mechanischen Weberei verwendet man, wenn es irgend geht, nur einen Baum für beide Fadengruppen. Dann muß aber noch eine Hilfsvorrichtung — die Dreherwelle — angeordnet werden, welche verhindert, daß bei der Fachbildung, bei welcher die Stehfäden geradlinig durchlaufen, die Dreherfäden aber hohes Oberfach bilden, die Spannung der letzteren nicht zu groß wird. Abb. 433 zeigt diese Einrichtung. Vom Kettenbaum *1* gehen die Stehfäden unmittelbar nach dem Streichbaum *2*, die Dreherfäden dagegen über die Dreherwelle *3*, welche in Armen *4* auf Welle *5* gelagert ist. Auf Welle *5* sitzt auf einer Seite des Stuhles ein Kerbhebel *6*, in welchem die Zugstange *7* eingehangen ist. Letzterer wird durch ein entsprechend geformtes Exzenter oder, wenn der Stuhl mit Schaftmaschine arbeitet, von dieser aus betätigt in der Weise, daß bei dem Fachöffnen die Dreherwelle im Sinne des Pfeiles hereinschwingt und dadurch Kette freigibt.

Der Einzug der Kettenfäden in das Geschirr ist durch Abb. 434 dargestellt. Es liegen die Dreherfäden in den Ganz- und Halbdreherschäften rechts von den Stehfäden (Rechtsdreher); sie könnten ebensogut links liegen (Linksdreher). Abb. 435 gibt einen Einzug in Spitz; Rechts- und Linksdreher wechseln regelmäßig und das Gewebe erscheint nach Abb. 439 gemustert. Die kleinen Kreise auf den Schäften geben den Einzug der Fäden an.

Die Drehergewebe lassen sich, wie schon erwähnt, in der verschiedensten Weise verändern. Es seien zunächst zwei einfache Abänderungen angeführt. Abb. 437 gibt den Halb- oder Leinwanddreher. Vergleicht man diesen mit Abb. 428, so zeigt sich, daß zwischen zwei Drehern ein Leinwandschuß eingetragen ist, wodurch die Ware leichter wird. — Abb. 436 stellt den Pol-

nischen oder Volldreher dar. Der Dreherfaden geht einmal um den
Stehfaden herum, liegt stets auf einer Seite des Stehfadens und abwechselnd
über und unter dem Schußfaden. Der Volldreher findet sich fast nur bei
„Kongreßstoffen" angewendet, meist in Verbindung mit anderen Bindungen,
wovon die Abb. 439 und 440 Beispiele geben. Man sieht aus Abb. 439, daß
Leinwandbindung mit Volldreher, und aus Abb. 440, daß Gazebindung unter

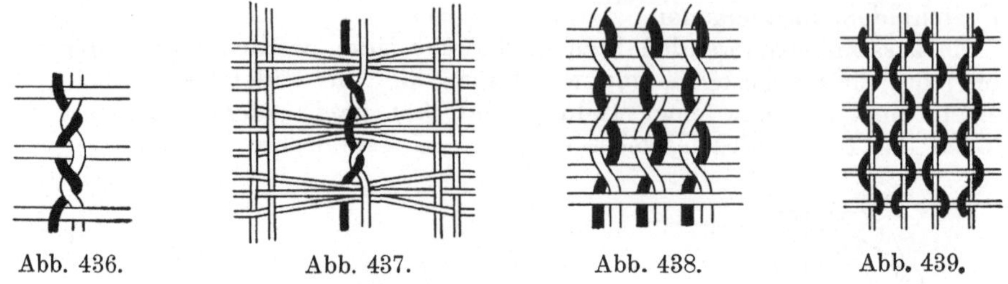

Abb. 436.   Abb. 437.   Abb. 438.   Abb. 439.

Zusammenfassung von je zwei Schußfäden mit Volldreherbindung vereinigt sind.
Durch den Volldreher werden die Schußfäden aus der gestreckten Lage gedrängt, wodurch rautenförmige Durchbrechungen — Spinnen — entstehen.

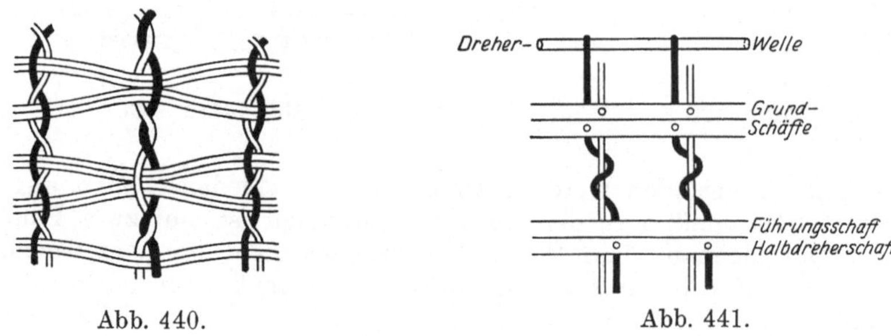

Abb. 440.   Abb. 441.

Der Einzug in die Schäfte ergibt sich aus Abb. 441. Der erste Dreherfaden
ist in den vorderen, der erste Stehfaden in den hinteren Grundschaft eingezogen. Der Dreherfaden umschlingt dann den Stehfaden und geht durch die

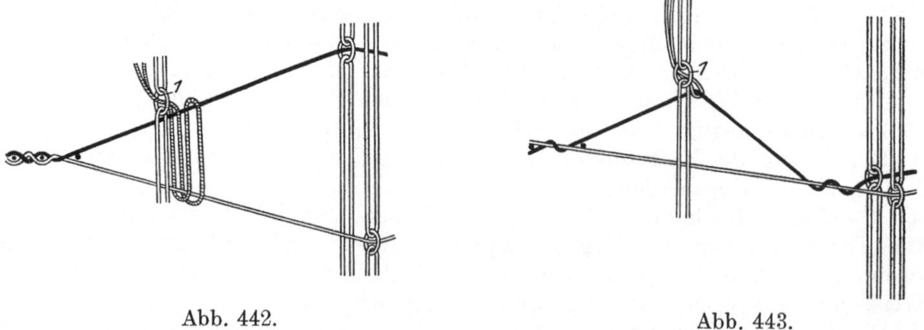

Abb. 442.   Abb. 443.

Helfe des Halbdreherschaftes, welche zur Führung durch das Auge eines Hilfs-
schaftes *1*, Abb. 442 und 443, gezogen ist. Die Fachbildung vollzieht sich
wie folgt:

Erstes Fach: Der vordere Grundschaft geht hoch und der Halbdreherschaft nieder, denn dessen Helfe muß der Bewegung des Dreherschaftes in das Oberfach folgen können.

Zweites Fach: Abb. 443. Die Grundschäfte stehen im Unterfach und die

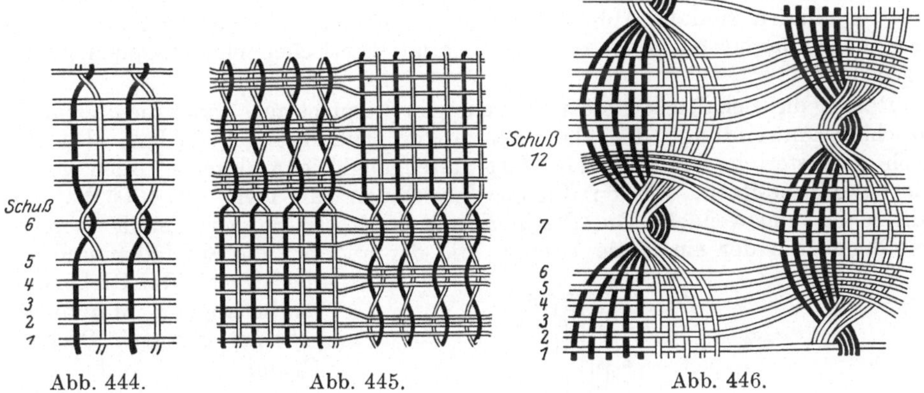

Abb. 444.   Abb. 445.   Abb. 446.

Helfen des Halbdreherschaftes ziehen den Dreherfaden ins Oberfach, wobei sich dieser um den Stehfaden herumschlingt und die Dreherwelle so viel Fäden hergeben muß, daß der Grundfaden nicht mit aufgezogen wird.

Es sollen nur noch einige Gewebearten vorgeführt werden, um zu zeigen, welche mannigfachen Wirkungen durch Veränderungen der Drehverbindungen und Vereinigung mit anderen Bindungen hervorgerufen werden können.

Abb. 444 gibt eine Vereinigung von Leinwand- und Dreherbindung. Auf 5 Schuß in Leinwandbindung folgt ein Dreher. Die Anzahl der Leinwandschuß muß stets eine ungerade — 3, 5, 7 — sein und der Schußrapport ist immer = Anzahl der Leinwandschuß + 1.

Auch die Abb. 445 gibt eine Vereinigung von Leinwand- und Dreherbindung,

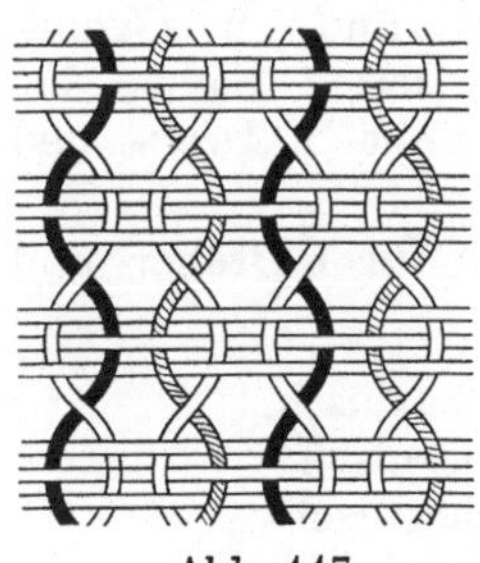

Abb. 447.

ein Drehergewebe in Würfelbindung. — Der Dreher bindet immer über 3 Schußfäden. Bei näherer Betrachtung zeigt sich aber ein wesentlicher Unterschied zwischen diesem Gewebe und den bisher besprochenen. Zur Ausführung müssen mehrere Dreherschäfte, Grundschäfte und Dreherwellen vorhanden sein, da jede Dreherschnur anderer Bindung dies fordert. Unter Dreherschnur sind die zu

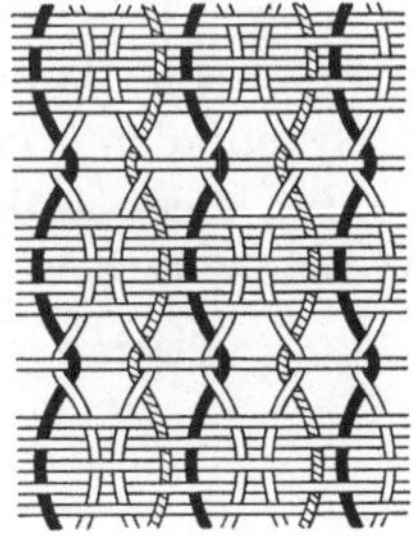

Abb. 448.

einem Muster gehörenden Steh- und Dreherfäden zu verstehen. Zwei Dreherschnuren erfordern 2 Halb- und 2 Ganzdreherschäfte, 4 Grundschäfte und 2 Dreherwellen. Wird wie üblich mit einer Schaftmaschine gearbeitet (Hattersley- oder Schaufelschaftmaschine), sind für jede Dreherschnur 5 Hebel, je 2 für Dreher- und Grundschäfte, einer für die Dreherwelle, als für 2 Dreherschnuren 10 Hebel erforderlich. Da nun die Schaftmaschinen selten mit mehr als 15 Hebeln arbeiten, können nur Muster für höchstens 3 Dreherschnuren damit hergestellt werden. — Die Verbindung der Schäfte mit den Schaftmaschinenhebeln erfolgt in der Weise, daß die Dreherschäfte an die vordersten, die Grundschäfte an die mittleren angehangen und die Dreherwellen von den hintersten Hebeln gesteuert werden.

Abb. 446 gibt ein Muster, bei welchem 5 Dreherfäden um 5 Grundfäden schlingen. Die Abb. 447 und 448 endlich geben noch zwei Gewebe mit Einzug in Spitz; die Rechtsdreher sind schwarz angelegt, die Linksdreher anschraffiert. Die Schußfäden sind in Abb. 447 immer in Gruppen zu 3, in Abb. 448 in Gruppen zu 5 mit einem in einigen Abstand dazwischen eingetragenen Schuß angeordnet.

Reicht die Schaftmaschine für Drehergewebe nicht aus, findet die Jacquardmaschine Anwendung, die aber besonderer Einrichtungen bedarf. Da die reich gemusterten Drehergewebe fast durchgängig eine lose — flüchtige — Einstellung besitzen, werden Jacquardmaschinen mit mehr als 400 Platinen nur selten angewendet. Die Platinen müssen in 3 Gruppen geteilt werden, von denen die der einen die Dreher-, die der anderen die Stehfäden und die der dritten die Dreherwellen betätigen. Man unterscheidet hiernach Dreher-, Grund- und Aushebeharnisch, die in der angeführten Reihenfolge von vorn nach hinten angeordnet sind.

Die Einteilung der Jacquardmaschine richtet sich nach der Gesamtzahl der Kettenfäden, der Bindung und der Dreherschnur, die meist aus einem Dreher- und einem Grundfaden oder aus einem Dreh- und einem Grundfaden oder aus 2 Dreher- und 2 Grundfaden, selten mehr, besteht. Nur bei Jacquarddrehern für Kongreßstoffe kommt 1 Dreh- und 3 Grundfaden vor.

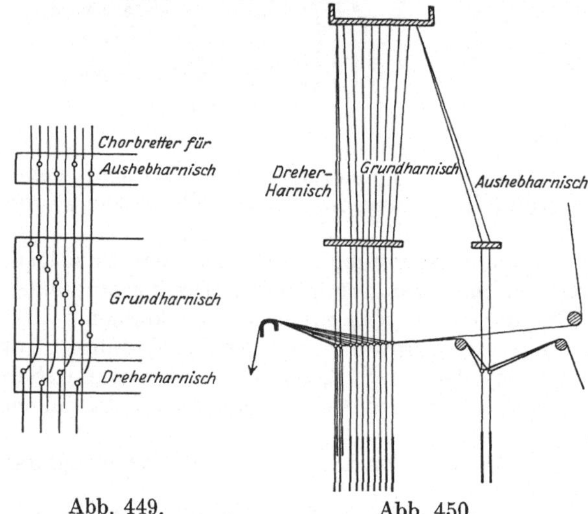

Abb. 449.   Abb. 450.

Bei einer 400er Maschine mit 8 Querreihen ergibt sich für 1 Dreher- und 2 Stehfäden etwa folgende Einteilung:

Platine	1 — 80	10	Querreihen	für	Aushebharnisch,
„	81 — 320	30	„	„	Grundharnisch,
„	321 — 400	10	„	„	Dreherharnisch
400 Platinen,		50	Querreihen.		

Ein wesentlicher Unterschied zwischen einem Dreher-Jacquardstuhl und einem gewöhnlichen Jacquardstuhl besteht noch in der Ausführung des Harnisch- oder Chorbrettes. Letzterer hat nur ein Chorbrett, ersterer dagegen drei. Das vorn liegende Chorbrett für den Dreherharnisch und das hinten liegende für den Aushebharnisch erhalten 2, das in der Mitte liegende für die Grundkette 8 Reihen von Löchern für eine 400er Maschine. Das Chorbrett für den Dreherharnisch steht so, daß die eingezogenen Helfen bei ganz zurückgelegter Lade in kleinem Abstand hinter dem Ladendeckel heruntergehen. Dann folgt in 15 bis 20 mm Abstand der Grundharnisch. Diese kurze

Entfernung ermöglicht es, die Löcher für beide in einem Chorbrett unterzubringen; man läßt zwischen den Löcherreihen einen schmalen Streifen frei (s. Abb. 449 und 450). Das Chorbrett für den Aushebeharnisch steht etwa 200 mm hinter dem für den Grundharnisch und ist so gebohrt wie das für den Dreherharnisch. Die Chorbretter liegen der langen Dreherhelfen wegen etwa 600 mm über dem geschlossenen Fach, wodurch außerdem die Übersicht und das Einziehen gerissener Fäden erleichtert wird. Abb. 450 gibt noch in schematischer Darstellung die Seitenansicht des ganzen Geschirres.

XIII. Webereianlagen.

Es können hier aus Mangel an Raum nicht die allgemeinen Gesichtspunkte, welche bei Errichtung von Fabrikanlagen zu berücksichtigen sind, eine Besprechung finden. Nur diejenigen Punkte sollen hervorgehoben werden, die insbesondere für Webereien von Bedeutung sind.

Größe der Anlage. — Diese richtet sich nach den vorhandenen Geldmitteln und nach dem zu erwartenden Absatz. Sieht man die Geldmittel als gegeben an, würde durch den Absatz die tägliche oder wöchentliche Leistung der Weberei bestimmt sein, aus der sich die Anzahl der in Betrieb zu haltenden Webstühle ermitteln läßt. Die so gewonnene Zahl ist aber um 3 bis 5 vH zu erhöhen mit Rücksicht darauf, daß immer eine Anzahl Webstühle zwecks Vorrichtung oder Vornahme von Reparaturen außer Betrieb sind.

Aus der Zahl der in Betrieb befindlichen Webstühle kann dann unschwer die Zahl der Vorbereitungsmaschinen, Schlicht- oder Leimmaschinen, Schermaschinen, Spulmaschinen für Kette und Schuß usw. ermittelt werden, wobei gegebenenfalls auf eine Reserve Rücksicht zu nehmen ist, um keine Betriebsstörungen bei Stillständen einer einzelnen Maschine eintreten zu lassen.

Sind die aufzustellenden Maschinen festgestellt, ergibt sich aus deren Flächenbedarf, der Fläche für Gänge, Aufstapelung von Spulen und Kettbäumen usw. der Flächenbedarf für die eigentliche Weberei, wozu dann noch die Flächen für Garnlager, Schäfte, Kämme usw., für fertige Ware, den Versandraum, die Schlosserei, die Verwaltungs- und Wohlfahrtsräume und in Jutewebereien auch für Nähen und Bedrucken der Säcke hinzutreten.

Im Websaal ist vor allen Dingen auf nicht zu schmale Gänge Rücksicht zu nehmen. Man findet häufig, namentlich in den nach englischem Muster gebauten Webereien, recht schmale Gänge, wodurch das Heranschaffen und Einlegen der Kettenbäume erschwert und die Gefahr für die Weber vergrößert wird. Die einzelnen Abteilungen, Spulerei und Schererei, Schlichterei, Websaal, Appretur usw. sind zweckmäßig voneinander zu trennen und so anzuordnen, daß keine Hin- und Hertransporte eintreten.

Für den Websaal ist gutes gleichmäßiges Tageslicht ohne jede Blendwirkung erforderlich. Dies ist nur durch Oberlicht zu erzielen, weshalb meist Flachbauten mit quadratischem oder dem Quadrat sich nähernden Grundriß mit Säge- (Shed-) Dach oder mit flachen Dächern mit aufgesetzten sattelförmigen Oberlichtern zur Anwendung kommen. Von den Sägedächern kommt man verständigerweise mehr und mehr ab. Diese sind in der Ausführung teuer, vergrößern unnötig die Dachfläche und den Luftraum und erschweren und verteuern die Heizung und Lüftung der Räume. Bei ausgedehnten Dachflächen ist außerdem die Ableitung des Regenwassers sehr erschwert, noch schwieriger aber ist die Beseitigung von Schnee aus den langen Kehlen.

Flachbauten erfordern aber große Grundfläche, wodurch, wenn der Preis für 1 m² hoch ist, die Anlagekosten beträchtlich steigen und man deshalb nicht selten gezwungen ist, mehrgeschossige Gebäude zu errichten und die Nachteile dieser in Kauf zu nehmen. Der Grundriß ist dann ein langgestrecktes Rechteck, da die Tiefe des Gebäudes nicht zu groß genommen werden darf, wenn in der Mitte noch genügend Licht vorhanden sein soll. — Die Tiefe hängt davon ab, ob Fenster nur auf einer oder auf beiden Langseiten angebracht werden können.

Zur Abhaltung von Blendungen verglast man die Fenster mit Rohglas, welches nach den in der technischen Hochschule Braunschweig angestellten Versuchen die geringste Lichtschwächung aufweist. Es ergab sich folgendes:

Rohglas Dicke	6 mm		Lichtschwächung 12 vH
Riffelglas „	5,8 „		„ 27 „
Drahtglas „	6,0 „	15 Drähte auf 100 mm	„ 43 „
„ „	5,8 „	33 „ „ 100 „	„ 52 „
„ „	6,0 „	30 „ „ 100 „	„ 54 „

Die Drahtglassorten zeigten eine etwas grünliche Färbung. Die Aufstellung lehrt, daß Rohglas sich am günstigsten verhält; Riffel- und noch mehr Drahtglas aber sehr bedeutende Lichtmengen verschlucken, was ungünstig auf die Bemessung der Fensterflächen einwirkt.

Bei sattelförmigen Oberlichtern verlegt man heute die sehr langen Scheiben kittlos, da in Kitt verlegte durch die ungleiche Ausdehnung von Glas und Eisen undicht werden.

Die künstliche Beleuchtung erfolgt jetzt fast allgemein mit elektrischen Glühlampen, und zwar vielkerzige Metallfadenlampen für allgemeine und meist 25- bis 32 kerzige für Platzbeleuchtung.

Die Höhe der Räume hängt wesentlich von der Höhe der aufzustellenden Maschinen und der Kraftübertragung ab. Erfolgt letztere durch hochgelegene Wellen, ist die erforderliche Höhe größer als bei elektrischem Einzelantrieb der Arbeitsmaschinen. Die Höhe des Websaales wird außerdem bestimmt durch die Bauart der Stühle; Exzenter- und Schaftmaschinenstühle erfordern eine geringere Höhe als Jacquardstühle. — Bei Sälen mit Oberlicht kann die Höhe auf das geringste Maß beschränkt werden, während bei Seitenlicht größere Höhe und möglichst hochhinaufgezogene Fenster erforderlich sind.

A. Heizung. Lüftung. Befeuchtung.

Heizung. — Bei der geringen körperlichen Tätigkeit der Arbeiter in den Webereien ist im Winter mit einer Temperatur von 20—25°C in den Arbeitsräumen zu rechnen und im Sommer, damit die Temperatur nicht über 25°C steigt, für Kühlung zu sorgen. — Die Heizung erfolgt entweder durch in besonderen Kesseln erzeugten Niederdruckdampf oder mit Abdampf oder mit auf niederen Druck gebrachten Kesseldampf oder endlich durch an Dampfheizkörpern vorgewärmte Luft, die in die Räume möglichst gleichmäßig verteilt geblasen wird. Die Luftheizung läßt zugleich eine gute Lüftung der Räume herstellen. Man rechnet in Websälen im Sommer mit einem 3- bis 4 fachen, im Winter mit einem einmaligen Luftwechsel in der Stunde und führt einen Teil der Raumluft durch Umluftkanäle der Heizkammer wieder zu, um an Wärme zu sparen, und filtert gegebenen Falles die Umluft. Auch Befeuchtung läßt sich mit derartigen Anlagen leicht verbinden, im Sommer kann man zur Kühlung der eingesaugten Außenluft durch die Heizkörper kaltes Wasser schicken. — Besonders gut zu lüften ist die Schlichterei, um den entstehenden Wasserdampf zu beseitigen, Nebelbildung zu verhüten und die Temperatur in erträglichen Grenzen zu halten.

Luftbefeuchtung[1]) des Websaales findet man heute in vielen gut ˎgeleiteten Webereien. Die Erfahrung hat gelehrt, daß ein höherer Feuchtigkeitsgehalt die Kette geschmeidiger hält und weniger Fadenbrüche entstehen läßt, so daß die Leistung durchschnittlich um 2 bis 3, in Jutewebereien um 5 bis 6 und in Wollmusselinwebereien bis 10 vH steigt und daß auch, wie eingehende Versuche dargelegt haben, die Zerreißfestigkeit der Gewebe zunimmt.

Stadelmann gibt als zweckmäßigen Feuchtigkeitsgehalt an:

für Baumwollwebereien mit	gewöhnlichen	Stühlen	70—75 vH rel. F.
„ „	„ Northropstühlen	. . . . . .	85—90 „ „ „
„ Leinenwebereien	„ gewöhnlichen	Stühlen	80—85 „ „ „
„ „	„ Jacquardstühlen	. . . . . .	75—80 „ „ „
„ Jute- und Wollwebereien		. . . .	70—80 „ „ „
„ Seidenwebereien		. . . .	65—70 „ „ „
„ Ramiewebereien		. . . .	80—90 „ „ „

Die Angaben erscheinen gegenüber anderen etwas hoch. Man erkennt, daß der Feuchtigkeitsgehalt unter allen Umständen recht groß ist und fast durchgängig den der äußeren Atmosphäre übersteigt. Hält man damit zusammen, daß auch die Temperatur in den Arbeitsräumen, wie oben angeben, zwischen 20 und 25^0 C. liegt, wird man sich nicht wundern, wenn der Einfluß auf die Gesundheit der Arbeiter kein besonders günstiger ist. Hohe Temperatur bedingt vermehrte Schweißabsonderung, aber die ausgesonderte Feuchtigkeit kann von der stark feuchten Luft nicht schnell aufgenommen werden und es tritt „Stockung der Hautatmung" und Erschlaffung ein. Bei hohem Feuchtigkeitsgehalt müßte zum Wohlbefinden niedere Temperatur — 15 bis 17^0 — herrschen, aber das ist zu niedrig wegen der geringen körperlichen Tätigkeit. — Einen Vorteil bietet der hohe Feuchtigkeitsgehalt durch die Staubbindung, was besonders in Jutewebereien von Bedeutung ist.

Hoher Feuchtigkeitsgehalt setzt ferner gleichmäßige Temperatur voraus, soll nicht bei einem Sinken dieser der Taupunkt überschritten und Wasser ausgeschieden werden, was unter allen Umständen zu vermeiden ist. Bei 25^0 C können in $1\,m^3$ Luft höchstens 22,9 g und bei 80 vH rel. F. 18,22 g Wasser vorhanden sein. Sinkt die Temperatur um 5^0, kann $1\,m^3$ Luft nur noch 17,2 g enthalten, also 18,32 — 17,2 = 1,12 g weniger als vorhanden; der Taupunkt ist überschritten und 1,12 gr Wasser werden ausgeschieden.

Temperatur und Feuchtigkeitsgehalt müssen also stets in Einklang gebracht und durch Thermometer und Hygrometer sorgfältig überwacht werden.

Die früher viel angewendete Dampfbefeuchtung hat sich als unzweckmäßig und unwirtschaftlich erwiesen und kommt heute kaum noch zur Ausführung, obgleich der Dampf am leichtesten von der Luft aufgenommen wird. Man ist heute allgemein zur Wasserzerstäubung übergegangen und werden die Befeuchtungsanlagen mit Einzelzerstäubern oder als Zentralanlagen, letztere meist in Verbindung mit Heizung und Lüftung, zur Ausführung gebracht.

---

[1]) Stadelmann, E.: Die Luftbefeuchtung für Räume der Textilindustrie. Gesundhtsing. 1917, S. 434. — Luftbefeuchtung und Ventilation in der Textilindustrie. Österreichs Wollen- und Leinenindustrie 1909. Eine gute Zusammenstellung vieler Befeuchter, allerdings heute etwas veraltet.

Anlagen mit Einzelzerstäubern. — Die Feuchter werden in 3—4 m Höhe über dem Fußboden möglichst gleichmäßig verteilt angebracht und empfiehlt es sich, die Abstände nicht zu groß zu nehmen. Bei Zerstäubern mit Druckwasser tritt Wasser von 6—10 Atm. Pressung aus Düsen aus, welche es fein verteilen. Es entstehen dabei aber immer neben dem Nebel mehr oder weniger Tröpfchen, die gefangen und von einer Rückleitung der Pumpe wieder zugeführt werden, nachdem man das Wasser von Fäserchen gereinigt hat, um ein Verstopfen der feinen Düsenöffnung zu verhüten. — Versuche[1]) haben gezeigt, daß bei Zerstäubern mit Druckwasserbetrieb eine ungleiche Sättigung der Raumluft eintritt. Im Umkreis von 1 m von der Düse ergab sich volle Sättigung, in 2 m 75 vH und in 3 m 65 vH und weniger, so daß also bei langen Maschinen schon erhebliche Ungleichheiten in der Luftfeuchtigkeit auftreten müssen. Auch muß bei dieser Befeuchtung noch für besondere Lüftung gesorgt werden.

Die unter dem Namen „Jacobine" bekannte Befeuchtungseinrichtung von Rudolph Jacobi in Nimwegen bewirkt zugleich Lüftung. Die Zerstäuberdüsen sind in einem weiten Rohr angebracht und die austretenden Wasserstrahlen saugen entweder Außenluft oder Außen- und Innenluft an, wenn im Winter mit Umluft gearbeitet wird. Nur ein kleiner Teil des Wassers wird von der Luft aufgenommen, der größte Teil muß abgefangen und der Pumpe wieder zugeführt werden, wozu eine Rücklaufleitung erforderlich ist. Die gefeuchtete Luft führt ein allmählich sich verengendes Rohr mit Ausblasstutzen dem Arbeitsraum zu.

Am besten haben sich bis jetzt die Druckluftzerstäuber bewährt. Eine Luftpumpe irgendwelcher Bauart liefert Druckluft von 0,5 bis 0,8, auch 1,0 bis 1,5 Atm. Überdruck und die aus Düsen austretenden Luftstrahlen zerstäuben das zugeführte Wasser so fein, daß keine Tropfenbildung eintritt und Rücklaufleitungen überflüssig sind. Das Wasser fließt den Zerstäubern ohne besonderen Druck zu, es wird einem Gefäß entnommen, welches nur wenig höher als die Zerstäuber, die gewöhnlich mit zwei Düsen, zuweilen auch 3 und 4, versehen sind, angebracht ist und in dem der Wasserspiegel durch eine Schwimmereinrichtung auf immer gleicher Höhe gehalten wird. Da die Druckluftstrahlen sich weit im Raum ausbreiten, ist der Feuchtigkeitsgehalt gleichmäßiger als bei Druckwasserzerstäubern. Die Preßluft dient zugleich zum Lüften des Raumes und die rasche Verdunstung führt zu einer Kühlung, die man im Winter durch Vorwärmen der Luft aufzuheben trachtet. — Eine Düse vermag je nach der Luftpressung stündlich 7—8—10 Liter Wasser zu zerstäuben.

Zentralbefeuchtungsanlagen. — Diese sind, wie schon oben angeführt, meist mit der Heizung und Lüftung verbunden. Ein Schraubengebläse saugt Außen- oder Außen- und Umluft an, welch letztere gegebenen Falles gefiltert wird und treibt sie in einen Kanal, in welchem die Heizkörper und die Zerstäuberdüsen untergebracht sind. Die Luft wird dann durch Kanäle in den Umfassungswänden oder durch an den Dachbindern aufgehangene Rohre in die Räume eingeleitet. Die Blechrohre streicht man hell, um eine möglichst geringe Lichtbeeinträchtigung zu erhalten, sie geben aber häufig Veranlassung zur Staubablagerung außen und innen.

Eine sehr schöne Anlage, die auch in ästhetischer Richtung als vortrefflich bezeichnet werden muß, die Seidenweberei von Michels & Co. in Nowawes

---

[1]) Schweizer, A.: Einfluß der Luftfeuchtigkeit auf den Fortgang des Baumwollspinnprozesses. Leipz. Monatsschr. Textilind. 1911, S. 13.

bei Potsdam, ist ausführlich beschrieben und durch viele Abbildungen erläutert in der Zeitschrift des Vereins deutscher Ingenieure 1914, S. 6 und 53.

Entnebeln. — Für Schlichtereien und einzelne Teile der Appreturräume kommt Entnebelung in Frage zur Beseitigung des durch Trocknen der Ketten und Gewebe entstandenen Wasserdampfes, der sich häufig in Nebelform unangenehm fühlbar macht, die Lichtwirkung und Übersicht beeinträchtigt, die Gefahr für die Arbeiter vermehrt und zum Niederschlagen von Wasser an den Wänden, Decken und Maschinen führt.

Im Sommer genügt meist eine kräftige Lüftung, um die Nebelbildung zu verhüten; im Winter dagegen hat man damit vielfach zu kämpfen, besonders dann, wenn die Raumluft völlig mit Feuchtigkeit gesättigt ist und kalte Luft in den Raum eindringt. — Um die Nebelbildung zu verhüten ist einmal erforderlich, daß man durch Zuführung vorgewärmter Luft dafür sorgt, daß die Raumluft nie völlig mit Feuchtigkeit gesättigt ist und daß man die Räume, in denen meist fortgesetzt Wasserdampf entsteht, gut lüftet. Die dazu dienende Luft ist ebenfalls gut vorzuwärmen; das Einblasen kalter Luft würde die Bildung von Nebel nur befördern.

Entstauben. — Entstaubungsanlagen sind in Webereien selten, da an den Maschinen Staub in größerer Menge nicht entsteht. Man findet meist nur die Gewebeschermaschinen mit Staubabsaugung ausgerüstet. Die Saugluft dieser muß gereinigt werden, was bei der großen Feinheit der Scherhaare durch Schlauch- oder Sackfilter zu geschehen hat, da Fliehkraftabscheider (Zyklone) dazu völlig ungeeignet sind.

B. Kraftübertragung.
(Vgl. auch S. 180.)

Der Gruppenantrieb für Webstühle ist auch heute noch weit verbreitet und werden die Gruppenwellen durch Riemen, Seile oder Elektromotoren angetrieben. Die Aufstellung der Webstühle bei Gruppenantrieb

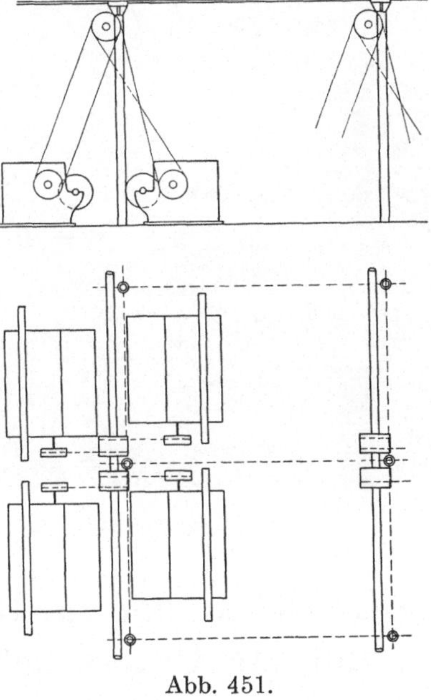

Abb. 451.

zeigt Abb. 451. Von jeder Welle werden zwei Reihen von Stühlen getrieben, die der einen Reihe durch offene, der anderen Reihe durch gekreuzte Riemen. Die Stühle sind mit den Garnbäumen gegeneinander gestellt und in den Reihen um etwa doppelte Riemscheibenbreite versetzt, um von einer Scheibe aus zwei Stühle betreiben zu können. Die Scheiben sind dicht neben den an die Säulen geschraubten Lagern angeordnet, wodurch das durch den Riemenzug hervorgerufene Biegungsmoment klein ausfällt. — Bei elektrischem Einzelantrieb ist ein Versetzen der Reihen nicht erforderlich.

C. Transporteinrichtungen.

Abb. 452. Hängebahn für Kettbäume.

Diese beschränken sich in Flachbauten auf Karren und Wagen für Garn, Spulen und Gewebe. Die schweren Scher- und Kettbäume befördert man zumeist mit kleinen zweirädrigen Karren, deren Holzkörper muldenförmig ausgebildet ist. Flaschenzüge dienen zum Einlegen in die Maschinen. — In ganz großen Webereien findet man auch Hängebahnen für die Beförderung der oft mehr als 100 kg schweren Bäume (s. Abb. 452). — Jutewebereien, welche Linoleumjute in großen mehrere tausend Meter Ware enthaltenden Rollen liefern, bedürfen leichter Krananlagen zum Abheben der Rollen von der Wickelvorrichtung. — Bei Geschoßbauten sind Aufzüge vorzusehen, die vielfach in die Treppenhäuser verlegt werden.

D. Einrichtungen zur Rettung der Arbeiter bei Bränden und zur Unterdrückung ausbrechender Brände.

Die Feuersgefahr ist in Baumwoll-, Leinen- und besonders in Jutewebereien erheblich größer als in Woll- und Seidenwebereien. — In allen Anlagen müssen Vorkehrungen getroffen werden, um bei ausbrechenden Bränden die Rettung der Arbeiter zu ermöglichen. Bei Flachbauten genügen Nottüren in entsprechender Zahl, die stets unverschlossen zu halten oder mit einem Verschluß zu versehen sind, der durch Druck von innen die Tür ohne weiteres nach außen aufspringen läßt. Nottüren dürfen nicht durch Kisten, Karren usw. verstellt werden und sind mit einer besonderen Beleuchtung zu versehen, die sie auch dann erkennen läßt, wenn die Saalbeleuchtung erlischt. Man sollte auch in kürzeren Zeiträumen die Arbeiter zwingen, die Räume durch die Nottüren zu verlassen, damit jeder mit dem Rettungsweg vertraut ist.

Schwieriger gestaltet sich die Rettung bei Geschoßbauten. Feuersichere Treppenhäuser sind so anzulegen, daß sie nicht verqualmen können, denn der Qualm, nicht die Flamme ist der gefährlichere Feind. Daneben müssen aber häufig noch an der Außenseite der Gebäude eiserne Rettungsleitern und für weibliche Arbeiter Rettungstreppen angebracht werden. Führen die Nottreppen an Fenstern vorüber, sind diese mit Drahtglas zu versehen, welches der Einwirkung der Flammen lange Zeit widersteht.

Bei Ausbruch eines Brandes kommt es vor allem darauf an, diesen so schnell als möglich zu unterdrücken. Dazu dienen Gasspritzen mit 6 bis 10 Liter Inhalt (Minimax, Radikal von der Radikal-Bauanstalt Wilhelm Napp in Stuttgart usw.) und auf dem Rücken tragbare mit 20 bis 50 Liter Inhalt, die zur Hand sein müssen, und Hydranten mit angeschraubten Schläuchen, mit denen jeden Augenblick aus einer Hochdruckleitung Wasser gegeben werden kann.

Selbsttätige Feuerlösch- (Sprinkler-) Anlagen wirken in der Weise, daß unter der Decke angebrachte Brausen sich öffnen, sobald die Temperatur auf etwa 70^0 steigt und das Wasser in einem fein verteilten Regen glockenartig über eine Fläche von $9 \div 10 \ \mathrm{m}^2$ ausströmen lassen. In Webereien sind derartige Anlagen selten zu finden, weil durch diese häufig mehr Wasser- als Feuerschaden entsteht. Es öffnen sich nicht nur die unmittelbar über dem Brandherd befindlichen Brausen, sondern auch eine Anzahl benachbarter, da die heiße Luft nach oben und an der Decke entlang strömt.

Viel angewendet werden gegenwärtig die selbsttätigen Feuermelder, die auf bestimmte Temperatur eingestellt werden können und das Überschreiten dieser an beliebiger Stelle, Torwart, eigene oder städtische Feuerwache usw. melden, so daß in kürzester Zeit eingegriffen werden kann.

In großen, ja selbst mittleren Anlagen findet man jetzt häufig eigene Feuerwehren, gebildet aus den Arbeitern und ausgerüstet nicht nur mit den gewönlichen Löschgeräten, sondern auch mit Steig- und Schiebeleitern, Motorspritzen, mit Rauchhelmen, Sauerstoffapparaten usw. Die Aufwendungen für Feuerversicherung erfahren dadurch eine nicht unerhebliche Ermäßigung und weiter ergibt sich daraus für das Unternehmen insofern eine größere Sicherung, als es unter den heutigen Verhältnissen nicht möglich ist, die Anlage zu dem vollen Wert zu versichern, ohne die Gebühren über ein erträgliches Maß hinaus zu steigern.

Einrichtungen für die Arbeiterwohlfahrt. — Hier sind anzuführen Umkleide- Wasch- und Baderäume, Speiseräume, Wohngelegenheit für ledige Arbeiter und Arbeiterinnen, Wohnhäuser für Angestellte und Arbeiterfamilien.

Umkleide- und Waschräume werden meist miteinander vereinigt. Zur Aufbewahrung der Kleidung dienen Schränke, am besten aus gelochtem Blech oder Drahtgewebe hergestellt, weil hölzerne leicht zum Festsetzen von Ungeziefer führen, welches daraus schwer zu beseitigen ist. — In Seidenwebereien, in denen die größte Sauberkeit herrschen muß, wird den Arbeitern und Arbeiterinnen vielfach die Arbeitskleidung, ein Überkleid, geliefert. — In den Waschräumen sind meist Reihenwaschbecken mit kaltem und warmem Wasser aufgestellt und wird das Reinhalten durch eine ältere Person besorgt.

Badeeinrichtungen sind ebenfalls nicht selten und tragen, da sie meist auch den Familienangehörigen gegen geringes Entgelt zur Verfügung stehen, zur Beförderung der Gesundheit der Arbeiterbevölkerung bei. — Die Geraer Jutespinnerei und Weberei in Triebes besitzt, um nur ein Beispiel anzuführen, ein Warmbadehaus mit Brause-, Wannen- und Schwimmbädern und in unmittelbarem Anschluß an die Fabrik einen im Sommer sehr stark von der ganzen Ortsbevölkerung benutzten Badeteich von etwa $3000 \ \mathrm{m}^2$ Fläche. Der Bademeister erteilt Schwimmunterricht, wovon fleißig Gebrauch gemacht wird.

Speiseräume erhalten Wärmeschränke für die mitgebrachten Speisen und besitzen vielfach eine Kaffee- und Teeküche, um den Arbeitern umsonst oder gegen geringes Entgelt warme Getränke zu liefern.

Unterkunftsräume für Ledige, Wohnungen für Familien. — Müssen Arbeiter von auswärts herangezogen werden, hat man häufig zur Unterbringung durch Anlage von Ledigenheimen zu sorgen. — Sehr lebhaft sind gegenwärtig die Bestrebungen, den Arbeiterfamilien durch Errichtung von Wohnhäusern bessere Lebensbedingungen zu schaffen. Siedelungen mit Ein- und Mehrfamilienhäusern, mit denen Ställe für Kleinvieh und Gartenland verbunden werden, sind allerorten errichtet worden, legen aber zuweilen dem Unternehmer recht bedeutende Opfer auf.

Einrichtungen für erste Hilfe bei Unfällen. — In den Arbeitsräumen sind Verbandskästen mit den nötigen Mitteln für leichtere Verletzungen aufzustellen. — Große Anlagen besitzen einen besonderen Raum für Hilfe bei schweren Unfällen, ausgerüstet mit chirurgischen Instrumenten, Medikamenten, Tragbahren Krankenwagen usw. — Einige Arbeiter und Angestellte sind als Heilgehilfen ausgebildet, um bis zur Ankunft des Arztes die erste Hilfe zu leisten.

Bedürfnisanstalten. — Diese sollen, wenn möglich, nicht im Freien angelegt werden, um unnötig weite Wege und Erkältungen zu vermeiden. Zweckmäßig werden die Abortanlagen in Vorbauten der Arbeitsräume gelegt, die mit diesen durch gutgelüftete Gänge zu verbinden sind. Nord- und Ostseite ist zu bevorzugen. — Die Anlagen sind für Männer und Frauen zu trennen und hat man für etwa 20 Männer und 15 Frauen einen Abortsitz zu rechnen; außerdem für Männer einen Stehplatz auf drei bis vier Sitze. Die Zellen von mindestens 75 cm Breite sind mit etwa $2^1/_4$ m hohen und dichten Wänden zu versehen, werden oben zweckmäßig durch ein nicht zuweitmaschiges Drahtgewebe abgedeckt und erhalten Türen, die bis auf 30—40 cm vom Fußboden herabreichen. Die Abortanlagen sind so auszuführen, daß Wände und Fußböden abgewaschen werden können und gut zu lüften und zu beleuchten. — Die Beseitigung der Fäkalien verursacht nicht selten, wenn nicht Wasserspülung und Rieselung zur Anwendung kommen können, ziemliche Schwierigkeiten und Unkosten.

Literaturverzeichnis.

Ashenhurst, T. R.: Design in textil fabrics. London, Paris u. New York 1883.
Bailey, J.: Loom tuning. Manchester u. London 1906.
Barlow, A.: The history and prinziples of weaving by hand and by power. 2. Aufl. London 1879.
Bittner, E.: Der Musterwebstuhl und das Dessinieren auf demselben. Berlin 1910.
Brenger, F.: Die Ausrüstung der Stoffe aus Pflanzenfasern. Leipzig 1913.
    Bibl. d. gesamten Technik Bd. 205.
Bosheck, W.: Die Florgewebe. Teppich, Plüsch, Samt, Frottierstoffe usw. Ihre Theorie und Praxis in der mech. Weberei. Wien u. Leipzig 1905.
Both, O.: Kurzer Leitfaden der Bandweberei. Leipzig 1914.
    Bibl. d. gesamten Technik Bd. 224.
Braulik, A.: Altägyptische Gewebe. Stuttgart 1900.
Denk, R.: Die Fabrikation der Flocken- und Perlstoffe. Wien u. Chemnitz 1880.
— Die Bindungslehre für Gewebe. Altona 1885.
— Die metrische Blatt- und Fadendichte für Gewebe. Altona 1886.
— Metrische Dichtentabellen für Tuch- und Buckskin-Fabrikate. Altona 1886.
Depierre, J.: Die Waschmaschinen. Wien 1884.
— Traité élémentaire des apprêts des tissus de coton, blancs, teints et imprimés. Paris u. Liège 1887. Deutsch. Wien 1888.

Donat, F.: Methodik der Bindungslehre, Dekomposition und Kalkulation für Schaftweberei. 2. Aufl. Wien, Pest, Leipzig.
— Bindungslexikon für Schaftweberei. Ein Musterschatz von 4100 Bindungen, 2—26 schäftig. Wien, Pest, Leipzig.
— Technologie der Jacquardweberei. Wien, Pest, Leipzig 1902.
— Technologie, Bindungslehre, Dekomposition und Kalkulation in der Jacquardweberei. Wien u. Leipzig 1912.
Dorning, H.: Die Praxis der mechanischen Weberei. 2. Aufl. Wien u. Leipzig 1908.
Edelstein, S.: Die Kettenschaltgetriebe am mechanischen Webstuhl. Berlin 1904.
— Die Fachbildgetriebe am mechanischen Webstuhl. Leipzig u. Wien 1909.
Ephraim, H.: Über die Entwickelung der Webetechnik und ihre Verbreitung außerhalb Europas. Leipzig 1905.
— Organisation und Betrieb einer Tuchfabrik. Tübingen 1906.
v. Falke: Kunstgeschichte der Seidenweberei. Berlin 1913.
Finsterbusch: Die mechanische Weberei und die Fabrikation der Kunst- und Figurendreher. Altona 1888. (Aus diesem Werke sind eine Reihe von Abbildungen entnommen.)
Glafey, H.: Die Textilindustrie, Herstellung textiler Flächengebilde. Leipzig 1913.
Gräbner, E.: Die Weberei. Leipzig 1913.
Gruner, A.: Mechanische Weberei-Praxis. Garn-Numerierung und Garn-Umrechnungen. Wien, Pest, Leipzig 1898.
— Theorie der Schaft- und Jacquard-Gewebe. Wien, Pest, Leipzig 1902.
Heiden, M.: Die Textilkunst des Altertums bis zur Neuzeit. Berlin 1909.
Jahnel, C.: Die Webfehler, deren Entstehung und Ursachen. 2. Aufl. Altona.
Johannsen, O.: Handbuch der Baumwollspinnerei, Rohweißweberei und Fabrikanlagen. Leipzig 1902.
Karabacek, J.: Die persische Nadelmalerei Susandschird. Ein Beitrag zur Entwickelungsgeschichte der Tapisserie de haute lisse. Leipzig 1881.
Kimakowicz-Winnicki, M. v.: Spinn- und Webwerkzeuge. Entwickelung und Anwendung in vorgeschichtlicher Zeit Europas. Würzburg 1910.
Kinzer, H.: Fabrikationskunde für die Weberei. Wien u. Leipzig 1910.
— u. O. Fiedler: Technologie der Handweberei. 4. Aufl. Leipzig u. Berlin 1906.
— u. K. Walter: Theorie und Praxis der Ganz-Damastweberei. Braunschweig 1901.
Kohl, F.: Geschichte der Jacquard-Maschine. Berlin 1872.
Kozlik, B.: Technologie der Gewebeappretur. Berlin 1908.
Kraft, A.: Studien über mechanische Bobbinet- und Spitzenherstellung. Berlin 1892.
Kretschmer, C.: Die Schlichterei in ihrem ganzen Umfange. Wittenberg.
Kraus, F.: Der Webmeister für mechanische Weberei. 2 Bändchen. Wien u. Leipzig 1905—06.
Leggat, W.: The theory and practice of the art of weaving linen and jute manufactures. Dundee.
Lehmann-Filhés, M.: Über Brettchenweberei. Berlin 1901.
Lembcke, E. R.: Die Vorbereitungsmaschinen in der mechanischen Weberei. Leipzig 1877.
— Mechanische Webstühle unvollendet. Braunschweig 1886—96.
Lepperhoff, B.: Die Flechterei. Bibl. d. gesamten Technik Bd. 208. Leipzig 1914.
Lindner, G.: Spinnerei und Weberei. Karlsruhe u. Leipzig 1914.
Löbner, O.: Entstehung, Verhinderung und Beseitigung der Flecken in Wollwaren. Grünberg i. Schl.
Lord, R. T.: Handbuch für Musterzeichner der Textil-Kunstindustrie. Wien, Pest, Leipzig 1900.
Lüdicke, A.: Die Mechnismen zur Erhaltung der Spannung und zur Längsbewegung der Kette. Sonderdruck aus dem Zivilingenieur.
Marschik, Dr. Chr.: Technik und Wirtschaft des Webereibetriebes. Leipzig 1920.
Mey, O.: Kraftbedarf der mechanischen Webstühle. Dresden 1892.
Mikolaschek, K.: Mechanische Weberei. Reichenberg 1892.
— Bd. 1. Die Vorbereitungsmaschinen. Wien u. Leipzig 1904.
— Bd. 2. Einrichtung zur Bewegung der Kette. Wien und Leipzig 1908.
— Kurzer Abriß der mechanischen Weberei. Wien u. Leipzig 1911.
Neumann, H.: Die Herstellung der Drehergewebe. Hof i. B. 1902.
— Die Herstellung der Drehergewebe in der mechanischen Weberei. Hof i. B. 1909. (Diesem Werke sind eine Reihe von Abbildunren entnommen.)
Oelsner, G. H.: Die deutsche Webschule. 8. Aufl. Altona 1902.
Reh, F.: Lehrbuch der mechanischen Weberei. 2. Aufl. Wien 1890.
— Der mechanische Seidenwebstuhl. 2. Aufl. Weimar 1897.

Reiser, N.: Die Fehler in Webwaren und deren Verhütung. Aachen 1894.
— Die Appretur der wollenen und halbwollenen Waren. 2. Aufl. Leipzig 1912.
— u. F. Spennrath: Handbuch der Weberei. München 1889.
— — Die mechanischen Webstühle. München 1894.
Repenning, H.: Die mechanische Weberei. Berlin 1911.
Roberts, Th.: Tappet and Dobby Looms. Manchester.
Schams, J.: Handbuch der Weberei. 4. Aufl. Leipzig 1909.
Schneider, J. W.: Kurze Anleitung zur Dekomposition und Kalkulation von ganz- und
    halbseidenen Stoffen. 2. Ausg. Zürich 1894.
Staub, E.: Schnellkalkulator für Webereien. 3. Aufl. Leipzig.
Strahl, G.: Die Samt- und Plüschfakrikation. Berlin 1900.
Birdwood, G.: Teppicherzeugung im Orient. Herausgegeben vom K. K. österreichischen
    Handelsmuseum. Wien 1895.
Utz, L.: Die Praxis der mechanischen Weberei. Leipzig 1907.
Vinzenz, J.: Lehrbuch der Bindungslehre und Dekomposition für Tuch- und Buckskin-
    weberei. Dresden 1895.
Wickardt, A.: Die Webereimaschinen. Leipzig 1911.
Woodhouse, T. u. T. Milne: Jute and linen weaving. Manchester 1904.

Die Maschinen zur Band- und Posamenten-Weberei.

Von **Professor K. Fiedler,** Barmen.

Mit 166 Textabbildungen.

Einleitung.

Bänder und Posamenten sind Erzeugnisse der Webereitechnik von geringer Breite. Zur Herstellung dieser Erzeugnisse dienen z. T. dieselben Apparate wie zur Anfertigung der breiten Gewebe, doch sind die Maschinen, die sich im Laufe der Zeit aus dem einfachen Handwebstuhl entwickelt haben, voneinander sehr abweichend geworden, weil es sich herausgestellt hat, daß manche Einrichtungen, die für die Breitweberei erforderlich sind, für die Bandweberei nicht oder in ganz anderer Form angewendet werden können.

Mit dem Handwebstuhl und mit dem Posamentierstuhl wird immer nur ein Band gewebt. Das war in früheren Zeiten schon unvorteilhaft. Daher wurden und werden diese Apparate nur für solche Bänder, Tressen und Posamenten verwendet, von denen nur kleine Quantitäten zu fertigen sind oder die besondere Eigentümlichkeiten in der Webetechnik besitzen, durch Verdrehung, Verschlingung oder Verflechtung des Schußmateriales eigenartige Musterung bekommen, die eine ganz persönliche Fertigkeit des Herstellers erfordern, mechanisch nicht herzustellen sind und daher zu den schmalen Kunstgeweben zu zählen sind.

Um größere Leistungen zu erzielen, wurden schon frühzeitig Einrichtungen getroffen, um mehrere Bänder gleichzeitig zu weben. Dies führte zur Erbauung des Schubstuhles und des Mühlstuhles, die Mitte oder Ende des 16. Jahrhunderts erfunden wurden und so eingerichtet waren, daß die Bewegung aller, für die Anfergung der Bänder erforderlichen Mechanismen durch den Antrieb eines einzigen Teiles erfolgte. Dieser eine Teil war eine Welle, die man durch Kurbel und Fußtritt, häufiger jedoch durch Kurbel und Schwingbaum mit der Hand in Umdrehung versetzte.

Im Laufe der Jahrhunderte entwickelte sich aus diesem halbmechanischen Webeapparate der heutige mechanische Bandwebstuhl. Er paßte sich den Materialien Seide, Wolle, Baumwolle, Leinen, Hanf u. a. ebenso an, wie den so mannigfaltigen daraus gefertigten Erzeugnissen, die mitunter sehr fein, zart und leicht, oft aber auch sehr dick, schwer und kräftig sind.

In ihrer Grundform sind die Bandwebstühle einander sehr ähnlich. Das charakteristische eines solchen Stuhles ist aus der Abb. 1 zu erkennen.

Um den Bandwebstuhl näher kennen zu lernen, ist es nötig, ihn in seine einzelnen Teile zu zerlegen und diese zu betrachten. Dabei wird es möglich sein, verschiedene Einrichtungen, die gleichen Zwecken dienen, nebeneinander zu stellen und miteinander zu vergleichen.

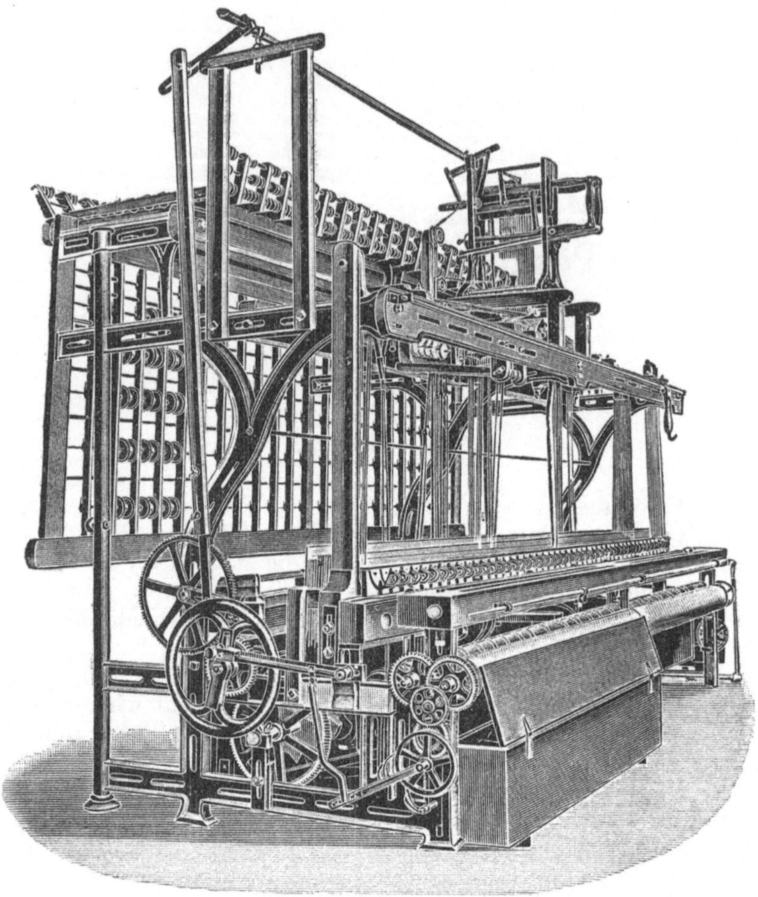

Abb. 1.

Der Bandwebstuhl.
Das Gestell.

Das Gestell des Bandstuhls besteht aus zwei Seitenwänden und mehreren Traversen, die rechtwinklig zueinander gestellt und fest miteinander verbunden sind. Alle Bewegungsmechanismen, die zur Herstellung des Bandes, also zur Bewegung der Kette und des Schusses dienen, sind in und an diesem Gestell befestigt.

Eine von den vielen, einander ähnlichen Formen der Seitenwände des Bandwebstuhls ist durch Abb. 2 skizziert. Die Zeichnung enthält die Andeutung der Traversen und einiger Stuhlteile, um deren Anordnung im Stuhl zu zeigen.

Die Tiefe des Bandwebstuhlgestelles beträgt etwa 1800 mm. Die übliche Breite ist 3000—4000 mm, doch sind auch schmälere und erheblich breitere Stühle gebaut worden. Da die Arbeitskraft des Bandwebers nicht mit der Breite des Bandwebstuhls und der größeren Bandzahl desselben steigt, ist es unzweckmäßig, überbreite Stühle zu bauen. Besser ist es, um die Arbeitskraft vorteilhaft auszunutzen, die Stühle so aufzustellen, daß sich zwei derselben mit ihren Brustbäumen gegenüberstehen; dann kann ein Weber zwei kleinere Stühle bedienen.

Um Raum zu sparen und den Anschaffungspreis des Bandwebstuhls etwas zu ermäßigen, werden Doppelstühle gebaut. Das sind zwei vollständig getrennt

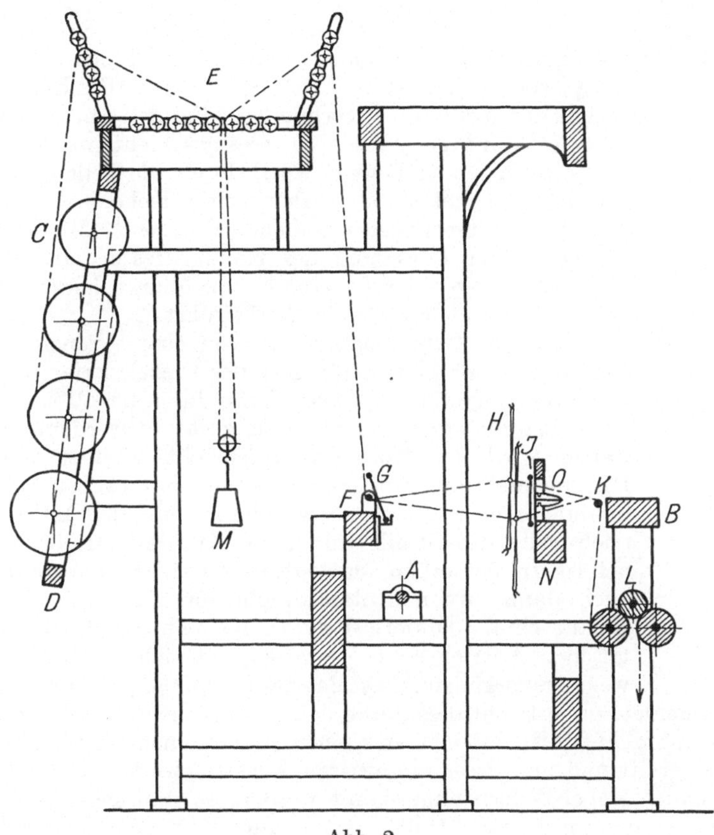

Abb. 2.

arbeitende Bandwebstühle, die so dicht nebeneinander stehen, daß sie eine gemeinsame Gestellwand haben können.

Der Antrieb.

Die Hauptwelle des Bandwebstuhls, in Abb. 2 mit A bezeichnet, ist gleichzeitig die Antriebswelle, die durch ein Vorgelege ihren Antrieb erhält. Die In- und Außerbetriebsetzung des Stuhls erfolgt durch Verschiebung einer Stange, die vorn am Brustbaum angebracht ist und über die ganze Breite des Stuhls reicht. Die Stange erteilt durch Hebel a (Abb. 3) und Welle b der Riemengabel c Schwingung nach rechts oder links. Befindet sich der Riemen auf der Festscheibe d, dann wird die Welle A durch die Zahnräder f, g gedreht. Bei der Verschiebung des Riemens auf die Losscheibe e wird gleichzeitig eine Bremse h betätigt, die sich auf eine Bremsscheibe

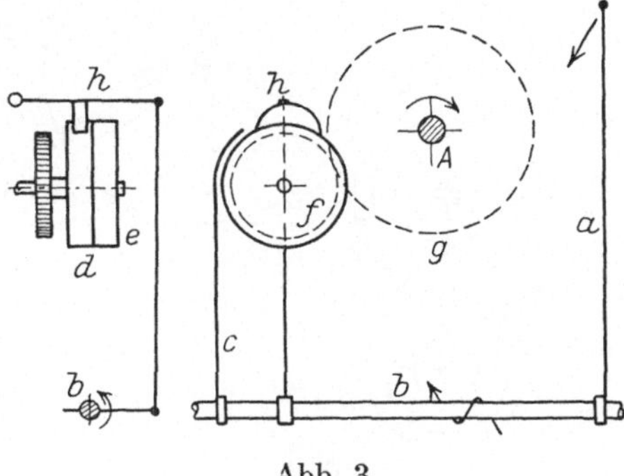

Abb. 3.

oder auf die Festscheibe legt und sofortigen Stillstand des Stuhls herbeiführt. Der Antrieb kann sowohl an der rechten als auch an der linken Stuhlseite angebracht sein.

Der Antrieb des Bandwebstuhls von Gustav Lüdorf & Sohn, Barmen, ist durch die Abb. 4 skizziert. Die Riemenscheibe a dreht sich lose auf der Hauptwelle A; sie ist als Hohlkegel gebaut. Die Kegelscheibe b ist mit der Welle A fest verbunden. Für den Antrieb des Stuhls ist a fest auf b zu pressen. Dieses geschieht, wenn der Handgriff c nach rechts bewegt wird, durch die Teile d, e, f, g und den Doppelhebel h', h''. Gleichzeitig lockert sich die unter dem Druck der Feder i stehende Bremse k, die sich bei entgegengesetzter Bewegung des Handgriffes c und dadurch erfolgende Lösung der Scheibe a von b an b lehnt und sofortigen Stillstand des Stuhles herbeiführt.

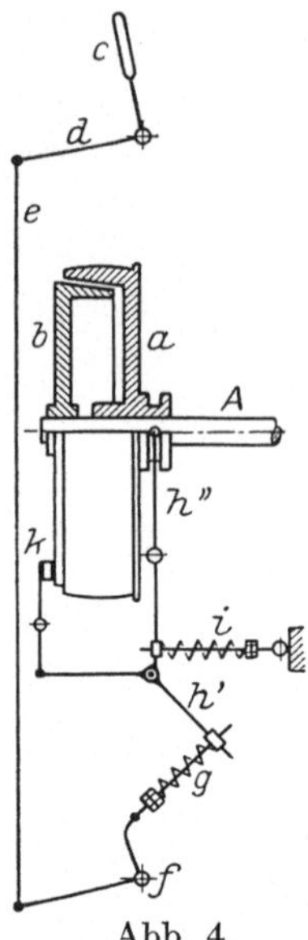

Abb. 4.

Statt des Gruppenantriebes von einer Transmission aus, wird für den Bandwebstuhl gern der Einzelantrieb durch Elektromotor angewendet. Die Verbindung des Motors mit der Antriebswelle kann sehr vielseitig gestaltet werden. In vielen Fällen wird der Motor so aufgestellt, daß er durch einen Riemen mit der Antriebscheibe des Bandwebstuhls in Verbindung steht. In anderen Fällen treibt der Motor die Antriebswelle des Stuhls durch ein Zahnradgetriebe an. Hierbei ist zu bemerken, daß starre Antriebe unvorteilhaft sind, auch dann, wenn Rutschkupplungen in das Getriebe eingebaut sind. Justus Feyer, Barmen, empfiehlt, den elektrischen Antrieb so zu gestalten, daß sich der Motor den Bewegungsvorgängen des Bandwebstuhls anpaßt und jede Stoßwirkung vermeidet. Er erreicht dies durch den Feyerschen Pendelmotor, der an einer Achse a aufgehängt ist, mit seinem kleinen Zahnrädchen b in das große Triebwerkrad c eingreift und um dieses in gewissen, konstruktiv festgelegten Grenzen schwingen kann, wobei Federn angespannt werden, so daß sich die Arbeit des Motors der Arbeitsweise des Stuhls genau anpaßt. Die Verbindung des Feyerschen Pendelmotors m mit dem Bandwebstuhl ist aus der Abb. 5 zu erkennen.

Die Arbeit des Bandwebstuhls.

Ein Band setzt sich aus den beiden Gewebeteilen Kette und Schuß zusammen. Die Kette ist in dem Stuhl so unterzubringen, daß sie in gleichmäßiger Spannung erhalten, leicht abgewickelt und so auseinandergeteilt werden kann, daß sich der Schuß gut dazwischen legen läßt. Die fertige Ware muß aufgewickelt oder abgeleitet werden. Alle Bewegungsmechanismen des Bandwebstuhls dienen daher teils zur Bewegung der Kette, teils zur Bewegung und Eintragung des Schusses.

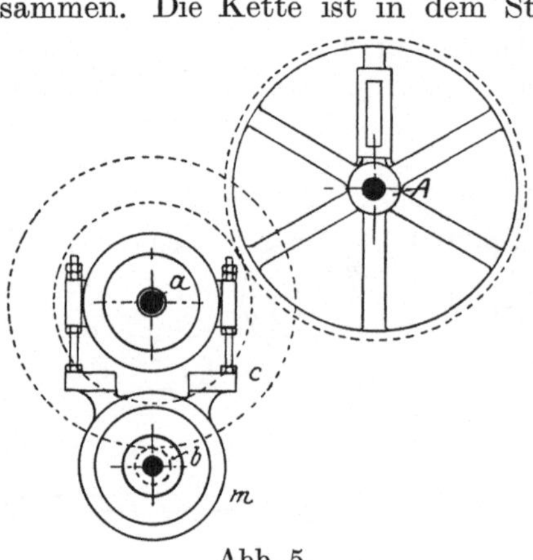

Abb. 5.

Die Anordnung der Kette.

Die Anordnung der Bandketten in dem Bandwebstuhl ist aus der Abb. 2 zu erkennen. Sie befinden sich auf kleinen Kettbäumen, Kettscheiben oder Kettrollen C, die in dem hinteren Deckel D untergebracht sind. Von hier bewegen sich die Ketten zuerst aufwärts, gehen durch den oberen Deckel E hindurch, dann abwärts zu den am Rutenholz F befestigten Kettruten und nun horizontal weiter durch das Hinterriet G, die Litzen H und das Vorderriet I. Nach Eintragung des Schusses geht das Band um die Vorderrute K herum und wird von den Walzen L des Regulators abgezogen. Erwähnt sei, daß einige Bandarten oder Stuhlkonstruktionen andere Anordnung einzelner Teile erfordern. Hiervon wird an geeigneter Stelle zu berichten sein.

Die Kettrollen.

Jedes einzelne Band des Bandwebstuhls erfordert so viele Ketten, als es Fäden mit verschiedener Einarbeitung enthält. Infolgedessen ist die Zahl der Fäden einer Kette verschiedenartig. Sie kann klein, aber auch sehr groß sein. Aus diesem Grunde sind die Rollen, die zur Aufnahme der Ketten dienen, von verschiedener Größe. Die Kettrollen sind in der Regel aus Holz gefertigt, für feine Garne und Seide besonders glatt gearbeitet und poliert. In ihrer Form gleichen sie den zum Spulen des Garnes dienenden Bobinen. Die seitlichen Scheiben sind mit Einschnitten, Rillen, Zähnen oder anderen Einrichtungen versehen, mit denen die auf Spindeln gesteckten Kettrollen festgehalten werden können.

In dem Bandwebstuhl befinden sich die Kettrollen an der Rückseite des Gestells in einem als hinterer Deckel bezeichneten Rahmen D Abb. 2. Die für jedes Band erforderlichen Ketten sind übereinandergelagert.

Die Spannung der Ketten.

Die während des Webens erforderliche, immer gleichbleibende Spannung der Kettfäden wird durch Kettgewichte M, Abb. 2, erreicht, die in die durch den oberen Deckel gezogenen Kettschleifen gehängt werden. Die Größe der Gewichte richtet sich nach der Feinheit der Garne und der Zahl der zu spannenden Fäden.

Andere Anordnungen der Teile und besondere Bandarten erfordern andere Spannvorrichtungen. Einige davon sind an anderer Stelle erklärt.

Für Gummiketten werden außer der vorgenannten Spannvorrichtung mit Bremsgewichten a versehene, fein gerillte Rollen b, Abb. 6, verwendet, die an dem Rutenholz dicht hinter den Kettruten drehbar gelagert sind. In jede

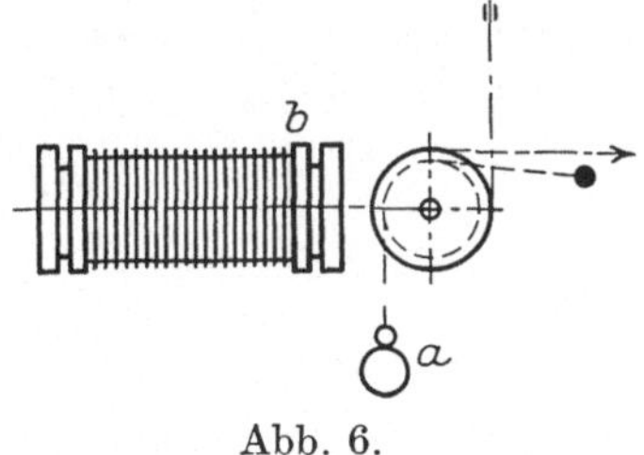

Abb. 6.

Rille wird ein Faden gelegt, einmal um die Rolle herumgezogen und dann durch die Kettruten weitergeführt. Statt der Gummirollen werden Gummispanner empfohlen, bei denen für jeden Kettfaden ein mit zwei Spannrollen versehener Hebel angeordnet ist. Hierbei ist es möglich, jedem einzelnen Faden die Spannung zu geben, die für ihn erforderlich ist.

Das Ablassen der Ketten.

Diese Arbeit kann entweder durch die Hand des Bandwebers oder selbsttätig erfolgen. Im ersteren Falle muß der Bandweber, wenn die Kette aufgearbeitet ist und das Spannungsgewicht nahe am oberen Deckel steht, die Befestigung der Kettrolle lösen und soviel Kette ablaufen lassen, bis das Gewicht nahe an den Fußboden herankommt. Für Ketten, die sich sehr schnell aufarbeiten, wendet man Doppelrollen an, Abb. 7. Die Kette wird in zwei Schleifen durch den oberen Deckel gezogen, daher hat das abgewickelte Stück doppelte Länge.

Die selbsttätigen Kettablaßvorrichtungen.

Diese Vorrichtungen, die in sehr vielen Ausführungen bekannt sind, sollen Zeit sparen und die Leistung des Bandwebers erhöhen, indem sie ihm Arbeit abnehmen. Da aber für jede Kette jedes Bandes eine solche Vorrichtung vorhanden und richtig eingestellt sein muß, trägt die Anbringung derselben keinesfalls zur Vereinfachung der Einrichtung des Bandstuhls bei. Aus diesem Grunde werden selbsttätige Kettablaßvorrichtungen nur vereinzelt Anwendung finden; immer natürlich dann, wenn die zu fertigende Ware dies erforderlich macht. Zum selbsttätigen Ablassen der Kette können Kettbremsen und Kettregulatoren dienen.

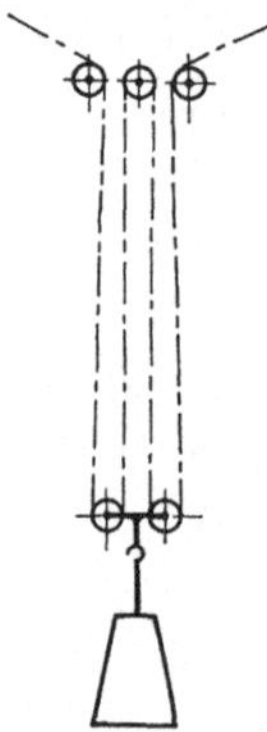

Abb. 7.

Die Kettbremsen.

Für sehr breite Seidenbänder kann die Kette in der Rietbreite auf einen kurzen Kettbaum a gewickelt werden, der hinten am Stuhlgestell drehbar gelagert ist. Um den Baum wird eine Schnur mehrmals herumgewunden, die an einem Ende ein kleines, an dem anderen Ende ein größeres Gewicht trägt, Abb. 8. Bei der Arbeit wird das größere Bremsgewicht auf-, das kleinere Gegengewicht abgewickelt. Berührt letzteres den Boden, dann läßt die Bremswirkung nach, der Baum dreht sich und wickelt etwas Kette ab, die aber unter der Spannung des Bremsgewichtes bleibt.

In der Abb. 9 ist die Bremsschnur mit einem Ende am Stuhlgestell, mit dem anderen an einem Hebel a befestigt. An a ist der Gewichtshebel b drehbar.

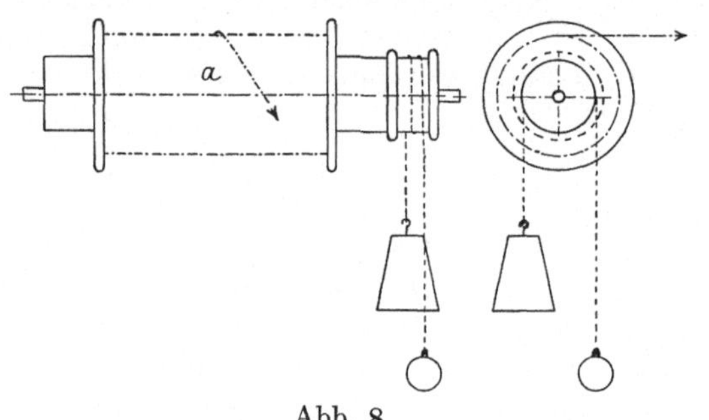

Abb. 8.

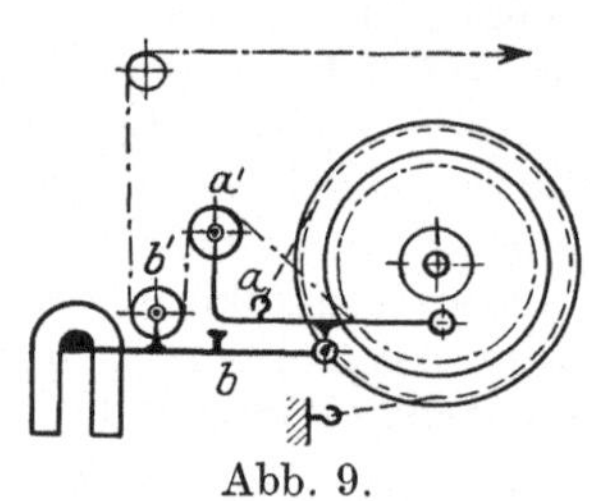

Abb. 9.

Die Kette, die um die Rollen a', b' herumläuft und durch b die erforderliche Spannung erhält, hebt bei der Aufarbeitung den Hebel b und durch diesen den Hebel a, so daß sich die Bremsung lockert und Kette abwickelt.

Die kleinen Kettrollen a, die bei gemusterten Samtbändern, Wagenborten u. a. zur Aufnahme der Flor- oder Polfäden benutzt werden, sind oft für ein Band sehr zahlreich. Man bringt die Rollen über- und nebeneinander in einen Rahmen und bremst sie durch eine mit Gewicht belastete Schnur, Abb. 10. Die sich abwickelnden, durch ein Riet c in Ordnung gehaltenen Fäden laufen über ein Gitter d hinweg, in dem sie durch kleine Belastungsgewichte ihre Spannung erhalten.

Bei den durch Abb. 11 und 12 skizzierten sebsttätigen Ablaßvorrichtungen hebt das bei der Arbeit aufsteigende Belastungsgewicht der Kette die zur Bremsung der Kettrolle dienenden Teile, einen Bremshebel oder ein Bremsgewicht.

Für einzelne Fäden, die zeitweise viel nachgeben, dann aber wieder zurückgezogen werden müssen, wie dies z. B. bei Dreher- oder Schlingbindungen der

Fall ist, können die beiden folgenden Vorrichtungen verwendet werden. Bei Abb. 13 wird der von der Kettrolle a kommende, über zwei Drähte b', b'' geleitete Faden durch das Reitergewicht c gespannt. Da sich der Faden auf die Rolle legt, wird sie gebremst.

Die Rolle d, Abb. 14, ist am Ende abgerundet und mit einem kurzen Schraubengewinde versehen, an dem eine Schnur e befestigt ist, die sich beim Abarbeiten des Fadens aufwickelt, aber an der Rundung abrutscht und sich dadurch um eine Windung abwickelt.

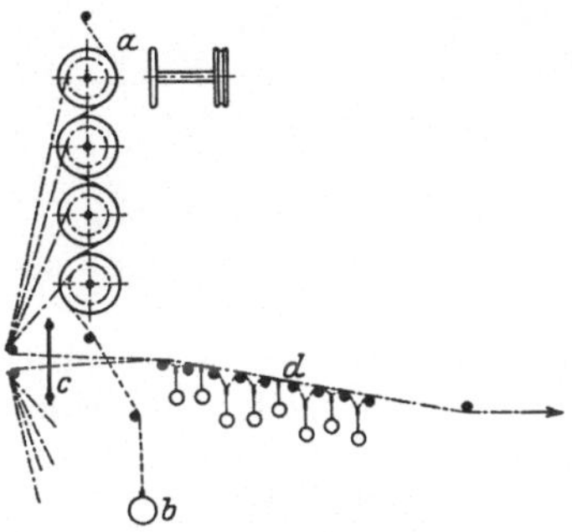

Abb. 10. 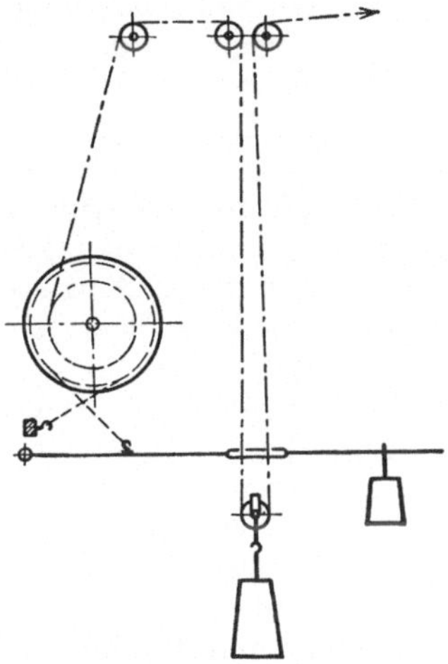   Abb. 11. 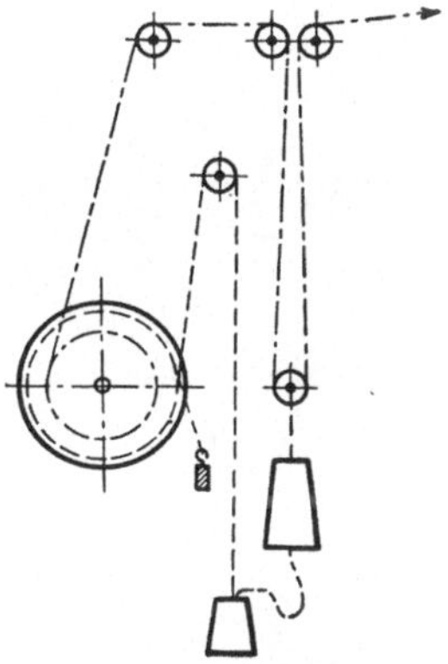   Abb. 12.

Werden sehr dicke Garne verarbeitet, wie dies z. B. bei Polstergurten der Fall ist, dann bringt man für jedes Band so viel Bobinen in den Bandwebstuhl, als Kettfäden gebraucht werden, und spannt diese durch die in Abb. 15 skizzierte

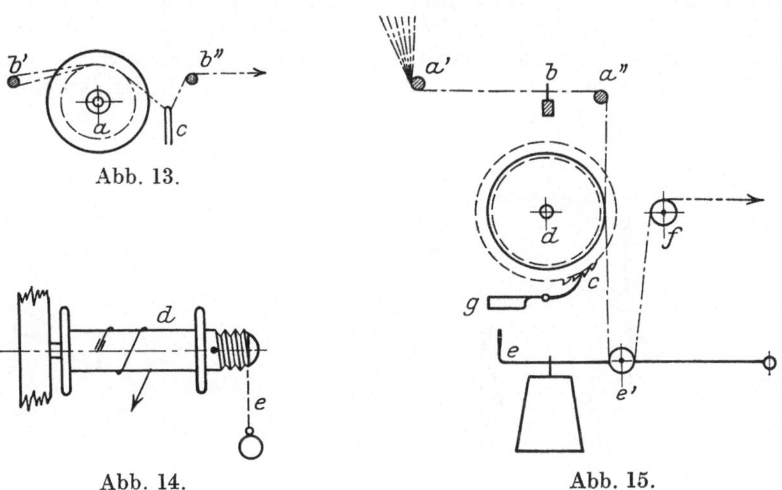

Abb. 13.

Abb. 14.   Abb. 15.

Vorrichtung. Die Fäden laufen um Drähte a', a'' durch Gitter b geordnet, um die durch das Sperrad c gehaltene Walze d, dann um die Rollen e', f zu den Litzen. Der Gewichtshebel e spannt die Fäden. Er löst, wenn er hochkommt, die Klinke g aus dem Sperrade, so daß sich ein Stück Kette abwickeln kann, das von dem tiefgehenden Gewichtshebel gespannt wird.

Die Kettregulatoren.

Regulatoren zur Abwicklung der Kette, die so arbeiten, daß jede Kettrolle für jeden eingewebten Schuß das erforderliche Kettstück hergibt, haben sich in der Bandweberei wenig bewährt. Jedes Band des Stuhls erfordert für jede seiner Ketten eine besondere Regulierung. Die Übersichtlichkeit des Stuhls wird durch die vielen Apparate stark beeinträchtigt, und die Anschaffungskosten

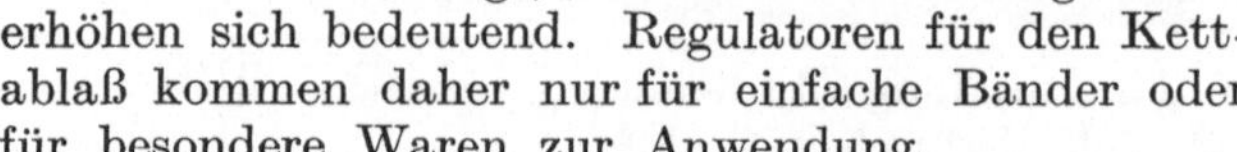

erhöhen sich bedeutend. Regulatoren für den Kettablaß kommen daher nur für einfache Bänder oder für besondere Waren zur Anwendung.

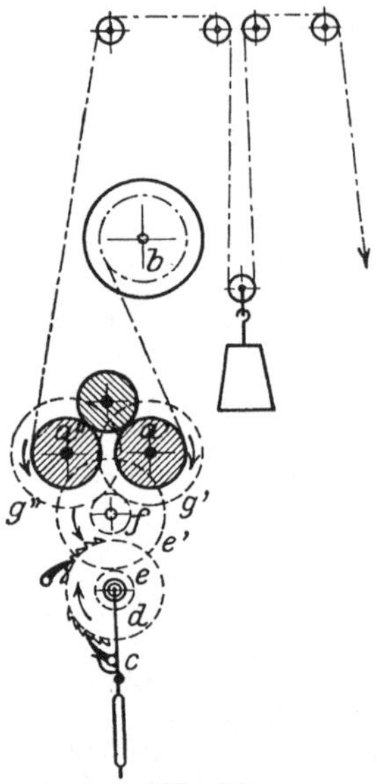

Der Regulator, Abb. 16, zieht die Kette durch die Walzen a', a'' von den leicht gebremsten Kettrollen b ab. Ihre Spannung erhalten die Fäden durch das bekannte Spanngewicht. Die Walzen a', a'' bekommen ihren Antrieb von der Lade aus durch den Schalthebel c, das Schaltrad d und die Räder e, e', f, g', g''.

Die gleiche Arbeit führt der Regulator Abb. 17 aus. Die Teile sind etwas anders angeordnet, außerdem ist nur eine Abzugswalze a vorhanden.

Bei dem Regulator Abb. 18 erhält das Rad a durch Schalthebel und Schaltrad, an das sich ein kleines Zahnrad anschließt, Drehung. Es treibt die Schneckenwelle b und durch die Schnecken c die Träger der Kettrollen d. Durch Zwischenräder e können mehrere übereinanderliegende Rollen Antrieb erhalten. Eine besondere Walze zum Abziehen der Ketten ist nicht erforderlich. Die Ketten erhalten ihre Spannung in bekannter Weise durch Gewichte.

Abb. 16.

Für den Antrieb der Gummirollen kann der Regulator Abb. 19 dienen. Die geriffelten Gummirollen a sind auf einer Welle vereinigt, die durch Schaltvorrichtung c, d und Zahnradübersetzung e, f so getrieben wird, daß der Ware so viel Gummi zugeführt wird, wie erforderlich ist. Die Fäden laufen von den Rollen a direkt zu den Litzen.

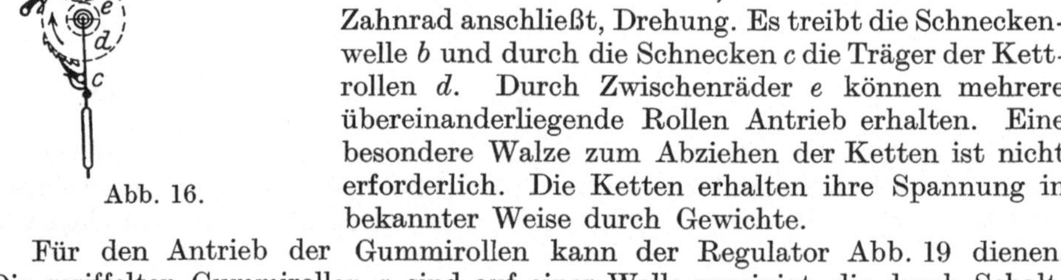

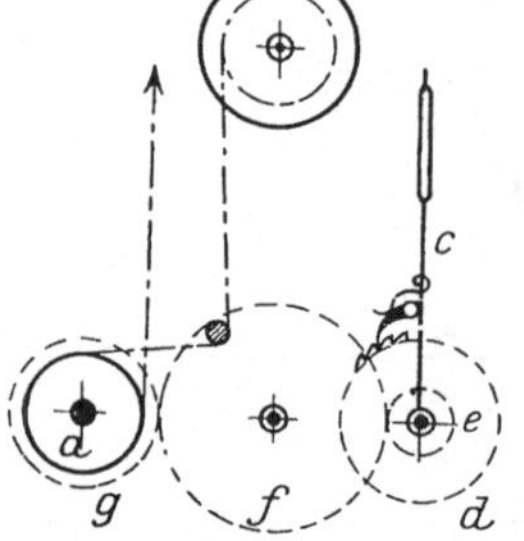

Abb. 17. 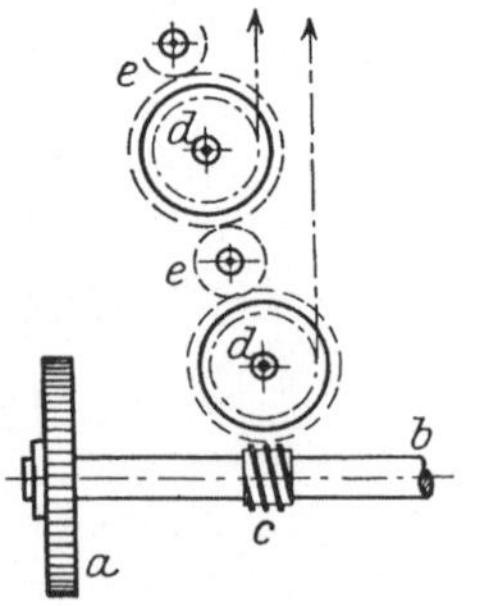   Abb. 18. 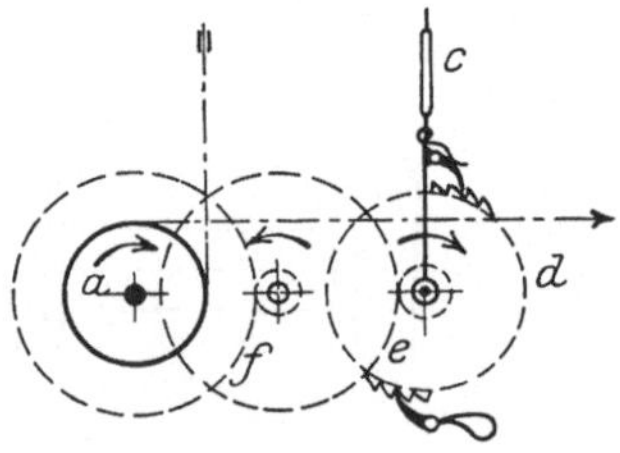   Abb. 19.

Besonders wichtig ist der Kettregulator für die Herstellung der Samtbänder, da die Flor- oder Polkette in gleichen, abgemessenen Stücken geliefert werden muß. Der Regulator Abb. 16 ist für diesen Zweck verwendbar oder der Regulator Abb. 17.

An die Stelle des Spanngewichtes tritt bei dem Samtregulator die Pollatte h, Abb. 20, die zwangläufig auf- und abbewegt wird. Die Größe der Bewe-

gung richtet sich ebenso wie die Schaltung des Regulators nach der Florhöhe
des Samtes. Hervorgerufen wird die Bewegung der Pollatte durch Kreisexzenter i oder Hebel, mit denen sie in Verbindung gebracht ist. In beiden
Fällen ist eine leichte Verstellbarkeit der Teile vorhanden.

Für dicke Garne, die nicht als Kette vorbereitet in den
Bandwebstuhl kommen, verwendet Fr. Suberg & Sohn,
Barmen, einen Regulator, der oben im Deckel angebracht
und durch Abb. 21
skizziert ist. Die
Schaltung wird durch
drei Räderpaare a, b,
c verlangsamt auf die
mittlere Walze d''
und von hier durch
die Zwischenräder e',
e'' auf die Walzen d'
und d''' übertragen.
Die beiden Walzen f'
und f'' werden durch
Friktion mitgenom-
men. Die Fäden lau-
fen von dem Regula-
tor abwärts zu den
Kettruten.

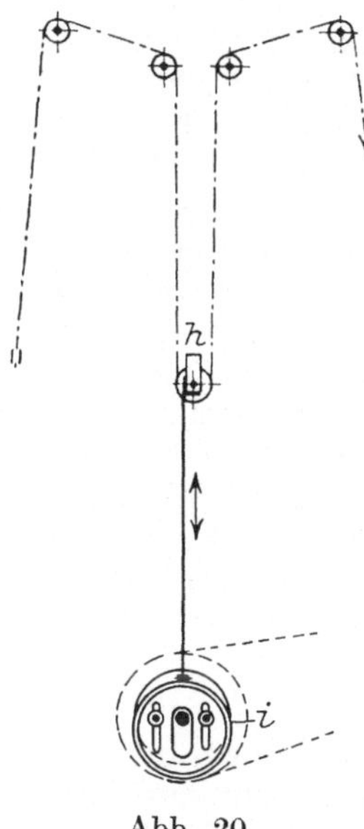

Abb. 20.

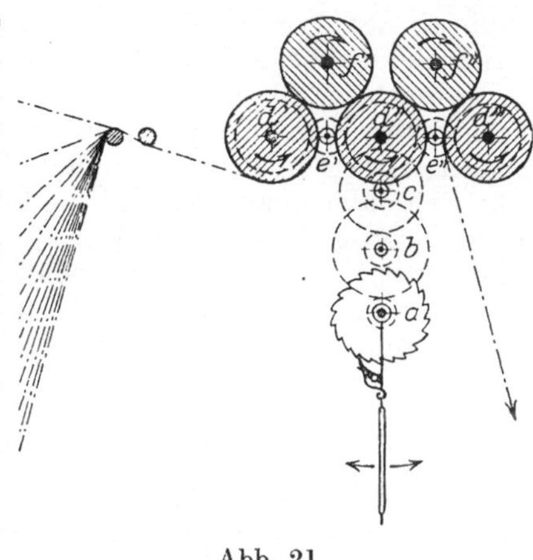

Abb. 21.

Die Kettruten und die Vorderrute.

Diese beiden Teile halten die Kettfäden in der zum Weben nötigen horizontalen Lage. Die Kettruten sind Metall- oder Glasstäbe, von denen 1—6 und
mehr durch kleine an dem Rutenholz befestigte Böckchen,
Abb. 22, gehalten werden. Sie haben außer dem vorgenannten Zweck noch den, die einzelnen Ketten des Bandes voneinander getrennt zu halten und zu führen. In einigen
Fällen ist es erwünscht, die Kettruten vor oder zurück,
höher oder tiefer zu stellen. Eine derartige Einrichtung
zeigt die Abb. 23. Das Rutenböckchen a kann man durch
Drehung der Spindel b horizontal verschieben, und der
Träger des Böckchens läßt sich vertikal durch Schraube c
einstellen.

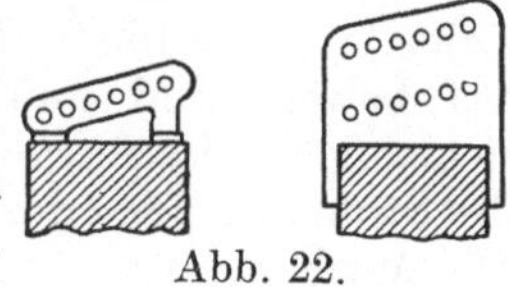

Abb. 22.

Die Vorderrute, gleichfalls aus Metall oder Glas her-
gestellt, ist am Brustbaum mit kleinen Lagern befestigt.
In einzelnen Fällen tritt an die Stelle der Vorderrute die
Abzugswalze des Warenregulators.

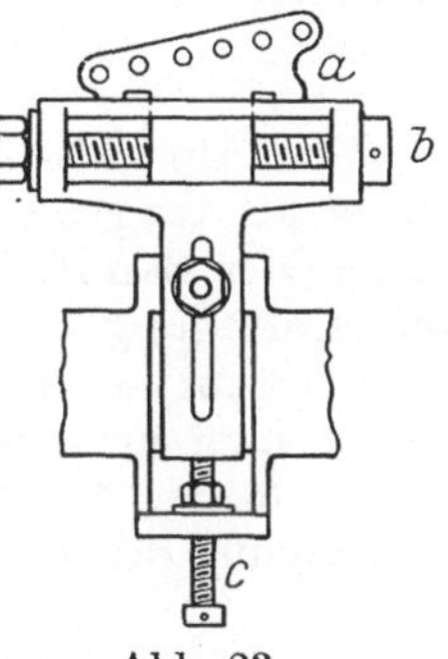

Die Riete.

Das Riet besteht aus senkrecht in gleiche Entfernung voneinander gestellten, flachen Drahtstäben, die
unten und oben an Querstäben befestigt oder mit den-
selben zusammengelötet sind. Die Dicke der Rietstäbe und die Dichte, mit
der sie nebeneinandergestellt sind, richtet sich nach der Feinheit des Kettmaterials. Seide erfordert feine, dichtstehende Stäbe, für Jute sind sie dick
und weitstehend.

Abb. 23.

Für jedes Band des Stuhls ist ein Hinterriet und ein Vorderriet erforderlich.

Das Hinterriet steht in einer Rinne des Rutenholzes, dicht vor den Kettruten. Es nimmt in jede seiner Lücken einen Kettfaden auf, so daß die Kette auseinandergeteilt und geordnet zu den Litzen kommt.

Das Vorderriet jedes Bandes wird von einem an der Lade befestigten Rahmen so gehalten, daß es leicht ausgewechselt werden kann. Es nimmt die Kettfäden in Gruppen von zwei oder mehr Fäden auf und gibt der Kette die Breite, die sie in dem Bande haben soll. Ferner dient das Vorderriet dazu, den eingetragenen Schuß an den Warenrand zu drücken.

Für Bänder besonderer Art sind oft Riete erforderlich, die von der üblichen Art abweichen. Bänder, deren Breite verändert werden muß, erfordern ein Fächer- oder konisches Riet, das unten schmal, oben breit ist. Zum Einweben von Perlen werden Perlriete gebraucht, bei denen am oberen Rietteile drei oder mehr Rietstäbe so zusammengelötet sind, daß ein dicker Stab entsteht, und die Lücke, in der sich der Perlfaden bewegt, bedeutende Erweiterung erhält. Hinter diesen Erweiterungen befinden sich für die Länge der Perlen einstellbare Gabeln, die immer nur eine Perle durch die Rietöffnung gleiten lassen. Ferner seien noch erwähnt: verstellbare Riete, solche mit herausziehbaren Stäben, mit Doppelstäben, gebogenen Stäben usw.

Der Kettfadenwächter.

In der Bandweberei sind Vorrichtungen, die den Zweck haben, den Stuhl bei dem Bruch eines Kettfadens außer Tätigkeit zu setzen, nur in vereinzelten Fällen verwendet worden. Sie sind für die neuen, mit sehr großer Geschwindigkeit laufenden Bandwebstühle unbedingt notwendig, um fehlerhafte Ware zu vermeiden; bewähren sich aber auch an den Samtbandwebstühlen, da bei der hier gefertigten Ware Kettfadenbrüche nicht gleich erkennbar sind und zu häßlichen Fehlern in der Ware führen. Um die Abstellung des Stuhls bei dem Bruch eines Kettfadens zu bewirken, ist auf jeden Faden der Kette eine Lamelle aus dünnem Metallblech zu hängen, die sich beim Reißen des Fadens tief bewegt und nun mit einer elektrisch oder mechanisch wirkenden Vorrichtung in Berührung kommt, die mit den Teilen zur Außerbetriebsetzung des Stuhls in Verbindung steht und sofortige Arbeitsunterbrechung herbeiführt. Die Mechanismen für die Kettfadenwächter finden ihren Platz in der Nähe des Hinterrietes.

Das Abziehen der Bänder.

Zum Abziehen des gewebten Bandes dient eine Vorrichtung, die der Bandweber als Regulator bezeichnet. Sie arbeitet in der Regel so, daß sie bei dem Gange des Bandwebstuhls Ware abzieht, unbekümmert darum, ob solche durch die Eintragung des Schusses erzeugt wird oder nicht. Die Wirkung ist daher eine positive. An alten Bandwebstühlen, die ganz einfache Bänder weben, findet man noch eine Abzugsvorrichtung, die als negativ bezeichnet werden kann, da der Abtransport der Ware davon abhängig ist, daß solche durch die Eintragung des Schusses wirklich gefertigt wurde.

Der negative Warenabzug.

Das von der Vorderrute kommende Band wird um mehrere Rollen herum unter dem Stuhle hindurch nach hinten geleitet, dann aufwärts in den oberen Deckel geführt und schließlich an einer im hinteren Deckel angebrachten Bandrolle befestigt. Jedes durch den Deckel gezogene Band bildet eine durch Gewicht belastete Schlinge. Das Gewicht zieht das Band ab, wenn es durch das Vorderriet mit dem eingetragenen Schuß vorgedrückt und gelockert wird. Wenn die Gewichte dem Fußboden nahe sind, werden sie durch Aufrollen der Bänder wieder gehoben.

Die positiven Warenregulatoren.

Die positiven Regulatoren, für den Abzug der gewebten Bänder und die Fortleitung derselben, sind mit Walzen ausgestattet, die in der Regel durch eine Schaltvorrichtung ganz gleichmäßige Drehbewegungen erhalten. In manchen Fällen sind zwei solcher Walzen vorhanden, in anderen genügt eine Walze. Damit die abzuziehende Ware sicher transportiert wird, nicht gleitet oder rutscht, sind die Abzugs- oder Regulatorwalzen rauh gemacht. Man umkleidet sie mit Tuch, Plüsch, Glaspapier, Reibeisenblech oder besetzt sie mit kurzen, spitzen Nadeln, je nachdem dies die abzuziehende Bandart erfordert.

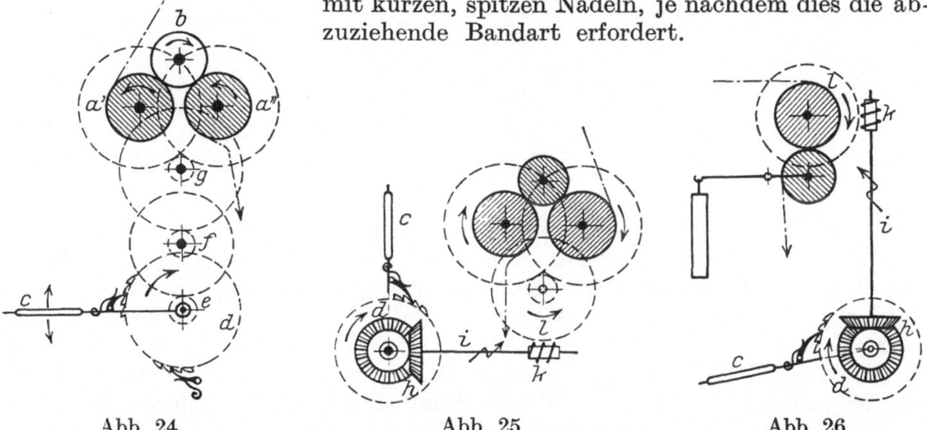

Abb. 24. Abb. 25. Abb. 26.

Eine sehr häufig zu findende Verbindung der Regulatorwalzen a', a'' mit der aus Hebel c und dem Rade d bestehenden Schaltvorrichtung zeigt Abb. 24. Es sind drei Räderpaare e, f und g zu erkennen, die dazu dienen, die Bewegung des Schaltrades d sehr verlangsamt auf die Regulatorwalzen zu übertragen. Dasselbe wird bei den beiden Regulatoren Abb. 25 und 26 durch die Kegelräder h, Welle i, Schnecke k und Schneckenrad l erreicht. Die Regulatorwalze in Abb. 26 befindet sich an der Stelle der Vorderrute.

Die Schaltvorrichtungen.

Die auf- und ab- oder hin- und hergehende Schwingung des Schalthebels c kann von verschiedenen Teilen des Bandwebstuhls ausgehen. Er wird z. B.

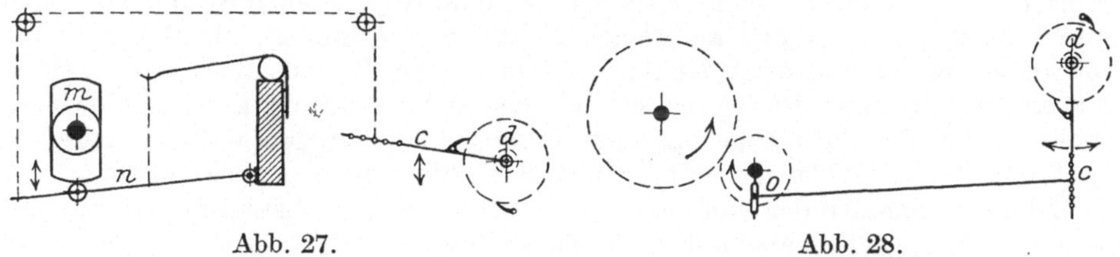

Abb. 27. Abb. 28.

mit einem Tritt n verbunden, der durch ein Exzenter m beeinflußt wird, Abb. 27. Der Schalthebel kann aber auch mit einer Kurbel o verbunden sein, die von der Exzenterwelle Antrieb erhält, Abb. 28. Oft wird die Kurbelstange p, die zur Bewegung der Lade dient, zur Bewegung des Schalthebels c benutzt, Abb. 29. Auch die Lade q kann mit dem Teile r diesem Zwecke dienen, Abb. 30. Immer ist die Einrichtung derartig, daß die Schwingung von c leicht vergrößert oder verkleinert werden kann, um mehr oder weniger zu schalten, damit sich die Drehbewegung der Regulatorwalzen der Menge der abzuziehenden Ware anpaßt.

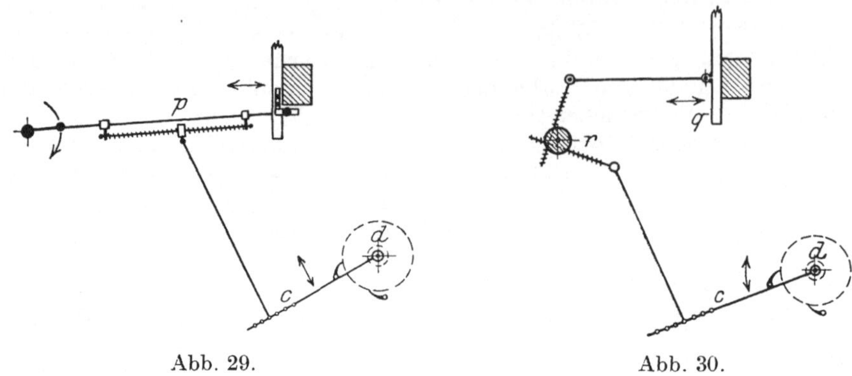

Abb. 29.　　　　　　　　　　　　　　　　Abb. 30.

Um wieviel Zähne sich das mit sehr kleinen Zähnen versehene Schaltrad d bei jeder Schaltbewegung drehen muß, hängt von der Schußdichte des Bandes, dem Übersetzungsverhältnis vom Schaltrade zu den Regulatorwalzen und davon ab, ob für jeden Schuß, für jeden zweiten oder dritten Schuß eine Schaltung erfolgt.

In einigen Fällen werden Schalträder mit groben Zähnen verwendet, die man für jeden Schuß um einen Zahn vordreht. Dann muß für jede andere Schußdichte des Bandes ein Schaltrad mit anderer Zähnezahl eingesetzt oder eins der kleinen Übersetzungsräder ausgewechselt werden.

In anderen Fällen greifen in ein Schaltrad mit großen Zähnen vier Schaltklinken s, Abb. 31, ein, von denen jede folgende um ein Viertel der Zahnteilung größer ist als die vorhergehende.

Schroers, Crefeld und Honegger, Rüti, benutzen ein Schaltrad s mit 30 Zähnen, daß sich in einer Kapsel t befindet. In jedem der beiden Kapselteile sitzen 31 unter

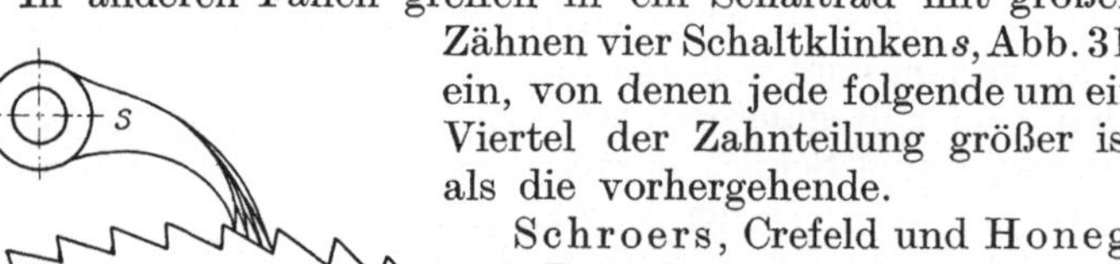

Abb. 31.

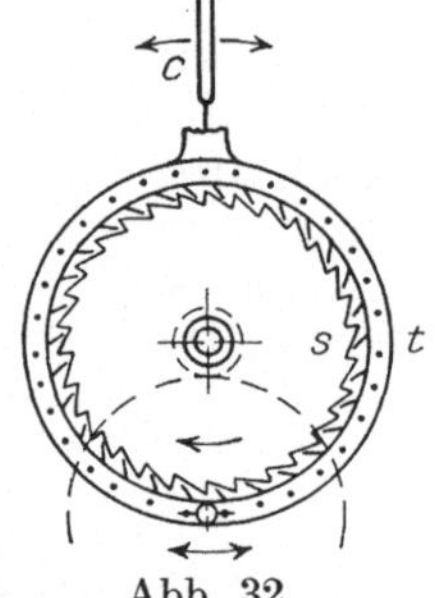

Abb. 32.

Federdruck stehende Klinken, Abb. 32. Die eine Kapselhälfte ist am Maschinengestell befestigt, sie dient als Gegenklinke und verhindert die Rückdrehung. Die andere Kapselhälfte ist drehbar und mit einem Hebel c ausgestattet, durch den sie schwingende Bewegung erhält. Diese Vorrichtung kann eine winzige Drehung, $\frac{1}{30}$ der Zahnlänge $\frac{1}{900}$ des Umfanges, übertragen und ist daher für Bänder aus feinen Garnen mit großen Schußdichten gut verwendbar.

Zahnlose Schalträder kommen in verschiedenen Konstruktionen zur Anwendung. Sie schalten ebenfalls die kleinste Bewegung durch Reibungsbacken u', u'', wie es an dem Regulator von Fr. Lüdorf, Barmen, Abb. 33, der Fall ist, oder durch Reibungskegel. Im ersteren Fall ist die Umfläche des Rades d glatt, im anderen Fall ist der Radkranz außen oder innen mit mehreren Keilnuten versehen, in die passende Keilhebel eingreifen.

Die vorgenannten Schaltbewegungen arbeiten ruckweise und rufen daher fortwährenden Spannungswechsel in der Kette hervor, die für manche Webmaterialien unerwünscht ist. Um die Aufwicklung fortlaufend zu gestalten, ersetzt man z. B. das Schaltrad in Abb. 24 durch ein Kettenrad, treibt dieses durch eine Kette von einer Welle aus an, die sehr langsame Drehung ausführt. Der größere oder kleinere Abzug für die verschiedenen Schußdichten muß durch Auswechselung eines Übersetzungsrades erreicht werden. Für Kettentrieb läßt sich auch der Regulator Abb. 25 einrichten. Ferner arbeitet der Regulator immerwährend, wenn man zwei Schalthebel c', c'', Abb. 34, anwendet, die von einer Kurbel w bewegt werden. In der Zeichnung sind vier Arbeitsstellungen der beiden Hebel skizziert. Von I—II und III arbeitet der obere Hebel c', von III—IV und I arbeitet der untere Hebel c'' aufwickelnd. Bei diesem Regulator wirkt nicht nur jede Vorbewegung der Hauptwelle aufwickelnd, sondern auch jede Rückdrehung. Daher können beim Einziehen gerissener Fäden, Einsetzen von Spulen oder anderen Arbeiten, die eine Rückdrehung

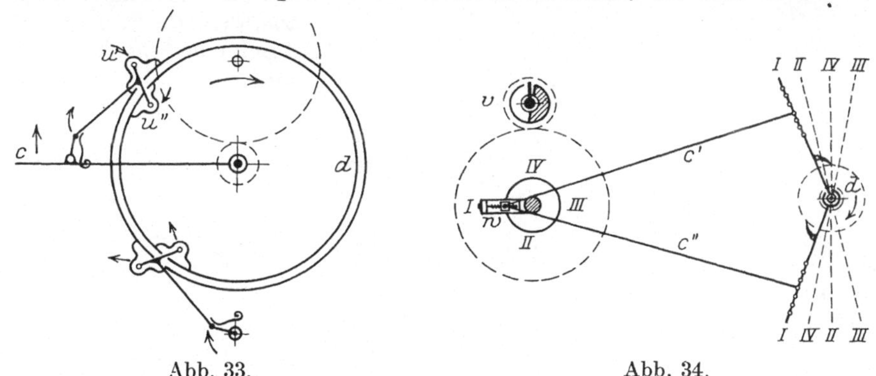

Abb. 33.   Abb. 34.

der Hauptwelle erforderlich machen, dünne, fehlerhafte Stellen in den Bändern entstehen. Um dies zu vermeiden, ist das Rad v nicht fest mit der Hauptwelle verbunden. Es wird durch einen Mitnehmer, der in der Welle sitzt und in einen Schlitz des Rades eingreift, gedreht. Dieser Schlitz gestattet die Rück- und Vordrehung der Hauptwelle um eine halbe Tour, ohne das Rad oder den Regulator zu beeinflussen.

Regulatoren, die ihre Arbeit zeitweise unterbrechen.

Sehr oft ist es nötig, daß der Regulator seine Tätigkeit zeitweise einstellt, z. B. bei Bändern mit spitzenartigem Aussehen oder bei Bändern, die außer einem Grundschuß noch einen oder mehrere Figurschußfäden enthalten u. a. Ganz einfach erfolgt die Abstellung des Regulators durch die Vorrichtung, die beim Wechseln der Schußfäden auf- und niedergeht und mit der Klinke c' des Schalthebels c, Abb. 35, in Verbindung steht. Wenn die untere Spule den Grundschuß einträgt, arbeitet die Schaltklinke, sie steht still, wenn die zweite oder die dritte Spule ihren Schuß eintragen.

Für solche Bänder, die nur mit einer Spule gewebt werden, zeigt Abb. 36 eine einfache Abstellvorrichtung. Die Lade nimmt beim Vorgehen den Haken k mit, wodurch eine Schaltung des Regulators erfolgt, deren Größe durch i und h eingestellt werden kann. Hebt eine Platine der Schaft- oder Jacquardmaschine den Haken hoch, dann setzt die Schaltung aus.

Einfacher ist die Vorrichtung von P. A. Dunker, Ronsdorf, Abb. 37. An dem Schalthebel c befindet sich vor der Schaltklinke ein kleiner zweiarmiger

Hebel x, dessen kurzer Arm die Schaltklinke zurückdrückt, wenn der lange Arm durch eine Platine gehoben wird.

Für die zeitweise Stillsetzung des Regulators wird die durch Abb. 38 skizzierte Einrichtung viel verwendet. Die von der Lade hin- und herbewegte Stoßschiene a stößt bei der Rückwärtsbewegung der Lade mit dem Ansatz z gegen den Hebel b, nimmt ihn mit und hebt durch die Teile e, f, g den Schalthebel c. Beim Vorgehen der Lade und der Stoßschiene zieht die Feder h die Teile wieder in ihre Stellung zurück. Durch Schraube i wird die Rückbewegung des Hebels b beschränkt, daher läßt sich durch die Schraube i die Größe der Schaltung einstellen. Die Schaltung setzt aus, wenn die Stoßschiene a durch eine Platine gehoben wird.

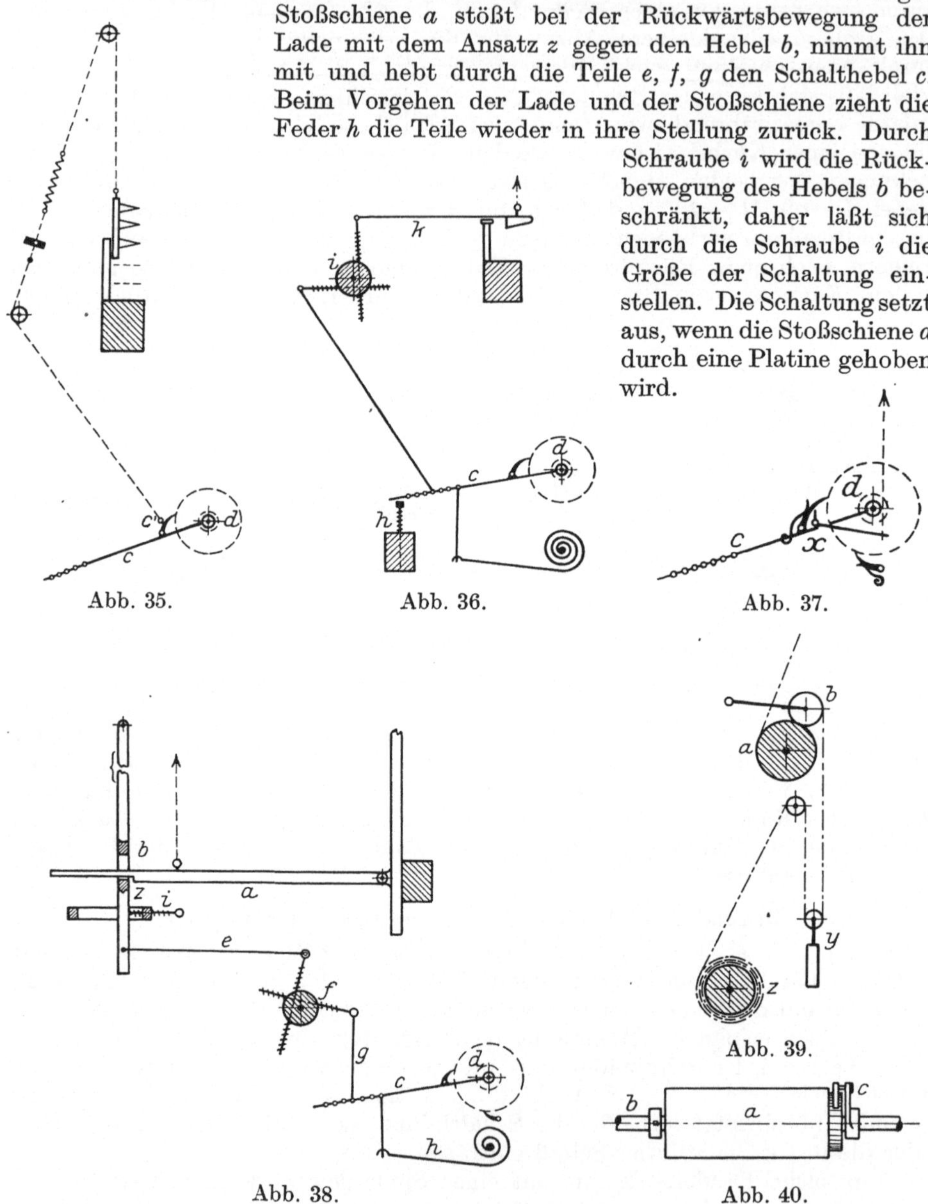

Abb. 35.   Abb. 36.   Abb. 37.

Abb. 38.   Abb. 39.

Abb. 40.

Die Regulatorwalzen.

Die Walzen des Regulators reichen entweder über die ganze Breite des Stuhls herüber oder sie bestehen aus so vielen auf einer Welle befestigten kurzen Walzenstücken, als Bänder in dem Stuhl gefertigt werden. Sind zwei Walzen a', a'',

Abb. 24, und 25, vorhanden, dann befinden sich über diesen schwere oder durch
Gewicht belastete Preßrollen *b*, um die die Bänder von einer Regulatorwalze zur
anderen geleitet werden. Wird nur eine Regulatorwalze verwendet, wie es
Abb. 26 und 39 andeuten, dann befinden sich die Preßrollen *b* an Hebeln, die
sie durch Gewichte oder Federn gegen die Walze *a* drücken.

Wenn ein Zurücklassen einzelner Bänder erwünscht ist, dann erfolgt dies
durch das Anheben der Preßrollen. Bei kurzen Abzugswalzen können besondere
Vorrichtungen diese Arbeit erleichtern. In Abb. 40 ist z. B. die Walze *a* nicht
mit der Welle *b* verbunden. Sie trägt eine Verzahnung, in die eine Klinke des
an der Welle befestigten Mitnehmers *c* eingreift. Nach Lösung der Verbindung
durch Hebung der Klinke läßt sich die Walze beliebig drehen, um Band auf-
oder abzuwickeln.

Regulatoren für besondere Zwecke.

Wenn ein Stück des gewebten Bandes flach gelegt einen Kreis bilden soll,
wie dies für Krageneinlagen und andere Bandarten erforderlich ist, dann müssen,
statt der Walzen, Kegel für den Abzug der Ware verwendet werden. Eine Anordnung der Kegel im Regulator deutet Abb. 41 an. Die von dem Regulator
getriebene Welle *d* setzt durch Räder *c* die oberen Kegel *a* in Bewegung. Die
kegelförmigen Preßrollen *b* werden durch Gewichtshebel gegen die Abzugskegel *a*
gepreßt.

Sollen Bänder gleicher Art, aber verschiedener Qualität mit verschiedenen
Schußdichten nebeneinander gewebt werden, wie dies bei einigen Bandarten,

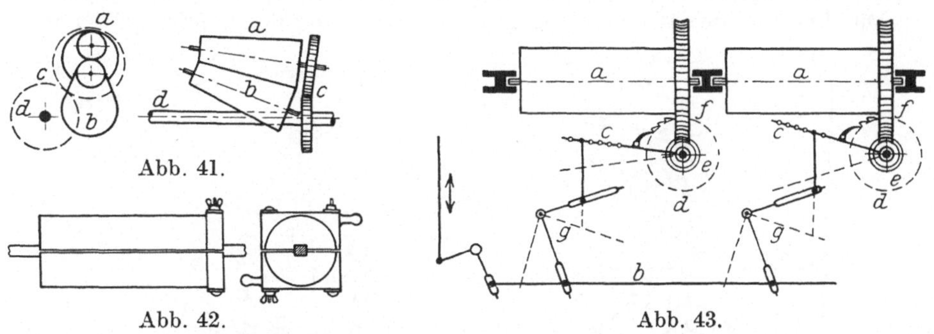

Abb. 41.

Abb. 42.

Abb. 43.

z. B. Hosenträgern, oft wünschenswert ist, dann muß der Warenabzug mit
verschiedener, den Schußdichten angepaßter Geschwindigkeit arbeiten. Dies
kann ganz einfach dadurch erreicht werden, daß der Regulator für die dichteste
Ware arbeitet und die Abzugswalzen für die Bänder mit geringerer Schußdichte
durch Umwickelung so dick gemacht werden, wie es die Schußdichte erfordert.
Besser ist es, die kurzen Abzugswalzen zweiteilig und auswechselbar zu machen,
wie es Abb. 42 andeutet. Die beiden Walzenteile lassen sich an der Welle durch
Schrauben leicht befestigen. Der Durchmesser der Walze ist der zu webenden
Schußdichte angepaßt.

Dem gleichen Zweck dient die durch Abb. 43 skizzierte Vorrichtung. Sie
zeigt für jedes Band des Stuhls einen besonderen und für sich einstellbaren
Regulator. Jeder Schalthebel *c* ist an einen Winkelhebel *g* angeschlossen. Alle
Hebel *g* stehen mit einer Stange *b* in Verbindung, die von der Lade aus in hin-
und hergehende Bewegung versetzt wird. Auf die Abzugswalze *a* wird die Drehung
des Schaltrades *a* durch Schnecke *e* und Schneckenrad *f* übertragen.

Bandkasten und Bandrollen.

Die schmalen Bänder leitet der Regulator in einen Bandkasten. Breite Bänder, insbesondere Seidenbänder wickeln sich auf Rollen, die entweder durch eine Schnur von der Regulatorwalze aus oder durch einen besonderen Regulator Antrieb erhalten. Eine der vielen verschiedenen Anordnungen dieser Art zeigt Abb. 39. Die Gewichtsrolle y hält das Band straff und gleicht den Unterschied aus, wenn die Umfangsgeschwindigkeit der Bandrolle hinter der der Regulatorwalze zurückbleibt. Zweckmäßig ist es, die Bandrollen nicht fest mit der Welle zu verbinden und sie durch Friktion zu treiben. Das Band wickelt sich dann gleichmäßig straff auf. Eine hierfür geeignete Einrichtung skizziert Abb. 44. Der Stellring s drückt die Rolle z gegen die Feder t. Infolge der Reibung, die um so größer ist, je stärker die Feder gespannt wird, nimmt die Rolle an der Bewegung der Welle u teil und wickelt das Band in der gewünschten

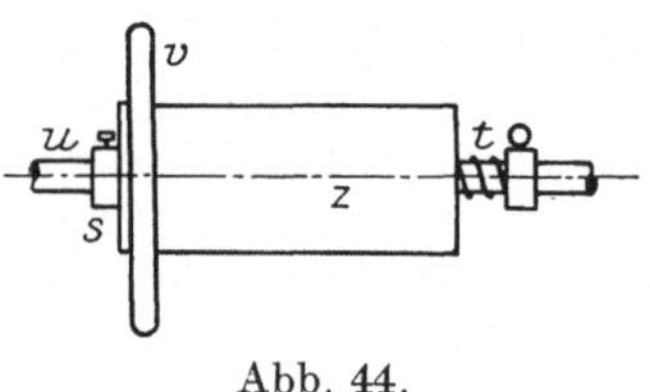

Abb. 44.

Spannung gleichmäßig auf. Durch das Handrad v kann die Rolle leicht gedreht werden, um Band ab- oder aufzuwickeln.

In der Schweiz wird für die Aufwickelung des Bandes auf die Bandrolle ein besonderer Regulator gebaut, Abb. 45. Die Bandrolle a erhält von der Lade aus ihren Antrieb durch die Teile b, c, d, e, Schaltrad f und die Räder g, h, i. Über der Bandrolle a befindet sich eine Fühlrolle k, die sich durch das aufgewickelte Band hebt und durch die Teile l, m, n den Hebel c hebt. Hierdurch verkleinert sich die Schaltbewegung in demselben Maße, wie der Durchmesser der Walze a durch die Aufwickelung des Bandes größer wird.

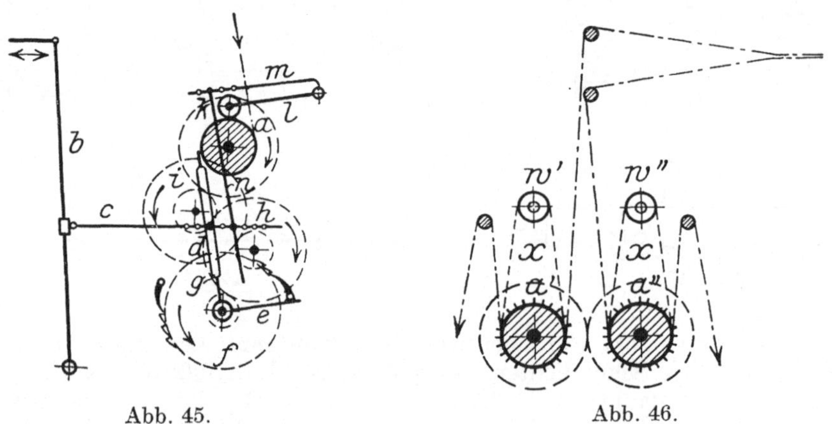

Abb. 45.   Abb. 46.

Der Regulator des Samtbandwebstuhls hat zwei mit Nadeln besetzte Abzugswalzen a', a'', Abb. 46. Über jede dieser Walzen und eine Rolle w' oder w'' ist ein endloses Band x gelegt, das den Zweck hat, das Samtband von der Regulatorwalze abzulösen, damit es sich nicht aufwickelt, sondern in den darunterstehenden Bandkasten fällt.

Die Fachbildung.

Die Kettfäden laufen von den Kettruten aus zu der Vorderrute in fast horizontaler Richtung. Aus dieser Lage müssen sie, um sich mit dem Schußgarn zu verkreuzen, herausgebracht werden. Sie müssen ein Fach bilden. Zur Ausführung dieser Arbeit dienen in erster Linie die Litzen. Jeder Faden ist durch das Auge einer Litze gezogen. Die Litzen werden entweder auf flache Stäbe aus Holz oder Eisen gesteckt, um den Schaft zu bilden, oder an lange als Harnisch bezeichnete Schnüre geknüpft und mit stabförmigen Gewichten belastet. Daher unterscheidet man die Fachbildung durch die Schäfte und durch den Harnisch.

Die Bildung des Faches kann, wie es die Abb. 47 erkennen läßt, auf verschiedene Weise erfolgen, je nachdem die Kette ihre Ruhe *r* in gehobener Stellung, im Ober- oder Hochfach, in der Tiefstellung, im Unter- oder Tieffach, in der Mittelstellung, im Mittelfach hat. Im ersteren Fall wird ein Teil der Fäden tief zu bewegen sein; die betreffende Vorrichtung bildet Tieffach, *a*. Im zweiten Fall ist ein Teil der Fäden zu heben; die Vorrichtung bildet Hochfach, *b*. Und im dritten Fall sind die Fäden teils zu heben, teils tief zu bewegen; die Vorrichtung bildet Hoch- und Tieffach, *c*. Bei einem Doppelfach *d* wird die Vorrichtung einen Teil der Fäden in dem Mittelfach stehen lassen, einen Teil heben und einen dritten Teil tief bewegen oder, wie es bei *e* angedeutet ist, einen Teil der Fäden aus der Tiefstellung für das Oberfach doppelt so hoch heben als einen anderen Teil, der das Mittelfach bildet. Haben alle Fäden gleiche Hoch- und Tiefbewegung erhalten, dann bilden sie vor dem Riet, im Vorderfach, Winkel von verschiedener Größe, *f*; das Fach ist unrein. Bei einem reinen Fach, dem Schrägfach bilden alle Fäden des Vorderfaches den gleichen Winkel, *g*. Um dies zu erreichen, müssen die Fäden um so größere Auf- und Abbewegung ausführen, je weiter ihre Litzen von der Ware entfernt stehen. Wird der Schuß durch das Riet an die Ware geschlagen, wenn alle Kettfäden in gleicher Höhe stehen, dann erfolgt der Anschlag bei geschlossenem Fach; sind die Fäden teils gehoben, teils gesenkt, dann erfolgt der Anschlag bei offenem Fach.

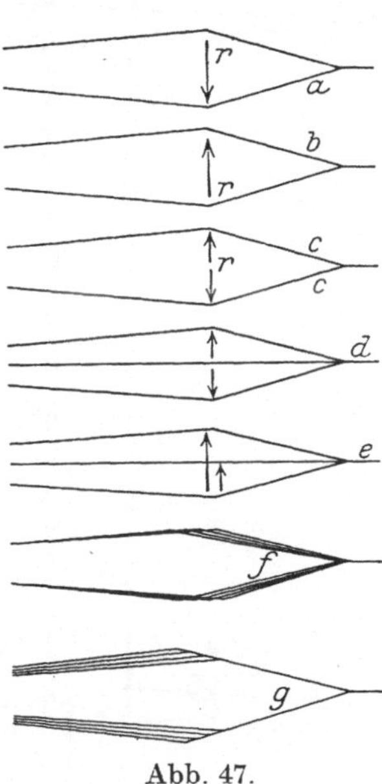

Abb. 47.

Die Bewegung der Fäden durch Schäfte.

Die Schäfte eines Bandwebstuhls erhalten ihre Bewegung entweder durch Exzenter oder durch eine Schaftmaschine. Im ersteren Fall kann die Bewegung eines Schaftes von der eines anderen abhängig sein; oder es kann jeder Schaft für sich, also unabhängig von den anderen bewegt werden. Daher unterscheidet man abhängige oder Gegenzug-Schaftbewegungen und unabhängige Schaftbewegungen. Die Schaftmaschinen werden in der Regel nur für unabhängige Schaftbewegungen verwendet.

Die Gegenzug-Schaftbewegungen.

Diese sind nur für kleine Bindungen: Taffet, Rips, Köper usw. verwendbar; sie bieten aber den Vorteil der Einfachheit in der Konstruktion und gestatten infolge der zwangläufigen Bewegung der Schäfte ein schnelles Arbeiten des Bandwebstuhls. Man benutzt als Bewegungsmittel, Schaftwellen oder Tümmler, Rollen oder Walzen u. a.

Die Gegenzugtümmler.

Als Tümmler bezeichnet man in der Bandweberei die Schaftwellen, die ihre Lagerung in dem Gestell über den Schäften erhalten, Abb. 48 u. 49. Jede Welle

a trägt für die Gegenzugbewegung zwei Doppelhebel b, von denen die Arme b' nach vorn, die Arme b'' nach hinten gerichtet sind. Diese Hebel stehen mit den Hebeln oder Wippen c in Verbindung, an denen die Drähte d mit den Schäften e hängen. Unten sind die Schäfte durch Schnüre mit zwei Gegenzugrollen f in Verbindung gebracht. Jede Rolle befindet sich an einem durch Gewicht belasteten Hebel g.

Die Schaftwelle a trägt noch ein drittes Hebelpaar h, das mit den beiden Hebeln oder Wippen i in Verbindung steht. Von diesen führen zwei Drähte k zu den beiden unter dem Exzenter m angebrachten Tritten l. Die Exzenter befinden sich auf der Exzenterwelle, die unter der Hauptwelle A gelagert ist und von dieser für vier, fünf oder mehr Schuß, je nachdem die Bindung dies erfordert, eine Umdrehung erhält.

Diese Schaftbewegung ist gut für schwere Waren verwendbar. Die skizzierte Einrichtung ist für Taffet bestimmt. Für Köper und andere Bindungen sind zwei und mehr Schaftwellen mit den dazugehörenden Teilen erforderlich.

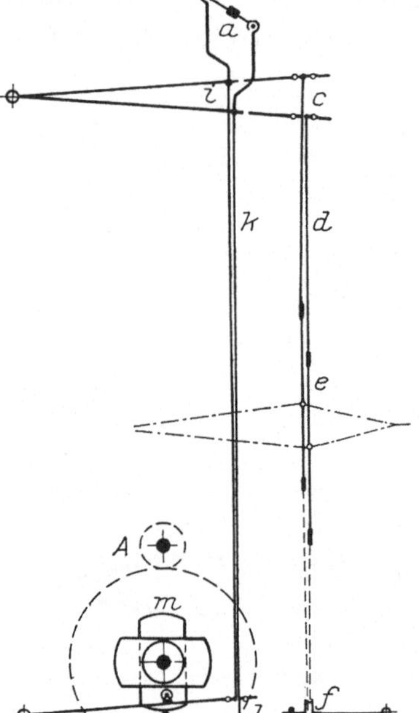

Abb. 48.

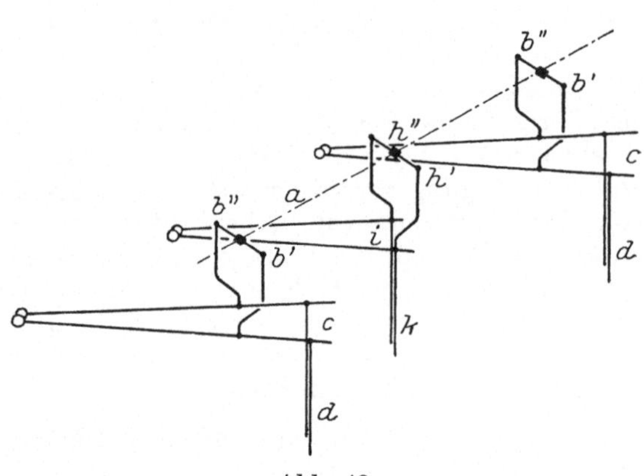

Abb. 49.

Die Gegenzugwalzen.

Für leichte Bänder und feine Garne wird man zur Schaftbewegung vorteilhaft die Gegenzugbewegung durch Walzen verwenden. An dem Stuhlgestell befindet sich über den Schäften eine kurze Welle a, Abb. 50, mit zwei Rollen oder Walzen b, c. Die hintere Walze c steht durch Riemen und Drähte mit zwei Tritten in Verbindung, ähnlich wie dies in Abb. 48 skizziert ist. Von der Walze b, die sich aus einer größeren und einer kleineren Scheibe zusammensetzt, führen Schnüre d zu den Schäften e. Die Schnüre

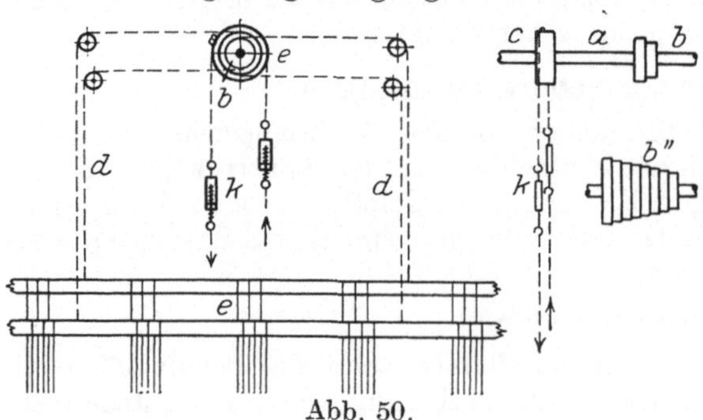

Abb. 50.

laufen von der Welle *b* aus zuerst horizontal, dann über Rollen abwärts. Die Schäfte sind unten durch je zwei Gegenzugrollen verbunden. Für vier Schäfte ist diese Einrichtung zweimal, für sechs Schäfte dreimal vorhanden. Die größeren Scheiben arbeiten immer mit den von der Ware entfernter stehenden Schäften, um sie höher und tiefer zu bewegen und dadurch ein reines Fach zu erzielen. Die Welle *b''* ist für Taffet verwendbar, wenn 6—8 Schäfte für das Gewebe benutzt werden.

Das Kreuzgetriebe.

Die durch Abb. 51 skizzierte Gegenzugvorrichtung wird als Kreuzgetriebe bezeichnet und von Gebr. Stäubli, Horgen, gebaut. Sie dient zur Herstellung der Taffetbindung und ist an Seidenbandwebstühlen vielfach außer der Exzenterwelle für andere Bindungen, der Schaft- oder Jacquardmaschine zu finden, da die Taffetbindung am vorteilhaftesten durch Exzenter gewebt wird. Die 8 Exzenter *a* sind so eingestellt, daß sie einen Schaft nach dem anderen hoch- bzw. tiefbewegen, wodurch sich die Fachbildung selbst bei sehr dicht stehenden Ketten leicht ausführen läßt, ein reines Fach und daher fehlerfreie

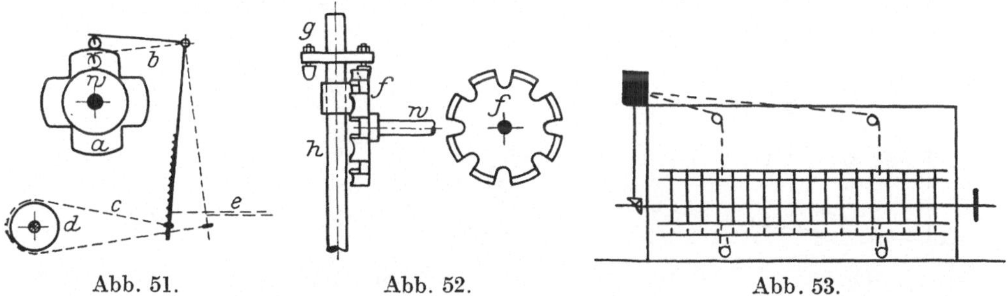

Abb. 51.   Abb. 52.   Abb. 53.

Ware entsteht. Je zwei Tritte *b* sind durch Ketten *c* und Rollen *d* miteinander verbunden. Von den Tritten führen Schnüre oder Drähte zu den Schäften, von denen je zwei wiederum durch Gegenzugrollen vereinigt sind. Der Antrieb der Exzenterwelle *w* erfolgt durch ein Sterngetriebe *f, g*, Abb. 52. Infolgedessen wird der Fachwechsel schnell ausgeführt, die Fäden haben aber während der Schützenbewegungen vollkommene Ruhe. Der Apparat befindet sich oben an der Seite des Gestelles, wie es Abb. 53 andeutet. Antrieb bekommt das Sterngetriebe durch die Welle *h* von der Hauptwelle des Bandwebstuhls, mit der sie durch Kegelräder in Verbindung steht. Das Kreuzgetriebe kann mit einer Vorrichtung versehen werden, die den Antrieb beliebig ein- und ausschaltet, so daß die Exzenterwelle für zwei oder mehr Schuß still steht. Dadurch können Ripsbindungen verschiedener Art gewebt werden. Beeinflußt wird diese Vorrichtung durch eine Rollenkarte, die ein Schaltmechanismus fortbewegt.

Die unabhängige Schaftbewegung durch Exzenter.

Diese Schaftbewegung ist für eine große Zahl verschiedener Bänder mit Vorteil verwendbar. Man ist in der Musterung freier als bei den Gegenzugbewegungen, aber doch insofern beschränkt, als sich die Größe des herzustellenden Musters einerseits der Schäftezahl, die im Stuhle unterzubringen ist, andererseits den Exzentern, deren Größe ebenfalls begrenzt ist, anpassen müssen. Die Exzenter arbeiten in Verbindung mit Falltümmlern, Wippen und Schafthebeln.

Die Schaftbewegung durch Falltümmler.

In dem Bandwebstuhl befindet sich für jeden Schaft des herzustellenden Bandes eine Tümmler- oder Schaftwelle *a* mit zwei nach vorn gerichteten Armen *b*, an denen der durch Gewichte *d* belastete Schaft *c* hängt, Abb. 54. Ein nach hinten gerichteter Arm *e* der Schaftwelle steht durch eine kurze Stange *f* mit einem Hebel *g* in Verbindung. Von hier geht ein Draht *h* abwärts zu dem Tritt *i*, über dem die Welle mit dem Exzenter *k* ihre Lagerung hat. Die Erhöhung des Exzenters drückt den Tritt tief und hebt den Schaft. Die Bindung des Musters bestimmt die Form des Exzenters. Den Tiefgang des Schaftes begrenzt das Stück *l*, gegen das sich der Hebel *g* lehnt. Die Hubhöhe der Schäfte läßt sich an den Armen der Schaftwellen, den Hebeln *g* und den Tritten regulieren. Wie die Schaftwellen in den Lagerböckchen *m*, die auf dem Gestell des Stuhls befestigt sind, ihre Anordnung finden, ist durch die Skizze Abb. 55 angedeutet. Diese Schaftbewegung eignet sich gut zur Anfertigung schwerer Waren.

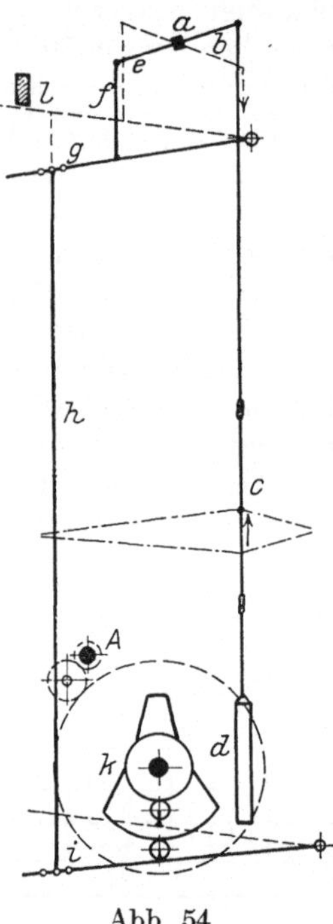

Abb. 54.

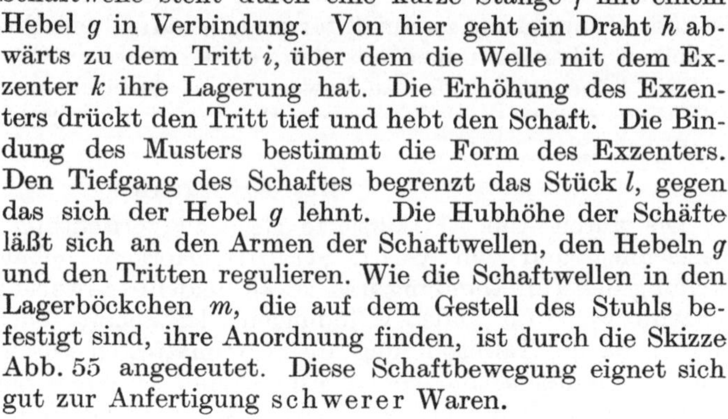

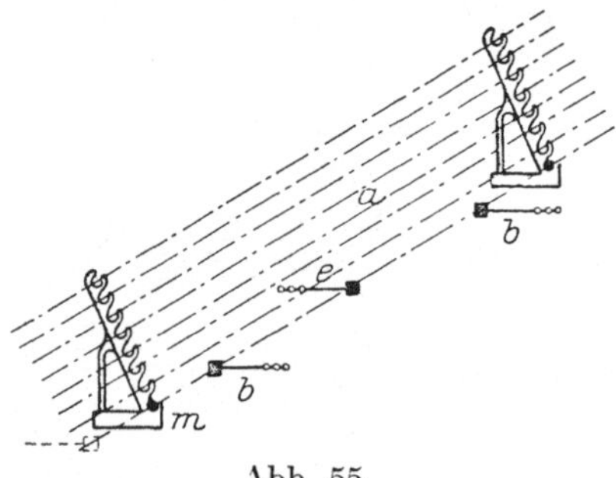

Abb. 55.

Die Schaftbewegung durch Wippen.

Für Bänder aus feinen Garnen wird die durch Abb. 56 skizzierte Schaftbewegung bevorzugt. Jeder Schaft *a* ist durch Schnüre *b* und zwei Rollen *c* mit einem Hebel, der Wippe *d*, in Verbindung gebracht, Abb. 57. Zwei Federn *e* ziehen den Schaft so weit tief, bis *d* an das Rollenholz *f* anstößt. Von jeder Wippe geht ein Draht *g* zu einem Tritt *h*, auf den das Exzenter *i* einwirkt und mit seiner Erhöhung den Hochgang des Schaftes herbeiführt. Für geringe Schäftezahl können die Rollen an einem Rollenbrett *f* drehbar sein.

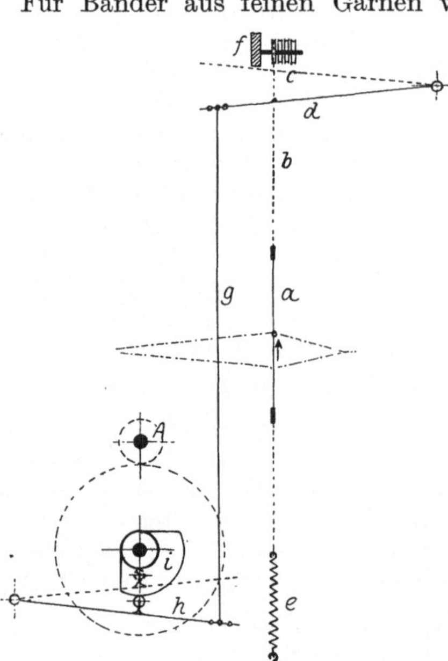

Abb. 56.

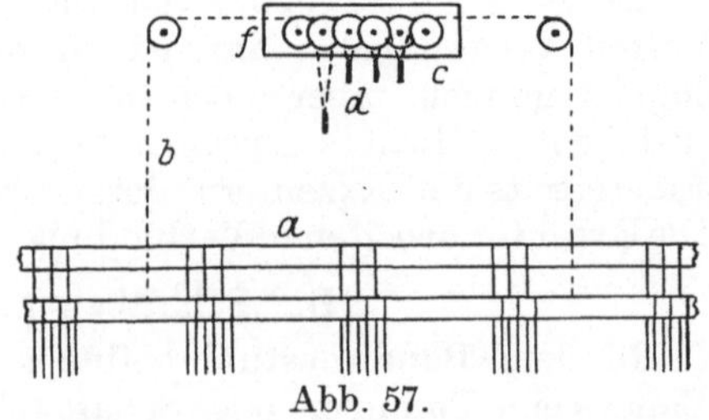

Abb. 57.

An die Stelle dieses Brettes tritt für größere Schäftezahl ein Rollenrahmen k, Abb. 58.

Die Schaftbewegung durch Schafthebel.

Bei dieser Schaftbewegung befinden sich die Exzenter mit Welle a, Abb. 59, außerhalb des Stuhlgestells. Sie wirken durch die Tritte b und Drähte c auf die Winkel d ein, die durch Drähte e, g und die Schafthebel f mit den Schäften h Verbindung haben. Den Hochgang des Schaftes bewirkt das Exzenter, den Tiefgang besorgen die Federn i. Um ein reines schräges Fach zu erhalten, befestigt man die Drähte g an den Schafthebeln f um so weiter vom Drehpunkte, als deren Schäfte von der Ware entfernt sind. Diese Schaftbewegung ist einfach, widerstandsfähig und vielseitig verwendbar.

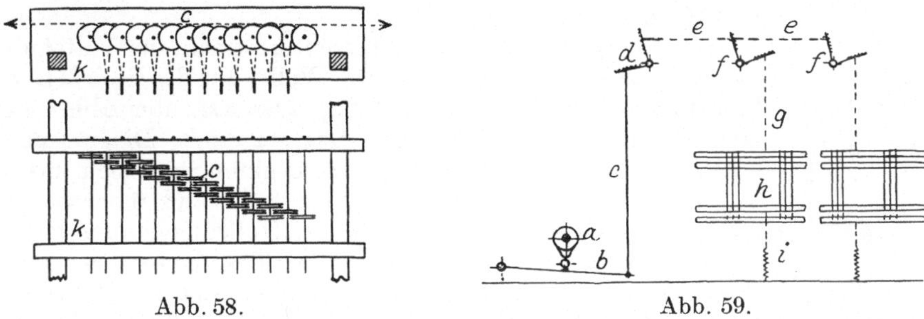

Abb. 58.   Abb. 59.

Die Federzüge.

Die zum Tiefziehen des Schaftes dienenden Federn sind am Boden des Arbeitsraumes befestigt, sie werden daher auch als Bodenfedern bezeichnet. Die Federspannung ist dem zu verarbeitenden Material und der Fadenzahl, die der Schaft bewegen soll, anzupassen. Wenn sehr wenig Spannung nötig ist, verbindet man zwei oder mehr Schäfte durch Gegenzugrollen mit einer Feder, Abb. 60.

Regulierbar wird die Federspannung durch die Anwendung exzentrisch gelagerter Rollen a, b, Abb. 61. Je nach der Stellung der Rolle kann die Federspannung groß oder gering sein. Die Spannung läßt sich mit den Rollen auch so einstellen, daß sie bei Beginn der Schaftbewegung stark ist, mit dem weiteren Steigen des Schaftes aber abnimmt, wodurch unnütze Spannung der Litzen vermieden wird.

Wo Federzüge bekannt sind, werden sie gern verwendet. Von den vielen Konstruktionen dieser Art skiz-

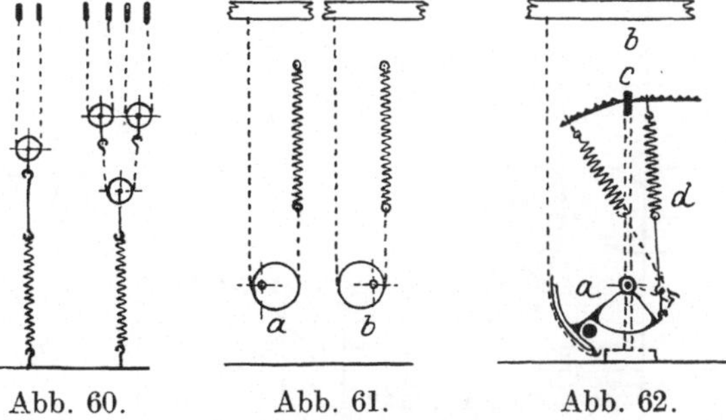

Abb. 60.   Abb. 61.   Abb. 62.

ziert die Abb. 62 einen Apparat von Gebr. Stäubli, Horgen. Er besteht aus einem kleinen, am Fußboden befestigten Gestell, das oben das Stück c trägt, und an dem sich unten die Bogenhebel a drehen. Mit jedem Bogenhebel ist ein Schaft b und eine Feder d verbunden. Die Zugkraft der Federn ist leicht zu regulieren, ihre Spannung nimmt beim Heben des Schaftes ab, daher werden Litzen, Schnüre und Kettmaterial sehr geschont.

Die Exzenter.

Die Exzenter werden aus Eisen, vielfach aber auch noch aus Holz gefertigt. Es sind flache, unrunde Scheiben, deren Hauptform durch die Bindung bestimmt wird, die im Gewebe hervorgerufen werden soll. Das Exzenter in Abb. 48 ist für Taffet, Abb. 54 für Köper $\frac{1}{2}\frac{3}{2}$, in Abb. 56 für gleichseitigen Köper $\frac{2}{2}$ bestimmt.

Die Exzenterform wird ferner noch bestimmt durch die Zeit, die für den Stillstand des Schaftes und für den Hub desselben erforderlich ist, und in welcher Weise der Hub zu erfolgen hat. Er kann gleichmäßig fortschreiten, oder verzögert beginnen sich dann bis zum Ende immer mehr beschleunigen, oder von der Mitte bis zum Ende der Bewegung wieder verzögern.

Zum Vergleich sind drei Exzenterformen für Taffet durch die Abb. 63, 64, 65 skizziert. Die Welle, auf der sie arbeiten, erhält für vier Schuß eine Umdrehung. Das Exzenter Abb. 63 zeigt eine der üblichen Holzformen. Das beigefügte Diagramm läßt erkennen, daß der Hub langsam beginnt und sich bis zum Ende immer mehr und mehr beschleunigt. Die Trittrollen gehen nie bis in die tiefste Stelle des Exzenters, infolgedessen vergrößert sich die Ruhezeit des Schaftes in der Tiefstellung. Ein Exzenter, das den Hub des Schaftes bis zur Mitte seiner Bewegung beschleunigt und dann wieder verzögert, hat die Form Abb. 64. Es entfallen auf den Stillstand

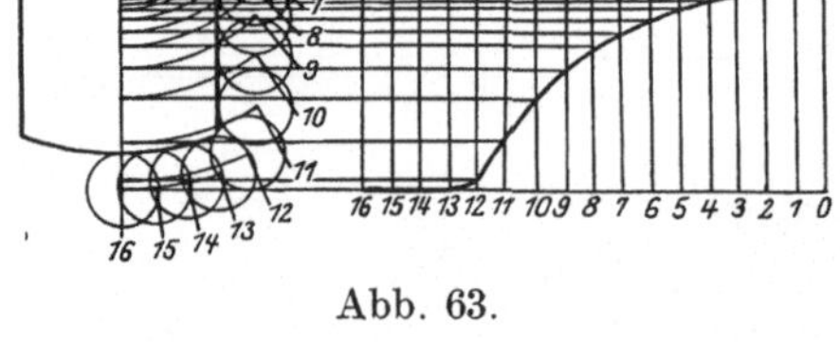

Abb. 63.

$^3/_{16}$, auf den Hub $^{10}/_{16}$ und auf den anderen Stillstand wieder $^3/_{16}$ der Umdrehung der Hauptwelle. Das Exzenter Abb. 65 hat gleichmäßigen Hub. Welche Exzenterform für eine Schaftbewegung erwünscht ist, hängt von der Beschaffenheit des Kettmaterials ab.

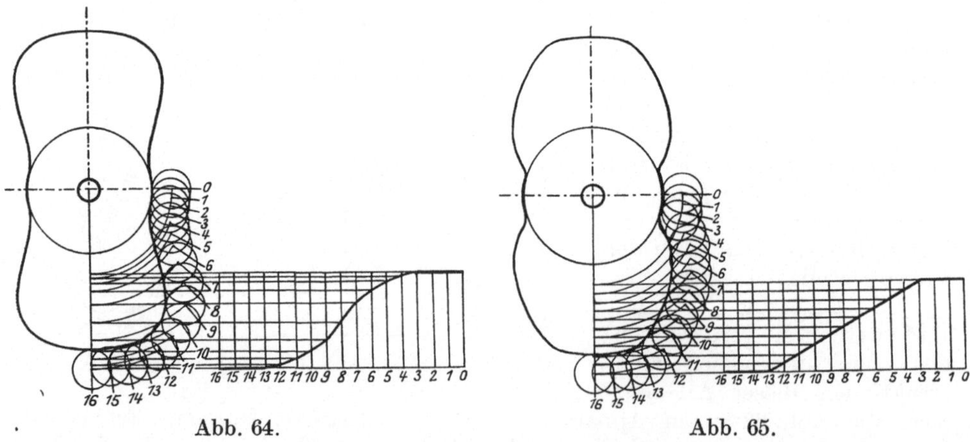

Abb. 64.   Abb. 65.

Es sei bemerkt, daß die Veränderung des Drehpunktes eines Trittes auch eine Veränderung der Schaftbewegung während des Hubes herbeiführt. Daher sind die Tritte so eingerichtet, daß sie leicht vor- oder zurück-, höher- oder tiefergestellt werden können.

Verstellbare Exzenter, Trommeln.

Für Bänder mit größeren Bindungsrapporten ist die Musterung dadurch erschwert, daß jede andere Fadenverkreuzung eine andere Exzenterform erfordert. Aus diesem Grunde ist es zweckmäßig, verstellbare Exzenter oder Trommeln, Abb. 66, zu verwenden, die aus Holz a oder aus Eisen b gefertigt sein können, für 16, 20 oder mehr Schuß eine Umdrehung erhalten und auf ihrem Umfange mit Teilen besetzt werden können, die den Erhöhungen eines Exzenters entsprechen. Mit einer solchen Trommel lassen sich alle Bindungen weben, die in den Schußrapport passen, für den die Trommel konstruiert ist. Abb. 66a ist für 16 Schuß, 66b für 20 Schuß verwendbar.

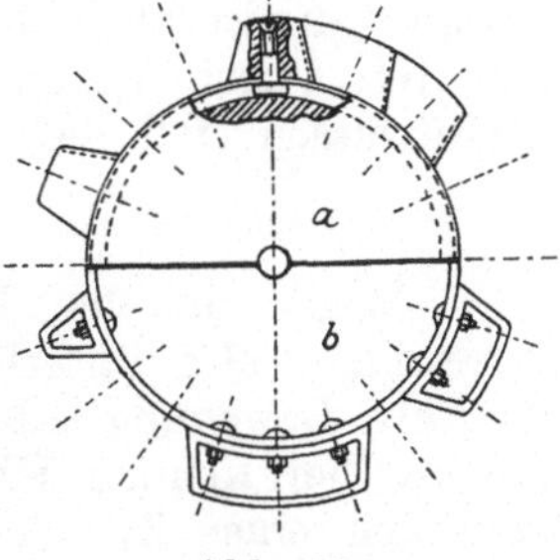

Abb. 66.

Nutenexzenter.

Nutenexzenter verwendet man gern, wenn der Schaft eine zwangläufige Hoch- und Tiefbewegung ausführen soll. Man verwendet sie gleich vorteil-

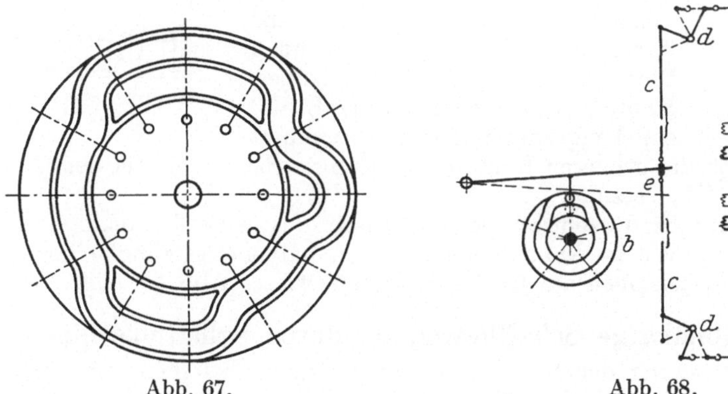

Abb. 67. Abb. 68.

haft sowohl für schwere als auch für ganz leichte Bänder. Die Abb. 67 zeigt ein Nutenexzenter und Abb. 68 eine Verbindung des Nutenexzenters mit dem Schafte. Die Rolle des Trittes a greift in die Nut des Exzenters b ein. Von a führen Drähte c zu den Winkelhebeln d. Die letzteren stehen durch Schnüre oder Ketten e, die um Rollen geleitet sind, mit dem Schafte f in Verbindung. Die Höhe des Exzenters ruft hier Tiefgang des Schaftes hervor.

Die neuen Bandwebstühle verschiedener Konstruktion benutzen Nutenexzenter für ganz leichte Bänder. Die zwangläufige Schaftbewegung läßt sich oft recht einfach gestalten, und gestattet daher ein sehr schnelles Arbeiten des Stuhles. Die in Abb. 69 skizzierte Schaftbewegung ist dem Bandwebstuhl von Gustav Lüdorf & Sohn, Barmen, entnommen.

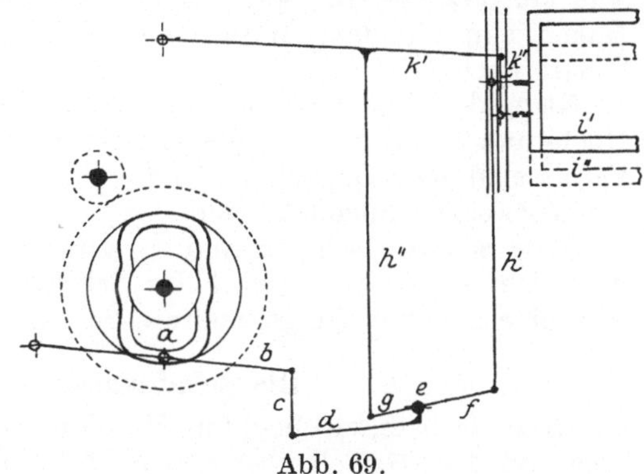

Abb. 69.

In die Nut des Exzenters a greift die Rolle des Trittes b ein, der seine Bewegung durch Stange c und Hebel d auf die Welle e überträgt. An jedem Ende von e befindet sich je ein Hebel f und ein Hebel g, die durch Stangen h', h'' mit den Zapfen der in Kulissen verschiebbaren Schaftrahmen i verbunden sind. h' ist an i' direkt angeschlossen, zwischen h'' und i'' sind die Teile k', k'' eingeschaltet. Durch Anwendung anderer Exzenterformen und Anbringung weiterer Schäfte lassen sich viele kleine Bindungen, Rips, Köper, Atlas u. a., weben.

Die Exzenterwelle.

Die Welle mit den Exzentern befindet sich in vielen Fällen im Innern des Stuhlgestelles unterhalb der Hauptwelle. Sie ist daher schwer zugänglich. Ihre Bewegung erhält die Welle immer von der Hauptwelle. Der Antrieb ist bei kleinen Übersetzungen direkt, Abb. 56, oder er erfolgt unter Benutzung eines Zwischenrades Abb. 54. Für große Übersetzungen muß ein Vorgelege a zur Anwendung kommen, wodurch das Übersetzungsverhältnis in zwei Teile zerlegt wird, z. B. 18 zerlegt in $1 : 3$ für die erste und $1 : 6$ für die zweite Übersetzung, Abb. 70. Vielfach sind in dem Bandwebstuhl zwei Exzenterwellen vorhanden. Die eine trägt die Exzenter für die oft vorkommenden Bindungen: Taffet, Rips, Köper, Kante u. a., sie erhält für vier Schuß eine Umdrehung. Die andere nimmt die Exzenter für die größeren Bindungen auf und arbeitet mit der dem Rapport entsprechenden Übersetzung.

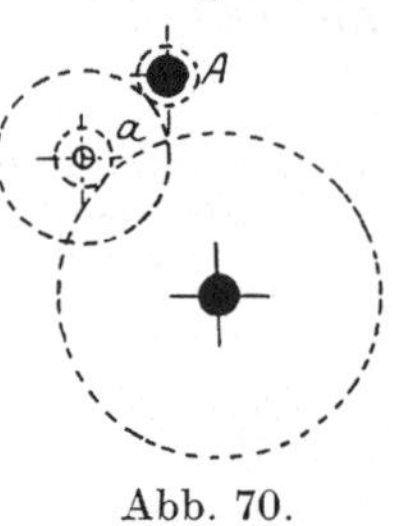

Abb. 70.

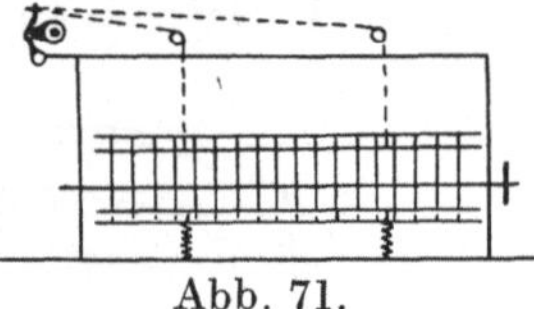

Abb. 71.

Befindet sich die Exzenterwelle außerhalb des Gestells, dann kann sie tief gelagert sein, wie es Abb. 59 andeutet, in halber Gestellhöhe liegen, wie in Abb. 68, oder sich oben am Gestell befinden, wie es Abb. 71 zeigt.

Die unabhängige Schaftbewegung durch Schaftmaschinen.

Bei der Benutzung der Schaftmaschine ist man bezüglich der Größe des Musters nur an die Schäftezahl gebunden die 24, 32—42 betragen kann. Die Schußzahl ist unbegrenzt. Die Auswechselung des Musters kann leicht und mit wenig Kosten ausgeführt werden. Die Schaftmaschine wirkt durch eine Musterkarte, die aus Papp- oder Holzstreifen gefertigt sein kann, auf Haken ein, die dann durch eine Hebevorrichtung betätigt werden und den Schaft hoch oder tief bewegen.

Nach der Art der Fachbildung unterscheidet man Hochfach-, Tieffach-, Hoch- und Tieffach-, Geschlossenfach-, Offenfach-, Doppelfach-Schaftmaschinen. Ferner sind noch Doppelhub- und einige Spezialmaschinen zu nennen, die besonderen Zwecken angepaßt sind.

Viele Schaftmaschinen sind so gebaut, daß sie ein Schrägfach bilden. Wenn dies nicht der Fall ist, wird das Schrägfach durch Schafthebel oder zwischen Maschine und Schäfte geschaltete Schrägfachhebel gebildet.

Die Schaftmaschine für Hochfach.

Die einfachste, viel benutzte Maschine dieser Art, die, wie es Abb. 72 andeutet, oben auf dem Gestell über den Schäften steht, ist in ihren wichtigsten Teilen durch Abb. 73 skizziert. Die aus dickem Draht gebogenen Platinen a ruhen hintereinander auf dem durchlochten Platinenboden b. Sie sind durch Schnüre c mit den Schäften, die durch Federn tiefgezogen werden, verbunden. Jede

Platine wird von einer aus dünnem Draht gebogenen Nadel f umschlossen. Die Nadeln sind in zwei Brettern g', g'' horizontal gelagert. Eine kleine Feder h drückt jede Nadel einige Millimeter aus dem Nadelbrett g' heraus und lehnt die betreffende Platine mit ihrem oberen Haken gegen den als Messer i bezeichneten Hebel, der sich hochbewegt und die Platinen mit den daranhängenden Schäften hebt.

Wenn der Schaft tief bleiben soll, wird die Platine von dem Messer entfernt. Dies geschieht durch die Musterkarte, die das vierseitige Prisma k gegen die Nadeln drückt. Die geschlossene Karte drückt die Nadeln und mit diesen die Platinen zurück, die durchlochte Karte beläßt Nadeln und Platinen in der gezeichneten Stellung.

Die Bewegung des Messers. Das Messer i erhält seine auf- und abgehende

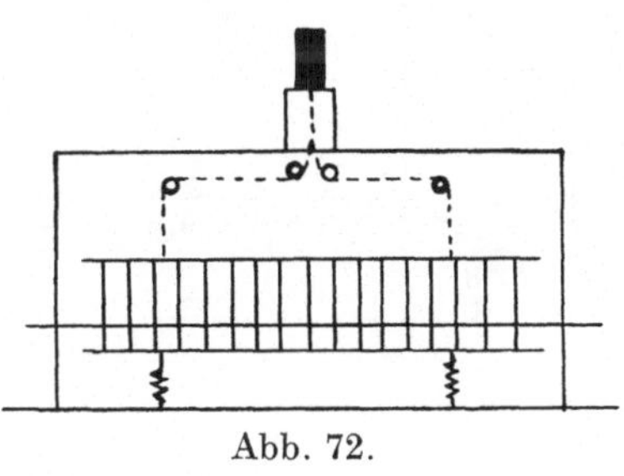

Abb. 72.

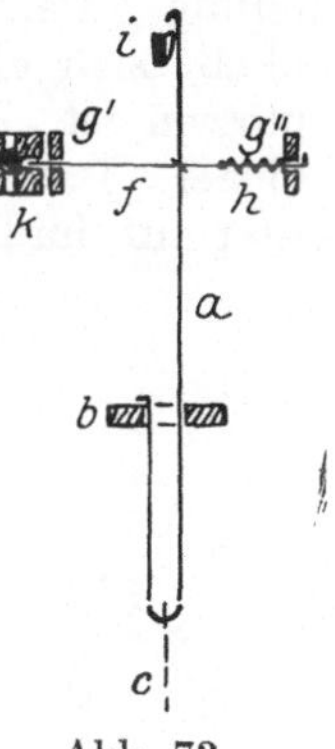

Abb. 73.

Bewegung von der Hauptwelle A aus durch das Kurbelrad l, Stangen m und q, die Hebel n und o, Abb. 74.

Wird der Kurbelzapfen der Hauptwelle zur Messerbewegung benutzt, wie es die Abb. 75 andeutet, dann befindet sich an dem Kurbelzapfen ein Schild, an dem eine zweite Kurbel r befestigt ist, die durch Stange m und Hebel n, wie in Abb. 74, mit dem Messer in Verbindung steht. Mit dieser Einrichtung ist eine Veränderung der Fachhöhe und der Zeit der Fachbildung durch Umstellung der Kurbel r und des Zapfens r' leicht vorzunehmen.

Die Bewegung des Prismas. Jeder Schuß eines Musters erfordert eine andere Einstellung der Schäfte, daher ist für jeden Schuß des Musters eine Musterkarte erforderlich, und das Prisma i muß für jeden folgenden Schuß ein anderes Kartenblatt gegen die Nadeln drücken. Zu

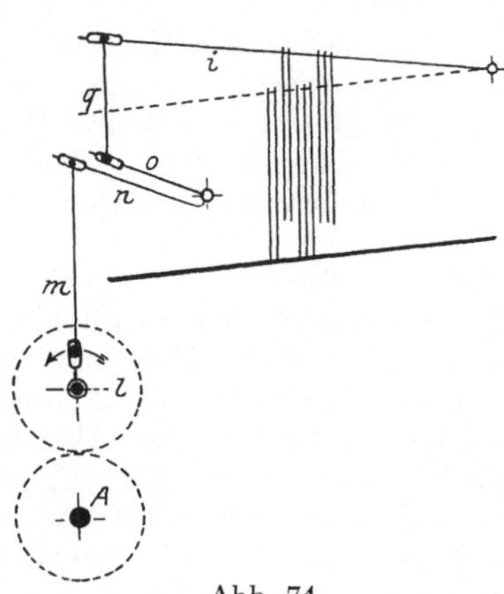

Abb. 74.

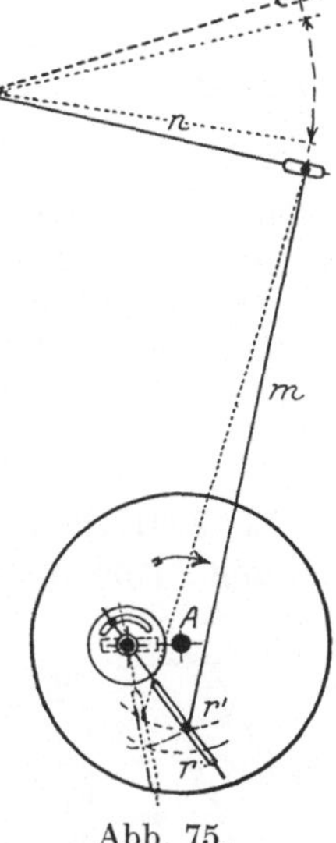

Abb. 75.

diesem Zwecke gibt das aufsteigende Messer i dem Rahmen s, der das Prisma k trägt, durch die Rolle t und Führung u, Abb. 76, eine kurze Schwingung nach außen, wobei das Prisma von dem Haken v so gehalten wird, daß es sich um 90° dreht. Das tiefgehende Messer drückt dann das Prisma wieder gegen die Nadeln.

Unabhängig von der Bewegung des Messers ist die durch Abb. 77 skizzierte Bewegung des Prismas. Hier steht das auf der Hauptwelle A sitzende Kreisexzenter w durch Stangen x, z und Hebel y mit dem Prismarahmen s in Verbindung und schwingt ihn vor und zurück.

Eine andere Schaftmaschine für Hochfach. Die Abb. 78 zeigt eine andere, einfache Schaftmaschine für Hochfach. Sie ist, wie die Skizze 79 andeutet, oben seitlich am Stuhlgestell angebracht. Die durch Federn tiefgezogenen Schäfte stehen durch Schnüre a mit den Schafthebeln b in Verbindung. Den Tiefgang begrenzt das feste Stück c. An jeden Schafthebel schließt sich eine horizontalgelegte Platine d an, die von einer Nadel l umschlossen ist. Eine Kurbel schwingt das Messer i durch die Teile f, g, h hin und her. Das Prisma k erhält durch ein Exzenter auf- und abgehende Bewegung.

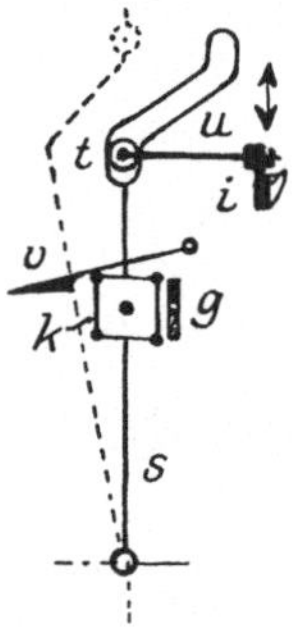

Abb. 78.

Abb. 76.

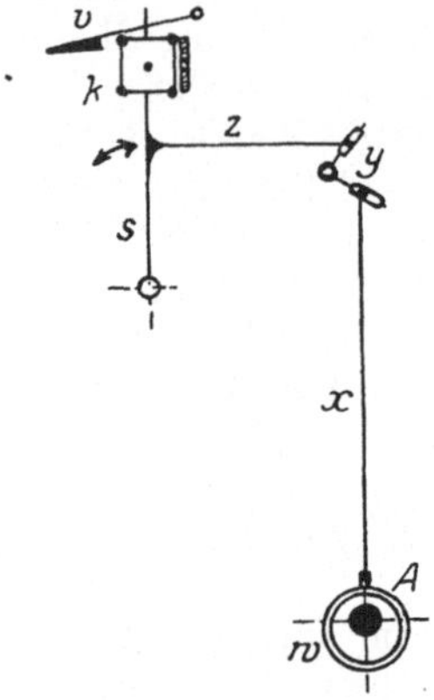

Abb. 77.

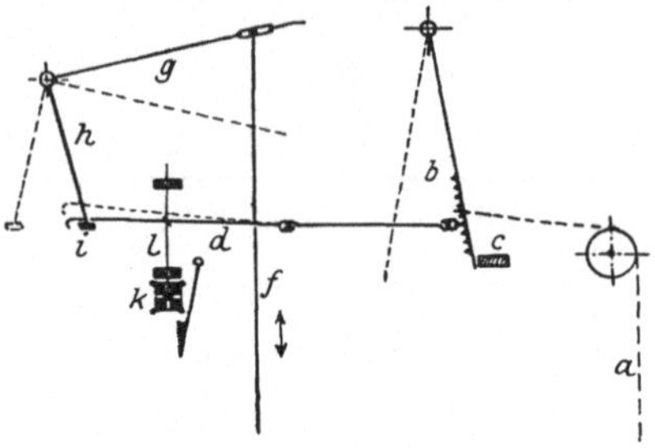

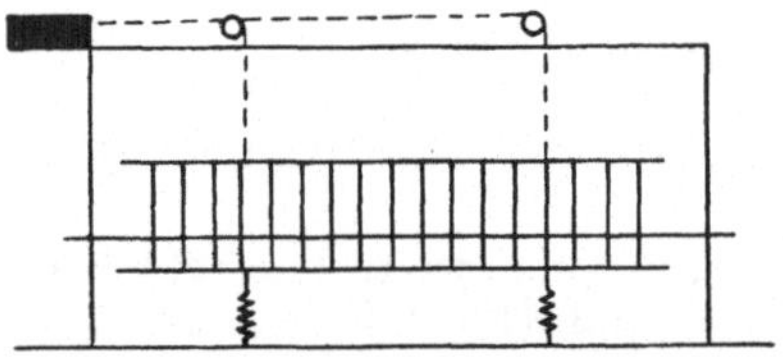

Abb. 79.

Die Schaftmaschine für Tieffach.

Maschinen dieser Art werden selten benutzt. Man denke sich in Abb. 73 das Messer i feststehend, dagegen den Platinenboden als Hebel konstruiert und auf- und abgehend bewegt, dann befinden sich alle am Messer hängenden Platinen mit ihren Schäften in der Ruhestellung. Der tiefgehende Platinenboden bringt die Schäfte, deren Fäden unter dem Schuß liegen sollen, in das Unterfach.

Schaftmaschinen für Hoch- und Tieffach.

Die Kettfäden befinden sich bei diesen Schaftmaschinen in der mittleren Stellung. Aus dieser werden sie etwas gehoben oder gesenkt. Man erreicht dies, wenn man sowohl das Messer als auch den Platinenboden bewegt. In der Abb. 80 ist diese Einrichtung skizziert. Ein Kreisexzenter auf der Hauptwelle A erteilt der Welle o durch Stange m und Hebel n Schwingungen, die durch p', q' auf das Messer i und durch p'', q'' auf den Platinenboden b übertragen werden.

Die Abb. 81 zeigt eine Hoch- und Tieffach-Schaftmaschine, die, wie Abb. 82 andeutet, an der Seite des Stuhls befestigt ist. Für jeden Schaft ist ein kleiner Rahmen a vorhanden, in dem eine Feder die als Doppelhebel konstruierte Platine b so stellt, daß sie in das untere Messer i' eingreift und von

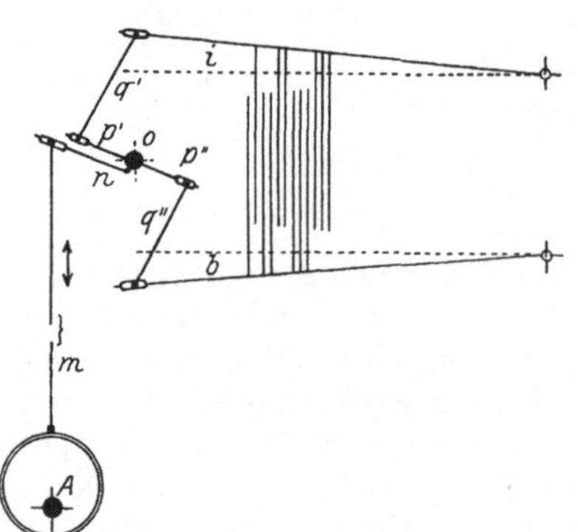

Abb. 80.

diesem mitgenommen werden kann, um den Schaft zu heben. Das sechsseitige
Prisma k drückt durch den geschlossenen Teil der Musterkarte eine kurze Nadel
vor, infolgedessen ändert die Platine ihre Stellung, sie greift in das obere Messer i''
ein und wird von diesem mitgenommen, um den Schaft tief zu bewegen. Die
beiden Messer sind als einarmige Hebel konstruiert. Sie erhalten ähnliche Bewegung wie Messer und Platinenboden in Abb. 80. Die Bewegung des Prismas
gleicht derjenigen in Abb. 77.

Für schwere Bänder hat man die durch Abb. 83 skizzierte Crompton-Schaft-
maschine des mechaniscehn Stoffstuhls verwendet. Sie ist gleichfalls an der
Seite des Stuhls befestigt. Ein doppelarmiger Schaft-
hebel oder Tritt a steht durch Drähte b und Ketten c
mit dem Schaft d in Verbindung. Er trägt an seinem
oberen Ende die mit zwei Haken ausgestattete Platine e. Der untere Haken
kann von dem Messer f' mitgenommen
werden, um den Schaft tief zu bewegen. Die Rollenkarte g trägt für jeden Hochgang eines Schaftes eine Rolle,
die zum Heben der Platine dient, und
den nach oben gerichteten Haken derselben gegen das Messer f'' stellt, das die
entgegengesetzte Bewegung wie f' ausführt, die Platine mitnimmt und den Schaft

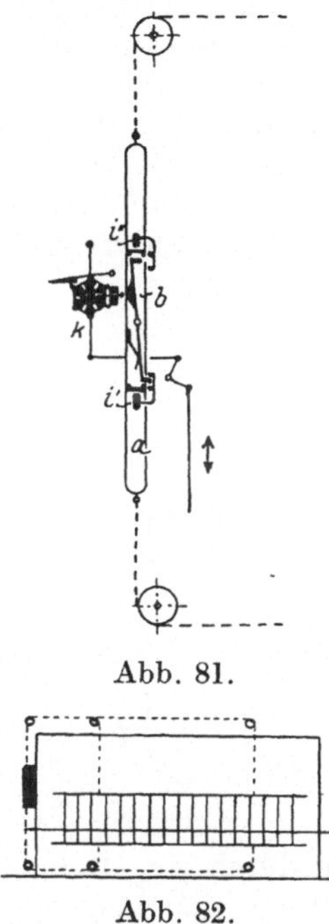

Abb. 81.

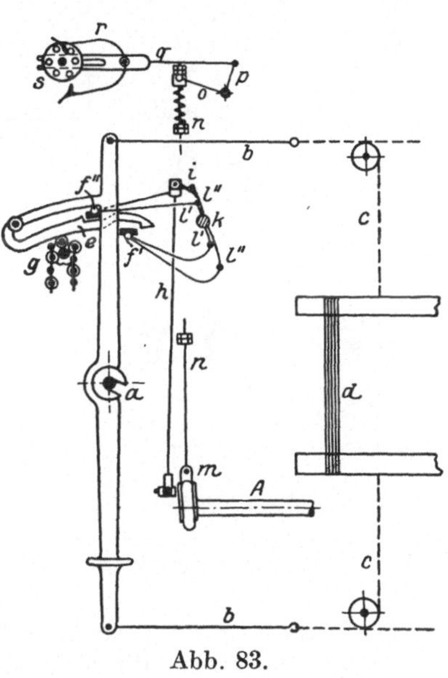

Abb. 83.

Abb. 82.

hebt. Die beiden Messer gleiten in Führungen. Sie werden von enier Kurbel der
Hauptwelle A durch Stange h, Hebel i, Welle k und zwei Doppelhebel l', l'' bewegt. Die Hebel l' sind kürzer als l'', daher ist die Bewegung der Messer vorn
kürzer als hinten, wodurch das Schrägfach entsteht. Die Welle, auf der sich
die Rollenkarte g befindet, muß Drehung um 60^0 erhalten, damit für den folgenden Schuß eine neue Karte zur Arbeit kommt. Diese Bewegung besorgt das
Kreisexzenter m durch Stange n, Hebel o, p und die Teile q, r, s. Die Maschine wird auch so eingerichtet, daß mit Pappkarten gearbeitet werden kann,
was bei langen Mustern vorteilhaft ist.

Die Schaftmaschinen für Offenbach.

Die bisher genannten Schaftmaschinen führen die Kettfäden für den Fachwechsel, der beim Anschlag des Rietes an die Ware erfolgt, in die Grundstellung
zurück, die sich im Unterfach, im Oberfach oder im Mittelfach befinden kann.
Hierbei machen die Fäden viel vergebliche Bewegungen und erhalten dadurch
unnütze Reibungen, die vermieden werden können, wenn man eine Offenfach-
Schaftmaschine benutzt. Bei diesen Maschinen behalten alle Fäden die Stellung
so lange, bis sie vom Tiefgang zum Hochgang oder umgekehrt bewegt werden

müssen. Es werden für jeden folgenden Schuß nur immer die Fäden bzw.
Schäfte bewegt, die ihre Stellung wechseln müssen. Daher ist bei dem Anschlag
des Rietes das Fach geöffnet. Die wichtigsten Teile einer solchen Maschine zeigt
Abb. 84. Es sind zwei Messer vorhanden. Das bewegliche Messer i' hebt die
Platinen a und legt sie mit ihrem zweiten Haken auf das feststehende Messer i''.
Hier bleiben sie so lange hängen, bis sie von der Nadel des Prismas k'' zurück-
gedrückt werden und mit dem tiefgehenden Messer i' wieder tiefgehen können.
Das Prisma k trägt die übliche Musterkarte. Dagegen ist die Karte des
Prismas k'' für die Nadeln durchlocht, deren Platinen auf dem Messer i'' bleiben
sollen. Beide Prismen stehen miteinander in Verbindung. Sie drücken ihre
Karten abwechselnd gegen die Nadeln, erhalten aber für jeden Schuß eine Be-
wegung.

In einigen Fällen ist auch die Offenfach-Schaftmaschine mit Knowles-Ge-
triebe, Abb. 85, mit dem Bandwebstuhl verbunden worden. Sie ist an der
Seite des Gestells befestigt. Zwischen den beiden mit halber Verzahnung versehenen Walzen a' und a'' befindet sich für jeden Schaft ein einarmiger Hebel b,

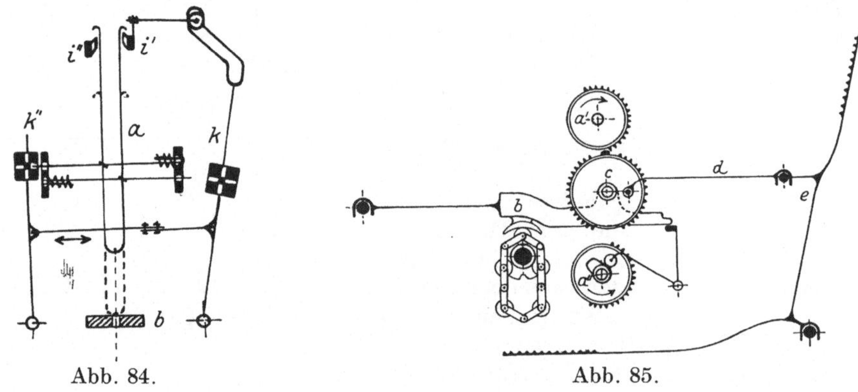

Abb. 84.   Abb. 85.

der ein Zahnrad c mit zwei Zahnlücken trägt. Hebel b wird durch eine Rollenkarte (die Maschine läßt sich auch für Pappkarten einrichten) gehoben oder
gesenkt. Im ersteren Fall dreht sich c nach links und hebt durch die Teile d, e
den Schaft. Im anderen Fall dreht sich c nach rechts und bewegt den Schaft
tief. Das Rad c behält die ihm von einer Walze gegebenen Stellung so lange,
wie es mit derselben in Berührung bleibt, da die große Zahnlücke eine weitere
Drehung nicht zuläßt.

Die Schaftmaschinen für Doppelhub.

Für schnell arbeitende Bandwebstühle wird die Doppelhubmaschine deshalb
gern verwendet, weil sie für zwei Schußeintragungen nur eine volle Arbeits-
bewegung auszuführen hat, also bei gleicher Leistung nur mit der halben Geschwindigkeit arbeitet wie eine andere Schaftmaschine.

Wie aus der Abb. 86 erkennbar ist, sind wieder Platinen mit Doppelhaken,
zwei Messer und zwei Prismen vorhanden. Die beiden Messer i', i'' werden
abwechselnd gehoben und gesenkt, so daß i' für die ungeraden, i'' für die geraden
Schußfäden arbeitet. In derselben Weise werden auch die beiden Prismen
betätigt. Die Musterkarte ist daher in zwei Teile zerlegt. Die Karten 1, 3, 5 usw.
befinden sich auf dem Prisma k', die Karten 2, 4, 6 usw. auf dem Prisma k''.
Die Hebevorrichtung der Messer ist aus der Abb. 87 erkennbar. Stange m
erhält ihre Bewegung durch eine Kurbel, die für zwei Schuß eine Umdrehung

ausführt. Die beiden Prismen werden durch Exzenter und Tritte abwechselnd gegen die Nadelbretter gedrückt. Die Maschine arbeitet mit Offenfach, da nur die Schäfte bewegt werden, die ihre Stellung wechseln.

Eine andere Maschine dieser Art zeigt die Abb. 88. Der Doppelhebel a ist durch die Teile b, c und Schnüre mit dem Schaft verbunden, der durch Federn so weit tiefgezogen wird, als die beiden Stützen d', d'' dies zulassen. An a sind die horizontal gelagerten Platinen e', e'' beweglich. Sie stehen mit den vertikalen Nadeln f', f'' in Verbindung. Die beiden Messer g', g'' erhalten von der Stange h aus durch die Teile i, k, l abwechselnd hin- und hergehende

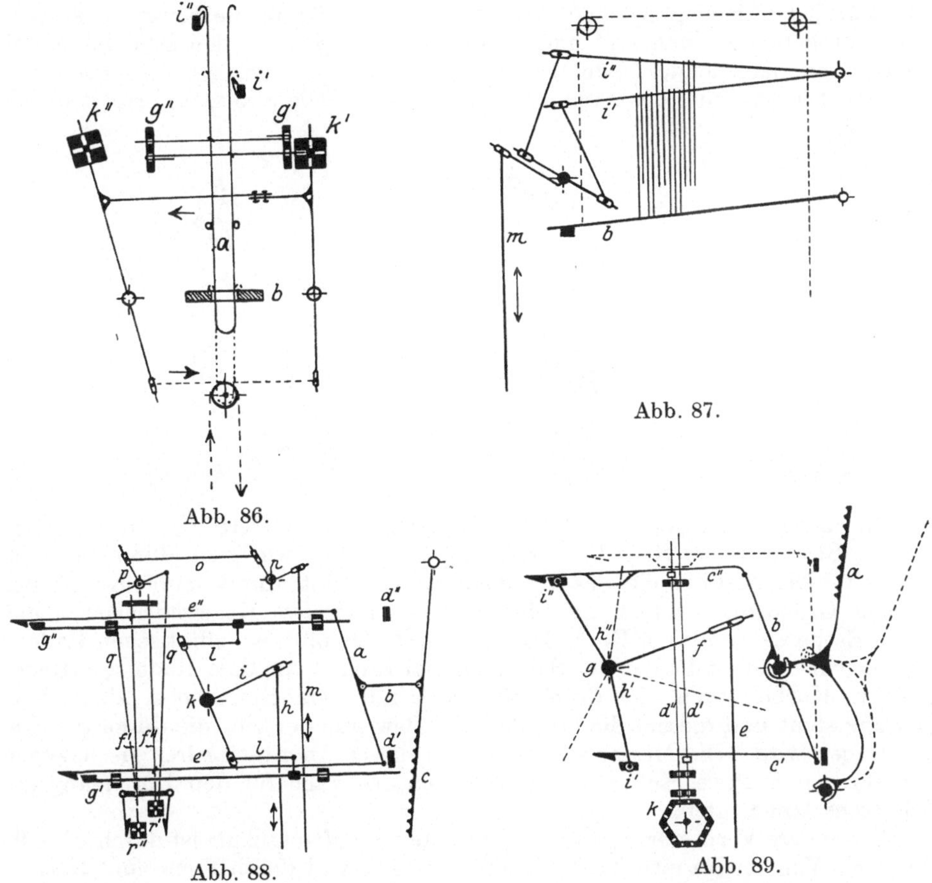

Abb. 86.

Abb. 87.

Abb. 88.

Abb. 89.

Verschiebung. Sie nehmen die Platinen mit, ziehen sie nach außen und heben die Schäfte. Durch Stange m und die Teile n, o, p, q werden die beiden Prismen r', r'' abwechselnd gehoben und gesenkt. Sie führen die Musterkarten gegen die Nadeln. Eine geschlossene Karte hebt die Nadel und Platine und läßt den Schaft tief gehen. Auch diese Maschine arbeitet mit Offenfach. Ihre Aufstellung bekommt sie wie die Maschine Abb. 79.

Eine neue Konstruktion dieser Maschine von Schelling & Stäubli, Horgen, ist durch Abb. 89 skizziert. Der Schaft steht tief, wenn sich die Teile a, b, c'' in der punktierten Stellung befinden. Die Hebung erfolgt dadurch, daß die Messer i', i'' eine der Platinen c', c'' mitnehmen. Die Messer erhalten ihre Bewegung durch eine Kurbel, die für zwei Schuß eine Umdrehung ausführt, durch die Teile e, f, g, h', h''. Messer i' arbeitet für die Schußfäden 1, 3, 5 usw., i'' für die Schußfäden 2, 4, 6 usw. Zur Einstellung der Platinen durch die Nadeln d', d'' dienen Papp- oder Holzkarten. Die Bewegung des mit Pappkarten arbeitenden Prismas k ist aus der Abb. 90 zu erkennen. Die Stange l bekommt für jeden Schuß eine auf- und abgehende Bewegung, die sich durch m, n auf das Prisma k überträgt, das beim Tiefgehen von dem Haken o um $^1/_6$ gedreht wird. Ein Loch in der Karte ruft Hebung des Schaftes hervor.

Die Abb. 91 zeigt die Verbindung der Nadeln d', d'' mit dem Prisma k', das mit Holzkarte arbeitet. Jede Karte nimmt das Muster für zwei Schuß auf. Für jeden Hochgang eines Schaftes ist ein Stift in die Karte zu setzen. Der Stift hebt den Hebel p' und senkt den Arm p'', auf den sich die Nadel stützt. Die tiefgehende Nadel bringt ihre Platine in den Arbeitsbereich des Messers. Die Drehung des Prismas geht von der Welle g aus, sie erfolgt durch die Teile q, r, s und t.

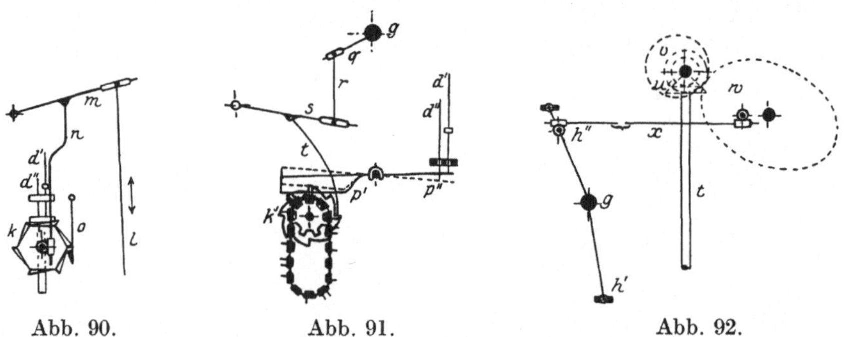

<table>
<tr><td>Abb. 90.</td><td>Abb. 91.</td><td>Abb. 92.</td></tr>
</table>

Ein anderer Antrieb der Schaftmaschine, insbesondere der Messer, wie er von Schelling & Stäubli, Horgen, ausgeführt wird, ist durch Abb. 92 skizziert. Die Hauptwelle des Bandwebstuhls treibt durch zwei Kegelräder gleicher Größe die Welle t, die oben durch ein zweites Kegelräderpaar u das exzentrische Zahnrad v in Umdrehung versetzt, das mit dem elliptischen Rade w im Eingriff steht und für zwei Schuß einmal dreht. An dem Rade w befindet sich ein Kurbelzapfen, der durch Stange x mit dem Messerhebel h'' in Verbindung steht und diesem die erforderliche Bewegung erteilt, die durch g auf h' übertragen wird. Die Messer schwingen bei dieser Anordnung frei, sie bewegen sich für den Fachwechsel schnell und halten das Fach für den Durchgang des Schützens lange offen.

Eine andere Verbesserung der vorgenannten Schaftmaschine ist durch Abb. 93 skizziert. Von der Hauptwelle des Bandwebstuhls wird durch Kette und Kettenräder u die Vorgelegewelle t, Abb. 94, getrieben, die durch Kegelräder s, r die im Schaftmaschinengestell gelagerte Welle q mit den Exzentern p', p'' für zwei Schuß einmal dreht. Die Exzenter wirken auf die Messerhebel h', h'' ein, wobei die Feder o dafür sorgt, daß die Hebelrollen immer mit den Exzentern in Verbindung bleiben. Die Form der Exzenter kann so gewählt werden, wie dies die Bewegung der Schäfte für die Fachbildung wünschenswert macht.

Die Schaftmaschine für Doppelfach.

Wenn es für die Anfertigung einer Ware erforderlich ist, daß zwei Schußfäden gleichzeitig in zwei übereinanderliegende Fächer eingetragen werden, wie es z. B. bei Doppelsamt und einigen anderen Geweben der Fall ist, dann muß die Schaftmaschine ein Doppelfach bilden. Eine solche Maschine von Schelling & Stäubli, Horgen, skizziert die Abb. 95. Sie ist der Maschine Abb. 89 ähnlich, hat aber an jedem der beiden Messerhebel l zwei Messer, k', k'' und i', i''. Infolge der verschiedenen Hebellängen, mit denen die Messer arbeiten,

erhalten k' und i' größere Bewegung als k'' und i''. Mit jedem Messer arbeitet eine Platine g', g'', f', f'', die an den Hebel e angeschlossen sind. Eine Nadel regiert die Platinen g', g'', die andere die Platinen f', f''. Die freie Holzkarte läßt die Nadeln in gehobener Stellung, der Schaft bleibt tief, Stellung I der Teile d und e. Ein kurzer Stift in der Karte läßt die Platine g'' oder f'' mit dem Messer k'' oder i'' arbeiten; sie bringen den Schaft in die mittlere Stellung und die Kettfäden in das Mittelfach, Stellung II der Teile d und e. Durch einen langen Stift in der Karte werden Platinen g' oder f' mit den Messern k' oder i' zusammenarbeiten, den Schaft hochheben und die Fäden desselben in das Oberfach bringen, Stellung III der Teile d und e.

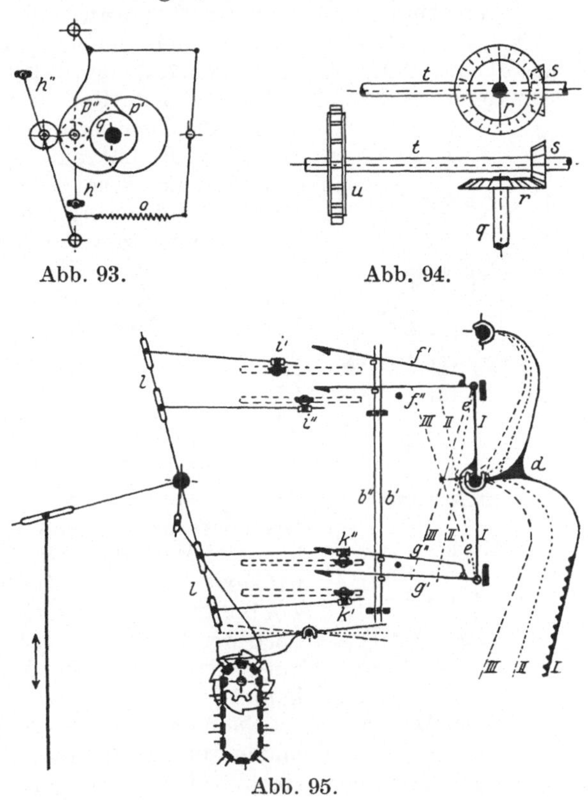

Abb. 93.　　　　Abb. 94.

Abb. 95.

Die Bewegung der Kettfäden durch den Harnisch.

Reicht die Schäftezahl, die man in einem Bandwebstuhl unterbringen kann, für die Musterung der Bänder nicht mehr aus, dann muß der Harnisch in Verbindung mit der Jacquard-Maschine zur Verwendung kommen. Mit dieser Vorrichtung können alle Muster gewebt werden, da die Zahl der verschieden bindenden und zu bewegenden Fäden fast unbegrenzt ist.

Die Jacquard-Maschine.

Den Schnitt durch eine kleine Maschine dieser Art zeigt die Abb. 96. Auf dem festen Platinenboden a stehen vier Platinen nebeneinander, 25 oder 26 solcher Reihen werden hintereinandergestellt. Zur Hebung der Platinen sind vier Messer c vorhanden, die sich in einem als Messerkorb d bezeichneten Rahmen befinden. Jede Platine wird von einer Nadel e umschlossen und regiert. Zwei Nadelbretter f', f'' geben den Nadeln Führung, und kleine Federn g drücken sie einige Millimeter aus dem Brette f' heraus, gleichzeitig werden die Platinen gegen die Messer gelehnt, damit sie von diesen gehoben werden können. Die Einstellung der Nadeln und Platinen erfolgt durch eine gelochte Musterkarte, die das Prisma gegen die Nadeln drückt. Jedes Loch der Karte läßt die davorstehende Nadel in das Prisma eindringen, ihre Platine bleibt unbeeinflußt. Die geschlossene Karte drückt die Nadel und deren Platine zurück, so daß letztere von dem Messer nicht erfaßt wird und tief bleibt.

Die Einteilung der Jacquard-Maschinen. Die Größe der Jacquard-Maschinen bestimmt man nach der Platinenzahl, die sie enthalten. Man spricht von 100er, 200er, 400er usw., aber auch von 880er, 1344er, 1792er Maschinen. Bei kleinen Jacquard-Maschinen stehen 4, 6 oder 8, bei größeren 10, 12—16 Platinen in einer Reihe, und 25, 50—100 und mehr Reihen stehen hintereinander. Oft sind einige Platinen mehr vorhanden, als die Größenzahl angibt, z. B. hat eine 400er Maschine oft 408 oder 416 Platinen. Die großen Maschinen kommen in der Bandweberei wenig und nur für breite gemusterte Seidenbänder zur Verwendung.

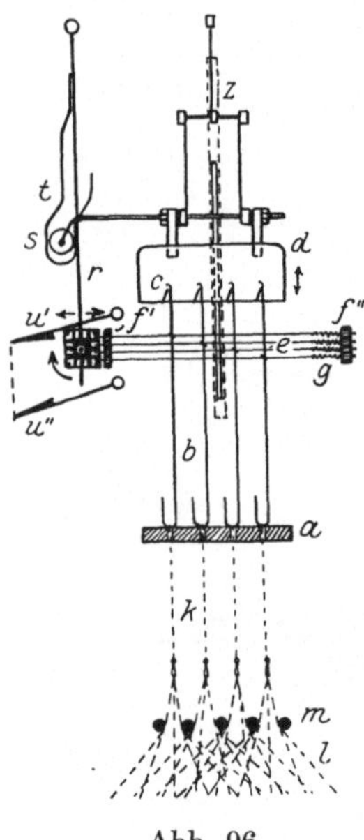

Abb. 96.

Ferner werden die Jacquard-Maschinen nach ihrem Stich bezeichnet, das ist die Entfernung, die die Nadeln im Nadelbrett voneinander haben. Sie stehen bei dem Grobstich weiter auseinander als bei dem Feinstich und nehmen im ersteren Fall bei gleicher Zahl mehr Raum ein als im letzteren. Daher erfordern die Grobstichmaschinen größere und teurere Karten von dickerer Pappe als die Feinstichmaschinen. Bei den letzteren ist die Belastung des Stuhles geringer, besonders dann, wenn es sich um große Kartenspiele handelt. Man unterscheidet u. a. den Staube-, Chemnitzer-, Berliner-Grobstich, den Wiener-, französischen, Schroers-Feinstich. Außerdem ist noch der Verdolstich zu nennen, der so fein ist, daß gutes Papier für die Musterkarte verwendet werden kann.

Nach der Art, wie die Jacquard-Maschinen das Fach bilden, unterscheidet man Hochfachmaschinen, Hoch- und Tieffachmaschinen, Hoch-Tief- und Schrägfachmaschinen.

Nach der Hebung werden solche mit einfachem Hub und Doppelhubmaschinen zu unterscheiden sein.

Schließlich sind noch Spezialmaschinen zu erwähnen, die für besondere Zwecke oder bestimmte Bandarten verwendbar sind.

Die Verbindung der Platinen mit Harnisch und Litzen. An den Platinen befinden sich die kurzen, mit Karabinerhaken versehenen Platinenschnüre k, die durch den Platinenboden gezogen sind. Jede derselben trägt so viele Harnischschnüre l, als Bänder mit der Maschine gewebt werden sollen. Die Ordnung unter den Harnischschnüren wird oben durch einen aus Holz- oder Glasstäben gefertigten Rost m, unten durch die Harnischbrettchen n, Abb. 97, 98, gehalten. Den Harnischeinzug gebräuchlichster Form zeigt die Abb. 97. Die Fäden erhalten eine halbe Drehung. Eine weniger benutzte Form des Einzuges, bei dem die Fäden keine Drehung bekommen, zeigt Abb. 98. Die zweite Art des Einzuges erfordert eine Aufstellung der Maschine, die deshalb unpraktisch ist, weil das Kartenprisma entweder über dem Arbeitsplatz des Bandwebers oder über den Kettruten zu liegen kommt. In beiden Fällen bereitet die Unterbringung langer Kartenmuster Schwierigkeiten.

Nachdem die Harnischschnüre in die Harnischbrettchen eingezogen sind, werden die mit Gewicht belasteten Litzen so daran geknüpft, daß alle Maillons in gleicher Höhe stehen. Bei dieser Arbeit ist darauf zu achten, mit welcher

Fachbildung die Maschine arbeitet. Wenn sie mit Hochfach arbeitet, sind die Maillons tiefer zu stellen, als wenn sie Hoch- und Tieffach bilden; denn die Fäden stehen bei geschlossener Maschine im ersten Fall im Tieffach, im zweiten Fall im Mittelfach.

Die Aufstellung der Jacquard-Maschine. Die Jacquard-Maschine steht auf einem Gestell in der Mitte des Stuhls. Bei breiten Stühlen oder wenn sehr viele Bänder gefertigt werden, kommen 2—4 Maschinen auf das Gestell. Man rechnet dann für je 20—24 Bänder oder Gänge eine Jacquard-Maschine. Die Maschinen müssen möglichst hoch stehen, da sie dann leichter arbeiten, weil sich die Harnischschnüre weniger reiben und abnutzen. Zweckmäßig ist es, die Stützen der Maschinen so einzurichten, daß sie leicht höher oder tiefer gestellt

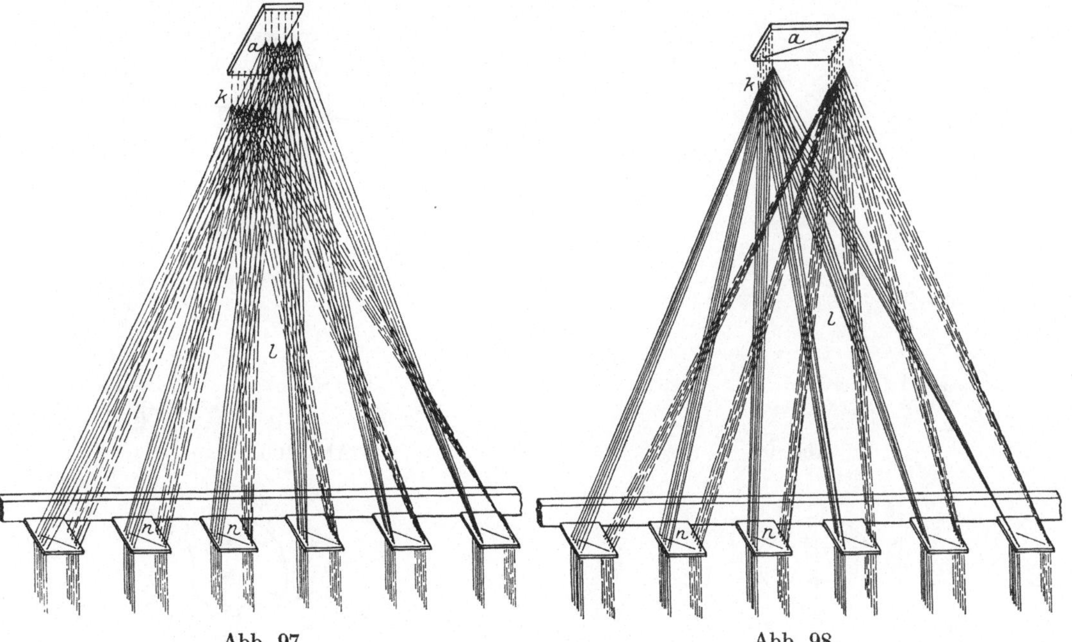

Abb. 97.   Abb. 98.

werden können, wozu nur einfache Winkeleisen oder Rahmen mit Verschraubungen nötig sind.

Befinden sich zwei Jacquard-Maschinen auf einem Bandstuhl, dann sind sie so gebaut, daß beide mit einer Musterkarte arbeiten können. Die eine hat das Prisma an der linken, die andere an der rechten Seite.

Der Antrieb der Jacquard-Maschine. Der Messerkorb d muß auf- und abgehende Bewegung ausführen. Er befindet sich in tiefster Stellung, wenn das Fach geschlossen ist und das Riet den Schuß an die Ware drückt. Die Messer stehen dann einige Millimeter unter den Haken der Platinen. Die Hebung des Messerkorbes, der in Führungen z verschiebbar ist, kann auf verschiedene Weise erfolgen.

Die Abb. 99 zeigt die Einrichtung für kleine Maschinen. Der Messerkorb d wird in der Mitte von oben erfaßt. An den Maschinenhebel a schließt sich eine Stange b an, die mit der Kurbel c des Rades e'' in Verbindung steht.

Bei größeren Maschinen sind zwei an der Achse f befestigte Maschinenhebel a vorhanden, die den Messerkorb d durch die Stangen h an beiden Enden angreifen,

Abb. 100. An *f* ist der Hebel *g* befestigt, der durch Stange *b* wieder mit der Kurbel *c* in Verbindung gebracht ist.

Der Antrieb der Kurbel erfolgt häufig von der Hauptwelle *A* aus durch Räder *e′*, *e″*, wie es Abb. 99 andeutet. Es können aber auch, wie es Abb. 100 erkennen läßt, Kegelräder *i*, *l* und eine Welle *k* zur Übertragung der Drehung von *A* auf *c* verwendet werden. In diesem Fall ist es möglich, die Stange *b* sehr zu verkürzen und den Maschinenantrieb innerhalb des Gestells anzubringen.

In der Abb. 101 ist die Stange *b* an einen Tritt *d* angeschlossen, auf den das Exzenter *e* einwirkt, dessen Form so gestaltet ist, daß die Maschine während der Fachbildung viel Ruhe erhält. Die Exzenterwelle macht für jeden Schuß eine Umdrehung. Die Abb. 102 zeigt ein Exzenter, das für die Bewegung der

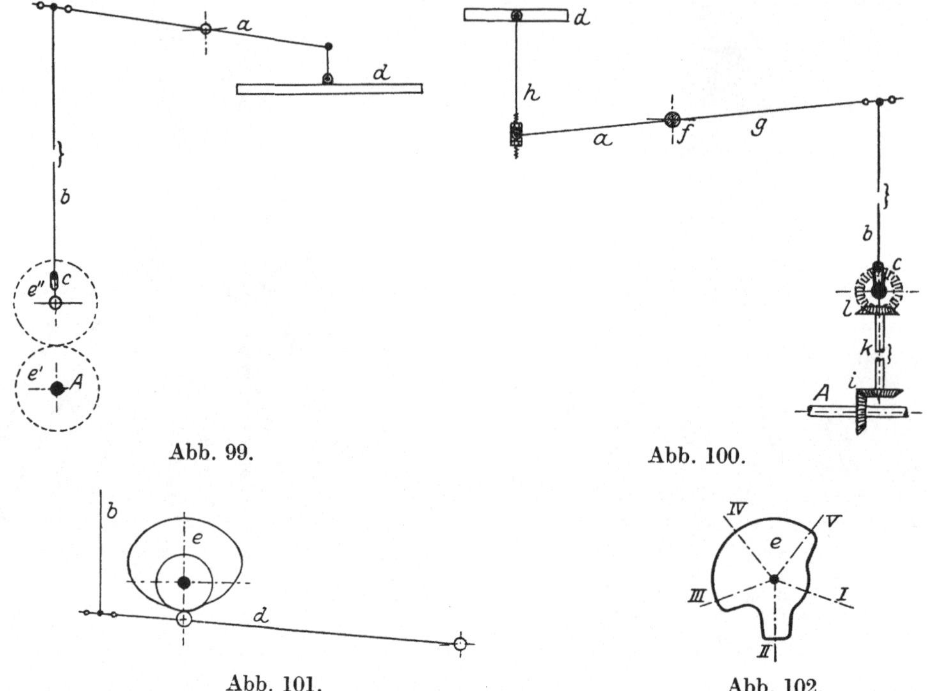

Abb. 99.   Abb. 100.

Abb. 101.   Abb. 102.

Jacquard-Maschine an Bandwebstühlen dient, die Wagenborten, sogen. Nadelborten weben. Es erhält für 5 Schuß eine Umdrehung. Bei *I* bleiben alle Platinen für den 1. Grundschuß tief, bei *II* heben alle Platinen für den 2. Grundschuß, bei *III*, *IV* und *V* werden nur die Musterfäden gehoben, die über dem 1. und 2. Figurschuß und über der Nadel liegen sollen. Für diese 5 Schußbewegungen sind nur 2 Karten nötig. Die erste ist vollständig durchlocht für den 2. Grundschuß, die andere ist nur da mit Löchern versehen, wo Musterfäden für die beiden Figurschußfäden und die Nadel heben sollen.

Der Antrieb der Jacquard-Maschine kann auch durch einen Kettenantrieb von der Hauptwelle aus erfolgen, wie dies durch Abb. 105 gezeigt wird. Das obere Kettenrad *a″* treibt durch die Kegelräder *b* die Welle *c*, an der sich 2 Kurbeln befinden, die durch die Teile *e*, *f*, *g′*, *n* den Messerkorb bewegen.

Die Bewegung des Prismas. Damit das Prisma *h*, Abb. 96, die Musterkarte gegen die Nadeln drücken kann, ist es in einem Rahmen *r* drehbar gelagert, der von dem auf- und abgehenden Messerkorb durch Preßrolle *s* und Preßbügel t hin- und hergeschwungen wird. Bei jeder Auswärtsbewegung wendet der Haken u' das Prisma um 90°.

Die Bewegung des Prismas kann auch unabhängig von der Messerbewegung erfolgen. Man benutzt ein Kreisexzenter a, Abb. 103, das sich z. B. auf der durch Kettentrieb bewegten Welle c, Abb. 105 befindet und durch Stange b mit dem Rahmen r des Prismas h in Verbindung steht. In der Abb. 104 ist das Kreisexzenter auf der Hauptwelle des Stuhls befestigt, es verschiebt das in diesem Fall sechsseitige Prisma h auf Führungszapfen v durch die Stangen x, z und den Winkelhebel y horizontal hin und her. Die Drehung erfolgt in allen Fällen durch Wendehaken u', wie es in Abb. 96 erklärt ist. Der untere Haken u'' dient dazu, wenn es nötig ist, die Karte rückwärts laufen zu lassen. Er wird dann durch eine Schnur, die von u' über eine Rolle zu dem Stande des Bandwebers führt, gehoben.

Die Kartengänge. Die Musterkarte bildet durch das Aneinanderschnüren der einzelnen Kartenblätter ein Band ohne Ende, dessen Länge von der Schußzahl des Musterrapportes abhängt. Große Karten lassen sich oft schwer im

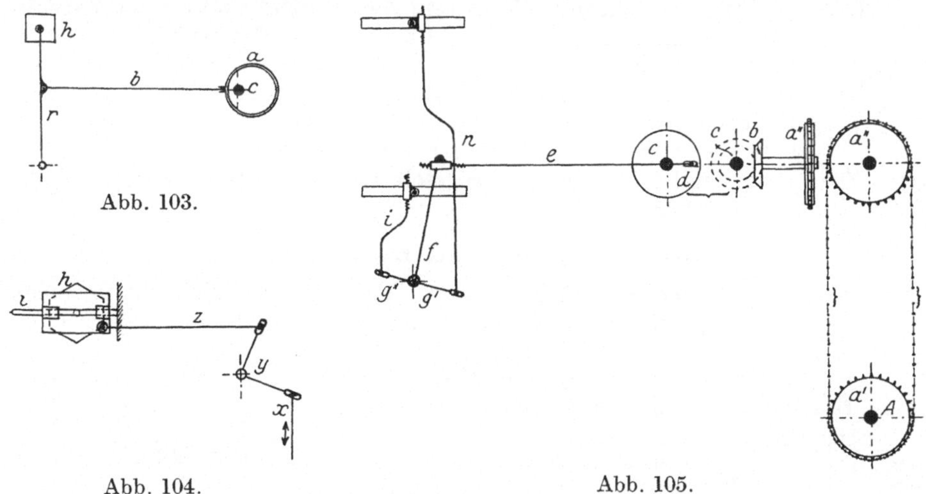

Abb. 103.

Abb. 104.

Abb. 105.

Bandwebstuhl unterbringen; außerdem belasten sie das Prisma zu sehr, wenn sie an demselben hängen, wie es bei kurzen Kartenspielen möglich ist. Aus diesem Grunde sind Vorrichtungen, Kartengänge anzubringen, die eine sichere Führung der Karten zulassen. In der Regel gleitet die von dem Prisma kommende Karte an einer schrägen Ebene herunter. Sie hängt dann mit Drahtstäben, die nach 16—20 oder mehr Karten eingebunden sind, auf Bügeln, die sich an die schräge Ebene anschließen, um dann über eine oder mehrere Rollen wieder zu dem Prisma zu kommen.

Die Jacquard-Maschine für Hochfach.

Durch diese Maschine werden die im Unterfach stehenden Kettfäden in das Hochfach gehoben. Der Platinenboden steht in dem Maschinengestell fest, nur der Messerkorb ist zu bewegen. Eine solche Maschine ist durch die Abb. 96 skizziert und erklärt.

Die Jacquard-Maschine für Hoch- und Tieffach.

Diese Maschinen werden in der Bandweberei weniger gebraucht. Sie bewegen die Kettfäden aus der Mittelstellung heraus, indem ein Teil derselben durch

die Messer gehoben, der andere Teil durch den Platinenboden gesenkt wird.
Von den verschiedenen, diesem Zwecke dienenden Einrichtungen ist eine durch
Abb. 105 skizziert. Die Bewegung des Messerkorbes wurde schon auf S. 268
erklärt. Zur Bewegung des Platinenbodens dienen die weiteren Teile g'' und i.
Die Zeichnung läßt deutlich erkennen, daß durch Drehung der Kurbel um 180°
die Hebel g', g'' entgegengesetzte Stellung erhalten und den Platinenboden
tief bewegen, wenn der Messerkorb hoch geht.

Die Jacquard-Maschine für Hoch-, Tief- und Schrägfach.

Die beiden vorgenannten Maschinen bilden ein unreines Fach, da alle Kettfäden in die gleiche Höhe gehoben werden. Um ein reines Fach, ein Schrägfach,
zu bilden, müssen Messerkorb und Platinenboden für die Fachbildung schräg
gestellt werden. Welche Seite höher bzw. tiefer bewegt wird, hängt von dem
Einzuge des Harnisches ab. Für den in Abb. 97 skizzierten Einzug muß die linke Seite des Messerkorbes höher und des Platinenbodens tiefer bewegt werden als die rechte Seite.

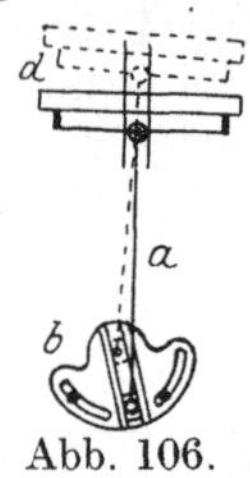

Eine Einrichtung, die diesem Zweck dient und an der Maschine
anzubringen ist, zeigt Abb. 106 für den Messerkorb. Er ist an
beiden Enden mit einem Hebel a versehen, der mit einem Gleit-
klötzchen in die Führung b eingreift. Bei senkrechter Stellung der
Führung geht der Messerkorb gerade in die Höhe, bei schräger Stellung der Führung wird er sich schräg stellen, so, wie es die punktierte Zeichnung angibt. Für die Schrägstellung des Platinenbodens sind dieselben Teile erforderlich.

Abb. 106.

Die Jacquard-Maschine für Doppelhub.

Hier handelt es sich eigentlich um zwei Hochfachmaschinen, die nebeneinander oder, wie es Abb. 107 zeigt, ineinander gebaut sind. Für jede Nadel c
sind zwei Platinen b', b'' vorhan-
den, die mit denselben Harnischschnüren l Verbindung haben, so
daß diese sowohl von b' als auch
von b'' gehoben werden können.
Mit den Platinen b' arbeiten die
Messer a' und mit den Platinen b''
die Messer a''. Die Messer werden abwechselnd gehoben. Sie
führen für zwei Schuß eine volle
Bewegung aus. Das Prisma drückt
für jeden Schuß ein neues Kartenblatt gegen die Nadeln, um dadurch den Platinen die für ihre
Arbeit erforderliche Stellung zu
geben. Da die Kettfäden, die für
einen Schuß gehoben waren und
für den anderen wieder hochgehen

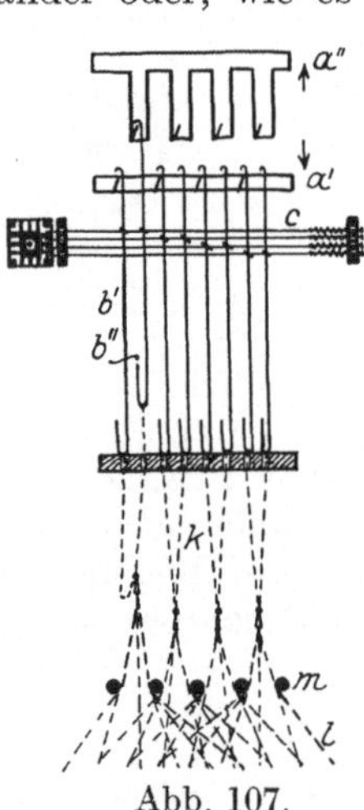

Abb. 107.

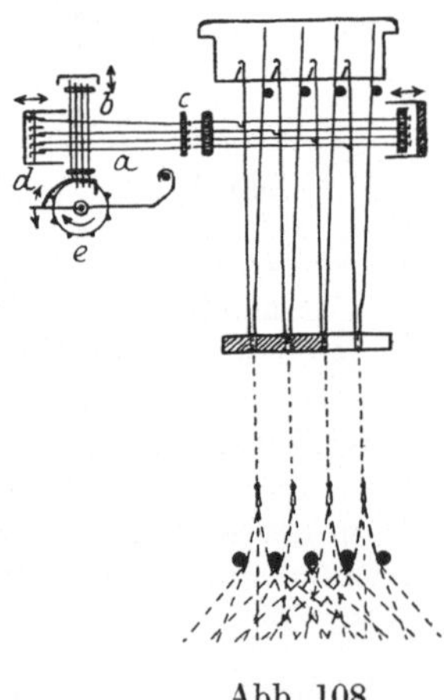

Abb. 108.

müssen, nur bis zur Hälfte ihres Weges tief gehen, erfolgt der Anschlag des
Rietes bei teilweise offenem Fach.

Die Verdol-Jacquard-Maschine.

Der von Verdol konstruierte Apparat ist vor die Jacquard-Maschine bekannter
Konstruktion gestellt, um statt der Musterkarten aus Pappe, solche aus Papier

verwenden zu können. Es sind, wie aus Abb. 108 hervorgeht, zwei Nadelsysteme vorhanden. Die horizontalen Nadeln *a* sind mit kleinen Köpfchen versehen, sie liegen den Nadeln der bekannten Jacquard-Maschine gegenüber und werden einerseits in dem Brette *c*, andererseits in den Schlingen der vertikalen Nadeln *b* geführt. Das zweite Ende der Nadeln *a* ragt in einen Rost *d* hinein, der aus kleinen Winkelblechen besteht. Die Papierkarte, die durch eine Walze *e* fortbewegt und nach jeder Schaltung etwas gehoben wird, hebt mit ihren geschlossenen Teilen die Nadeln *b* und durch diese die Enden der Nadeln *a*, die sich infolgedessen gegen die Winkel der Bleche des Rostes *d* stellen. Bei der nun folgenden seitlichen Verschiebung des Rostes werden die gehobenen Nadeln *a* mitgenommen, wodurch sie auf die Nadeln der Jacquard-Maschine derart einwirken, daß sich deren Platinen von den Messern entfernen und daher nicht gehoben werden. Die von der durchlochten Karte unbeeinflußten Nadeln belassen die Platinen in ihrer Stellung am Messer, damit sie gehoben werden können. Die feinen und leichten Nadeln erfordern nur kleine Löcher in der Karte, sie können daher sehr eng zusammengestellt und in doppelten Reihen untergebracht werden, wodurch die Papierkarte nur die Hälfte der Breite hat, die eine Pappkarte für eine Grobstichmaschine gleicher Größe haben muß.

Spezial-Jacquard-Maschinen.

Hierher gehören alle diejenigen Jacquard-Maschinen, die von der allgemein üblichen Bauart abweichen und deren Arbeitsweise in irgendeinem Teile der Herstellung einer besonderen Ware angepaßt ist. Z. B. eine Maschine für Mützenbänder, die besondere Einrichtungen enthält, mit denen es möglich wird, das Erzeugnis mit viel weniger Karten zu weben, als dies bei Benutzung einer gewöhnlichen Jacquard-Maschine der Fall ist. Oder in einer Maschine für Bänder, die mit Doppelfach gewebt werden müssen, ist die Messerbewegung so eingerichtet, daß ein Doppelfach entsteht usw. Auf alle diese vielen Einzelheiten kann hier nicht eingegangen werden.

Verbindung der Jacquard-Maschine mit Schaftbewegungen.

In vielen Fällen ist es vorteilhaft und für die Ware nützlich, die Jacquard-Maschine nur zur Bewegung der Kettfäden zu benutzen, die zur Musterung des Bandes dienen. Für die anderen Fäden aber, die als Grund-, Binde-, Gummi-, Stengel- usw. Fäden einfache Verkreuzung haben, sind Schäfte mit Exzenterbewegung vorzuziehen. Welche Exzenterbewegung neben der Jacquard-Maschine anzuwenden ist, hängt vom Material oder von der herzustellenden Ware ab. Für Seidenband kommt das Kreuzgetriebe oder eine andere leichte Gegenzugvorrichtung in Frage. Für Gummiband, Borten, Samtband u. a. werden Falltümmler bevorzugt.

Die Eintragung des Schusses.

Das auf kleine Spulen, Einschlagspülchen, gewickelte Schußmaterial wird mit Benutzung der Schützen, Schiffchen oder Spulen in das Kettenfach eingetragen und dann mit dem Vorderriet dicht an den vorher eingetragenen Schuß gedrückt. Der Teil des Bandwebstuhls, der diese Bewegungen ermöglicht, wird als Lade oder Schläger bezeichnet.

Die Lade.

Die Lade besteht aus einem kräftigen Holzstück, dem Laden- oder Schlägerklotz, der über die ganze Breite des Stuhls herüberreicht. Sein

Gewicht muß der zu fertigenden Ware angepaßt sein; es ist für leichte Bandarten gering, und groß für die schweren Bänder und Gurte.

Mit dem Ladenklotz sind die Träger der Schützen und der Riete, sowie
Teile zur Bewegung und zum Wechsel der Schützen verbunden.

Die Lade, die sich dicht vor den Litzen befindet, erhält eine kurze vor- und
zurückgehende Bewegung, die von der Hauptwelle des Stuhls in verschieden-
artiger Weise erfolgen kann.

Die hängende Lade.

Die althergebrachte Anordnung der Lade im Bandwebstuhl zeigt die
Abb. 109. Der Ladenklotz a ist an zwei Armen b befestigt, mit denen er an
den Seitenwänden des Gestells leicht schwingend aufgehängt ist. Die Zapfen
c lassen sich leicht hoch- oder tief-, vor- oder zurück-
stellen. Durch zwei Kurbelstangen d steht die Lade mit
Kurbeln e oder, innerhalb der Gestellwände, mit Kröpfun-
gen der Hauptwelle A in Verbindung. Sie erhält daher
für jede Umdrehung der Welle A eine Schwingung vor oder
zurück.

Die Kurbelzapfen sowohl als auch die Wellenkröpfun-
gen sind verstellbar, um die Schwingung der Lade vergrößern oder verkleinern zu können.
Das untere Ende der Ladenarme gleitet an glatten Flächen der Gestell
wände, um eine Verschiebung der Lade
in ihrer Längsrichtung zu verhüten.

Die stehende Lade.

Wiederholt ist die Lade des Bandwebstuhls auf Stützen gestellt und
durch Kurbel und Kurbelstange in
Bewegung gesetzt worden, wie dies
Abb. 110 andeutet. Auch ist der breite
Stoffwebstuhl für die Bandweberei eingerichtet worden, so daß man nach Be-
lieben breite Stoffe oder schmale Bänder weben konnte. Bewährt hat sich
diese Anordnung der Lade nicht; da in-
folge der kurzen Stützen der Schwingungsbogen der Lade zu sehr gekrümmt ist,
kann die Bewegung der verhältnismäßig breiten Schützen nicht günstig durchgeführt werden.

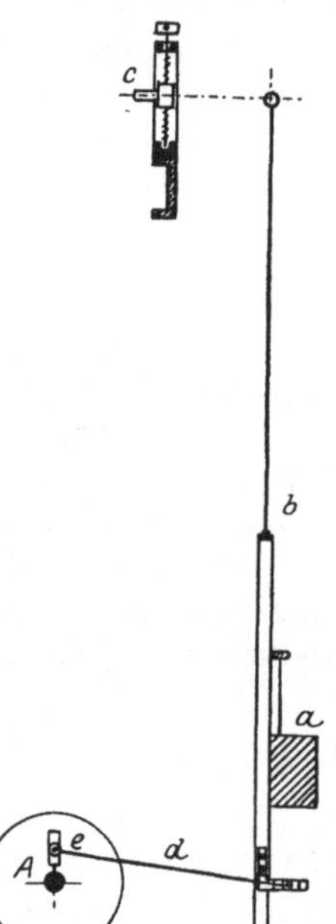

Abb. 109.

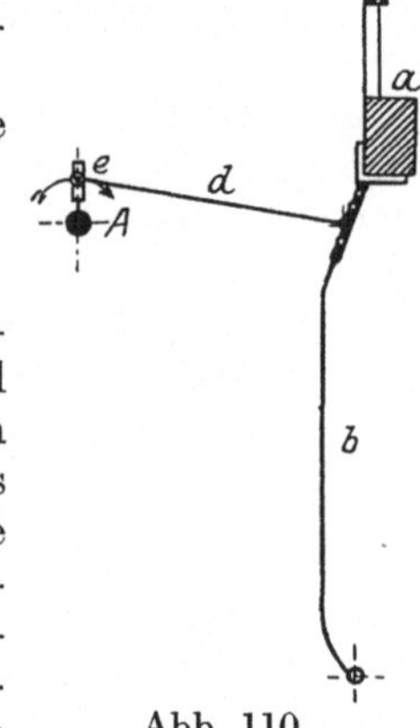

Abb. 110.

Die horizontale Ladenbewegung.

K. Kuttruf, Basel, hat die Lade mit Rollen f versehen und sie dann
auf glatte Flächen b der Gestellwände gestellt. Führungsstücke c verhindern
jede andere Bewegung als die durch Kurbel e und
Kurbelstange d hervorgerufene horizontale Vor- und
Rückwärtsbewegung, Abb. 111.

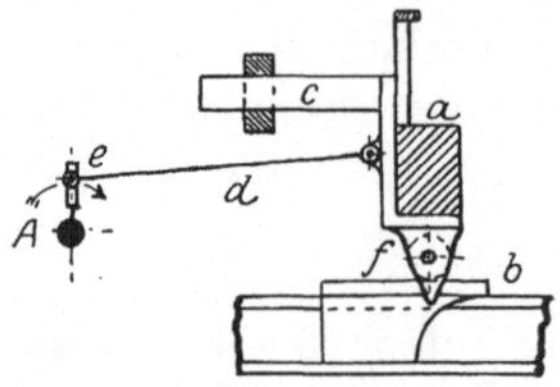

Die Maschinenfabrik Rüti stellt die Lade a auf
zwei Stützen c', c'' und verbindet das Stück b durch
Stange d mit der Kurbel e, Abb. 112. Hierdurch wird
die horizontale Vor- und Rückwärtsbewegung der Lade
annähernd erreicht.

Abb. 111.

Die Lade *a* des neuen Bandwebstuhls von **Friedr. Lüdorf & Co.**, Barmen, Abb. 113, ist an zwei Teilen *b* befestigt, die auf je zwei Stützen *c'*, *c''* ruhen. Diese Stützen sind bei *d'*, *d''* mit den bei *e'*, *e''* drehbar aufgehängten Stangen *f'*, *f''* verbunden. Zwischen *d'* und *d''* befindet sich die Stange *g*. Die Kurbelstange *h* verbindet *b* mit der Kurbel *i* der Hauptwelle *A*, um der Lade die gewünschte vor- und zurückgehende Bewegung zu geben. Mit der Lade werden auch die Stützpunkte *d'*, *d''* vor- und zurückbewegt, durch die Stangen *k*, *m* und den Hebel *l*; wodurch es möglich ist, die Lade sehr leicht und vollkommen horizontal zu bewegen.

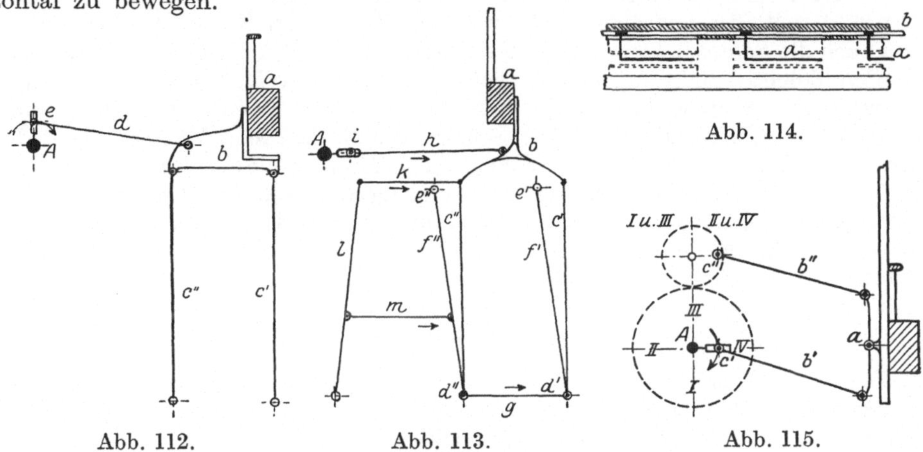

Abb. 112. Abb. 113. Abb. 114. Abb. 115.

Der doppelte Anschlag.

Bei Riemen, Gurten u. a. schweren Bändern kann der Schuß nur dadurch fest in die Ware hineingedrückt werden, daß man ihn zweimal anschlägt.

Diesem Zwecke dient die Quetschnadel Abb. 114. Auf jede Schußeintragung folgen immer zwei Ladenbewegungen. Bei der ersten Vorbewegung der Lade drückt das Riet den Schuß in die Ware; beim Rückgehen der Lade bildet sich das neue Fach, in das die Nadeln *a* eintreten, um sich vor das Riet zu stellen. Sie teilen bei dem folgenden Vorgehen der Lade die Fäden auseinander und drücken den Schuß nochmals an. In dieses Fach kommt beim zweiten Rückgang der Lade der neue Schuß. Die Quetschnadeln befinden sich an einer Stange *b*, die durch ein Exzenter, Riemen und Rollen vorgezogen, und durch eine Feder zurückbewegt wird.

Dasselbe wird durch die Ladenbewegungen Abb. 115 erreicht. Die Lade steht durch den zweiarmigen Hebel *a* und die Kurbelstangen *b'*, *b''* mit den Kurbeln *c'*, *c''* in Verbindung. Die Kurbel *c''* macht zwei Bewegungen, während sich *c'* einmal dreht. Infolgedessen führt die Lade für eine Drehung der Welle *A* die folgende Bewegung aus: Sie ist bei *I* vollständig zurückgestellt, bei *II* halb nach vorn bewegt, bei *III* wieder ganz zurückgestellt, bei *IV* ganz vorn im Anschlage. Der Schützen, der kräftig gebaut ist und einen breiten, nach vorn schräg zugeschärften Bügel hat, wird bei *I* bis zur Mitte des Faches geführt, drückt bei *II* den vorher eingetragenen Schuß nochmals an und geht bei *III* durch das Fach hindurch. Bei *IV* drückt das Riet den eingetragenen Schuß an die Ware.

Der Rietrahmen.

An dem Ladenklotz befinden sich kleine Kästchen, Stelleisen oder Rahmen, die zur Aufnahme der Vorderriete dienen, damit sie an der Vor- und Rückbewegung der Lade teilnehmen. Die Rahmen sind so gestaltet, daß die Riete festgehalten, aber leicht ausgewechselt werden können.

Das bewegliche Riet.

Wenn die Breite der zu webenden Bänder wechselt, werden Riete mit fächerartig gestellten Stäben verwendet, die in den für diesen Zweck besonders eingerichteten Rietrahmen auf- und abbewegt werden müssen. Bei gehobenem Riet wird das Band schmal, und die Kettfäden stehen sehr dicht; bei gesenktem Riet wird das Band breit, aber die Kettfäden stehen offen und weit. In demselben Maß, wie sich Breite und Kettdichte verändern, muß auch die Schußdichte verändert werden; je dichter die Kette, desto geringer die Schußdichte und umgekehrt. Die Bewegung des Rietes wird von einer exzentrischen Scheibe beeinflußt, mit der es durch einen Tritt, Hebel und Stangen in Verbindung steht. Die Scheibe erhält für einen Musterrapport des Bandes eine Umdrehung. Sie wird daher von der Hauptwelle aus durch Schneckengetriebe oder mehrfache Vorgelege sehr verlangsamt gedreht. Die Stellung des Trittes oder des Rietes kann dazu dienen, auf den Regulator derart einzuwirken, daß die Schaltung vergrößert oder verringert wird, je nachdem sich die Kettdichte vergrößert oder verkleinert.

Die Schützen.

Die Spulen, Schiffchen oder Schützen, die zur Eintragung des Schusses in das Kettenfach dienen, sind aus Buchsbaumholz gefertigt. An jedem Schützen sind zwei Teile zu unterscheiden. Der eine dient bei der Hin- und Herbewegung zur sicheren Führung, der andere ist zur Aufnahme des Schuß- oder Einschlagspülchens bestimmt. In der Regel bilden beide Teile ein zusammenhängendes Stück, doch können sie auch voneinander getrennt sein; dann ist eine Vorrichtung vorhanden, die eine schnelle und sichere Verbindung und leichte Trennung der Teile ermöglicht.

Das Führungsstück ist mit Nuten versehen, die in passende Teile der Lade eingreifen und eine leichte seitliche Verschiebung zulassen. Ferner sind an diesem Teil die Vorrichtungen angebracht, die zur Hin- und Herbewegung des Schützens erforderlich sind.

Der zur Aufnahme der Schußspule dienende Teil ist bogenförmig gestaltet und so eingerichtet, daß das Auswechseln der Einschlagspülchen leicht möglich ist und der sich abwickelnde Faden beliebig gespannt werden kann.

Die Formen der Schützen sind sehr verschieden. Sie werden u. a. durch die Schützenbahn, den Antrieb, das Material, die Form der Einschlagspule, die Band- bzw. Sprungbreite bestimmt. Einige Schützenformen sind durch Abb. 116, 117, 118 skizziert.

Die Länge des Schützens richtet sich nach dem Sprung, das ist der Raum, den die Kettfäden des Bandes in der Lade beanspruchen. Je breiter also das Band ist, das gewebt werden soll, desto breiter oder größer ist der Sprung und desto länger müssen die Schützen sein. Man nimmt den Schützen 25—30 mm länger, als der doppelte Sprung beträgt. Für 40 mm Sprungbreite wird der Schützen 105—110 mm Länge erhalten.

Die Schuß- oder Einschlagspülchen.

Nur in wenigen Fällen ist es möglich, die von der Feinspinnerei oder Zwirnerei gelieferten Copse im Schützen des Bandwebstuhls zu verarbeiten. In den meisten Fällen muß das Garn auf kleine Scheibenspulen gespult werden. Man nimmt diese

Spulen so groß als möglich, damit recht viel Schußmaterial daraufgewickelt werden kann. Es ist aber nur für grobe Garne zweckmäßig, große Spulen zu verwenden, da sich die feinen Garne und Seide von denselben schlecht abwickeln, wodurch fehlerhafte Ware entsteht. Um den Schußfaden während der Verarbeitung in der erforderlichen Spannung zu erhalten, kommen Spannhebel und Spannfedern zur Verwendung. Der kleine, unter Federdruck stehende Bremshebel s, der sich gegen das Garn der Spule lehnt, ist in Abb. 116 und 117 zu erkennen. Die Federspannung kann in dem Schützen oder in der Spule angebracht sein. Im ersteren Falle sind es lange, dünne Federn, Würmchen oder Schweizer Würmchen t, die sich in dem Bügel des Schützens befinden, Abb. 117, und den Faden während der Arbeit gespannt erhalten. Im anderen Falle befindet sich die Schußspule auf einem Spulenträger, dessen besondere Einrichtung die Abb. 119 erkennbar macht. Er besteht aus den drei Teilen a, b und c, die ineinandergesteckt werden. a ist ein Draht, der in den Schützen genau hineinpaßt und sich nicht dreht. An ihm ist bei f die Feder e befestigt, deren anderes Ende bei g mit dem kleinen Stöpsel h in dem Teile b festgeklemmt wird. b ist ein dünnes Holzröhrchen, das außen in zwei kleinen Nuten die feinen Blattfedern i trägt. Über diesen Teil wird das Holzröhrchen c gesteckt, das von b infolge der Friktion der Federn i gehalten wird. Außen trägt c eine kleine Erhöhung k, die in eine passende Nute l

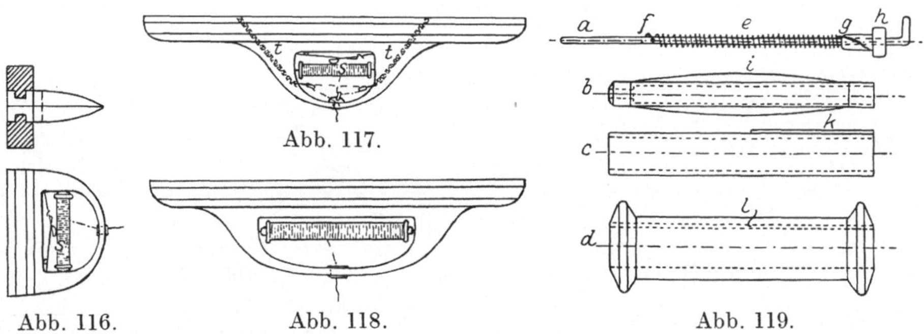

Abb. 117.

Abb. 116.　　　　　　　Abb. 118.　　　　　　　Abb. 119.

der Schußspule d eingreift, so daß nach Verbindung der Teile sich beim Abziehen des Fadens Spule d und der Teil c drehen. Durch die Friktion, die die Federn i in c hervorrufen, wird sich aber auch b und h drehen, wobei sich die Feder e spannt und eine Rückdrehung der Teile veranlaßt, wenn sich der Faden bei der Arbeit lockert.

Die Schützenbahn, der Vorderschläger.

Der Teil der Lade, der die Schützen trägt und in dem sie ihre hin- und hergehende Bewegung ausführen, wird als Schützenbahn oder Vorderschläger bezeichnet. Die Zahl der Schützen, die für ein Band in dem Bandwebstuhl vorhanden ist, richtet sich nach der Zahl der für das Band erforderlichen verschiedenen Schußsorten. Sie schwankt zwischen 1—6, es sind aber auch Laden mit 8—12 Schützen für ein Band gebaut worden. Man unterscheidet daher einspulige und mehrspulige Laden oder Vorderschläger. Die ersteren werden mit dem Ladenklotz fest verbunden, die anderen sind an Führungen des Ladenklotzes verschiebbar.

Bei den einspuligen Schlägern können die Schützen in gerader Richtung oder im Kreisbogen geführt werden. Demnach unterscheidet man gerade Schläger, Abb. 120, und Bogenschläger, Abb. 121. Da die gebogenen Schützen weniger Raum beanspruchen, können die einzelnen Gänge enger zusammengestellt werden, so daß der mit Bogenschläger ausgestattete Bandwebstuhl mehr Bänder fertigen kann als ein solcher mit geradem Schläger.

Um den Raum des Stuhls möglichst günstig auszunutzen, hat man zwei und mehr Schützenbahnen übereinandergebaut, wodurch zwei- oder mehrstöckige Schläger entstehen. Einen zweistöckigen Schläger mit gerader Spulenführung zeigt Abb. 122. Bemerkt sei, daß man auch zweistöckige Bogenschläger baut. Die Abb. 123 zeigt einen dreistöckigen Schläger von Gustav Lüdorf & Sohn, Barmen, der die innere Breite des Stuhls vollständig ausnutzt. K. Kuttruff, Basel, übertrifft dies noch, indem er zwei zweistöckige Schläger übereinanderlegt, so daß ein vierstöckiger Schläger entsteht, der die auf gleichem Raum zu webenden Bänder und damit die Leistungsmöglichkeit des Bandwebstuhls vervierfacht.

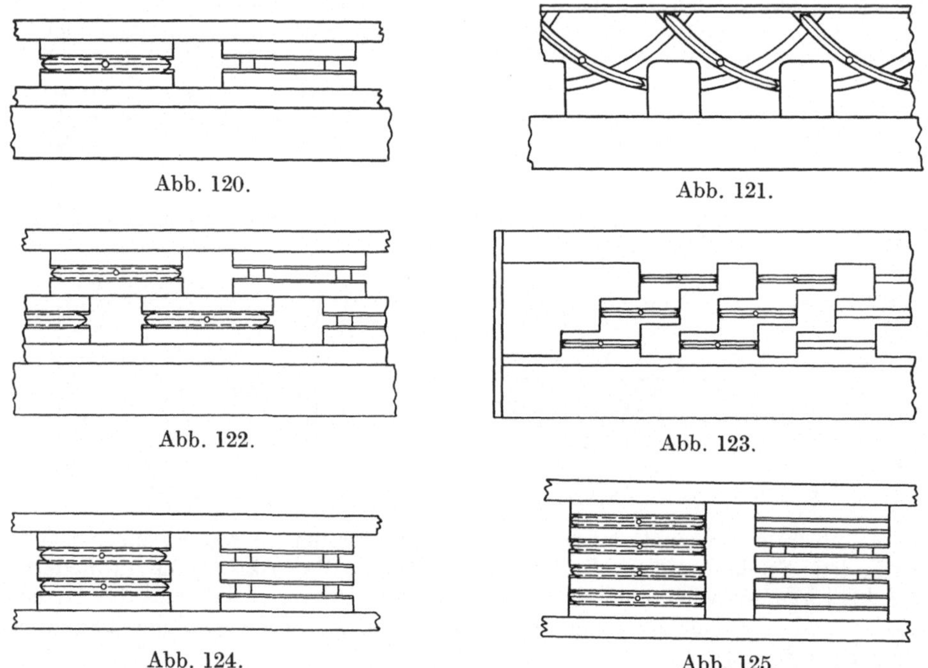

Abb. 120.   Abb. 121.

Abb. 122.   Abb. 123.

Abb. 124.   Abb. 125.

Zweispulige Schläger können als Bogenschläger konstruiert werden, sie sind aber meistens, ebenso wie die drei- und mehrspuligen Schläger mit geraden Spulenführungen versehen. Die Abb. 124 zeigt einen zweispuligen und die Abb. 125 einen vierspuligen Schläger. Auch die zweispuligen Schläger sind zweistöckig gebaut worden, sowohl mit geraden als auch mit gebogenen Schützen.

Für die Anfertigung von Möbelborten, Posamenten hat Fr. Suberg & Sohn, Barmen, einen dreispuligen Bogenschläger gebaut, in dem drei Schützen im Kreise hintereinander herlaufen. Der Schuß tritt von rechts in das Band ein, geht dann über das Band hinweg, wobei sich die Schußfäden schräg, schnurartig nebeneinander legen.

Bei den Bogenschlägern werden die Führungsnuten für die Schützen in das Schlägerbrett eingefräst. Die geraden Schläger setzen sich aus einzelnen mit Führungsnuten versehenen Teilen oder Krampen zusammen, die an Eisenstäben des Schlägerrahmens befestigt sind.

Die Bewegung der Schützen bei einspuligen Schlägern.

Der Schützen kann einen kräftigen Stoß erhalten, so daß er mit eigener Kraft von einer Seite des Bandes zur anderen fliegt, er kann aber auch eine zwangläufige Bewegung erhalten, indem er durch Greifer oder Zahnrädchen hin- und hergetrieben wird.

Die Schützenbewegung durch Stoßstangen.

Eine der ältesten Schützenbewegungen ist durch Abb. 126 skizziert. Die in dem Schläger durch Exzenter, Tritte, Riemen und Rollen hin- und herbewegte Stange a trägt für jeden Schützen des Stuhls einen kleinen vertikal gestellten Stab b, an den sich der Schützen lehnt. Durch eine kurze, aber heftige Bewegung der Stange a bekommen die Schützen einen so starken Stoß, daß sie durch das Kettenfach in die gegenüberliegende Führung fliegen. Sie stoßen daselbst an die Stoßstäbchen und würden zurückprallen,

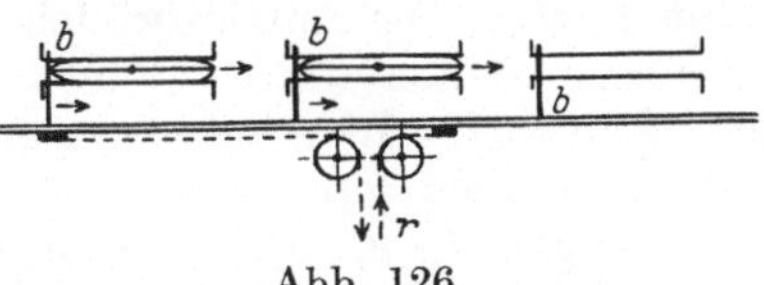

Abb. 126.

wenn dies nicht durch ein in jedem Schützen angebrachtes, bewegliches Gewicht, das sich bei dem Anprall vorwärtschiebt, verhindert würde.

Die Schützenbewegung durch Greifer.

Diese Schützenbewegung ist in sehr verschiedenen Konstruktionen im Gebrauch. Eine derselben ist durch Abb. 127 skizziert. An dem Schlägerklotz befindet sich eine Stange a, an der für jeden Schützen zwei Greifer b, c verschiebbar sind. Die Greifer, die sich hinter den Krampen befinden, können durch gebogene Führungseisen vor, Abb. 127 v, oder zurück, Abb. 127 r, bewegt werden. Die Seitwärtsbewegung besorgt eine mit kurzen und langen Mitnehmern versehene Stange d, die durch Exzenter für einen Schuß nach rechts, für einen anderen nach links geschoben wird. Die Arbeit ist folgende: Der Greifer b faßt den Schützen, Abb. 127 I, bewegt ihn in das Kettenfach und geht dann durch den Einfluß der vorerwähnten Führung zurück. Gleichzeitig greift der zweite Greifer c an der anderen Seite in den Schützen ein, Abb. 127 II, und führt ihn bis an das Ende seines Weges, Abb. 127 III. Bei der Rückbewegung arbeitet c zuerst, und dann bringt b den Schützen in die Anfangstellung zurück.

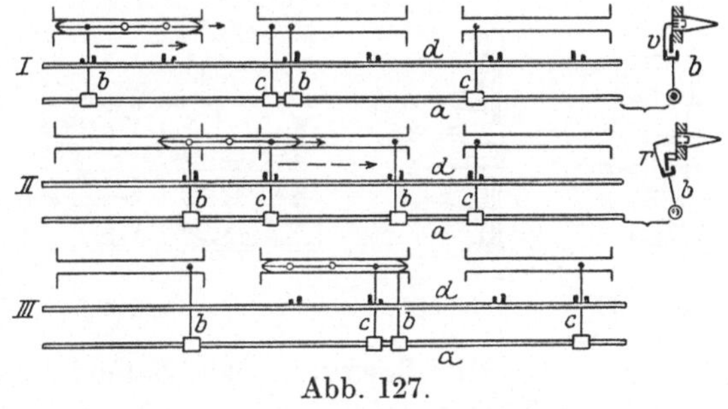

Abb. 127.

Die Schützenbewegung durch Zahnrädchen.

Für diesen Antrieb sind an den Schützen Verzahnungen angebracht, in

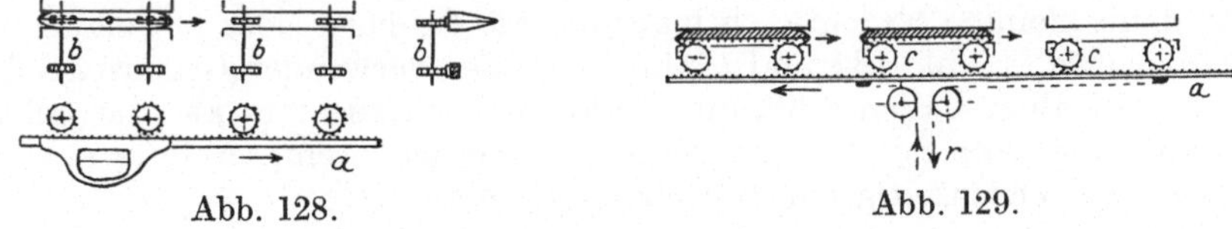

Abb. 128.

Abb. 129.

die Zahnrädchen eingreifen können. Diese Verzahnungen befinden sich entweder an der Rückseite der Schützenführung, Abb. 128, oder an der oberen oder unteren Seite derselben, Abb. 129.

Zum Antrieb der Schützen befindet sich in der Lade eine Zahnstange a, die hin- und hergehende Bewegung erhält. In Abb. 128 treibt sie kleine Wellen b an, die mit kleinen Zahnrädchen hinten in die Schützen eingreifen und dem Schützen Bewegung geben. An die Stelle der Zahnstange kann an dem Schläger eine Welle angebracht sein, die vor- und wieder zurückgedreht wird. Sie treibt die vorerwähnten kleinen Wellen b durch kleine Kegelrädchen an.

In der Abb. 129 befinden sich in den Krampen kleine Rädchen c, die zur Übertragung der Bewegung der Zahnstange auf die Schützen dienen.

Die Bewegung der Schützen bei mehrspuligen Schlägern.

Bei diesen Schlägern erfolgt der Antrieb des Schützens immer durch Zahnstangen. Die Antriebsrädchen, die sich zwischen Zahnstange und Schützen befinden, können hinter den Krampen liegen, Abb. 130, oder in den Krampen, Abb. 131. Jede Schützenreihe erfordert einen Antrieb, der von dem der anderen Reihen unabhängig ist. Daher sind in den Abb. 130 und 131 vier Zahnstangen *1*, *2*, *3*, *4* erkennbar, die mit den Schützen *I*, *II*, *III*, *IV* in Verbindung stehen. Die *II*. und *III*. Schützenreihe erfordert zu ihrer Bewegung größere Antriebsrädchen, Abb. 132. Sind diese in den Krampen nicht unterzubringen, dann kann man zwischen Zahnstange und Schützen zwei oder mehr kleine Rädchen schalten.

Die Bewegung der Zahnstangen bei einspuligen Schlägern.

Zur Bewegung der Zahnstange können verschiedene Mittel dienen. In einzelnen Gegenden werden Exzenter, in anderen Kurbeln als Bewegungsmittel bevorzugt. Mitunter kommt auch der Schußkasten zur Verwendung.

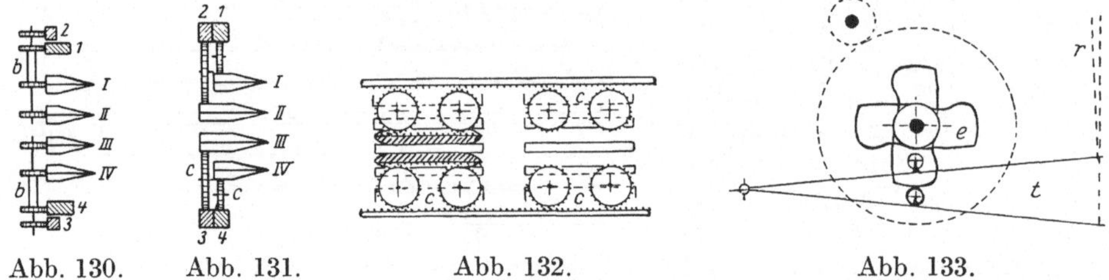

Abb. 130.   Abb. 131.   Abb. 132.   Abb. 133.

Die Bewegung der Zahnstange durch Exzenter.

Auf der Exzenterwelle, die für vier Schuß eine Umdrehung ausführt, befindet sich das Exzenter e, Abb. 133, das durch Tritte t und Riemen r mit der Zahnstange in Verbindung steht und sie für einen Schuß nach rechts, für den anderen nach links verschiebt. Die Zahnstange wird in ihren Endstellungen durch federnde Rollenhebel festgehalten. Die Form des Exzenters ist so gewählt, daß sich der Schützen schnell durch das Fach bewegt und dann eine kurze Ruhe bekommt. Seine Hubgröße hängt von der Länge des Schützenweges ab. Für breite Bänder wird der Schützenweg und das Exzenter so groß, daß letzteres nicht mehr günstig arbeiten kann. Man verwendet dann kleinere Exzenter, bringt aber am Schläger oder in den Krampen Doppelrollen an, s Abb. 134 und t Abb. 135, oder verwendet Gegenzugrollen u, Abb. 136. In allen Fällen wird die Wirkung des Exzenters auf die Schützen verdoppelt. Sie kann noch weiter vergrößert werden, wenn zwei der genannten Übertragungen gleichzeitig zur Anwendung kommen.

Die Bewegung der Zahnstange durch Kurbeln.

In der Schweiz wird zur Bewegung der Zahnstange die Doppelkurbel k', k'', Abb. 137, verwendet. Sie befindet sich an der Welle l, die für zwei

Schuß eine Umdrehung ausführt. Die Kurbeln stehen durch Riemen r und am Fußboden gelagerte Rollen s mit der Zahnstange in Verbindung.

Herm. Schrörs, Crefeld, benutzte einen Kettenantrieb, wie ihn Abb. 138 skizziert. Die beiden Kettenräder befinden sich an den Zapfen der Kurbel-

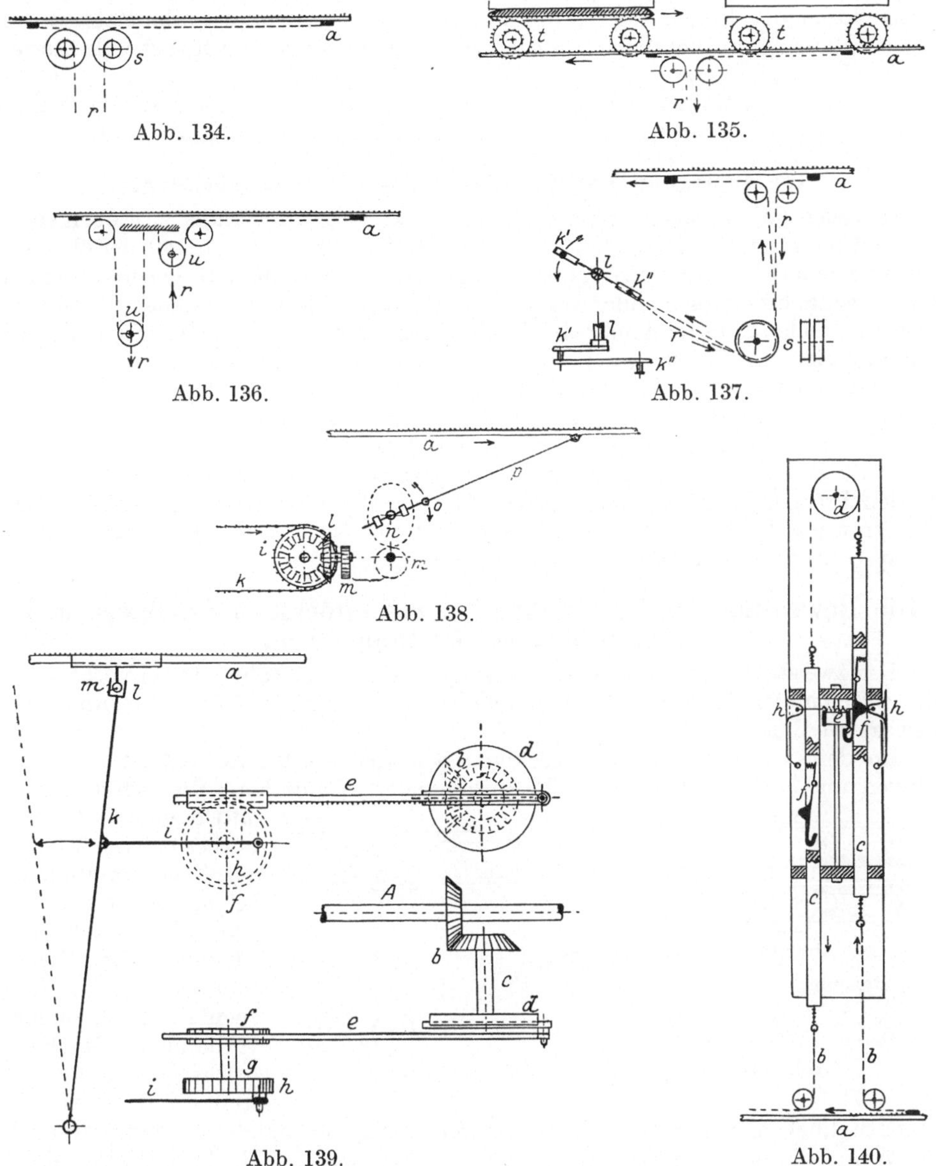

Abb. 134.

Abb. 135.

Abb. 136.

Abb. 137.

Abb. 138.

Abb. 139.

Abb. 140.

stange d, Abb. 109, die zum Antrieb der Lade dient. Durch die Drehbewegung des Kurbelzapfens an der Hauptwelle erhält das daransitzende Rad für jeden Schuß eine Umdrehung, die Kette k auf Rad i überträgt. Durch die Kegelräder l erhält dann das exzentrische Rad m Drehung. Mit m arbeitet das elliptische Rad n zusammen, das infolge seiner Größe für zwei Schuß einmal gedreht wird und daher durch Kurbel o, Stange p der Zahnstange die gewünschte Bewegung erteilt. Der ganze Mechanismus befindet sich an dem Ladenklotz, er nimmt daher an den Schwingungen desselben teil.

An dem Bandwebstuhl von Gustav Lüdorf & Sohn, Barmen, ist die durch Abb. 139 skizzierte Zahnstangenbewegung vorhanden. Die Hauptwelle A versetzt durch die Kegelräder b, die Welle c, das Kurbelrad d, die Zahnstange e, das Rad f und die Welle g die Kurbel h in vor- und zurückgehende Bewegung, die durch Stange i auf den Hebel k übertragen wird. Am oberen Ende des Hebels k befindet sich eine Rinne l, in die der Zapfen m der Zahnstange a eingreift, um seine hin- und hergehende Bewegung zu erhalten.

Die Bewegung der Zahnstange durch den Schußkasten.

In vielen Fällen, insbesondere aber dann, wenn breite Bänder zu weben sind, benutzt man zur Bewegung der Zahnstange den Schußkasten Abb. 140, der über der Lade an dem Ladenarm befestigt ist. Die Zahnstange a ist durch Rollen und Riemen b an zwei Schubstangen oder Wippen c', c'' angeschlossen, die oben durch eine Gegenzugrolle d miteinander in Verbindung stehen. In jeder Schubstange befindet sich ein Haken f, der von einer Feder so gestellt wird, daß er nur mit einer rückwärtigen Erhöhung aus seiner Lagerung hervortritt. An dem Schlitten e, den eine Kurbel der Hauptwelle bei jeder Umdrehung einmal auf- und abbewegt, befindet sich ein Doppelmesser, das in die Haken, wenn sie vorgedrückt sind, eingreift und sie tiefziehen kann. Das Vordrücken der Haken f besorgen die beiden Pressen h, die an einem festen Teil des Apparates beweglich sind. Das Messer zieht die Schubstangen abwechselnd tief, so daß die Zahnstange dementsprechende hin- und hergehende Bewegung erhält.

Die Bewegung der Zahnstange bei mehrstöckigen Schlägern und bei Schlägern für Doppelfach.

Bei zweistöckigen, einspuligen Schlägern sind zwei Zahnstangen vorhanden, die miteinander in Verbindung stehen und daher gleichzeitig hin- und herbewegt werden.

An dem vorerwähnten dreistöckigen Schläger werden die Zahnstangen der oberen und unteren Schützenreihe miteinander verbunden. Die Schützen der

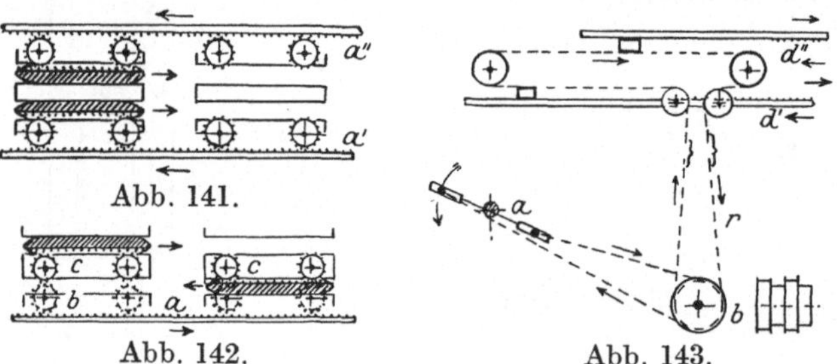

Abb. 141.

Abb. 142.   Abb. 143.

mittleren Reihe erhalten besonderen Antrieb durch eine zweite Kurbel h, die von der in Abb. 139 gezeichneten Abtrieb erhält. Ferner sind die Teile i, k, l, m ebenfalls noch einmal vorhanden. Die Kurbelzapfen h sind so gestellt, daß sie sich in einer Stellung nebeneinander, in der anderen weit voneinander entfernt befinden.

Wenn Bänder mit Doppelfach anzufertigen sind, z. B. Doppelsamt, dann befinden sich zwei Schützen übereinander, die gleichzeitig hin- und hergehen müssen, Abb. 141. Auch in diesem Fall sind zwei miteinander verbundene Zahnstangen vorhanden, die gleichzeitig hin- und hergehen, aber nur eine Bewegungsvorrichtung erfordern.

Es kann sowohl für Samtband als auch für Gummibänder verschiedener Art und andere Waren erwünscht sein, die beiden Schützen nach verschiedenen

Richtungen laufen zu lassen. Der Bandweber bezeichnet dies als Kreuzschuß. Die Zahnstange a Abb. 142 treibt dann durch Zwischenrädchen b die in den Krampen liegenden Antriebsrädchen c, die in die Verzahnungen der Schützen beider Reihen eingreifen können und daher die Bewegung hervorrufen, die durch Pfeile in der Zeichnung angedeutet ist.

An den Samtstühlen der Maschinenfabrik Rüti erfolgt die vorgenannte Schützenbewegung durch eine Doppelkurbel a, Abb. 143, ähnlich der in Abb. 137. Die Kurbeln sind hier durch Gegenzugrollen b mit zwei Zahnstangen d', d'' verbunden, die sich infolgedessen nach entgegengesetzten Richtungen bewegen.

Die Bewegung der Zahnstangen bei zwei- und mehrspuligen Schlägern.

Zur Bewegung der Zahnstangen an zwei- und mehrspuligen Schlägern dient der Schußkasten, der für vierspulig durch Abb. 144 skizziert ist. Er besteht aus einem am Schlägerarm befestigten Teil und einem beweglichen Teil, der mit dem Vorderschläger verbunden ist und sich mit diesem durch den Schützenwechsel hoch- und tiefbewegt. An dem festen Teil befinden sich die Führungen für den Schlitten, mit dem das Messer a verbunden ist und der durch eine Kurbel der Hauptwelle auf- und abgehende Bewegung erhält. Ferner befinden sich an dem festen Teil die Führungen für die Schubstangen oder Wippen b und die Pressen c. An dem beweglichen Teil befinden sich die mit Haken versehenen Schubstangen b'—b^4 mit ihren Gegenzugrollen d. Für jede Zahnstange sind zwei Schubstangen und eine Gegenzugrolle erforderlich. Die Teile b^4, b^3, b^1 sind vor b^2 gestellt zu denken. Die Verbindung der Schubstangen mit den Zahnstangen geht aus den an den Riemen e stehenden Zeichen I, II, III, IV hervor.

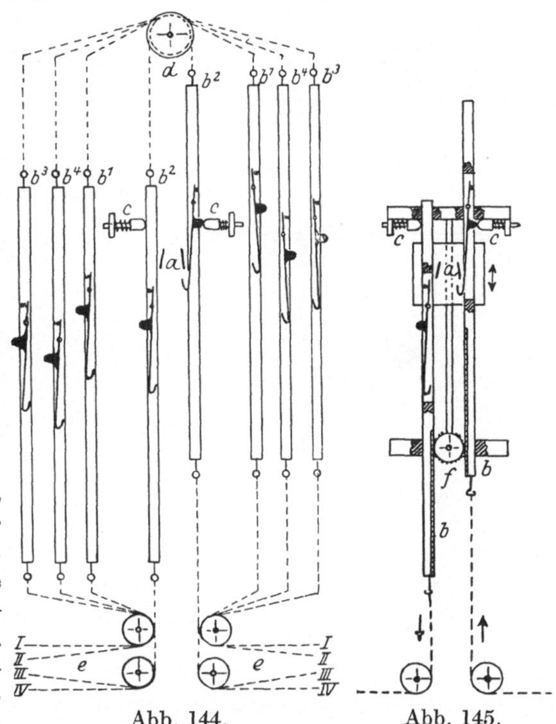

Abb. 144. Abb. 145.

Die Haken in den vier Schubstangen sind in vier verschiedenen Höhen angebracht. Die Entfernungen entsprechen den Schützenstellungen im Vorderschläger. Die gezeichnete Stellung deutet an, daß die zweite Schützenreihe beim Tiefgehen des Messers Bewegung erhält. Durch Hebung oder Senkung des Schlägers durch den Schützenwechsel kommen andere Haken gegen die Pressen c, werden aus ihrer Stellung herausgedrückt und von den Messern mitgenommen.

Die Abb. 145 zeigt denselben Apparat, wie er vorstehend erklärt wurde, doch fehlen die Gegenzugrollen. Sie sind durch Zahnrädchen f ersetzt, die mit ihren Zähnen in zwei gegenüberstehende Schubstangen eingreifen und daher die gleiche Wirkung ausüben, daß eine tiefgehende Schubstange die mit ihr in Verbindung stehende hochbewegt.

Die Bewegung der Nadeln am Nadelstuhl.

Als Nadeln bezeichnet man in der Bandweberei Drähte, die als Schuß in
die Kette eingewebt und nachher wieder herausgezogen werden. Die über
die Nadeln gelegten Kettfäden bilden Noppen oder Schlingen, die denen
im ungeschnittenen Samt gleichen und dort als Frisé bezeichnet werden.
Bänder dieser Art sind Wagenborten, Schuhborten, Astrachan u. a. Die
Abb. 146 zeigt die Bewegungsmechanismen für zwei Nadeln a. In einigen
Fällen kommen auch vier Nadeln zur Verwendung. Sie befinden sich an
den Stäben b', b'', die in den Haltern c', c'' verschiebbar sind. Die Nadel-
halter sitzen fest an den Stangen d', d'', die die Federn e in die gezeichnete Stellung bringen. Jede Stange d ist an einen
Hebel f angeschlossen, auf den das Exzenter g
einwirkt, das durch eine Schaltvorrichtung
für seine Arbeit um 90° gedreht wird. Die
Drehung erfolgt je nach der Art des Bandes
für den 2., 3. oder 5. Schuß. Im ersten Fall
wird Doppelfach gebildet. In das untere wird
der Schuß, in das obere die Nadel eingetragen.
Das Exzenter g drückt einen der beiden Hebel f nach außen und zieht die dadurch be-
einflußten Nadeln aus den Bändern. Stellung I.

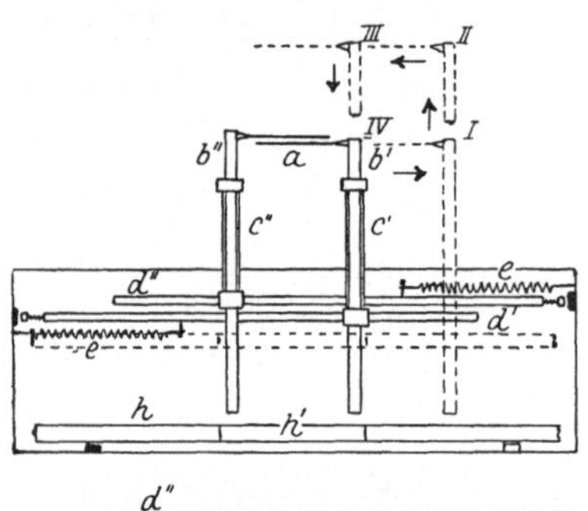

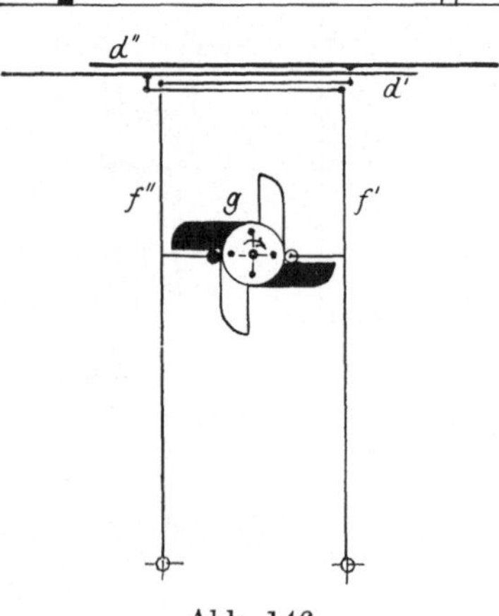

Abb. 146.

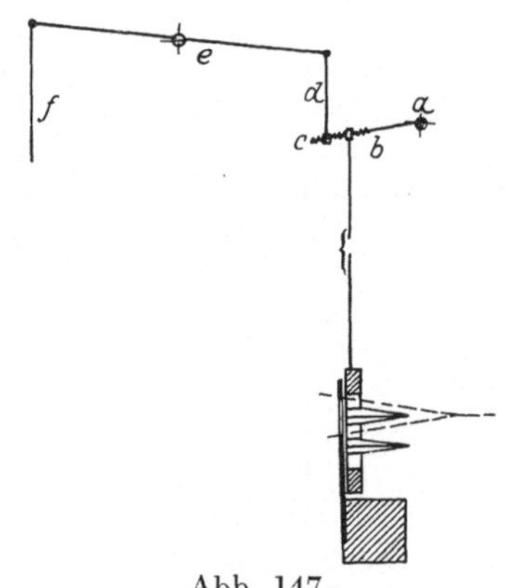

Abb. 147.

Eine Latte h, die bei h' ausgeschnitten ist, um an dieser Stelle keine Arbeit aus-
zuführen, wird in die punktierte Stellung gebracht. Sie drückt die Stäbe b in
ihren Haltern vor, Stellung II, so daß die Nadeln, wenn das Exzenter den
Hebel f freigibt, in das Fach treten können. Stellung III. Das vorgehende
Riet drückt die Nadeln an die Ware und bringt die Stäbe wieder in ihre
Stellung zurück, Stellung IV. Die Latte h kann von der Lade oder durch ein
Exzenter bewegt werden.

Der Schützenwechsel.

Zwei- und mehrspulige Schläger sind so aufgehängt, daß sie an der Lade
auf- und abbewegt werden können, um die Schützen in die Arbeitsstellung
zu bringen, die Schuß in das Fach eintragen sollen. Eine solche Anordnung zeigt die Abb. 147. Die Welle a trägt zwei Arme b, an denen der
Schläger hängt, und einen Arm c, der durch Stange d, f und Hebel e mit der

Hebevorrichtung in Verbindung steht. Verschraubungen an den Verbindungsdrähten und Hebeln ermöglichen eine ganz genaue Einstellung des Schlägers und des Hubes desselben.

Die Tiefbewegung des Schlägers erfolgt durch sein eigenes Gewicht, daher sind nur Vorrichtungen erforderlich, die das Heben desselben in verschiedene Stellungen bewirken. Für gleichbleibende, regelmäßig in kurzer Abwechslung erfolgende Wechselung der Schützen können Exzenter verwendet werden. Für beliebigen Wechsel der Schützen oder Spulen muß eine besondere Wechselvorrichtung zur Anwendung kommen, die oft als Wechselkasten bezeichnet wird.

Der Schützenwechsel durch Exzenter.

Hierbei führt die Stange f, Abb. 147, zu einem Tritt, auf den ein Exzenter einwirkt. Die Form des Exzenters richtet sich danach, ob mit zwei oder drei Schußsorten und in welcher Reihenfolge gewechselt werden soll. Die Exzenter arbeiten sicher und gestatten ein schnelles Arbeiten des Bandwebstuhls.

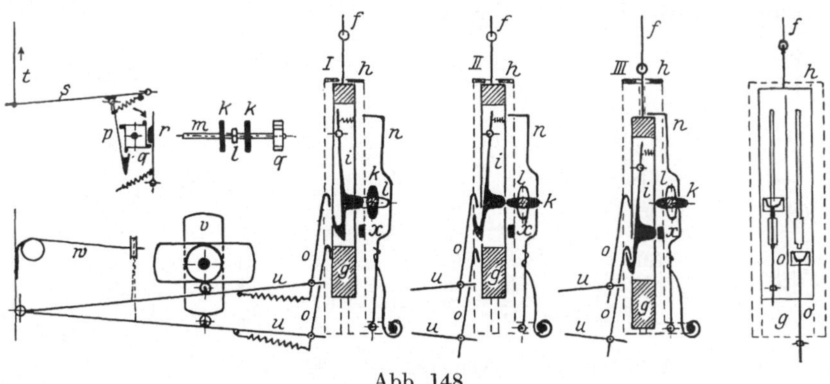

Abb. 148.

Der Schützenwechsel durch Wechselkasten.

Für den zweispuligen Schläger Abb. 147 ist ein Wechselkasten g erforderlich, der durch den Draht f mit dem Schläger in Verbindung steht, in einer Führung verschiebbar ist und durch das Gewicht des Schlägers bis an den Widerstand h gehoben wird, Abb. 148 I. In dieser Stellung arbeitet der obere Schützen. Um den unteren Schützen in die Arbeitsstellung zu bringen, muß der Wechselkasten g tief bewegt werden.

Zu diesem Zweck befinden sich in g zwei unter Federdruck stehende Haken i, die durch die Nocken k der kleinen Welle m vorgedrückt werden können. Abb. 148 II. Einer der beiden Haken wird von dem tiefgehenden Greifer o erfaßt und mitgenommen, wodurch der Wechselkasten g in die Stellung Abb. 148 III kommt. Der Fanghaken n, der in Stellung I zurückgedrückt war, ist in der Stellung II freigegeben, er kann sich daher in Stellung III über den Kasten g legen und ihn so lange festhalten, bis durch Drehung der kleinen Welle m die Nocken k und l die in I gezeichnete Stellung erhalten. Der Fanghaken n gibt dann den Wechselkasten g frei, der mit dem hochgehenden Greifer o ruhig in die Höhe geht, da sich einer der beiden Haken i, die das Stück x vordrückt, in denselben einlegt. Ein Wechsel in der Stellung des Kastens g und des Schlägers erfolgt nur nach Drehung der Welle m um 90°. Diese Drehung führt ein Schaltmechanismus p, q, r, s aus, der durch eine Schnur t mit einer Platine der Schaft- oder Jacquard-Maschine in Verbindung steht.

Die beiden Greifer *o* befinden sich an zwei Tritten *u*, die durch das Exzenter *v*, das für vier Schuß eine Umdrehung erhält, abwechselnd tiefgedrückt werden. Die Feder *w* sorgt dafür, daß sich die Trittrollen immer an das Exzenter lehnen.

Für den dreispuligen Wechsel sind zwei Wehselkästen der vorerwähnten Art erforderlich, die durch einen gleicharmigen Hebel oder eine Rolle *z*, Abb. 149, mit dem Schläger in Verbindung stehen. In der gezeichneten Stellung arbeitet Schützen *1*. Geht der Wechselkasten *I* tief, arbeitet Schützen *2*, und wenn Kasten *I* und *II* tiefgehen, arbeitet Schützen *3*.

Für vierspuligen Wechsel sind durch die Abb. 150, 151 und 152 drei verschiedene Verbindungen des Schlägers mit den Wechselkästen skizziert. Man arbeitet mit den Kästen *I*, *II* und *III* entweder durch Rollenverbindung, Abb. 150, oder durch Hebelverbindung, Abb. 151. Daß man bei der Hebelverbindung auch mit zwei Wechselkästen *I* und *II* auskommen kann, zeigt Abb. 152. Die Zahlen in den Kästen geben an, für welchen Schützen sie tief zu bewegen sind. Und aus den Hebelstellungen geht hervor, daß die Tiefbewegung der Kästen von verschiedener Größe sein kann. Dementsprechend müssen die Kästen gebaut und die Greifer bewegt werden.

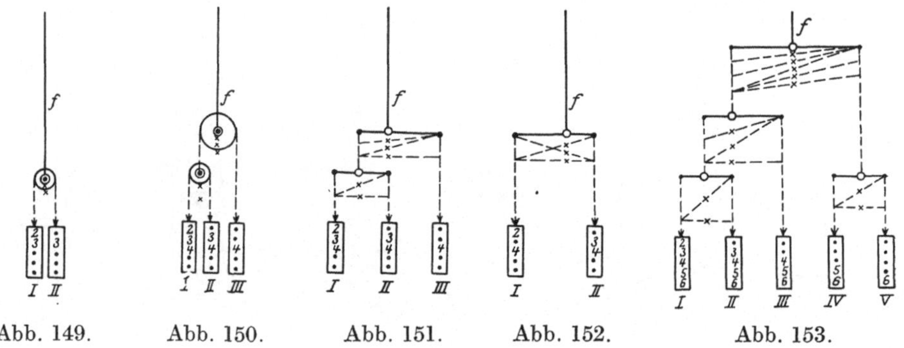

| Abb. 149. | Abb. 150. | Abb. 151. | Abb. 152. | Abb. 153. |

Für den vierspuligen Wechsel hat man die drei Wechselkästen zu einem vereinigt. Er enthält die Haken *i* in drei verschiedenen Höhen angeordnet, aber nur ein Greiferpaar *o*, das sehr große Bewegung ausführen muß. Ferner sind die kleinen Wellen *m* und die Fanghaken *n* dreimal vorhanden, gleichfalls in drei verschiedenen Höhen stehend. Die Teile der unteren Stufe bringen den Schützen *2*, die der mittleren Stufe den Schützen *3*, und die der oberen Stufe den Schützen *4* in die Arbeitsstellung.

Für sechsspulig sind zwei verschiedene Wechselverbindungen skizziert. In Abb. 153 sind fünf Wechselkästen, in Abb. 154 nur drei erforderlich. Auch hier ist in jedem Kasten die Zahl des Schützens enthalten, für den er tiefgezogen werden muß.

In den Patronen ist die Wechselzeichnung für die Einrichtungen, Abb. 150, 151 und 153, leichter zu machen als für 152 und 154, dafür ist die Stuhleinrichtung in den beiden letzten Fällen einfacher.

Es hat nicht an Versuchen gefehlt, andere Wechselvorrichtungen an dem Bandwebstuhl anzubringen. Sie wurden in der Regel dem Breitwebstuhl entnommen, konnten aber den altbewährten Wechselkasten nicht verdrängen.

Die Abb. 155 zeigt einen Wechsel, der einem Bandwebstuhl von S c h r ö r s, Crefeld, entnommen ist. Die zu dem Schläger führende Stange *f* ist mit dem Hebel *a* verbunden, der bei *b* seine feste Stütze hat und den Schläger tiefstellt, so daß die obere Schützenreihe arbeitet. Durch die Doppelplatinen *c* kann Hebel *a* in die punktiert gezeichnete Stellung gebracht werden, in der ihn

Haken d festhält. Der Schläger wird hierdurch gehoben, so daß die zweite
Schützenreihe arbeitet. Die vorerwähnte Bewegung des Hebels a wird durch
zwei Greifer e veranlaßt, die von einer Doppelkurbel aus für zwei Schuß abwechselnd hin- und hergehende Bewegung erhalten. Beim Heben des Hakens d,
durch einen Zug an der Schnur i, wird Hebel a frei, er kehrt in seine Grundstellung zurück, gleichzeitig werden die Platinen c durch das Stück k so weit
tiefgestellt, daß sie von den Greifern nicht erfaßt werden können.

Für den vierspuligen Schläger sind die Hebel a und die Teile c, d zweimal
vorhanden. Der Arm a'' ist doppelt so lang als a', Abb. 156. Beide Arme haben

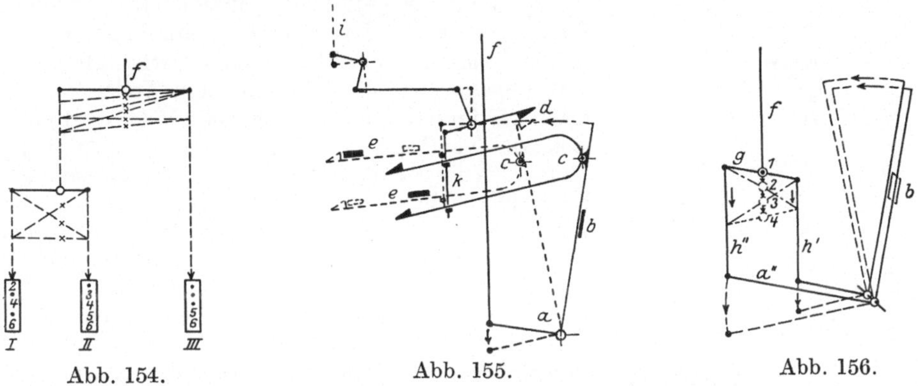

Abb. 154.   Abb. 155.   Abb. 156.

durch die Stangen h', h'' und Hebel g Verbindung mit der Stange f, die zu dem
Schläger führt. Die Wirkung der Hebelstellungen auf den Schläger ist in der
Zeichnung angedeutet. a' bringt die zweite, a'' die dritte, a' und a'' zusammen
die vierte Schützenreihe in die Arbeitsstellung.

Friedrich Lüdorf &
Comp., Barmen, hat den
Räderwechsel verwendet, der

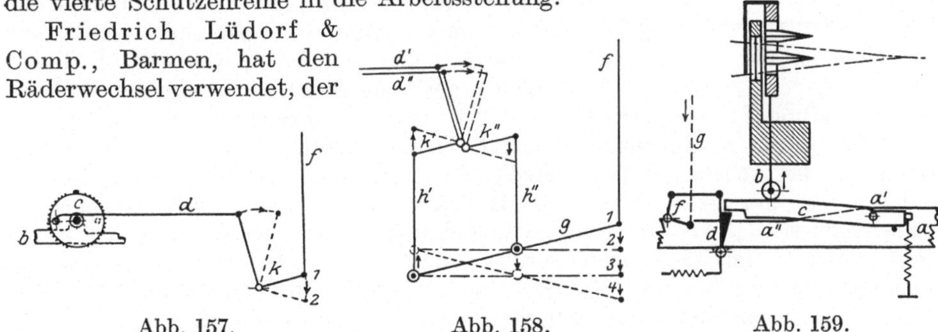

Abb. 157.   Abb. 158.   Abb. 159.

ähnlich arbeitet wie die durch Abb. 85 skizzierte Schaftmaschine. Man
denke sich an den Hebel d der vorerwähnten Zeichnung einen Winkelhebel k
angeschlossen, wie es Abb. 157 andeutet, dann kann der zweispulige Schläger
schon durch Stange f in zwei verschiedene Stellungen gebracht werden. Die
Teile zweimal nebeneinandergestellt und durch h', h'', g mit der Stange f verbunden, gibt die Einrichtung für den vierspuligen Schläger Abb. 158.

In Frankreich ist der Vorderschläger mit Rollen versehen, mit denen er
bei der Bewegung der Lade auf Führungsstücken hin- und hergleitet. Diese
Führungsstücke sind verstellbar, infolgedessen wird der Schläger bei seiner
Rückbewegung hoch- oder tiefgestellt.

Die Abb. 159 zeigt die einfache Vorrichtung für zweispulige Wechselung.
Das Stück a des Gestelles ist so geformt, daß sich der Schläger, wenn er mit

der Rolle *b* bei *a'* steht, in der Mittelstellung befindet, und daß er tiefgestellt oder gehoben ist, wenn er sich mit der Rolle *b* über *a''* befindet. Gehoben wird der Schläger, wenn sich das bei *a'* drehbare Führungsstück *c* auf den Ansatz des Hebels *d* stützt, wie es die Zeichnung andeutet. Wird die Schnur *g* durch eine Platine gezogen, dann geht *d* zurück, *c* verliert seinen Stützpunkt, und bei der zurückgehenden Lade stellt sich der Schläger tief, so daß die obere Schützenreihe zur Arbeit kommt.

Ganz ähnlich wirkt die durch Abb. 160 skizzierte Wechselvorrichtung für einen vierspuligen Schläger. Derselbe befindet sich, wenn das Riet den Schuß an die Ware drückt, in der Mittelstellung. Beim Zurückgehen der Lade wird er durch Führungshebel *a'*, *b*, *b'*, *c*, *c'*, *d* hoch- oder tiefgestellt. Die Führungshebel *b*, *c*, *d* sind an dem Teile *a* bei *e'* drehbar, und die Führungshebel *a'*, *b'*, *c'* drehen sich an dem Teile *d''* bei *e''*. Federn *f* ziehen die Hebel bis zu den Stützpunkten *g'*, *g''*. Diese Stellung der Teile deutet Abb. 160 *I* an. Aus dieser Zeichnung ist ferner zu erkennen, daß unter jedem der drei Hebel *b*, *c*, *d* ein kleiner Stützhebel *h'* steht, der verhindert, daß die betreffenden Führungshebel dem Druck des zurückgehenden Schlägers nachgeben. Infolgedessen wird der Schläger durch *d* gehoben, um die vierte Schützenreihe in die Arbeitsstellung zu bringen. Die unteren Stützhebel *h'* stehen durch Stangen und Winkelhebel *i* mit den oberen Stützhebeln *h''* in Verbindung. In der Zeichnung stehen die Hebel *h''* so, daß sie mit den Führungshebeln *a'*, *b'*, *c'* nicht in Berührung kommen, daher konnten diese auch dem Druck der Schlägerrollen nachgeben, Abb. 160 *II*. Durch das Ziehen der Schnüre k^1, k^2, k^3, die mit Platinen

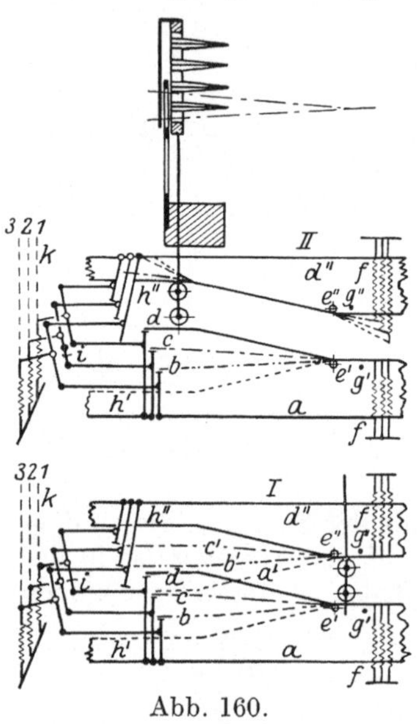

Abb. 160.

in Verbindung stehen, erhalten die Stützhebel entgegengesetzte Stellung, wodurch dann andere Führungshebel zur Wirkung kommen und andere Schützenreihen in die Arbeitsstellung bringen. Der Zug an k^1 z. B. gibt den Führungshebel *d* frei und stellt *c'* fest. Die Rollen des Schlägers kommen zwischen die Führungen *c*, *c'*, wodurch die dritte Schützenreihe arbeitet. Für die zweite Reihe muß k^1 und k^2 gezogen werden, und für die erste Schützenreihe ist ein Zug auf alle drei Schnüre k^1, k^2, k^3 auszuüben, wodurch dann die Stützhebel *h'* und *h''* die der Zeichnung entgegengesetzte Stellung einnehmen.

Der Schußfädenwächter.

Vorrichtungen, die den Bandwebstuhl stillsetzen, wenn der Schußfaden bricht oder die Schußspule abgelaufen ist, sind nur in vereinzelten Fällen zu finden. Man hat sie an sehr schnellaufenden Maschinen und an Stühlen für Doppelsamt angewendet. In der Regel befindet sich in dem Schützen ein kleiner Bügel, der von dem Schußfaden getragen wird. Beim Brechen des Schusses fällt dieser Bügel tief, stößt dann bei dem Vorgehen der Lade gegen einen Hebel, der zurückgedrückt wird und dadurch die Stillsetzung des Stuhles veranlaßt.

Der Schützenwächter.

Durch diese Vorrichtung soll der Stuhl außer Tätigkeit gesetzt werden, wenn die Schützen aus irgendeinem Grunde nicht bis an das Ende ihres

Weges kommen, also ganz oder teilweise im Fach der Kette stecken bleiben, damit kein Schaden entstehen kann. Hierbei wird ein Hebel bei dem Vorgehen der Lade durch den richtigstehenden Schützen zurückgedrückt. Kommt der Schützen nicht an seine Stelle, dann bleibt der Hebel unbeeinflußt und sorgt nun für sofortige Unterbrechung der Arbeitstätigkeit.

Pikots und Fransen.

Um den Rand des Bandes durch Pikots, das sind kleinere oder größere Schußschlingen, zu schmücken, webt man Drähte ein, die an den Kettruten festgebunden, durch Litzen gezogen und von diesen bewegt werden. Beim Vorziehen des Bandes rutschen diese Drähte von selbst aus der Schußschlinge heraus.

Möbelbesätze, Posamenten, Bänder, die an einer Kante schnurartig zusammengedrehte Schußschlingen, Fransen, tragen, erfordern ein Schußmaterial, das sich gut zusammenzwirnen läßt, und außerdem für jeden Gang des Bandwebstuhls eine besondere Vorrichtung, die für verschiedene Fransenlängen einstellbar ist, die Schußschlinge festhält und gleichzeitig zusammenzwirnt.

Das Schneiden der Samtbänder.

Samtband wird so hergestellt, daß zwei Gewebe übereinanderliegen, die durch die auf- und abgehende Florkette miteinander verbunden sind. Die Samtbänder entstehen erst durch das Zerschneiden der Florkette. Für diesen Zweck trägt der Samtbandwebstuhl zwischen Riet und Vorderrute eine Führung a, Abb. 161, in der sich ein Schlitten b, der das Messer c trägt, hin- und herbewegen läßt. Von dem Schlitten gehen Schnüre d über Rollen e zu einer Trommel f, die mit einem kleinen Zahnrad g versehen ist. Das Rad h, das von der Hauptwelle A für zwei Schuß einmal gedreht wird, bringt durch Kurbel i und Stange k den Zahnhebel l in schwingende Bewegung, die durch die Räder m, n auf g und die Trommel f übertragen wird, so daß sie die Schnur d bald von der einen, bald von der andern Seite aufwickelt und daher den Schlitten hin- und herbewegt. Das Messer c trifft an den Enden seines Weges an kleine Schleifsteine, die ihm die erforderliche Schneidfähigkeit erhalten. Für jedes Band sind ein Paar Platten o vorhanden, mit denen es so eingestellt wird, daß der Schnitt an der richtigen Stelle erfolgen muß.

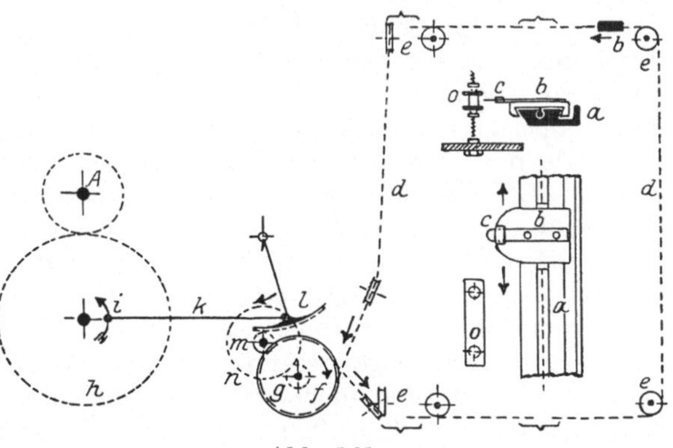

Abb. 161.

Schlußbetrachtungen.

Die Entwickelung des Bandwebstuhls ist im allgemeinen sehr langsam vorwärtsgeschritten. Durch Jahrhunderte hindurch ist er in seinen Hauptteilen unverändert geblieben. Früher niedrig, eng, fast ganz aus Holz gebaut, paßte er sich wohl im Laufe der Zeit größeren und höheren Arbeitsräumen an. Er wurde höher, luftiger und infolge der Fortschritte der Technik kam etwas mehr Eisen für den Bau zur Verwendung. Aber die Grundform änderte sich im wesentlichen Sinne nicht. So blieb der Bandwebstuhl bis heute das, was er vor 30 Jahren in den allermeisten Fällen noch war, ein Handwebeapparat mit vielen, sehr sinnreichen Mechanismen, der trotz des später eingebauten mechanischen Antriebes mit einem mechanischen Webstuhl, mit einer modernen Maschine keine Ähnlichkeit hat.

Der alte Bandwebstuhl wurde im Laufe der Zeit mit vielerlei Verbesserungen versehen und den verschiedensten Warengattungen angepaßt. Seine Leistungsfähigkeit wurde in mannigfaltigster Weise zu steigern gesucht, z. B. durch Verbesserung der Schläger (Bogenschläger, zweistöckiger Schläger u. a.), wodurch sich die Bandzahl innerhalb der vorhandenen Stuhlbreite erheblich vergrößerte. Ferner wurde eine Vergrößerung des Stuhles vorgenommen, es entstanden Riesen von 6 bis 10 m Breite. Mit dem Wachsen des Bandwebstuhls vergrößerte sich aber nicht die Leistungsfähigkeit des Bandwebers, es zeigte sich daher bald, daß übergroße Bandwebstühle unvorteilhaft arbeiten.

Viele Versuche sind schon vor Jahrzehnten. gemacht worden, einen neuen mechanischen Bandwebstuhl zu schaffen. Meistens ging man von dem mechanischen Breitwebstuhl aus, benutzte das Gestell und die Hauptbewegungsmechanismen desselben, fügte nur das hinzu, was nötig ist, um statt eines breiten Gewebes viele schmale Bänder zu weben. Es sind deutsche, amerikanische, englische Konstruktionen bekannt geworden und wieder in Vergessenheit geraten. Sie konnten die an einen leistungsfähigen Bandwebstuhl zu stellenden Anforderungen nicht erfüllen; bewiesen aber, daß die schmalen Bänder nicht nur eine Abänderung der Schützenbahn und der Schützenbewegung, sondern auch die Anpassung anderer Stuhlmechanismen an die Eigenart der zu webenden Ware erfordern. Bemerkt sei, daß Felix Tonnar, Dülken, Stoffstühle für Seide und Doppelsamt so baut, daß sowohl breite Waren als auch, nach Auswechselung der Lade und der Schützenbewegung, schmale Bänder damit gewebt werden können. Der Vorteil dieser Vorrichtung besteht darin, daß sich der vorhandene Webstuhl den Ansprüchen der Fabrikation anpassen läßt und zu gegebener Zeit breiten Stoff oder schmales Band fertigt.

Das Ziel, Höchstleistungen in der Bandweberei zu erreichen, suchte man nicht immer in der Vergrößerung der Band- oder Gangzahl eines Stuhles, sondern auch auf dem entgegengesetzten Wege. Man baute Maschinchen, die nur ein Band herstellen oder höchstens zwei, und gibt ihnen eine kaum glaubliche Geschwindigkeit von 400—900 minutlichen Touren.

Eine der ältesten Konstruktionen dieser Art kam Ende des vorigen Jahrhunderts aus Amerika. Es war ein sehr kleiner Apparat, von dem beliebig viele, wie Spindeln in einer Spulmaschine, in einem Gestell nebeneinandergestellt werden konnten. Er hat es ebensowenig erreicht, sich in die Industrie einzuführen wie der im Anfang dieses Jahrhunderts aus England stammende „Poyser-Loom", der eine revolutionäre Erfindung auf dem Gebiete der Weberei darstellen sollte. Er hatte eine Breite von 20 cm, arbeitete mit etwa 400 minutlichen Touren und lieferte von einem gewöhnlichen Baumwollband in vier Minuten 1 m Band. Das Riet war zweiteilig. Der Schützen, mit einer großen Schußspule versehen, bewegte sich hinter dem Riet hin und her, so daß sich der Schuß durch die Teilung des Rietes an das Band legen mußte. Die Schaftbewegung erfolgte zwangläufig durch Nutenscheiben. Der Schützen wurde durch Greifer sicher bewegt. Trotz aller schönen Einrichtungen hat der Stuhl nicht das erfüllt, was man von ihm erwartete.

Einige Jahre später erschien der „Hattersley-Loom", auch aus England kommend, der zwei Bänder gleichzeitig webt, 40 cm breit, 75 cm tief und etwa 55 cm hoch ist. In der Regel wurden 12 solcher Maschinchen in einem Gestell vereinigt. Dieser Bandwebstuhl arbeitete mit 400—500 minutlichen Touren und war daher mit allen nur denkbaren Einrichtungen, selbsttätigem Kettenablaß, Kettfadenwächter, zwangläufiger Schaftbewegung, positivem Warenabzug, Schußbewegung durch Greifer, Schußwächter usw. ausgestattet, die ein sicheres und schnelles Arbeiten mit den verschiedensten Materialien ermöglichten. Trotzdem konnte sich auch dieser Stuhl keine dauernden Freunde erwerben; man hört heute nichts mehr davon.

Bald darauf kam aus Arbon (Schweiz) ein kleines Maschinchen, das nur ein Band webt. Diesem ist eine längere Lebensdauer beschieden, denn es wird gegenwärtig noch gebaut und als eingängiger Bandwebstuhl (Schnelläufer) Patent Saurer bezeichnet. Dieser kleine Bandwebstuhl erinnert sehr, insbesondere durch das zweiteilige Riet, an den vorerwähnten Poyser-Loom. Er arbeitet mit 700—900 minutlichen Touren und fertigt daher, wenn er ununterbrochen arbeiten kann, sehr viel Ware. Die Abb. 162 zeigt fünf solcher Maschinchen auf einem Gestell vereinigt, mit denen man nicht nur Baumwollband, sondern auch Seiden- und Kunstseidenband in Taffet oder einer vierschäftigen Bindung bis 20 mm Breite weben kann.

Die Vorteile, die der eingängige Bandwebstuhl bietet, gegenüber einem Gange eines vielgängigen Bandwebstuhls alten Systems, der mit etwa 100 bis 140

Abb. 162.

Touren arbeitet, sind so stark in die Augen fallend, daß man bei den Berechnungen zu überraschenden Ergebnissen zugunsten des eingängigen Bandwebstuhls kommt. Wenn der Bandweber aber bis an die Grenze seiner Leistungsfähigkeit beschäftigt wird, dann ist die Gängezahl, die er nutzbringend beaufsichtigen kann, bei dem eingängigen Bandwebstuhl erheblich geringer als bei dem vielgängigen Stuhl alten Systems, und dann stellt sich die Rentabilitätsberechnung ganz anders und für den schnellaufenden eingängigen Stuhl weniger günstig als vorher.

Seit einer Reihe von Jahren bauen verschiedene maßgebende Maschinenfabriken vollständig neu konstruierte Bandwebstühle. Alle bisher gemachten Erfahrungen werden gewissenhaft ausgenutzt und verwertet, wodurch Maschinen entstanden sind, die mit dem alten Bandwebstuhl äußerlich keine Ähnlichkeit mehr haben. Aus ihm ist eine vollkommene Maschine geworden. Diese Stühle haben eine innere Breite von 1500—2250 mm, enthalten je nach der her-

zustellenden Bandbreite 5—60 Gänge und arbeiten mit 200—250 minutlichen Touren. Alle Mechanismen, Kettenablaß, Schaftbewegung, Ladenbewe-

Abb. 163.

gung, Schützenbewegung, Warenabzug usw. sind dem neuen System angepaßt
und gut durchkonstruiert, so daß die Maschine bei 2—3 m Gesamtbreite,

Abb. 164.

1,6—1,8 m Tiefe und 0,8—1,2 m Höhe ohne Spulenrahmen einen schönen geschlossenen Eindruck hervorrufen.

Die Arbeitsgeschwindigkeit ist nicht so groß, daß dem Bandweber die Übersicht verloren geht. Bei geeigneter Aufstellung der Maschinen sind ihm leicht soviel Gänge zuzuweisen, als er gut beaufsichtigen kann. Infolgedessen wird das Höchste der Leistung sowohl für den Bandwebstuhl als auch für den Bandweber zu erreichen sein.

Die Abb. 163 zeigt den Bandwebstuhl von Gustav Lüdorf & Sohn G. m. b. H., Barmen, ausgerüstet mit dreistöckigem Schläger und hohem Gestell für den Kettenablaß. Er wird auch mit einem Kettrahmen gebaut, der nur die

Abb. 165.

Höhe des Maschinengestells besitzt. Zur Bewegung der Schäfte dienen Nutenexzenter oder eine Doppelhub-Offenfach-Schaftmaschine, deren Antrieb, nach Ausschaltung der Maschine, die Schäfte für Taffetbindung bewegt.

Die Abb. 164 gibt den mehrgängigen Bandwebstuhl der Aktien Gesellschaft Adolf Saurer, Arbon (Schweiz), wieder. Er ist mit Schaftmaschine ausgestattet, die mit Papierkarte arbeitet und 32 Schäfte bewegen kann. Auf Wunsch wird aber auch ein Taffetapparat oder eine Exzentermaschine für die Herstellung einfacher Gewebe eingebaut.

Der Hochleistungs-Bandwebstuhl von Friedrich Lüdorf & Co., Barmen, Abb. 165, arbeitet vierschäftig mit Gegentrittsbewegung oder bis zehnschäftig

19*

mit unabhängiger Schaftbewegung mit 240 minutlichen Touren. Bei Ausrüstung mit Doppelhub-Jacquard-Maschine mit 200 Touren. Er ist mit einer Parallelogramm-Ladenbewegung versehen, die leicht arbeitet und eine vollkommen horizontale Bewegung der Lade herbeiführt. Auch die Bewegung der Schützen ist neu, einfach und sicher arbeitend.

Abb. 166.

Alle diese Bandwebstühle neuester Bauart sind für Bänder aus den verschiedensten Materialien verwendbar, insbesondere für solche aus Baumwolle, Seide und Kunstseide.

Die Maschinenfabrik Rüti, vorm. Caspar Honegger, Rüti (Schweiz), baut ihre Bandwebstühle nach dem Stuhltyp der bekannten „Fletscher-Works" in Philadelphia (U. S. A.). Dieser Typ ist im Laufe der Zeit so verbessert und den Verhältnissen der Bandweberei angepaßt worden, daß er den mannigfaltigsten Ansprüchen voll entspricht.

Die Abb. 166 zeigt einen Bandwebstuhl dieser Art für Seide. Er hat eine normale innere Breite von 4780 mm, wird aber auch mit 2500, 3300 und 7190 mm Breite gebaut. Alle Stühle sind ausgerüstet mit zweiunddreißigschäftiger Doppel-hub-Schaftmaschine oder mehreren Jacquard-Maschinen einerseits und zehn-schäftiger Taffettrittvorrichtung andererseits, wobei jede dieser Vorrichtungen für sich allein oder miteinander verbunden arbeiten können. Weiter seien hervorgehoben die Ladenbewegung, der Warenabzug, die Aufwickelung durch Präzisions-Differentialregulator, der Antrieb der Schaft- oder Jacquard-Maschine, der Schützen usw. Alles ist gut durchdacht und dem Verwendungszwecke bestens angepaßt.

Dieser Bandwebstuhltyp wird auch für Baumwollbänder, Samtband, Gummiband und Hosenträger u. a. Spezialausführungen gebaut.

Langsam zwar, aber sicher, werden diese Bandwebstühle der neueren Zeit, mit denen größere Leistungen erzielt werden können, ihren Weg in die Bandwebereien finden. Die Zeit drängt heute mehr denn je dahin, Maschinen und Arbeitskraft auf das günstigste auszunutzen, damit der Betrieb konkurrenzfähig bleibt. Es hat in der Fabrikation keinen Zweck, aus Gewohnheit oder Bequemlichkeit an dem Alten festzuhalten. Wenn die Maschine veraltet, nach neuen Begriffen nicht mehr leistungsfähig ist, muß sie aus dem Betriebe heraus und einer neuen, mehr leistenden Maschine den Platz freimachen. Ein moderner Betrieb bleibt nur dann auf der Höhe, wenn er sich mit seinen Maschinen immer den Forderungen der Zeit anpaßt.

Die Bindungslehre.

Von **Johann Gorke**, Berlin.

Mit 236 Textabbildungen.

Die Bindungslehre ist der derjenige theoretische Teil der Weberei, der uns zeigt, wie überaus vielseitig die Verflechtungen der Kett- und Schußfäden in Geweben sein können.

Als Hifsmittel für die theoretischen Fadenverflechtungen, Bindungen genannt, wird das Karo- oder Patronenpapier verwandt, Abb. 1.

Auf diesem Papier stellen die kleinen quadratischen Flächen zwischen zwei senkrechten Linien einen Kettfaden und die gleichen Flächen zwischen zwei wagrechten Linien einen Schußfaden dar. Das Papier ist nach der hier gegebenen Erklärung so zu betrachten, daß zuerst die Kettfäden und über diese die Schußfäden gezeichnet wurden. Alle weißen Flächen zeigen die obenliegenden Schußfäden an.

Sollen die so auf dem Papier befindlichen Kett- und Schußfäden miteinander verbunden werden, so müssen Kettfäden gehoben, also sichtbar werden. Dieses wird dadurch zum Ausdruck gebracht, daß die quadratischen Flächen an den Kreuzungsstellen der betreffenden Kett- und Schußfäden mit Farbe gefüllt werden. Die farbige Ausfüllung der kleinen weißen quadratischen Flächen des Patronenpapiers wird das Bindungszeichnen genannt, und die auf diese Weise entstehenden Bindungen können

A. als Grundbindungen und

B. als abgeleitete oder neu zusammengestellte Bindungen bezeichnet werden.

A. Grundbindungen.

Mit diesem Namen werden diejenigen Bindungen bezeichnet, die sich von keiner anderen Bindung ableiten lassen. Es werden daher 2 Grundbindungsarten unterschieden:

1. die Leinewandbindung und
2. die Köperbindungen.

1. Die Leinewandbindung.

Mit dieser Bindung, die als die älteste Bindung bezeichnet werden muß und deren Abschluß „Rapport" zwei Kett- und zwei Schußfäden enthält, werden die Fäden auf die innigste Weise zu einem Gewebe verbunden. Wie aus Abb. 2 ersichtlich ist, werden beim ersten Schußfaden die Kettfäden *1, 3, 5, 7, 9* und *11* und beim zweiten Schußfaden die Kettfäden *2, 4, 6, 8, 10* und *12* gehoben. Bei grobfädigen Garnen kann mit zwei Schäften und zwei Tritten gewebt werden.

In der Baumwoll-, Tuch- und Seidenbranche wird diese Bindung Kattun-, Tuch- und Taftbindung genannt. Abb. 2 a.

2. Die Köperbindungen.

Diese Bindungen bilden in den Geweben Diagonalen, die Bindegrade genannt werden, und die schußfadenweise weiterschreiten. Bei gleicher Kett- und Schußdichte liegen diese Diagonalen im Winkel von 45^0. Sie werden steiler ansteigen bei größerer Kett- wie Schußdichte und sich flacher legen bei größerer Schuß- wie Kettdichte. Es muß bei jeder Köperbindung auf der Seite ein Kettfaden neu gehoben werden, nach der sich die Richtung des Bindegrades bilden soll.

Auf der entgegengesetzten Seite muß ein vorher gehobener Kettfaden gesenkt werden. Die Köperbindungen können eingeteilt werden:

In Schuß- und Kettköperbindungen als nur einseitige Köperbindungen, in Effekt- und Mehrgradköperbindungen, als gleichseitige und ungleichseitige Köperbindungen.

Schußköperbindung wird die Köperbindung genannt, in deren Rapport nur ein Kettfaden gehoben wird. Dadurch werden die Schußfäden nur zu einem geringen Teil von den Kettfäden verdeckt und bilden die rechte Seite des Gewebes.

Abb. 3 zeigt die kleinste Schußköperbindung, die 3 bindige. Sie wird oft Kaschmirbindung genannt. Abb. 3a zeigt das Gewebebild.

Abb. 4 ist 5 bindig.

Zu allen Grundbindungen werden, wenn sie in Geweben Verwendung finden sollen, so viel Schäfte und Tritte gebraucht, wie Fäden im Bindungsabschluß „Rapport" enthalten sind. Bei dichtfädigen Geweben, wo die Litzen eng zu stehen kommen, wird die Zahl der Schäfte doppelt zu nehmen sein.

Kettköperbindungen wird man diejenigen Köperbindungen nennen, in deren Rapporten nur ein Kettfaden tief geht. Hier wird die rechte Seite des Gewebes von der Kette gebildet.

Abb. 5 zeigt einen 3 bindigen und Abb. 6 einen 6 bindigen Kettköper.

Effektköperbindungen werden diejenigen Köperbindungen genannt, deren Diagonalen aus mindestens zwei hoch- und zwei tiefgehenden Kettfäden gebildet werden. Die kleinste gleichseitige Bindung ist hier 4 bindig und die kleinste ungleichseitige 5 bindig.

Abb. 7 zeigt die 4 bindige Bindung, Abb. 7a das Gewebebild. Abb. 8 ist ein 8 bindiger gleichseitiger Köper, Abb. 9 ein Schußeffektköper und Abb. 10 ein Ketteffektköper.

Mehrgradköperbindungen zeigen innerhalb ihres Rapportes mehr als eine von den Kettfäden gebildete Diagonale. Sie können ebenfalls gleichseitig und ungleichseitig sein. Die kleinste Bindung ist hier 5 bindig. Unter den gleichseitigen unterscheidet man noch allgemein gleichseitige und absolut gleichseitige. Bei den letzteren muß der erste Schußfaden am Anfange des Rapportes entgegengesetzt binden zum ersten Schuß nach der Mitte des Rapportes. Abb. 16 ist eine absolut gleichseitige Mehrgradköperbindung.

Abb. 11 ist 5 bindig, 11a zeigt das Gewebebild. Abb. 12 und 13 6 bindig. Abb. 14 und 15 7 bindig.

Die Abb. 16 bis 22 sollen zeigen, daß die Zahl der Mehrgradköperbindungen eine überaus große ist. Hier wurden die 8 Fäden immer wieder in anderer Reihenfolge gehoben und gesenkt und bildeten dadurch neue Bindungen.

Abb. 23 zeigt eine 9 bindige, Abb. 24 eine 10 bindige und Abb. 25 eine 12 bindige Bindung.

Farbeneffekte.

Werden die Kett- und Schußfäden, immer den Bindungen entsprechend, mehrfarbig angeordnet, so entstehen sogenannte Farbeneffekte, die bald Streifen, Karos und andere Figuren bilden. Sollen Längsstreifen entstehen, dann muß als Schußfarbe diejenige Farbe eingetragen werden, die die tiefgehenden Kettfäden haben. Will man solche Effekte zeichnerisch ermitteln, so wird die Bindung mit Bleistift auf dem Papier punktiert gezeichnet. Der Scherbrief wird unten am Rande festgesetzt.

Alle mit Bindungspunkten besetzten Flächen der Kettfäden werden mit ihrer am Randen angegebenen Farbe gefüllt. Jetzt wird der Schußbrief am seitliche Rande mit Farbe angegeben. Alle nicht mit Bindungspunkten besetzten Flächen der Schußfäden, werden mit der an ihrem Rande angegebenen Farbe gefüllt. Die Abb. 26 bis 35 zeigen farbige Ausmusterungen einiger Grundbindungen.

B. Abgeleitete Bindungen.

1. Die Ripsbindungen.

Hier unterscheidet man die Kett- oder Längsripsbindungen, die Schuß- oder Querripsbindungen, die Schrägrips- und die gemusterten Ripsbindungen.

Zu Längsripsbindungen wird die Leinewandbindung derartig verwendet, daß man ihre Kettfäden, dem gewünschten Effekt entsprechend, mehrfach anordnet.

Rippen werden sich bei diesen Geweben nur bilden, wenn mehr Schußfäden wie Kettfäden angeordnet oder eingetragen werden. Abb. 36.

Will man Gewebe mit breiten und flachen Rippen herstellen, dann müssen die Kettfäden mit den unterhalb der Rippe liegenden Schußfäden verbunden werden.

Scharf abgegrenzte Rippen werden sich nur dann herstellen lassen, wenn der erste und der letzte Faden in jeder Rippe nicht mit den unterhalb liegenden Schußfäden verbunden wird. Abb. 37 zeigt eine Bindung für nicht scharf abgegrenzte und Abb. 38 eine Bindung für scharf abgegrenzte Rippen.

Querripsbindungen entstehen, wenn die Schußfäden der Leinewandbindung mehrfach oder auch mehrfach und einfach angeordnet werden. Abb. 39 bis 42.

Sollen hier flache und breite Rippen gebildet werden, dann müssen die Kettfäden mit den Schußfäden verbunden werden. Abb. 42.

Abb. 41 zeigt nach immer 4 ripsbindenden Fäden einen leinewandbindenden Faden. Letztere haben die Aufgabe, dem Gewebe eine größere Nähfestigkeit zu übermitteln.

Querripsgewebe werden vielfach so hergestellt, daß bei dichter Kettfadenstellung die Leinewandbindung verwendet wird und daß dickeres, fester gedrehtes oder mehrfach gespultes Schußgarn eingetragen wird.

Am effektvollsten wirken jedoch diejenigen Ripsgewebe, zu deren Herstellung zwei verschieden straff gespannte Ketten und zwei verschieden starke Schußsorten verwendet werden. Wie aus Abb. 43 ersichtlich ist, werden die lose gespannten und mehrfach angeordneten Fäden der Musterkette gehoben, wenn der dicke Musterschuß-, und gesenkt, wenn der dünne Schneideschußfaden eingetragen wird.

Schrägripsbindungen entstehen, wenn die Bindung von nur zwei Schußripsfäden immer um einen Schußfaden, oder von nur zwei Kettripsfäden immer um einen Kettfaden versetzt, neu gezeichnet werden.

In Abb. 44 bilden die Schußfäden und in Abb. 45 die Kettfäden das Warenbild.

Wird für eine dem gewünschten Effekt entsprechende Fadenzahl, wie Abb. 46 zeigt, Querrips gezeichnet und dieser Bindungsteil um 2 Schußfäden versetzt neue gezeichnet, so entstehen gemusterte Ripsbindungen.

Abb. 47 und 48 zeigen die schachbrettartige Anordnung von Quer- und Langrips. Abb. 47 bildet in grobfädigen Geweben, deren Dichte höchstens 16 Kett- und 16 Schußfäden per 1 cm beträgt, keinen Ripseffekt. Sie wird jedoch vielfach zur Herstellung garnfarbiger Stoffe verwandt.

2. Die Panamabindung.

Werden die Fäden der Leinewandbindung in der Kett- und in der Schußrichtung gleichzeitig mehrfach gezeichnet, so entsteht eine Bindung, die Panama, Matten- und Nattébindung genannt wird. Abb. 49.

Werden aber die Fäden der Leinewandbindung in beiden Richtungen zweifach und einfach, wie Abb. 50 zeigt, oder wie in Abb. 51 verschiedenartig mehrfach gezeichnet, so entstehen die sogenannten Würfelbindungen. Außer der Bindung der Abb. 50 können diese Bindungen nur für Musterschuß- oder Musterkettfäden verwendet werden.

3. Die Atlas- oder Satinbindungen.

Diese Bindungen bilden in den Geweben keinen ausgeprägten Bindegrad und lassen sich aus allen Köperbindungen bilden, deren Rapporte mindestens 5 Fäden groß sind. Wir unterscheiden die Schuß-, die Kett- und die Doppelatlasbindungen.

Schußatlasbindungen werden aus Schußköper-, Abb. 52 bis 54, Kettatlasbindungen aus Kettköper-, Abb. 55 bis 57, und Doppelatlasbindungen aus Effektköperbindungen hergestellt. Bei den letzteren dürfen nur zwei nebeneinander stehende Kettfäden gehoben oder gesenkt sein.

Abb. 58 zeigt eine Schußdoppelatlasbindung und Abb. 59 und 61 Kettdoppelatlasbindungen.

Werden die anderen Effekt- und Mehrgradköperbindungen auch atlasartig neugeordnet, so bilden sich

Schrägripsbindungen, Abb. 60 und 66,
Krepp   „   Abb. 62, 64 und 65,
Diagonal   „   Abb. 63, und
Reform   „   Abb. 67 bis 69.

Die atlasartige Umwandlung der Köperbindungen erfolgt in der Weise, daß entweder alle Schußfäden oder alle Kettfäden unter Zuhilfenahme einer Ordnungszahl in anderer Reihenfolge neu übereinander oder neu nebeneinander gezeichnet werden.

Die Ordnungs- oder Fortschreitungszahl findet man auf folgende Weise: Man teilt die Zahl, die angibt, wieviel Fäden die umzuwandelnde Bindung hat, so in zwei oder drei Teile, daß Zahlenwerte entstehen, mit denen sich die Zahl der Grundbindungsfäden nicht kürzen läßt. Z. B.

$$5 = 2 + 3, \quad 7 = 3 + 4 \quad \text{oder} \quad 2 + 5, \quad 8 = 3 + 5 \quad \text{usw.}$$

Die so gesuchten Zahlen können zum Abzählen der der Reihe nach herauszunehmenden Fäden benutzt werden und geben immer die gleiche Bindung. Es wechselt nur die Richtung der nicht geschlossenen Bindegrade.

Beim Neuordnen ist so voranzugehen, daß der Faden eins der Grundbindung immer als erster Faden in der neuen Bindung gestellt wird. Es wird so lange in geschlossenem Kreise auf den Fäden der Grundbindung, vom zweiten ab, gezählt, bis alle Fäden gefunden und im neuen Muster vereinigt sind. Abb. 52 zeigt die Neuordnung der Fäden eines 5 bindigen Schußköpers u einer Schußsatinbindung mit der Ordnungszahl 2 und Abb. 52a mit der Ordnungszahl 3. Die Verteilung der Bindungspunkte innerhalb der Fläche ist in beiden Abbildungen die gleiche, die Richtung der sich bildenden Bindegrade aber eine entgegengesetzte.

Nach der hier gegebenen Regel können alle Bindungen, mit Ausnahme aller 6 bindigen, atlasartig umgewandelt werden. Bei diesen Bindungen wird Faden *1* als erster, Faden *3* als zweiter, Faden *5* als dritter, Faden *2* als vierter, Faden *6* als fünfter und Faden *4* als sechster Faden gezeichnet. Abb. 53.

Die Richtung der sich hier bildenden Diagonale wechselt nach je drei Fäden.

In Abb. 61 wurden die Schußfäden des 5 bindigen Mehrgradköpers neu geordnet. Die neue Bindung stimmt mit der Bindung in Abb. 59 überein, obgleich letztere den 5 bindigen Ketteffektköper als Grundbindung hat. So wie hier, wird es sich auch später noch zeigen, daß einzelne neue Bindungen aus verschiedenen Grundbindungen entwickelt werden können.

4. Fadenweise Neuordnungen.

Hier werden die Fäden der Grundbindung durch die Anwendung von zwei oder drei Ordnungszahlen neu zusammengestellt. Diese Zahlen werden ebenso wie bei den Atlasbindungen aus der Zahl gebildet, die angibt, wieviel Fäden die Grundbindung enthält. Die gesuchten Zahlen addiert, müssen eine Summe bilden, die um einen Einer kleiner oder auch größer sein kann wie die Grundbindungszahl. Sollen alle Fäden der Grundbindung mit jeder Ordnungszahl gefunden werden, dann darf sich die durch Addition erhaltene Summe niemals mit der gleichen Zahl kürzen lassen mit der auch die Grundbindungszahl gekürzt werden kann. Z. B.

$$4 = 2 + 3, \quad 5 = 2 + 4 \quad \text{oder} \quad 5 = 2 + 2 \quad \text{usw.}$$

Soll der Rapport einer neuen Bindung nicht größer werden wie der Grundbindungsrapport ist, so müssen Ordnungszahlen gesucht werden, die addiert einen Wert bilden, der, wie die Fadenzahl der Grundbindung, mit zwei gekürzt werden kann. Z. B.

$$16 = 9 + 5, \quad 8 = 4 + 6.$$

Die Ordnungszahlen sind laut Beispiel eins so zu benutzen, daß der Faden, der nach dem ersten Faden der Grundbindung zu suchen ist, mit der Zahl 2, der zweite Faden mit der Zahl 3, der dritte Faden wieder mit der Zahl 2 usw. gesucht wird. Abb. 70, 71, 72, 74.

Abb. 73 zeigt die Rhadameuxbindung. Ihre Grundbindung wurde mit den Zahlen 5 und 9 neu geordnet.

Abb. 75 hat als Grundbindung einen 8 bindigen Mehrgradköper. Dieser wurde mit den Zahlen 4 und 6 neu geordnet.

Werden die Schußfäden der neuen Bindung mit den gleichen Zahlen neu geordnet, mit denen vorher die Kettfäden neu geordnet wurden, so entstehen Diagonalkrepp- und Phantasieköper- oder geschmückte Köperbindungen.

Nach dieser Anordnung entstand Abb. 76 aus Abb. 74.

5. Gruppenweise Neuordnungen.

Gruppen rückwärtsschreitend neu geordnet. Werden Grundbindungen in 2-, 3- oder 4 fädige Gruppen geteilt, letztere mit fortlaufenden Zahlenwerten bezeichnet und die Gruppen so wieder zu einer neuen Bindung vereinigt, daß sie mit ihren Zahlenwerten in die umgekehrte Reihenfolge zu stehen kommen, so erhält man Bindungen, die den Waren ein vollständig verändertes, meist kreppartiges Aussehen verleihen. Abb. 77, 78 und 80.

Bindungen, die sich nicht in gleichgroße Gruppen teilen lassen, müssen so oft gezeichnet werden bis die Bildung gleichgroßer Gruppen möglich ist. Abb. 79.

So muß der Rapport der 5, 7, 9 usw. bindigen Bindungen zweimal gezeichnet werden, wenn aus 2 fädigen Gruppen eine neue Bindung gebildet werden soll.

Gruppen atlasartig neu geordnet. Lassen sich Grundbindungen in mehr als vier 2 fädige Gruppen teilen, so können die Gruppen auch atlasartig neu geordnet werden. Abb. 81.

Werden 5-, 7- oder 9 bindige Bindungen zweimal gezeichnet, so lassen sich die Gruppen dieser Bindungen auch atlasartig neu ordnen. Abb. 82 und 83.

Der neue Rapport wird jedoch in der Richtung, in der die Umwandlung erfolgte, die doppelte Größe der Grundbindung haben.

Gruppen so neu geordnet, daß die Fäden der Grundbindung den Anfangsfaden der Gruppen bilden. Diese Neuordnung wird so ausgeführt, daß aus der Grundbindung 3, 4, 5, 6 oder noch mehr Fäden, immer in geschlossener Reihenfolge stehend, herausgenommen werden und als Anfangsfaden für die einzelnen Gruppen, die Fäden der Grundbindung der Reihe nach zu stehen kommen. Z. B. bei 4 fädigen Gruppen Faden *1, 2, 3* und *4* gleich erste Gruppe, Faden *2, 3, 4* und *5* gleich zweite Gruppe, Faden *3, 4, 5* und *6* gleich dritte Gruppe, Faden *4, 5, 6* und *1* gleich vierte Gruppe usw.

Die neue Bindung wird in der Richtung, in der die Umwandlung erfolgt, um so viel mal größer wie die Grundbindung werden, als Fäden in der Gruppe stehen, Abb. 84 und 85.

Gruppen unter Zuhilfenahme einer Zählzahl neu geordnet. Hier wird die schon bei den Atlasbindungen kennengelernte Anwendung der sogenannten Zähl- oder Fortschreitungszahl zum Abzählen von Fadengruppen verwandt. Zählzahl und Fäden einer Gruppe müssen einen solchen Wert bilden, der nicht mit der gleichen Zahl gekürzt werden kann mit der sich auch die Grundbindungszahl kürzen läßt. Bei 2 fädigen Gruppen wird die neue Bindung in der Umwandlungsrichtung doppelt so groß werden wie die Grundbindung ist. Abb. 86 und 87.

Werden auch hier wieder die Schußfäden der neuen Bindung mit der gleichen Zählzahl gruppenweise neu geordnet, so entsteht eine neue Bindung, deren Rapport quadratisch abschließt und in der Kett- und Schußrichtung die doppelte Größe der Grundbindung zeigt. Abb. 88 wurde aus Abb. 87 entwickelt.

6. Kreuzartige Neuordnungen.

Diese Bindungen bilden in den Geweben kreuzweise laufende Musterungen. Diese werden recht deutlich erkennbar sein, wenn die Fadenzahl der einzelnen Teile eine größere ist. Sie können aus allen Köperbindungen gebildet werden, deren Rapporte mindestens 4 Fäden groß sind.

Die Herstellung geschieht wie folgt: Die umzuwandelnde Bindung wird nur in 2, 4, 6 oder 8 usw. Teile geteilt, die so zum neuen Muster vereinigt werden, daß ihre Reihenfolge erhalten bleibt, die Fäden der gradzahligen Teile aber in entgegengesetzte Reihenfolge innerhalb ihres Teiles gestellt werden, Abb. 89, 90 und 92.

Läßt sich eine Bindung nur in 3, 5, 7 usw. Teile zerlegen, so ist ihr Rapport zweimal zu zeichnen. Abb. 91 und 93.

7. Diagonalbindungen.

Diese Bindungen werden auch Steilköperbindungen genannt. Alle Mehrgradköperbindungen, deren Rapporte mindestens 7 Fäden groß sind, können zu Diagonalbindungen umgewandelt werden.

Die Umwandlung erfolgt in der Weise, daß aus der Grundbindung, in der Regel, jeder zweite Faden herausgenommen wird und diese zu einer neuen Bindung vereinigt werden. Ist die Grundbindung eine gradzahlige, so wird der Rapport der neuen Bindung nur die Hälfte der Fadenzahl von der Grundbindung enthalten. Abb. 94 u. 95.

Ist aber die Fadenzahl der Grundbindung eine ungradzahlige, dann werden alle Fäden zur neuen Bindung gebraucht und der Rapport verändert sich nicht.

Werden z. B. von einer 9 bindigen Bindung nur die Fäden *1, 3, 5, 7* u. *9* zu einer neuen Bindung vereinigt, so steigt die Diagonale beim Zusammenschluß der Rapporte nur um einen Schußfaden an. Faden *9* und Faden *1* bilden die Diagonale der Grundbindung. Setzt man hinter die Fäden *1, 3, 5, 7* und *9* noch die Fäden *2, 4, 6* und *8*, so entsteht eine brauchbare Bindung. Abb. 96, 97, 98 u. 99.

Sollen die Diagonalen sehr steil ansteigen, so wird aus der Grundbindung jeder dritte oder vierte Faden herausgenommen und zur neuen Bindung vereinigt. Abb. 100. Hier ist es vorteilhaft Grundbindungen zu verwenden, deren Rapporte mindestens 15 Fäden groß sind.

Steile Diagonalen entstehen in Geweben auch dann, wenn eine wesentlich größere Kett- wie Schußdichte angeordnet wird.

8. Spitzartige Neuordnungen.

Hierzu können alle Bindungen, die geschlossene Diagonalen haben, verwendet werden. Sie entstehen, wenn für eine bestimmte und durch die Mode bedingte Fadenzahl die Bindung so aufgezeichnet wird, daß die Gradrichtung nach rechts oben schreitet. Ist die Bindung für die dem Effekt entsprechende Fadenzahl gezeichnet worden, so wird sie für die nächste Fadenzahl, die bei gleich breit erscheinenden Streifen immer um zwei Fäden kleiner als die erste sein muß, in entgegengesetzt laufender Richtung aufgezeichnet. Da beim Zusammentreffen der Bindegrade kein Doppelfaden entstehen darf, so ist als Anfangsfaden für die zweite Gradrichtung immer der vorletzte Faden der ersten Gradrichtung zu nehmen. Spitzartige Neuordnungen lassen sich bilden:

a) in der Kettrichtung, Abb. 101, 102, 103,

b) „ „ Schußrichtung, Abb. 104,

c) „ „ Kett- und Schußrichtung gleichzeitig Abb. 105, 106, 107.

Letztere führen den Namen Spitzkarobindungen.

In Abb. 102 wurde die zweite Gradrichtung mit dem vierten Faden der ersten Gradrichtung begonnen. Die Schlußflottierung wird dadurch um einen Kettfaden verkleinert.

9. Durchbrechende Bindungen.

Hierzu kann man alle Grund- und alle durch Neuordnung entstandenen Bindungen verwenden. Die Zahl der Fäden, nach denen ein Bindungswechsel, der Durchbruch genannt wird, zu erfolgen hat, ist wieder abhängig von dem gewünschten Effekt und der Mode.

An den Durchbruchstellen, die im Gewebe Vertiefungen, „Einschnitte" bilden, müssen den Hochgängen des zuletzt gezeichneten Fadens, Tiefgänge des nächstfolgenden gegenübergestellt werden. Nach der Gradrichtung, die ein Bindungsteil nach dem Durchbruch einnimmt, unterscheidet man Bindungen, die nach einer Gradrichtung in der Kett- oder Schußrichtung, Abb. 108, 109, 110,
„   „   „   „   „ „   „   und   „   Abb. 111,
„   „ beiden Gradrichtungen in der Kett- oder Schußrichtung, Abb. 112, 113,
„   „   „   „   „ „   „   und   „   Abb. 114, 115,
durchbrechend gezeichnet sind.

Werden ungleichseitige Bindungen in der Kettrichtung durchbrechend neugeordnet, so erhöht sich die für die neue Bindung erforderliche Schäftezahl auf das Doppelte nach 2 fädigem, und auf das Dreifache, bei 3 fädigem Durchbruch der Grundbindung. Von Abb. 109 wurden die Schußfäden atlasartig neugeordnet, und es entstand eine engbindende Kreppbindung, deren Rapport 16 Kett- und 8 Schußfäden enthält. Abb. 116. Obgleich die Grundbindung für Abb. 109 8 bindig ist, werden doch zu den beiden daraus entwickelten neuen Bindungen 16 Schäfte gebraucht.

10. Ineinander geschobene Bindungen.

Hierzu können alle Bindungen verwendet werden. Das Ineinanderschieben kann in der Kett- und auch in der Schußrichtung ausgeführt werden. Die zur Verwendung kommenden Bindungen können verschiedene Rapportgröße haben, die Richtung ihrer Bindegrade soll aber immer die gleiche sein.

Hat man die Bindungen, die nach obiger Regel vereinigt werden sollen, bestimmt, so wird die erste Bindung auf alle ungradzahligen Fäden, wenn nur zwei Bindungen, und diese in der Kettrichtung ineinander geschoben werden und die zweite Bindung auf alle gradzahligen Kettfäden gezeichnet. Abb. 117, 118, 119.

Der Rapport der neuen Bindung wird in der Schußrichtung so groß werden, wie die Zahl ist, in der beide Bindungen enthalten sind. Z. B. bei einer 3- und einer 4 bindigen Bindung ist 12 der gemeinsame Zahlenwert. In der Kettrichtung werden für jede Bindung 12 Fäden gebraucht, und der Rapport wird in dieser Richtung 24 Fäden groß. Obgleich der Rapport 24 Kettfaden groß ist, werden doch nur $3 + 4 = 7$ Schäfte gebraucht.

Ebenso wie mau zwei Bindungen faden- oder gruppenweise ineinanderschiebt, kann man auch die Fäden einer Bindung ineinander schieben. Beim Zeichnen der Bindung auf alle gradzahligen Fäden darf hier nicht wieder mit dem ersten oder zweiten Faden der Grundbindung begonnen werden, weil so nur Doppelfäden entstehen würden. Der dritte oder vierte Faden der Grundbindung ist hier als erster Faden auf die gradzahligen Kettfäden zu zeichnen. Abb. 120.

Abb. 121 wurde aus den Fäden des 8 bindigen Mehrgradkörper derartig gebildet, daß die Fäden *1, 3, 5* und *7* auf alle ungradzahligen und die Fäden *2, 4, 6, 8* in der Reihenfolge *6, 8, 2, 4* auf alle gradzahligen Fäden der neuen Bindung gezeichnet wurden.

Für Fig. 122 wurden die Fäden *1, 5, 9, 3* und *7* aus dem 10b bindigen Mehrgradkörper mit dem Zahlenwert 4 ermittelt und auf die Fäden 1, 3, 5, 7 und *9* der neuen Bindung gezeichnet. Um 180° gedreht, wurden die gleichen Fäden auf die Fäden *2, 4, 6, 8* und *10* gezeichnet. Da die Zahl 4 und die Zahl 10 mit der 2 gekürzt werden können, so werden nur 5 Fäden gefunden und der neue Rapport bleibt 10 Faden groß. —

11. Neuordnung quadratischer Bindungsteile.

a) **Durch Austauschen** quadratischer Bindungsteile. Werden Mehrgradköperbindungen in kleine aber gleichgroße Quadrate geteilt und diese gegenseitig ausgewechselt, so entstehen auch Phantasie- oder geschmückte Köperbindungen. Abb. 123, 124.

b) **Durch Drehen** von quadratischen Bindungsteilen. Will man nach dieser Regel neue Bindungen entwickeln, so darf der quadratische Bindungsteil nur eine solche Fadenzahl enthalten, die der Hälfte der Schaftzahl entspricht. Es können auch nur Bindungen für 6, 8, 10 usw. Schäfte hergestellt werden. Für das Zeichnen ist es vorteilhaft, den quadratischen Bindungsteil auf ein Stück Papier zu zeichnen und dieses dann nach jedesmaligem Abzeichnen der Bindungen um 90° zu drehen, bis ein quadratischer Rapport entstanden ist. Abb. 125, 126, 127.

c) **quadratische Teile nebeneinander und übereinander setzen.** Zeichnet man alle Quadrate einer so eingeteilten Bindung nebeneinander und setzt den erhaltenen Bindungsteil so oft so übereinander, daß beim jedesmaligen Zeichnen der Bindungsteil um ein Quadrat seitlich verschoben wird, so entstehen schöne und meist brauchbare geschmückte Köperbindungen. Die für diese Bindungen erforderliche Schäftezahl ist die doppelte der Grundbindungszahl, wenn die Bindung in 4 Quadrate geteilt wird. Abb. 128.

12. Wellenartige Neuordnungen.

Zu diesen Bindungen können vorteilhaft nur solche Effektköperbindungen verwendet werden, die mehr als 5 bindig sind und wo die einzelnen Bindegrade aus mindestens 3 nebeneinanderstehenden Hoch- und Tiefgängen gebildet werden.

Sollen diese Bindungen wellenartig neugeordnet werden, darf der Bindegrad nicht immer regelmäßig schußfadenweise weiterschreiten. Dieses wird dadurch erreicht, daß die Bindung für eine vorher bestimmte Fadenzahl regelmäßig um einen, dann um zwei, drei usw. Schußfäden weiterschreitend gezeichnet wird. Wird diese Reihenfolge auch rückwärtsschreitend beibehalten, so entstehen nach einer Richtung laufende Wellenbindungen.

Für Abb. 129 wurde der 8 bindige gleichseitige Effektköper derartig verwendet, daß die Bindung für die ersten 4 Fäden um **einen**, für die zweiten 4 Fäden um **zwei**, für die dritten 4 Fäden um **drei**, für die vierten 4 Fäden um **zwei** Schußfäden weiterschreitend gezeichnet wurde. Der Rapport der neuen Bindungen ist 8 Schußfäden hoch und 16 Kettfäden breit.

Wird die Gradrichtung der Bindung an der Stelle gewechselt, wo sie regelmäßig um einen Schußfaden weiterschreitend gezeichnet wird, so entstehen Wellenbindungen mit zwei Gradrichtuugen. Abb. 130.

13. Viersatzbindungen.

So genannt, weil die Grund- oder Vorlagebindung innerhalb des neu zu bildenden Rapportes in vier verschiedenen Lagen aufgezeichnet wird. Die erste Aufzeichnung hat so zu erfolgen, daß die zu verwendende Bindung nur auf die ungradzahligen Kett- und Schußfäden gezeichnet wird. Dadurch entsteht eine Verdoppelung der Rapportgröße, und diese ist auf dem Patronenpapier abzugrenzen. Ist die erstmalige Aufzeichnung beendet, wird das Papier um 90° gedreht und dieselbe Bindung in gleicher Lage auf die so erhaltenen ungradzahligen Kett- und Schußfäden gezeichnet. Diese Aufzeichnungsweise wird noch zweimal wiederholt, wobei das Papier jedesmal um 90° gedreht wird. Als Bindungen für diese Umwandlungsart eignen sich alle Bindungen, deren Bindegrade nicht mehr als drei nebeneinanderstehende Hoch- resp. Tiefgänge haben. Bei der Entwickelung des ersten Rapportes ist es ratsam, jede neue Lage der Grundbindung mit einer anderen Farbe zu zeichnen. Abb. 131, 132.

14. Zusammengesetzte Bindungen.

Mit diesen Bindungen können Gewebe streifig und kariert gemustert werden. Die Vereinigung der Bindungen muß so geschehen, daß langflottierende Kett- und Schußfäden vermieden werden. Es sollen die Bindungen bei ihrem Zusammenschluß möglichst durchbrechend abschließen. Läßt sich dieses bei den zu vereinigenden Bindungen nicht erreichen, dann müssen taft- oder ripsbindende Fäden zwischen gelegt werden.

In den Abb. 133, 134, 135, 136, 137, 138 wurden die Bindungen nur in der Kettrichtung, in Abb. 139 in der Kett- und Schußrichtung aneinandergelegt.

Hierbei ist zu beachten, daß von der Bindung, die den Ketteffektstreifen bildet, für den Schußeffektstreifen immer nur die Tiefgänge zu zeichnen sind.

15. Geschmückte Bindungen.

Durch Übereinanderzeichnen von 2 Bindungen. Das Schmücken von Bindungen kann so ausgeführt werden, daß 2 Bindungen von verschiedener Rapportgröße aufeinander gezeichnet werden. Hierbei ist die zweite Bindung, ohne Rücksicht auf vorhandene gezeichnete Flächen der ersten Bindung, auf das Papier mit einer anderen Farbe zu zeichnen.

In Abb. 140 wurde die Leinewandbindung mit dem 5 bindigen Schußatlas geschmückt. Da die eine Bindung einen zwei Fäden großen und die andere einen fünf Fäden großen Rapport hat, so muß der neue Rapport $2 \times 5 = 10$ Fäden groß werden.

In Abb. 141 wurde dreibindiger Schußköper mit vierbindigem Schußkreuzkörper geschmückt. Der neue Rapport ist 12 Fäden groß.

Abb. 142 hat als erste Bindung die 4 bindige Querripsbindung, und diese wurde mit der gruppenweise neu geordneten 6 bindigen Schußköperbindung derartig geschmückt, daß diese Bindung nur auf jede zweite Schußlinie gezeichnet wurde. Der neue Rapport enthält 6 Kett- und 12 Schußfäden.

In Abb. 143 wurde die Panamabindung auf jeden zweiten Kett- und Schußfaden gezeichnet. Die neue Bindung ist die Gerstenkornbindung.

Durch Zusetzen von Bindungspunkten. Hier werden zu einer Schußköper- oder Schußsatinbindung, dem gewünschten Effekt entsprechend, so viel Punkte hinzugesetzt, bis sich teilweise Kettköper oder Kettatlas gebildet hat. „Schattierende Bindungen". Abb. 144, 145.

Durch kreuzweises Zeichnen von Bindegraden. Soll eine Bindung flechtartig gezeichnet werden, so ist der Rapport der neuen Bindung so groß zu nehmen, daß die dazu verwendete Bindung mindestens zweimal darin enthalten ist. Z. B. für einen 4 b gleichseitigen Köper muß der neue Rapport 8 Fäden groß sein. 8 Fäden sollen zwei Bindegradrichtungen zeigen. 8 : 2 = 4. Jede Gradrichtung kann 4 Fäden groß sein. 8 : 4 = 2. Zwei Bindegrade können nach jeder Richtung à 4 Fäden groß gezeichnet werden.

Gang der Entwickelung für Abb. 146. 1. Die Bindung wird links beginnend über 4 Kettfäden gezeichnet, wobei Faden 1 mit 2 Hochgängen beginnt. 2. Es ist eine Linie zu punktieren, über die der nächste Bindegrad nicht gezeichnet werden darf. 3. Der zweite Bindegrad ist zu zeichnen. Da der unter der schrägen Linie vorhandene Raum nicht ausreicht, um die Diagonale abzuschließen, so ist das daran noch fehlende Stück oben innerhalb des Rapportes auf die dazu gehörenden Kettfäden zu zeichnen. 4. Jetzt ist die Bindung für die zweite Gradrichtung auf die noch freien Flächenteile so zu zeichnen, daß der rechte äußere Faden mit zwei Tiefgängen beginnt. Da in diese Fläche nur $1^1/_2$ Bindegrade gezeichnet werden können, so ist der an der zweiten Diagonale noch fehlende Teile links in die freie Fläche, aber anschließend an seine Diagonale, zu zeichnen. Abb. 147 ist 12 bindig.

Musterbilder mit Bindungen schmücken. Hier wurde für Abb. 148 das Musterbild nach der flechtartigen Regel aus dem 4 b Kettkörper gebildet. Die freien Flächen wurden ebenfalls mit dem gleichen Köper geschmückt.

Abb. 149 enthält als Musterbild eine 8 b Spitzkarobindung. Von den letzteren wurde eine senkrechte Reihe ausgefüllt und eine unausgefüllt stehen gelassen. Die Ausfüllung muß innerhalb d Spitzkaros mit Tiefgängen abschließen. Es ist eine 8 b Waffelbindung.

Für Abb. 150 wurde mit den Hochgängen des 4 b gleichseitigen Effektköpers eine über 20 Fäden gehende Spitzdiagonale gezeichnet. Da die ganze Musterung aus dem gleichen Köper gebildet werden soll, so wurde diese Diagonale in der Schußrichtung so umgelegt, daß zwischen den beiden Spitzen der Diagonalen zwei Tiefgänge bestehen bleiben. Die freien Flächen konnten spitzartig mit der gleichen Bindung geschmückt werden. Dieses Musterbild kann mit sieben Schäften gewebt werden.

16. Hochschußbindungen.

Bei diesen Bindungen binden in der Regel zwei Schußfäden partieweise mit den Kettfäden. Es bindet der eine Schußfaden an der Stelle mit den Kettfäden, wo der andere Schußfaden unter diesen Fäden liegt. Durch dieses wechselweise Binden der Schuß- mit den Kettfäden entstehen im Gewebe in der Kettrichtung laufende Rippen. Abb. 151.

Sollen diese Rippen stärker hervortreten, so werden an den Stellen, wo der Schußwechsel stattfindet zwei tuch- oder ripsbindende Fäden angeordnet, Abb. 152, 153.

Sollen aber die Rippen recht erhaben und rund sein, so werden noch Füllfäden angeordnet. Sie müssen gehoben werden beim flottierenden Schußteil und gesengt beim bindenden Schußteil. Sie liegen wie ein Stab in der hohlen Rippe. Abb. 154.

Als Bindung für den bindenden Schußteil können nur die Leinewand- und die 3- und 4 bindigen Köperbindungen und gleichgroß bindende Ripsbindungen verwandt werden.

Abb. 155 zeigt eine Bindung für lang- und quergerippte und Abb. 156 für gemusterte Hohlgewebe. „Côtelégewebe".

17. Bindungen für Gewebe mit Ober- und Unterschuß.

Diese Bindungen werden für solche Gewebe verwandt, die gleichseitig gemustert oder gefüttert werden sollen. Sie setzen sich zusammen aus einer Ober- und aus einer Unterschußbindung. Das Verhältnis der Oberschuß- zu den Unterschußfäden ist abhängig von der Stärke des zur Verwendung kommenden Unterschußmaterials. Es wird ein Ober- und ein Unterschußfaden angeordnet bei gleich starkem und zwei Ober- und ein Unterschußfaden bei stärkerem Unter- als Oberschußmaterial. Es ist bei der Zusammenstellung dieser Bindungen auch die Webstuhlart zu berücksichtigen. Ist der Webstuhl nur ein einseitiger Wechselstuhl, so sind immer zwei Schußfäden, von einer Schußsorte, hintereinander anzuordnen. Die Anbindung des Unterschußfadens an die Kettfäden muß so geschehen, daß der Anbindungspunkt auf der rechten Seite nicht zu sehen ist. Es muß bei der Zusammenstellung der Bindungen folgendes beachtet werden.

Es dürfen zur Anbindung der Unterschußfäden nur diejenigen Kettfäden verwenden werden, die beim Oberschuß vor dem Unterschuß und beim Oberschuß nach dem Unterschuß tief gehen, also unterhalb dieser beiden Oberschußfäden liegen. Dadurch wird der Anbindungspunkt von den an dieser Stelle frei liegenden Oberschußfäden verdeckt.

Zeigt die Oberschußbindung einen Bindegrad, so soll auch die Unterschußbindung die gleiche Gradrichtung haben. Es sollen möglichst alle Kettfäden regelmäßig zum Anbinden der Unterschußfäden verwendet werden. Es ist ratsam, beim Zeichnen dieser Bindungen nach einer bestimmten Regel zu arbeiten. Z. B.: Die Unterschußfäden auf dem Papier gelb vorzustreichen. Die Oberschußfäden mit roter Farbe auf die weißen Schußlinien und die Unterschußbindung mit schwarzer Farbe auf die gelb gestrichenen Schußlinien zu zeichnen.

Die Abb. 157, 158, 160, 161, 162, 163 zeigen die Anordnung der Bindungen für einen Ober- und einen Unterschußfaden, die Abb. 164, 165, 166 für zwei Ober- und einen Unterschußfaden. Stehen nur Webstühle zur Verfügung, die einseitigen Schützenwechsel haben, dann müssen die Bindungen dem Wechsel entsprechend angeordnet werden.

Abb. 159 zeigt die Anordnung der Bindung für ein durch Schußwechsel gestreiftes Gewebe. Auf jeder Schußlinie ist für zwei Schußfäden die Bindung enthalten.

Für den ersten Schuß wird ■ und ☐ und für den zweiten ■ und ⊡ gelesen. ☒ zeigt bei allen Abbildungen tiefgehende Kettfäden. 159a zeigt die Bindung für die einzelnen Schußfäden.

18. Bindungen für Gewebe mit Ober- und Unterkette.

Bei diesen Bindungen wird die Verstärkung der Gewebe durch die Anordnung einer zweiten Kette erreicht. Als Bindungen für letztere werden vorteilhaft die Schußköper- und die Schußatlasbindungen angewandt.

Die Anbindung der Unterkette an den Schuß darf sich auch hier auf der rechten Seite nicht markieren und muß so zwischen die Bindung des Obergewebes gezeichnet werden, daß eine seitliche Verkreuzung mit den links- und auch rechtsstehenden Oberkettfäden vermieden wird. Abb. 167, 168, 169. Abb. 170 zeigt, wie diese Bindungen für gemusterte Gewebe zu zeichnen sind.

Jeder auf dem Papier befindliche Kettfaden enthält die Bindung und Musterung von zwei übereinanderliegenden Kettfäden. Die 32fädige Zeichnung enthält somit für 64 Fäden Musterung. Die Typen ☐ und ■ geben die Musterung der Oberkettfäden und ⊡ und ⊞ die Musterung der Unterkettfäden an. Das Muster ist somit zweimal zu schlagen. Das erstemal für die Platinen *1, 3, 5, 7, 9* usw. bis *63* und das zweitemal für die Platinen *2, 4, 6, 8, 10* usw. bis Platine *64*. Eine derartige Zeichnungs- und Leseweise ist nur zulässig, wenn die Ketten gleich dicht stehen und eine einfache Jacquardvorrichtung zur Verfügung steht. Werden die Grundkettfäden von den ungradzahligen und die Figurkettfäden von den gradzahligen Platinen gehoben, so ist hier für die Grundkette ☐ und ■ und für die Figurkette ⊡ und ⊞ zuschlagen.

19. Bindungen für Gewebe mit Ober-, Mittel- und Unterschuß.

Eine weitere Verstärkung der Gewebe wird durch die Anordnung eines drittes Schusses, eines Mittelschusses erreicht. Als Bindung für diesen verwendet man die Leinewand- und gleichseitigen Effektköperbindungen. Beim Zeichnen der Bindungen ist darauf zu achten, daß eine Verkreuzung desjenigen Kettfadens, der Ober-, Mittel- und Unterschuß aufzunehmen hat, nicht vorkommen darf. Es muß somit der Kettfaden, der einen Unterschußfaden anbinden soll, unterhalb des Ober- und Mittelschußfadens liegen. Abb. 171, 172, 173, 174.

20. Bindungen für Gewebe mit Ober- und Unterkette und mit Grund- und Füllschuß.

Soll ein Gewebe durch die Anwendung eines besonderen Schußfadens gefüllt oder gemustert werden, dann ist als Bindung für die Oberkette eine Kettbindung zu verwenden. Wird der Schuß nur zum Füllen des Gewebes gebraucht, dann müssen, wenn er eingetragen wird, alle Oberkettfäden gehoben und alle Unterkettfäden gesenkt werden. Abb. 175.

Soll der Füllschuß eine Musterung bilden, dann dürfen nur diejenigen Oberkettfäden gehoben werden, die an der Musterbildung nicht teilnehmen. Abb. 176.

21. Bindungen für Gewebe mit Ober- und Unterschuß und mit Grund- und Füllkette.

Ist ein Gewebe durch die Anwendung einer zweiten Kette zu füllen oder auch zu mustern, dann darf die Oberschußbindung nur eine Schußbindung und die Unterschußbindung nur eine Kettbindung sein. Werden die Füllkettfäden nur zum Füllen des Gewebes verwandt, dann müssen, wenn der Oberschußfaden eingetragen wird, alle Füllkettfäden gesenkt werden. Bei Eintragung der Unterschußfäden sind alle Füllkettfäden zu heben. Abb. 177.

Sollen die Füllkettfäden Musterungen bilden, dann müssen sie, dem Muster entsprechend, auch über den Oberschuß gehoben werden. Abb. 178.

22. Bindungen für Doppelgewebe. Ober- und Unterkette und Ober- und Unterschuß.

Mit diesen Bindungen werden Gewebe hergestellt, die aus zwei Kett- und zwei Schußfadenlagen bestehen. Werden die Bindungen so zusammengestellt, daß die Oberkettfäden nur mit den Oberschußfäden und die Unterkettfäden nur mit den Unterschußfäden sich verflechten können, entstehen Bindungen für Schlauchgewebe. Da bei diesen Geweben die Bindung beim Übergang des Schußfadens von der unteren zur oberen Gewebeseite keine Unterbrechung erhalten darf, so muß für eine bestimmte Bindung die erforderliche kleinste

Fadenzahl mit Hilfe eines Querschnittes gesucht werden. Für die Leinewandbindung ist laut Abb. 179 eine Fadenzahl zu nehmen, die durch 4 teilbar ist + 1 Faden. Für dreibindigen Köper, Abb. 180, eine Fadenzahl, die durch 6 teilbar ist + 2 Fäden und für vierbindigen Köper eine Fadenzahl, die durch 8 teilbar ist + 3 Fäden. Abb. 181.

Werden die Unterkettfäden in bestimmter Reihenfolge mit den Oberschußfäden verbunden („Anbindung") oder die Oberkettfäden mit den Unterschußfäden, so entstehen zweifache innig miteinander verbundene Gewebe. Hierbei ist zu beachten, daß niemals eine Anbindung gewählt werden darf, wenn die Bindung des Obergewebes eine Schußbindung ist, oder eine Abbindung, wenn die Bindung des Obergewebes eine Kettbindung ist. Das Dichtenverhältnis zwischen Ober- und Untergewebe ist auch hier wieder von der Dicke der der einzelnen Materialien abhängig.

Die Zusammenstellung dieser Bindungen kann wie folgt geschehen:

1. Die Kett- und Schußfäden des Untergewebes werden auf dem Patronenpapier mit gelber Farbe markiert, „vorgestrichen". Blieb weiß.

2. Die Bindung des Obergewebes wird mit roter Farbe auf die weißen Fäden gezeichnet. ■ anstatt rot.

3. Alle Oberkettfäden werden auf den gelb angestrichenen Unterschußfäden mit schwarzer Farbe als hochgehende gezeichnet. ◪ anstatt schwarz.

4. Die Bindung des Untergewebes wird ebenfalls mit schwarzer Farbe auf die gelbgestrichenen Unterkett- und Unterschußfäden gezeichnet. ⊡ für schwarz.

Diese Reihenfolge kann nur bei der Zusammensetzung von Schlauchgeweben beibehalten werden. Soll eine Verbindung der beiden Gewebe erfolgen, so muß nach dem Aufzeichnen der Bindung für das Obergewebe erst die Verbindung der beiden Gewebe eingezeichnet werden.

Zur Anbindung dürfen nur diejenigen Unterkettfäden verwendet werden, die beim Unterschuß vor dem Anbinden und beim Unterschuß nach dem Anbinden hochgehen. Sie dürfen nur an denjenigen Stellen im Obergewebe anbinden, wo sie von einem links- und einem rechtsstehenden gehobenen Oberkettfaden verdeckt werden können. Die Anbindung ist mit grüner Farbe zu zeichnen. Zur Abbindung werden nur diejenigen Oberkettfäden verwendet, die mindestens einmal vor und einmal nach ihrem Anbinden an den Unterschußfaden beim Oberschuß tief gingen. Die Abbindung wurde mit einem ⊠ markiert. Die Verbindung der beiden Gewebe muß nach einer bestimmten Regel ausgeführt werden. Es werden dazu kleinere Bindungen verwendet, die auf jeden Schuß einer Ware gezeichnet werden, wenn fest verbunden werden soll, oder auf jeden zweiten Schuß, wenn die Verbindung eine lockere sein kann. Im letzteren Falle ist die Ware fülliger im Griff.

In den hier gezeichneten Abbildungen zeigt ■ die Bindung des Obergewebes, ⊡ die Bindung des Untergewebes, ◪ die hochgehenden Oberkettfäden beim Unterschuß und ⊠ die Verbindung der Oberkettfäden mit den Unterschußfäden. Die seitlich stehenden Längsschnitte und untenstehenden Querschnitte zeigen die Verbindung der beiden Gewebe.

Abb. 182 zeigt nur die Bindung des Obergewebes. Die Einstellung des Ober- zum Untergewebe ist 1:1, Abb. 182a die Bindung des Obergewebes und die hochgehenden Oberkettfäden beim Unterschuß. Abb. 182b, wie die Bindung des Untergewebes auf die Unterkett- und Unterschußfäden gezeichnet wird und Abb. 182c, wie die Anbindung der Unterkettfäden an die Oberschußfäden nach der Regel des achtbindigen Schußsatins einzusetzen ist.

Weitere Bindungen für Doppelgewebe mit An- oder Abbindung zeigen die Abb. 183—186.

Bei der Leinewandbindung kann die Anbindung der Unterkette im Obergewebe nicht vollständig verdeckt werden, und es muß aus diesem Grunde für das Untergewebe eine mit dem Obergewebe übereinstimmende Farbe gewählt werden.

Abb. 185, 186 haben die Einstellung 2 : 1.

In den Abb. 187, 188, 189, 190 wurde die Verbindung der beiden Gewebe dadurch erreicht, daß ein Austausch der beiden Gewebe erfolgte. In den Abb. 187, 188 erfolgt der Austausch nach je 4 Schußfäden, in Abb. 189 nach je 4 Kettfäden und in Abb. 190 nach je 16 Kett- und 16 Schußfäden.

In Abb. 187 wurde die Leinewandbindung nach je zwei Ober- und Unterschußfäden gewechselt. Das Gewebe erhält dadurch ein mehr geschlossenes Aussehen.

23. Bindungen für Doppelgewebe mit Bindekette.

Sollen die Doppelgewebe weich und füllig sein, so darf die Verbindung der beiden Gewebe nicht durch ihre Ober- oder Unterkettfäden erfolgen. Es ist eine besondere Bindekette anzuordnen. Diese wird das Gewebe gleichzeitig griffiger machen, wenn wollene und dickere Garne dazu verwandt werden. Sie bindet mit den Ober- und Unterschußfäden nur dann, wenn eine Verbindung der beiden Gewebe stattfinden soll und liegt sonst ohne Bindung zwischen den Geweben.

Die Anordnung der Bindekette ist in der Regel eine solche, daß nach zwei- oder dreimal ein Oberkett- und ein Unterkettfaden oder nach zweimal zwei Ober- und ein Unterkettfaden ein Bindekettfaden folgt.

Die Anbindung der Bindekette an das Ober- und Untergewebe hat auch hier so zu erfolgen, daß rechts und links von dem Bindekettfaden im Obergewebe mindestens ein Kettfaden hoch- und im Untergewebe tiefgeht.

⬜ zeigt den Hochgang der Bindekette beim Oberschuß und ⊠ den Tiefgang beim Unterschuß. Abb. 191, 192.

24. Bindungen für Doppelgewebe mit Bindeschuß.

Bindeschußfäden sind dann anzuordnen, wenn die Bindung des Obergewebes eine Schußbindung oder die des Untergewebes eine Kettbindung ist. Mit dem Bindeschuß sollen nur diejenigen Kettfäden der Oberware verbunden werden, die einmal vor dem Bindeschuß und einmal nach dem Bindeschuß tiefgehen. Von dem Untergewebe können nur die Kettfäden zur Anbindung des Bindeschußfadens verwandt werden, die einmal vor dem Bindeschuß und einmal nach dem Bindeschuß hochgehen.

⬜ zeigt den Hochgang des Unterkettfadens und ⊠ den Tiefgang des Oberkettfadens beim Bindeschuß. Abb. 193, 194.

25. Bindungen für Pikeegewebe.

Bei den Bindungen für Piquegewebe benutzt man die Anbindung der Unterkette, die hier Stepp-, auch Schneidekette genannt wird, zur Herstellung der Musterung.

Dadurch, daß die Unterkette nicht über einen, sondern über zwei hintereinander folgende Oberschußfäden bindet und stark gespannt wird, bilden sich im Gewebe, dem Muster der Anbindung entsprechend, Einschnitte. Diese treten recht deutlich hervor, wenn der Unterschuß überwiegend als Füllschuß angewandt wird. Aus diesem Grunde wird auch das Muster der Anbindung als Bindung für das Untergewebe verwandt. Die Einstellung des Obergewebes zum Untergewebe ist zumeist 2 : 1. Abb. 195 und 197.

Abb. 196 hat in der Kette die Einstellung 2 : 1 und im Schuß 10 : 2. Der Unterschuß dient nur als Füllschuß und wird auf Grund des Anbindungsmusters, schöne wellige Effekte bilden, wenn dickes und weiches Fadenmaterial gewählt wird. Als Bindung für das Obergewebe wird fast immer die Leinewandbindung verwandt.

26. Doppelstoffbindungen mit Füll- und Schneideschuß.

Mattlassestoffe enthalten eine Oberkette, eine Unter- oder Schneidekette, einen Oberschuß, einen Füll- und einen Schneideschuß. Angeordnet werden in der Regel zwei Ober- und ein Unterkettfaden, zwei Ober-, ein Füll- und ein Schneideschußfaden.

Der Füllschuß liegt zwischen beiden Geweben ohne Bindung und soll das Obergewebe an den Stellen nach oben drücken, „polstern“, wo der Schneideschuß mit den Schneide- oder Unterkettfäden ein Untergewebe bildet.

Der Schneideschuß begrenzt die Figuren im Gewebe und bildet dort Einschnitte. Erreicht wird dieses dadurch, daß an den Stellen, wo Einschnitte gebildet werden sollen, nur Unterkettfäden gehoben werden und der Schneideschuß sich über die tiefliegenden Oberkettfäden legt. An den Stellen. wo keine Einschnitte gebildet werden, bindet der Schneideschuß mit der Unter- oder Schneidekette Leinewand. Die Steppstellen dienen gleichzeitig zur Verbindung beider Gewebe.

Da für den Füllschußfaden immer die gleiche Fachbildung erforderlich ist, so kann er aus der Zeichnung ausgeschieden werden. Die Karten werden nach einer unterhalb der Zeichnung stehenden Vorlage, wie sie Abb. 198 zeigt, geschlagen und dann immer nach den beiden Oberschußkarten in das Kartenmuster eingeordnet.

27. Bindungen für dreifache Gewebe.

Bindungen für dreifache Gewebe werden in der Treibriemen- und Teppichindustrie gebraucht. Sie können nach den Grundsätzen angefertigt werden, die für zweifache Gewebe festgelegt wurden.

Bei der Herstellung von Treibriemen ist die Bildung der Webkanten eine Grundbedingung. Wie aus Abb. 199 ersichtlich ist, entstehen dann schöne Webkanten, wenn der Schützen in der Reihenfolge durch das Fach der drei verschiedenen Gewebe geschickt wird, wie es der untenstehende Querschnitt zeigt.

In Abb. 200 werden die drei Gewebe durch eine besondere Bindekette verbunden. Dieses hat den Nachteil, daß die Bindekettfäden beim Strecken der Gewebe schneidend auf die Schußfäden des ersten und dritten Gewebes wirken.

Abb. 201 zeigt die Bindung für ein dreifaches Gewebe. Die Verbindung der Gewebe erfolgt nur durch den Austausch der Gewebelagen. Die gezeichnete Bindung bildet Längsstreifen.

28. Bindungen für Gewebe mit Lanceschuß.

Lanceschuß wird derjenige Schuß genannt, durch den ein einfarbiges Gewebe in bestimmten Abständen zwei- oder dreifarbig gemustert wird.

Die Gewebe bestehen aus einer Grundkette, aus einem Grund- und aus einem Lanceschuß, wenn das Muster einfarbig oder aus zwei Lanceschuß, wenn das Muster zweifarbig ist.

Der Lanceschuß bindet nur da mit den Kettfäden, wo ein Muster gebildet werden soll, und liegt an den übrigen Stellen frei ohne Bindung. Dieses ist jedoch nur zulässig, wenn die Muster in kleinen Abständen wiederkehren und die Grundbindung eine Leinewand- oder Kettköperbindung ist. Sind die Abstände der Muster sehr groß, so empfiehlt es sich, die langflottierenden Lanceschußfäden abzuschneiden und, wenn die Grundbindung eine Effektköper- oder Kreppbindung ist, die Lanceschußfäden außerhalb des Musters anzubinden. Bei Geweben mit Unterkette bereitet die Anbindung des Lanceschußfadens keine Schwierigkeiten.

Abb. 202 zeigt, wie ein zweifarbiges Muster auf dem Papier für den Kartenschlag gezeichnet wird und Abb. 202a die Zeichnung, wie die Schußfäden nach der Vorlage 202 eingetragen werden.

■ zeigt die Zeichnung für den Grundschuß, ⊡ für den ersten Lanceschuß und ⊞ für den zweiten Lanceschuß. Es werden von jeder Schußlinie so viel Karten geschlagen, wie verschiedenartige Typen auf einer Schußlinie enthalten sind.

29. Bindungen für Gewebe mit Lancekette.

Bei diesen Geweben werden die farbigen Effekte von der Kette gebildet. Der Grundschuß wird bei einfachen Geweben, mit den Grundkettfäden immer durch die Anwendung engbindender Bindungen verbunden.

Beim Zeichnen dieser Muster ist es vorteilhaft, erst die Figur zu entwerfen und diese dann so zwischen die Grundkettfäden zu setzen, daß regelmäßig nach einem Grundkettfaden eine Lancekettfaden folgt bei einfarbiger Ausmusterung, Abb. 203, oder ein Grundkettfaden und zwei Lancekettfäden bei zweifarbiger Ausmusterung.

Kehren die Figuren in kleinen Abständen wieder, werden die Lancekettfäden nicht abgeschoren, so brauchen sie außerhalb der Figur nicht abgebunden zu werden.

30. Brochiermusterungen.

Diese Gewebemusterung unterscheidet sich von den Lancemusterungen dadurch, daß die einzelne Figur bei einfarbiger Ausmusterung von einem durch die Figur endlos laufenden Faden gebildet wird. Es muß der Webstuhl, auf dem diese Muster gewebt werden sollen, außer der gewöhnlichen Lade, noch eine Brochierlade haben. Größere Muster, auch Ecken und Mittelstücke bei Decken werden ohne Brochierlade mit der Hand brochiert, „gestochen“. Ist die Entfernung der Schützenabstände von der Brochierlade bekannt, so wird das Muster auf das Patronenpapier in der Größe gezeichnet, die der Gewebedichte entspricht, und die Grundbindung, die über die ganze Stoffbreite gleichbindet, links auf den Rand des Papiers gezeichnet. Weil bei diesen Geweben die rechte Seite immer unten ist, so ist beim Kartenschlagen für den Brochierschuß die Farbe der Figur zu lesen. Es werden von jeder Schußlinie so viel Karten geschlagen, wie farbige Markierungen vorhanden sind. In Abb. 204 ist das Muster einfarbig, in Abb. 205 zweifarbig.

Gelesen wird für den Grundschuß ■, für den ersten Brochierschuß ⊡ und für den zweiten Brochierschuß in Abb. 205 ⊞.

Die Reihenfolge der verschiedenen Schußarten ist ein Grund- und ein Brochierschuß bei einfarbiger und ein Grund- und zwei Brochierschuß bei zweifarbiger Brochiermusterung.

31. Velvet- und Cordbindungen.

Velvets sind immer baumwollene Florgewebe, deren Florbüschel von zerschnittenen Schußfäden gebildet werden. Die Florbüschel sitzen nur auf jedem zweiten Kettfaden. Der Grundschuß bildet mit allen Kettfäden das Grundgewebe. Als Bindung für diesen Schuß wird nur die Leinewand- und die dreibindige Kettköperbindung verwendet. Für die Florschußfäden wird der gewünschten Florhöhe entsprechend der drei- und vierbindige Schußköper und der fünf- und sechsbündige Schußatlas verwendet. Diese Bindungen werden nur auf jeden zweiten Kettfaden gezeichnet.

Die Dichte der Florbüschel wird durch die Zahl der Florschußfäden erreicht, die zu einem Grundschuß gehören. Bei ganz billigen Velvets ist die Schußfolge ein Grund- und zwei Florschußfäden.

Abb. 206 zeigt die Bindung für eine gewöhnliche Velvetware. Die Schußfolge ist ein Grund- und drei Florschußfäden.

Abb. 207 und 208 zeigen Bindungen für Köpervelvet. Abb. 208 ist eine Bindung für dichte und hochflorige Ware.

Cordgewebe sind langrippige baumwollene Gewebe, deren Rippen von aufgeschnittenen Schußfäden gebildet werden. Die Florbüschel einer Rippe werden der Breite einer Rippe entsprechend von zwei, drei oder vier nebeneinanderstehenden Kettfäden gehalten. Ihre Höhe wird durch eine kleinere oder größere Florschußbindung und ihre Dichte durch die größere Schußzahl erreicht.

Als Grundschußbindung findet die Leinewandbindung, die vierbindige Längsripsbindung und die vierbindige gleichseitige Köperbindung Verwendung.

Die Schußfolge ist in der Regel ein Grund- und zwei Florschußfäden. Abb. 209 zeigt eine Bindung für schmalrippige und Abb. 210 für mittelbreitrippige Gewebe.

32. Plüsch- und Samtbindungen.

Die Bindungen für diese Gewebearten müssen eine Flor- und eine Grundkettbindung enthalten. Die Florkettbindung kann eine Florauf- oder Flordurchbindung sein. Bei der Floraufbindung werden die Florbüschel nur von einem Schußfaden gehalten und können bei nicht schlußdichten Geweben auf die Rückseite gedrückt werden. Als Grundkettbindung wird dann in der Regel die vierbindige Querripsbindung verwandt. Bei teueren Waren wird, um das Durchdrücken der Florbüschel zu verhindern, neben dem Florkettfaden ein doppelter Deckkettfaden angeordnet. Die Bindung eines Deckkettfadens zeigt die Abb. 212 punktiert im Längsschnitt des Doppelgewebes.

Bei Flordurchbindungen werden die Florbüschel von mehreren Schußfäden gehalten und sitzen somit fester im Grundgewebe. Als Bindung für letzteres wird die Leinewandbindung, die drei- und vierbindige Querripsbindung angewandt.

Die Florbüschel werden bei Webstühlen für einfache Gwebe durch das Eintragen von Ruten gebildet. Auf Doppelplüschstühlen ohne Ruten dadurch, daß zwei übereinander hergestellte Grundgewebe während ihrer Herstellung durch Florkettfäden verbunden werden. Auf einfachen Webstühlen wird die Länge der Florbüschel von der Höhe der Rute bestimmt, bei Doppelplüschstühlen durch kleinere oder größere Längenzuführung der Florkettfäden.

Die Anordnung der Florkettfäden kann sein: ein Flor- und ein Grundkettfaden, ein Flor- und zwei oder drei Grundkettfäden. Die Schußfolge: eine Rute und zwei Grundschußfäden oder eine Rute und drei oder vier Grundschußfäden.

Die Florbüschel werden auf dem Grundgewebe bei glatten Geweben leinewandartig gestellt, damit die Gewebe eine gleichmäßige Decke erhalten. Abb. 211 zeigt die Plüschbindung, die nur mit Ruten gewebt werden kann, wenn Ware mit senkrechtstehenden Florbüscheln hergestellt werden soll.

In den Abb. 211—214 zeigt ⊠ die hochgehenden Florkettfäden bei Eintragung der Ruten, ⊡ die hochgehenden Florkettfäden beim Grundschuß und ■ die hochgehenden Grundkettfäden beim Grundschuß. Der seitlichstehende Längsschnitt zeigt, wie die Ruten die Florbüschel bilden.

Abb. 212 zeigt die Samtbindung mit Floraufbüscheln, Längsschnitte durch das einfache und Doppelgewebe und die Schaftkarte für einschützige Doppelplüschstühle.

Abb. 213 und 214 zeigen Plüschbindungen für Dreischußwaren. In Abb. 214 ist die Grundkettbindung eine dreibindige Schußrips- und in Abb. 212 eine vierbindige Schußripsbindung. Die Florbüschel sind leinewandartig mit den Kett- und Schußfäden in Abb. 214 verbunden. Die Florkettbindung ist in beiden Abbildungen eine Flordurchbindung. Sie zeigen die Bindung für einfache Gewebe, Längsschnitte durch das einfache und doppelte Gewebe und die Schaftkarte.

33. Bindungen für plüschartige Gewebe,

deren Florbüschel nur durch aufgerauhte Florschußfäden gebildet werden, zeigen die Abb. 215 und 216. In Abb. 215 ist die Florschußbindung ein sechzehnbindiger Mehrgradköper und die Grundbindung die Leinewandbindung. Die Florbüschel werden von fünf Kettfäden gehalten und bilden Diagonalen. In der Abb. 216 werden die Florbüschel von sieben Fäden gehalten. Die Grundschußbindung ist eine vierbindige Effektköper- und die Unterschußbindung eine vierbindige Kettköperbindung.

34. Bindungen für Walkkrimmerstoffe.

Walkkrimmerstoffe zeigen Schleifen, die nur durch den Walkprozeß gebildet werden. Es können als Bindungen für diese Gewebeart nur solche Mehrgradköperbindungen verwandt werden, die neben einer breiten Schußdiagonale vielen leinwandbindende Diagonalen enthalten.

Abb. 217 wurde aus einer sechzehnbindigen Mehrgradköperbindung durch atlasartige Neuordnung der Schußfäden mit der Ordnungszahl 7, gebildet.

Die Musterung der Abb. 218 wurde in der Weise gebildet, daß das Motiv der Schußfäden eins und zwei, immer um sechs Kettfäden versetzt neu gezeichnet wurde. In die noch freien Flächen wurde die Leinewandbindung eingezeichnet. Diese Zeichnungsweise ermöglicht die sichere Herstellung brauchbarer Bindungen. Für den Kartenschlag ist ☐ zu lesen.

35. Bindungen für Krimmergewebe.

Diese Bindungen müssen ebenso wie Plüschbindungen eine Bindung für die Florkette und eine Bindung für die Grundkette enthalten. Als Bindung für letztere wird die Leinewandbindung am häufigsten angewandt. Die Florkettbindungen müssen den zu bildenden Locken entsprechend gewählt werden.

Die Locken können ungeschnittene, ungeschnittene und geschnittene, oder nur geschnittene sein. Die Lockengröße richtet sich nach der herzustellenden Imitation und muß vor dem Verweben dem Flormaterial durch Drehen und Kochen übermittelt werden. Floraufbindungen können, wenn geschnittene Locken gebildet werden sollen, nicht verwandt werden. Von den Flordurchbindungen wird die offene und auch die feste Bindung angewandt. Bei gleichhohen Florlocken wird, wenn mit offener Bindung gearbeitet wird, weniger Flormaterial gebraucht. Die Deckung des Grundgewebes ist jedoch eine geringere.

Abb. 219 zeigt eine Bindung mit offener Florkettbindung. Die Anordnung der Flor- zu den Grundkettfäden ist 1:2. Die Reihung der Florkette ist nach je drei Fäden zu wechseln. Nach jeder Rute folgen vier Grundschußfäden.

Abb. 220 zeigt eine Bindung mit fester Florkettbindung. Die Einstellung ist 1:3. Die Florkette wird auch hier von zwei Schäften bewegt, wechselt aber nach je zwei Fäden.

In Abb. 221 wird die Florkette von drei Schäften bewegt. Die Florkettbindung ist eine feste Bindung.

36. Bindungen für Frottiergewebe.

Frottiergewebe bestehen aus einer Schleifenkette, aus einer Grundkette und aus einem Grundschuß. Das Verhältnis der Schleifen- zur Grundkette ist bei besseren Waren ein Grund- und ein Schleifenkettfaden und bei geringeren Waren zwei Grund- und ein Schleifenkettfaden.

Die Schleifen werden nicht durch das Eintragen von Ruten gebildet, sondern durch das Heranziehen von drei- oder vierfädigen Schußgruppen an den schon geschlossenen Gewebeteil gebildet. Es ist der Grundkettbaum mit fester und der Schleifenkettbaum mit selbstregulierender Spannung auszurüsten, denn der Schußgruppenteil muß mit der verbundenen Schleifenkette auf der Grundkette gleiten können. Die zu bildenden Schußgruppen müssen unbedingt in gleichmäßigen Abständen gebildet werden. Auf Spezialwebstühlen wird die Gleichmäßigkeit der Abstände durch automatisch arbeitende Organe erreicht.

Bei der Bildung von Schußgruppen ist es unbedingt erforderlich, daß bei zweiseitiger Schleifenbildung, beim ersten und letzten Schußfaden einer Gruppe, die obere Schleifenkette über diesen beiden Schußfäden, und die untere Schleifenkette unter diesen beiden Schußfäden liegt. Nur dadurch wird das Aufrichten der Florschleifen erreicht. Als Bindungen werden nur drei- oder vierbindige Querripsbindungen angewandt.

Abb. 222 zeigt die Bindung für eine billige Ware mit auf beiden Seiten nur halbgedecktem Grund,

Abb. 223 die Bindung für ein zweiseitiges Gewebe mit ganz gedecktem Grund und

Abb. 224 für ein zweiseitig schachbrettartig gemustertes Gewebe mit ganz gedecktem Grund. Außer der Bindung zeigen die Abbildungen den Längsschnitt durch das Grundgewebe, durch den Schleifenteil und die Zeichnung für die Schaftkarte.

■ sind die Hochgänge der Grundkettfäden, ⊡ Hochgänge der oberen und ◩ Hochgänge der unteren Schleifenkette.

37. Bindungen für Drehergewebe.

Beim Zeichnen der Dreherbindungen muß der Effekt bekannt sein, der durch die Bindung erreicht werden soll. Alle Drehergewebe erhalten Fäden oder Fadengruppen, die ihre Lage im Gewebe nicht verändern und Fäden oder Fadengruppen, die ihre Lage verändern; die ersteren umschlingen. Die Fäden, welche ihre Lage behalten, werden Stehfäden, die anderen Dreherfäden genannt. Sind die Fäden dem gewünschten Effekt entsprechend in die Litzen der Grundschäfte eingezogen, dann müssen die Fäden, die ihre Lage wechseln sollen, noch in die Litzen des Dreherschaftes gezogen werden. Zwischen Grundschäften und Dreherschäften soll ein Abstand von 10 cm sein. Dieser Abstand wird gebraucht, wenn die Fäden vom Dreherschaft gehoben werden sollen. Der Dreherschaft besteht aus einem ganzen und aus einem halben Schaft. Die Litzen des halben Schaftes werden von den Fadenaugen der Litzen des ganzen Schaftes gehalten. Der ganze Schaft hat die Aufgabe, die Litzen des halben Schaftes mitzunehmen und die Dreherfäden auf der der Grundlitze entgegengesetzten Seite zu heben. Die halbe Litze muß dem Hub der Fäden folgen, wenn sie von ihren Grundschäften gehoben werden. Es muß der halbe Schaft, auf dem die halben Litzen befestigt sind, immer gehoben werden, wenn die Grundschäfte der Dreherfäden hochgehen. Alle Fäden, die eine Drehergruppe bilden, müssen durch eine Rietöffnung gezogen werden.

Abb. 225 zeigt, wie der Dreherfaden vom Dreherschaft und

Abb. 226, wie der Dreherfaden vom Grundschaft gehoben wird.

Abb. 227 zeigt, wie mit nur einem Schaft der Dreherfaden gehoben werden kann. Der Grundschaft wird festgestellt und der Dreherschaft einmal links und einmal rechts vom Stehfaden gehoben.

Abb. 228 zeigt, wie ein Dreherfaden von zwei ganzen und einem halben Schaft gehoben werden kann.

Abb. 229 zeigt ein Drehergewebe; anschließend Reihung und Schnürung. Die Dreherfäden wechseln ihre Lage nach jedem Schuß. Der Dreherschaft hat seine halbe Litze unten.

In Abb. 230 wechseln die Dreherfäden ihre Lage bei jedem dritten Schußfaden.

Für die Musterung der Abb. 231 werden zwei Dreherschäfte gebraucht. Das einzelne Fadenpaar wechselt seine Lage bei jedem sechsten Schußfaden.

38. Bindungen für Dreherimitationen.

Drehergewebe zeigen an den Stellen, wo sich die Faden umschlingen, größere Poren. Sollen Gewebe mit ähnlichen Effekten ohne Dreherbindungen erreicht werden, dann dürfen nur solche Bindungen zur Anwendung kommen, die kleine und durchbrechende Rapporte haben. Innerhalb eines solchen Rapportes sollen Fäden teilweise oder auch ganz parallel binden können.

Abb. 232 zeigt eine Bindung von zwei Fäden teilweise und

Abb. 233, wo zwei Fäden durchgehend parallel binden. Die Bindung der Abb. 233 wird auch Aidabindung genannt. In Stickereistoffen ist sie am häufigsten anzutreffen.

Bei kleinen dreherartigen Musterungen, die von besonderen Fäden gebildet werden sollen, bleibt an den Stellen, wo die Musterfäden ausweichen, eine Gruppe Kett- und Schußfäden ohne Bindung. Die Zahl der Fäden einer solchen Gruppe ist von dem gewünschten Muster und der Dicke der Fäden abhängig. Dünne Fäden können nur kleine und dickere Fäden größere Fadengruppen decken. Abb. 234 zeigt links die Bindung und rechts das von zweimal zwei Fäden gebildete Musterbild.

39. Durch Garndrehung gemusterte Gewebe.

Durch die Anordnung von Rechts- und Linksdrahtgarnen können Gewebe
unifarbig gestreift und unifarbig kariert gemustert werden. Diese Musterungen
lassen sich nur dann fehlerlos weben, wenn das Kett- und Schußgarn einer
Drehrichtung unecht vorgefärbt wird.

Mit Rechtsdraht wird der Faden bezeichnet, dessen Drehung aufgehoben
wird, wenn man ihn mit den Fingern der rechten Hand von links nach
rechts dreht. Bei diesen Fäden steigen die Spiralen, die durch die Drehung
des Rohstoffes entstanden sind, von links unten nach rechts oben an. Bei
Linksdraht ist das Entgegengesetzte zutreffend.

Kreuzen sich im Gewebe die Diagonalen der Bindung mit den Diagonalen
der Garndrehung, dann erscheint die Bindung erhabener, das Gewebe klarer,
aber weniger dicht. Liegen die Diagonalen des Garnes und die Diagonalen
der Bindung in gleicher Richtung, dann erscheint das Gewebe dichter, flacher
und die Bindung weniger klar.

Fig. 235 zeigt links vom Warenbilde einen Rechtsdraht- und rechts einen
Linksdrahtfaden. Von den Kettfäden des Warenbildes haben zehn Fäden
Rechtsdraht und zehn Fäden Linksdraht. Das Schußgarn ist Linksdrahtgarn.

Abb. 236 zeigt ein durch Garndrehung kariertes Gewebe. Die am Rande
des Warenbildes stehenden Buchstaben geben bekannt, welche Fäden Rechtsdraht und welche Linksdraht haben.

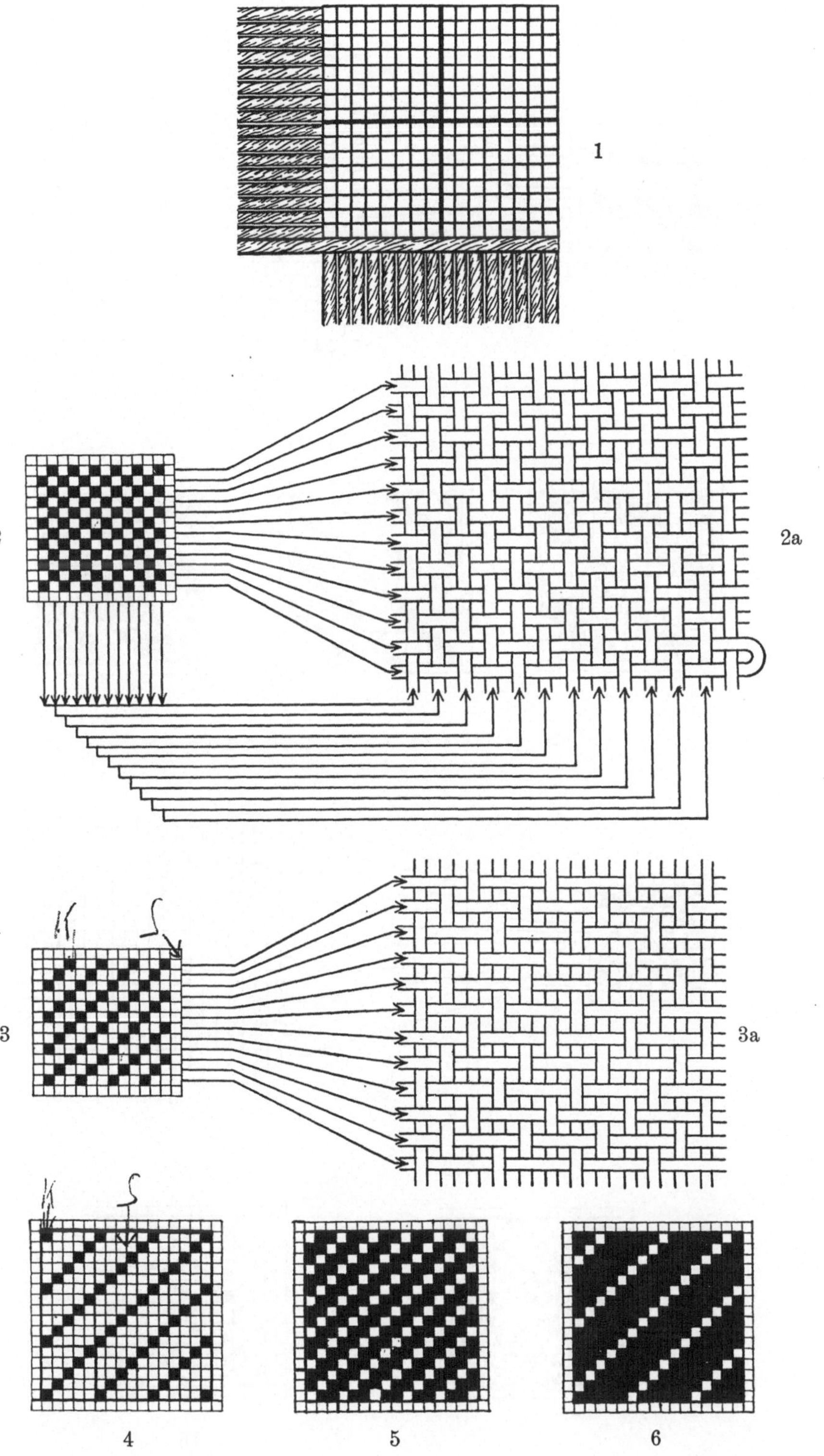

Tafel 2.

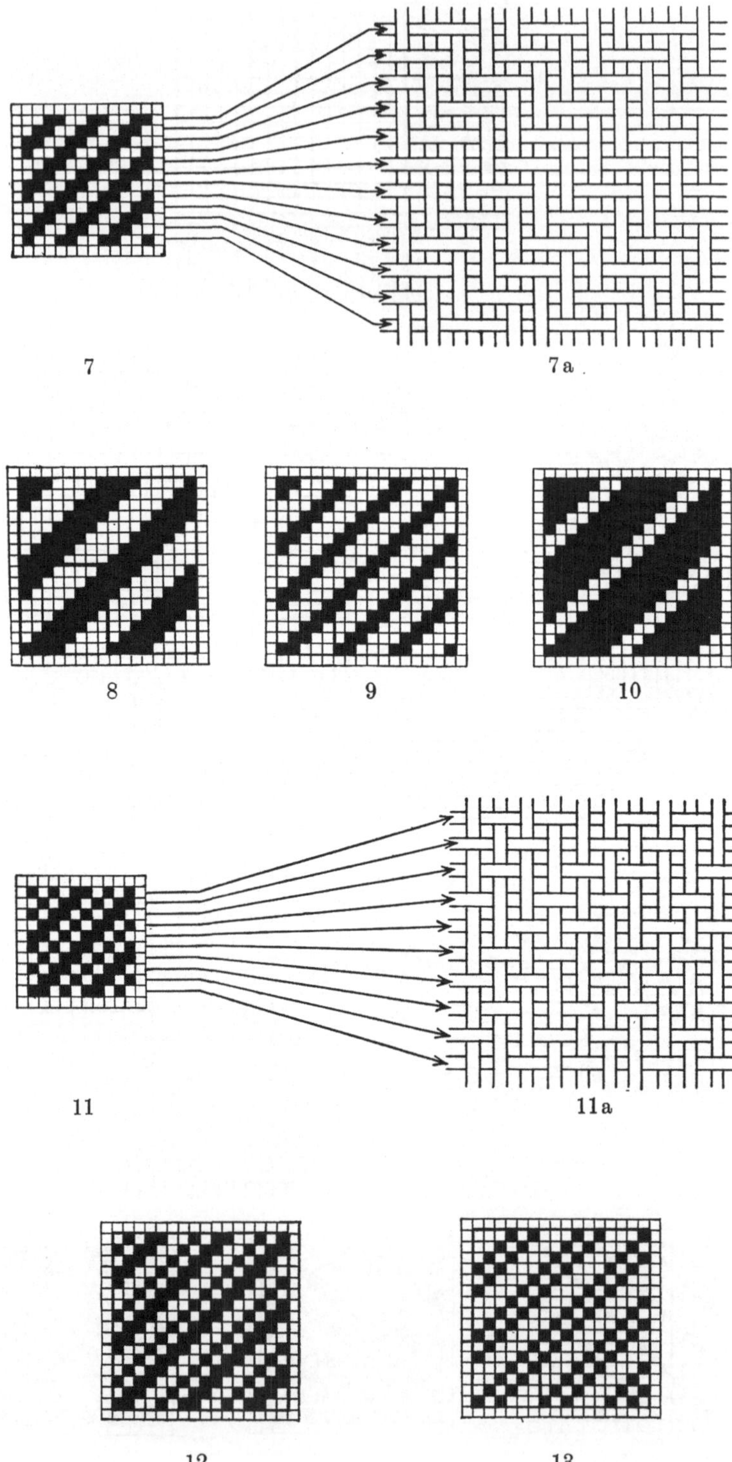

7
7a
8
9
10
11
11a
12
13

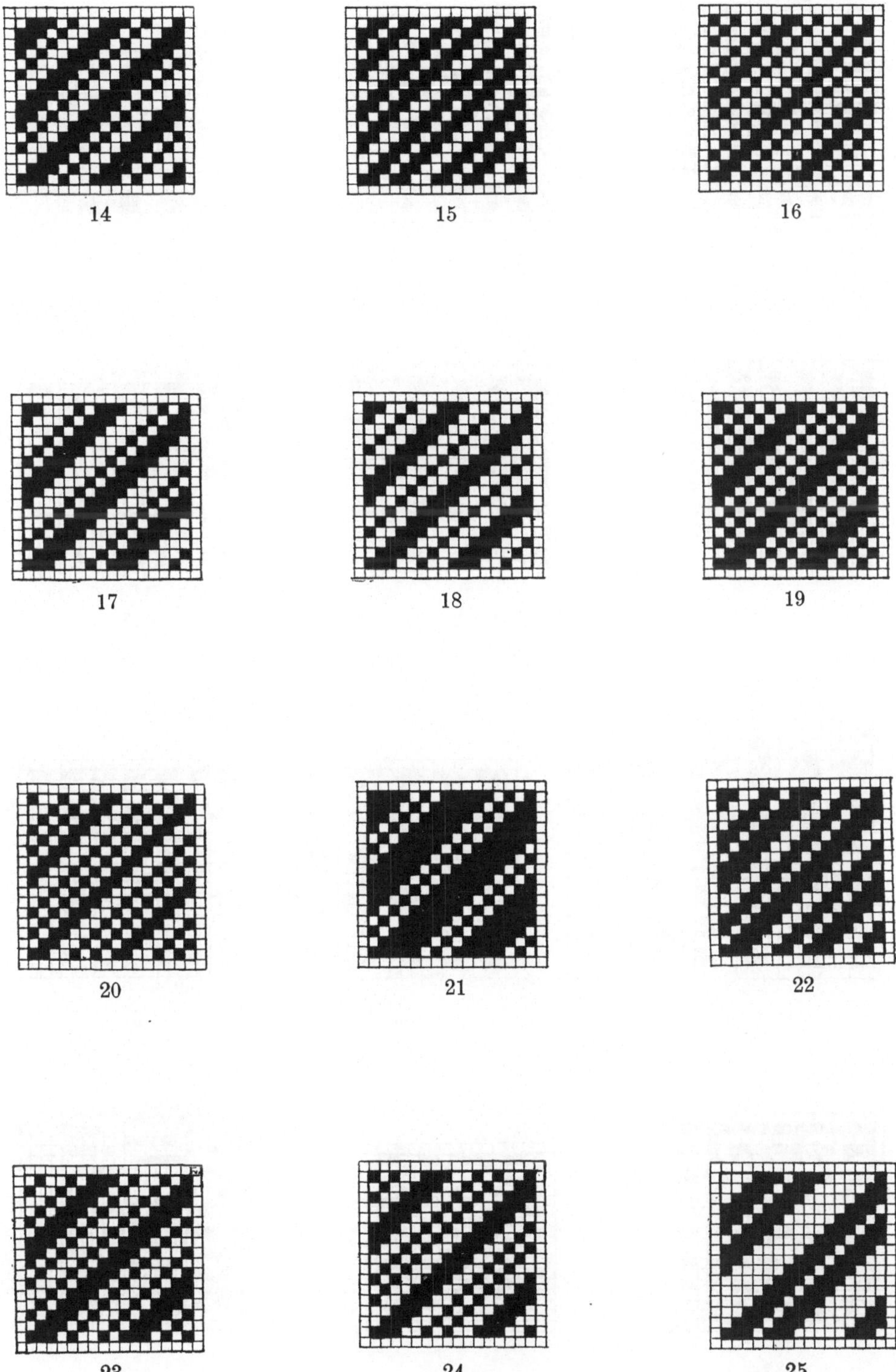

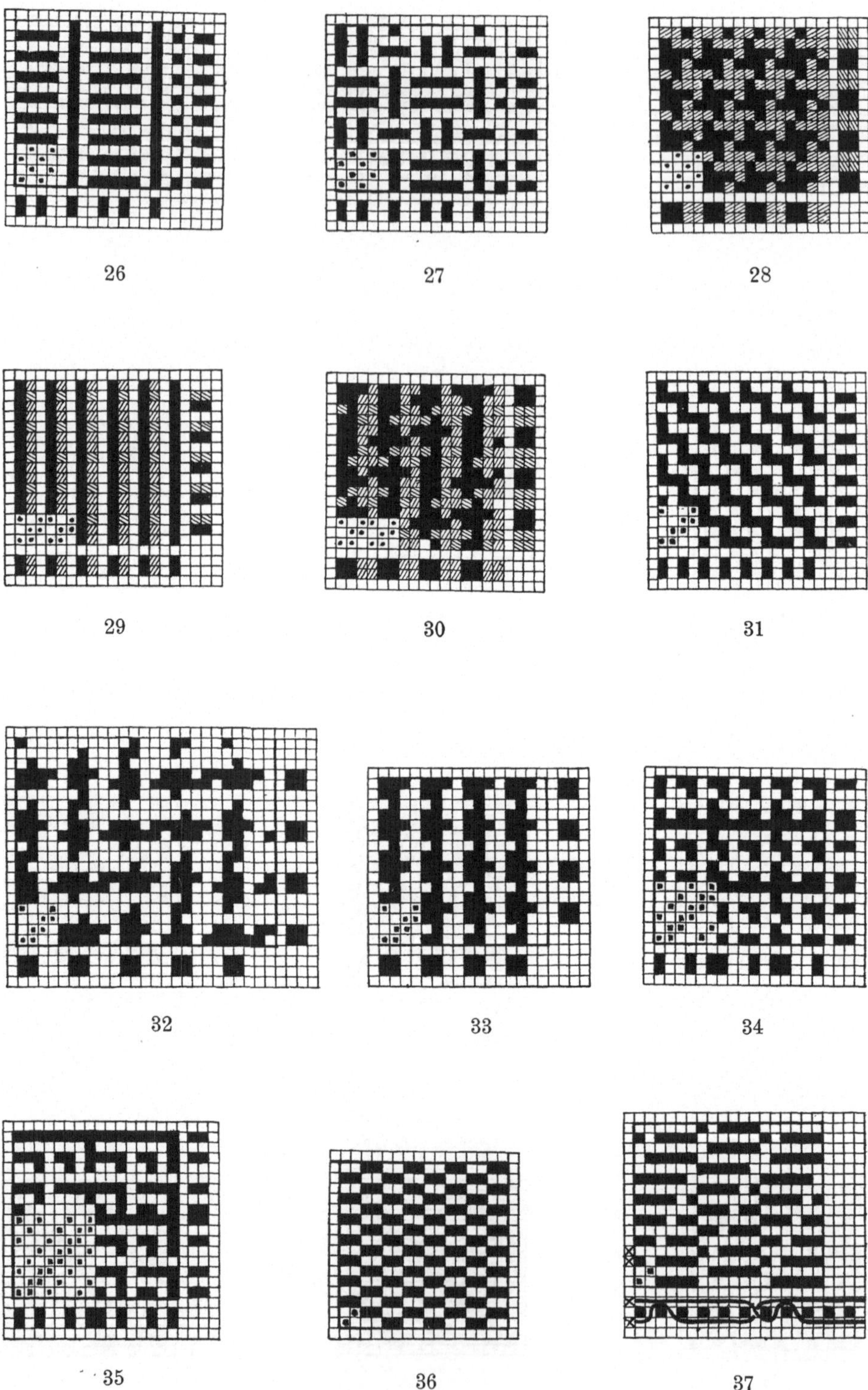

26 27 28

29 30 31

32 33 34

35 36 37

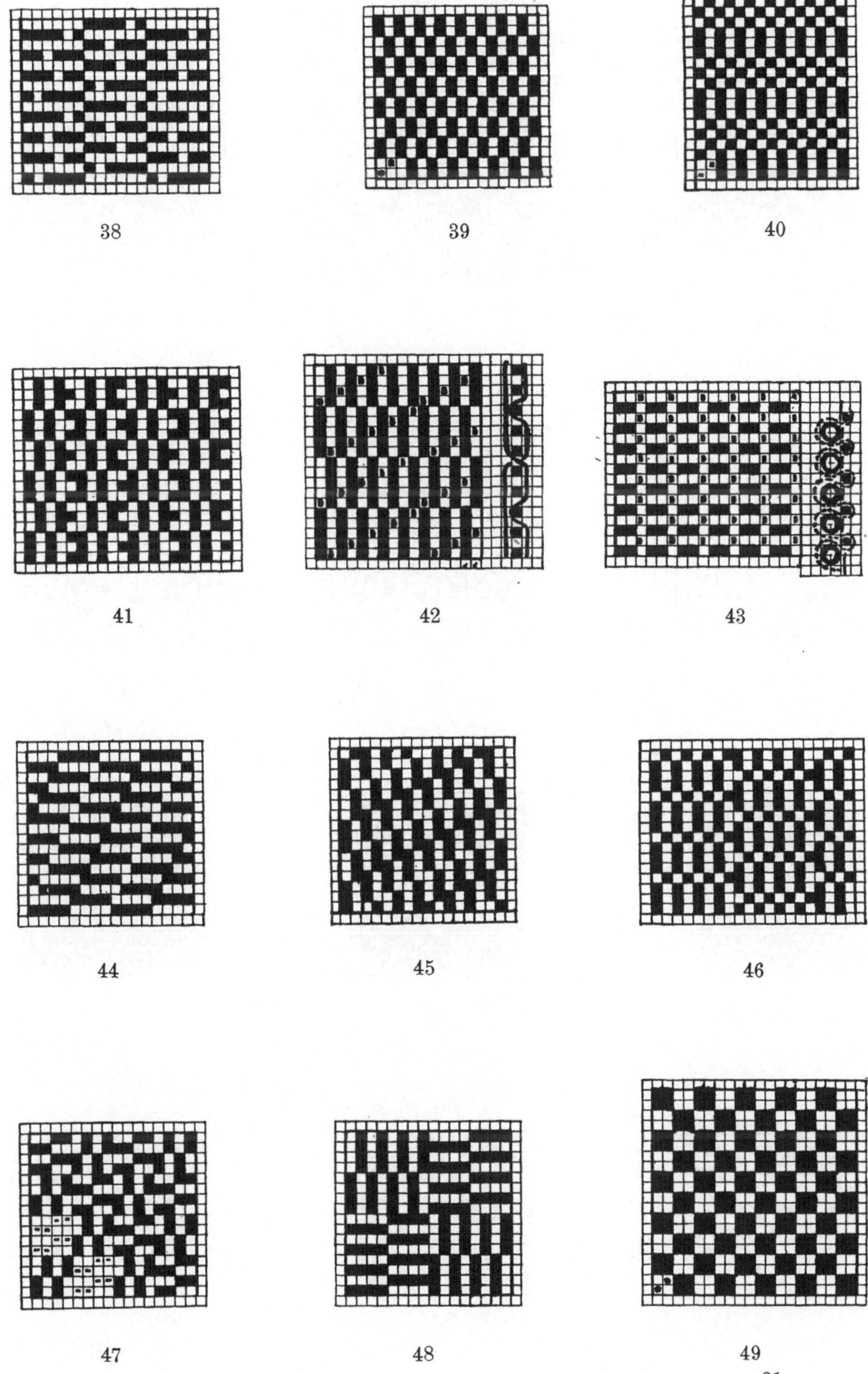

38

39

40

41

42

43

44

45

46

47

48

49

Tafel 6.

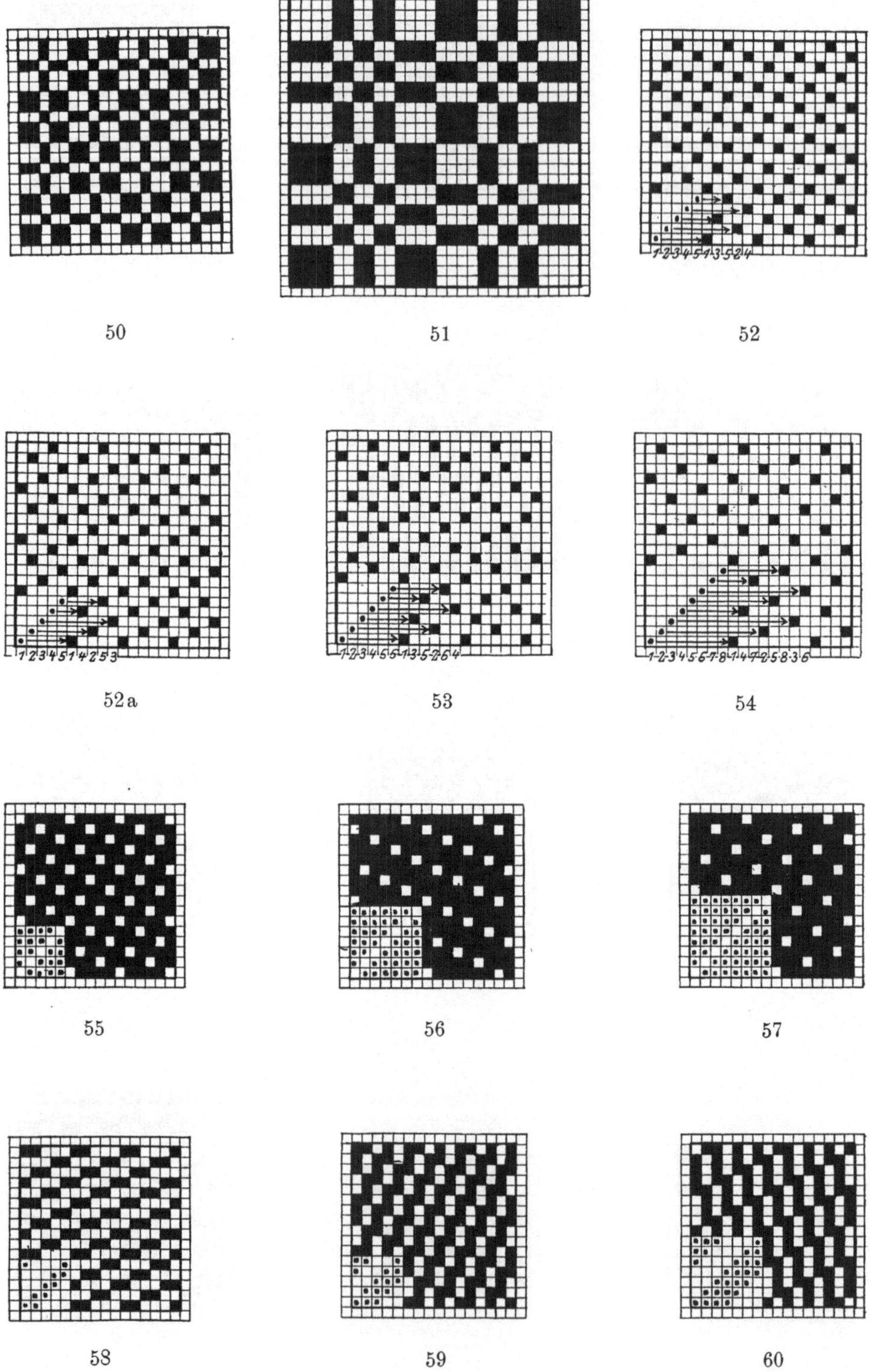

50
51
52
52 a
53
54
55
56
57
58
59
60

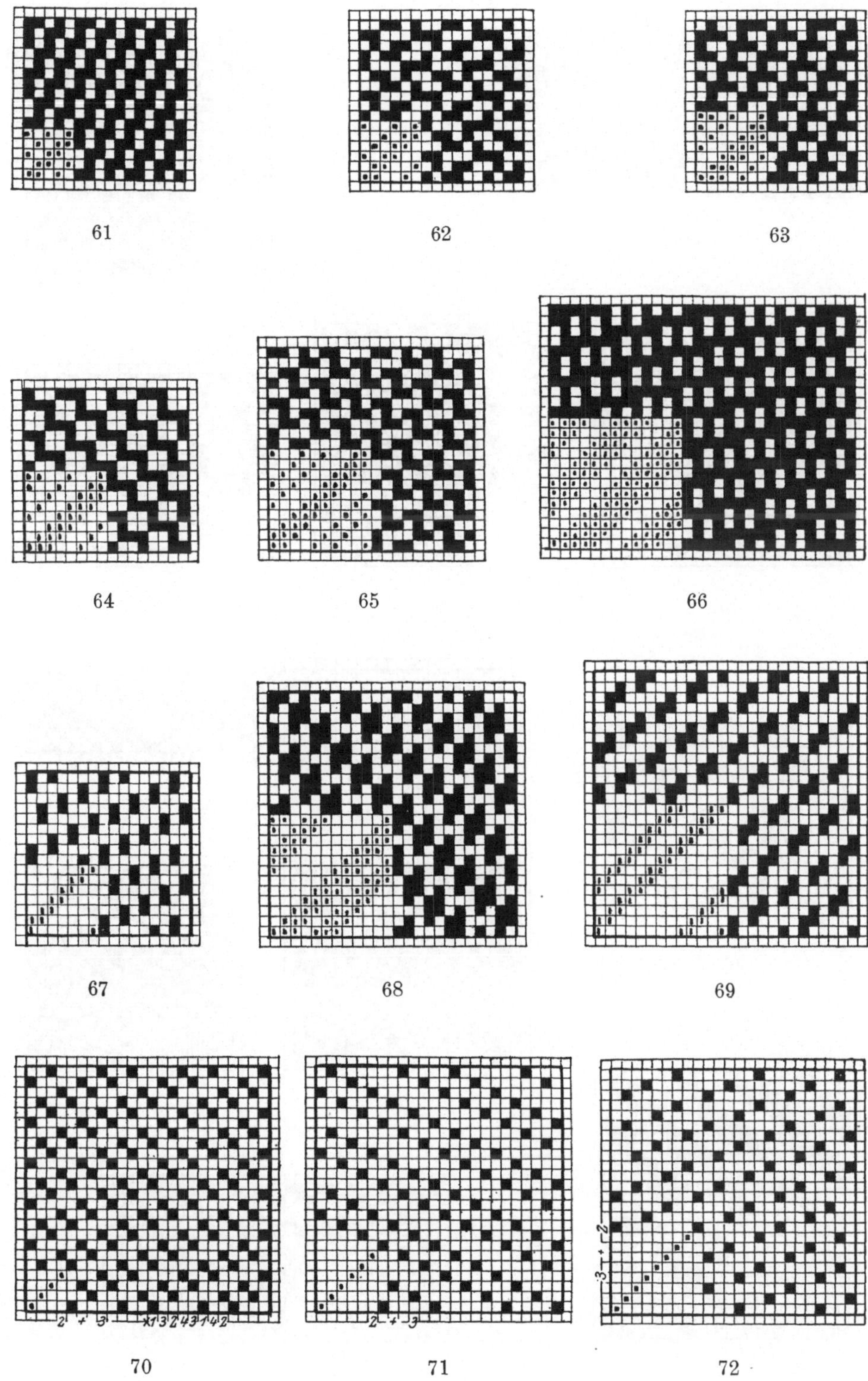

61

62

63

64

65

66

67

68

69

70

71

72

21*

Tafel 8.

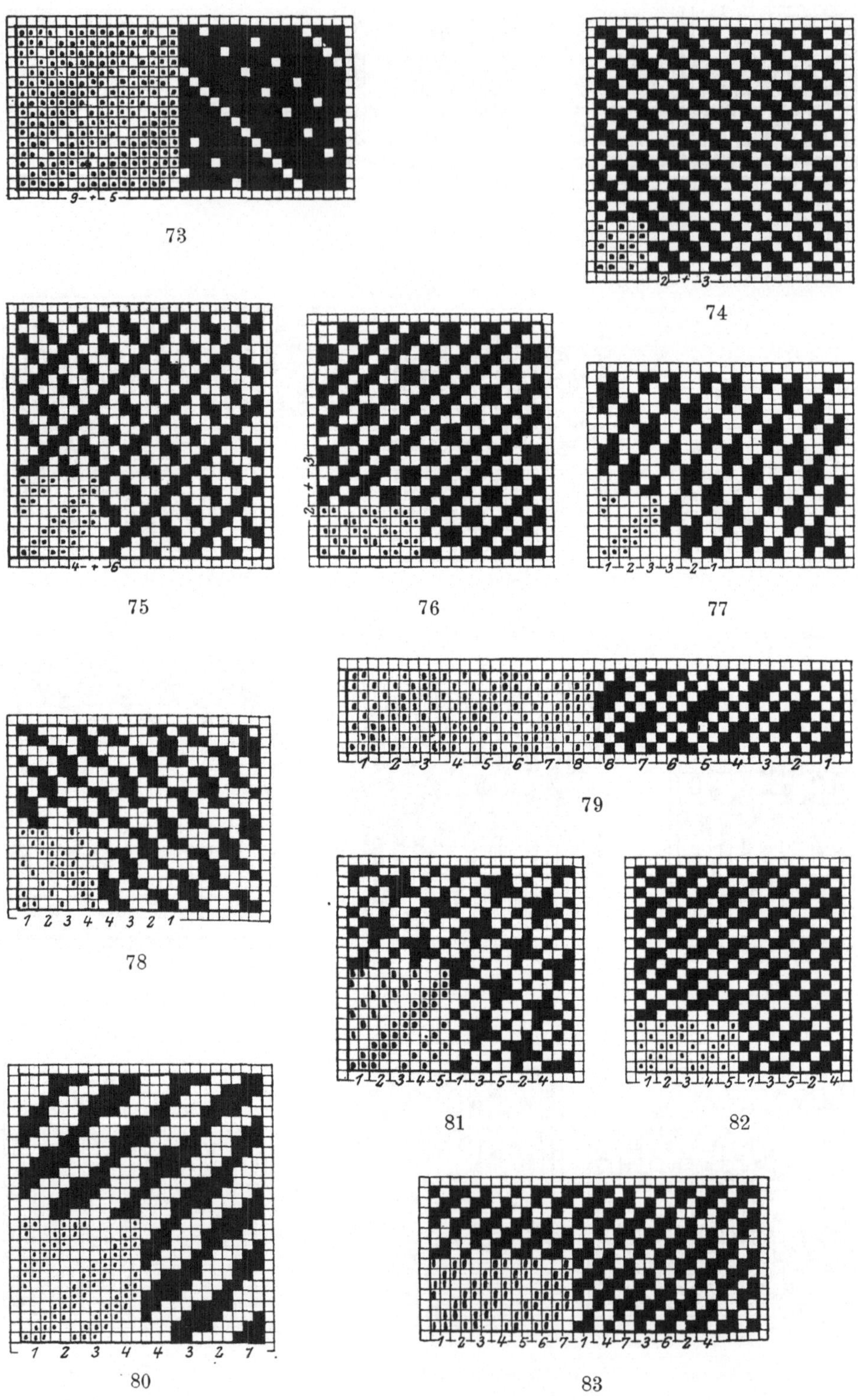

73
74
75
76
77
78
79
80
81
82
83

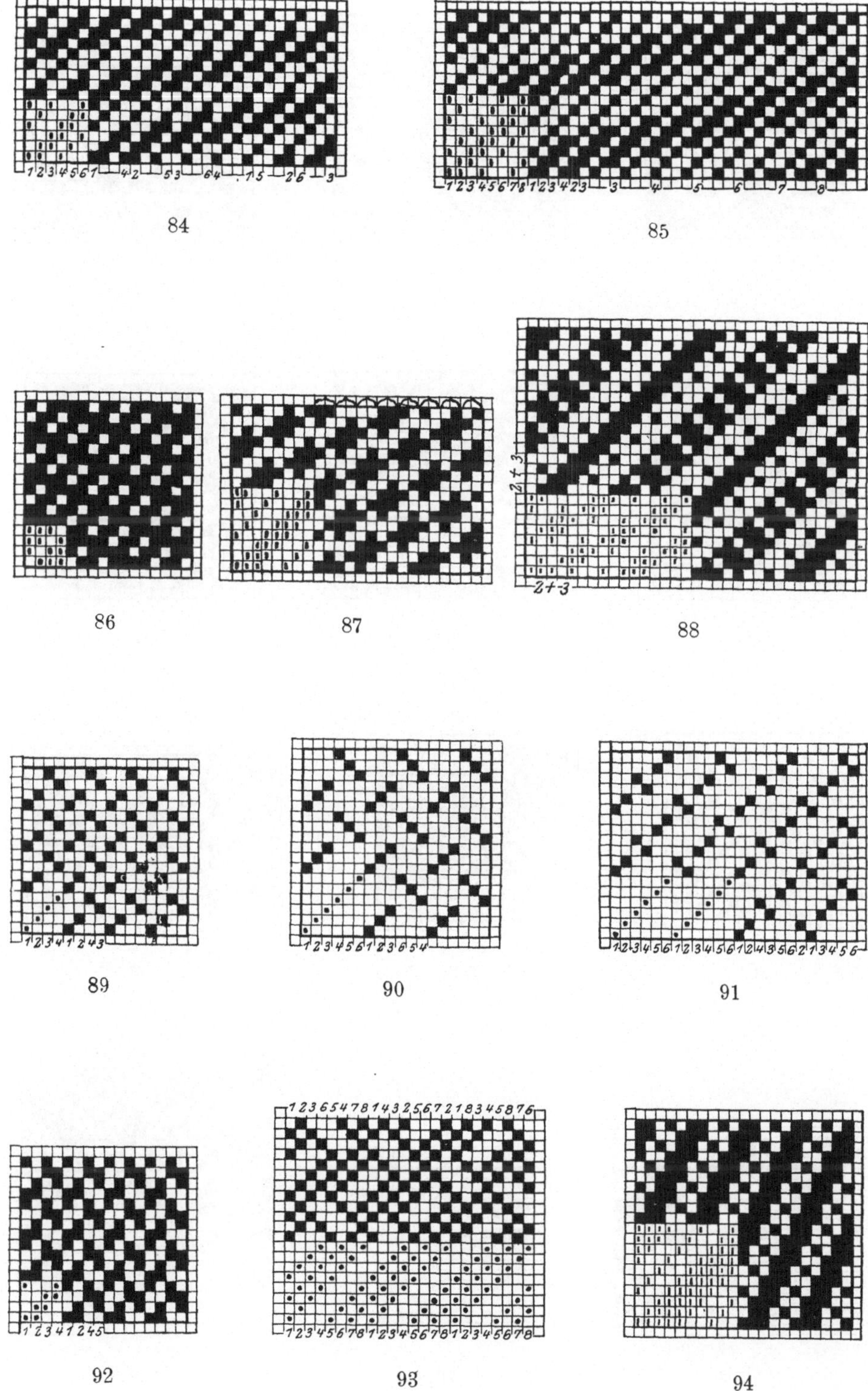

84

85

86

87

88

89

90

91

92

93

94

Tafel 10.

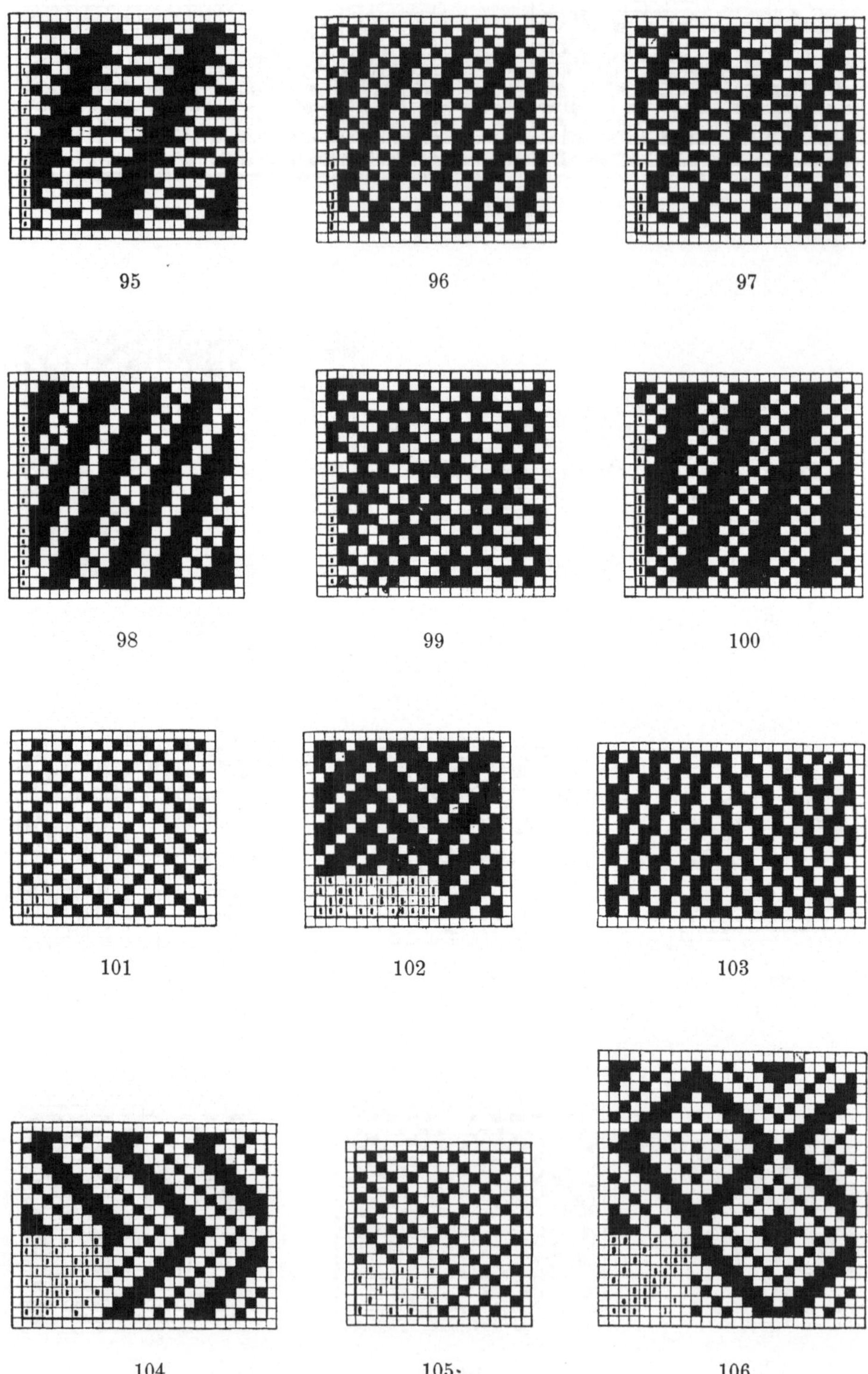

95

96

97

98

99

100

101

102

103

104

105.

106

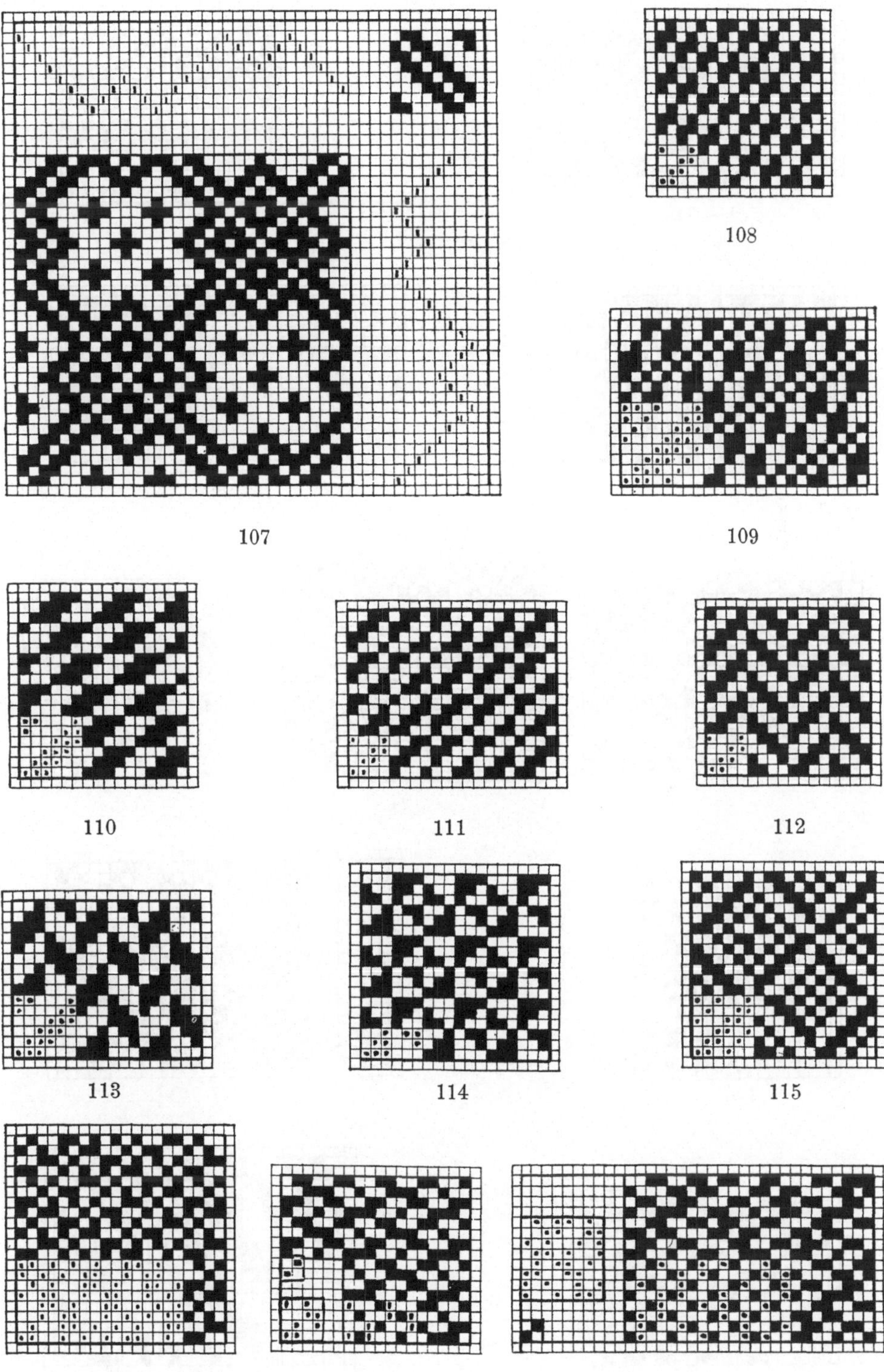

107

108

109

110

111

112

113

114

115

116

117

118

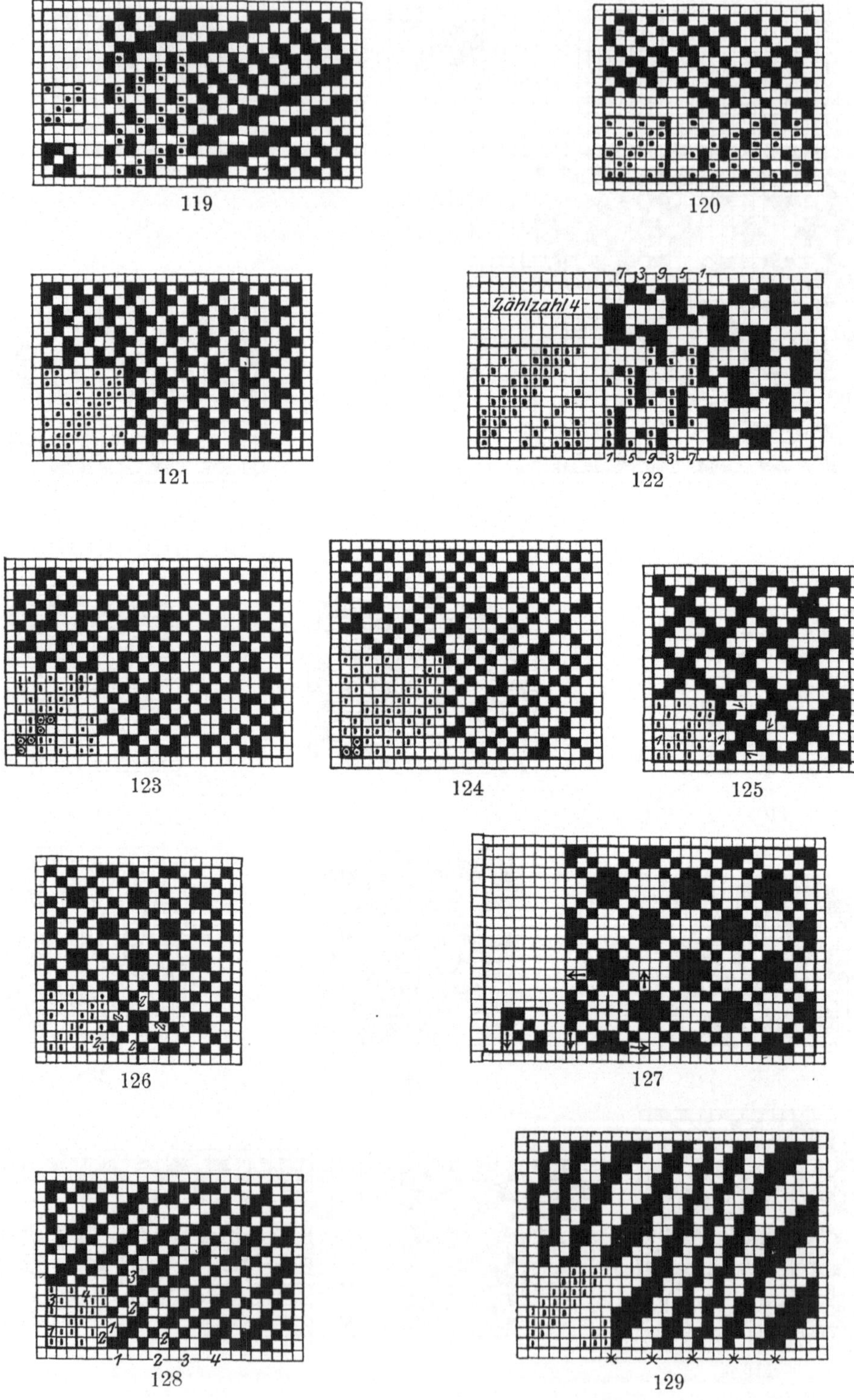

119

120

121

122

123

124

125

126

127

128

129

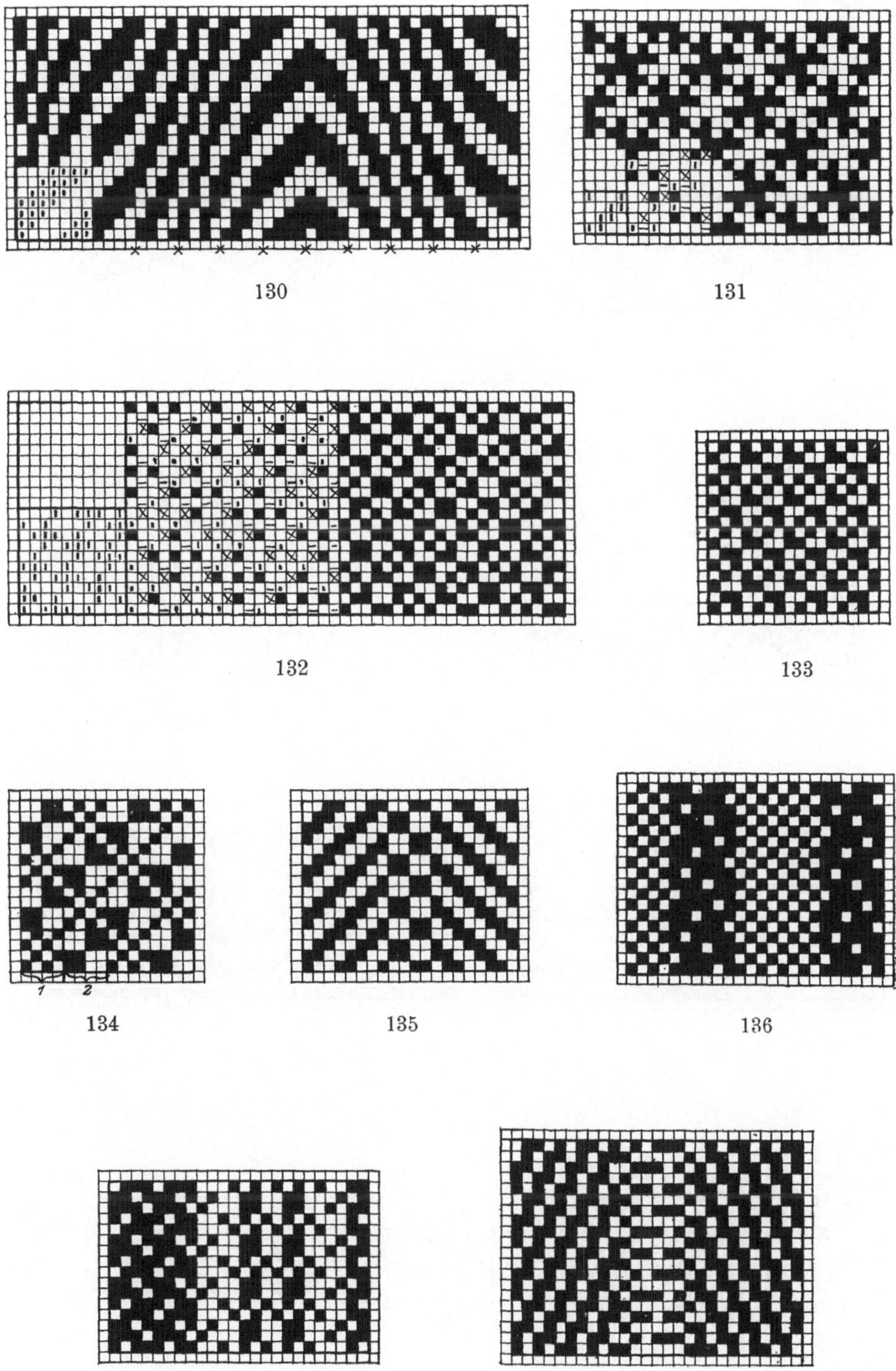

130

131

132

133

134

135

136

137

138

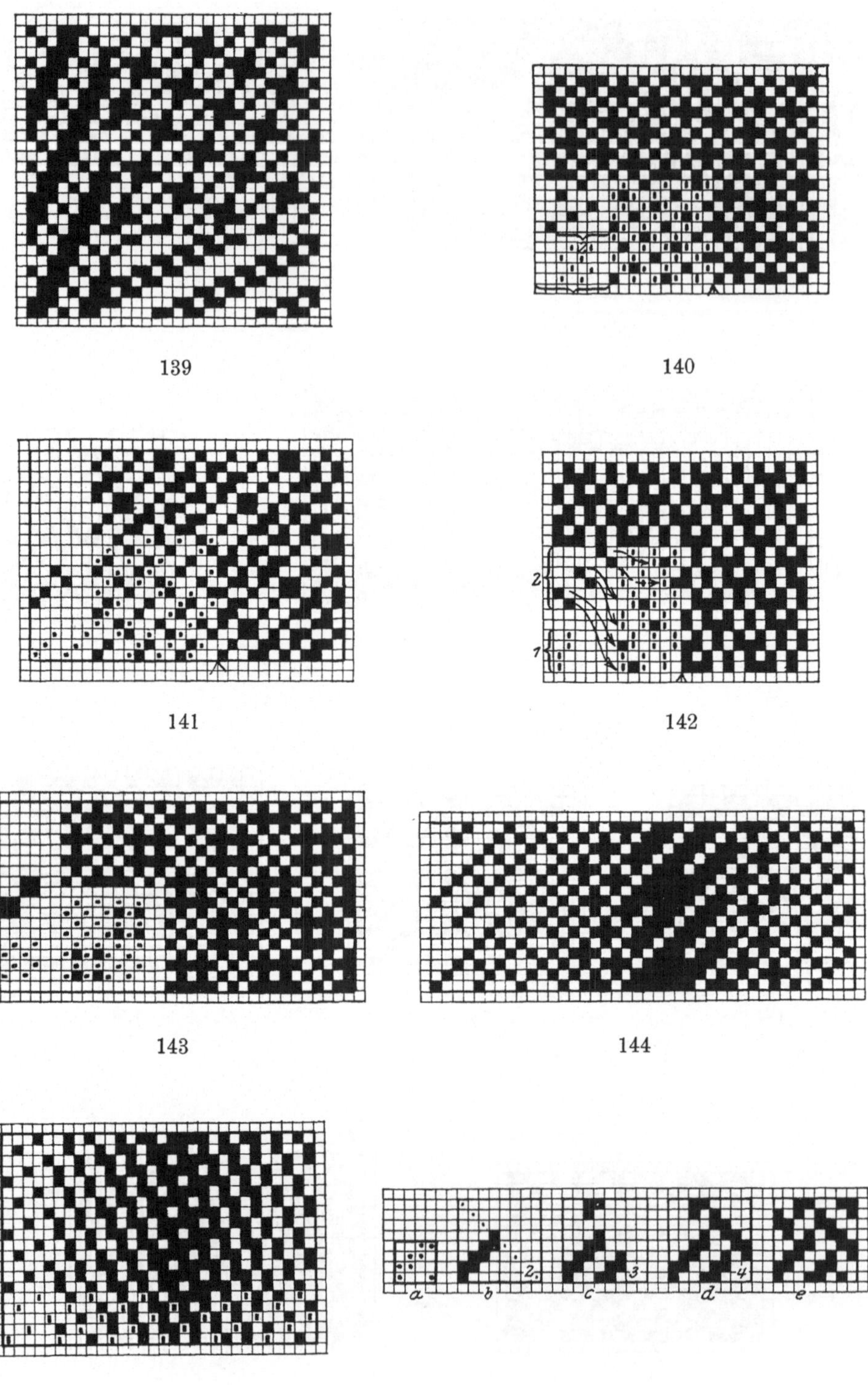

139

140

141

142

143

144

145

146

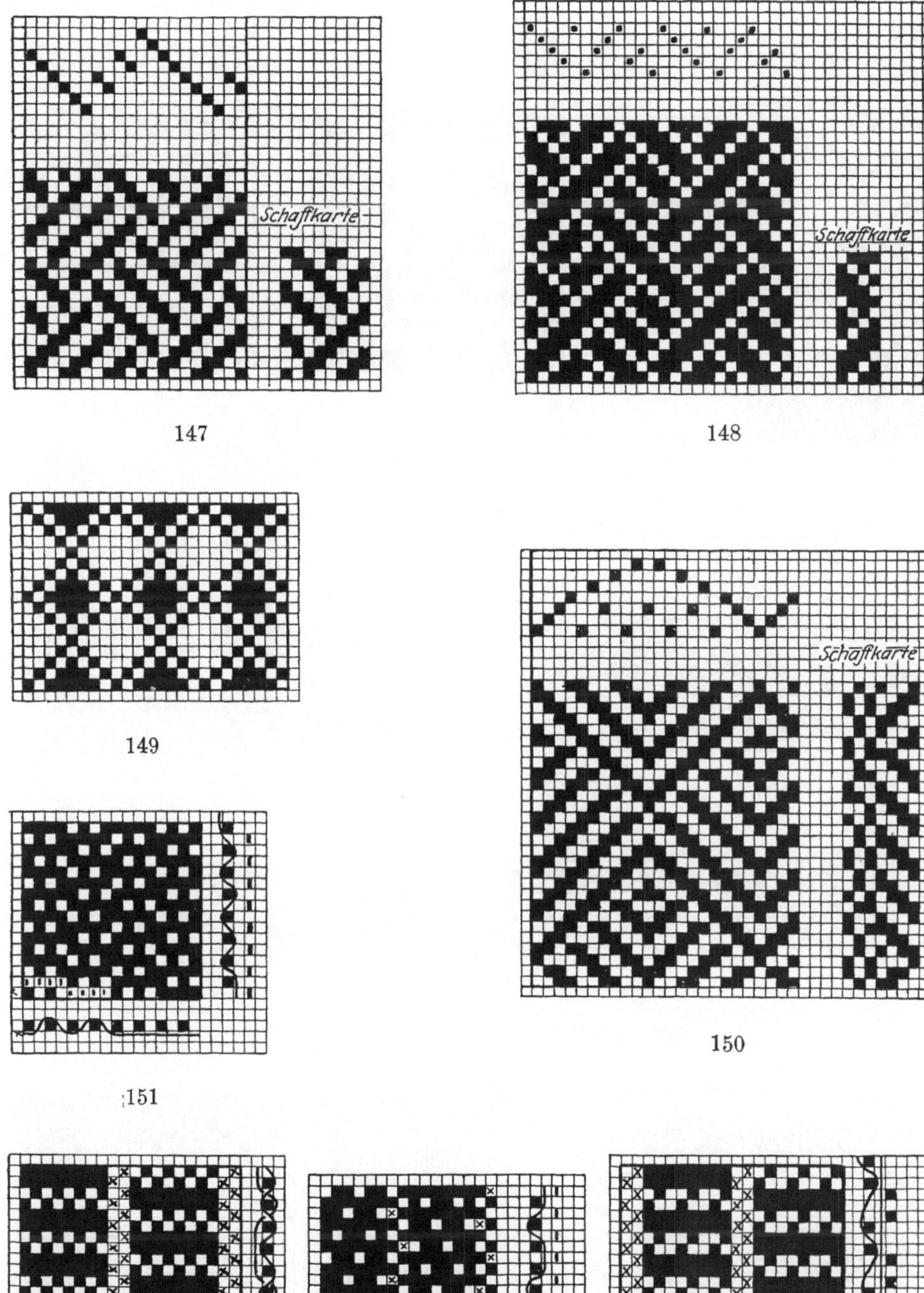

147

148

149

150

151

152

153

154

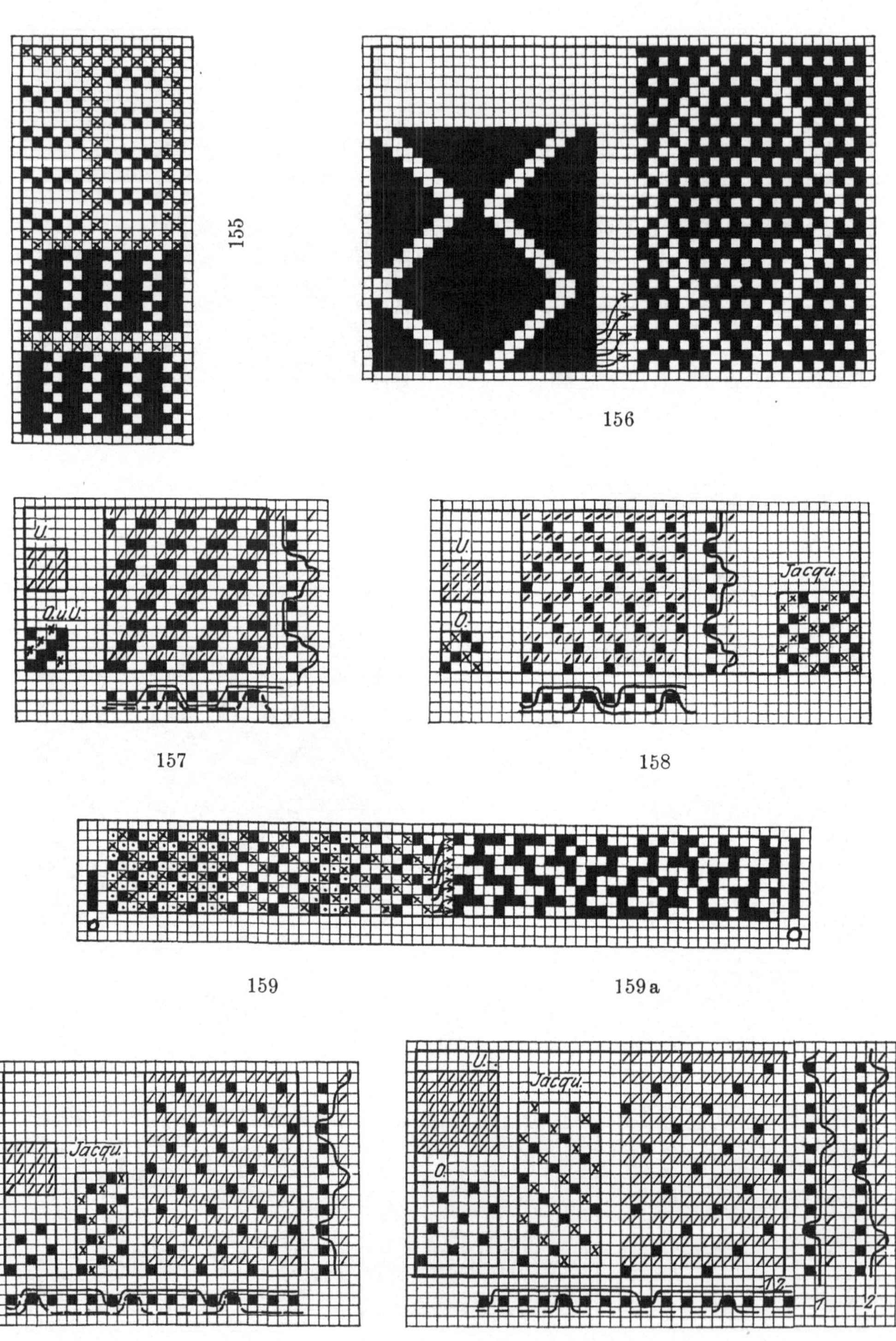

155

156

157

158

159

159a

160

161

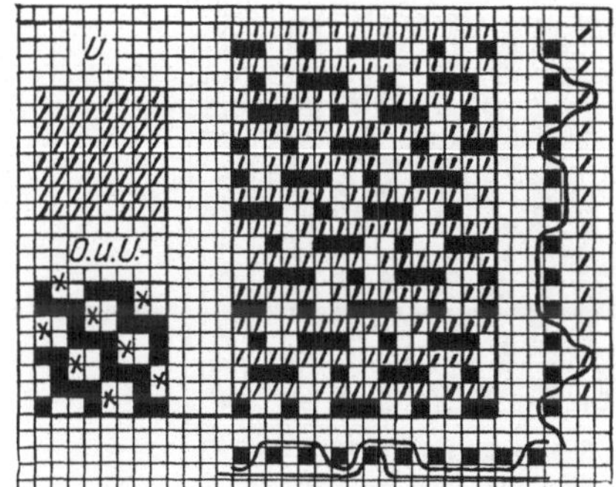

162

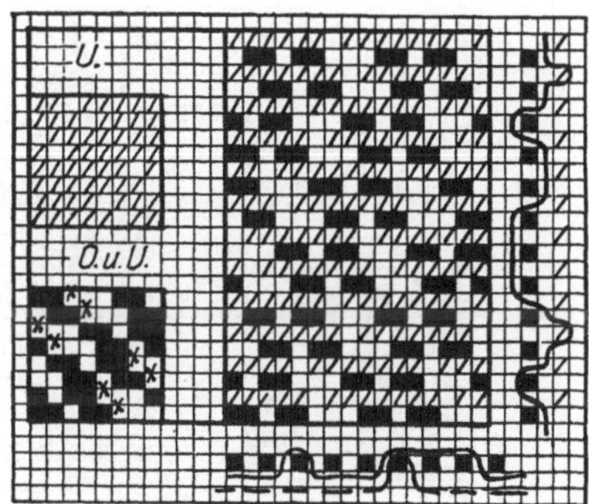

163

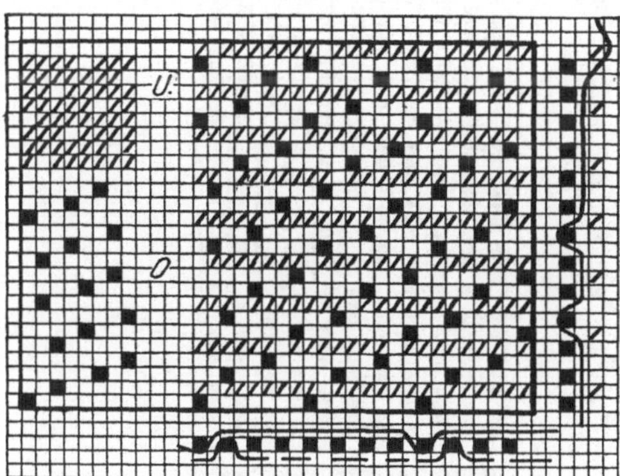

164

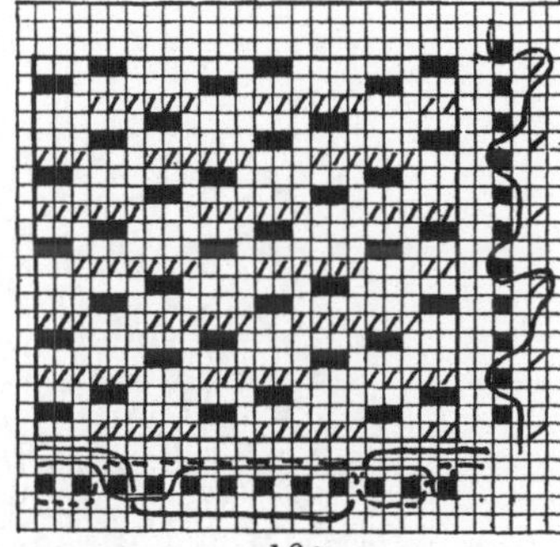

166

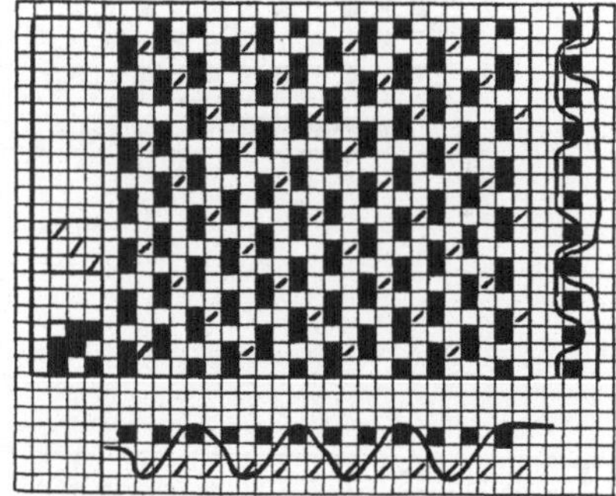

167

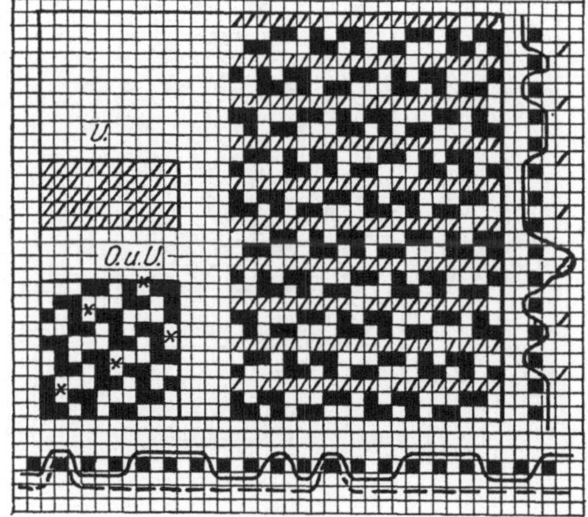

165

168

Tafel 18.

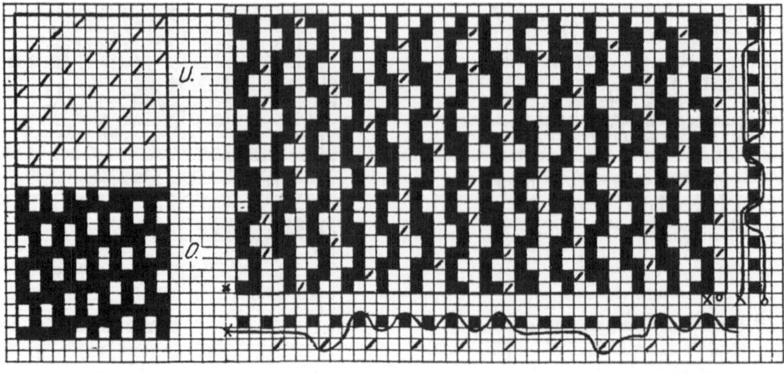

169

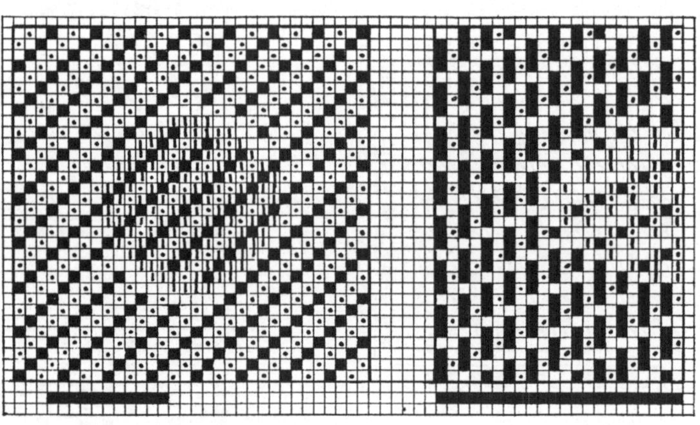

170

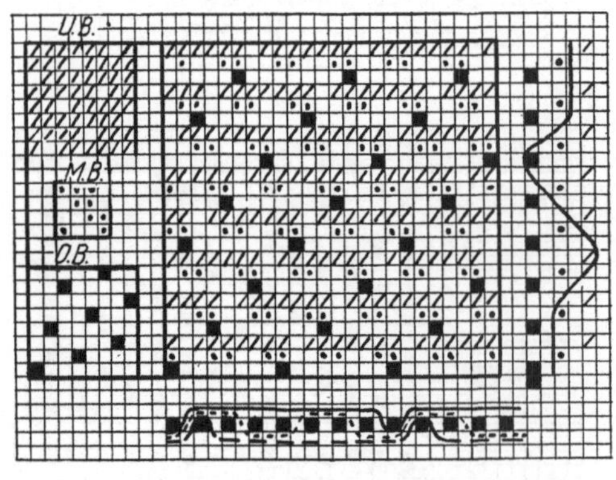

171

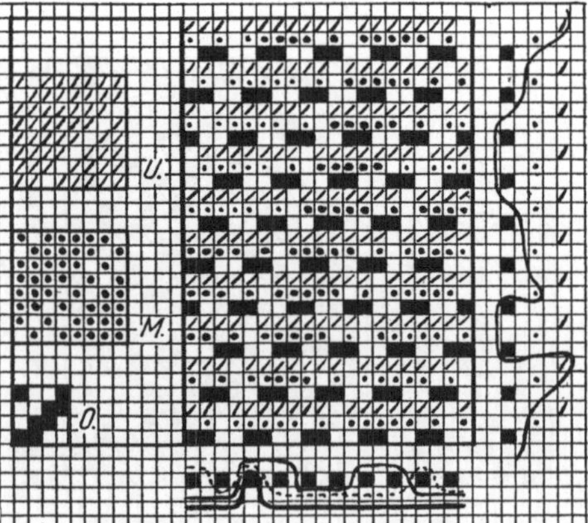

172

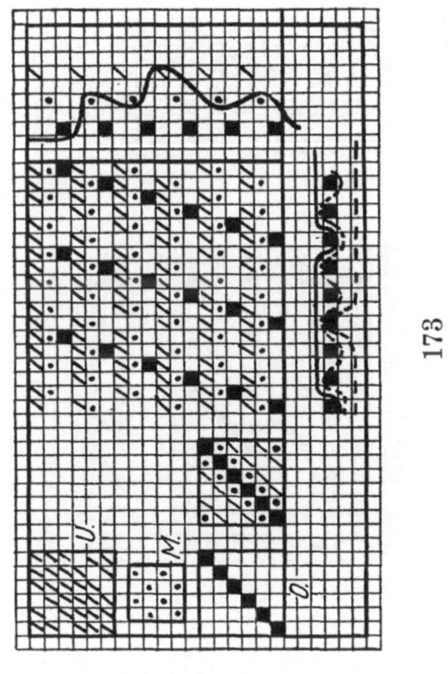

173

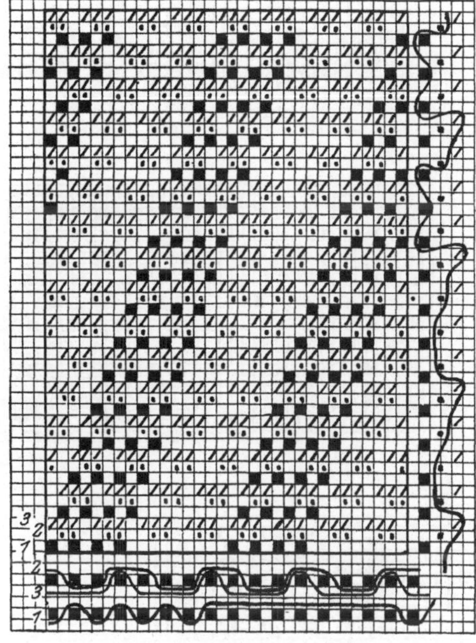

174

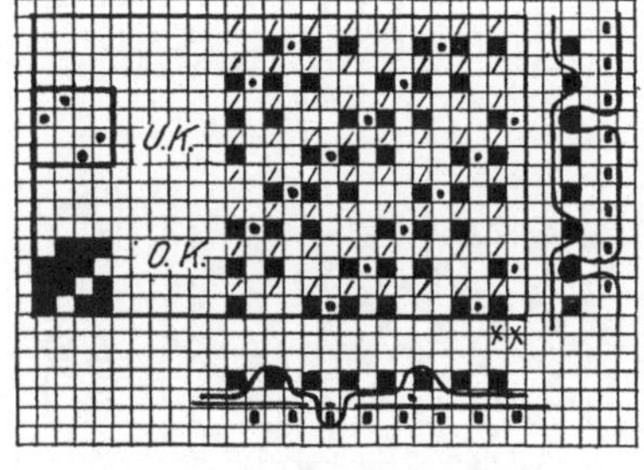

175.

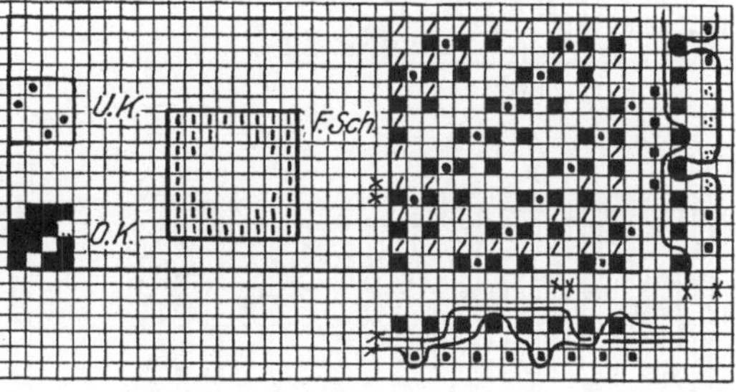

176

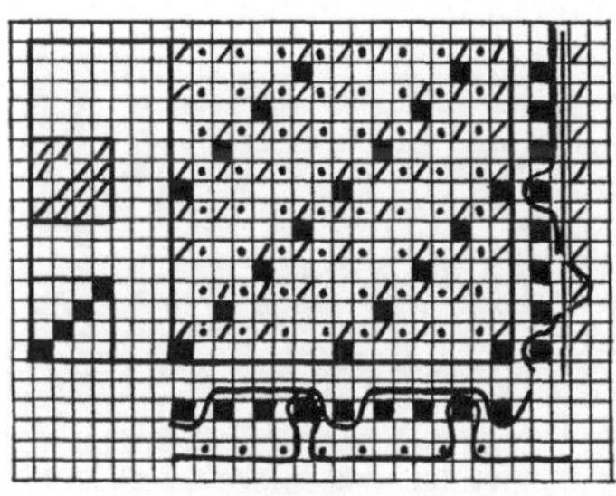

177

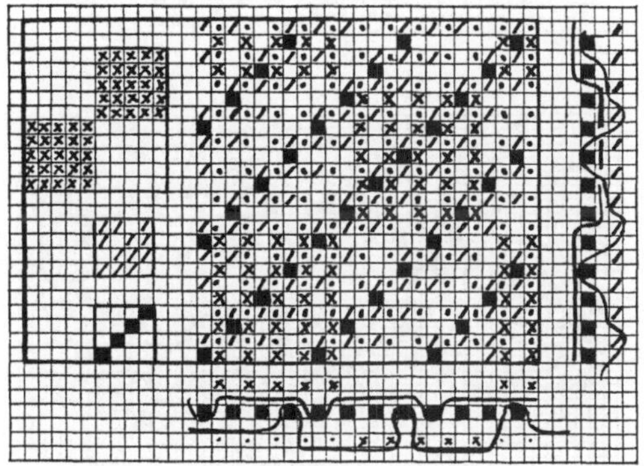

178

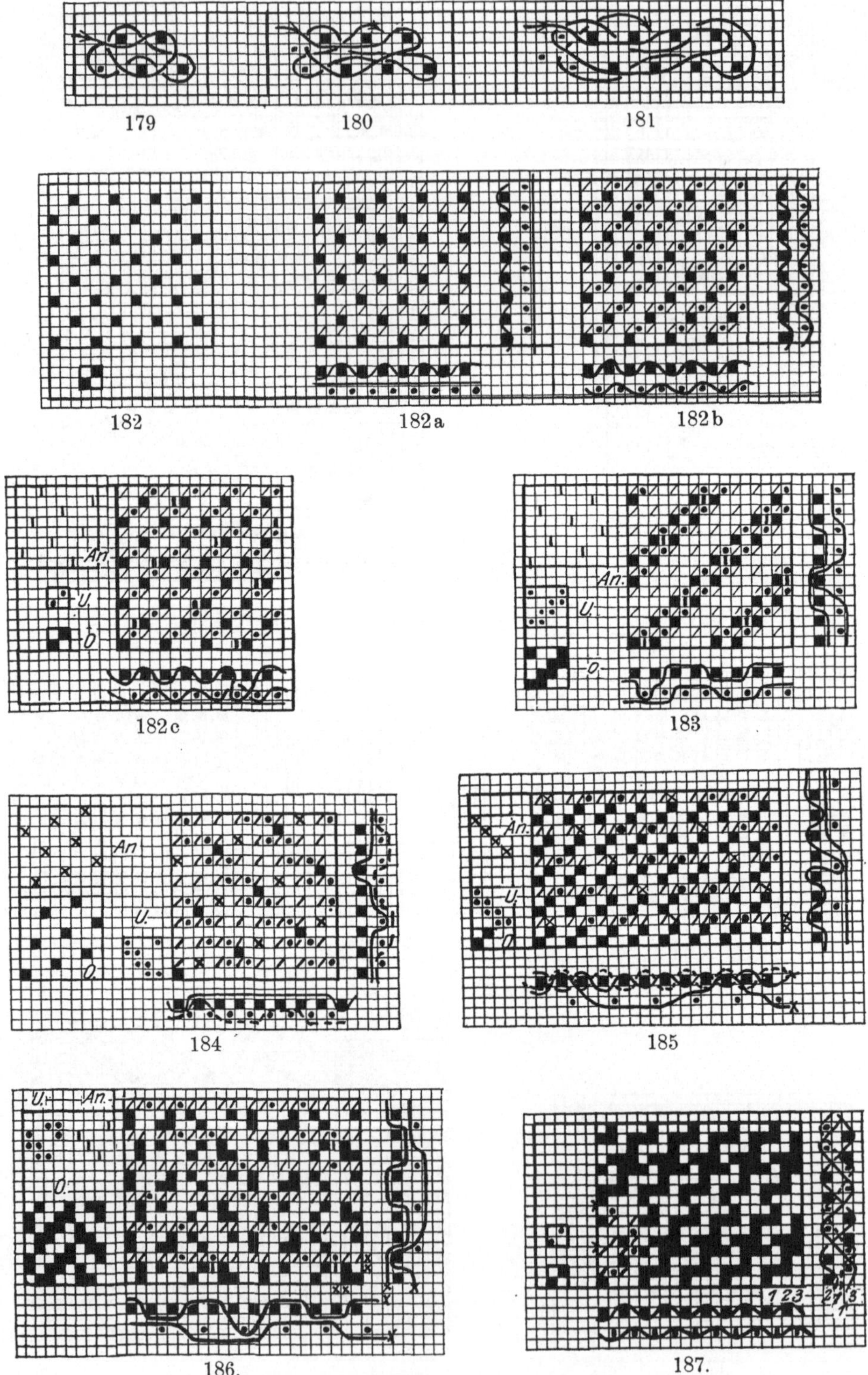

179
180
181
182
182 a
182 b
182 c
183
An.
U.
O.
184
185
186.
187.

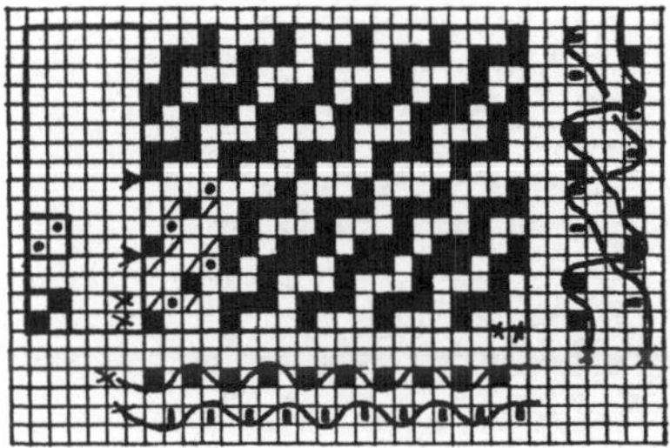

188

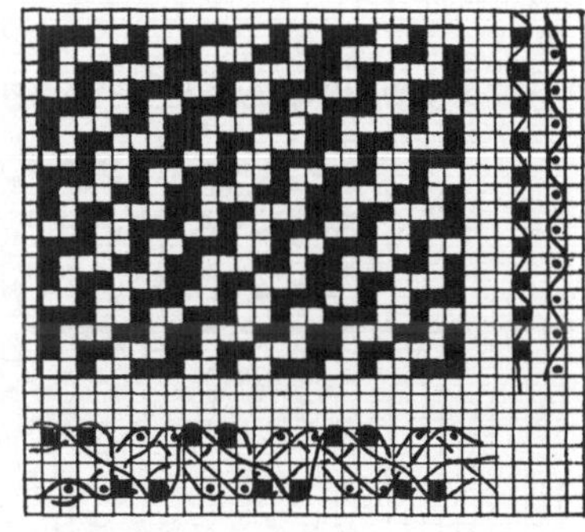

189

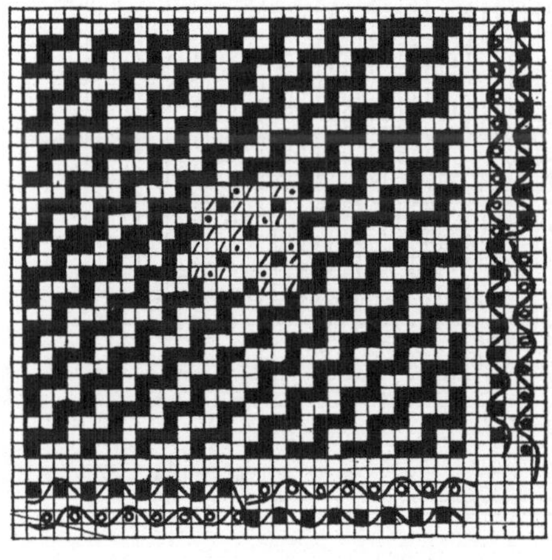

190

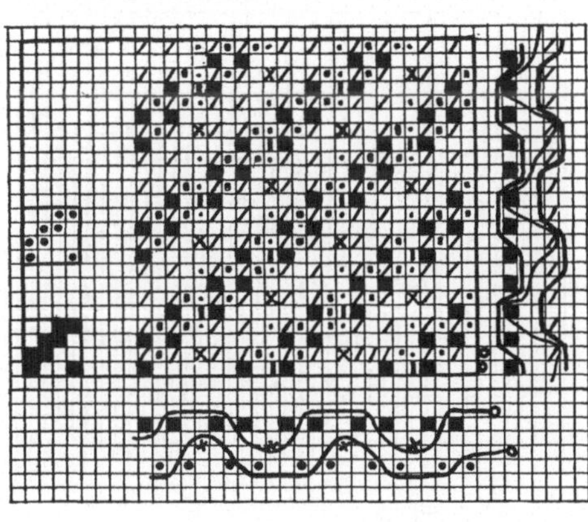

191

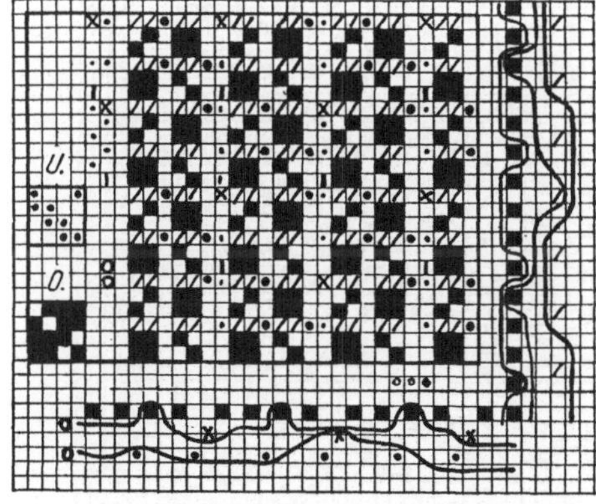

192

Technologie der Textilfasern: Weberei.

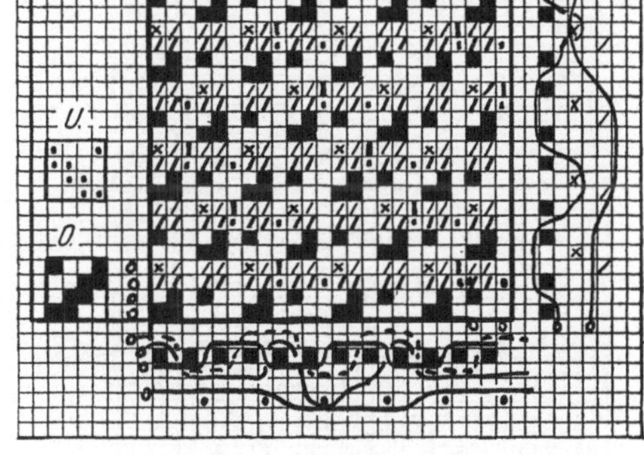

193

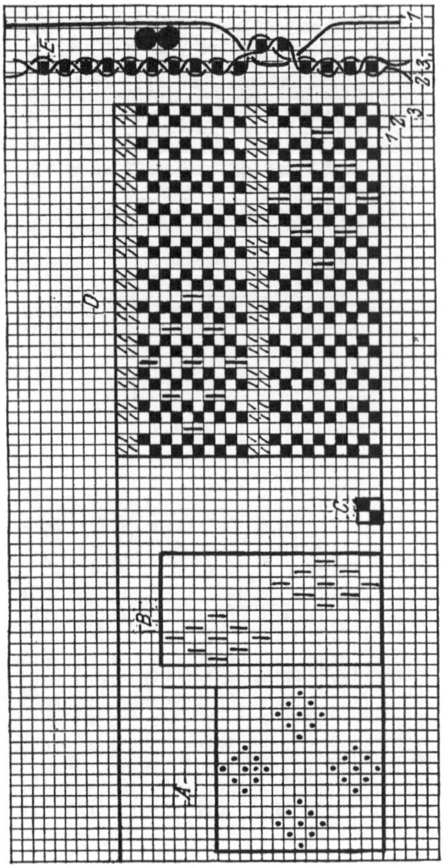

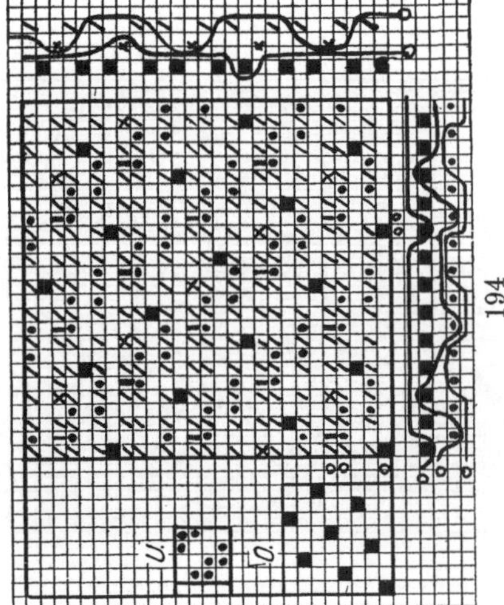

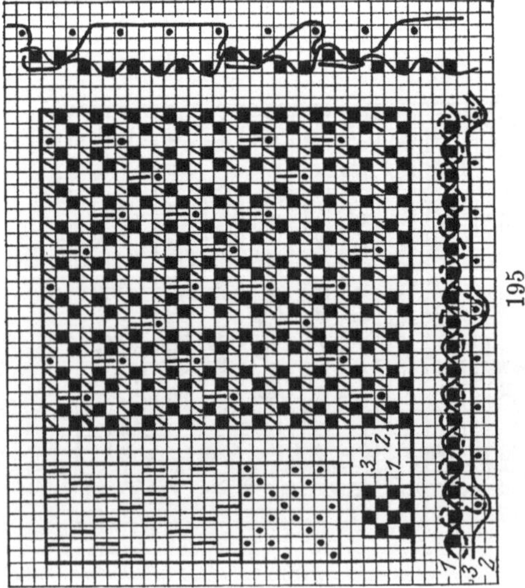

196

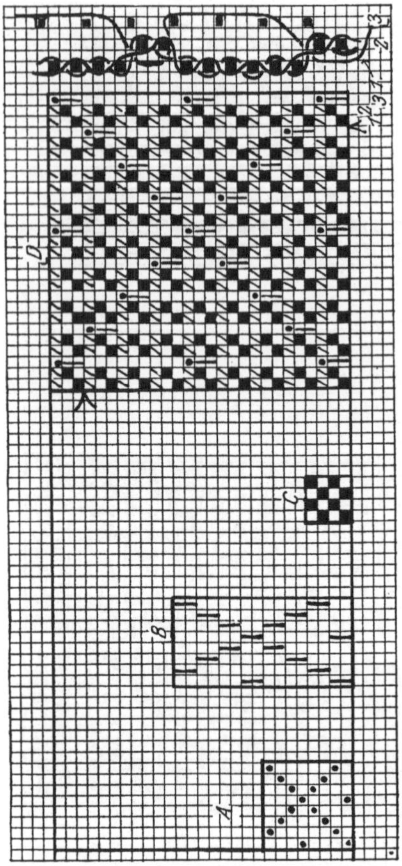

197

194

195

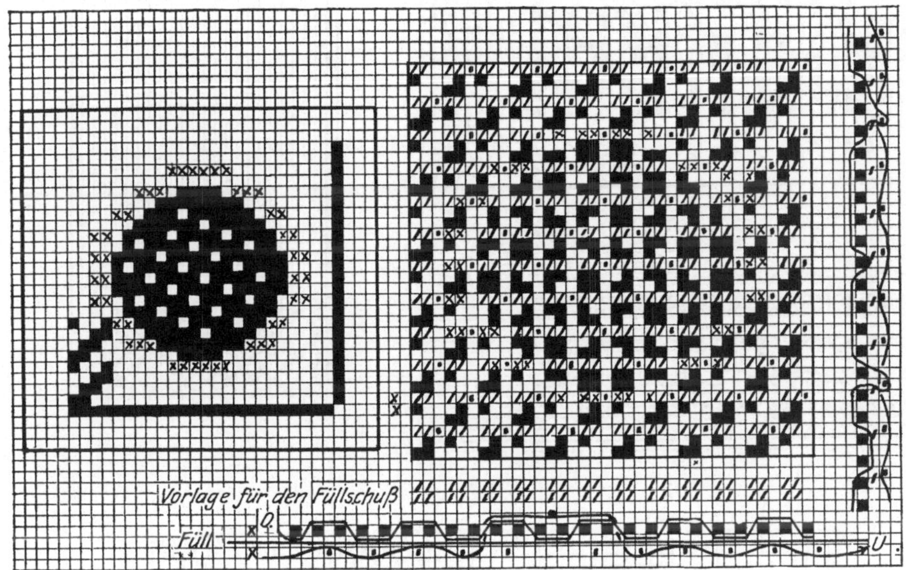

198

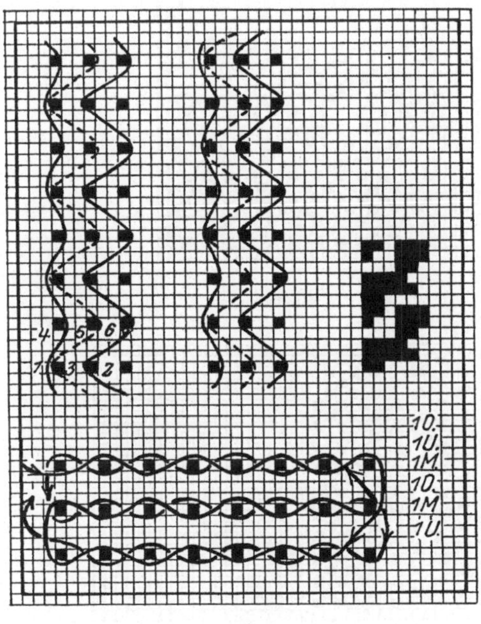

199

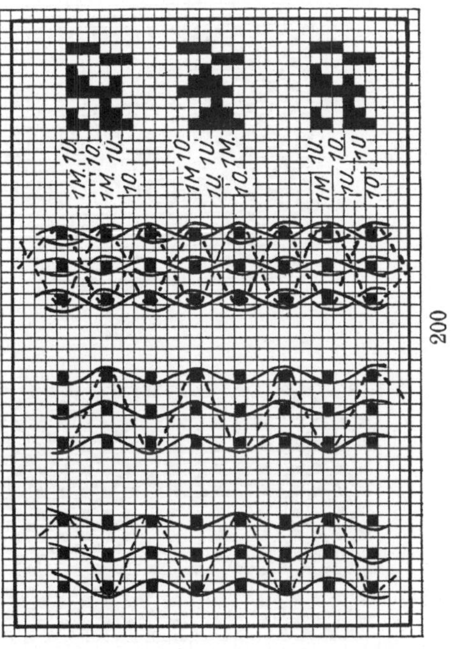

200

Tafel 24.

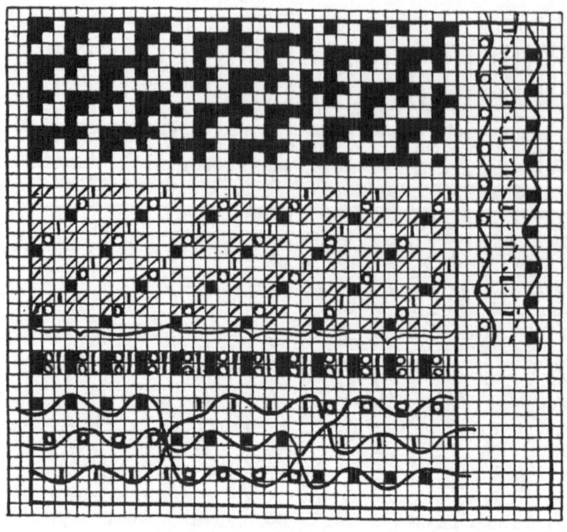

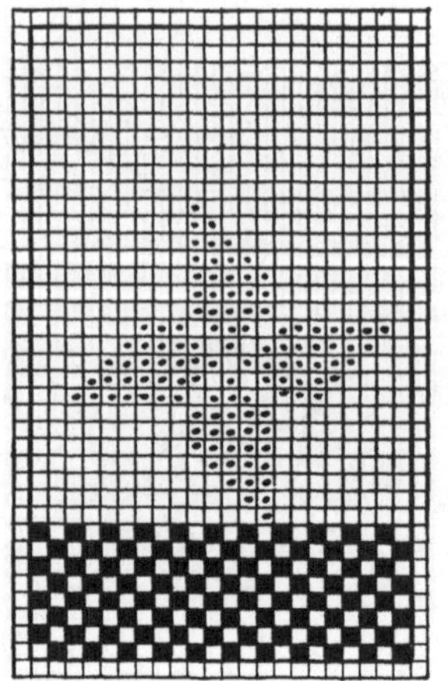

201

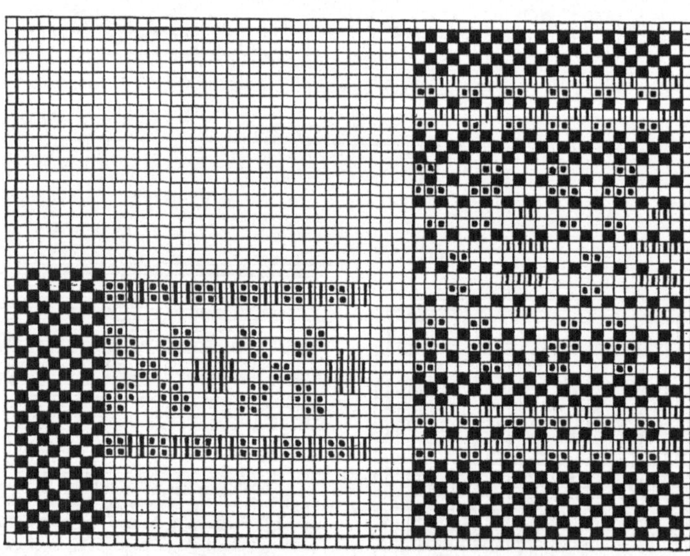

202   202a

203

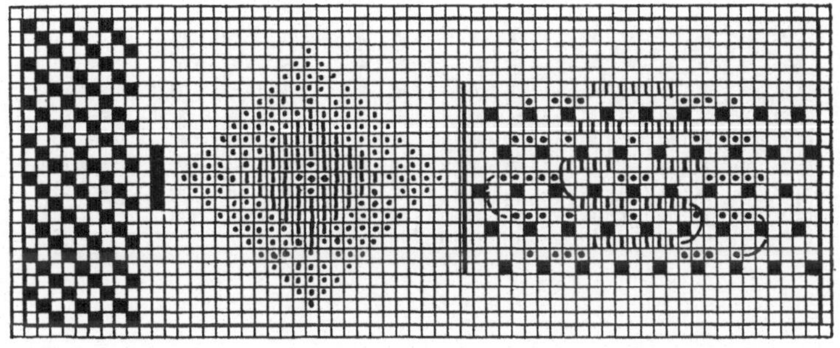

205

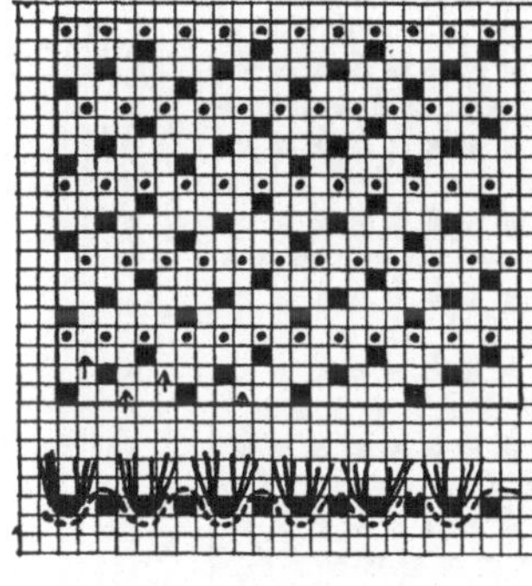

206

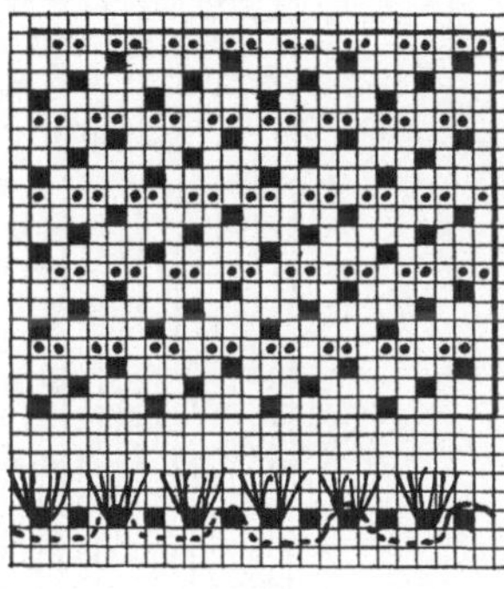

207

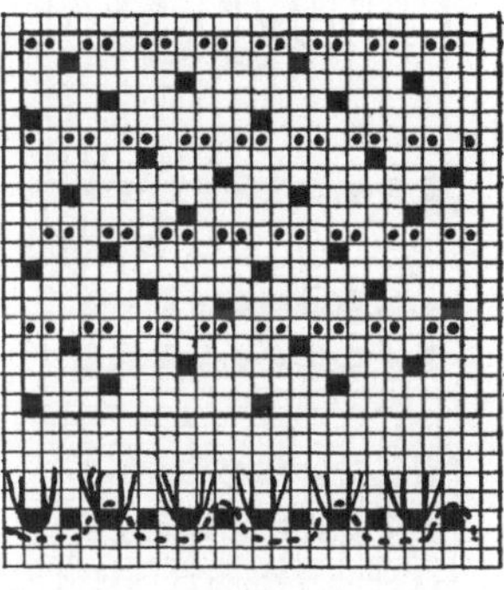

208

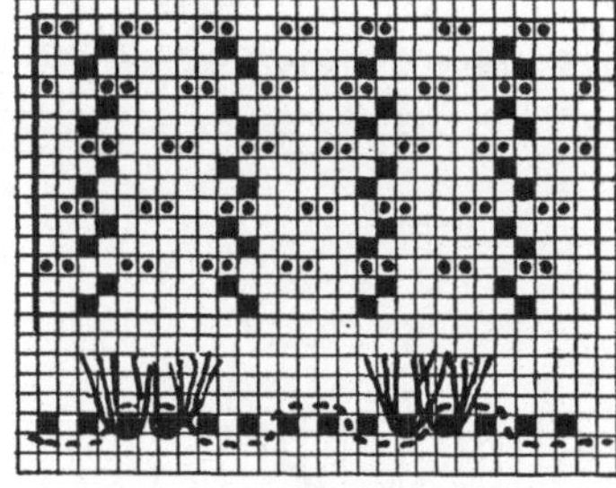

210

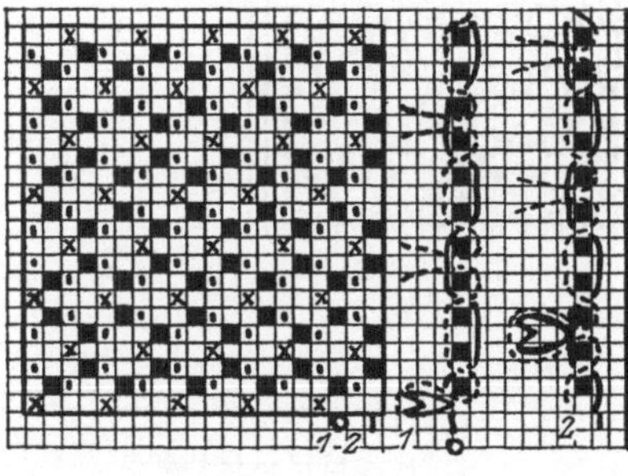

211

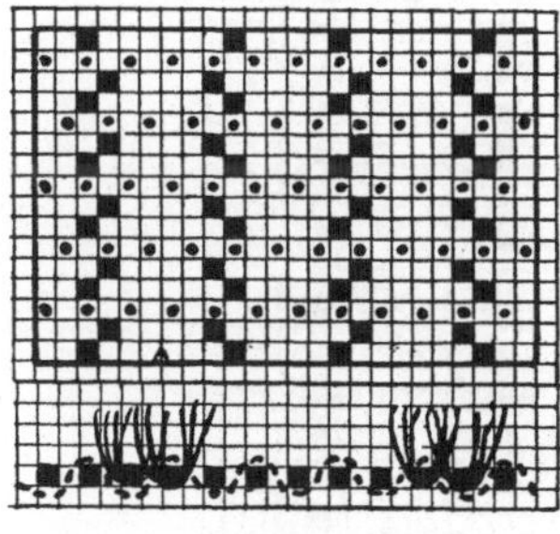

209

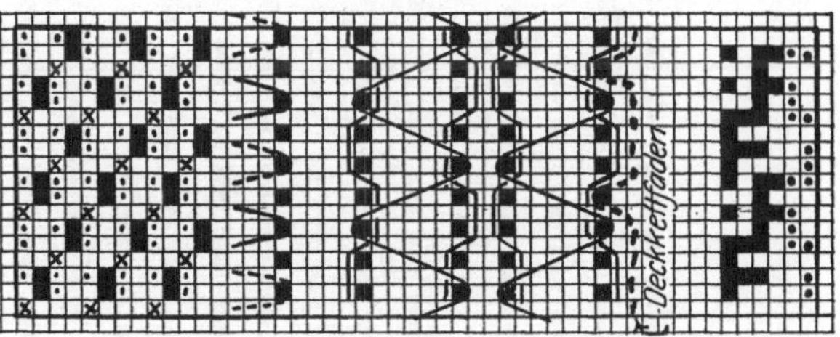

212

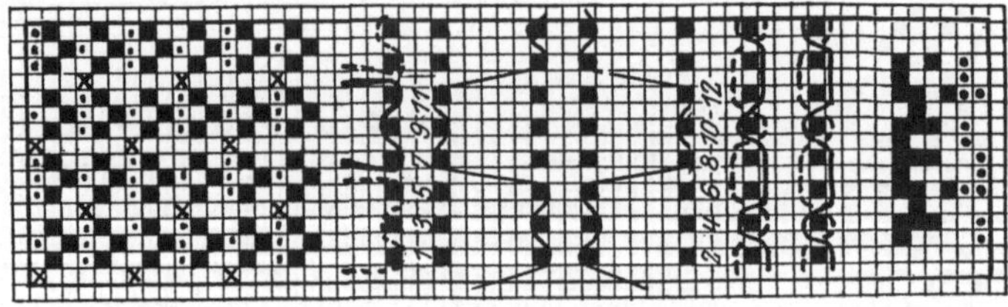

214

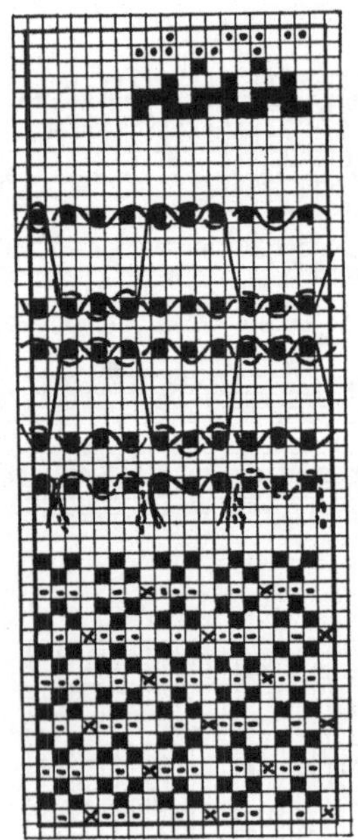

213

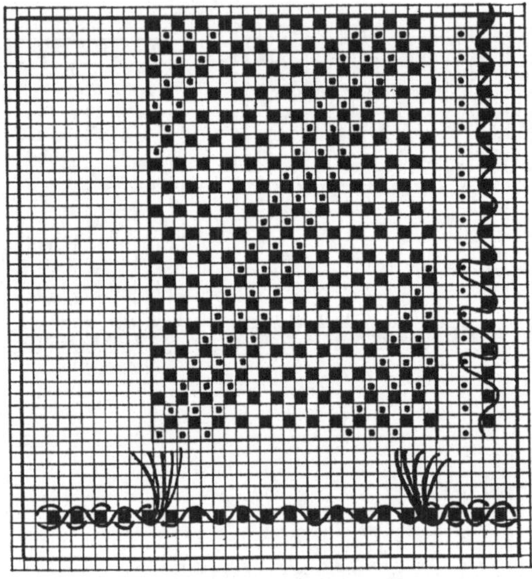

215

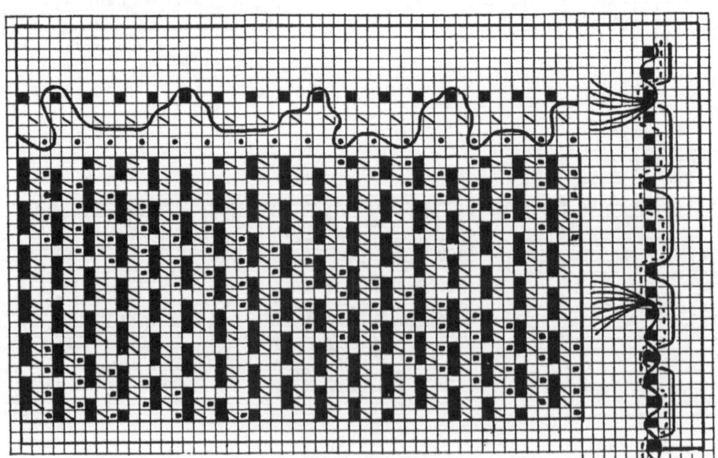

216

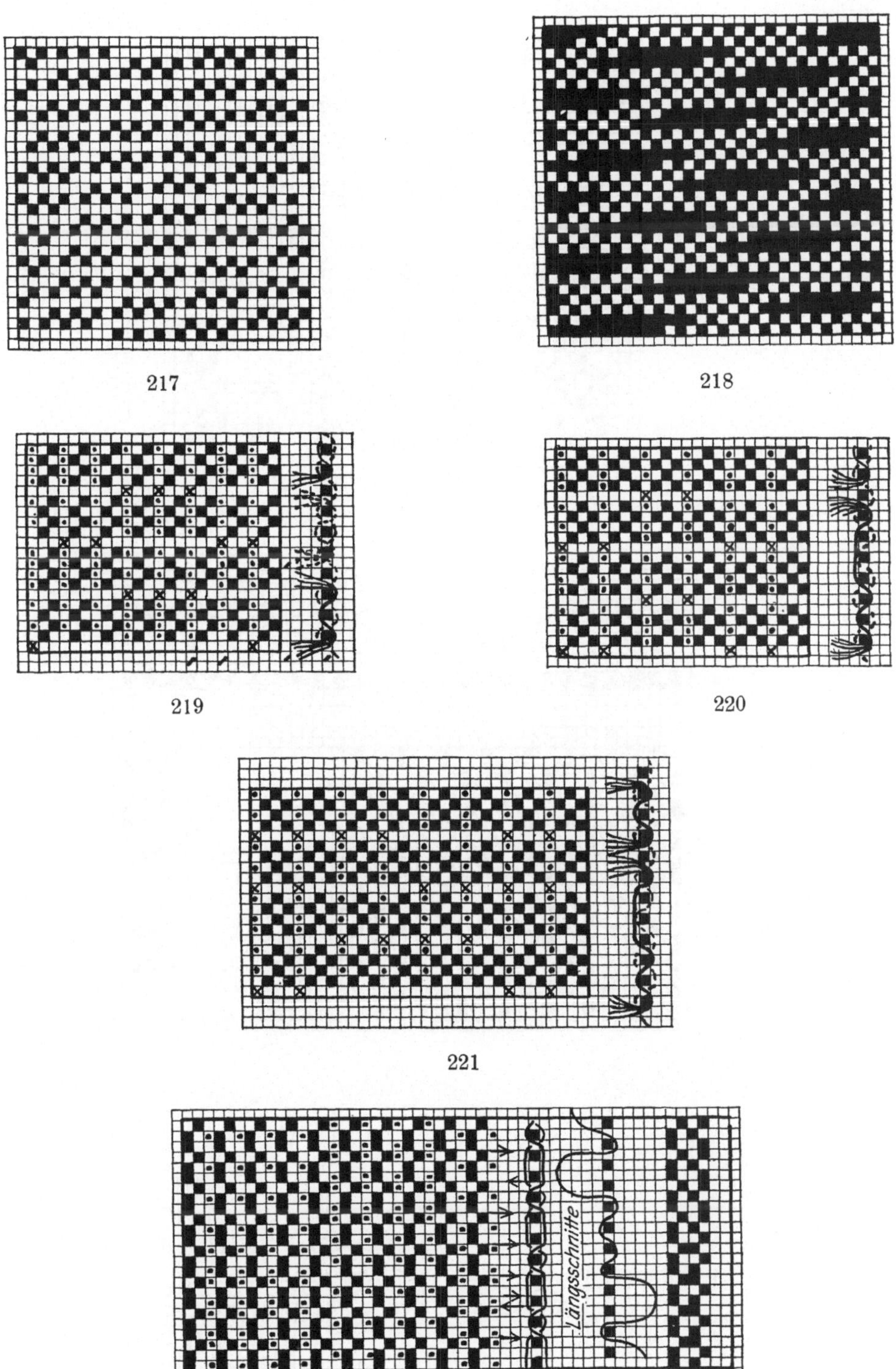

217

218

219

220

221

222

Tafel 28.

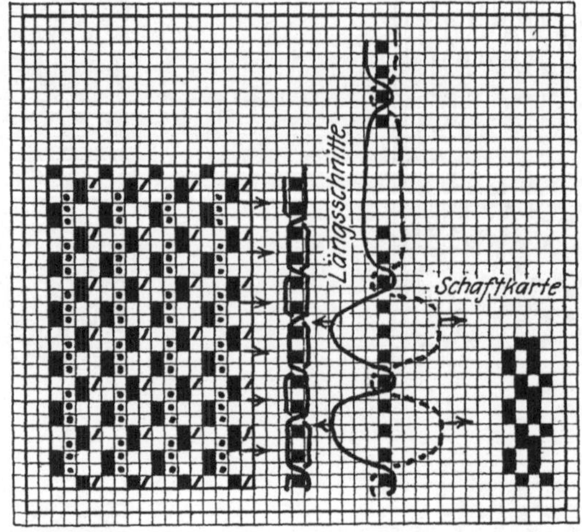

223

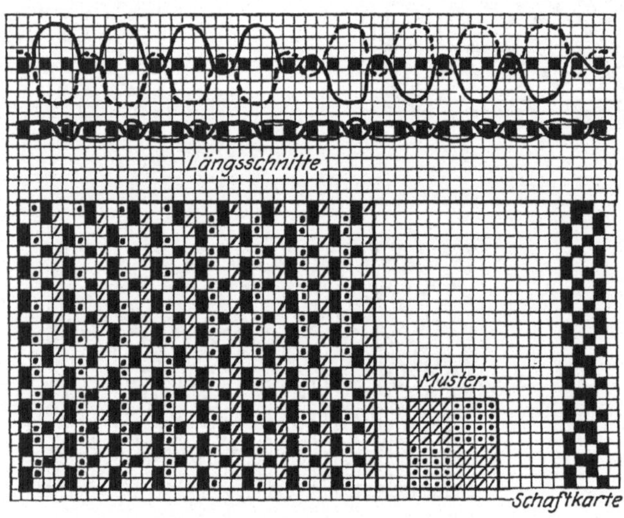

224

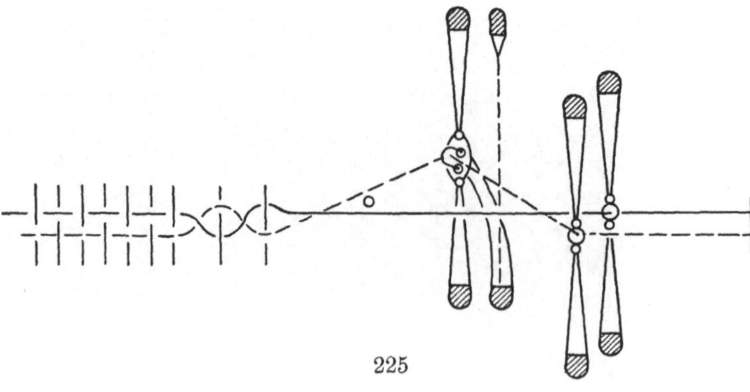

225

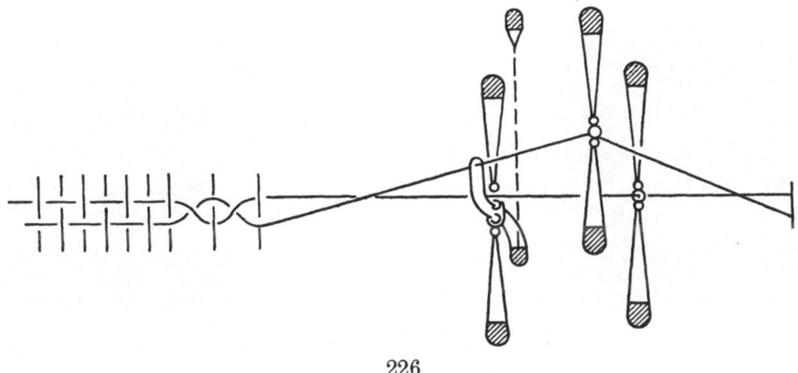

226

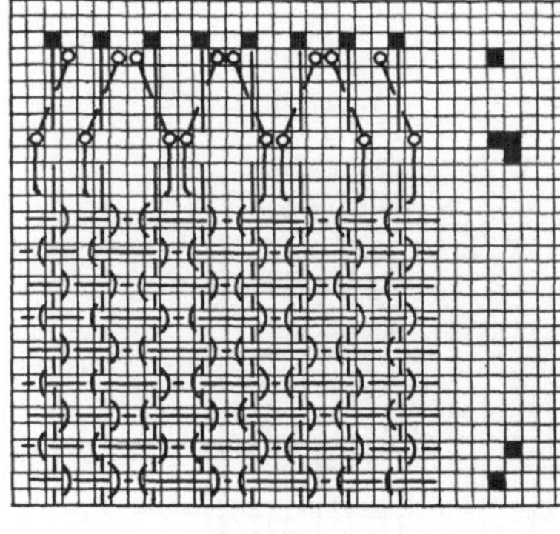

229

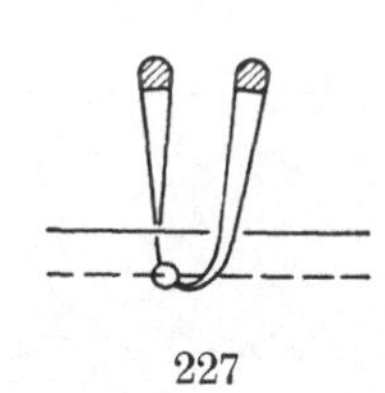

227

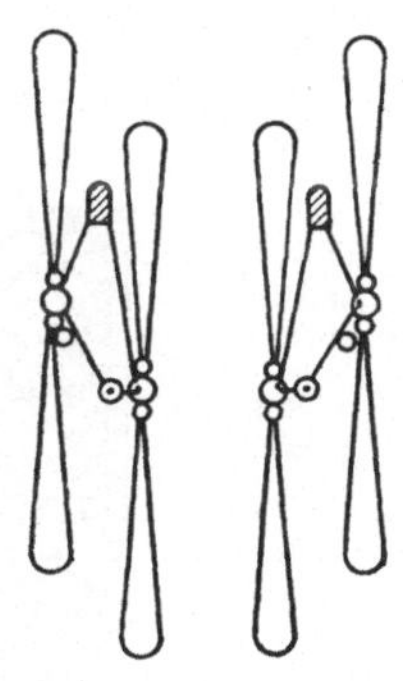

228

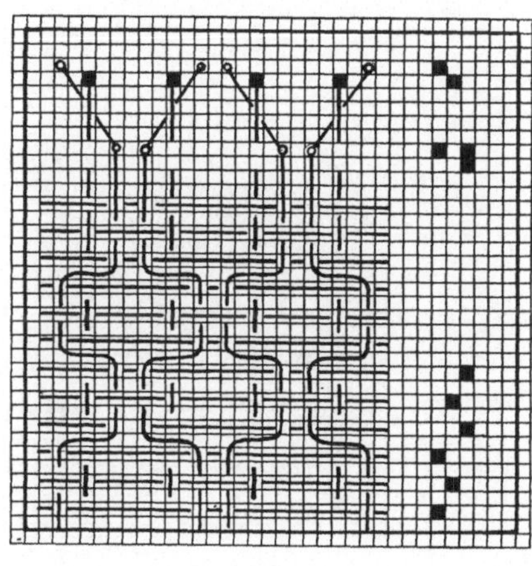

230

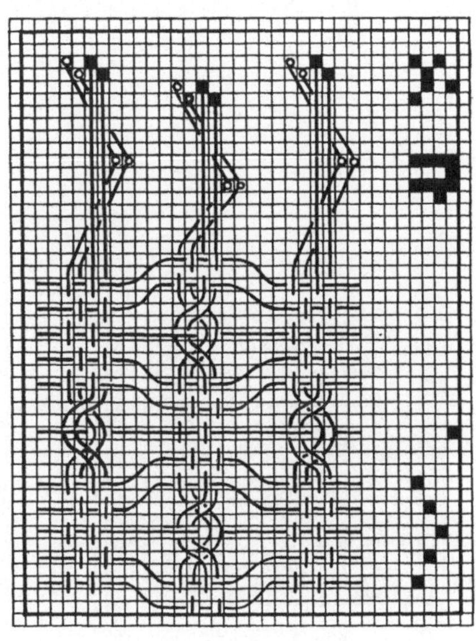

231

Tafel 30.

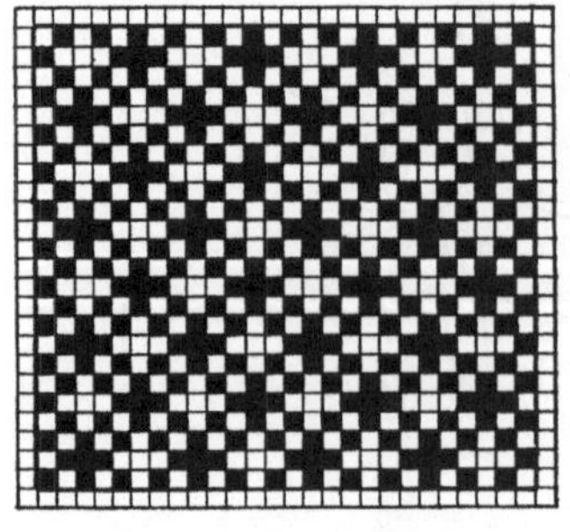

232

233

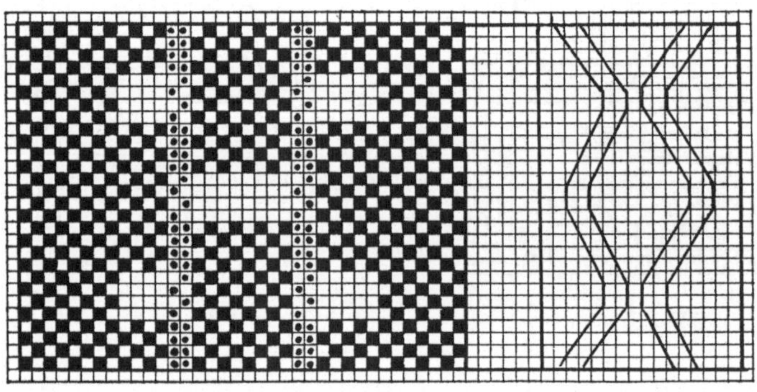

234

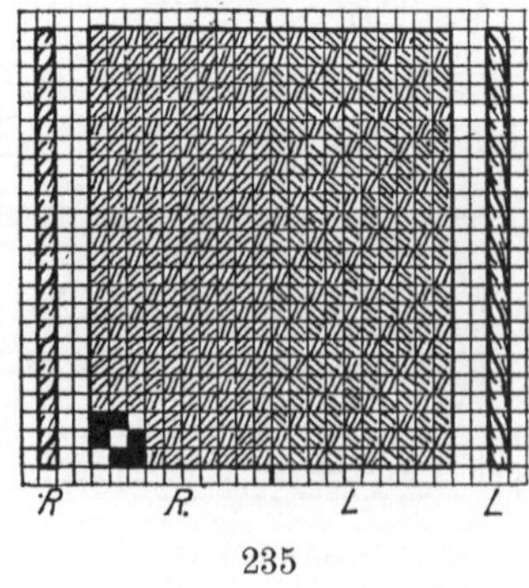

235

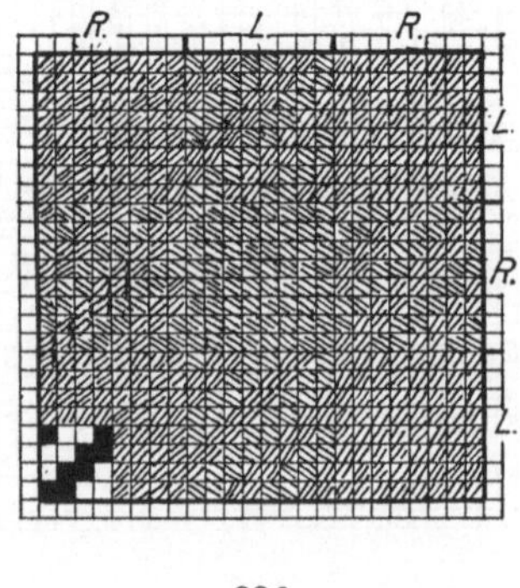

236

Sachverzeichnis.

Verlag von Julius Springer in Berlin W 9

Technologie der Textilfasern

Herausgegeben von

Dr. R. O. Herzog

Professor, Direktor des Kaiser-Wilhelm-Instituts für Faserstoffchemie
Berlin-Dahlem

Übersicht über die vorläufig erscheinenden Bände:

Band I: Chemie und Physik der faserbildenden Stoffe. In Vorbereitung.

Band II, Erster Teil: Die Spinnerei. Von Geh. Hofrat Prof. Dr.-Ing. e. h. A. Lüdicke. Mit 440 Textabbildungen. VI, 268 Seiten. 1927.   Gebunden RM 28.—

Band II, Zweiter Teil: Mit 854 Abbildungen im Text und auf 30 Tafeln. VIII, 319 Seiten. 1927.   Gebunden RM 36.—

Die Weberei. Von Geh. Hofrat Prof. Dr. A. Lüdicke. Mit 452 Textabbildungen.

Die Maschinen zur Band- und Posamentenweberei. Von Prof. K. Fiedler. Mit 166 Textabbildungen.

Die Bindungslehre. Von Johann Gorke. Mit 236 Textabbildungen.

Band II, Dritter Teil: VIII, 615 Seiten.   Gebunden RM 57.—

Wirkerei und Strickerei, Netzen und Filetstrickerei. Von Fachschulrat Carl Aberle. Mit 439 Textabbildungen.

Maschinenflechten und Maschinenklöppeln. Von Walter Krumme. Mit 77 Textabbildungen.

Flecht- und Klöppelmaschinen. Von Geh. Regierungsrat Dipl.-Ing. Prof. H. Glafey. Mit 23 Textabbildungen.

Samt, Plüsch, künstliche Pelze. Von Geh. Regierungsrat Dipl.-Ing. Prof. H. Glafey. Mit 144 Textabbildungen.

Die Herstellung der Teppiche. Von H. Sautter. Mit 108 Textabbildungen.

Stickmaschinen. Von Regierungsrat Dipl.-Ing. Prof. R. Glafey. Mit 33 Textabbildungen.

Band III: Künstliche organische Farbstoffe. Von Prof. Dr. H. E. Fierz-David. Mit 18 Textabbildungen, 12 einfarbigen und 8 mehrfarbigen Tafeln. XVI, 719 Seiten. 1926.   Gebunden RM 63.—

Band IV, Erster Teil: Botanik und Kultur der Baumwolle. Von Geh. Regierungsrat Prof. Dr. L. Wittmack. Mit etwa 90 Textabbildungen.
                                        Erscheint im Herbst 1927.

Band IV, Zweiter Teil: Mechanische Technologie der Baumwolle. Von Geh. Regierungsrat Prof. H. Glafey.   In Vorbereitung.

Band IV, Dritter Teil: In Vorbereitung.

Chemische Technologie der Baumwolle. Von Direktor Dr. Haller.

Mechanische Hilfsmittel zur Veredelung der Baumwolltextilien. Von Geh. Regierungsrat Prof. H. Glafey. Mit etwa 260 Textabbildungen.

Technologie der Textilfasern

Herausgegeben von

Dr. R. O. Herzog

Professor, Direktor des Kaiser-Wilhelm-Instituts für Faserstoffchemie
Berlin-Dahlem

Band IV, Vierter Teil: **Die Baumwollwirtschaft.** Von Direktor Dr. P. Koenig,
In Vorbereitung.

Band V, Erster Teil: **Flachs.** In Vorbereitung.

Band V, Zweiter Teil: **Hanf und Hanffasern.** Mit 105 Textabbildungen. VII,
266 Seiten. 1927. Gebunden RM 24.—

Die Hanfpflanze. Von Prof. Dr. O. Heuser. Mit 35 Abbildungen.
Die Hanfweltwirtschaft. Von Direktor Dr. P. Koenig.
Mechanische Technologie des Hanfes. Von Oberingenieur O. Wagner.
Mit 20 Abbildungen.
Chemische Technologie des Hanfes. Von Dr. v. Frank.
**Die Weltwirtschaft und Landwirtschaft der Hartfasern und anderer
Fasern.** Von Direktor Dr. P. Koenig.
Verarbeitung der ausländischen Fasern zu Seilerwaren. Von Hermann
Oertel und Dr.-Ing. Fr. Oertel. Mit 50 Abbildungen.

Band V, Dritter Teil: **Jute.** Von Direktor Dr.-Ing. E. Nonnenmacher.
In Vorbereitung.

Band VI: **Technologie der Seide.** Von Dr. Hermann Ley. Mit etwa 400 Textabbildungen In Vorbereitung.

Band VII: **Kunstseide.** Mit 203 Textabbildungen. VIII, 354 Seiten. 1927.
Gebunden RM 33.—

Zur Kolloidchemie der Kunstseide. Von Prof. Dr. R. O. Herzog. Mit
6 Abbildungen.
Die Nitrokunstseide. Von Prof. Dr. A. v. Vajdaffy. Mit 41 Abbildungen.
Über Kupferoxyd-Ammoniak-Zellulose. Von Prof. Dr. W. Traube.
Kupferseide. Von Dr. H. Hoffmann. Mit 18 Abbildungen.
Die Viskosekunstseide. Von Dr. R. Gaebel. Mit 43 Abbildungen.
Über Azetatseide. Von Dr. A. Eichengrün. Mit 5 Abbildungen.
Die Färberei der Kunstseide. Von Dr. A. Oppé.
Mechanische Technologie der Kunstseideverarbeitung. Von Prof.
Dipl.-Ing. E. A. Anke. Mit 90 Abbildungen.
Wirtschaftliches. Von Dr. Fritz Loewy.

Band VIII: **Wolle.** In Vorbereitung.

Band IX—X: Ergänzungsbände. In Vorbereitung.

Die Mercerisation der Baumwolle und die Appretur der mercerisierten Gewebe. Von **Paul Gardner**, Technischer Chemiker. Zweite, völlig umgearbeitete Auflage. Mit 28 Textfiguren. IV, 196 Seiten. 1912.
Gebunden RM 9.—

Die Apparatfärberei der Baumwolle und Wolle unter Berücksichtigung der Wasserreinigung und der Apparatbleiche der Baumwolle. Von **E. J. Heuser.** Mit 191 Textfiguren. VII, 301 Seiten. 1913. Gebunden RM 8.40

Die Gaufrage. Das Einpressen von Mustern in Textilien, Papier, Leder, Kunstleder, Zelluloid, Gummi, Glas, Holz und verwandte Stoffe. Von **Wilhelm Kleinewefers.** Mit 59 Textabbildungen. IV, 117 Seiten. 1925. Gebunden RM 15.—

Kenntnis der Wasch-, Bleich- und Appreturmittel. Ein Lehr- und Hilfsbuch für Technische Lehranstalten und die Praxis. Von Ing.-Chem. **Heinrich Walland**, Professor an der Technisch-gewerblichen Bundeslehranstalt, Wien I. Zweite, verbesserte Auflage. Mit 59 Textabbildungen. X, 337 Seiten. 1925.
Gebunden RM 16.50

Lunge-Berl, Chemisch-technische Untersuchungsmethoden. Unter Mitwirkung zahlreicher Fachmänner herausgegeben von Ing.-Chemiker Dr. **Ernst Berl**, Professor der Technischen Chemie und Elektrochemie an der Technischen Hochschule zu Darmstadt. Siebente, vollständig umgearbeitete und vermehrte Auflage. In 4 Bänden.

Erster Band: Mit 291 in den Text gedruckten Figuren und einem Bildnis. XXII, 1100 Seiten. 1921. Gebunden RM 36.—

Zweiter Band: Mit 313 in den Text gedruckten Figuren. XLIV, 1412 Seiten. 1922.
Gebunden RM 48.—

Dritter Band: Mit 235 in den Text gedruckten Figuren und 23 Tafeln als Anhang. XXXI, 1362 Seiten. 1923. Gebunden RM 44.—

Vierter Band: Mit 125 in den Text gedruckten Figuren. XXV, 1139 Seiten. 1924.
Gebunden RM 40.—

Die Zellulose. Die Zelluloseverbindungen und ihre technische Anwendung. Plastische Massen. Von **L. Clement** und Ing.-Chem. **C. Rivière.** Deutsche Bearbeitung von Dr. **Kurt Bratring.** Mit 65 Textabbildungen. XVI, 275 Seiten. 1923.
Gebunden RM 13.50

Über die Herstellung und physikalischen Eigenschaften der Celluloseacetate. Von Dr. **Victor E. Yarsley**, M. Sc. A. I. C. Mit 4 Textabbildungen. IV, 47 Seiten. 1927. RM 3.—

Die Herstellung und Verarbeitung der Viskose unter besonderer Berücksichtigung der Kunstseidenfabrikation. Von Ing.-Chemiker **Johann Eggert.** Mit 13 Textabbildungen. V, 92 Seiten. 1926, RM 6.60

Die künstliche Seide, ihre Herstellung und Verwendung. Mit besonderer Berücksichtigung der Patent-Literatur bearbeitet von Dr. **K. Süvern,** Geh. Regierungsrat. Fünfte, stark vermehrte Auflage. Unter Mitarbeit von Dr. H. Frederking. Mit 634 Textfiguren. XIX, 1108 Seiten. 1926. Gebunden RM 64.50

Die Kunstseide und andere seidenglänzende Fasern. Von Dr. techn. **Franz Reinthaler,** a. o. Professor an der Hochschule für Welthandel, Wien. Mit 102 Abbildungen im Text. V, 165 Seiten. 1926. Gebunden RM 14.40

Die mikroskopische Untersuchung der Seide mit besonderer Berücksichtigung der Erzeugnisse der Kunstseidenindustrie. Von Prof. Dr. **Alois Herzog,** Vorsteher der Biologischen Abteilung am Deutschen Forschungsinstitut für Textilindustrie und Dozent an der Sächs. Technischen Hochschule in Dresden. Mit 102 Abbildungen im Text und auf 4 farbigen Tafeln. VIII, 197 Seiten. 1924.
Gebunden RM 15.—

Die Kunstseide auf dem Weltmarkt. Von Dr. **Martin Hölken** jr., Geschäftsführer der Hölken-Seide G. m. b. H. in Barmen. Mit 1 Diagramm im Text. IV, 82 Seiten. 1926. RM 3.90

Die Berechnung des Selbstkostenpreises der Gewebe. Von **Ed. Jung,** Markirch. VIII, 158 Seiten. 1917. RM 12.60

Die Trockentechnik. Grundlagen, Berechnung, Ausführung und Betrieb der Trockeneinrichtungen. Von Dipl.-Ing. **M. Hirsch,** Beratender Ingenieur V. B. I. Mit 234 Textabbildungen, einer schwarzen und 2 zweifarbigen i-x-Tafeln für feuchte Luft. XIV, 366 Seiten. 1927. Gebunden RM 31.80

Handbuch zum Dampffaß- und Apparatebau. Von Ingenieur **G. Hönnicke.** Mit 213 Textabbildungen und 114 Zahlentafeln. VII, 209 Seiten. 1924.
Gebunden RM 15.—

Die Absatztechnik der amerikanischen industriellen Unternehmung. Von Dr. **Otto R. Schnutenhaus.** VI, 171 Seiten. 1927.
RM 8.50; gebunden RM 10.—